高等院校新能源专业系列教材

普通高等教育新能源类“十四五”精品系列教材

融合教材

Biomass Chemistry

生物质化学

宋先亮　许凤　等　主编

中国水利水电出版社
www.waterpub.com.cn
·北京·

内 容 提 要

在我国新能源发展战略中，生物质能源占有重要地位。针对生物质能源的研究、生产和利用中需要掌握的生物质化学知识，本书详细介绍了生物质的定义、分布，植物生物质的物理及化学结构，各组分的化学性质及利用，为生物质能源的学习、研究、生产与利用奠定了坚实的基础。本书共10章，包括生物质概述、生物质原料的宏观和微观结构、生物质的理化性质和化学组成、生物质原料的水分、生物质原料的提取物、木质素、纤维素、半纤维素、甲壳素和壳聚糖、淀粉等。

本书可作为高等院校新能源科学与工程、林产化工、轻化工程等专业的本科生和研究生教材，也可供从事生物质利用、林产、制浆造纸等工业领域研发、生产、管理及设计的工程技术人员阅读参考。

图书在版编目（CIP）数据

生物质化学 / 宋先亮等主编. -- 北京 : 中国水利水电出版社, 2022.7
高等院校新能源专业系列教材　普通高等教育新能源类“十四五”精品系列教材
ISBN 978-7-5226-0808-2

Ⅰ. ①生… Ⅱ. ①宋… Ⅲ. ①生物质－化学性质－高等学校－教材 Ⅳ. ①TK62

中国版本图书馆CIP数据核字(2022)第114646号

书　　名	高等院校新能源专业系列教材 普通高等教育新能源类“十四五”精品系列教材 **生物质化学** SHENGWUZHI HUAXUE
作　　者	宋先亮　许凤　等 主编
出版发行	中国水利水电出版社 （北京市海淀区玉渊潭南路1号D座　100038） 网址：www.waterpub.com.cn E-mail：sales@mwr.gov.cn 电话：（010）68545888（营销中心）
经　　售	北京科水图书销售有限公司 电话：（010）68545874、63202643 全国各地新华书店和相关出版物销售网点
排　　版	中国水利水电出版社微机排版中心
印　　刷	天津嘉恒印务有限公司
规　　格	184mm×260mm　16开本　21.75印张　529千字
版　　次	2022年7月第1版　2022年7月第1次印刷
印　　数	0001—3000册
定　　价	**68.00**元

前　言

为应对化石能源的逐步枯竭及化石能源利用所造成的全球气候变化，可再生能源受到了世界各国的重视，我国是能源消费大国，发展可再生能源已列入我国的能源发展战略。生物质能源是可再生能源的重要组成部分，也是实现2030年碳达峰和2060年碳中和目标的重要手段。

生物质中绝大部分是植物生物质，无论是植物生物质原料的培育、种植，还是植物生物质能源的研究、生产和利用，均需要掌握生物质化学知识，只有学好生物质化学知识，才能更好地认识生物质、了解生物质，进而实现生物质的高效利用。生物质化学知识也是从事林产、制浆造纸工业的基础。

本书从生物质的定义、资源分布入手，详细介绍了植物生物质的宏观和微观结构、理化性质和化学组成，重点介绍了植物生物质原料各组分（提取物、木质素、纤维素、半纤维素）的化学结构、性质及利用，并介绍了两种独特的生物质（甲壳素及壳聚糖、淀粉）的物理结构、化学结构、性质及利用。

全书共10章，由北京林业大学宋先亮教授和许凤教授统筹规划，并担任主编。第1章和第3.5节由中国农业大学周宇光副教授编写，第2章由北京林业大学张逊老师编写，第3.1～3.4节由沈阳农业大学牛卫生老师编写，第4章由中国石油大学李叶青副研究员编写，第5章和第9章由北京林业大学宋先亮教授编写，第6章由北京林业大学许凤教授编写，第7章由北京林业大学游婷婷老师编写，第8章由华北电力大学陆强教授编写，第10章由厦门大学车黎明副教授编写，在此表示感谢！

本书在编写过程中参阅了大量书籍、论文及文献资料，也凝聚了全体编写人员的心血和智慧。但受时间仓促和编者水平所限，书中难免存在错误和不足之处，恳请读者批评指正，以便再版时完善。

编者

2021年11月15日

于北京

目　　录

第1章　生物质概述

1.1　生物质的定义、存在形态及资源分布

生物质及资源分布

1.1.1　生物质的定义

生物质是指利用大气、水、土地等条件通过光合作用而产生的各种有机体，包括有机物中除化石燃料外的所有来源于动植物、微生物等的能再生的物质，即，一切有生命的、可以生长的有机物质通称为生物质。

生物质是可持续、可再生的资源，其本质是一种太阳能的储存形式，它可通过CO_2、空气、H_2O、土壤、阳光、植物及动物的相互作用源源不断地形成，周而复始地循环，从而使生物质资源取之不尽。由于生物质在微生物降解和燃烧过程中释放的CO_2全部来自其生长过程中吸收的大气、土壤中的CO_2，即生物质燃烧过程中产生的CO_2不会增加大气中的CO_2总量。因此，生物质通常被称为“零碳排放”的可再生资源。

1.1.2　生物质的主要来源及分类

生物质资源种类主要包括农业有机剩余物、林木和森林工业残余物等。此外，动物的排泄物、江河湖泊的沉积物、农副产品加工剩余物（有机废物和废水）、城市生活有机废水及垃圾等都是重要的生物质资源。

依据来源的不同，通常可将生物质资源分为林业生物质资源、农业生物质资源、畜禽粪便、城乡有机固体废弃物和有机废水等五大类，具体分类如图1.1所示。

生物质资源
- 林业生物质资源：树枝、树叶、木屑、果壳等
- 农业生物质资源：农作物秸秆、稻壳、能源作物等
- 畜禽粪便：粪便、尿液及其与垫草的混合物等
- 城乡有机固体废弃物：生活有机干垃圾、生活有机湿垃圾(餐厨）等
- 有机废水：生活污水、工业废水、农业源、集中式污染治理设施等

图1.1　生物质的分类

林业生物质资源是指森林生长和林业生产过程提供的生物质资源，包括薪炭林、在森林抚育和间伐作业中的零散木材和残留的树枝、树叶、木屑等；木材采运和加工过程中的枝丫、木屑、梢头、板皮和截头等；林业副产品的废弃物，如果壳和果核等。

农业生物质资源是指农作物（包括能源作物，泛指用以提供能源的植物，通常包括草本能源作物、木本能源植物、油料作物、制取碳氢化合物的植物和水生植物等）在农业生产过程中产生的有机废弃物，如农作物收获时残留在农田内的农作物秸秆（玉米秸秆、高粱秸秆、麦秸、稻草、豆秸和棉秆等），以及农产品加工业的废弃物（如稻壳等）。

畜禽粪便是畜禽排泄物的总称，它是其他形态生物质（主要是粮食、作物秸秆和牧草等）的转化形式，包括畜禽排泄的粪便、尿液及其与垫草的混合物等。我国主要的畜禽包括猪、牛、羊和鸡等，畜禽粪便资源量与畜牧业生产的方式有关，但根据畜禽的品种、体重和粪便排泄量等因素，可估算出畜禽粪便的资源量。

城乡有机固体废弃物主要由城镇居民生活垃圾，以及商业、服务业垃圾等组成。其成分比较复杂，与当地居民平均生活水平、能源消费结构、城镇建设水平、自然条件、传统习惯以及季节变化等因素有关。

有机废水主要包括生活污水和工业有机废水。生活污水主要由城镇居民生活、商业和服务业的各种排水组成，如冷却水、洗浴排水、洗衣排水、厨房排水和粪便污水等。工业有机废水主要指酿酒、食品加工、制药、造纸及屠宰等行业生产过程中排出的富含有机物的废水等。

1.1.3　生物质资源的全球分布情况

根据联合国粮农组织统计数据，2019 年，玉米、稻谷、小麦三大主粮作物的全球产量分别为 11.5 亿 t、7.6 亿 t、7.7 亿 t；按照各作物的草谷比系数（稻谷为 1，小麦为 1.28，玉米为 1.1）估算，则秸秆理论资源量约为 30 亿 t。玉米、稻谷、小麦三大主粮作物在亚洲的年产量分别为 3.7 亿 t、6.8 亿 t、3.4 亿 t，在欧洲分别为 1.3 亿 t、402 万 t、2.7 亿 t，在美洲分别为 5.6 亿 t、0.4 亿 t、1.1 亿 t。全球畜禽养殖方面，牛、猪、羊的存栏量分别为 15.1 亿头、8.5 亿头、12.4 亿只。其中，美洲的数量分别为 5.3 亿头、1.8 亿头、0.8 亿只，亚洲分别为 4.7 亿头、4.3 亿头、5.2 亿只，欧洲分别为 1.2 亿头、1.9 亿头、1.3 亿只。2018 年，全球林木覆盖面积约为 49.7 亿 hm^2，其中非洲林木覆盖面积为 8.3 亿 hm^2，美洲为 20.7 亿 hm^2，亚洲为 7.4 亿 hm^2，欧洲为 11.9 亿 hm^2。2019 年，全球林业生产中木炭的生产总量为 0.5 亿 t，木屑为 2.8 亿 t，木质燃料为 19.4 亿 t，木质颗粒为 0.4 亿 t，木材剩余物为 23.2 亿 t。

2016 年，全球人均产生垃圾量为 0.74kg/d，亚太地区人均为 0.56kg/d，其中新加坡以 3.72kg/d 高居首位。同时，世界银行发布的报告显示，全球高收入人口 2016 年人均生活垃圾产生量为 1.58kg/d。主要发达国家人日均生活垃圾产生量如图 1.2 所示，其产生量明显高于全球平均水平，其中丹麦、美国、瑞士等发达国家

的人均垃圾产生量甚至接近全球平均水平的3倍。

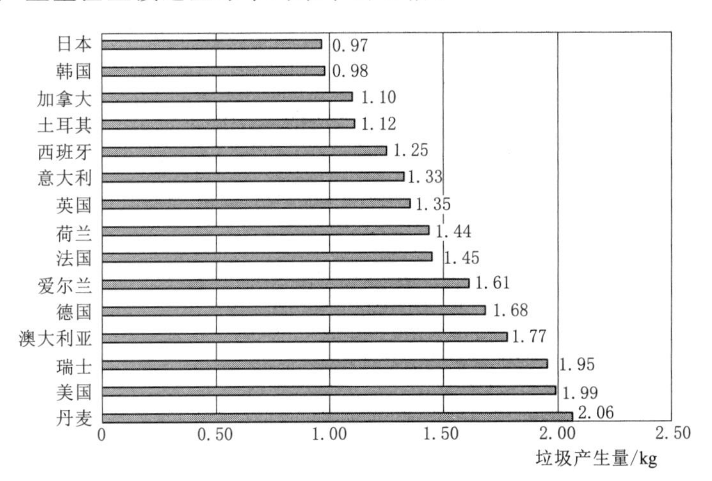

图1.2 主要发达国家人日均生活垃圾产生量

1.1.4 我国生物质资源分布

1.1.4.1 林业生物质资源

我国拥有较为丰富的林业生物质资源，包括林业木质生物质资源、木本生物柴油及部分林果淀粉植物资源，主要来源于林业生产的“三剩物”、薪炭林、灌木林平茬、经济林剪枝和城市绿化剪枝等。

截至2020年年底，我国可利用的林业剩余物资源量约为3.5亿t，主要集中在我国南方山区，资源总量前五分别是广西、云南、福建、广东、湖南，占全国总量的39.9%。我国林业面积约为17988.85万hm^2，森林覆盖率达到22.96%，年采伐木材10045.85万m^3。根据2011—2020年《中国林业和草原统计年鉴》的数据分析，我国林业采伐总资源量保持2%的增长，预计未来林业剩余物资源量也将随之增加；预计到2030年，林业剩余物资源量将达到4.27亿t，到2060年，林业剩余物资源量将达到7.73亿t。

1.1.4.2 农业生物质资源

农业生物质资源主要为农作物秸秆与农产品加工过程中产生的剩余物。农作物秸秆是指在农业生产过程中，收获稻谷、小麦和玉米等农作物籽粒或最具经济价值的皮棉、薯类块茎等部分以后，残留的不能食用的茎、叶等剩余物。农作物秸秆资源量与农作物经济产量、农业生产条件和自然条件等因素密切相关。农产品加工过程中产生的剩余物主要有稻壳、玉米芯、花生壳、棉籽壳、甘蔗渣和甜菜渣等，产地相对集中、数量巨大、容易收集处理，是非常重要的生物质资源。

2019年，我国农业生物质资源理论总量为8.77亿t。其中，农作物秸秆的理论总产量为7.58亿t（见表1.1），排在前三位的是玉米、稻谷和小麦，分别约为2.87亿t、2.10亿t和1.71亿t，占全国农作物秸秆总产量的88.13%。农产品加工剩余物的理论总产量约为1.19亿t，玉米芯、稻壳、甘蔗渣、花生壳、棉籽壳和甜菜渣的产量分别为 4694 万 t、4192.3 万 t、2187.8 万 t、473 万 t、276.8 万 t 和 61.4 万 t，所占的比例分别为 39.49%、35.27%、18.41%、3.98%、2.33% 和 0.52%。

表 1.1　2019 年我国主要农作物秸秆量　单位：万 t

作物	草谷比	产　量	秸秆量	作物	草谷比	产　量	秸秆量
稻谷	1	20961.4	20961.4	棉花	3.62	588.9	2131.8
小麦	1.28	13359.6	17100.3	甘蔗	0.1	10938.8	1093.9
玉米	1.1	26077.9	28685.7	豆类	1.5	2131.9	3197.9
花生	1.5	1752.0	2628.0				

注　数据来自《2020 中国统计年鉴》。

1.1.4.3　畜禽粪便

我国主要的畜禽养殖种类包括猪、牛、羊、鸡、鸭、鹅、马、驴、骡等十余种。畜禽养殖业发展产生的大量粪便，若不经处理直接堆置不管或随意排放，会引发严重的生态环境问题，不仅会污染水体和空气，也会浪费大量的有机养分。

2019 年，我国畜禽粪便的理论资源量为 20.14 亿 t；其次是肉牛，其粪便产生量约为 5.34 亿 t，占总量的 26.51%；家禽的粪便产生量约为 2.98 亿 t，占总量的 14.80%；羊的粪便产生量接近 2.87 亿 t，占总量的 14.25%。综上所述，猪、牛、家禽和羊是我国畜禽粪便的主体，其中牛类（包括肉牛、奶牛和其他牛）畜禽粪便排放量最高，占总量的 40.8%。

表 1.2　我国畜禽粪便理论产生量（2019 年）

种类	存栏量/(万头、万只)	粪污产生系数/(kg/d)	畜禽粪便产生量/万 t
肉牛	6617.9	22.1	53383.3
奶牛	1079.8	45.1	17775.1
其他牛	1341.0	22.4	10964
马	343.6	15	1881.2
驴	267.8	13	1227.7
骡	81.1	13	384.8
猪	44158.9	3.55	57218.9
羊	30231.7	2.6	28689.9
家禽	605302	0.135	29826.3
总量			201351.2

注　1. 其他牛的粪污产生系数以役用牛计算，家禽的粪污产生系数为肉禽和蛋禽的平均值。
2. 数据来自《2020 中国统计年鉴》。

1.1.4.4 城乡有机固体废弃物

城乡有机固体废弃物以城乡有机生活垃圾为主，城乡有机生活垃圾属于城乡生活垃圾的一部分。2019 年，我国 196 个大、中城市生活垃圾产生总量为 24206.2 万 t，各省（自治区、直辖市）城乡生活垃圾产生情况见表 1.3。其中，广东的城市生活垃圾年产生量为 2500 万～3500 万 t，浙江、山东、江苏为 1500 万～2500 万 t，河南、北京、四川为 1000 万～1500 万 t，12 个省（自治区、直辖市）的城乡生活垃圾年产生量为 0～500 万 t，13 个省（自治区、直辖市）为 500 万～1000 万 t。我国城乡生活垃圾年产生量前三名分别为广东 3347.3 万 t、江苏 1809.5 万 t、山东 1786.8 万 t。

表 1.3　2019 年全国各省（自治区、直辖市）城乡生活垃圾产生情况

城乡生活垃圾产生量/万 t	省（自治区、直辖市）
0～500	天津、贵州、甘肃、宁夏、西藏、青海、广西、海南、云南、吉林、新疆、内蒙古
500～1000	河北、辽宁、山西、安徽、上海、湖南、黑龙江、福建、江西、陕西、湖北、重庆、湖北
1000～1500	河南、北京、四川
1500～2500	浙江、山东、江苏
2500～3500	广东

注　1. 数据不含香港特别行政区、澳门特别行政区和台湾省。
　　2. 数据来自《2020 中国统计年鉴》。

1.1.4.5 有机废水

食品、农产品等加工业的有机废水、废渣及城市生活污水中含有大量有机污染物，这些有机废弃物被微生物分解时需要耗费大量氧，故常用化学需氧量（COD）表示污染程度。这些有机质随意排放到环境中会成为污染源，而通过厌氧发酵产生沼气等途径则可转化成为生物质能源。

有机废水中含有大量有机污染物，这些有机污染物被微生物分解时需耗费大量氧，故常用化学需氧量（COD）表示其污染程度。根据来源不同，可分为工业源、农业源、生活源和集中式污染治理设施等。有机废水可通过厌氧发酵产生沼气等途径转化成生物质能源进行利用，从而减少对环境的污染。

2020 年，全国有机废水中化学需氧量排放量为 2564.7 万 t。其中，工业源（含非重点）废水中化学需氧量排放量为 49.7 万 t，占全国废水中化学需氧量排放量的 1.94%；农业源化学需氧量排放量为 1593.2 万 t，占全国废水中化学需氧量排放量的 62.12%；生活源污水中化学需氧量排放量为 918.9 万 t，占全国废水中化学需氧量排放量的 35.83%；集中式污染治理设施废水（含渗滤液）中化学需氧量排放量为 2.9 万 t，占全国废水中化学需氧量排放量的 0.11%。2020 年全国及分源化学需氧量排放情况见表 1.4。

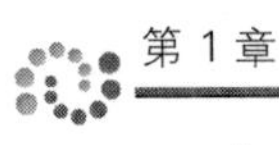

表 1.4　2020 年全国及分源化学需氧量排放情况
（数据来源：2020 年中国生态环境统计年报）

项目	合计	工业源	农业源	生活源	集中式污染治理设施
排放量/万 t	2564.7	49.7	1593.2	918.9	2.9
占比/%		1.94	62.12	35.83	0.11

注　集中式污染治理设施废水（含渗滤液）中污染物排放量指生活垃圾处理厂和危险废物（医疗废物）集中处理厂废水（含渗滤液）中的污染物排放量。

生物质利用与前景

1.2　生物质资源的利用途径与瓶颈

1.2.1　生物质能转化利用技术

生物质资源可通过一定的方法和手段转变成使用更为便捷、清洁的燃料或能源产品，通常把这类技术统称为生物质能转化利用技术。常见的生物质能转化方法如图 1.3 所示，主要可分为物理法、热化学法、生物化学法、化学法，涉及的技术包括压缩成型技术、直接燃烧技术、热解技术、水热处理技术、水解发酵技术、厌氧发酵技术、好氧堆肥技术、微藻技术、酯交换反应等。

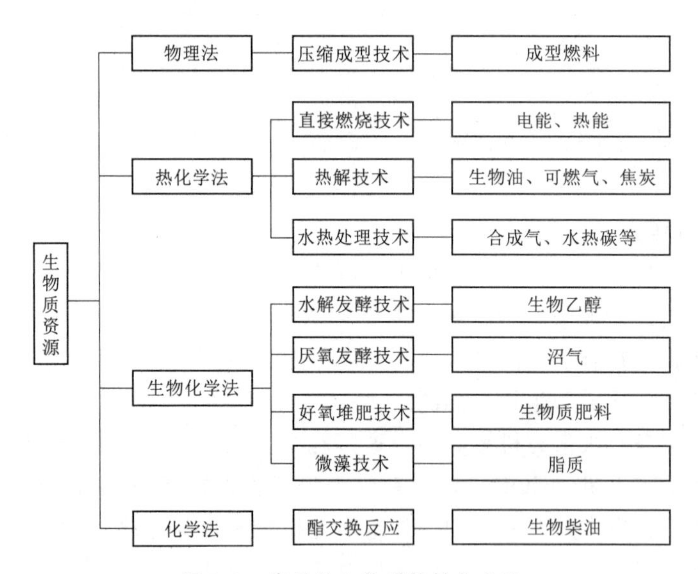

图 1.3　常见的生物质能转化方法

1.2.1.1　压缩成型技术

生物质材料的力传导性极差，通过缩短力传导距离给其施加一个剪切力，可使被木质素包裹的纤维素分子团错位、变形、延展；在较小的压力和较低的温度下，可使其相邻镶嵌，并借助木质素黏结而重新组合成型。利用这一原理可将粉碎后的农林废弃物经机械加压方式压缩成具有一定形状、密度较大的固体燃料，即生物质成型燃料。压缩成型技术的工艺可根据向原料中添加黏结剂与否分为加黏结剂成型

和不加黏结剂成型两种。根据原料热处理方式的不同又可以分为常温压缩成型、热压成型和炭化成型三种。根据形状和大小不同，可将生物质成型燃料分为颗粒燃料（Pellet）和棒（块）状燃料（Rod/Briquette）[根据《生物质固体成型燃料技术条件》（NY/T 1878—2010），直径或横截面尺寸不大于25mm的成型燃料被定义为颗粒燃料，大于25mm的成型燃料则被归为棒（块）状燃料]。

生物质压缩成型可有效破解制约其规模化利用的原料收集、储存、运输成本高等难题。上述难题产生的根源一方面与其自身较低的堆积密度有关，另一方面还因其形状不规则导致堆积时原料间空隙大。将生物质通过压缩加工获得成型燃料，可显著提高其堆积密度，从而较好地解决上述瓶颈。

生物质成型燃料的生产工艺流程需要根据原料的种类、特性、成型方式以及生产规模等进行具体确定。生物质压缩成型所用设备主要包括4类：①原料预处理设备（切割机、粉碎研磨机与干燥系统）；②原料输送设备（螺旋上料机、气动输料设备与中间料仓等）；③压缩成型及其配套控制装置；④成型燃料处理及包装设备（燃料切割设备、冷却装置和包装设备）。

生物质压缩成型过程受外部和内部因素影响：外部因素主要包括温度和压力；内部因素主要指生物质的物理（粒度、含水率等）和化学特性（原料中木质素分子结构、含量及其他天然黏结剂含量等）。

1.2.1.2 直接燃烧技术

直接燃烧是最原始、最实用的生物质能利用方式。但传统的燃烧技术相对落后，热能转换效率较低。现代生物质直接燃烧技术主要有生物质直接燃烧发电、秸秆捆烧供热等，其中秸秆捆烧技术是指将田间松散的秸秆经捡拾打捆后，在专用的生物质锅炉中进行燃烧的能源化技术，具有运行成本低、原料适应性强等优点，经济、环境效益较好。

1.2.1.3 热解技术

生物质热解是指生物质在完全缺氧或有限氧环境中受热降解形成固体、液体和气体三相产物的热化学转化过程。该过程会发生一系列的物理及化学变化，物理变化包括热量传递、物质扩散等，化学变化包括分子键断裂、分子内脱水、异构化和小分子聚合等反应。三相产物包括固体炭、可冷凝液体油和可燃气体、固体炭主要是焦炭；可冷凝液体油包括一些非水溶性大分子及水溶性小分子，如醇、丙酮和乙酸等；可燃气体主要包括H_2、甲烷、CO和其他气态烃等。通过控制热解反应条件（如温度、加热速率、压力和停留时间）可改变三种产物的比例。

生物质在不同热解温度下，将获得不同比例的三相产物。在300～500℃下，较低加热速率时，产物以焦炭为主，呈固态黑色粉末状，其比表面积大、孔隙结构密集、表面官能团丰富、电热稳定性优异，可被广泛用于环境工程技术（废水处理、气体吸附和改良土壤等）和新能源材料（电催化、光催化和超级电容器等）等领域；在500～650℃下，产物以可冷凝液体油（生物油）为主；在700～1100℃下，产物以可燃气体为主。此外，不同的加热速率亦对热解产物的构成有所影响。较低的加热速率有利于焦炭的形成，但不利于焦油的生成。例如，在隔绝空气、超高加热速率、超短停留时间及适中热解温度下，生物质中的有机高聚物分子迅速断裂为短链分子，使焦炭和气态产物含量最低，从而最大限度地获得液态产物。

1.2.1.4　水热处理技术

水热处理技术是以水为介质，在一定温度和压力条件下将生物质转化为水热炭、合成气、生物油等一系列高附加值产物的热化学转化技术。与其他热化学转化技术相比，水热处理技术对生物质原料的含水率并无特殊要求，无需进行预干燥处理，可获得较高的生物质转化率，同时降低转化成本。由于水随温度和压力的变化呈显著不同的特性，因此不同的水热处理工艺参数对固、液、气三相产物的产率及组成有直接影响。根据主要目标产物的状态，生物质水热处理技术按反应条件可分为水热炭化、水热液化以及水热气化等。

水热炭化的反应温度通常为 180～250℃，反应压力为 2～10MPa，水热炭广泛应用于污染物吸附脱除、纳米碳材料、碳基催化剂、碳基燃料电池等诸多领域。水热液化温度为 280～370℃，压力为 10～25MPa，目前研究主要集中在生物质原料种类、温度、停留时间、加热速率、反应压力和催化剂等对生物油产率及其理化特性的影响等方面。水热液化温度高于 350℃时，其反应产物是富含 H_2 和甲烷的合成气，合成气在燃料电池和化学合成等方面应用广泛。根据主要气体产物的不同，水热气化又可划分为水相重整、近临界催化气化和超临界气化等三种主要类型。

1.2.1.5　水解发酵技术

水解发酵技术的主要产物为乙醇，又称酒精，是由 C、H、O 三种元素组成的有机化合物，也是一种优质的液体燃料。乙醇不含 S 及灰分，可直接代替汽油、柴油等化石燃料，是最易工业化的内燃机燃料之一。

乙醇的生产方法包括：利用含糖原料直接发酵，间接利用碳水化合物或淀粉进行发酵，将木材等纤维素原料经酸水解或酶水解制乙醇等。玉米芯、水果、甜菜、甜高粱、秸秆、稻草、木片、草类等农林生物质资源及一些富含纤维素的原料均可作为提取乙醇的原料。由淀粉类或糖类生物质发酵生产燃料乙醇的技术已经相对成熟，但若采用木质纤维素类生物质生产乙醇，则需要解决大规模、低成本生产纤维素酶这一瓶颈问题。

纤维素具有较高的结晶度、较强的分子间作用力和良好的机械性能，因此不易水解。在纤维素水解反应中，关键步骤是两个葡萄糖苷单元之间的 β—1,4—糖苷键的水解断裂。该步骤也是纤维素进一步向下游转化的基础。由于富含结晶结构以及氢键，纤维素水解反应比淀粉等其他多糖水解反应更难。在碱催化下，纤维素水解反应容易发生多种降解反应，限制了其应用。因此，一般采用酸催化。酸催化是目前为止最为高效、廉价的半纤维素水解方法，硫酸、盐酸是常用的催化剂，例如，阿拉伯半乳聚糖经盐酸催化可水解为半乳糖与阿拉伯糖。但是硫酸和盐酸的缺点是易腐蚀反应器，回收较困难，对环境的毒性较大。因此，近年来磷酸、甲酸、有机酸等低环境影响的催化剂也逐渐得到应用。

在纤维素水解的基础上，可利用双功能催化剂实现纤维素水解以及葡萄糖的进一步转化。纤维素水解后进一步加氢，可得到山梨醇、甘露醇等多元醇。纤维素水

解后，采用钨基催化剂或碱性催化剂，对葡萄糖中间体进行加氢发生选择性断裂C—C键反应的同时，可得到乙二醇、丙二醇等低碳多元醇。

半纤维素的结构基本为无定形相，分子间作用力较弱，因此较纤维素更易在酸或碱溶液中水解。木质素主体和侧链结构中的多种官能团都能够发生氧化反应，且反应类型多样，可通过均相催化、多相催化以及电催化、光催化等手段进行。木质素的选择性氧化反应类型选择是近年来生物质高效利用的研究热点之一。过氧化氢（H_2O_2）、硝基苯、高锰酸钾（$KMnO_4$）、过氧乙酸等可作为木质素的均相选择性氧化反应的氧化剂。

1.2.1.6　厌氧发酵技术

厌氧发酵是指在缺氧情况下，利用自然界固有的微生物厌氧菌（特别是产甲烷菌），把人畜粪便、农作物秸秆以及工农业废水等含有的各种有机物作为营养源，经厌氧菌代谢后，将有机物转化为沼气的整个生产工艺过程，通称“有机物的厌氧消化”。沼气中甲烷含量一般为50%～70%，其余为CO_2和少量的N_2、H_2和H_2S等。

沼气发酵过程实质上是微生物的物质代谢和能量转化过程。微生物在分解代谢过程中获得能量和物质，以满足自身的生长繁殖，同时大部分物质转化为甲烷和CO_2。甲烷的形成过程可分为水解阶段、酸化阶段、产氢产乙酸阶段和产甲烷四个阶段。

在水解阶段，纤维素、半纤维素等复杂的大分子化合物，在发酵性细菌所分泌的胞外酶的作用下水解成可溶于水的单糖、氨基酸和脂肪酸。在酸化阶段，厌氧和兼性厌氧的发酵性细菌将水解阶段的产物转化成挥发性脂肪酸（VFA）、醇类、乳酸、CO_2、H_2等。在产氢产乙酸阶段，酸化阶段产生的各种有机酸经专性厌氧的产氢产乙酸细菌利用，分解成CO_2、H_2、乙酸，同时由同型乙酸菌将H_2和CO_2合成乙酸。在产甲烷阶段，产甲烷菌群利用单碳化合物、乙酸和H_2生成甲烷。

1.2.1.7　好氧堆肥技术

好氧堆肥是在通气条件好、氧气（O_2）充足、水分适宜的情况下，好氧菌对废物进行吸收、氧化以及分解的过程，是依靠专性和兼性好氧细菌的作用降解有机物的生化过程。将要堆腐的有机料与填充料按一定比例混合，使微生物繁殖并降解有机质，同时产生高温，杀死其中的病原菌及杂草种子，使有机物达到稳定化。

在好氧堆肥过程中，有机废物中的可溶性小分子有机物质透过微生物的细胞壁和细胞膜而被微生物所吸收和利用。其中的不溶性大分子有机物则先附着在微生物体外，由微生物所分泌的胞外酶先分解成可溶性小分子物质，再输入其细胞内为微生物所利用。通过微生物的合成及分解过程等生命活动，把一部分被吸收的有机物氧化成简单无机物并提供活动所需能量，而把另一部分有机物转化成新的细胞物质，供微生物增殖所需。

1.2.1.8　微藻技术

藻类是低等植物中种类繁多、分布极其广泛的一个类群。无论是海洋、淡水湖泊等水域，还是潮湿的土壤、树干等处，藻类几乎能在有光和潮湿的任何地方生存。藻类生物质包括大型藻与微藻。其中，微藻具有生长速度快、产油量高、不占用耕地、可在污水中生长、能有效捕获工业 CO_2 排放等优点。微藻是指一些微观的单细胞、群体或丝状藻类，大多数是浮游藻类，生物量较大、分布较广。微藻通常含有 C_{14}～C_{26} 的油脂以及一定量的游离脂肪酸（20%～50%），通过热解可获得生物质燃油，使用化学方法可从一些富含脂肪的微藻中提取油脂，并用于制取食用油或生物燃油。藻类中还含有多种维生素、胡萝卜素、蛋白质、脂肪酸等药用活性物质。

1.2.1.9　酯交换反应

酯交换反应可合成生物柴油。植物油虽然可直接用作内燃机燃料，但存在黏度高、挥发性差等缺点。为避免设备故障，须对植物油进行酯化处理，使生物柴油的性质与柴油更为接近。目前，生产生物柴油以化学法为主，即采用植物油与甲醇或乙醇经酸、碱或生物酶等催化发生酯交换反应，生成脂肪酸甲酯或脂肪酸乙酯燃料油。

1.2.2　生物质固体燃料

1.2.2.1　生物质成型燃料

生物质成型燃料与煤同属固体燃料，有很多相似的特性，但与煤相比又具有清洁和可再生的特点。生物质成型燃料可作为煤的重要替代燃料，近年来已成为可再生能源开发的热点之一。

目前，生物质成型燃料在欧美国家已经进入产业化、规模化发展阶段。世界排名前十的成型燃料生产国分别是瑞典、加拿大、美国、德国、奥地利、芬兰、意大利、波兰、丹麦和俄罗斯。截至 2015 年年底，全球生物质成型燃料年产量约为 3000 万 t，欧洲生物质成型燃料年均消费量约为 1600 万 t。其中，北欧国家生物质成型燃料消费比重最大。瑞典的生物质成型颗粒燃料年使用量约为 150 万 t，生物质成型燃料供热约占其供热能源消费总量的 70%。瑞典能够领跑生物质成型燃料的发展，主要得益于其有充足的原料，有利于生物质成型燃料发展的税收体系以及广泛的区域供暖网络等。丹麦年消费生物质成型燃料达 70 万 t。泰国等亚洲国家也对该技术相当重视，已建成较多生物质压缩成型工厂。

我国生物质成型燃料产量不断增长，从 2010 年的 300 万 t 提高到了 2018 年的约 1500 万 t，年均增长率达 22%。生物质成型燃料是解决我国农村用能，尤其是采暖用能需求的重要途径之一。同时，在集中供热和供气领域，生物质成型燃料也有一定的市场空间。

1.2.2.2　生物质直接燃烧发电

2008—2017 年，全球生物质直接燃烧发电装机容量由 53.86GW 增长到 109.21GW，年复合增长率达 8.23%，十年间增长了一倍。2018 年全年装机容量进一步上升至 117.25GW，同比增长 7.36%。2008 年，全球生物质直接燃烧发电装机容量中，欧洲国家占 38.40%（20.68GW）；美洲国家占 33.85%（18.23GW）；亚洲国家占 19.72%（10.62GW）。2017 年全球生物质直接燃烧发电装机容量中，欧

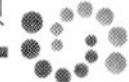

洲国家占33.37%（36.44GW）；美洲国家占30.35%（33.15GW）；亚洲国家占30.14%（32.92GW），占比增长了10%。

我国生物质资源地域分布不均现象十分明显。生物质发电项目主要集中在秸秆资源丰富的地区，才能够保证燃料供应充足，降低企业运营成本。2016年起，《生物质能发展“十三五”规划》鼓励农林生物质发电全面转为分布式热电联产和推进新建热电联产项目，各省（自治区、直辖市）积极进行热电联产改造、提高装机容量。截至2019年，全国已投产生物质发电项目1094个，年总发电量1111亿kW·h，较2018年增加204亿kW·h，其中生活垃圾焚烧、农林生物质发电项目占96%，沼气发电占4%。全国30个省（自治区、直辖市）的农林生物质发电累计装机容量为973万kW，较2018年增长21%。累计装机容量排名前五的省份分别是：山东省（18.2%）、安徽省（13.1%）、黑龙江省（10.5%）、湖北省（6.4%）、江苏省（6.2%），占全国累计装机容量的54.4%。垃圾焚烧发电累计装机容量为1202万kW，较2018年增长31%。具体数据如图1.4所示。

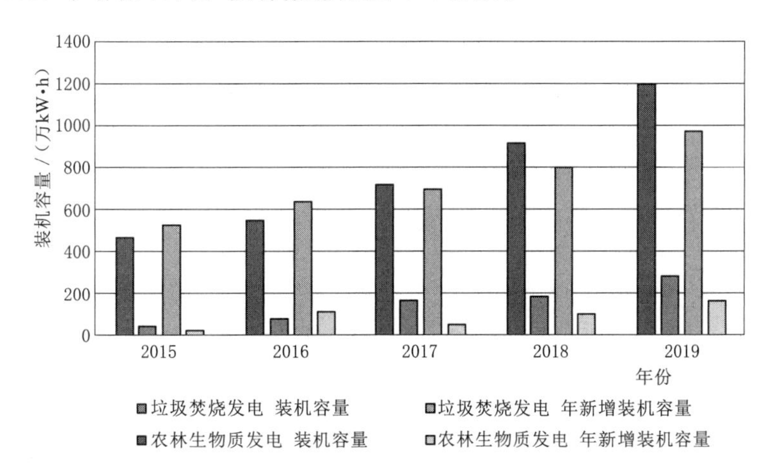

图1.4 2015—2019年生物质发电装机容量与新增装机容量
（数据来源：国家能源局）

据预测，到2026年，我国全社会用电量将达8.79万亿kW·h，可再生能源发电量为2.81万亿kW·h，生物质能年发电量将占可再生能源发电量的13.64%。

1.2.3 生物质液体燃料

1.2.3.1 生物柴油

生物柴油的研究最早始于20世纪70年代，有28个国家致力于生物柴油的研究和生产。欧美国家政府制定了一系列促进生物柴油产业发展的财政补贴、税收优惠等支持政策。德国、法国、意大利、美国、加拿大等国已建立了若干生物柴油生产厂并开始大规模利用生物柴油。欧盟国家以油菜籽为主要原料，美国、巴西以大豆为主要原料，东南亚国家则利用优越的自然条件种植油棕以获取油脂资源。2019年，全球生物柴油产量为4173万t，较2018年增加480万t。

我国生物柴油的研究焦点主要涉及油脂植物的分布、选择、培育、遗传改良及其加工工艺和设备。“八五”和“九五”期间，开展了野生光皮树油的采集、酯化改性和应用试验研究；“十五”期间，科技部将野生油料植物开发和生物柴油转化技术发展列入国家“863”计划和科技攻关计划。中国科技大学、江苏石油化工学院、北京化工大学、吉林省农业科学院、中国科学院广州能源研究所等科研单位，分别成功利用菜籽油、大豆油、废煎炸油等为原料生产生物柴油。中国石油天然气集团有限公司、中国石油化工集团有限公司、中国海洋石油集团有限公司和中粮集团有限公司等均设立了研究生物柴油的专门机构。此外，还涌现出正和集团股份有限公司、古杉集团、龙岩卓越新能源股份有限公司、河南天冠企业集团有限公司、湖南天源生物质能源有限公司等许多家生物柴油企业，开发出具有自主知识产权的生物柴油生产技术，建立了工业化试验工厂。2014—2019年全球与我国生物柴油产量如图1.5所示。2019年我国生物柴油产量为120万t，较2018年增加了20万t，占全球生物柴油产量的2.9%。

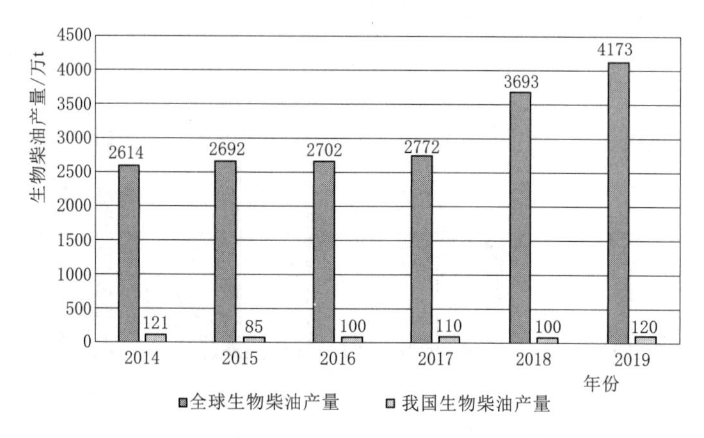

图1.5　2014—2019年全球与我国生物柴油产量
（数据来源：联合国统计局、21世纪可再生能源政策网络）

总体而言，我国的生物柴油工业化生产已初具规模。但受企业研发能力限制，企业大多数技术处于初期发展阶段，环境友好性和经济竞争力较弱，产业化和商业化程度有待进一步提升。原料成本高、来源不稳定、供应不足等是阻碍生物柴油产业发展最大的问题，因此建设固定的原料基地尤为重要。

1.2.3.2　生物（燃料）乙醇

2018年，全球约有2000家燃料乙醇工厂处于运行状态，燃料乙醇年产量达到8.5×10^7t，同比增长5.28%。国际能源署（IEA）于2018年10月发布了《2018年可再生能源：2018—2023年市场分析和预测》报告，认为可再生能源市场将继续扩张，远期可占全球能源消费增长量的40%；到2023年，生物燃料产量将达1.3×10^8t，增长15%。根据美国可再生燃料协会（RFA）公布的数据，美国作为燃料乙醇的主要生产国，2018年燃料乙醇产量达4.796×10^7t，约占全球总产量的56%；巴西是燃料乙醇全球第二大生产国，2018年燃料乙醇产量为2.365×10^7t，约占全球总产量的28%；欧盟1993年燃料乙醇产量仅为4.8×10^4t，2004年达到$4.2\times$

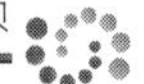

10^5 t，随后开始大幅增长并于 2006 年达到 1.2×10^6 t，2018 年为 4.27×10^6 t，具体数据见表 1.5。

表 1.5　　2014—2018 年世界各国、地区燃料乙醇产量　　单位：万 t

国家/地区	2014 年	2015 年	2016 年	2017 年	2018 年
美国	4274	4422	4578	4759	4796
巴西	1849	2118	2179	2108	2365
欧盟	432	414	411	423	427
中国	190	243	252	261	314
加拿大	152	130	130	134	143
泰国	93	100	96	118	116
阿根廷	48	63	79	93	99
印度	46	63	67	84	87
其他	258	117	146	139	164
合计	7342	7670	7938	8119	8511

注　数据来自美国可再生燃料协会。

我国在“九五”期间将生物质能列入科技发展计划。2009 年颁布的《中华人民共和国可再生能源法》、2007 年颁布的《可再生能源中长期发展规划纲要》、2014 年颁布的《国家能源发展战略行动计划（2014—2020 年）》、2014 年颁布的《国家应对气候变化规划（2014—2020 年)》和 2016 年颁布的《可再生能源发展“十三五”规划》等政策，针对燃料乙醇、生物柴油等制定了产业目标。其中，《可再生能源发展“十三五”规划》提出，在“十三五”末年，燃料乙醇年利用量达到 400 万 t。

“十五”期间，我国已在黑龙江、吉林、河南、安徽四省建成 4 个燃料乙醇生产试点项目，年产量 102 万 t 左右，主要使用储备粮中时间较久的陈化粮。为扩大生物质燃料来源，目前，以甜高粱茎秆为原料、年产 5000t 的燃料乙醇中试厂已经建成，纤维素废弃物制取乙醇燃料技术已进入年产 600t 中试阶段，以木薯、甘蔗等为原料的燃料乙醇工厂也在兴建中。

目前，我国燃料乙醇生产技术已经接近成熟，黑龙江、吉林、辽宁、河南、安徽五省及湖北、河北、山东、江苏部分地区已基本实现车用乙醇汽油替代普通无铅汽油，乙醇汽油占全国汽油总消费量的 20%。我国已成为世界上继巴西、美国之后的第三大燃料乙醇生产国和应用国。

燃料乙醇产业与市场发育关系紧密，其发展涉及原料供应、乙醇生产、乙醇与组分油混配、储运和流通，以及相关配套政策、标准、法规的制定等多个方面。我国燃料乙醇产业发展还处于起步阶段，目前面临原料不足、技术产业化基础薄弱、产品市场竞争力不强、政策和市场环境有待完善等诸多困难和问题亟待解决。

1.2.4　生物质气体燃料

1.2.4.1　沼气

据国际可再生能源机构（IRENA）统计，沼气发电装机容量始终保持增长态势，2000—2021 年全球沼气发电装机容量如图 1.6 所示。截至 2021 年年底，全球沼气发电装机容量达 21574MW，约是 2000 年装机量容量 2435MW 的 9 倍。沼气发电装机容量排名前三的地区分别是欧洲、亚洲与北美洲，其中欧洲最高，为 14035MW，亚洲为 2859MW，北美洲为 2667MW。2005—2012 年，沼气发电装机容量增加速度较快，在 2005 年达到最高，与 2004 年相比增加了 28.68%，近些年沼气发电装机容量增长率较为稳定，维持在 5%左右。

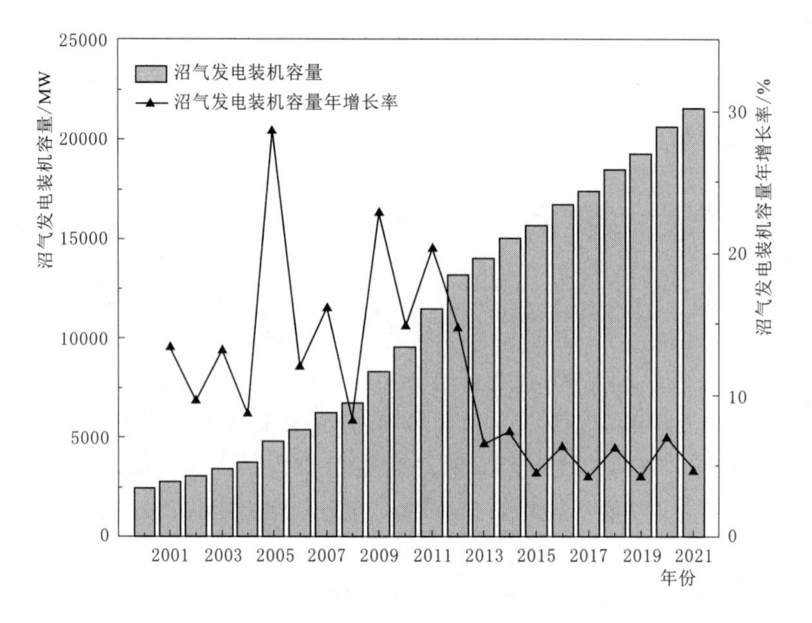

图 1.6　全球沼气发电装机情况

近年来，我国生物质沼气产业迅速发展，目前已形成了户用沼气、联户集中供气和规模化沼气工程共同发展的格局。沼气利用方式主要包括农村生活供气、热电联产、净化提纯生产生物天然气等。截至 2018 年年底，全国各省市共有处理农业废弃物沼气工程 109732 处，总池容量达 2197.81 万 m^3。根据我国农业农村行业标准《沼气工程规模分类》（NY/T 667—2011），以沼气工程的日产沼气量 Q（单位 m^3/d）、厌氧消化装置的容积以及配套系统等为依据，可将沼气工程划分为特大型（$Q \geqslant 5000$）、大型（$5000 > Q \geqslant 500$）、中型（$500 > Q \geqslant 150$）和小型（$150 > Q \geqslant 5$）等四种类型，见表 1.6。其中，大型沼气工程（含特大型）7966 处（6.95%），中型沼气工程 10332 处（9.58%），小型沼气工程 89761 处（83.46%）。

我国幅员辽阔，不同地区的气候条件、农业现状和社会经济发展水平差异较大。发展生物质沼气工程应因地制宜在不同区域进行技术适应性、工程推广应用模

表 1.6　　各种类型沼气工程的发展情况

年份	工程数量				总池容量/万 m^3
	大型（含特大型）	中型	小型	合计	
2011	4998	9016	67027	81041	1192.74
2012	5597	9767	76588	91952	1433.43
2013	6160	10285	83512	99957	1573.04
2014	6713	10087	86236	103036	1690.81
2015	7077	10543	93355	110975	1892.52
2016	7523	10734	95183	113440	2013.41
2017	7875	10516	91585	109976	2068.19
2018	7966	10332	89761	108059	2197.81

式的研究与实践。沼气工程的原料收储运、技术工艺与装备、运营规范等方面的标准仍需进一步强化。

1.2.4.2 生物质气化

在世界范围内，生物质气化主要用于供热/窑炉、热电联产（combined heat and power，CHP）、混燃和合成燃料，目前规模最大的应用是热电联产。2015 年，欧美发达国家的众多跨国公司和科研单位相继开展了生物质气化合成液体燃料的研究工作，建立了多套示范装置：德国科林公司（Choren）和林德集团（Linde）合作，在芬兰建设了一座年消耗林业废弃物 1.2×10^6t、年产 1.3×10^5t 生物质合成柴油/石脑油的工厂；德国卡尔斯鲁厄理工学院和鲁奇公司（Lurgi）建立了生物质间接液化制备柴油（Biomass to Liquid，BTL）合成汽油中试厂，以林木剩余物、秸秆和油棕树叶为原料，日产生物质合成汽油 2t；瑞典 Chemrec 公司在瑞典北部建立了年产 1800t 甲醇和二甲醚的造纸黑液气化合成车用燃料示范系统。此外，还有美国的 Hynol Process 示范工程、美国可再生能源实验室的生物质制甲醇项目和日本三菱重工的生物质气化合成甲醇系统等。

Dimitriou 等人分析了六种不同 BTL 合成系统（循环流化床和气流床气化系统分别与费托合成工艺、甲醇制汽油工艺、托普索一体化汽油合成工艺的组合合成系统）的能效（37.9%～47.6%）和液体燃料生产成本（17.88～25.41 欧元/GJ）。其中，费托合成工艺最接近传统石油化工生产成本，且考虑到传统生产方式的环保成本逐渐增加，生物燃料在未来将更具备竞争优势。

河南农业大学、浙江大学、中国科技大学、中国科学院青岛生物能源与过程研究所、中国科学院广州能源研究所、中国农业大学等机构报道过生物质气化合成液体燃料研究的相关成果。例如，中国科学院广州能源研究所在国家“十五”“863”计划支持下，开展了生物质气化合成含氧液体燃料的实验研究。“十一五”期间，在国家“863”计划、国际合作及中国科学院知识创新项目支持下，建立了百吨级生物质气化合成二甲醚的评价系统和中试装置。在“十二五”国家科技计划项目支持下，建成了千吨级生物质气化合成醇醚燃料示范系统，并开发出具有自主知识产权的万吨级工艺包。

我国生物质气化产业的基本定位包括：①部分替代燃煤、燃气，建设分布式工业供热、供气系统，满足分散、小规模燃煤燃气用户需求，服务于节能减排；②建设村镇规模分布式生物质气化多联供系统，为新型城镇化战略提供支撑；③气化合成液体燃料和化工品，部分替代石油工业产品，服务国家能源发展战略。

1.2.5　生物基材料

生物基材料是指利用生物质，通过生物、化学以及物理等手段制造的一类新型材料，主要包括生物塑料、生物基平台化合物、生物质功能高分子材料、功能糖产品、木基工程材料等，具有绿色、环境友好、原料可再生以及可生物降解等特性。

生物基合成材料有助于解决全球经济社会发展所面临的资源和能源短缺及环境污染等问题。据 Nova Institute 研究，几乎所有化石资源制成的工业材料都可以被生物质基材料替代。2018 年，欧盟生物基化学品及下游产量近 470 万 t，而市场需求近 550 万 t，产值近 92 亿欧元，高端生物基产品需求旺盛。

生物基材料作为石油基材料的升级替代产品，已和纳米材料等被一同纳入新材料前沿研究领域。近年来，我国生物基材料行业正以每年 20%以上的增长速度逐步走向工业规模化和产业化阶段。2019 年，我国规模以上生物基材料企业营业收入为 148.49 亿元。

1.2.6　生物质化学衍生品

2004 年，美国国家可再生能源实验室的研究报告介绍了可通过生物质转化而来的 12 种基础平台化合物，可通过多步连续催化、脱氧、转化、解聚和单一组分富集、定向反应富集等步骤，制备燃料或其他高附加值有机分子。这 12 种平台化合物包括：丁二酸、2,5—呋喃二酸、3—羟基丙酸、天冬氨酸、葡萄糖二酸、谷氨酸、衣康酸、乙酰丙酸、3—羟基丁内酯、丙三醇（甘油）、山梨糖醇和木糖醇。这些化合物可制备生物柴油、5—羟甲基糠醛、酚类化合物等。

若要实现上述目标，应首先破解生物质含氧量高、组分复杂、三维空间缠绕结构等瓶颈问题。在生物质化学衍生品的制备、加工和应用过程中，都可能产生污染物，其绿色制备、加工和应用十分关键。因此，应开发绿色预处理溶剂、催化剂回收及其再生利用技术，减少消耗水和化学品。此外，还应广泛挖掘材料的“一剂多效”特性，发展新型生物基能量存储与转化材料，优化设计纳米线（一维）、纳米薄膜（二维）和凝胶（三维）的基质结构，并精确控制其表面微纳结构。

1.2.7　生物质转化技术瓶颈

整体看来，生物质资源开发利用还存在以下问题：

（1）成本高。生物质能量密度低，分布分散，利用过程需增加预处理，或附加的转换设备利用成本较高。

（2）环境制约。生物质原料生产过程对生态环境有一定的影响。有的技术仍处

于研究试验阶段，不同的技术可能还会对环境产生不同程度的二次污染。

(3) 其他制约因素。生物质转化是资金密集型行业，但因投资回收周期较长等原因，募资普遍较为困难，同时，从事生物质能研发、新能源业务的专业技术和管理人才匮乏，知识产权保护亟待健全……以上因素不同程度制约了生物质转化技术的应用。

1.3 生物质与“30/60碳减排目标”

生物质与碳减排

1.3.1 生物质开发利用的生态效益

自20世纪70年代以来，各国专家对石油、煤炭、天然气的储量和可开采时限做过种种的估算与推测，几乎都得出一致的结论——部分化石燃料将在21世纪被消耗殆尽，部分因开采成本高或开发使用导致的一系列环境问题而失去开采价值。因而，居安思危、开发新的可再生能源来替代传统化石能源非常必要和迫切。生物质能源作为清洁的可再生能源，能够在很大程度上缓解能源危机，并对生态环境改善产生积极影响。

1.3.1.1 改善能源结构

2017年，生物质能源占全球一次能源供应总量的10%左右，其中，生物质固体燃料与生物炭、生物质液体燃料、生物质气体燃料和城市生活垃圾分别占生物质能源供应的60.7%、4.6%、1.7%和0.9%。据估算，中国农林剩余物的生物质资源量为(8.74～12.64)×10^{18}J/年，能源作物类的生物质资源量为(3.42～7.29)×10^{18}J/年。如图1.7所示，随着我国经济的发展和消费水平不断提升，生物质资源产生量呈不断上升趋势，总资源量年增长率预计维持在1.1%以上。预计2030年我国生物质资源总量将达到37.95亿t，到2060年我国生物质总资源量将达到53.46亿t。

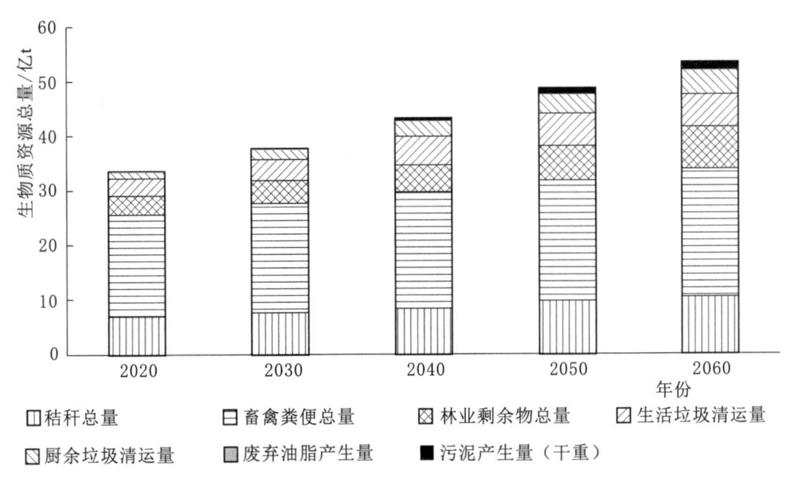

图1.7 生物质资源总量及组成
(数据来源：3060零碳生物质能潜力蓝皮书)

生物质转化技术可以高效利用生物质资源，生产多种清洁燃料用于日常生活或交通运输，替代煤炭、石油、燃气等传统化石能源，改善能源结构，从而减少对化石能源的依赖。

1.3.1.2 改善环境质量

优美的生态环境已成为城乡居民安居乐业的基本要求。对生产、生活中产生的各类废弃物进行无害化、减量化处理和资源化利用，从源头根治废弃物“五乱”（乱堆、乱扔、乱排、乱烧、乱埋），已经成为我国生态文明建设的刚性需求和基本着力点，也是各级政府向广大群众提供的基本公共服务之一。

从“十三五”期间治理雾霾、防治大气污染的经验来看，最难的环节之一是散煤替代。比较现有各类替代散煤手段的经济性，生物质取暖的成本最接近燃煤，在生物质富集地区，生物质取暖成本甚至低于燃煤。同时，农村地区还可就地取材，利用秸秆、畜禽粪污和生活垃圾，以产业化项目为依托，通过秸秆直接燃烧、厌氧发酵生产沼气、生物天然气等方式，解决农村生产生活能源支出高的问题。

根据生物质资源可获得量，假设能源植物部分（制生物燃油）2030 年、2050 年可获得量分别为 50%、70%的利用率（综合考虑市场需求、技术经济性和政策等因素）；其他资源主要用于生物质发电，按 2030 年、2050 年可获得量分别取 40%、60%的利用率计算，发电效率取 20%，那么到 2050 年，我国生物质资源的可开发量可替代约 10 亿 t 标准煤。其中，能源植物（制生物燃油）为 3.6 亿 t 标准煤，其他生物质资源为 6.4 亿 t 标准煤。

我国耕地由于长期过量使用化肥和农药，随意丢弃、排放未经无害化处理的生活垃圾与畜禽粪污，造成区域地下水体污染、土壤严重板结、有机质大量减少和产量下降等问题。土壤面源污染若不加以防治，将会对我国粮食安全、食品安全和现代农业发展构成严重威胁，还会排放大量的温室气体。而生物质（秸秆、畜禽粪污、厨余果蔬垃圾等）经厌氧发酵后的沼渣、沼液是天然优质有机肥，沼渣、沼液还田利用，将增加土地养分，有效改善土壤结构，同时增强土壤的固水、固氮、固碳能力。

1.3.2 生物质利用对碳达峰、碳中和的重要作用

生物质是唯一具有天然储能属性、碳中和特性和稳定输出保障的可再生能资源。农林生物质可通过直接燃烧发电、供热、沼气等多种形式消纳农林剩余物、降低污染物排放、产出清洁能源。生物质能源综合利用是杜绝农村秸秆、垃圾焚烧污染空气，废弃物污染水源和田地的有效方式，可减少植物腐烂产生的温室气体排放，改善人居环境和自然生态环境，保障林农业生产安全，防范林木火灾事故，提高粮食产量。据不完全统计，2020 年全国生物质发电替代了约 7000 万 t 标准煤，减排 CO_2 约 15000 万 t、SO_2 约 570 万 t、NO_x 约 300 万 t。发展和利用生物质资源有助于优化自然生态与改善城乡人居环境，促进惠农富民，助力农村能源生产与消费革命，对农业农村领域实现碳达峰、碳中和具有重要意义。

我国西南、东北地区，林业生物质资源相对丰富；东北、华北、黄淮海地区种

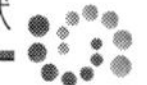

植的秸秆资源产量较大。但由于用能习惯、经济水平、收集区域、运输条件、人力状况、信息渠道、支持政策等多重因素限制，县域生物质资源尚未有效开发利用。在资源丰富的地区就地收集农林废弃物，可转化为电力、热力、天然气、沼气、有机肥等；在荒漠化严重或盐碱地等边际性土地区域，可适度规模化种植能源植物（如沙棘、柳枝蓟、杂交狼尾草等），建设生物质资源种植基地。

当前，我国有机废弃物能源化利用率仍处于较低水平。若有机废弃物能源化利用率提高到50%，每年则可增加1×10^{10}GJ热能（折合取暖面积约200亿m^2）、1.2万亿kW·h电能、660亿m^3生物天然气和6000万t高品质有机肥，每年可替代4亿t标准煤、1200万t化肥，年减排10亿t CO_2、960万t SO_2、300万t NO_x。据预测，生物质能产业可拉动县域社会投资3.6万亿元，解决240万劳动力就业问题。

我国城市人均综合用能强度约为农村居民的3倍。城市基础设施、生产生活配套设施相比农村更趋于成熟和完善。因此，在实现碳中和难度上，农村要远小于城市。但在推动农业农村碳达峰、碳中和的进程中，强化科技支撑十分重要。

参 考 文 献

[1] 刘荣厚. 生物质能工程 [M]. 北京：化学工业出版社，2009.

[2] World Bioenergy Association (WBA). WBA Global Bioenergy Statistics 2020 [OL]. http://www.worldbioenergy.org/global-bioenergy-statistics.

[3] 联合国粮食及农业组织. FAOSTAT [OL]. http://www.fao.org/faostat/zh/#home.

[4] 张蓓蓓. 我国生物质原料资源及能源潜力评估 [D]. 北京：中国农业大学，2018.

[5] 陈汉平，杨世关，杨海平，等. 生物质能转化原理与技术 [M]. 北京：中国水利水电出版社，2018.

[6] 中华人民共和国生态环境部. 2020年全国大、中城市固体废物污染环境防治年报. http://www.mee.gov.cn/ywgz/gtfwyhxpgl/gtfw/202012/P020201228557295103367.pdf.

[7] 国家可再生能源中心. 可再生能源数据手册 [R]. 北京：国家可再生能源中心，2019.

[8] 水电水利规划设计总院，国际能源数据手册2020 [M]. 北京：中国水利水电出版社，2020.

[9] 张海清，张振乾，张志飞，等. 生物能源概论 [M]. 北京：科学出版社，2016.

[10] 石祖梁，王飞，王久臣，等. 我国农作物秸秆资源利用特征、技术模式及发展建议 [J]. 中国农业科技导报，2019，21 (5)：8-16.

[11] 肖波. 生物质热化学转化技术 [M]. 北京：冶金工业出版社，2016.

[12] 赵思语，耿利敏. 我国生物质能源的空间分布及利用潜力分析 [J]. 中国林业经济，2019 (5)：75-79.

[13] 刘芳. 生物改性木质纤维素的热重分析和热解动力学研究 [D]. 武汉：华中科技大学，2015.

[14] 易维明，等. 生物质热裂解及合成燃料技术 [M]. 北京：化学工业出版社，2020.

[15] 赵振振，张红亮，殷俊，等. 对我国城市生活垃圾分类的分析及思考 [J]. 资源节约与环保，2021 (8)：128-131.

[16] 邓云，姚宗路，梁栋，等. 秸秆捆烧技术研究现状与展望 [J]. 现代化工，2020，40 (7)：55-59，64.

[17] 贾吉秀，赵立欣，姚宗路，等. 秸秆捆烧技术及其排放特性研究进展 [J]. 农业工程学报，

2020，36（16）：222－230.

［18］ 贾吉秀，姚宗路，赵立欣，等. 秸秆捆烧锅炉设计及其排放特性研究［J］. 农业工程学报，2019，35（22）：148－153.

［19］ 黄莹. 生物组分对生物质与煤混燃特性及污染排放特性的影响［D］. 沈阳：沈阳航空工业学院，2010.

［20］ 杨倩，刘贵锋，吴国民，等. 木质素化学降解及其在聚合物材料中应用的研究进展［J］. 生物质化学工程，2020，54（2）：40－50.

［21］ 国家统计局，中国统计年鉴 2020［M］. 北京：中国统计出版社，2020.

［22］ 陈伦刚，赵聪，张浅，等. 国外生物液体燃料发展和示范工程综述及其启示［J］. 农业工程学报，2017，33（13）：8－15.

［23］ 王海勇. 固体废弃物生物质清洁利用技术分析研究［J］. 资源节约与环保，2011，（4）：43－45.

［24］ 陈文伟，高荫榆，刘玉环，等. 生物质的转化与利用［J］. 可再生能源，2003，（6）：48－49.

［25］ 易维明，何芳，李永军，等. 利用热等离子体进行生物质液化过程的研究［C］//中国太阳能学会生物质能专业委员会论文集，2001：48－53.

［26］ 何方，王华，金会心. 生物质液化制取液体燃料和化学品［J］. 能源工程，1999，（5）：14－17.

［27］ 王述洋，谭文英. 生物质液化燃油的开发前景及可持续发展意义［J］. 科技导报，2000，18（6）：52－55.

［28］ 杜胜磊. 生物质热化学利用过程中无机矿物质转化规律及灰熔融特性研究［D］. 武汉：华中科技大学，2014.

［29］ H. Viana，D. J. Vega－Nieva，L. Ortiz Torres，et al. Fuel characterization and biomass combustion properties of selected native woody shrub species from central Portugal and NW Spain［J］. Fuel，2012，102：737－745.

［30］ 孙纯，梁玮. 我国生物柴油开发生产现状［J］. 天然气工业，2008，28（9）：123－125.

［31］ 吴创之，庄新姝，周肇秋，等. 生物质能利用技术发展现状分析［J］. 中国能源，2007，29（9）：35－41，10.

［32］ 李志军. 生物燃料乙醇的发展现状、问题与政策建议［J］. 技术经济，2008，27（6）：50－53，85.

［33］ 齐岳，董保成，尹建锋. 厌氧技术在生活垃圾处理中的应用现状及发展趋势［J］. 农业工程技术（新能源产业），2008（4）：16－19.

［34］ 刘华财，吴创之，谢建军，等. 生物质气化技术及产业发展分析［J］. 新能源进展，2019，7（1）：1－12.

［35］ 袁振宏，等. 生物质能高效利用技术［M］. 北京：化学工业出版社，2014.

［36］ 中国畜牧业年鉴编辑委员会. 中国畜牧兽医年鉴 2018［M］. 北京：中国农业出版社，2018.

［37］ 王美净，高丽娟，郭潇剑，等. 生物质能发电行业现状及政策研究［J］. 电力勘测设计，2021（4）：8－11.

［38］ 陈浩波，余伟俊，刘尚余，等. 生物质利用碳减排项目开发理论与方法［M］. 广州：华南理工大学出版社，2018.

［39］ 国家发展和改革委员会. 农业农村部：推进农业农村节能降碳助力乡村生态振兴［EB/OL］.（2021－08－27）https：//www. ndrc. gov. cn/xwdt/ztzl/2021qgjnxcz/bmjncx/202108/t20210827_1294913. html? code=&state=123.

［40］ 国家林业和草原局国家公园管理局. 两会提案全国人大代表李寅：生物质能行业系列建议

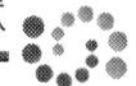

[EB/OL]. (2021 - 03 - 08) http: //www. forestry. gov. cn/zlszz/4264/20210311/111405424920351. html.

[41] 袁艳文，刘昭，赵立欣，等. 生物质沼气工程发展现状分析 [J]. 江苏农业科学，2021，49 (6)：28 - 33.

[42] 胡涛，赵源坤. 欧盟沼气利用的经验及对中国的启示 [J]. 世界环境，2021 (4)：74 - 77.

[43] 陈文伟，高荫榆，刘玉环，等. 生物质的转化与利用 [J]. 可再生能源，2003 (6)：48 - 49.

[44] 罗先智，周东一，吴源泉，等. 生物质热化学转化利用研究现状与发展 [J]. 时代农机，2020，47 (5)：74 - 76.

[45] 杜海凤，闫超. 生物质转化利用技术的研究进展 [J]. 能源化工，2016，37 (2)：41 - 46.

[46] 鲁梨. 生物质热解提质液体燃料综合评价研究 [D]. 杭州：浙江大学，2015.

[47] 许敏. 生物质热解气化特性分析与试验研究 [D]. 天津：天津大学，2008.

[48] 任洪忱. 一种生物质燃料多功能一体炉具的设计 [J]. 农机使用与维修，2021 (2)：1 - 3.

[49] 陈冠益，方梦祥，骆仲泱，等. 燃用稻壳流化床锅炉的试验研究及 35 t/h 锅炉的设计 [J]. 动力工程，1997，17 (6)：47 - 54.

[50] 何育恒. 燃烧油、木屑、木粉绿色新型锅炉的开发设计 [J]. 工业锅炉，2001 (3)：20 - 23.

[51] 彭晓为，李倬舸，钟日钢，等. 城镇及工业有机固废热解气化技术研究进展 [J]. 化工管理，2021 (20)：22 - 23.

[52] 蒋建国，王岩，隋继超，等. 厨余垃圾高固体厌氧消化处理中氨氮浓度变化及其影响 [J]. 中国环境科学，2007，27 (6)：721 - 726.

[53] 李文，王鑫，刘迎春，等. 甜菜制取燃料乙醇关键技术及其研究进展 [J]. 中国农学通报，2010，26 (7)：354 - 359.

[54] 刘盛萍. 生物垃圾快速好氧堆肥的研究 [D]. 合肥：合肥工业大学，2006.

[55] 缪晓玲，吴庆余. 微藻生物质可再生能源的开发利用 [J]. 可再生能源，2003 (3)：13 - 16.

[56] 王晓娇. 混合原料沼气厌氧发酵影响因素分析及工艺优化 [D]. 杨凌：西北农林科技大学，2013.

[57] 边炳鑫，赵由才，乔艳云. 农业固体废物的处理与综合利用 [M]. 北京：化学工业出版社，2018.

[58] 刘海超，李宇明. 生物质催化转化 [J]. 工业催化，2016，24 (6)：81 - 136.

[59] 魏延军，秦德帅，常永平. 30MW 生物质直燃发电项目及其效益分析 [J]. 节能技术，2012，30 (3)：278 - 281.

[60] 樊静丽，李佳，晏水平，等. 我国生物质能碳捕集与封存技术应用潜力分析 [J]. 热力发电，2021，50 (1)：7 - 17.

[61] 清华大学中国车用能源研究中心. 中国车用和能源展望 2012 [M]. 北京：科学出版社，2012.

[62] 李俊峰，刘迎春. 《京都议定书》生效给我国带来的影响 [J]. 节能与环保，2005 (2)：11 - 12.

[63] 罗玉和，丁力行. 生物质直燃发电 CDM 项目可持续性的能值评价 [J]. 农业工程学报，2009，25 (12)：224 - 227.

[64] 杨新亭. TG 公司木薯燃料乙醇项目可行性研究 [D]. 南京：南京理工大学，2012.

[65] 刘尚余，赵黛青，骆志刚. 生物质直燃发电 CDM 项目开发关键问题的分析与研究 [J]. 太阳能学报，2008，29 (3)：379 - 382.

[66] 常世彦，郑丁乾，付萌. 2℃/1.5℃温控目标下生物质能结合碳捕集与封存技术 (BECCS) [J]. 全球能源互联网，2019，2 (3)：277 - 287.

[67] 马静. 热水预处理杨木半纤维素的局部化学溶解机理 [D]. 北京：北京林业大学，2015.

[68]　晏红梅. 猪粪成分分析与热值模型的构建 [D]. 武汉：华中农业大学，2013.

[69]　常彦超. 污水厂污泥与稻草/木屑共液化制取生物油和生物炭的研究 [D]. 南昌：江西农业大学，2018.

[70]　肖领平. 木质生物质水热资源化利用过程机理研究 [D]. 北京：北京林业大学，2014.

[71]　中国产业发展促进生物质能产业分会，德国国际合作机构（GIZ），生态环境部环境工程评估中心，等. 3060 零碳生物质能发展潜力蓝皮书 [R]. 2021.

[72]　严龙. 生物质衍生物催化脱氧反应及其双功能催化剂研究 [D]. 北京：中国科学技术大学，2018.

[73]　辛善志. 基于组分的生物质热分解及交互作用机制研究 [D]. 武汉：华中科技大学，2014.

[74]　Yan K，Yang Y Y，Chai J J，et al. Catalytic reactions of gamma - valerolactone：A platform to fuels and value - added chemicals [J]. Applied Catalysis B：Environmental，2015，179：292 - 304.

[75]　Dimitriou I，Goldingay H，Bridgwater A V. Techno - economic and uncertainty analysis of biomass to liquid（BTL）systems for transport fuel production [J]. Renewable and sustainable energy reviews，2018，88：160 - 175.

第2章 生物质原料的宏观和微观结构

前面已经介绍了生物质是指生物体通过光合作用生成的有机物，包括所有动物、植物、微生物，以及由这些生命体排泄和代谢所产生的有机物质。作为地球上存在最广泛的物质，生物质资源种类繁多，而我们常说的生物质原料通常属于植物生物质。植物生物质又分为木质生物质和非木质生物质（比较重要的如禾本科生物质原料）。了解植物生物质的宏观和微观结构，有助于充分理解其特性，为设计植物生物质资源的利用途径和转化方法提供理论依据。

2.1 木质生物质原料的宏观结构

木材的宏观结构

木质生物质原料中的细胞壁是植物生物质原料的主要利用对象，由纤维素、木质素和半纤维素组成。木材是木质生物质原料的主体，其组织结构包括不借助任何仪器仅用肉眼观察到的宏观结构，和在显微镜下观察到的微观结构（解剖结构）。以木材为例，不借助任何仪器，用眼睛观察到的结构，包括树皮、形成层、木质部、髓心等，如图2.1所示。

通常用木材的3个切面来描述木材的宏观结构，如图2.2所示，包括横切面（与树干轴向垂直的切面）、径切面（通过树干、髓心的与横切面垂直的切面）及弦切面（垂直横切面与年轮相切的切面）。许多树种接近树干中心的部分呈深色，称为心材；靠近外围的部分色较浅，称为边材。从横切面上，可以看到深浅相间的同心圆环，称为年轮（生长轮）。中心部分称为髓心，质地松软，强度低，易腐朽。从髓心向外的辐射线，称为木射线，其与周围的连接较差，干燥时易沿此开裂。如图2.3所示。

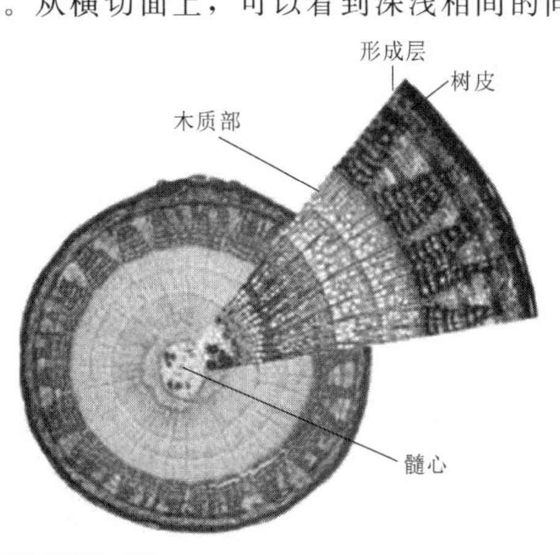

图2.1 木材的宏观结构

2.1.1 树皮

树皮是指茎（老树干）形成层以外的组织，是树干的最外层，也是树干的保护层。树皮平均占树木整个地上部分的10%。树皮可以分为外皮和内皮（韧皮

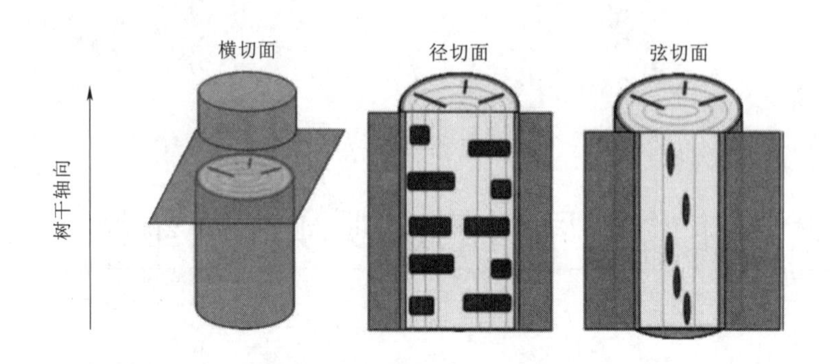

图 2.2　木材的 3 个切面示意图

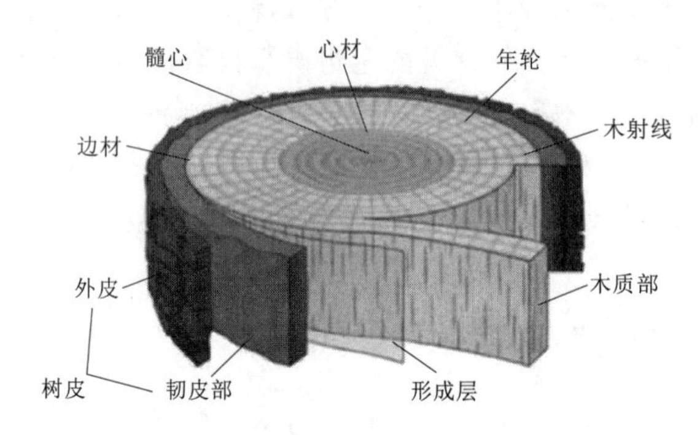

图 2.3　木材的组成

部）。外皮是树木最外部的死组织，由角质化的细胞组成。韧皮部又称内皮，位于树皮和形成层之间的部分，由筛管和伴胞、筛分子韧皮纤维和韧皮薄壁细胞等组成。韧皮部的主要功能是将叶片中光合作用的产物输送到植物各部位去，其中糖类占 90% 以上，其余是蛋白质、氨基酸、维生素、无机盐和激素等。根据形成来源不同，韧皮部可分为初生韧皮部和次生韧皮部。初生韧皮部由根端或茎端顶端分生组织分化出的原形成层进一步分化形成。次生韧皮部是裸子植物和大部分双子叶植物的根和茎在加粗生长过程中形成的韧皮部。

树皮的化学组成特点是灰分多，热水抽出物含量高，纤维素与聚戊糖含量较少。某些树种的树皮内含有大量单宁（在热水抽出物内）、较多的木栓质（是一种脂肪性物质）和果胶质。

由于树皮的纤维素含量太低，不宜用于造纸，主要用于制取单宁以及燃料，如，我国的落叶松树皮、油柑树皮、槲树皮及杨梅树皮可以浸制烤胶。除此之外，有些树皮的经济价值较高，如栎属等的树皮可以提取单宁；栲木、橡胶木可提取橡胶。有些树皮则有较高的药用价值，如桂皮、杜仲、檀皮、构皮、青皮、翻白叶皮、桑皮等。

2.1.2　形成层

形成层一般指阔叶树材和针叶树材的根和茎中，位于木质部和韧皮部之间的一种分生组织，其由 6～8 层具有分裂机能分生细胞组成。木本植物之所以粗壮高大，就是因为有形成层；而草本植物矮小，就是因为没有形成层。形成层分维管形成层和木栓形成层。维管形成层有分生活动，可不断产生新的木质部和韧皮部，使根茎不断加粗；木栓形成层向外产生木栓层、向内产生栓内层。

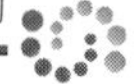

形成层的细胞可分为纺锤状原始细胞和射线原始细胞两种类型。纺锤状原始细胞两端尖锐、扁长形、细胞核多为椭圆形或肾脏形，细胞质较稀薄，具有明显的大液泡和分散的小液泡，细胞径向壁较厚，壁上有初生纹孔。射线原始细胞几乎是等径的，具有一般薄壁组织细胞的特征。

形成层的活动受到外界环境影响，温带树木的形成层在春天开始活动，主要进行平周分裂，向内和向外产生新细胞，分别构成次生木质部和次生韧皮部；冬季形成层原始细胞处于休眠状态，到次年春天又开始活动，如此年复一年。由于这种季节性的生长，在茎的横切面上形成年轮。形成层细胞的活动一般可持续数月，但常随地球纬度高低而变化。

2.1.3 木质部

木质部是树干的主要部分，位于形成层与髓心之间，为树木主要的输导组织和机械支持组织，也是造纸原料的最主要部分。木质部内又包括多种结构特征。

2.1.3.1 年轮

年轮是温带与寒带树木的木质部中色泽、质地不同的一圈圈环纹，又称生长轮。年轮由树木细胞和导管因季节变化，每年重复一次细胞由大到小、材质由松到密的变化而形成。每个年轮通常由两层构成，向着髓心的内层形成于温度高、水分足的生长初期，称为早材。该时期形成层活动旺盛，细胞形态腔大而壁薄，木材颜色较浅，木材质地疏松。向着形成层的外层形成于生长末期，称为晚材。该时期形成层细胞分裂及生长速度较慢，细胞形态腔小而壁厚，形成颜色较深、质地紧密的窄层。

早材、晚材的结构和颜色均有所区别，上一年晚材与当年早材间的分界线称为轮界线。早材向晚材变化过渡分为急变和渐变：早材向晚材转变是突然变化、界线明显的为急变，如油松、马尾松和樟子松等硬松类木材；反之，早材向晚材转变是逐渐变化、界线不甚明显，称为渐变，如红松、华山松和白皮松等软松类木材。

晚材率是晚材在一个年轮内所占的比率，其计算式为

$$\text{晚材率}=\frac{\text{年轮中晚材的宽度}}{\text{年轮总宽度}}\times 100\% \tag{2.1}$$

晚材率可作为衡量木材强度大小的标志。晚材率大的木材，木材强度也相应较高，是林木良种选育的指标之一。晚材率的大小对制浆造纸有一定的影响，因为早材纤维细胞壁较薄，弹性较好、柔软，易打浆，能制出抗张强度高、耐破指数高的纸张；晚材纤维细胞壁较厚，纤维硬挺，打浆比较困难，成纸除撕裂度较高外，其他物理强度指标均不及早材纤维。因此，就同种木材而言，晚材率低的优于晚材率高的。常见的材种晚材率为：红松 10%～20%、鱼鳞松 15%～20%、马尾松 25%～40%、落叶松 25%～40%、云南松 20%～40%。

2.1.3.2 边材和心材

边材是位于树干外侧靠近树皮部分的木材，一般水分较多，且含有生活细胞和储藏物质（如淀粉等），颜色较浅。边材除了起机械支撑作用外，还参与水分输导、

矿物质和营养物的运输和储藏。相反地，靠近髓心部分，水分较少，绝大部分细胞已经死亡，颜色较深，这部分木材称为心材。心材是由边材转化形成的，在这个过程中生活细胞逐渐死亡而失去生理作用；水分输导系统闭塞，纹孔处于锁闭状态；细胞腔内出现单宁、色素、树脂等物质沉淀；木材硬度和密度增大，渗透性降低，耐久性提高。

2.1.3.3　木射线

在树干的横切面上可观察到颜色较浅或略带光泽的线条，沿半径方向呈辐射状穿过年轮，这些线条称为木射线。木射线是木材中唯一呈射线状的横向排列的组织，在活立木中主要起横向输导和贮藏养分的作用。

针叶树材的木射线由木射线管胞和木射线薄壁细胞组成，阔叶树材木射线由木射线薄壁细胞组成。阔叶树材木射线较针叶材发达，其木射线宽度、高度及数量在不同树种间有明显差异，是阔叶树材的重要特征之一。木射线根据宽度不同可分为宽木射线、中等木射线和细木射线三个类型：宽木射线宽度在 0.2mm 以上，肉眼下明晰至很显著，横、径和弦切面都能观察到；中等木射线（窄木射线）宽度为 0.05～0.2mm，肉眼下可见至明晰，可从横切面和径切面上观察到；细木射线（极窄木射线）宽度在 0.05mm 以下，肉眼下不见至可见，只能在径切面上观察到。

2.1.3.4　树脂道

在针叶树材中贮藏树脂的胞间道称为树脂道，是泌脂细胞围成的孔道，多见于针叶树材晚材或晚材附近部分，横切面呈白色或浅色小点，纵切面上为深色或褐色沟槽或细线条。树脂道可分为纵向和横向两种类型，有的树种只有一种，有的树种则两种都有。纵向和横向树脂道通常互相连接，构成三维网状结构。根据树脂道发生的情况，又分为正常树脂道和创伤树脂道。除具正常树脂道的针叶树材以外，还有些树种受气候、损伤或者生物侵袭等刺激而形成创伤树脂道。其中纵向创伤树脂道形体较大，在木材横切面呈弦向排列，仅在早材带分布。树脂道并不是存在于所有的针叶树材中，只存在于松科六属中，根据树脂道从多到少依次为松属、落叶松属、云杉属、黄杉属、银杉属及油杉属。前五属有纵向树脂道和横向树脂道，油杉属只有纵向树脂道。

2.1.3.5　管孔

阔叶树材导管在横切面上的孔状结构称为管孔。有无管孔是区别阔叶树材和针叶树材的首要特征：针叶树材没有导管，横切面上肉眼看不到孔状结构，故称为无孔材；阔叶树材一般具有导管，称为有孔材。但是，我国西南地区的水青树科水青树属的水青树（*Tetracentron sinense*）和台湾地区的昆栏树科昆栏树属的昆栏树（*Trochodendron araioides*）等个别阔叶树材不具有导管。管孔在年轮内所呈现的较稳定的总体分布状况，一般分为环孔材、散孔材和半环孔材。环孔材指木材中的早材导管较晚材导管大，形成一环明显的带或轮；散孔材指木材的整个年轮中，导管大小和分布比较均匀或逐渐变化；半环孔材年轮中导管的分布介于环孔材和散孔材之间。这是木材识别的重要依据。管孔大小（管孔在横切面上导管孔径，以弦向直径为准），是阔叶树材宏观识别的特征之一。管孔弦向直径在 200μm 以上为大管

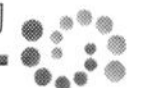

孔，直径为 100～200μm 的为中管孔，直径在 100μm 以下的为小管孔。管孔在木材横切面上的排列方式有分散型、丛聚型、弦列型和径列型。根据相邻管孔间的连接状况，常见的管孔组合有单管孔、径列复管孔、管孔链和管孔团。

管孔内存在的侵填体、树胶及无定型沉积物称为管孔内含物。这些内含物大都由于木质部在边材转变成心材时导管内压力降低，相邻接的木射线、轴向薄壁组织的原生质通过壁上的纹孔挤入导管腔而形成。在一些阔叶树材心材导管中，从径切面上观察，常出现的一种泡沫状的填充物，称为侵填体。在良好光线条件下，早材管孔内的侵填体常出现明亮光泽。侵填体多的木材，管孔被堵塞，可降低木材中气体/液体渗透性。同时，具侵填体木材难以浸渍处理，但其耐久性能显著提高。树胶或其他沉积物不如侵填体有光泽，呈不定型褐色/红褐色块状。矿物质或有机沉淀物为某些树种特有，如柚木的导管内常具有白垩质沉积物，大叶合欢的导管内有白色的矿物质……这些物质在木材加工时容易磨损刀具，但提高了木材的天然耐久性。

2.1.3.6 树胶道

阔叶树材内分泌树胶的胞间道称为树胶道，多为热带木材的正常特征，可分为轴向树胶道和径向树胶道。轴向树胶道在横切面上多数为弦向分布，少数为单独星散分布，肉眼或放大镜易见。径向树胶道在弦切面的木射线中可见，在肉眼或放大镜下不易看见。阔叶树材中还存在创伤树胶道，成因与创伤树脂道类似，但通常只有轴向创伤树胶道，在木材横切面上呈长弦性状排列，肉眼可见。

2.1.4 髓心

髓心一般位于树干中心的部分，也称为树心。其作用是储存营养物质，但强度低，容易被虫蛀和被腐蚀。有些树木的髓心偏离中心，则称为偏心材。髓心由薄壁细胞组成，所占容积较小，在径切面上观察呈深色的窄条。不同材种的髓心形态往往不同，如白楮、玉兰树的髓心是圆形，枫香的髓心呈心形，桤木髓心为三角形。

2.2 木质生物质原料的微观结构

针叶树材与阔叶树材的显微构造

木材细胞具有输导、支持和储藏的功能。根据形态，木材细胞包括纤维状细胞和薄壁细胞两类。纤维状细胞细而长、两端呈纺锤状。薄壁细胞通常是矩形、圆形等非纤维状的短细胞。如图 2.4 所示，针叶材中，纤维状细胞包括管胞、木射线管胞；阔叶树材中，纤维状细胞包括木纤维、导管分子、管胞。纤维状细胞通常有坚固的次生壁，其中有木质素，是一类厚壁细胞。成熟的厚壁细胞不能生长，是死细胞。针叶树材的薄壁细胞包括木射线薄壁细胞、分泌细胞；阔叶树材的薄壁细胞包括木薄壁细胞和木射线薄壁细胞。此外，细胞壁上还有纹孔等微细结构，作为木材细胞之间水分、养分的传输孔道。了解木材的细胞结构，对理解木材等生物质生理、材性、利用等有着深远意义。

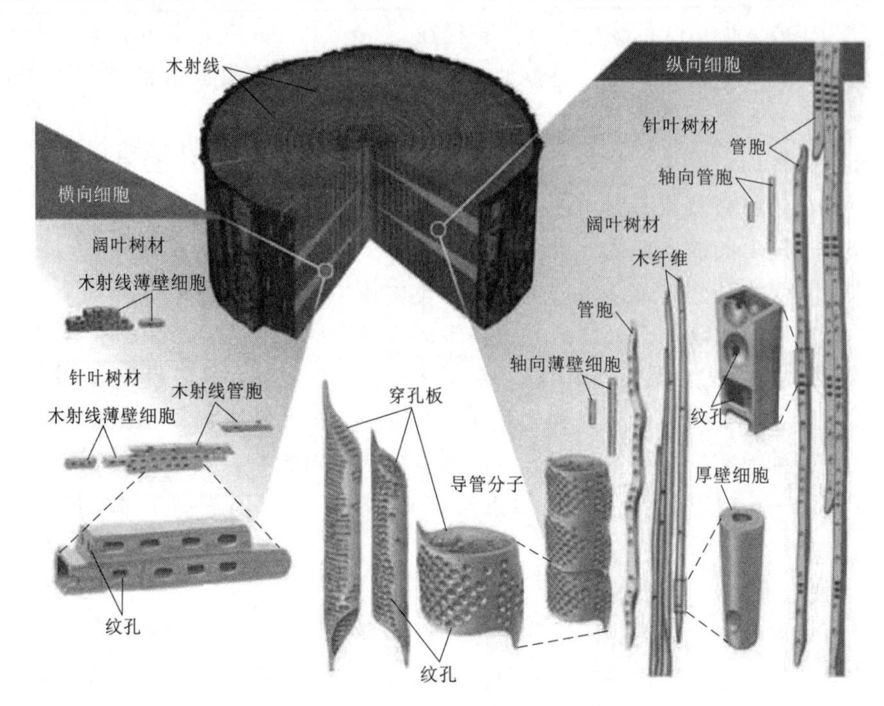

图 2.4 木材的细胞类型示意图

2.2.1 纹孔

纹孔是植物细胞的细胞壁上，次生壁未加厚而留下的凹陷。初生壁随细胞的生长而扩大，由原生质体产生的纤维素不断添加到初生壁（P）上，但细胞壁的加厚并不是均匀的，很多地方留下没有增厚的空隙。纹孔主要由纹孔腔、纹孔缘、纹孔口、纹孔膜和纹孔塞组成，如图 2.5 所示。由次生壁围成的纹孔腔穴，称作纹孔腔，次生壁悬挂的部分称作纹孔缘，纹孔缘包围留下的小口称作纹孔口，相邻纹孔之间原来的细胞壁［即胞间层（M）与两个相邻细胞的初生壁］称作纹孔膜，纹孔膜中常有特别加厚，此加厚部分称作纹孔塞。纹孔膜中果胶质含量较高，而且由纤维素构成的微细纤维提供强度。

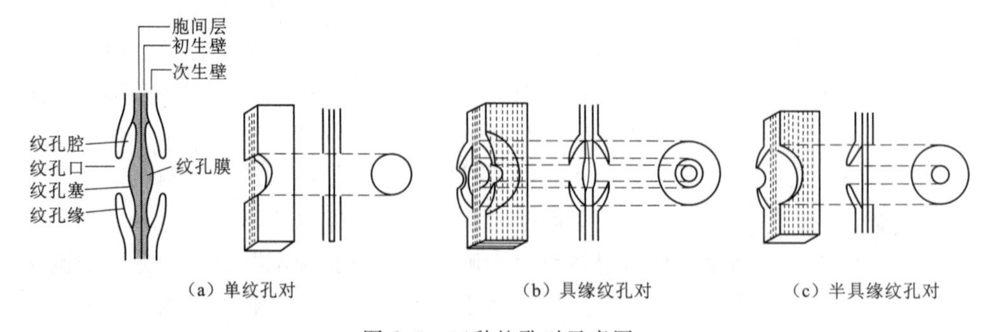

图 2.5 三种纹孔对示意图

纹孔可以根据其加厚的情况不同或结构不同分为具缘纹孔和单纹孔。具缘纹孔

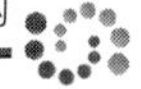

指纹孔边缘的次生壁向细胞腔内呈架拱状隆起，形成一个扁圆的纹孔腔，纹孔腔有一个圆形或扁圆形的纹孔口，同时在纹孔膜（即纹孔所在的初生壁）中央也加厚形成纹孔塞。单纹孔是指细胞的次生壁加厚过程中，所形成的纹孔腔在朝着细胞腔的一面保持一定的宽度。单纹孔多存在于轴向薄壁细胞、射线薄壁细胞等薄壁细胞壁上。相邻细胞间的纹孔通常是成对而生，用于细胞间传递水分和营养物质，常见的三种纹孔对包括单纹孔对（两个单纹孔形成的纹孔对）、具缘纹孔对（两个具缘纹孔形成的纹孔对）和半具缘纹孔对（一个单纹孔和一个具缘纹孔形成的纹孔对）。

细胞壁上纹孔的构造、形状、大小及排列方式等是多种多样的，随植物种类、细胞类型不同而异。但是同种植物的某一类细胞中有固定的形式，因此人们通常可以根据纹孔的特征来鉴别植物种类及细胞类型。

2.2.2 管胞

针叶树材中，管胞是最主要的纤维细胞，占针叶树材细胞总数的90%～95%。管胞在针叶树材中沿树干轴向排列，细胞细长、壁厚，两端封闭，内部中空，壁上有纹孔。管胞的平均长度因生长环境、树龄、树种而存在较大差异。在一个生长周期内，早材管胞略短，胞腔较大，胞壁较薄，两端为钝楔形，径向直径大于弦向直径；晚材管胞略长，胞腔较小，胞壁较厚，两端为尖楔形，弦向直径大于径向直径。管胞给予针叶树材机械支持（特别是厚壁晚材管胞）。管胞的平均长度为3～5mm，最长11mm（南洋杉），最短0.8mm（台桧）；宽度30～60μm，最大80μm；长宽比（75～200）∶1。构成木质部射线的管胞称为木射线管胞。

早材管胞具有水分输导功能，水分在不同管胞间通过具缘纹孔输导。在早材中，每个管胞大约有200个具缘纹孔，而晚材管胞仅有10～50个相当小的具缘纹孔。由于管胞既是针叶树材中的水分输导组织，又是支撑组织，因此管胞是决定针叶树材材性的主要因素。

阔叶树材中管胞的数量很少，但形态与针叶树材的管胞相似，其细胞壁上的纹孔为纹孔缘明显的具缘纹孔，纹孔直径大于或等于导管分子侧壁上的纹孔直径。

2.2.3 木纤维

木纤维是构成阔叶树材的重要细胞，占木材的68%～80%（面积法）。木纤维为细长、两端尖削、细胞壁厚、纹孔多是具缘纹孔的纤维细胞。但由于细胞壁增厚，常使纹孔由长椭圆形逐渐变为缝隙状或纹孔腔完全消失而成为单纹孔，而且细胞壁上有节状增厚。木纤维的横切面呈四角形或多角形。木纤维平均纤维长度为1mm左右，宽度为20μm。

2.2.4 薄壁细胞

薄壁细胞是一类细胞壁薄、未经木质化的生活细胞，其组成植物的基本组织，是多数植物体内数目最多的细胞。薄壁细胞只有很薄的初生壁，没有次生壁。通常是矩形、圆形等非纤维状的短细胞，但可以分化为星芒、分枝以及臂状等。薄壁细胞具有许多重要的功能，如进行光合作用、贮藏营养、分泌物质等。不同种类植物薄壁细胞的种类、含量和分布不同。在树干部分，针叶树材的薄壁细胞主要包括木射线薄壁细胞和分泌细胞；阔叶树材中的薄壁细胞包括木射线薄壁细胞和轴向薄壁细胞。

2.2.4.1　木射线薄壁细胞

木射线薄壁细胞是组成木射线的主体。针叶树材的木射线薄壁细胞约占木材总体积的5%～10%。如图2.6所示，在显微镜下观察，针叶树材在横切面上具有横向排列、呈辐射状的窄条木射线，木射线的宽度为一个木射线薄壁细胞，即单列木射线；在弦切面上木射线呈纺锤状，高度为几个细胞高，宽度为单列细胞宽；在径切面上木射线由上下多列木射线薄壁细胞构成。在松科的某些属，如松属、云杉属、落叶松属、雪松属、黄杉属等的木材，又常具有厚壁的木射线薄壁细胞，称为木射线管胞，多位于木射线薄壁细胞的上下边缘，为木材组织中唯一横向生长的厚壁细胞。

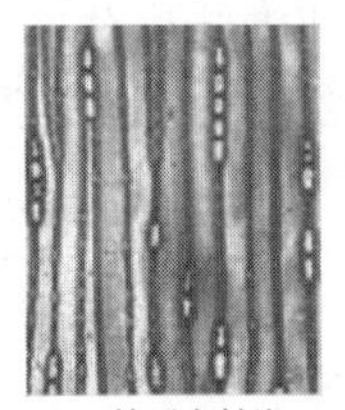
(a) 单列木射线

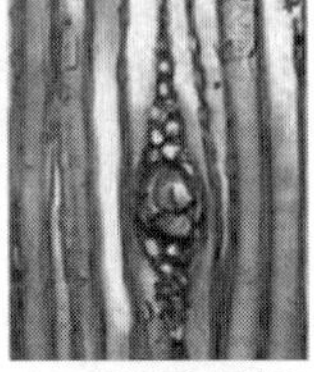
(b) 纺锤形木射线

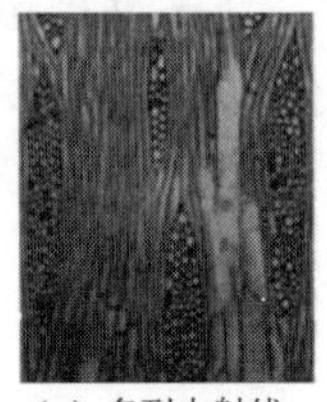
(c) 多列木射线

图2.6　针叶树材木射线类型

阔叶树材的木射线比较发达，含量较多，为阔叶树材的主要组成部分，约占木材总体积的17%，也是识别木材的一个重要特征。阔叶树材的木射线全部由木射线薄壁细胞构成。阔叶树材的木射线薄壁细胞主要有横卧木射线薄壁细胞和直立木射线薄壁细胞两种类型。横卧木射线薄壁细胞的长轴方向与树干垂直，弦切面为圆形或方形，径切面呈长方形水平状排列。直立木射线薄壁细胞的长轴方向为树干的轴向，通常呈长方形或方形。有些树种只有横卧木射线薄壁细胞，称为同型木射线，如杨木。有些树种则具有上述两种类型的木射线薄壁细胞，直立木射线薄壁细胞在木射线的上、下边缘，中间则由横卧木射线薄壁细胞组成，称为异型木射线，如柳木。

2.2.4.2　分泌细胞

分泌细胞是由基本分生组织细胞分化而来，通常此种细胞单独分散在植物体内，其细胞内可含有树脂、挥发油、单宁或黏液等次生物质。分泌细胞的细胞壁有薄有厚，细胞壁较薄的分泌细胞分泌树脂能力强于细胞壁较厚的分泌细胞。

2.2.4.3　轴向薄壁细胞

轴向薄壁细胞纵向串联形成轴向薄壁组织，沿木纹方向排列。针叶树材的轴向薄壁细胞含量很少或没有，占木材总体积的1.5%，仅在罗汉松科、杉科、柏科中含量较多，为该类木材的重要特征。轴向薄壁细胞的细胞壁薄，细胞短，两端水平，壁上纹孔为单纹孔，细胞腔内常含有深色树脂，横切面为方形或长方形，在纵切面观察为许多长方形的细胞串联，其两端细胞比较尖削。轴向薄壁组织细胞在针叶树材中的分布状态有三种类型：①星散状，轴向薄壁细胞不规则地分布于年轮中，如杉木；②轮界状，分布于年轮的边缘，如铁杉、黄杉；③切线状（间位状），轴向木薄壁细胞连接成断续的切线状，弦向排列，如柏木。

阔叶树材中轴向薄壁细胞较多，所构成的轴向薄壁组织分布与形态各异。根据轴向薄壁组织与导管的连生关系，可分为离管型和傍管型两大类，常用于鉴别阔叶树材种类。

2.2.4.4　交叉场

在木材的径切面上，轴向管胞按照一定的间隔与木射线薄壁细胞相交而形成交叉场。其中，管胞与木射线细胞以纹孔相连，形成半具缘纹孔对。交叉场纹孔的形状和大小因树种不同而存在差异，是鉴别针叶树材种属的重要依据。如图 2.7 所示，主要的交叉场类型有窗格状、松木型、云杉型、柏木型、杉木型。

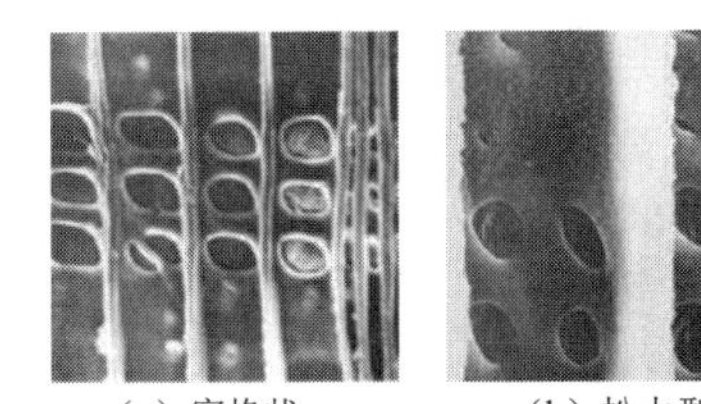
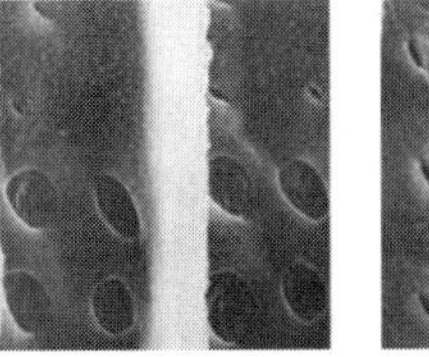
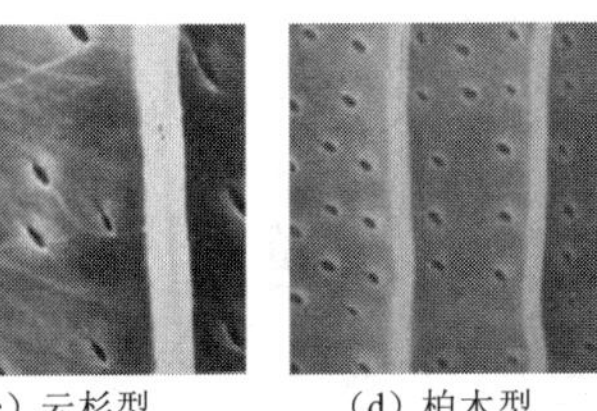
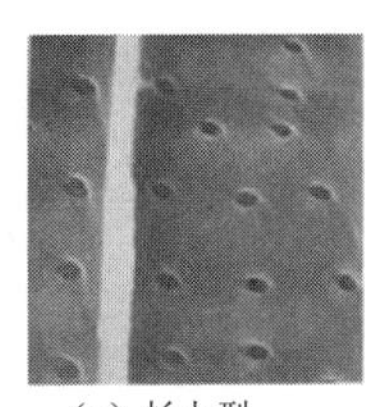

(a) 窗格状　(b) 松木型　(c) 云杉型　(d) 柏木型　(e) 杉木型

图 2.7　针叶树材交叉场类型

2.2.5　导管

导管是由一连串导管分子通过它们的穿孔彼此相连而成的管状输导组织，约占木材总体积的 20%。其普遍存在于阔叶树材的木质部中，长度通常为几厘米到 1m。如图 2.8 所示，根据导管的发育先后和侧壁木质化增厚的方式不同，可将导管分为环纹导管、螺纹导管、梯纹导管、网纹导管和孔纹导管五种：①环纹导管，每隔一定距离有一环状木质化次生壁加厚于导管初生壁内侧；②螺纹导管，木质化次生壁呈螺旋带状；③梯纹导管，木质化增厚的次生壁部分呈横条状隆起，与未增厚的初生壁相间排列呈梯形；④网纹导管，侧壁呈网状木质化增厚，“网眼”为未增厚的初生壁；⑤孔纹导管，侧壁大部分木质化增厚，未增厚部分形成孔纹、环纹和螺纹导管，由于增厚的部分不多，所以仍可适应器官的伸长生长。环纹导管和螺纹导管在器官早期生长过程中出现，主要分布在原生木质部中。梯纹导管、网纹导管和孔纹导管出现于器官组织分化的后期，主要分布在后生木质部和次生木质部中。木质

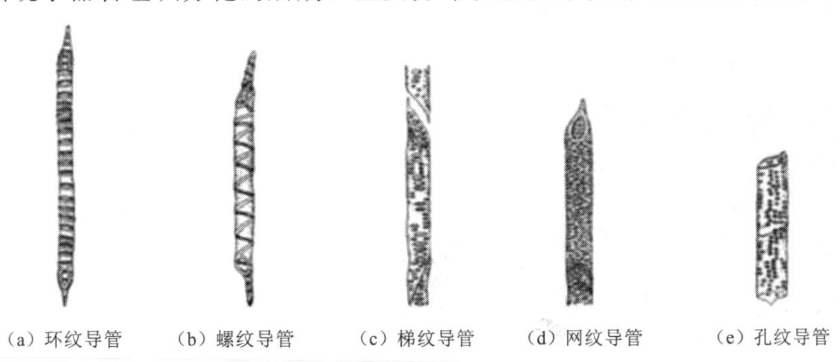

(a) 环纹导管　(b) 螺纹导管　(c) 梯纹导管　(d) 网纹导管　(e) 孔纹导管

图 2.8　导管类型

部中有作用的导管仅是发育后期形成的导管，其中孔纹导管比较普遍。

组成导管的单个细胞称为导管分子。如图 2.9 所示，其形状有纺锤形、圆柱形、鼓形等。导管分子轴向串成导管时，导管分子之间相通，其两端开口部分称为穿孔，导管分子之间连接部分的细胞壁被称为穿孔板。导管分子的穿孔类型包括单穿孔和复穿孔。当穿孔为圆形或卵圆形时为单穿孔；当穿孔板上有两个或两个以上的穿孔时为复穿孔，如梯状穿孔、筛状穿孔等，如图 2.10 所示。这些穿孔使导管细胞纵向互相沟通，是阔叶树材的主要输导组织。穿孔的形成使导管中的横壁打通，成为贯通的长管。

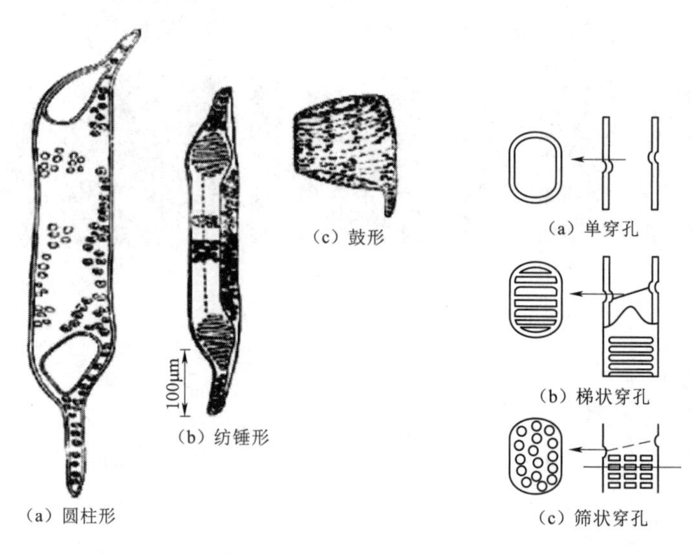

图 2.9　导管分子的形状　　　图 2.10　穿孔类型

2.2.6　瘤状层

瘤状层是许多针叶树材、阔叶树材、竹材及草本植物中的一种特殊结构，是在管胞、纤维、导管分子等细胞内壁、纹孔室、纹孔缘、导管分子穿孔板的横闩上及一些径列条表面出现的瘤状物结构（图 2.11）。瘤状物可能存在于正常木材细胞壁表面、螺纹加厚、穿孔板边缘和纹孔室内，也能沉积在次生壁内侧或是应压木管胞次生壁内部。一般认为，在进化程度较高的木本植物导管和韧型纤维里缺乏瘤状物结构。

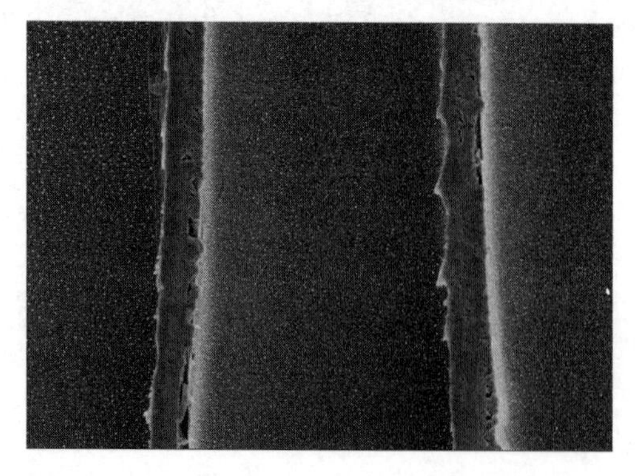

图 2.11　柏木属（*Cupressus*）管胞内侧瘤状层

瘤状层是区别针叶树材一些科、属、亚属的重要特征，如，它常是南洋杉科中南洋杉（具缘纹孔室内瘤状层明显或偶见，多分布于纹孔缘外表面的中部至内部）和贝壳杉（偶具）木材区别的重要标志。

瘤状层是区别松属中单维管束松

亚属（软木松，除白皮松外）和双维管束松亚属（硬木松）的重要标志。前者瘤状层多不易见或偶见于管胞内表面角隅处；后者瘤状层则普遍出现于管胞内表面及纹孔缘、纹孔室表面等。杉科、柏科两个科中大多数属的管胞胞腔内壁表面及具缘纹孔室内均具有十分明显的瘤状层。柏科中许多属的瘤状层经常连接发育成群聚形。

非木材原料的宏观与显微结构

2.3 禾本科生物质原料的宏观和微观结构

禾本科分620多个属，至少10000多种。我国有190余属，约1200种。地球陆地大约20%的面积上覆盖着草，禾本科包括多种俗称“某某草”的植物，但必须指出，不是所有“草”都是禾本科植物，也不是所有禾本科植物都是低矮的“草”，如竹子，也可以高达十数米，连片成林。禾本科生物质原料的宏观和微观结构等方面都具有与木质生物质原料显著不同的特点。

2.3.1 禾本科植物茎秆的结构

任何一个禾本科植物茎秆（禾秆）都是由若干个节所组成的，每一个节由节部和节间部构成，如图2.12所示。节部和节间部是通过生长带来联系的，由于生长带由薄壁细胞组成，因此强度较差，容易折断。倒伏的禾秆，经过一段时间可在生长带处逐渐转弯，重新长出竖直的禾秆。

禾秆的节高、节的直径在一个生长周期中的变化是遵循一定规律的，即靠近地面处，节的直径、长度均较小。随着节序升高，相应的数值逐渐增大，直至一定的节序时达到最大值，往后再升高，则节的直径、长度逐渐变小。这种变化规律与木材中的年轮的生长规律一致。在树木横截面上，从髓心开始，自里到外，年轮的宽度及纤维形态的变化都遵循从小到大、又从大逐渐变小的规律性。禾秆的节部具有侧芽、根源和叶痕等器官，有植物生长的全部器官，故可以进行无性繁殖。

大多数禾本科植物的节间部中央部分萎缩，形成中空的秆，但也有一些禾秆为实心结构。如图2.13所示，在光学显微镜下观察禾秆的横切面，可以看到表皮组织、基本组织、维管束、机械组织和髓腔。禾秆的共同特点是维管束散生分布。

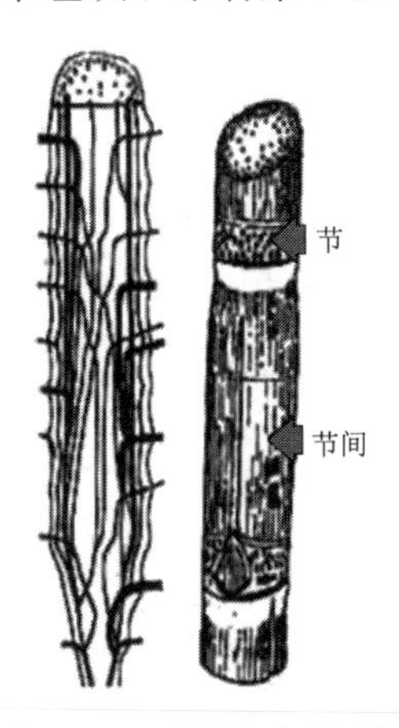

图2.12　禾秆构造示意图

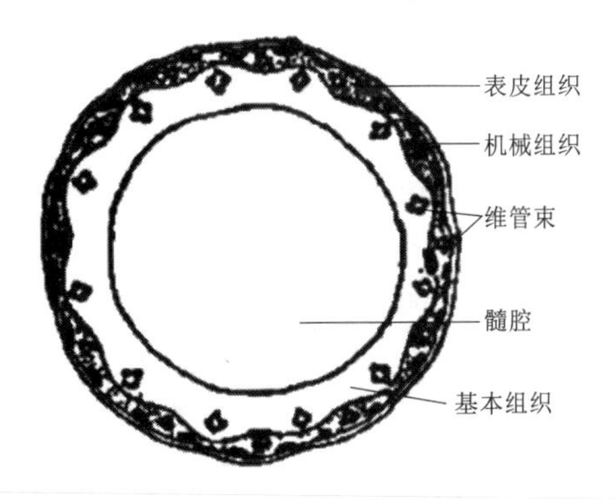

图2.13　禾秆构造示意图

2.3.1.1　表皮

禾本科植物的表皮是指植物体最外面的一层细胞。表皮通常是一个长细胞与两个短细胞交替排列：长细胞边缘多呈锯齿状，故称为锯齿细胞；短细胞分为两种，一种几乎充满了二氧化硅，称为硅细胞，另一种则具有栓质化的细胞壁，称为木栓细胞。由于矿质化和栓质化的结果，表皮能防止茎秆内部水分过度蒸发和病菌的侵入。

表皮细胞的细胞壁厚薄不一致，外壁最厚，内壁很薄。表皮细胞的外壁往往是角质化的。角质是脂肪性化合物，不仅会渗入细胞壁中，而且还会渗入至细胞壁外，在表面形成角质层。

2.3.1.2　维管束

在茎的横切面上可以清楚地看到散布在基本组织中的花朵状维管束。维管束是由木质部和韧皮部组成的束状维管组织系统。禾本科的维管束是外韧的，即韧皮部在外，木质部在内，木质部部分紧包着韧皮部，在横截面上呈现V字形结构。V字形下部有一两个导管，在茎成熟后多被挤毁，形成一个明显的空腔，这部分就是原生质木质部。在V字形上部突出部分两旁有很大的孔纹导管，这就是后成木质部。在木质部内有成束的纤维组织，将整个维管束包围着，形成维管束鞘。

2.3.1.3　纤维组织带

在外表皮层下，有一圈由纤维细胞连接而成的纤维组织带，也称为机械组织，其中嵌有较小直径的维管束。造纸、生物质能转化等利用的纤维多生长在这一结构区域，该区域组织紧密，纤维细胞壁厚，细胞腔小。

2.3.1.4　基本组织

基本组织在茎秆中占较大的比例，其由薄壁细胞组成，也称为基本薄壁组织。薄壁细胞的形状有圆形、椭圆形、多面体等，其细胞壁较薄。纹孔为单纹孔，有生活力。基本组织的功能与植物的营养有关，能够储藏养料。禾秆中心的基本组织在发育过程中往往发生破裂，形成中空的髓腔，如稻草、芦苇、麦草、竹子等。

2.3.2　禾本科植物的细胞类型

2.3.2.1　纤维细胞

纤维细胞在植物学上属于韧皮纤维类，其两端尖削，细胞腔较小，纤维壁上有单纹孔，也有一些纤维壁上无纹孔，但有横节纹。除竹子、龙须草和甘蔗的纤维比较细长外，其他禾本科植物的纤维细胞都比较小。平均纤维长度为1.0～1.5mm，平均宽度为10～20μm。一般纤维细胞的含量占细胞总量的40%～70%（面积法）。玉米秸秆纤维细胞含量较低，为30%。总的来说，禾本科植物纤维细胞含量较针叶树材纤维细胞含量低得多。

2.3.2.2　薄壁细胞

分布在基本组织中的薄壁细胞在形状、大小上各有不同，通常有杆状、长方形、正方形、椭圆形、球形、筒形、袋状、枕头形等，细胞壁上有纹孔或无纹孔。草类原料薄壁细胞含量较高，如稻草中薄壁细胞的含量高达46%（面积法）。

2.3.2.3 导管

导管是植株的输导组织，根从土壤中吸收的水分和养分就是通过导管由下往上输送。禾本科生物质原料的导管细胞含量较高，其直径比纤维细胞大得多，具有环状、螺旋状、梯形和网纹等形式，其中，前两种为原生导管，后两种为后生导管。

2.3.2.4 表皮细胞

禾本科植物的表皮细胞位于叶子和禾秆的表面（蜡粉层的内侧），其作用是保护植株内部器官。表皮细胞可分为长细胞和短细胞。长细胞多呈锯齿状，有的是一面齿，有的是两面齿，也有边缘平滑无齿痕的。锯齿的齿峰、齿距、齿谷的形状和大小随品种而异，是鉴别草种的重要依据。

2.3.2.5 筛管、伴胞

筛管与伴胞分子有密切关系。它们在个体发育过程中来自同一个母细胞，每个筛管可有一个或几个伴胞。它们间以及它们与其他细胞之间通过细胞壁的通孔或纹孔相通。筛管、伴胞的直径小，且壁上多孔，其作用是将植物光合作用的产物自上而下输送到植株有关部位中去。这两种细胞的强度差，通常在材料干燥过程中就被破坏。

2.3.2.6 石细胞

石细胞是一种具有支持作用的厚壁细胞，其细胞壁强烈地木质化次生加厚。由于壁特别厚，而壁上的纹孔则形成了管状的纹孔道，成熟后一般都失去原生质体。石细胞形状各异，如等径、星状、长形等。禾本科植物中，薄壁细胞、导管、表皮细胞、石细胞等非纤维状细胞统称为杂细胞。

2.4 植物细胞壁的微细结构

细胞壁是植物区别于动物的重要特征之一。对于树木而言，细胞壁的存在使原生质体的膨胀受到限制，从而使得细胞的形态和大小随着细胞的成熟而固定。此外，细胞壁能影响树木的吸收、蒸腾、运输和分泌等功能，起到保护作用，同时厚而硬的细胞壁还能起到支撑植物器官的机械作用。对于木材而言，细胞壁是其物质载体，细胞壁内纤维素、半纤维素和木质素等分子通过共价键、相互作用及其协同效应自发有序形成特定结构。细胞壁的结构就成为决定木材的使用领域与生命周期的关键。

2.4.1 木材细胞壁构造及微纤丝排列

细胞壁是原生质活动的结果，原生质体分泌物质形成了细胞壁。目前，木材细胞壁研究主要集中在树木轴向系统，比如管胞、木纤维和导管。

纤维细胞壁超微结构

2.4.1.1 细胞壁层状结构

细胞壁层状结构是细胞壁在电子显微镜下呈现的分层特征。成熟的木材细胞壁一般由初生壁和次生壁组成，其中次生壁又可分为次生壁外层（S_1）、次生壁中层（S_2）和次生壁内层（S_3），如图 2.14 所示。

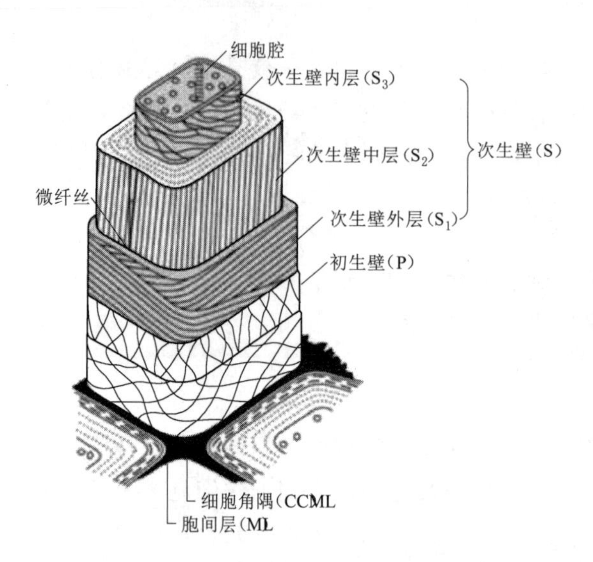

图 2.14　细胞壁层状结构示意图

1. 胞间层

树木细胞在分裂时，最初形成一层由果胶质组成的细胞板，它把两个子细胞分开，这就是胞间层，位于两个相邻细胞之间，有助于将相邻细胞粘连在一起，胞间层的厚度一般为 0.2～1μm，其主要成分为果胶以及细胞壁木质化过程中累积的木质素。

该壁层成分是各向同性、无定形的胶体物质，主要由果胶多糖组成，缺乏纤维素。果胶多糖常简称为果胶，属于多聚半乳糖醛酸的衍生物，包含原果胶质、果胶质和果胶酸三类。果胶具有亲水性和容易被酸、碱或果胶酶溶解的特点。因此，植物组织离析往往使用化学试剂降解富含果胶的胞间层，实现细胞分离和组织解体的目的。胞间层与初生壁的壁层成分存在差异，常利用组织化学染色（如钌红染果胶、$KMnO_4$ 染木质素或免疫组织化学标记果胶等）结合光学显微镜、荧光显微镜或透射电子显微镜将胞间层和初生壁区分开。当不需要严格区别研究初生壁和次生壁时，往往使用复合胞间层用于讨论分析。复合胞间层由一层胞间层和其两侧的各自沉积的初生壁组成。以云杉木质部为例，复合胞间层厚度为 200～400nm，而角隅区厚度升至 1200nm。木材细胞成熟后胞间层一般都是木质化的，25%的木质素分布在复合胞间层，剩余木质素主要位于次生壁。但复合胞间层很薄的壁层厚度使其木质素浓度远远高于次生壁。

胞间层虽薄，却对植物的结构与功能至关重要，然而胞间层富含多糖的壁层成分导致其结构复杂，如具有 α 和 β 异头物、多变的糖基间键接结构、较普遍的糖基官能团取代形式等结构特征。因此，胞间层的形成与结构精准解译至今仍是植物细胞壁结构研究的热点与难点之一。

2. 初生壁

细胞分裂后，随着细胞的生长，原生质向外分泌纤维素，纤维素定向交织成网状，分泌的半纤维素、果胶质以及结构蛋白填充在网眼之间，形成质地柔软的初生壁。初生壁具有较大的可塑性，既可使细胞保持一定形状，又能随细胞的生长而延展。初生壁的厚度约为 0.1～0.3μm，由于初生壁和胞间层紧密相连，在显微镜下较难分清，通常将初生壁与胞间层统称为复合胞间层（CML）。

初生壁是在细胞膨大生长阶段形成的壁，它可以随着细胞的生长而不断生长。等到木材细胞成熟时，多数初生壁木质化，与胞间层一起成为木质素聚集浓度最高的部位，尤其在细胞角隅（CCML）处木质素的浓度最高。

3. 次生壁

细胞在停止生长后，初生壁内侧继续积累的细胞壁层称为次生壁，主要成分为纤维素、半纤维素和木质素。次生壁厚度约占整个细胞壁的95%以上，使细胞壁具有一定的机械强度。基于形成的先后顺序，次生壁又分为次生壁外层、次生壁中层和次生壁内层三个亚层。次生壁外层与初生壁相邻，厚度一般为0.1～0.2μm；次生壁中层的厚度最大，是细胞壁的主体，早材厚度一般为1μm，晚材厚度一般为5μm；次生壁内层居于次生壁内层，与细胞腔相邻，厚度一般为0.1～0.2μm。

木材组织中并非所有细胞都遵循以上细胞壁分层模式。例如，针叶树材应压木中管胞细胞壁往往缺少次生壁内层，相比于正常木，次生壁中层木质化程度较高；阔叶树材应拉木的细胞壁分层结构也与正常木有所不同，在其次生壁内侧具有一层独特的壁层，即所谓的“胶质层”，几乎由高结晶度的纤维素构成，并且能够非常容易地从纤维细胞壁中分离出来。木材细胞壁的分层结构对木材的物理性质、化学性质及机械性能均有影响。

次生壁外层是次生壁最先形成的胞壁层，与初生壁相邻，具有明显的双折射现象，壁厚较薄，厚度仅0.1～0.2μm或可至0.35μm，占细胞壁平均壁厚的10%～22%。次生壁外层由几个S形和Z形互相交替的螺旋状排列的薄层组成。次生壁外层的结构明显的是初生壁至次生壁中层的过渡。

次生壁中层是次生壁的主体部分，厚度可达到5μm或以上，占整个胞壁厚度的80%～90%，是次生壁三个部分中最厚的部分。在次生壁中层的内表面和外表面之间有许多过渡的薄层。这些薄层显示来自次生壁外层至次生壁中层和次生壁中至次生壁内层的逐渐变化的情况。

次生壁内层与细胞腔相邻，结构疏松，厚度因树种而异，一般不超过5～6薄层，为0.03～0.3μm，占细胞壁平均壁厚的2%～8%。针叶树材次生壁内层厚度为0.07～0.08μm，而在阔叶树材中则更薄一些。在一些细胞壁层中，次生壁内层发育得较弱或缺乏，如在应压木管胞中没有次生壁内层。

2.4.1.2 微纤丝及细胞壁的精细结构

微纤丝是构成细胞壁的结构单位。纤维素是细胞壁的主要组成成分，形成细胞壁的框架。在电子显微镜下，这种框架由一层层丝状纤维素组成，即为微纤丝。每层微纤丝基本上是平行排列的，每添加一层，微纤丝排列的方位不同。因此层与层之间微纤丝的排列交错呈网状。

初生壁具有双折射性，可用偏光显微镜观察到。在初生壁形成时，在其最外面的薄层的微纤丝是倾斜的或几乎是轴向的，随后逐渐转变呈交织的网状，而后又趋于横过细胞轴呈横向排列。微纤丝排列方向与细胞纵轴所呈的角度由自初生壁最内面的薄层向外面薄层逐渐变小。

次生壁外层的微纤丝首先成S形沉积在次生壁外表面，随后逐渐过渡到次生壁外层内表面的Z形沉积。由于微纤丝取向的转变是连续的，使用场发射扫描电子显微镜（SEM）和透射电子显微镜才能观察到微纤丝从S形到Z形的过渡排列。总的来看，微纤丝的沉积差不多是横向的，与细胞轴的平均夹角为50°～70°，因此，次生壁外层的微纤丝取向和性质是纤维横向模量的重要决定因素。次生壁外层的双折射性常略大于次生壁内层。

次生壁中层微纤丝排列方向与细胞纵轴几乎平行，呈 10°～30°。次生壁中层对木材细胞壁的力学性能尤其是纤维的纵向力学强度影响最大，是其重要的决定因素。该层微纤丝螺旋的斜度很陡，与细胞长轴的夹角小（微纤丝角），呈 10°～30°的 Z 形排列，接近长轴。组成次生壁中层的薄层数，早材细胞或薄的胞壁中约由 30～40 薄层组成，晚材细胞则由 150～160 薄层组成。同一管胞内次生壁中层的微纤丝角变化不大，最大值与最小值相差约 15°，如在日本落叶松（*Larix kaempfei*）的一个管胞上，微纤丝角的变化为 9°～21°。微纤丝角在幼龄材和成熟材中差异较大，在成熟材中普遍相对较小，因此微纤丝角的大小是区分幼龄材和成熟材的重要依据。此外，微纤丝在不同树种间的变化也很大，这使微纤丝角成为继密度之后预测木材宏微观力学性质的最重要的参数。

次生壁内层的微纤丝排列与高度定向的次生壁中层相反，微纤丝间呈 20°～30°的小角度的互相交叉状。次生壁内层的双折射程度略小于次生壁外层，在一些细胞壁层中，次生壁内层发育的较弱或缺乏。次生壁中层的微纤丝沉积近似次生壁外层，几乎与细胞长轴垂直，呈不规则的近似环状排列。总的来看，次生壁中层微纤丝的沉积差不多是横向的，与细胞轴的平均夹角较大，一般为 60°～90°。

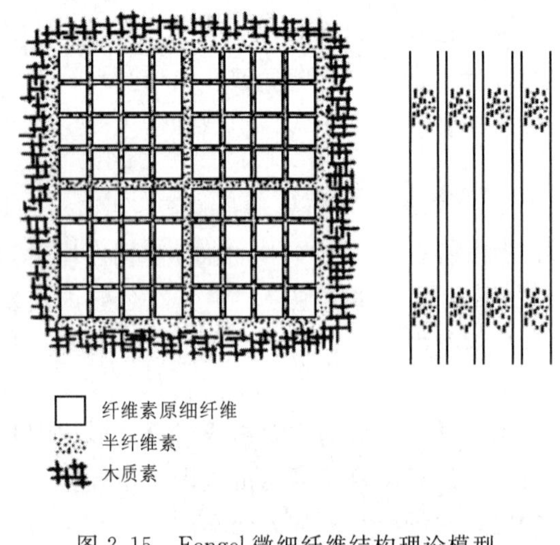

图 2.15　Fengel 微细纤维结构理论模型

纳米尺度下，比较有代表性的植物纤维的微细结构是 Fengel 理论模型。如图 2.15 所示，原细纤维是最基本的形态结构。16 根（4×4）原细纤维组成亚微细纤维；4 根（2×2）亚微细纤维组成微纤丝；半纤维素填充在原细纤维之间，木质素则填充在微纤丝之间。借助高分辨率的电子显微镜研究脱除木质素后的细胞壁，微纤丝的直径为 20～40nm，原细纤维的直径为 3.0～3.5nm。微纤丝的直径因原料来源及制备方法不同而存在差异。

2.4.2　禾本科生物质原料细胞壁构造

与木材相比，禾本科生物质原料中，除稻麦草外，其他常用的原料中都有少量纤维的次生壁结构具有特殊性。这小部分纤维的次生壁构成不符合次生壁外层、次生壁中层、次生壁内层模式。例如，芦苇纤维中，有 30%～50%的纤维次生壁中层组成异常，从外至内次生壁中层具有多层次结构（亚层）。在甘蔗纤维和竹材中也发现了类似的结果。

甘蔗纤维中，部分纤维次生壁具有宽窄层交替排列的多层结构。利用 $KMnO_4$ 染色观察木质素浓度发现，宽层木质素浓度较低，窄层木质素浓度较高。宽窄层的微纤丝排列结构也不相同，竹纤维中有小部分纤维的细胞壁较厚，称为厚壁纤维。这些纤维的次生壁由外向内依次由宽窄层交替排列，最后的纤维甚至由 18 层构成。其中，宽层木质素浓度较低，微细纤维的倾角为 2°～20°，窄层木质素浓度较高，微细纤维倾角为 85°～90°。此外，禾本科纤维的初生壁和次生壁外层的厚度占下包庇厚度比例较大，远高于木材纤维的初生壁和次生壁外层。禾本科生物质原料细胞壁的这些特点，使其在预处理等化学反应中更容易润胀。

2.4.3　细胞壁主要组分区域化学

细胞壁主要组分区域化学

植物生物质原料细胞壁主要由纤维素、半纤维和木质素组成，这三种组分在细胞壁中的浓度分布呈现出明显的区域选择性。

2.4.3.1　纤维素区域化学

纤维素是木材、竹材、草类、麻类等高等植物细胞壁的主要成分，被认为是储量最为丰富的天然高分子资源。纤维素大分子的基本结构单元是 D—吡喃式葡萄糖基，作为植物细胞壁主要的轴向力学承载单元，纤维素分子链以氢键相连接形成基元纤丝，进一步与半纤维素相连组装成微纤丝，木质素的沉积黏接成束的微纤丝组成宏纤丝，以上各种纤维素聚集态结构统称为纤丝聚集体，纤维素以及聚集形成的纤丝聚集体在不同细胞类型，以及同一细胞不同形态区域中的浓度及排列取向具有明显的差异。

1. 纤维素生物合成

最早关于植物细胞壁中纤维素形成的研究始于模式植物拟南芥中基因序列组的探讨。在纤维素合成初期，不同类型的纤维素合成酶（α_1，α_2，β）相互作用形成纤维素合成酶复合体（CelS），CelS 进一步组合形成纤维素基元纤丝或原纤丝，一般认为其直径在 3.5nm 左右。据原子力显微镜（AFM）观察到的微纤丝结构推算，基元纤丝为 6 个 CelS 组成一个玫瑰花型结构，而单个 CelS 包含 6 个纤维素合成酶（CESA），因此这种玫瑰花样结构包含 36 条彼此相互交联的纤维素 β—1,4—D—葡萄糖链。然而，利用广角 X 射线计算衍射角和晶格间距之间的关系，发现 36 条链结构的基元纤丝尺寸不符合 AFM 观察值（3.5nm），并由此提出了不同排列模式组成的 24 条或 18 条链的基元纤丝模型，还有学者提出基元纤丝由 20 条或 16 条纤维素链组成。

2. 纤维素的分布

高等植物细胞壁依据形态区域的差异通常分为胞间层（细胞角隅胞间层和复合胞间层）、初生壁以及次生壁。在针、阔叶树材中，次生壁进一步分为次生壁外层、次生壁中层以及次生壁内层。而在禾本科生物质原料中，次生壁依据厚度差异分为次生壁宽层及次生壁窄层。作为骨架物质的纤维素主要存在于细胞次生壁中，其分布呈现明显的规律性，通常而言，针、阔叶树材中的纤维素主要分布于细胞次生壁中层，而在禾本科生物质原料的纤维细胞和薄壁细胞中，纤维素在次生壁宽层中广泛分布。研究纤维素沉积的方法主要有常规的电子显微镜法、冷冻断裂或冷冻蚀刻、复型技术、放射自显影技术、化学分析法等，近些年分子光谱成像技术广泛应用于纤维素微区分布及其聚集体取向研究。

基于显微红外技术，人们研究了木、竹材细胞壁的纤维素分布。对纤维素 1240cm^{-1} 区域的特征峰进行积分，可清楚地揭示出毛竹组织水平的纤维素分布规律，即高度木质化的竹青部分纤维素的相对浓度较高（图 2.16），这一结果在传统的湿部化学分析中也得以证实。另外通过非负最小二乘法成功地将小麦秸秆显微红外成像获得的纤维素与半纤维素区分开来，其中 1432cm^{-1}、987cm^{-1} 处的红外特征峰分别用来表征纤维素和淀粉的分布。结果表明纤维素存在于薄壁组织中，在表皮细胞中含量最低，而淀粉的含量在维管束外侧以及厚壁组织中呈均一的分布规律。

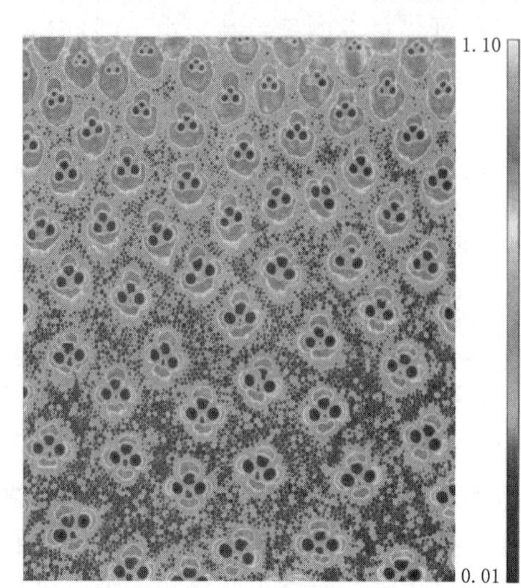

图 2.16　毛竹节间组织中纤维素显微红外光谱（IR）成像图

类似于显微红外光谱，共聚焦显微拉曼光谱研究天然纤维素微区分布，同样是通过对纤维素分子特征峰的峰高、峰宽或峰面积积分获得光谱成像图。通过分析获得的拉曼光谱成像图，可以定性或半定量地研究纤维素浓度的微区差异。天然纤维素拉曼光谱特征峰归属见表 2.1。

表 2.1　天然纤维素拉曼光谱特征峰归属

波数/cm^{-1}	归　属	波数/cm^{-1}	归　属
3260	OH 伸缩振动	1096	糖苷键 COC 不对称伸缩振动
2968	CH_2 伸缩振动	1065	仲醇 CO 伸缩振动
2950	CH_2 伸缩振动	1040	伯醇 CO 伸缩振动
2895	CH_2 伸缩振动	996	CH_2 面内摇摆振动
1479	HCH 和 HOC 剪切振动	970	CH_2 面内摇摆振动
1462	HCH 和 HOC 弯曲振动	897	COC 面内对称伸缩振动
1411	CH_2 弯曲振动	610	CCH 扭曲振动
1378	CH_2 弯曲振动	519	糖苷键 COC 伸缩振动
1360	CH_2 弯曲振动	496	糖苷键 COC 伸缩振动
1338	CH_2 弯曲振动	458	环（CCO）伸缩振动
1320	CH_2 弯曲振动	436	环（CCO）伸缩振动
1293	CH_2 扭曲振动	378	环（CCC）对称弯曲振动
1280	CH_2 扭曲振动	347	环（CCC）弯曲振动
1152	环（CC）不对称伸缩振动	331	环（CCC）扭曲振动
1122	糖苷键 COC 对称伸缩振动		

在植物细胞壁组分分布研究中，纤维素空间分布图像可以通过对拉曼光谱中345～390cm^{-1}波数区域积分获得。针叶树材管胞、阔叶树材纤维细胞以及禾本科植物厚壁纤维细胞成像结果表明纤维素主要沉积在细胞次生壁中（图2.17），且浓度沿相邻的细胞次生壁成波动规律，在胞间层区域浓度最低。较为特殊的是阔叶树材应拉木（由于强风和地心引力作用，形成于阔叶树材倾斜枝干上端的应变组织）中的纤维素微区分布特点，研究发现应拉木中纤维细胞壁最内侧凝胶层的纤维素浓度高于临近的次生壁及胞间层。

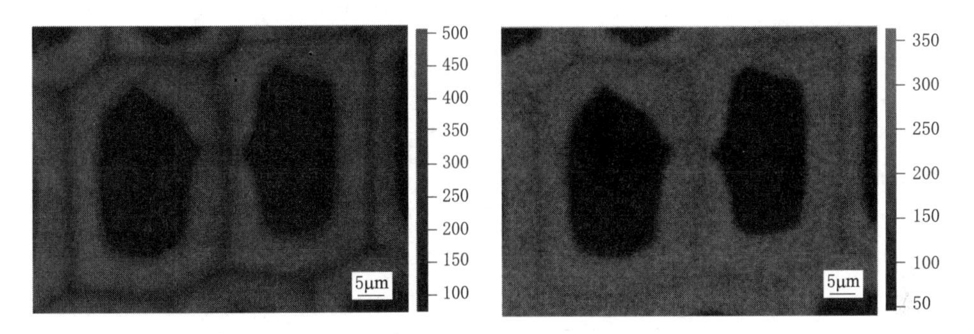

图2.17 杉木管胞碳水化合物（2810～2936cm^{-1}）及纤维素分布拉曼光谱成像（积分区域345～390cm^{-1}）

2.4.3.2 半纤维素区域化学

半纤维素是由多种糖基组成的复合聚糖的总称，组成半纤维素的结构单元（糖基）主要有：D—木糖基、D—甘露糖基、D—葡萄糖基、D—半乳糖基、L—阿拉伯糖基、4—O—甲基—D—葡萄糖醛酸基、D—半乳糖醛酸基和D—葡萄糖醛酸基等，还有少量的L—鼠李糖基、L—岩藻糖基以及各种带有氧—甲基、乙酰基的中性糖。在阔叶树材、针叶树材以及禾本科生物质原料中的主链各不相同，阔叶树材中的半纤维素主要是聚O—乙酰基—（4—O—甲基葡萄糖糠醛酸）木糖，伴随着少量的聚葡萄糖甘露糖，而针叶树材中的半纤维素主要为聚O—乙酰基半乳糖葡萄糖甘露糖，禾本科生物质原料的半纤维素主要是聚阿拉伯糖4—O—甲基葡萄糖醛酸木糖。

与纤维素不同，由于半纤维素结构的复杂性及多样性，其在植物细胞壁中浓度微区分布的研究十分困难。传统的研究方法主要通过间接的组织染色结合显微观察的方法证实半纤维素多糖的存在与分布，包括过碘酸希夫染色法、负染色法、抽提和酶处理法、乙酸双氧铀和柠檬酸铅染色法以及戊聚糖射线自显影法。近年来免疫标记法及分子光谱成像技术（显微红外光谱、共聚焦显微拉曼光谱）已经广泛地应用于半纤维素浓度微区分布的研究。

免疫标记法最早在植物细胞壁聚糖的应用始于20世纪80年代初期。采用甘露糖酶—金复合物研究聚葡萄糖甘露糖在云杉管胞中的分布，结果发现聚葡萄糖甘露糖主要存在于管胞次生壁中。然而这一技术受聚糖抗体制备技术不成熟、抗体制备周期长等不利因素影响而没有得到广泛使用，直到20世纪90年代后期，系列聚糖抗体成功制备，才使得这一技术迅猛发展。

对聚木糖而言，学者们已研究了其在针叶树材（包括云杉、雪松、日本柳杉正常木、对应木和受压木、辐射松）、阔叶树材（包括杨木正常木和受拉木、山毛榉、桦木和松树）及禾本科植物（包括拟南芥、百日草、亚麻和烟草）中的分布特点。聚木糖的沉积起始于次生壁外层邻近角隅处，在针叶树材正常木的成熟管胞中，聚木糖在次生壁中层分布较为均一，而在应压木的成熟管胞中，次生壁中层聚木糖呈现非均一性分布。对阔叶树材正常细胞而言，聚木糖在纤维细胞和导管沉积的时间要早于其在射线细胞中的沉积，而对阔叶树材受拉木纤维细胞凝胶层进行免疫荧光成像研究发现，聚木糖主要聚集在凝胶层外侧。有趣的是，在杨木细胞分化过程中，纹孔膜（包含纤维、导管和射线—导管纹孔）上存在聚木糖的沉积，但当细胞壁形成后，纹孔膜上的聚木糖消失。

学者们对聚甘露糖在针叶树材（包括扁柏、云杉、雪松、日本柳杉正常木、对应木和应压木）、阔叶树材杨木正常木和受拉木及拟南芥中的分布特点也进行了广泛研究。类似于聚木糖，聚甘露糖首先沉积在次生壁外层临近角隅的位置，在管胞次生壁外层中聚甘露糖分布不均一，次生壁外层/次生壁中层交界处沉积较多的聚甘露糖，且聚甘露糖的侧链取代基（即乙酰基）数量在管胞成熟过程中逐渐增多。聚甘露糖在杨木纤维细胞中的沉积数量比其在导管中的沉积数量要多，且主要分布在次生壁中层和次生壁内层。聚甘露糖在拟南芥后生木质部导管中的沉积时间比其在木质部纤维细胞中要早。初生木质部导管中沉积的聚甘露糖数量比后生木质部导管中的要多，且各类导管和纤维细胞壁中聚甘露糖呈现非均一分布特点。由此得知，聚甘露糖在植物细胞壁中的沉积随时间和细胞类型的不同而变化。聚半乳糖微区分布的研究发现其在针叶树材应压木中（辐射松和云杉）主要存在于次生壁中层外层，而在阔叶树材受拉木中聚半乳糖存在于次生壁中层和凝胶层之间的界面区域，这一区域聚半乳糖的存在很可能起连接相邻细胞壁层的作用。

2.4.3.3 木质素区域化学

木质素是植物次生壁的主要成分，在维管植物中，木质素起抗压、防害虫和病菌侵入、运输水分等作用。其含量和组分限制了人们利用木质纤维素，并且严重影响了生物燃料和纸浆的生产。组成木质素的三种基本结构单元主要有愈创木基（guaiacyl unit，G）丙烷，紫丁香基（syringyl unit，S）丙烷和对羟基苯基（hydrocinnamic unit，H）丙烷。在禾本科生物质原料中还存在阿魏酸（ferulic acid，FA）和对香豆酸（p－coumaric acid，P－CA）类，它们以酯键和醚键的形式与半纤维素和木质素相连接。

1. 木质素生物合成

木质素的沉积是植物组织细胞分化的结果。木质素在植物细胞壁中开始沉积之前，已经形成了纤维素和半纤维素骨架。通常而言，胞间层的碳水化合物堆积完成之时，木质素便开始在细胞角隅及复合胞间层区域沉积，接着在细胞次生壁骨架中逐渐堆积，在细胞壁骨架形成的后期，木质素继续持续堆积，完成二次木质化过程。木质素各个结构单元在堆积过程中也存在时间的选择性，在木质化的初期对羟

基苯基及愈创木基结构单元进行堆积，且以缩合型木质素为主，而在堆积的后期以愈创木基和紫丁香基为主。

2. 木质素的分布

紫外显微光谱技术在木质素的研究上具有其独特的优势，主要由于木质素对紫外光具有吸收特性，而碳水化合物在紫外光区几乎没有吸收。选择合适的测定条件，采集紫外吸收光谱可以在碳水化合物存在条件下对木质素分子进行定性及定量分析。因此，紫外显微光谱在研究植物细胞壁木质素方面具有专一、准确的优点。木质素的紫外吸收峰主要出现在280nm和205～208nm附近，280nm吸收峰主要是由于木质素苯环 $\pi—\pi^*$ 跃迁引起的。这一特征峰强度和位置的变化反映了木质素不同结构单元含量的差异。木质素模型物紫外光谱（UV）研究表明愈创木基结构单元的最大吸收峰位于280～285nm，紫丁香基结构单元的最大吸收峰位于270～275nm，而对羟基苯基结构单元的最大吸收峰位于255～260nm，并且愈创木基型木质素的紫外吸收效率约为紫丁香基型木质素的3.5倍。而禾本科植物与木本植物的木质素结构略有差异，其紫外光谱在310～320nm会出现明显的对羟基肉桂酸（4-hydroxy cinamic acid，主要为阿魏酸和对香豆酸）酯键特征峰。

利用紫外显微光谱研究针叶树材辐射松管胞木质化过程中发现木质素的积累首先从靠近细胞角隅胞间层的初生壁区域开始，然后延伸到胞间层区域及初生壁，接着沿着管胞的弦向次生壁进行木质化，最后才是径向壁的木质化过程。次生壁木质素的积累是从次生壁外层向细胞腔方向逐渐进行的。同样在辐射松细胞培养研究中发现，胞间层区域先进行木质化，其次才是次生壁，且胞间层的木质化程度高于次生壁。在研究木质化过程中，从组织水平可发现心材中早材管胞木质化程度高于晚材，而边材呈现相反的规律。研究环境因子对木质化过程影响时发现正常生长的银杉中紧邻形成层的管胞木质素沉积晚于斜倾生长的银杉，且前者木质化过程持续时间更长。

紫外显微光谱同样被广泛应用于阔叶树材木质部的形成以及木质素沉积过程研究。在山毛榉木质部连续生长发育及木质素沉积过程研究中，紫外光谱成像结果表明随着生长时间的延长，新形成组织的木质化程度逐渐增加。比较其紫外光谱发现，导管细胞壁的木质化程度高于木纤维及薄壁细胞，同时在木质化过程中，导管次生壁中层主要积累愈创木基型木质素（紫外光谱在280nm处出现最大吸收峰），而木纤维细胞次生壁主要积累紫丁香基型木质素（紫外光谱在278nm处出现最大吸收峰）。在进一步研究山毛榉韧皮部组织中细胞形态及组分积累变化时，发现韧皮部发生次生变化主要体现在筛管的塌陷、薄壁细胞体积的膨胀以及石细胞的形成。紫外显微光谱检测发现，石细胞面积、酚类化合物含量，以及木质化程度在沿维管形成层区域向木栓形成层区域过渡时逐渐增加。同时比较韧皮部木栓层细胞、石细胞以及木纤维紫外光谱发现，石细胞和木纤维具有相同的紫外光谱特点，但前者的紫外吸收强度高于后者，表明前者具有较强的木质化程度。在正常及转基因杂交杨木木质化过程研究中发现，在生长的第一年内2种植物木纤维的次生壁及胞间层都积累了紫丁香基型的木质素（紫外光谱在278nm处出现最大吸收峰），且转基因杂交杨木中紫丁香基型的木质素的浓度高于野生型。

禾本科植物细胞壁中除了典型的愈创木基型、紫丁香基型和对羟基苯基型木质素外，还含有一定量的对羟基肉桂酸类化合物（主要为阿魏酸和对香豆酸）。相对于针叶树材、阔叶树材，禾本科植物进化程度更高，因而具有更为复杂的木质化进程。研究发现甘蔗及水稻秸秆中木质化过程首先是从初生木质部导管开始的，随后才是组成维管束鞘的木纤维与次生木质部导管间的复合胞间层进行木质化，木纤维次生壁在生长的最后时期才进行木质素的积累。羟基肉桂酸伴随着木质素进行积累，其中阿魏酸在木质化过程初期积累的速度高于后期，而对香豆酸的积累贯穿整个木质化过程。在组织水平上发现初生木质部导管中主要含有愈创木基型木质素以及少量的羟基肉桂酸，随着木质化过程的进行，紫丁香基型木质素逐渐积累。而纤维细胞角隅区以及次生木质部导管中同时含有愈创木基型和紫丁香基型木质素，并且这两者的比例在木质化过程中始终保持一致。

通过拉曼光谱成像方法对杉木、白毛杨以及毛竹木质素特征峰（1519～1712cm^{-1}）区域进行积分，发现木质素在不同形态区域中的分布存在明显的不均一性，在细胞角隅胞间层和复合胞间层浓度较高，次生壁中层浓度较低（图 2.18）。用该方法研究控制木质素形成的前期物质松柏醇（coniferyl alcohol）和松柏醛（1649～1677cm^{-1}）分布规律，发现在不同树种不同细胞间差异较大。在云杉中，松柏醇和松柏醛在次生壁中层浓度比复合胞间层和初生壁层高，然而在樟子松中，松柏醇和松柏醛在复合胞间层的浓度明显高于次生壁中层。与传统的木质素分布规律不同的是，阔叶树材受拉木次生壁中层中含有大量没有木质化的胶质层。在应拉木杨树中，通过对 1600cm^{-1} 区域积分成像发现细胞角隅胞间层和复合胞间层木质

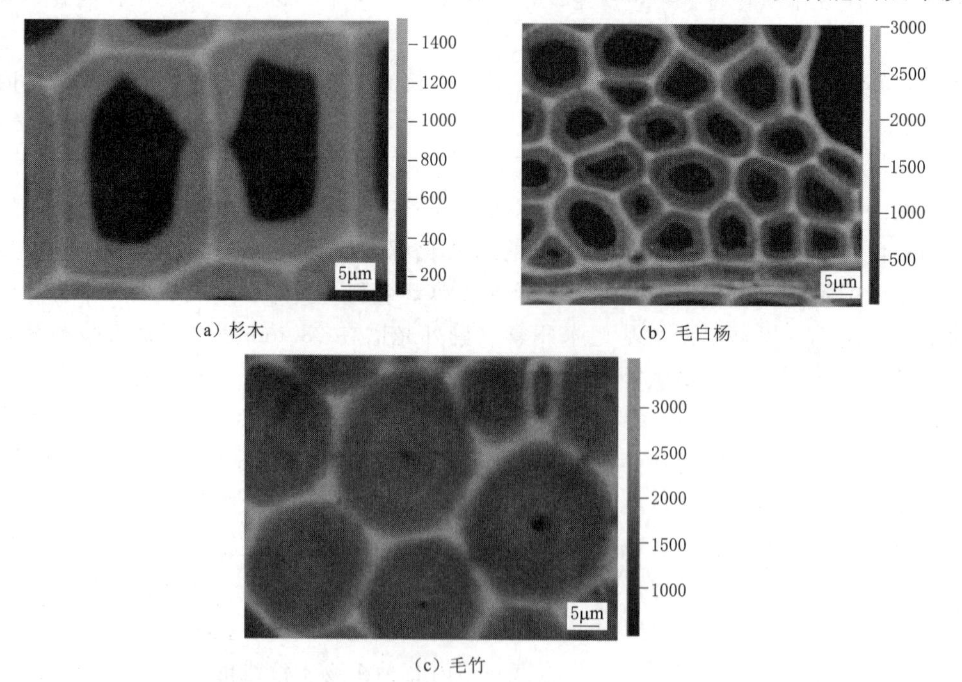

(a) 杉木　(b) 毛白杨　(c) 毛竹

图 2.18　杉木、毛白杨、毛竹纤维细胞木质素分布拉曼光谱成像

化程度较高，而次生壁中层木质化程度较低。与次生壁中层相邻的胶质层拉曼信号很弱，改变积分范围发现，愈创木基胶质层内层含有芳香族化合物。对枫树与橡树受拉木细胞壁木质素区域化学进行研究发现两者的细胞角隅胞间层和复合胞间层处高度木质化，而胶质层中木质素的拉曼信号强度极其微弱，进一步通过研究发现橡树胶质层内层出现了低浓度的芳香族化合物。

参 考 文 献

[1] 杨淑蕙. 植物纤维化学 [M]. 北京：中国轻工业出版社，2006.

[2] 成俊卿，杨家驹，刘鹏. 中国木材志 [M]. 北京：中国林业出版社，1992.

[3] 李忠正，孙润仓，金永灿. 植物纤维资源化学 [M]. 北京：中国轻工业出版社，2012.

[4] 李坚. 木材科学 [M]. 3 版. 北京：科学出版社，2014.

[5] 韦鹏练，黄艳辉，刘嵘，等. 基于纳米红外技术的竹材细胞壁化学成分研究 [J]. 光谱学与光谱分析，2017，1：103 - 108.

[6] Kim J，Daniel G. Developmental localization of homogalacturonan and xyloglucan epitopes in pit membranes varies between pit types in two poplar species [J]. IAWA Journal，2013，34：245 - 262.

[7] Guo Juan，Song K L，Lennart S，et al. Changes of wood cell walls in response to hygro - mechanical steam treatment [J]. Carbohydrate Polymers，2015，115：207 - 214.

[8] Yin，J P，Yuan T Q，Lu Yun，et al. Effect of compression combined with steam treatment on the porosity，chemical compositon and cellulose crystalline structure of wood cell walls [J]. Carbohydrate Polymers，2017，155：163 - 172.

[9] Yang Z L，Mei J Q，Liu Z Q，et al. Visualization and semiquantitative study of the distribution of major components in wheat straw in mesoscopic scale using fourier transform infrared microspectroscopic imaging [J]. Analytical Chemistry，2018，90 (12)：7332 - 7340.

[10] Agarwal U. P，Atalla R. H. In - situ Raman microprobe studies of plant cell walls：Macromolecular organization and compositional variability in the secondary wall of *Picea mariana* (Mill.) B. S. P. [J]. Planta，1986，169：325 - 332.

[11] Fengel Dietrich，Wegener Gerd. Wood：Chemistry，Ultrastructure，Reactions [M]. Walter de Gruyter：Berlin and New York，1984.

第3章 生物质的理化性质和化学组成

在化石能源日渐枯竭、全球变暖、环境恶化的大背景下，生物质产业是低碳经济发展、清洁能源替代方面的最佳契合点和切入点。农林木质纤维素生物质是一种可再生和可持续的自然资源，且其资源丰富、价格低廉，可以作为生产热能、电力、化学品和材料的原料。

生物质原料的形态分为原始材料、致密料（成型料）和粉料。原始材料是指生物质没有经过切断、粉碎的原料，即生物质的原始形态，如树枝、树干和收割后的秸秆等。由于生物质来源广泛但时空分布不均、质地疏松、能量密度小，所以未经加工的生物质原材料一般只能当作低品位能源使用，商业价值低。致密料，又分为粒料（pellets）、棒（块）状燃料（briquettes）是在外施加压力使生物质原料（或添加了煤、生物炭、黏土等其他物质的混合物）压缩成具有固定形状和一定密度的固体燃料，其堆积密度提高，尺寸均匀，便于储存运输和利用。粉料是经过粉碎、磨研后得到的粒径比较小的粉状材料。

不同的生物质转化工艺和技术对生物质原料的工程特性要求各不相同：燃烧可以利用各种不同含水率、尺寸、灰分的秸秆、木材、草类及其混合物；而热解、气化、液化、化学或酶水解等则对原料在粒度和密度方面具有严格要求；在流化床热解和气化中，要求原料为具有一定粒度分布的粉料，才能将流化床反应器的压降维持在合适的范围内，保证床层的流化状态；生物质沼气发酵对原料的要求则没有流化床严格，沼气池的进料既可以是原始材料，也可以是发酵效果更好的致密料。

从生物质原料到生物质燃料（化学品）的过程包括生物质的收储运、预处理和转化过程。生物质的收储运过程包括生物质原料的收集、处理、储存和运输，预处理过程包括原料的干燥、粉碎和筛分，转化过程包括进料、转化、中间产物的分离与提质和产品收集。植物生物质的理化性质和化学组成是设计和实施这些过程的重要参考数据，如图3.1所示。

表3.1列出了这些理化性质的工程应用。

从表3.1中可以看出，这些理化性质和化学组成对生物质的处理和转化过程至关重要，本章将分别介绍生物质的物理性质、工业分析、元素分析、热值、成分、化学结构等。

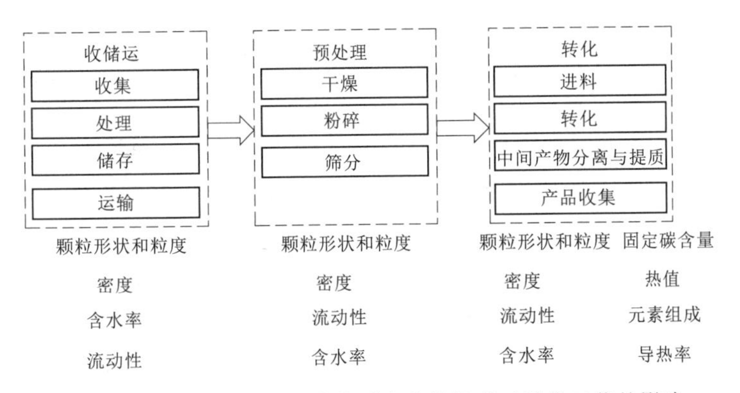

图 3.1 植物生物质的理化性质和化学组成对转化工艺的影响

表 3.1 植物生物质理化性质的工程应用

理化性质	工程应用
颗粒形状	影响物料流动性，是处理、进料和储存设施的设计参数
粒度	进料、粉碎和储存设施的设计参数
密度	处理、储存和运输设施设备的设计参数
流动性	处理、进料和储存设施的设计参数
磨削性	粉碎设施的设计参数
吸湿性	干燥和储存设施的设计参数
含水率	处理、储存、干燥、进料设施和转化过程的设计参数
灰分含量	生物质燃烧、热解气化或气化过程中结渣和结垢问题的潜在风险评估
挥发分含量	转化效率
元素组成	转化效率
热值	能量回收效率
热特性	热化学转化效率
化学成分	转化效率

3.1 生物质的物理性质

生物质的理化性能

农林生物质作为固体颗粒状物料，其一些物理特性，如颗粒形状、粒度、粒度分布、密度和堆积密度、摩擦和流动特性角及其比热容、导热性对生物质的转化过程有较大的影响。

3.1.1 颗粒形状、粒度和粒度分布

颗粒形状是指一个颗粒的轮廓或表面上各点所构成的图像。由于颗粒形状千差万别，描述颗粒形状的方法可分为语言术语和数学语言两类：如球状、针状、纤维状、粒状、片状、枝状和不规则状等语言术语，它只能定性地描述颗粒的形状，但由于它们大致反映了颗粒形状的某些特征，因此这些术语至今在工程中仍然被广泛

使用；使用数学语言描述颗粒形状的方法中，最常用的是颗粒的形状系数（shape factor），它是通过测量得到的颗粒大小与颗粒面积或体积之间的关系，在进行生物质的传热传质分析计算时需要用到这一指标。

粒度是指物料颗粒的大小，用其在空间范围所占据的线性尺寸表示，是固体颗粒物料最重要和最基本的几何性质。通常将粒径分为单个颗粒的单一粒径和颗粒群的平均粒径。对于单一的球状颗粒，其直径大小即为粒径，就是其粒度值。有些形状规则的颗粒粒径则可按某种规定的线性尺寸表示，如采用圆柱体、立方体或长方体的代表尺寸。而对于大多数情况中的非规则颗粒，可由该颗粒不同方向上的不同尺寸按照一定的计算方法加以平均，得到单颗粒的平均直径，或是以在同一物理现象中与之有相同效果的球形颗粒直径来表示，即等效粒径，或称当量径。由于实际的生物质原料并不是颗粒大小统一的单粒度体系（monodispere），而是由数量和粒度不等的颗粒组成，称为多粒度体系（polydispere）或颗粒群。对于颗粒群来讲，由于含有各种粒径大小的颗粒，其粒度不能用单一颗粒的粒径来代表，一般将颗粒的平均大小称为粒度。

粒度的大小可以用多种方法表示和测量。一般地，对于约 5mm 以上的大颗粒，可以用卡尺、千分尺等工具直接测量；对于 0.04mm 以下的极小颗粒，则需要基于沉降速度、布朗运动等原理进行间接测量；在这两者之间的粒度大小，可方便地采用筛分法进行测量，即用不同规格的筛具测量。表 3.2 是泰勒（Tyler）标准筛的目数（即每寸具有的筛孔数目）与粒径大小的对比。随着科技的不断进步，颗粒粒度的测量方法和仪器更先进，精确度更高，例如激光粒度分析仪可以快速地读取数据，测量粒径范围为 1～150μm。

表 3.2　　泰勒标准筛的目数与粒径大小

目数	孔径		目数	孔径	
	in	μm		in	μm
3	0.263	6680	48	0.0116	295
4	0.185	4699	65	0.0082	208
6	0.131	3327	100	0.0058	147
8	0.093	2362	150	0.0041	104
10	0.065	1651	200	0.0029	74
14	0.046	1168	270	0.0021	53
20	0.0328	883	400	0.0015	38
35	0.0164	417			

生物质的转化过程中，一般对生物质的粒度和形状都有一定的要求，例如，在直接燃烧时，为使生物质能够进入炉具，要对生物质原料进行劈开和折断等作业，同时为了能够确保在燃烧过程中 O_2 供应充分，生物质物料也不能太细小；在生物质成型过程中，往往需要对生物质进行粉碎，以达到所需要的粒度要求；在生物质气化中，推荐的粒度大小与气化炉和原料有关，在小型的气化炉中，粒度大的物料

易产生“架桥”现象，是导致结渣的主要原因，但无论是在固定床还是在流化床中，生物质的粒度大小直接影响气化炉中的压力降，因此，必须要有足够的动力来克服这些压力降；在快速热裂解液化中，为了达到很高的传热传质速率，往往需要很细小的生物质原料。此外，生物质的形状往往对其转化的效果和转化系统的经济性有一定的影响。

对于实际颗粒群生物质来说，粒度分布（particle size distribution）是指将颗粒群以一定的粒度范围按大小顺序分为若干级别（粒级），各级别粒子占颗粒群总量的百分数。粒度分布有个数基准和质量基准，工业上一般采用质量基准。按照粒度分布与粒径的函数关系，通常将粒度分布分成频率分布和累积分布两种，后者又有筛上与筛下两种累积分布。其粒度分布也是一个很重要的参数。通常，在生物质转换中，为了保证转换系统的可靠运转，生物质的粒度分布应当尽可能小。例如，在生物质固定床气化中，生物质的粒度分布过大，这样在空气和反应所产生的气体通过床层时，会使细小的颗粒和粗糙的颗粒分离，从而使原料层不均匀，形成热区和冷区，最终导致形成“通道”和结渣现象。此外，大量过于细小的生物质颗粒会降低气化比率。尽管不同的生物质原料和转化装置对粒度分布的要求不同，但一般来讲，过细和过大的颗粒数量不超过±10%。

而生物质大多形状极不规则，往往需要通过粉碎、筛分等工序来达到合适的形状、粒度和粒度分布。

3.1.2 密度和堆积密度

生物质的密度是指单位体积生物质的质量。由于颗粒与颗粒之间有许多空隙，有些颗粒本身还有空隙（如玉米芯、玉米秸等），所以固体颗粒状物料的密度又可分为颗粒的密度和颗粒群的堆积密度。

3.1.2.1 颗粒的密度

颗粒的密度是颗粒本身的实有密度，不考虑颗粒与颗粒间的空隙。若颗粒本身是多孔性的，则其密度还分为两种：①表观密度（apparent density），又称视密度，指包含颗粒本身空隙在内的单个颗粒的密度，记为ρ_p，视密度可用称量法（涂蜡法、涂凡士林法等）测定。②真密度（true density），指不包括颗粒本身空隙在内的颗粒物质的实有密度，记为ρ_s，真密度可用比重瓶法或其他置换方法测定。对于无孔性颗粒，有$\rho_s=\rho_p$。在生物质转化过程中，研究转换装置床层压降、颗粒的传热传质以及颗粒的分离行为时，常用到这两种密度。物体的真密度与同体积的1个大气压、4℃的纯水的真密度之比称实质比重。木材的实质比重大致相同，均为1.49～1.57，平均值为1.54。农作物秸秆的实质比重为1.1～1.3。

3.1.2.2 颗粒群的堆积密度

颗粒群的堆积密度是把颗粒与颗粒间的空隙算作物质的体积所计算出的物质密度，在自然堆积时，单位体积物料的质量就是堆积密度（bulk density），记为ρ_b。在生物质转化过程中，计算物料的堆积容积，确定料仓的尺寸、设计进料装置和反应器时都需要用到堆积密度。含水率也在很大程度上影响着生物质的堆积密度。

表3.3给出了部分生物质的堆积密度。由表3.3可以看出，生物质原料的堆积密度差别较大。一类是包括木材、木炭、棉秸以及成型燃料在内的高堆积密度物料；另一类是包括各种农作物秸秆的低堆积密度物料，它们的堆积密度远小于木材等。

表3.3　**部分生物质的堆积密度**　单位：kg/m^3，daf

木材种类	堆积密度	秸秆种类	堆积密度
硬木片	230	松散的	20～40
软木片	180～190	切碎的	20～80
成型颗粒	560～630	打包的	110～200
木屑	120	球磨机粉碎	20～110
刨花	100	成型块	320～670
木炭	250	成型颗粒	560～710
		玉米芯	260
		棉秸	200

由于生物质颗粒包括了颗粒间和颗粒内部的空隙，因此原料堆积方式和堆积体积对堆积密度的测量结果有较大影响，而对视密度的测量结果影响则小了很多，对真密度的测量结果没有影响。

3.1.3　摩擦和流动特性角

颗粒物料的堆放与流动都与它的摩擦性能有关，常用的表示摩擦和流动特性的参数有休止角（angle of repose，安息角、堆积角）、内摩擦角、滑动角、流动性等。

3.1.3.1　休止角

当颗粒状物料自漏斗连续落到水平面上（无容器约束），会形成一个圆锥体，圆锥体母线与水平底面的夹角称作该物料的休止角，记为Φ，它反映了物料颗粒间的相互摩擦性能。影响颗粒休止角的因素主要有颗粒粒度、含水率、粒子形状、粒子表面光滑程度以及颗粒的黏性等。一般来讲，颗粒越细，含水率越大，则休止角就越大；表面越光滑的粒子及越接近球形的粒子，休止角就越小。休止角大的物料，颗粒群的流动性差，在自然堆积时形成的锥体较高；而流动性好的物料则相反，形成的锥体很矮，休止角小。例如，碎木材、谷壳一类原料的自然堆积角一般不超过45°，在固定床气化炉中依靠重力向下移动顺畅，形成充实而均匀的反应层；而铡碎的玉米秸和麦秸堆垛以后，即使底部被掏空，上面的秸秆依然不下落，这时的自然堆积角已经超过了90°而成为钝角，在固定床气化炉里容易产生架桥、穿孔现象。

3.1.3.2　内摩擦角

在容器内，经容器底部孔口下流的流动物料与堆积物料之间形成的平衡角称为内摩擦角（angle of internal friction），即孔口上方一圈停滞不动的物料的边缘与水平面所形成的夹角，其往往大于休止角。内摩擦角的大小显示了颗粒群内部的层间

摩擦特性。常用的内摩擦角的测定方法有仓流试验法、圆棒张力试验法、活塞试验法、腾涌流试验法、仓压试验法等，其中仓流试验法是最简单、最直观的方法。

3.1.3.3 滑动角

将载有颗粒物料的平板逐渐倾斜，当颗粒物料开始滑动时的最小倾角，即平板与水平面的夹角，称为滑动角（angle of slide），记为 Φ_s，表示颗粒物料与固体壁面的摩擦性能。对于非黏性物颗粒物料，滑动角一般要小于休止角。为了使颗粒物料可自由流动，在设计料斗时，必须要求料斗底部设计成圆锥状，且锥顶角要小于 $180°-2\Phi_s$，气力输送管线与铅垂线之间的夹角也要小于 $90°-\Phi_s$。

颗粒物料的休止角、内摩擦角及滑动角是评价颗粒物料流动性的重要指标，也是设计除尘器灰斗（或料仓）的锥度、粉尘管路或输灰管路斜度的重要依据。

3.1.3.4 流动性

流动性（flowability）是衡量生物质从一个点流向另一个点的好坏的指标，通常用几个参数来表征生物质的流动性：休止角、内聚系数、压缩指数和流动指数。

不同的休止角对应不同的流动性等级。生物质的流动性一般可分为高流动性、中等流动性、低流动性、黏性和高黏性。表 3.4 给出了不同休止角范围下的流动性等级。

表 3.4　生物质的休止角、流动指数与流动性等级

休止角	流动指数	流动性等级
$\Phi \leqslant 30°$	$FI \geqslant 10$	高流动性
$30° < \Phi \leqslant 38°$	$4 \leqslant FI < 10$	中等流动性
$38° < \Phi \leqslant 45°$	$2 \leqslant FI < 4$	低流动性
$45° < \Phi \leqslant 55°$	$1 \leqslant FI < 2$	黏性
$\Phi > 55°$	$FI < 1$	高黏性

颗粒之间的内聚系数是颗粒直径和休止角的函数，即

$$C=\frac{1}{2}d\left(\sqrt{\cos^2\Phi+\frac{4\sin\Phi}{d}}-\cos\Phi\right) \tag{3.1}$$

式中　C——内聚系数；

d——颗粒直径。

在一定的固结压力下，生物质的堆积密度增加，根据初始和最终堆积密度可以得到生物质的压缩指数，即

$$C_b=1-\frac{\rho_{bi}}{\rho_{bf}} \tag{3.2}$$

式中　C_b——压缩指数；

ρ_{bi}——固结前的初始堆积密度；

ρ_{bf}——给定固结压力下的最终堆积密度。

剪切测试仪可用于量化生物质颗粒的流动行为，它可以记录生物质颗粒的无约束屈服应力 σ_c 和主要固结应力 σ_1。然后可以从 σ_c 与 σ_1 的线性拟合斜率获得生物质颗粒的流动函数。流动函数的倒数是流动指数（flow index，FI）。

3.1.4 易碎（磨）性

生物质的各项转化利用技术大都需要进行前期粉碎，粉碎粒度影响后期加工利用的效果，因此生物质的易碎（磨）性（grindability）也是一个重要参数。材料的易碎（磨）性是衡量其抗碎（磨）性的指标，即在一定粉碎条件下，将物料从一定粒度粉碎至某一指定粒度所需要的比功耗——单位质量物料从一定粒度粉碎至某一指定粒度所需的能量，或施加一定能量能使一定物料达到的粉碎细度。易碎（磨）性与材料的强度、硬度、脆性、韧性等有关。生物质的木质纤维素成分，尤其是纤维素和木质素，其纤维质非常多，难以粉碎。

材料的易碎（磨）性有哈氏可磨性指数（HGI）、Bond粉碎功指数（BWI）等多种表示方法。HGI方法通常用于煤和石油焦，该方法不考虑粉碎能量。经典HGI方法不足以表征生物质的易碎（磨）性，因为它涉及预粉碎，以获得粒度范围为0.6～1.2mm的样品。BWI方法为将试样粒径粉碎到80%能够通过100μm筛孔径所需要消耗的比能耗。BWI方法广泛用于采矿业，BWI值越高，粉碎材料所需的能量就越多。研究表明，生物质颗粒燃料的BWI值为15～420kW·h/t，烘焙颗粒的易碎（磨）性最好，木颗粒的易碎（磨）性最差。

机械粉碎的设备和方式有很多，如刀式粉碎、盘式粉碎、蒸汽粉碎以及球磨粉碎等。机械粉碎的优点是操作简单有效，但比能耗大，成本高。一般来说，与粉碎铁矿石、石灰石、矿渣相比，粉碎生物质较为容易，所用到的设备价格便宜，易于操作，能耗小得多。单位质量生物质所需要的粉碎能耗与粉碎机类型、生物质原始尺寸、含水率、生物质种类、进料速率等有关。

3.1.5 热特性

3.1.5.1 比热容

比热容又称比热容量，简称比热，即单位质量的物质每升高1℃所需要的热量，是热力学计算所需的重要指标。生物质的比热容取决于其含水量和温度。

例如，绝干木材的比热容几乎与树种无关，经测算，在0～106℃范围内，木材的比热容与温度几乎呈线性关系（Jenkins，1989），即

$$C_{Pt}=1.112+0.00485t\,[\text{kJ}/(\text{kg}\cdot{}^\circ\text{C})] \tag{3.3}$$

中国林业科学院和东北林业大学采用热脉冲法测定了55种国产木材在室温和气干状态下的比热容，平均值为1.71kJ/(kg·℃)，最低值为1.55kJ/(kg·℃)，最高值为1.89kJ/(kg·℃)。而湿木材的比热容是绝干木材的比热容与生物质中水和树脂比热容的总和，其中树脂的比热容约为2.0934kJ/(kg·℃)。

Dupont等（2014）给出了粒径小于200μm的农业生物质干燥样品的比热容与温度之间的拟合关系式，即

$$C_{PT}=5.340T-299 \tag{3.4}$$

式中 T——绝对温度，313K≤T≤353K；

C_{PT}——温度T下的比热容，J/(kg·K)。

3.1.5.2 导热性

生物质是多孔性物质，孔隙中充满空气，而空气是热的不良导体，所以生物质的导热性较小。

生物质是一种各向异性材料，其导热性除受温度影响外，还取决于生物质的密度、含水量和纤维方向：生物质导热性随着密度或含水量的增加而提高，在顺纤维方向的导热性比与垂直纤维方向的大。三种木材在不同纤维方向的导热系数如图 3.2 所示。

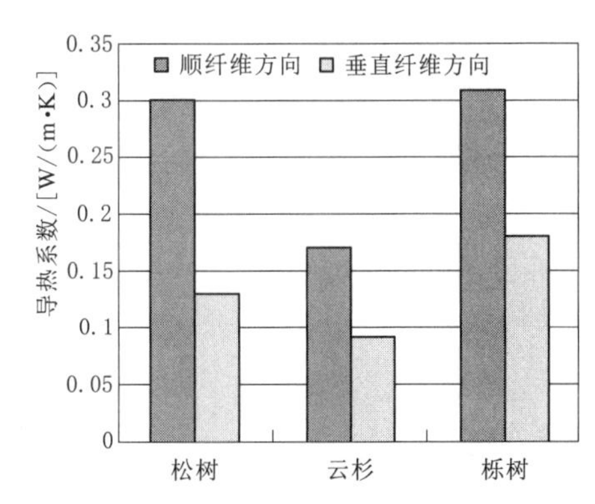

图 3.2 三种木材在不同纤维方向的导热系数

Mason 等开发了一种设备来测定生物质颗粒的导热系数，发现干燥的木屑颗粒、芒草和柳树的导热系数为 0.10～0.12W/(m·K)，而农业残留物（如小麦秸秆和油菜秸秆）的导热系数值相对较低，为 0.05W/(m·K)。Kitani 和 Hall（1989）提出了导热系数、密度和含水量之间的关系式，即

$$K_{\mathrm{eff}}=\begin{cases} sg(0.2+0.04M_{\mathrm{d}})+0.0238, M_{\mathrm{d}}>40\% \\ sg(0.2+0.055M_{\mathrm{d}})+0.0238, M_{\mathrm{d}}<40\% \end{cases} \tag{3.5}$$

式中 K_{eff}——传热系数，W/(m·K)；

sg——生物质的比重；

M_{d}——生物质的含水量，%。

3.2 工 业 分 析

生物质的工业分析组成

工业分析组成是用工业分析法得出的燃料的规范性组成，该组成可给出固体燃料中可燃成分和不可燃成分的含量。可燃成分为挥发分和固定碳，不可燃成分为水分和灰分。可燃成分和不可燃成分都以质量百分含量来表示，其总和应为 100%。

工业分析组成如图 3.3 所示。

但必须指出的是，工业分析的成分并非生物质燃料中的固有形态，而是在特定条件下的转化产物，它是在一定条件下，用加热（或燃烧）的方法将生物质燃料中原有的极为复杂的组成加以分解和转化而得到的，可用普通的化学分析方法去研究其组成。

3.2.1 挥发分

把生物质样品与空气隔绝在一定的温度条件下加热一定时间后，由生物质中有机物质分解出来的液体（此时为蒸气状态）和

生物质
- 可燃部分（有机物）
  - 挥发分（由C、H、O、N、S等元素组成的气态物质）
  - 固定碳（由C元素组成的固态物质）
- 不可燃部分（无机物）
  - 水分（外在水分和内在水分的和）
  - 灰分（主要为含Ca、Al、Si、Fe等元素的无机矿物质）

图 3.3 生物质的工业分析组成

气体产物的总和称为挥发分，但其在数量上并不包括燃料中游离水分蒸发所产生的水蒸气。剩下的不挥发物称焦渣。

挥发分并不是生物质中固有的有机物质的形态，而是特定条件下的产物，当燃料受热时才形成，所以挥发分含量的多少是指燃料所析出的挥发分的量，而不是指这些挥发分在燃料中的含量。因此，称“挥发分产率”较为确切，一般简称为挥发分。挥发分的化学成分是一种饱和的与未饱和的碳氢化合物的混合物，是O、S、N以及其他元素的有机化合物的混合物，以及燃料中结晶水分解后蒸发的水蒸气。

生物质的挥发分与测定时所用的容器、加热温度、加热时间等条件有关。为了得出便于对比的结果，必须严格规定试验条件。《固体生物质燃料工业分析方法》（GB/T 28731—2012）规定，测定挥发分的条件为使用带有严密盖子的专用瓷制坩埚（图3.4），在（900±10）℃下隔绝空气加热7min。在这种条件下，挥发分基本已经析出，再提高温度挥发分继续析出的量很少，而提高温度要受设备条件的限制，如延长时间，则会因气体已析出、坩埚内压力下降、渗入空气而造成生物质氧化。

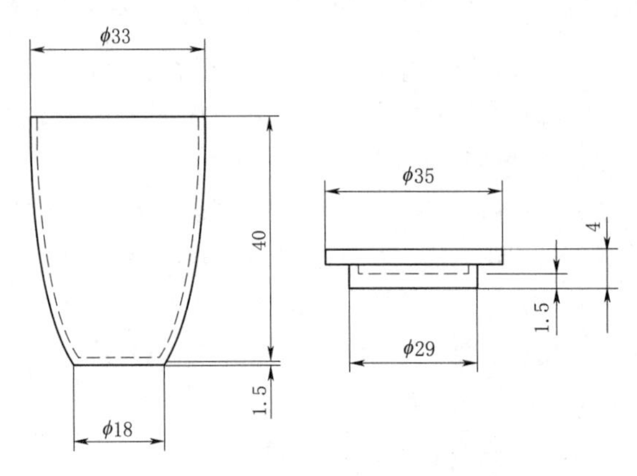

图3.4　挥发分坩埚（单位：cm）

生物质在上述试验条件下析出的物质包括有机质的分解产物、矿物质的分解产物和水分等。根据定义，挥发分产率只限于有机挥发分，因此，试样的质量扣除无机挥发分和水分，才是挥发分。但是一般情况下，矿物质的分解产物很少，影响不大，只有当燃料中碳酸盐分解产生的CO_2含量大于2%时，才需考虑无机挥发分的影响，同时要将试验结果加以校正。

无论是在科学研究还是在工业生产中，生物质的挥发分都是一个重要的指标。挥发分与燃料的有机质的组成和性质有密切关系，它是用以反映燃料的最好、也是最方便的指标之一。燃料中挥发分及其热值对生物质的着火和燃烧情况都有较大影响。挥发分的热值为燃料的热值和逸出挥发分后剩余焦渣的热值之差。对于热值高的挥发分，逸出的初始温度也高。当燃料受热时，挥发分首先析出，并着火燃烧。不同种类生物质的挥发分是不相同的，一般挥发分较多的燃料易于着火，燃烧稳定，但火焰温度较低。生物质和煤中的挥发分含量见表3.5，从表3.5中可以看出生物质中的挥发分含量很高，因而容易着火燃烧，但它燃烧时的火焰温度较煤低。

3.2.2　固定碳

测定挥发分剩余的焦渣中减去灰分之后，余下的残留物称为固定碳。固定碳是相对于挥发分中的碳而言的，是燃料中以单质形式存在的碳，例如在灰渣中包含的未燃烧的碳一般就是这种碳。固定碳的燃点很高，需在较高温度下才能着火燃烧，

表 3.5 生物质和煤中的挥发分含量

物 料 类 型		挥发分/%
生物质	农作物剩余物	63～80
	木材	72～78
煤	无烟煤	≤10
	烟煤	20～40
	褐煤	40～60

所以燃料中固定碳的含量越高，则燃料越难燃烧，着火燃烧的温度也就越高。在柴草中固定碳的含量较少（14%～25%），挥发分较多，因此容易点燃也容易燃烬。相比较而言，煤的固定碳含量则较高（50%～90%），所以燃用煤时，易产生固体不完全燃烧的情况，在灰渣中有碳残留。

3.2.3 水分

指将待测固体生物质样品在（105±2)℃下干燥至恒重，根据固体生物质样品质量损失得到水分质量，水分质量与生物质样品质量之比值称为含水率，常用百分数表示。由于水是维持生物质生存必不可少的物质之一，所以生物质都含有一定的水分，并且其含量随生物质的种类、产地不同而有很大变化。含水率影响着生物质的堆积储存与热化学转化产物品质。如果生物质含水率在25%以上，若不进行预干燥就堆积储存，易产生霉烂变质，从而失去应有的热化学转化特性。因此，生物质利用过程中要限制原料的含水率，预先对原料进行干燥处理。具体内容将在第4章中详细介绍。

3.2.4 灰分

生物质中的灰分是指在高温下将生物质试样炭化和灼烧，使其中的有机物转化成 CO_2 和水蒸气等而挥发，然后称量其矿物性残渣的质量。灰分的质量占试样绝干质量的百分数称为灰分含量。

生物质中的灰分来自矿物质，但它的组成或质量与生物质中的矿物质不完全相同，它是矿物质在一定条件下的产物，所以称为在一定温度下的“灰分产率”较为确切，一般简称为灰分。

灰分是生物质中的不可燃杂质。生物质和常规的化石燃料一样，或多或少地都含有不能燃烧的矿物杂质，它可以分为外部杂质和内部杂质，其中外部杂质是在采获、运输和储存过程中混入的矿石、沙和泥土等。生物质作为固体燃料，其矿物杂质主要是瓷土（$Al_2O_3 \cdot 2SiO_2 \cdot 2H_2O$）、氧化硅（$SiO_2$）以及其他金属氧化物等。

当在马弗炉用燃烧法测定生物质中的灰分时，生物质中的矿物质在燃烧过程中发生下列化学变化：

（1）失去结晶水。当温度高于400℃时，含有结晶水的硫酸盐和硅酸盐发生脱水反应。

$$\begin{cases} CaSO_4 \cdot 2H_2O = CaSO_4 + 2H_2O \uparrow \\ Al_2O_3 \cdot 2SiO_2 \cdot 2H_2O = Al_2O_3 \cdot 2SiO_2 + 2H_2O \uparrow \end{cases} \tag{3.6}$$

（2）氧化反应。在氧化介质（即空气）的作用下，温度为 400～600℃时，发生氧化反应。

$$\begin{cases} 4FeS_2 + 11O_2 = 2Fe_2O_3 + 8SO_2 \uparrow \\ 2CaO + 2SO_2 + O_2 = 2CaSO_4 \\ 4FeO + O_2 = 2Fe_2O_3 \end{cases} \tag{3.7}$$

（3）受热分解。碳酸盐在 600℃以上开始分解。

$$\begin{aligned} CaCO_3 &= CaO + CO_2 \uparrow \\ FeCO_3 &= FeO + CO_2 \uparrow \end{aligned} \tag{3.8}$$

（4）挥发。碱金属化合物和氯化物在 700℃以上时部分挥发。

通常，为使植物生物质中的有机物质分解完全（木质素的最终分解温度是 550℃），同时要避免碱金属的氯化物挥发、碳酸盐分解，植物生物质灰分含量测定的灼烧温度规定为 600℃。但在此温度下，有些反应还需一定时间才能完成，因此测定时必须进行检查性的灼烧试验。

灰分是生物质中的不可燃成分，灰分越高，可燃成分相对减少，热值相对降低，燃烧温度也低，例如，稻草的灰分高达 12.20%，而麦秸则仅有 4.20%，故两者的燃烧情况就会有很大的差别。另外，由于灰分增加了生物质的重量，从而使采获、运输和粉碎的费用增加。生物质燃烧时，其表面上的可燃物质燃烬后形成的灰分外壳隔绝了氧化介质（空气）与内层可燃物质的接触，使生物质难以燃烧完全，造成炉温下降和燃烧不稳定。固体状态的灰粒沉积在受热面上造成积灰，熔融状态的灰粒黏附受热面造成结渣，这些将影响受热面的传热，同时还会造成不完全燃烧，并给设备的维护与操作带来困难。生物质燃烧后，由烟囱中排出的大量 SO_2 和粉尘等会污染环境，危害人们的身体健康。灰分虽是有害成分，但应化害为利，对生物质灰分进行综合利用，如用作农田肥料等。

几种主要生物质的工业分析见表 3.6。

表 3.6　几种主要生物质的工业分析　%

种类	水分	灰分	挥发分	固定碳
玉米秸	6.10	4.70	76.00	13.20
玉米芯	4.87	5.93	71.95	17.25
麦秸	10.30	4.20	69.70	15.80
稻草	3.61	12.20	67.80	16.39
稻壳	5.62	17.82	62.61	13.95
花生壳	7.88	1.60	68.10	22.42
棉秸	6.78	3.97	68.54	20.71
杉木	3.27	0.74	81.20	14.79
榉木	5.90	0.60	79.00	14.50

续表

种类	水分	灰分	挥发分	固定碳
松木	6.00	0.40	76.60	17.00
杨木	6.70	1.50	80.30	11.50
柳木	3.50	1.60	78.00	16.90
桦木	11.10	0.30	70.00	18.60
枫木	5.60	3.60	74.20	16.60

3.3 元 素 分 析

生物质的元素

元素分析组成是用元素分析法得出的组成生物质的各种元素（主要是可燃质的有机元素）含量的多少，不反映由元素结合成的化学组成与结构，各元素含量加上水分和灰分的总量为100%。根据燃料的元素分析可知，这些可燃物基本上都是由C、H、O、N、S等化学元素组成的。因此，在实际工程计算中就以此作为燃料的成分，同时认为燃料是由这些元素构成的机械混合物，而不考虑其中所含有的各有机化合物的单独性质。显然，这种处理方法不能完全反映出燃料的特性，也就不能以此来判断燃料在各方面的化学性质和燃料性能，但燃料中各组成元素的性质及其含量与燃料燃烧性能却是密切相关的，其影响也各不相同。

固体燃料和液体燃料的各元素组成［C、H、O、N、S、M、A］通常用其质量分数来表示，即

$$C+H+O+N+S+M+A=100\% \tag{3.9}$$

3.3.1 C

植物营养元素中，C居于各元素之首。C的一系列化合物——有机物是生命的根本，C是占生物体干重比例最多的一种元素。植物通过光合作用吸收CO_2，然后通过呼吸作用、植株腐烂分解及燃烧等方式释放CO_2完成碳循环。

C是燃料中最基本的可燃元素，1kg C完全燃烧时生成CO_2，可放出约33858kJ热量，固体燃料中的含碳量基本决定了燃料热值的高低。例如以干燥无灰基计，则生物质中的含碳量为44%～58%，而煤的形成年代越长，含碳量越高，泥煤中的含碳量为50%～60%，褐煤中的含碳量为60%～77%，无烟煤中的含碳量为90%～98%。液体燃料中的含碳量一般都比固体燃料高，而且对于不同的油品，它们的含碳量基本是一样的，为85%～87%。

C在燃料中一般与H、N、S等元素形成复杂的有机化合物，在受热分解（或燃烧）时以挥发物形式析出（或燃烧）。除去这部分有机物中的C以外，生物质中其余的C以单质固定碳的形式存在。固定碳的燃点很高，需在较高温度下才能着火燃烧，所以燃料中固定碳的含量越高，则燃料越难燃烧，着火燃烧的温度也就越高，易产生固体不完全燃烧的情况，在灰渣中有C残留。

1kg C不完全燃烧时生成CO，仅放出10204kJ的热量。当CO进一步燃烧生成

CO_2 时放出的热量为 23654kJ。

3.3.2 H

H 是燃料中仅次于 C 的可燃成分，1kg H 完全燃烧时，能放出约 125400kJ 的热量，相当于C的 3.5～3.8 倍。含氢量多少直接影响燃料的热值、着火温度以及燃烧的难易程度。H 在燃料中主要以碳氢化合物形式存在。当燃料被加热时，碳氢化合物以气态形式挥发出来，所以燃料中含氢量越高，越容易着火燃烧，燃烧得越好。

固体燃料中的含氢量很低，在煤中为 2%～8%，并且随着含碳量的增多（碳化程度的加深）而逐渐减少；在生物质中为 5%～7%。固体燃料中有一部分 H 与 O 化合形成结晶状态的水，该部分 H 是不能燃烧放热的；而未和 O 化合的那部分 H 称为“自由 H”，它和其他元素（如 C、S 等）化合，构成可燃化合物，在燃烧时与空气中的 O 反应放出很高的热量。含有大量 H 的固体燃料在储藏时易于风化，风化时会失去部分可燃元素，其中首先失去的是 H。

液体燃料中的含氢量相对来说较高，一般为 10%～14%。不同油品 H 的含量都相差不多，且 C、H 两元素的总和可占其可燃质元素组成总量的 96%～99.5%。因此可以说，液体燃料（石油）主要是由 C 和 H 两种元素组成的，所以液体燃料的热值一般相当高，为 39710～43890kJ/kg。

含重碳氢化合物多的燃料在供氧不足的燃烧过程中燃烧不充分，易形成炭黑，既造成燃料损失，又污染大气。

C、H 元素的测定原理是试样燃烧后，利用试剂吸收或检测方法检测出燃烧产物的浓度（含量），从而计算出样品中的含碳量、含氢量。主要有红外吸收法、电量-重量法和三节炉法等方法。

3.3.3 S

S 是植物生长必需的矿物质营养元素之一，是构成蛋白质和酶所不可缺少的元素。植物从土壤中吸收 S 是逆浓度梯度进行的，主要以 SO_4^{2-} 的形式进入植物体内。植物体内的 S 可分为无机硫酸盐（SO_4^{2-}）和有机硫化合物两种形态，大部分为有机态硫。无机态硫多以 SO_4^{2-} 的形式在细胞中积累，其含量随着 S 元素供应水平的变化存在很大差异，既可以通过代谢合成有机硫，又可以转移到其他部位被再次利用。

植物体中的含硫量一般为 0.1%～0.5%，其变动幅度受植物种类、品种、器官和生育期的影响。通常，十字花科植物需 S 最多，禾本科植物最少。S 在植物开花前集中分布于叶片中，成熟时叶片中的 S 逐渐减少并向其他器官转移。例如，成熟的玉米叶片中含硫量为全株含硫量的 10%，茎、种子、根分别为 33%、26% 和 11%。

在生物质燃料中，S 是可燃物质，但也是有害的成分。S 燃烧放出的热量为 9033kJ/kg，约为 C 热值的 1/3。S 燃烧后会生成硫氧化物 SO_x（如 SO_2、SO_3）气体，这些气体可与烟气中的水蒸气相遇化合成 H_2SO_3、H_2SO_4。这些物质对金属有

强烈的腐蚀作用，污染大气。在燃烧过程中，S元素从燃料颗粒中挥发出来，与气相的碱金属元素发生化学反应生成碱金属硫酸盐，在900℃的炉膛温度下，这些化合物很不稳定。在秸秆燃烧过程中，气态的碱金属、S、Cl及它们的化合物将会凝结在灰颗粒或水冷壁的沉积物上。如果沉积物不受较大的飞灰颗粒或吹灰过程的扰动，它们就会形成白色的薄层。这一薄层能够与飞灰混合，促进沉积物的聚集和黏结。在沉积物表面上，含碱金属元素的凝结物还会继续与气相含S物质发生反应生成稳定的硫酸盐，而且在沉积物表面温度下，多数硫酸盐呈熔融状态，这样会增加沉积层表面的黏性，加剧了沉积腐蚀的程度。现场运行实践表明，单独燃烧Ca、K含量高而含S量少的木柴时，沉积腐蚀的程度低；但当将木材与含S较多的稻草共燃时，则沉积腐蚀就很严重，而且沉积物中富含K_2SO_4和$CaSO_4$。同时，在燃烧过程中，S元素还可以被Ca元素捕捉。在运行的固定床和流化床燃烧设备中可以观察到，当循环流化床中加入石灰石后，会导致回料管和对流烟道中含Ca、S物质的聚集。值得注意的是，$CaSO_4$被认为是在过热器管表面灰颗粒的黏合剂，能够加重沉积腐蚀的程度。硫氧化物SO_x若随烟气排入大气中则会污染大气，是酸雨的成因之一，对人体、植物也都有害。

固体燃料中的含硫量一般较少，生物质中的含硫量极低，一般少于0.3%，有的生物质甚至不含S，属于清洁燃料。

S的常用检测方法有库仑法和红外光谱法两种。库仑法的原理是生物质样品在催化剂的作用下，于空气流中燃烧分解，生物质中的S生成硫氧化物，其中SO_2被KI溶液吸收，以电解KI溶液所产生的I进行滴定，根据电解所消耗的电量计算煤中全S的含量。红外光谱法的原理是煤生物质样品在1300℃高温下，在O_2流中充分燃烧分解，气流中的颗粒和水蒸气分别被玻璃棉和高氯酸盐滤除后通过红外检测池，其中的SO_2由红外检测系统测定。仪器使用前需用标准物质进行标定。

3.3.4 N

在自然界，N元素以分子态（N_2）、无机结合氮和有机结合氮三种形式存在。植物只能从土壤中吸收无机态的铵态氮（铵盐）和硝态氮（硝酸盐），用来合成氨基酸，再进一步合成各种蛋白质，通过动物身体的利用和代谢及植物体自身的分解和燃烧转化为无机氮，完成氮循环。N是固体和液体燃料中唯一的完全以有机状态存在的元素。生物质中有机氮化物被认为是比较稳定的杂环和复杂的非环结构的化合物，例如蛋白质、脂肪、植物碱、叶绿素和其他组织的环状结构中都含有N，而且相当稳定。

在高温下N与O_2发生燃烧反应，产生NO_2或NO，统称NO_x。NO_x排入空气而产生环境污染，在光的作用下对人体有害。但是N在较低温度（800℃）与O_2燃烧反应时产生的NO_x显著下降，大多数不与O_2进行化学反应而呈游离N_2状态。

N在固体燃料、液体燃料中的含量一般都不高，但在某些气体燃料中N的含量却占有很大比例。生物质中的含氮量较少，一般在3%以下。

生物质中N的测定方法主要有：半微量凯氏法、热导池法和半微量蒸汽法。

3.3.5　P

P 是生物质燃料特有的可燃成分。P 燃烧后产生 P_2O_5，是草木灰的磷肥的主要成分。生物质中的含磷量很少，一般为 0.2%～3%，有机磷、无机磷共存。其中无机磷包括磷灰石 [$3Ca_3(PO_4)_2 \cdot CaF_2$]、磷酸铝矿（$Al_6P_2O_{14} \cdot 18H_2O$）等，其余以有机磷的形式存在于生物质细胞中。有机磷和无机磷的总和称为全磷。

在燃烧等转化时，燃料中磷灰石在湿空气中受热，这时磷灰石中的 P 以 HP 的形式逸出，HP 是剧毒物质。同时，在高温的还原气氛中，P 被还原为磷蒸气，随着在火焰上燃烧，遇水蒸气形成了焦磷酸（$H_4P_2O_7$）。而焦磷酸附着在转换设备壁面上，与飞灰结合，时间长了就形成坚硬的难溶的磷酸盐结垢，使设备壁面受损。

但一般在元素分析中，若非必要，并不测定 P 的含量，也不把 P 的热值计算在内。

3.3.6　O

O 通过呼吸作用进入生物体，再以水或者 CO_2 的形式回到大气，水可由光合作用变成 O_2，完成氧循环。

O 不能燃烧释放热量，但加热时，O 极易使有机组分分解成挥发性物质，因此仍将它列为有机成分。O 可以助燃，它的存在使反应物质内部出现一个均匀分布的体热源。燃料中 O 的存在会使燃料成分中可燃元素 C 和 H 相对地减少，使燃料热值降低。此外，O 与燃料中一部分可燃元素 H 或 C 结合处于化合状态，因而降低了燃料燃烧时放出的热量。

O 是燃料中第三个重要的组成元素，它以有机和无机两种状态存在。有机氧主要存在于含氧官能团中，如羧基（—COOH），羟基（—OH）和甲氧基（$—OCH_3$）等；无机氧主要存在于煤的水分、硅酸盐、碳酸盐、硫酸盐和氧化物等中。O 在固体和液体燃料中以化合态存在。生物质中含氧量为 35%～48%，远高于煤炭等化石燃料，因此燃烧时的空气需求量小于煤。

燃料中含氧量一般没有直接测定方法，通常靠减差法计算。即在已测定燃料试样中 C、H、N、S、M、A 的质量百分数情况下，按下式计算：

$$O=100\%-(C+H+N+M+A) \tag{3.10}$$

根据物料所处的状态或者按需要而规定的成分组合称为基准，简称为“基”。根据各种实际需要，生物质的工业分析和元素分析通常使用收到基、空气干燥基、干燥基和干燥无灰基四种基准。

元素分析结果也须标明基，不同基的元素分析结果可以用下列方程式表示：

收到基：
$$C_{ar}+H_{ar}+O_{ar}+N_{ar}+S_{ar}+M_{ar}+A_{ar}=100\% \tag{3.11}$$

空气干燥基：
$$C_{ad}+H_{ad}+O_{ad}+N_{ad}+S_{ad}+M_{ad}+A_{ad}=100\% \tag{3.12}$$

干燥基：
$$C_d+H_d+O_d+N_d+S_d+A_d=100\% \tag{3.13}$$

干燥无灰基：
$$C_{daf}+H_{daf}+O_{daf}+N_{daf}+S_{daf}=100\% \tag{3.14}$$

综上所述，对于生物质燃料而言，元素分析数据是生物质转化利用装置设计的基本参数，它对于燃烧理论烟气量、过剩空气量、热平衡的计算，都是不可缺少的数

据。在高位热值（higher heating value，HHV）及低位热值（lower heating value，LHV）的计算中，必须应用含硫量与含氢量的值。含硫量对设备的腐蚀及烟气中 SO_2 是否构成对大气的污染有着直接的关系。在热力计算上，一般需根据 N 及其他元素的含量来求算含氧量，故提供可靠的元素分析结果在生产上有着重要的实际意义。

3.3.7 有机元素分析仪

元素测定分析工作比较烦琐，设备比较复杂，需由专门的化学实验室来完成。常见的有机元素分析仪有 CHNS/O 有机元素分析仪和 CHNS+O 有机元素自动分析仪。CHNS/O 有机元素分析仪的基本原理是采用经典分析技术，在氧环境下相应的试剂中燃烧或在惰性气体中高温裂解，以测定有机物中的 C、H、N、S、O 的含量。该仪器有 CHN 模式、CHNS 模式和 O 模式三种测定模式。CHN 模式是样品在纯氧中燃烧，然后通过色谱柱分离后分别进行热导检测，得到样品的 C、H、N 的百分含量；CHNS 模式是样品在纯氧中燃烧转化成 CO_2、H_2O 和 N_2，通过色谱柱分离后进行热导检测，得到样品的 C、H、N、S 的百分含量；O 模式是样品在 H_2/He 中进行高温裂解得到 CO 和其他气体，分出 CO 并进行热导检测，即可测得样品中 O 的含量。而 CHNS+O 有机元素自动分析仪由两个分析通道组成，一个通道测定 C、H、N、S，另一个通道测定 O。两个通道共用一个双柱气相色谱（GC）系统，采用热导检测器（TCD）测定气体的含量。显然，要测定样品的 C、H、N、S、O 这 5 种元素组成时，需要分别分析两份样品，且一般不能同时分析。需要指出的是，有的仪器是由一个测定通道组成的，测定 C、H、N、S 用一套燃烧系统，测定 O 时需要更换另一套系统。这样减小了仪器体积，但带来了操作上的不方便。

不同的生物质种类，其元素分析结果也不同，几种主要生物质的元素组成和热值见表 3.7。由表 3.7 可以看出，生物质的主要元素组成是 C、H 和 O，它们占生物质总量的 95%以上。以干燥无灰基计，农作物秸秆中各元素的平均含量如下：C 为 48.6%，H 为 5.96%，O 为 43.2%，N 为 0.91%，S 为 0.1%～0.3%；而木材中各元素的平均含量如下：C 为 50.7%，H 为 6.06%，O 为 42.8%，N 为 0.37%，S 一般含量很少，小于 0.1%；煤的各元素含量如下：C 为 53%～92%，H 为 3%～6%，O 低于 40%，N 为 0.6%～3.4%，S 为 0.1%～8.9%，与农作物秸秆和木材有很大区别。

表 3.7　几种主要生物质的元素组成和热值　%

种类	元素分析结果					HHV_{daf} /(kJ/kg)	LHV_{daf} /(kJ/kg)
	C_{daf}	H_{daf}	O_{daf}	N_{daf}	S_{daf}		
玉米秸	49.30	6.00	43.89	0.70	0.11	19065	17746
玉米芯	47.20	6.00	46.31	0.48	0.01	19029	17730
麦秸	49.60	6.20	43.52	0.61	0.07	19876	18532
稻草	48.30	5.30	45.50	0.81	0.09	18803	17636
稻壳	49.40	6.20	43.70	0.30	0.40	17370	16017

续表

种类	元素分析结果					HHV_{daf} /(kJ/kg)	LHV_{daf} /(kJ/kg)
	C_{daf}	H_{daf}	O_{daf}	N_{daf}	S_{daf}		
花生壳	54.90	6.70	36.93	1.37	0.10	22869	21417
棉秸	49.80	5.70	43.59	0.69	0.22	19325	18089
杉木	51.40	6.00	42.51	0.06	0.03	20504	19194
榉木	49.70	6.20	43.81	0.28	0.01	19432	18077
松木	51.00	6.00	42.92	0.08	0.00	20353	19045
红木	50.80	6.00	43.12	0.05	0.03	20795	19485
杨木	51.60	6.00	41.78	0.60	0.02	19239	17933
柳木	49.50	5.90	44.14	0.42	0.04	19921	18625
桦木	49.00	6.10	44.80	0.10	0.00	19739	18413
枫木	51.30	6.10	42.35	0.25	0.00	20233	18902

3.4 热　　值

热值

各类燃料最重要的特性是热值（或发热量），它决定了燃料的价值，是进行燃烧等转化的热平衡、热效率和消耗量计算的不可缺少的参数。

3.4.1 热值的定义

燃料的热值是指单位质量（对气体燃料而言为单位体积）的燃料完全燃烧时所能释放出的热量，单位为 kJ/kg（kJ/Nm^3）。显然，燃料热值的高低决定于燃料中含有可燃成分的多少和化学组成，同时与燃料燃烧的条件有关。

3.4.2 热值的测量原理

热量计（也称量热仪）法是国际通用的热值测定方法。目前国内市场上使用的量热计大都是氧弹式热量计，其基本原理是能量守恒定律，即一定量的燃烧热标准物质在量热计的氧弹内燃烧，放出的热量使整个量热系统（包括内筒、内筒中的水或其他介质、氧弹、搅拌器、温度计等）的温度升高 ΔT，然后再将一定量的被测物质置于上述相同条件下进行燃烧测定。由于使用的量热计相同，而且量热体系温度变化又一致，因而可以得到被测物质的热值。

根据热力学第一定律，存在如下关系：

$$Q_P=\Delta H;Q_V=\Delta U \tag{3.15}$$

其中，$\Delta H=\Delta U+\Delta W$，$\Delta W=\Delta(PV)$，故

$$Q_P=Q_V+\Delta(PV)$$

假设参加燃烧反应的气体和燃烧生成的气体都为理想气体，根据理想气体状态方程，有如下结果：

$$Q_P = Q_V + \Delta(nRT) \tag{3.16}$$

式中 Q_P——恒压燃烧热；

Q_V——恒容燃烧热；

ΔH——焓变；

ΔU——内能变化；

ΔW——系统对外做功或外界对系统做功；

P——系统压强；

V——系统体积；

T——系统热力学温度；

R——理想气体状态常量。

假设 mg 物质在氧弹中发生燃烧，释放热量使内桶温度由 T_1 升高至 T_2，则存在如下关系：

$$Q_V = \frac{C(T_2 - T_1)}{m} \tag{3.17}$$

式中 C——两热体系热容量，J/K。

在实际测试当中，燃烧定量已知热值的苯甲酸物质，标定出系统热容量，再通过测得内桶水温升即可算出待测物质的恒容燃烧热。具体过程是指一定量的试样在充有 2.5～2.8MPa 过量氧的氧弹内完全燃烧（约 1500℃），然后使燃烧产物冷却到燃料的原始温度（约 25℃），根据试样燃烧前后量热系统产生的温升，并对点火热等附加热进行校正后，可求得试样的弹筒发热量，从而计算出单位质量试样所释放出的热量，即为弹筒热值。其终态产物为 25℃左右的过量 O_2、N_2、CO_2、H_2SO_4、HNO_3 和液态水及固态灰分时所释放的热量。这时燃料试样中的 C 完全燃烧生成 CO_2，H 燃烧并经冷却变成液态水，S 和 N（包括弹筒内空气中的游离氮）在氧弹内的燃烧温度下（约 1500℃）与过剩氧作用生成 SO_3 和少量氮氧化合物，并溶于水形成 H_2SO_4 和 HNO_3。由于这些化学反应都是放热反应，因而弹筒热值较实际燃烧过程（常压，在空气中）放出的热量数要高，故弹筒热值是燃料的最高热值。

3.4.3 热值的表示方法

根据燃烧产物中水的物态，燃料热值分为高位热值和低位热值两种。

3.4.3.1 高位热值

燃料在常压下的空气中燃烧时，燃料中的 S 只能形成 SO_2，N 变为游离氮，燃烧产物冷却到燃料的原始温度（约 25℃）时，水呈液体状态，以上这些与燃料在弹筒内的燃烧情况有所不同。由弹筒热值减去 H_2SO_4 和 HNO_3 的形成热和溶解热所剩余的值，即为高位热值。高位热值是燃料在空气中完全燃烧时所放出的热量，能够表征燃料的质量，因此评价燃料的质量时可用高位热值作标准值。

在测定生物质燃料热值的情况下，弹筒热值比高位热值高 12～25kJ/kg，通常可忽略不计，即用弹筒热值代替高位热值。

3.4.3.2 低位热值

在实际燃烧中，当燃烧后产生的烟气排出装置时，其温度仍相当高，一般都超过 100℃，且水汽在烟气中的分压力又比大气压力低得多，故此时燃烧反应所生成的水仍是水汽状态，因此这部分汽化潜热就无法获得利用，燃料的实际放热量将减少。从燃料高位热值中扣除了这部分水的汽化潜热后所净得的值，就是低位热值（也称净热值）。在实际工程应用中，燃料热值都是采用低位热值，因其切合实际情况，比较合理。

相同基燃料的高位热值、低位热值的差别仅在于水蒸气吸取的汽化潜热。考虑到烟气中水蒸气是由两部分水组成，即燃料中固有的水分及氢元素化合而成的水分，后者涉及的化学反应为

$$H_2+\frac{1}{2}O_2 \longrightarrow H_2O \tag{3.18}$$

由式（3.18）可知，1kg H_2 燃烧后产生 9kg 水，故 1kg 燃料燃烧后产生 $\left(9\frac{H}{100}+\frac{M}{100}\right)$kg 水。而水常压下汽化潜热近似取 2508kJ/kg，则相同基的低位热值与高位热值的换算关系为

$$LHV=HHV-2508\left(9\frac{H}{100}+\frac{M}{100}\right)=HHV-(226H+25M)=HHV-25(9H+M) \tag{3.19}$$

收到基的高位热值、低位热值的关系为

$$LHV_{ar}=HHV_{ar}-25(9H_{ar}+M_{ar}) \tag{3.20}$$

空气干燥基的高位热值、低位热值的关系为

$$LHV_{ad}=HHV_{ad}-25(9H_{ad}+M_{ad})LHV_{ad}=HHV_{ad}-25(9H_{ad}+M_{ad}) \tag{3.21}$$

空气干燥基的高位热值、低位热值的关系为

$$LHV_{d}=HHV_{d}-226H_{d} \tag{3.22}$$

干燥无灰基的高位热值、低位热值的关系为

$$LHV_{daf}=HHV_{daf}-226H_{daf} \tag{3.23}$$

对于不同基的计算，由于水分不仅可使可燃元素含量减少，且使汽化潜热损失增加，所以对于低位热值之间的换算，必须先化成高位热值之后才能进行，但比较烦琐。为了计算方便，一般列表计算。不同基低位热值的换算见表 3.8。

表 3.8　　不同基低位热值的换算

已知的“基”	欲求的“基”			
	LHV_{ar}	LHV_{ad}	LHV_{d}	LHV_{daf}
LHV_{ar}	—	$(LHV_{ar}+25M_{ar})\times\frac{100-M_{ad}}{100-M_{ar}}-25M_{ad}$	$(LHV_{ar}+25M_{ar})\times\frac{100}{100-M_{ar}}$	$(LHV_{ar}+25M_{ar})\times\frac{100}{100-M_{ar}-A_{ar}}$
LHV_{ad}	$(LHV_{ad}+25M_{ad})\times\frac{100-M_{ar}}{100-M_{ad}}-25M_{ar}$	—	$(LHV_{ad}+25M_{ad})\times\frac{100}{100-M_{ad}}$	$(LHV_{ad}+25M_{ad})\times\frac{100}{100-M_{ad}-A_{ad}}$

续表

已知的“基”	欲求的“基”			
	LHV_{ar}	LHV_{ad}	LHV_{d}	LHV_{daf}
LHV_{d}	$LHV_{d}\frac{100-M_{ar}}{100}-25M_{ar}$	$LHV_{d}\frac{100-M_{ad}}{100}-25M_{ad}$	—	$LHV_{d}\frac{100}{100-A_{d}}$
LHV_{daf}	$LHV_{daf}\frac{100-M_{ar}-A_{ar}}{100}-25M_{ar}$	$LHV_{daf}\frac{100-M_{ad}-A_{ad}}{100}-25M_{ad}$	$LHV_{daf}\frac{100-A_{d}}{100}$	—

3.4.4 燃料热值的估算

前述可知，燃料的热值主要取决于燃料中可燃物质的化学组成，但是，固体燃料和液体燃料的热值并不等于各可燃元素（C、H、S 等）热值的代数和，因为它们不是这些元素的机械混合物，而是含有极其复杂的化合关系。目前对固体燃料和液体燃料来说，最可靠的确定燃料热值的办法是实验测定。

当只有固体和液体燃料的元素分析数据而无热值的测定数据时，可用元素分析数据根据门捷列夫经验公式来估算燃料热值。

低位热值：

$$LHV_{ar}=339C_{ar}+1028H_{ar}-109(O_{ar}-S_{ar})-25M_{ar} \tag{3.24}$$

$$LHV_{ad}=339C_{ad}+1028H_{ad}-109(O_{ad}-S_{ad})-25M_{ad} \tag{3.25}$$

$$LHV_{d}=339C_{d}+1028H_{d}-109(O_{d}-S_{d}) \tag{3.26}$$

$$LHV_{daf}=339C_{daf}+1028H_{daf}-109(O_{daf}-S_{daf}) \tag{3.27}$$

高位热值：

$$HHV_{ar}=339C_{ar}+1254H_{ar}-109(O_{ar}-S_{ar}) \tag{3.28}$$

$$HHV_{ad}=339C_{ad}+1254H_{ad}-109(O_{ad}-S_{ad}) \tag{3.29}$$

$$HHV_{d}=339C_{d}+1254H_{d}-109(O_{d}-S_{d}) \tag{3.30}$$

$$HHV_{daf}=339C_{daf}+1254H_{daf}-109(O_{daf}-S_{daf}) \tag{3.31}$$

工程实际使用中采用低位热值。不同燃料空气干燥基低位热值一般如下：薪柴为 17003～20930kJ/kg，秸秆为 13900～16200kJ/kg，煤炭为 9200～30520kJ/kg，石油为 43910～48100kJ/kg。几种主要生物质的干燥无灰基热值见表 3.7。

气体燃料因为是由一些具有独立化学特性的单一可燃气体所组成的，而每种单一可燃气体的热值可以精确地测定，所以气体燃料的热值可根据各项可燃气体的热值和它所占总体积百分数计算，有

$$LHV_{d}=\sum_{i=1}^{n}\frac{V_{i}}{100}LHV_{i} \tag{3.32}$$

式中 V_i——各项可燃气体的体积百分数，%；

LHV_i——各项可燃气体的低位热值，kJ/Nm^3。

部分可燃气体热值见表 3.9。

表3.9　　部分可燃气体热值　　单位：kJ/Nm³

可燃气体	氢气	一氧化碳	硫化氢	乙烯	丙烯	丁烯
分子式	H_2	CO	H_2S	C_2H_4	C_3H_6	C_4H_8
LHV	10798	12636	233883	59063	86000	113508
可燃气体	甲烷	乙烷	丙烷	丁烷	戊烷	
分子式	CH_4	C_2H_6	C_3H_8	C_4H_{10}	C_5H_{12}	
LHV	35818	63748	91251	118646	146077	

气体燃料的热值随燃料品种不同而不同。一般来说，天然气热值较高，低位热值为33540～54430kJ/Nm³，而人工制造的气体燃料中（除液化石油气外），由于不可燃成分较多，所以热值较低，属低热值气体燃料。液化石油气主要成分是C_3H_8和C_4H_{10}，热值很高，低位热值为104670kJ/Nm³。

不同燃料的热值不同，即使同一品种的燃料，其热值也会因水分和灰分含量不同而不同。因此，为了便于比较燃用不同燃料的各种燃烧设备的燃料消耗量和制订国家标准，就引入了“标准煤”的概念，人为地规定其收到基低位热值为29308kJ/kg（对气体燃料为29308kJ/Nm³），这样就可以把各种实际燃料消耗量折算为标准煤消耗量，其计算方法为

$$B_b = B\,\frac{LHV_{ar}}{29308} \tag{3.33}$$

式中　B_b——标准燃料消耗量，kg；

B——实际燃料消耗量，kg（或Nm³）；

LHV_{ar}——实际燃料的收到基低位热值，kJ/kg（或kJ/Nm³）。

3.5　生物质的成分、化学结构

生物质的化学成分结构

生物质是多种复杂高分子有机化合物组成的复合体，其组分多样，主要包含纤维素、半纤维素、木质素及少量淀粉、蛋白质、脂质等，也可被认为是由可燃质、无机物和水组成的。生物质主要含有C、H、O及极少量的N、S等元素，并含有灰分。不同种类生物质的组分存在较大差异，部分生物质原料的纤维素、半纤维素和木质素组成见表3.10。生物质作为一种可再生资源，可在较短时间周期内重新生成。

表3.10　　部分生物质原料的纤维素、半纤维素和木质素组成　　%

原料	纤维素	半纤维素	木质素	原料	纤维素	半纤维素	木质素
硬木	40～55	14～40	18～25	麦秸	30	50	15
软木	40～50	25～35	25～35	树叶	15～20	80～85	0
玉米芯	45	35	15	报纸	40～55	25～40	18～30
草	25～40	35～50	10～30				

3.5.1　纤维素

纤维素是地球上最丰富的天然高分子化合物，具有廉价、可降解等优点。纤维素是由D—葡萄糖通过β—葡萄糖苷键连接而成的线性高分子均聚物，其分子以$(C_6H_{10}O_5)_n$表示，n为聚合度，为几千至几万，其结构式如图3.5所示。纤维素分子具有3个活性较强的羟基，可发生酯化、醚化、接枝共聚、交联等一系列反应。同时，纤维素还可发生氧化、酸解、碱解和生物降解等反应。通过上述反应，纤维素可用于合成一系列化学品。纤维素中存在大量结晶区、无定形区和氢键，其晶体结构非常牢固，一般很难溶于常见溶剂。纤维素及其衍生材料在制药、环保、清洁能源、新材料等领域具有巨大的应用潜力。

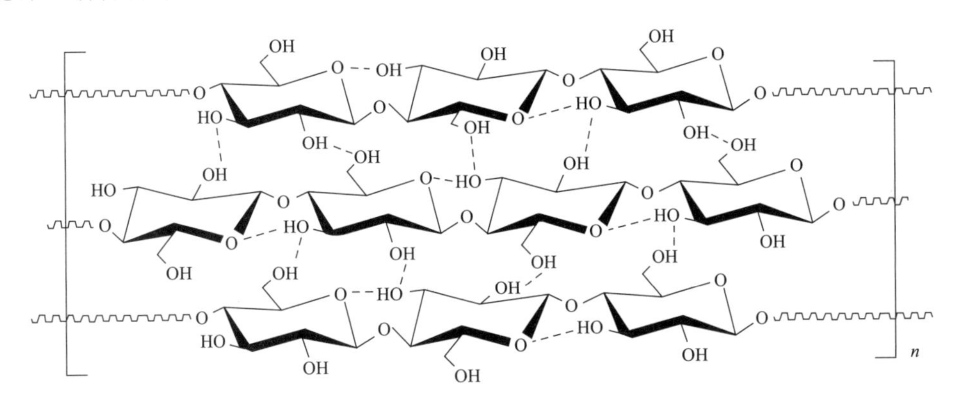

图3.5　纤维素结构式

3.5.2　半纤维素

半纤维素是植物原料中除纤维素、少量果胶质、淀粉和植物胶等外的若干复合聚糖的总称。一般来说，这些复合聚糖是由两种或两种以上糖基单元以不同比例组成的低分子非均一聚糖，其中大多数含有乙酰基和支链，图3.6是半纤维素中部分聚糖的结构示意图。组成半纤维素的糖基单元可分为戊糖基、已糖基、已糖醛酸基和脱氧已糖基等四类。半纤维素种类多样且复杂，随其来源不同，组成其主链的糖基单元种类、不同糖基单元间比例及其连接方式不同，侧链糖基种类及其与主链糖基的连接位置和数量也随之变化。

半纤维素作为植物细胞壁的主要组分之一，占细胞壁总重的20%～35%。不同植物原料中半纤维素含量占细胞壁总重不同。例如，阔叶木占18%～23%、草本植物占20%～25%、针叶木占10%～15%、农作物秸秆占38%。

3.5.3　木质素

木质素广泛分布在高等植物中，是裸子植物和被子植物所特有的化学成分。木质素是由苯基丙烷结构单元［包括松柏醇、芥子醇（sinapyl alcohol）和对香豆醇（p－coumaryl alcohol）］通过醚键和C—C键连接而成的无定形、三维网格的芳香

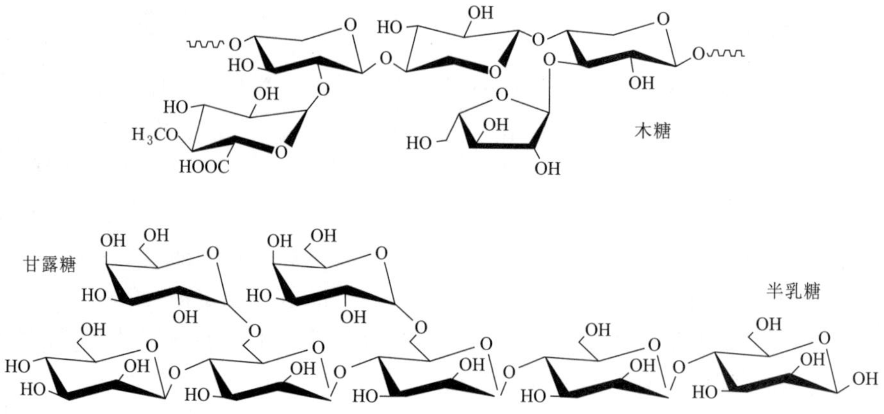

图 3.6　半纤维素中部分聚糖的结构示意图

族高分子化合物，其结构片段示意如图 3.7 所示。木质素和半纤维素作为细胞间质均填充在细胞壁的微细纤维之间，具有加固木化组织的细胞壁的作用。木质素也存在于细胞间层，可将相邻的细胞黏结在一起。木质素具有立体结构，且难以被微生物及化学试剂分解，因而具有支撑和保护植物的功能。

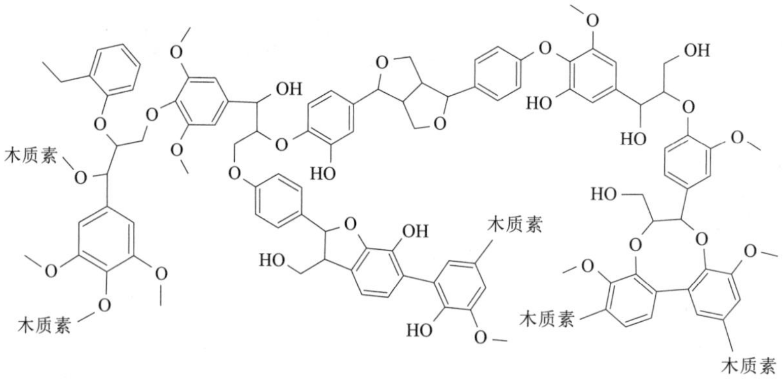

图 3.7　木质素结构片段示意图

3.5.4　淀粉

淀粉是由 α—D—吡喃葡萄糖结构单元聚合而得到的多糖，分子式为 $(C_6H_{10}O_5)_n$。在热水中，淀粉可分为可溶和不可溶两类：可溶的称为直链淀粉，占 10%～20%，为无分支的螺旋结构，其分子量为 1 万～6 万；不溶的称为支链淀粉，占 80%～90%，具有分支状结构，其分子量为 5 万～10 万。淀粉通常以微粒状态存在于玉米、大豆、山芋、稻谷、小麦等农作物中，主要富集在种子、块状（根）茎等部位。

3.5.5　蛋白质

蛋白质由 22 种氨基酸组成，其分子量可高达 5000 到百万以上。氨基酸主要由

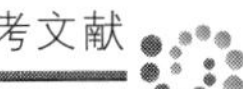

C、H、O、N 和 S 等元素组成。蛋白质可以多种形式存储于细胞壁，可分为结晶和无定形两种。通常，物料的粗蛋白含量约相当于该物质中 N 元素含量乘以 6.25。

3.5.6 其他成分

甲壳素主要存在于虾、蟹等节肢动物体内，将甲壳素脱乙酰基可得到壳聚糖。甲壳素具有羟基、氨基、乙酰氨基和羰基（—C ═O），可进行酰化、酯化、醚化、烷基化、氧化、螯合、接枝共聚、交联等反应。生物体中甲壳素的分子量可达几十万至几百万。

单宁又称鞣酸或鞣质，是一类由没食子酸或其二聚体与糖或多元醇形成酯键连接形成的聚合物，或者由黄酮类化合物单元以 C—C 键相连形成的聚合物。单宁的分子量较大，广泛存在于植物中，也是一类重要的抗营养因子。

生物质虽是天然高分子有机物，但也含有微量的无机成分（灰分）。灰分中含有 K、Ca、P、Mg、Si 等元素。不同种类生物质的金属元素含量不同。树木和草本植物燃烧后的残余灰分可用来调节土壤酸碱性，提高作物产量，进一步促进生物质的循环生产。

参 考 文 献

[1] 裴继诚. 植物纤维化学 [M]. 北京：中国轻工业出版社，2012.
[2] 蒋建新，朱莉伟，唐勇. 生物质化学分析技术 [M]. 北京：化学工业出版社，2013.
[3] 肖波，马隆龙，李建芬，等. 生物质热化学转化技术 [M]. 北京：冶金工业出版社，2016.
[4] 陈汉平，杨世关，杨海平，等. 生物质能转化原理与技术 [M]. 北京：中国水利水电出版社，2018.
[5] 易维明. 生物质热裂解及合成燃料技术 [M]. 北京：化学工业出版社，2020.
[6] 王树荣，骆仲泱. 生物质组分热裂解 [M]. 北京：科学出版社，2013.
[7] 刘荣厚，牛卫生，张大雷. 生物质热化学转换技术 [M]. 北京：化学工业出版社，2005.
[8] 孙立，张晓东. 生物质热解气化原理与技术 [M]. 北京：化学工业出版社，2013.
[9] 董长青，陆强，胡笑颖. 生物质热化学转化技术 [M]. 北京：科学出版社，2017.
[10] 宋景慧，湛志钢，马晓茜. 生物质燃烧发电技术 [M]. 北京：中国电力出版社，2013.
[11] 王会，赵成. 生物质计量测试基础 [M]. 杭州：浙江大学出版社，2017.
[12] 朱锡锋. 生物油制备技术与应用 [M]. 北京：化学工业出版社，2013.
[13] 张百良. 生物质成型燃料技术与工程化 [M]. 北京：科学出版社. 2012.
[14] 肖睿，张会启，沈德魁. 生物质选择性热解制备液体燃料与化学品 [M]. 北京：科学出版社. 2015.
[15] Cai J M, He Y F, Yu X, et al. Review of physicochemical properties and analytical characterization of lignocellulosic biomass [J]. Renewable and Sustainalbe Energy Reviews, 2017, 76: 309 - 322.
[16] Kitani O, Hall C W. Biomass Handbook [M]. Amsterdam: Gordon & Breach, 1989.
[17] Dupont C, Chiriac R, Gauthier G, Toche F. Heat capacity measurements of various biomass types and pyrolysis residues [J]. Fuel, 2014, 115: 644 - 651.
[18] Lumay G, Boschini F, Traina K, et al. Measuring the flowing properties of powders and grains [J]. Powder Technology, 2012, 224: 19 - 27.

[19] Miccio F, Silvestri N, Barletta D, et al. Characterization of woody biomass flowability [J]. Chem Eng Trans, 2011, 24: 643-648.

[20] Shastri Y, Hansen A, Rodríguez L, et al. Engineering and science of biomass feedstock production and provision [M]. New York: Springer, 2014.

[21] Sudhagar M. Fuel and bulk flow properties of coal and torrefied wood mixtures for co-firing applications [C]. 2015 TAPPI-international bioenergy & bioproducts conference. Atlanta: GA, 2015.

[22] Szalay A, Kelemen A, Pintye-Hódi K. The influence of the cohesion coefficient (C) on the flowability of different sorbitol types [J]. Chemical Engineering Research and Design 2015, 93: 349-354.

[23] Fasina OO. Flow properties of biomass feedstocks [C]. 2006 ASAE annual meeting: American society of agricultural and biological engineers. 2006.

[24] Dupont C, Chiriac R, Gauthier G, et al. Heat capacity measurements of various biomass types and pyrolysis residues [J]. Fuel, 2014, 115: 644-651.

[25] Basu P. Biomass Gasification, pyrolysis and torrefaction: practical design and theory [M]. London: Elsevier: 2013.

[26] Mason P E, Darvell L I, Jones J M, et al. Comparative study of the thermal conductivity of solid biomass fuels [J]. Energy & Fuels, 2016, 30 (3): 2158-2163.

第 4 章　生物质原料的水分

植物生物质是世界上重要的可再生资源。目前，全球煤炭、石油等化石资源储量不断减少，植物生物质以其特有的固碳、绿色可再生、易加工等特点在人们生活和生产活动中发挥着越来越重要的作用，被广泛用于建筑、造纸、能源、纺织、应用化学和其他领域。在植物生物质的生命周期里，水起到非常重要的作用，植物生物质原料中的水分一直是影响植物生物质研究与利用的重要因素。

4.1　植物生物质原料中水分的存在形式

木材中水分存在形式

在植物生物质原料中，水分主要有结合水、自由水和吸着水三种存在形式。

4.1.1　结合水

结合水，又称化合水，与植物生物质的化学成分呈牢固的化学结合，很难通过常温下的热处理将其除去，且含量很少，因此结合水在水分迁移的研究中一般忽略不计。

4.1.2　自由水

自由水，又称毛细管水、体相水或滞留水，存在于植物生物质的大毛细管系统中，与植物生物质呈物理结合，这部分水容易从生物质原料中逸出，也容易吸入。不同植物或同一植物不同的部位自由水最大含量变化很大，一般在 60%～70%至200%～250%之间。在植物生物质冷冻过程中，其内部的自由水会冻结成冰，导致体积膨胀，从而破坏植物生物质内部的微观结构及抽提物的分布，进而影响植物生物质干燥及改性等后续加工。

4.1.3　吸着水

吸着水，又称吸附水。吸着水由吸附水和微毛细管凝结水两部分组成，其含量取决于植物生物质内表面的大小和游离羟基的多少。因为吸附水与植物生物质化学组分的结合为牢固的物理化学结合，所以难以从植物生物质中完全脱除。由于微毛细管中水的饱和蒸汽压比周围空气中水的饱和蒸汽压低，因此这部分水在一定的空气氛围下可逸出。植物生物质的性质主要取决于吸着水，其含量是影响植物生物质性质的重要因素。

4.2　生物质原料的含水率

4.2.1　绝对含水率

按照规定的方法将植物生物质原料样品烘干至恒重后，质量的减少量与烘干至恒重时的生物质原料样品的质量之比称为绝对含水率，表示为 X_1，以%计，计算公式为

$$X_1=\frac{m_1-m_2}{m_2}\times 100\% \tag{4.1}$$

式中　m_1——烘干前生物质原料样品的质量，g；

　　m_2——烘干后生物质原料样品的质量，g。

将两次测定值的算数平均值作为测定结果。测定结果应保留至小数点后一位，且两次测定值间的绝对误差不超过0.4%。如果两次测定值间的绝对误差超过0.4%，则需重新测定。

4.2.2　相对含水率

按照规定方法将植物生物质原料样品烘干至恒重后，质量的减少量与烘干前生物质原料样品的质量之比称为相对含水率，表示为 X_2，以%计，计算公式为

$$X_2=\frac{m_1-m_2}{m_1}\times 100\% \tag{4.2}$$

式中　m_1——烘干前生物质原料样品的质量，g；

　　m_2——烘干后生物质原料样品的质量，g。

将两次测定值的算数平均值作为测定结果。测定结果应保留至小数点后一位，且两次测定值间的绝对误差不超过0.4%。如果两次测定值间的绝对误差超过0.4%，则需重新测定。

4.2.3　含水率测定方法

4.2.3.1　烘干法

测定含水率所用仪器包括天平、容器、烘箱和干燥器，其中天平精度应为0.0001g。容器应选用不发生腐蚀和吸附的、耐热的材料（如玻璃）制成的容器，且所选用的容器能够盛装全部样品；容器表面应光滑平整，并配有上盖。烘箱使用温度保持在（105±2)℃。

在进行生物质原料样品含水率测定时，先将所选容器烘干、称重并做好标记，再用天平称取2～10g生物质原料样品放入容器中，并盖好容器盖子；将装有生物质原料样品的容器放入烘箱中，并将容器的盖子打开后再进行烘干，烘箱温度保持

在（105±2）℃；同时，生物质原料样品烘干时，烘箱中不得放入其他试样。第一次烘干时间不少于4h；当样品完全烘干后，应迅速将容器的盖子盖好，取出容器并放入干燥器中冷却；冷却至室温后，取出容器并进行称量，直到恒重为止，计算出干燥样品的质量。重复上述实验操作，再次烘干的时间应不少于1h。如果取样量较大，其烘干时间应至少为第一次烘干时间的一半。在规定的时间间隔下，当连续两次称量的差值不大于烘干前生物质原料样品质量的0.1%时，即可认为生物质原料样品已达到恒重。同一原料样品应取2份试样做平行实验。

4.2.3.2 仪表法

仪表法是用含水率测定仪测定生物质原料的含水率。含水率测定仪是利用生物质电学性质（如电阻率、介电常数、功率因素等）与生物质含水率间存在的规律而设计出的一种测湿计。利用含水率测定仪测定生物质含水率简便而迅速，可立即测出木材的含水率，无须破坏样本，并免去制作含水率试样，尤其适合于生产现场使用。此种方法的缺点是其结果准确度不高。

4.2.3.3 蒸馏法

对于测定含树脂较多或经油剂浸渍处理后的生物质含水率，使用烘干法测定的结果往往偏大，这是因为在烘干过程中，树脂或油类会因温度升高而随水分一起蒸发，从而造成一种生物质中水分量增加的假象。为了较准确地测定此类生物质的含水率，可以利用蒸馏法。原料样厚度以2～3mm为宜，装入盛有蒸馏媒质的三角烧瓶中。对蒸馏媒质的要求是易挥发且不与水混合、沸点高于水的有机溶剂，通常使用二甲苯。将它注入蒸馏瓶以淹没原料样，并不超过三角烧瓶容量的3/4，通过玻璃管将烧瓶与冷凝器连接起来。用间接加热法（水浴或油浴）加热盛有原料样和二甲苯的三角烧瓶。当加热温度达到沸点后，原料样中的水分和可蒸发的二甲苯一同进入冷凝管，经冷却流入分离收集器。由于水的比重大于二甲苯而下沉，二甲苯浮在水面上。当分离器中的液体量超过侧管时，上浮的二甲苯即可回流至三角烧瓶中。可以由测管的读数求得水分的质量。此法测定时间约需1～1.5h，由于二甲苯易燃，测定中须注意防范。

4.3 水分对生物质原料的影响

水分对木材的影响

4.3.1 纤维饱和点含水率

干燥环境中的潮湿生物质，由于生物质中的水蒸气压高于大气水蒸气压，生物质中的水分将蒸发到大气中。首先蒸发的是自由水，当生物质中的自由水全部蒸发而吸着水仍处于饱和状态时，此时的含水状态被称为纤维饱和点，此时的含水率被称为纤维饱和点含水率。纤维饱和点是一种特定的含水状态，纤维饱和点含水率的数值因生物质的类型、所处环境温度以及测量方法的不同而有差异，其数值为23%～32%。通常以30%作为生物质纤维饱和含水率的平均值。

纤维饱和点的意义在于其实用价值和理论意义，而不是其含水率的数值。纤维饱和点是生物质原料性质变化的转折点，当生物质原料的水含量大于纤维饱和点含水率时，其形状、强度、电、热性质等几乎不受影响；相反，当生物质原料的水含量小于纤维饱和点含水率时，上述生物质的性质会因含水率的变化而发生显著且有规律的变化。

4.3.2　生物质的吸湿性

植物生物质从空气中吸收水分或蒸发水分的性能称为植物生物质的吸湿性。

4.3.2.1　吸湿的原因

植物生物质具有吸湿性的原因有两点：①植物生物质的细胞壁含有大量的化学成分，例如纤维素和半纤维素，其结构中含有许多游离羟基，在一定的温度和湿度下具有较强的水分吸收能力；②存在于植物生物质内的大毛细管系统和微毛细管系统中具有较大的孔隙率和内表面积，细胞壁微毛细管内表面上的饱和水蒸气压小于生物质周围空气中的饱和水蒸气分压，导致植物生物质有强烈的吸附性以及出现毛细管凝结现象。

4.3.2.2　植物生物质含水率与周围环境的关系

1. 平衡含水率

植物生物质在空气中发生水分蒸发的过程称为解吸，反之，干燥的植物生物质从空气中吸附水分的过程称为吸湿。植物生物质在解吸或吸湿初始时非常强烈，之后它逐渐减慢直至速度几乎为零，从而达到动态平衡。像木材这样的植物生物质，它们的吸湿和解吸是可逆的，在该过程中，既有水蒸气分子碰撞生物质界面而被吸附，同时也有一部分被吸附的水蒸气分子脱离生物质向空气中散发。这两个相反过程同时进行的速度可相等也可不等，随着该过程的进行，植物生物质的吸湿速度和解吸速度将逐渐趋于相等而达到均衡，即吸湿平衡。当植物生物质的吸湿速度和解吸速度达到平衡时的含水率被称为平衡含水率。

2. 吸湿滞后

在一定大气条件下，吸湿达到的平衡含水率总比解吸时低，这种现象被称为吸湿滞后。其原因是：①吸湿的植物生物质必定已经经过干燥，而在这一过程中，已经有一部分植物生物质的微毛细血管系统内的空隙被透进来的空气所占据，这就妨碍了植物生物质对周围环境水分的吸收；②植物生物质在解吸干燥后，吸附水分的羟基之间由氢键直接相连，这使细胞壁中大部分羟基相互饱和，从而减少了植物生物质对水分的吸着。

4.3.3　干缩性和湿胀性

植物生物质具有干缩性和湿胀性，是因为植物生物质在解吸或吸湿时，植物生物质内所含水分向外蒸发或生物质原料从空气中吸收水分，使细胞壁内纤维丝、微纤维丝和微晶间水层变薄而靠拢或变厚而伸展，从而导致细胞壁乃至整个生物质尺寸和体积发生变化。生物质种类繁多，以木材为例：木材的顺纹干缩仅为 0.1%左右，径向干缩为 3%～6%，弦向干缩为 6%～12%。由此可见，三个方向干缩中以

顺纹最小，在加工利用过程中影响很小，可忽略不计，但横纹干缩数值较大，如不予重视或处理不当，将会造成木材及木制品的开裂和变形，所以它是影响木材加工利用的重要因素。

生物质原料的干缩性并不是发生在生物质原料水分蒸发的全过程中，其只在含水率低于纤维饱和点含水率时才开始。随着生物质原料含水率的降低，干缩量随之增大，直到含水率降至零，其干缩量达到最大值。同样，生物质原料的湿胀性也并不是发生在吸水的全过程中，它只在其含水率为纤维饱和点以下时发生，即生物质原料的湿胀从其含水率为零开始，随着含水率的增高，湿胀量也随之增大，直到含水率达到纤维饱和点时，其湿胀量达到最大值。

4.4 典型植物生物质原料含水率及脱水方法

据统计，我国每年植物基生物质产量超过 10 亿 t，主要包括林业植物生物质、农业植物生物质、水生植物生物质以及这些生物质加工过程中产生的废弃生物质。通常，植物基生物质的含水率较高，高含水率是影响生物质理化性质及加工利用的重要指标，因此了解各类生物质含水率并进行有效脱水是提高其利用率的首要前提。

4.4.1 典型植物生物质原料含水率

4.4.1.1 林业植物生物质含水率

林业植物生物质，包括森林中绿色植物经过光合作用形成的所有有机物，其主要来源是自然或者人工种植树木的枝干（树干、树皮）、枝叶（树枝、树叶）等。据相关报道，树干的含水率平均值约为 50%，而幼苗、幼叶芽的含水率通常约为 80%，果实的含水率可超过 90%。表 4.1 所示为几种常见种类林木的不同器官含水率，由表 4.1 可知，不同种类林木树干的含水率差距不大，范围大致为 40%～55%。理论上，幼苗期间树干的含水率会偏高，另外，干旱或半干旱地区生长的树木枝干具有较强的蓄水能力，因此其含水率会较高，例如半干旱地区的桉树树干含水率可能超过 60%。树皮与树干的含水率十分接近，但是外层具有保护功能的外树皮含水率较低，整体而言，树皮含水率低于树干。树枝的含水率通常为 35%～57%，其含水率随季节变化较大，例如香樟树树枝夏季含水率高达 78%，但在秋冬季节，树枝为抵御严寒，含水率降至 50%左右。对于大多数林木，叶片是除果实外含水率最高的林木地上器官，含水率在 50%以上，研究表明，各类树种的树叶含水率通常为 50%～65%，少量的树种叶片含水率会高于 65%，如枣树的树叶含水率为 65%～85%。综上所述，一般情况下林木地上不同器官含水率由高到低依次为：树叶＞树干≈树皮＞树枝。

树干部分常被用于建材、家具制作等，而用作生物质的原料主要来自林木砍伐、修剪以及木材加工中的剩余物，如枝叶、木屑、原木截头、树皮等，其中木屑是指林木修剪、木材加工过程中产生的下脚料（锯末以及刨花等），包括皮屑、杆

表 4.1　　几种常见种类林木的不同器官含水率

林木种类	不同器官	含水率/%	林木种类	不同器官	含水率/%
枣树	树干	40～55	桉树	树枝	47～57
	树皮	—		树叶	60～64
	树枝	—	杨树（幼龄）	树干	47～49
	树叶	65～85		树皮	48～54
木麻黄	树干	31～57		树枝	45～54
	树皮	—		树叶	57～65
	树枝	44～55	柳树（苏柳）	树干	49～54
	树叶	55～65		树皮	56～63
落叶松	树干	40～55		树枝	—
	树皮	—		树叶	—
	树枝	35～50	香樟树	树干	—
	树叶	—		树皮	—
桉树	树干	44～67		树枝	46～79
	树皮	40～63		树叶	50～67

屑、皮杆混合屑等。通常，木材需要经过晾晒等干燥化处理后加工，其含水率约为20%，以杉木木屑为例，其含水率为12%～31%。木屑的含水率较容易控制，通过晾晒或者洒水即可高效率改变其含水率，可根据不同的用途对木屑含水率进行调整。同样，由于砍伐后的林木生物质自由水会不断散失，因此其他剩余物在运输、放置、晾晒等过程中含水率也会不断降低。

4.4.1.2　农业植物生物质含水率

农业植物生物质包括农作物秸秆、甘蔗、芦苇、竹子等，其中秸秆是农业生物质最典型的代表，主要包括小麦秸秆、水稻秸秆、玉米秸秆、棉花秸秆、油菜秸秆等。小麦秸秆的含水率为42%～70%，平均值为57%～60%；相对来说，水稻秸秆的含水率最高，达到了63%～80%，平均值为73%～75%；玉米作物由于单株体形较大，且秸秆采收时间与砍伐时间有一段时间间隔，因此秸秆含水率波动范围较大，最低含水率仅44%，最高达到77%，平均含水率为65%；棉花秸秆作为低含水率农作物秸秆代表，其平均含水率为54%；而油菜秸秆作为蔬菜类秸秆代表，虽然其本身含水率较高，但由于需要将其晾晒后采收油菜籽，所以最终采收的油菜秸秆含水率并不高，根据相关报道，采收后的油菜秸秆平均含水率为48%～50%。为提高单位体积的能量储存，增加后续热解利用的效率，农作物秸秆的含水率通常需要控制在8%～20%。

4.4.1.3　水生植物生物质含水率

水生植物是一种具有巨大利用潜力的水生生物质，包括挺水植物、浮水植物、沉水植物。例如，水葫芦（学名凤眼蓝）是一种具有代表性的浮水草本植物，其在富营养化的水体中通过吸收能力强大的根系摄取养分、水分，繁殖速度十分惊人，打捞后可以作为生物质资源化利用。水葫芦个体较大，因此采收相对容易，但通常刚打捞后的水葫芦含水率高达95%，需要进行减量化处理（粉碎），减量化处理后的水葫芦鲜汁含水率为65%～85%。此外，微藻也是一种水生植物生物质资源，其主要用途是作为鱼虾饲料、用于废水处理、制作食品、提取能源燃料以及生产化妆品、保健品等。目前，常见的微藻包括小球藻、螺旋藻、栅藻、雨生红球藻等。由于微藻生长于水体环境，因此采收的微藻生物质中自由水含量高，离心采收后的微藻含水率为70%～80%。

4.4.2 常见的植物生物质脱水方法

对于高含水率的生物质，脱水是加工、利用、处理过程中一道不可或缺的工艺流程。目前，植物生物质常用的脱水方法包括热力干燥、机械离心/挤压脱水、化学干燥等。

4.4.2.1 热力干燥

热力干燥是生物质脱水的重要途径，利用热能将生物质中的水分加热蒸发然后排出以达到脱水目的。根据传热方式不同，热力干燥分为自然晾晒、烘烤（主要为热空气干燥）、微波脱水、喷雾干燥等。

1. 自然晾晒

自然晾晒（即风吹日晒）是依靠自然环境温度与干燥空气将水分蒸发而脱水，是最简单的热力干燥方法。例如，依靠农田的天然地形优势，收割的农业秸秆摊开后自然晾晒是秸秆脱水的重要方法；对于一些小型畜禽养殖场，将产生的粪便在空地场所自然晾晒可脱水至固态，然后作为有机肥施用（研究指出，鸡粪晾晒处理后含水率可低于30%）。自然晾晒的优势是简易、能耗低、成本低，缺点是受天气影响大且晾晒时间较长。例如，水生植物水葫芦25℃条件下晾晒半个月后含水率依然高达70%以上。因此自然晾晒常作为一种预处理手段，脱除部分自由水，适用于对脱水率要求不高的生物质。

2. 烘烤

自然状态提供的热能不稳定，通过人工方式加热获取热能然后传递给生物质进行脱水（烘烤）是热力干燥法中较为稳定的工业方法，该方式通常通过加热空气来传递热量。烘烤是一种高效的粪便脱水方法，与晾晒相比，其脱水效率高，不受自然环境影响，适用于大型养殖场的粪便干燥处理。许多研究表明，烘烤可以将粪便含水率快速降至15%以下，大幅度提高贮藏保存时间。对于植物生物质而言，林木加工脚料、草料、经过粉碎处理后的青贮秸秆等适用于此种脱水方式。

为提高操作效率，工程上多采用根据热力干燥原理设计的成套机械装置进行干燥，常见的装置有干燥炉窑、滚筒干燥机、脉冲干燥机、流化床干燥机等。

20世纪80年代兴起的低温热力除湿干燥机即干燥炉窑，主要包括炉膛、蒸汽发生器、送风机、热能交换系统等。其原理是将热空气通入干燥炉膛内（温度为30～80℃，根据实际需求设置），对物料进行加热并除去水分，同时该装置可将吸水后的水蒸气回收，进行汽水分离后再将干空气送回炉膛内继续进行脱水干燥。此法适用于林木干枝等体型较大的生物质脱水，通常可将木材干燥至含水率低于20%。

滚筒干燥机，一种通过连续式的内接触热传导型脱水干燥的装置。物料从滚筒的一端进入，经圆筒内部与筒内的热空气或被加热的筒壁进行接触而蒸发水分，物料跟随圆筒缓慢转动，同时被筒体内壁的抄板搅动。整个过程中，物料在重力作用下向设备底部移动，干燥后的物料从滚筒下端被收集。滚筒干燥机适用于对粉碎后的农业秸秆进行脱水处理。有研究考察了不同参数对其干燥效果的影响，结果显示最佳主要参数为滚筒入口风温度140℃、转速5r/min，最终产物生物质含水率最低可降至25%左右。

脉冲干燥机的原理是物料随气流上升时，气流与物料在脉冲管中减速（管径变大），通过脉冲管直径交替变大或缩小而形成气流速度变化的脉冲，速度的变化使含水率较大的物料（重量大）回落，以此循环而达到甄选及延长干燥时间的目的，最终实现充分且均质干燥。有研究者设计了基于低温烘烤的多级干燥装置对秸秆进行脱水，其中第二级干燥便采用脉冲干燥法。通常，物料经过初步搅拌干燥后进入脉冲干燥机，该装置的核心构件包括直管、脉冲管以及U形管，其中脉冲管的直径约为其他干燥段管件直径的2倍。脉冲干燥机可使系统提高3%的热效率，同时降低0.5%的不均匀度。此法适用于片、层、条状轻量化的植物生物质干燥，如粉碎后的秸秆，具有高效分选局部未干燥物料的功能，作为中间段流程可提高后续脱水效率。

流化床干燥机是使用流态化技术对湿物料进行脱水干燥的装置。工作流程如下：颗粒状固体物料由进料装置导入流化床干燥机中，干燥机底部安装有带孔板的空气分散装置，热空气由鼓风机送入流化床底部，经孔板分散后与固体物料充分混合，物料在气流中形成流态后高效地完成热交换。脱水后，物料由排料口排出，废气则经（旋风/布袋）除尘器处理后外排。流化床干燥机种类较多，包括单层/多层流化床干燥机、卧式流化床干燥机、多室流化床干燥机、脉冲式流化床干燥机、振动式流化床干燥机等，适用于对颗粒状物料、黏稠状物料、悬浊液等具有流动性的物料进行脱水干燥，因此，谷物粮食、木屑植物生物质适合使用流化床技术进行干燥。根据相关研究，在流化床单位面积加载量5264g/m^2、空气流量53m^3/h、床层温度51℃的条件下，对植物基生物质（含水率80%）进行干燥时，可以缩短干燥时间，得到松散且内部空隙较大的样品，20目过筛率达到82.3%，堆积密度提高25.8%，达到0.446g/mL。

3. *微波脱水*

微波脱水也是一种热力干燥工艺，其利用微波的高频振动使物料升温后脱水。与传统热力干燥方法相比，其加热方式并非热传递，而是容积加热，因此并没有热传递过程当中的能量损失，从理论上分析，其热效率比传统热力干燥法高。以活性污泥为例，有实验显示，利用输出功率为750W的微波炉对含水率95%的污泥加热45min后，含水率可降至36%，但耗电量较高，约为0.9kW·h。由此可见，对含水率较高的生物质直接采用微波脱水的成本较高，实际中，微波脱水适用于对藻类

水生生物质、粉碎处理的秸秆等进行脱水干燥。

4. 喷雾干燥

为最大化提高传热效率，研究人员将雾化技术引入生物质脱水干燥中，开发了喷雾干燥技术。所谓喷雾干燥，即物料被雾化后形成高比表面积的细小粉末并与热空气混合，通过迅速热交换将水分立即汽化而干燥的技术。该法可以将物料直接干燥成粉末状。通常，雾化动力来自高压或高离心力，通过高压枪提供的压力或离心转盘的巨大离心力将物料雾化。一些水生生物质，如藻类等，属于微小的单细胞生物，喷雾干燥是适用于其特性的脱水方式。雾化器将藻液雾化，而后利用热空气干燥雾滴后获得藻粉。在约200℃的热空气温度下，可以快速高效获得藻粉，喷雾干燥后回收的固体含量为80％～90％。此法的主要优点是干燥速度极快，且产物以粉末的形式被回收。缺点是设备较复杂，适用对象少，不适用于大部分无法雾化的生物质。另外，该方法过程中物料损失较高，损失率为10％～20％。

4.4.2.2　机械离心/挤压脱水

物理脱水除热力干燥外，利用机械外力进行脱水的方法也十分常见，主要包括机械离心/挤压脱水。

机械离心脱水是用离心机将物料中的自由水与固体物通过离心力分离，固体物沉积在底部形成具有一定强度的坯体，上层水分排出。机械离心脱水适用于初始含水率较高且呈流态化的生物质，比如水生生物质。在微藻的脱水过程中可选择机械离心脱水作为初步脱水方案，通过机械离心脱水获得的藻液中固体含量可达100～200g/L。脱水步骤分为初步浓缩（打捞）、脱水、深度脱水三个阶段。初步浓缩主要去除的是自由水（细胞间隔水），此时处理后的生物质含水率约为90％。虽然机械离心脱水简便有效，但其具有能耗高、成本高的缺点，因而常将其作为预处理手段。

机械挤压脱水是给物料施加机械压力从而使固液分离的脱水技术，多用于各种悬浮液的脱水过程，其操作简便，脱水效果良好。小麦、玉米、水稻等农作物秸秆茎干纤细，适用于热力干燥脱水工艺；而对于一些茎干粗壮、含水率高的作物秸秆，热力干燥脱水工艺则不适用，例如香蕉树秸秆。对于这类秸秆，常采用机械挤压脱水，利用活塞往复压缩形成压缩室进行脱水。在对水生植物生物质水葫芦植株或粉碎后的碎渣进行脱水时亦可选择机械挤压脱水，研究表明最低可将其含水率降至65％。

机械压滤机是利用机械挤压脱水的机器，主要分为板框压滤机、带式压滤机、辊轧压滤机、螺旋压滤机等。根据物料特性，选择合适的机械压滤机以及参数是提高脱水效果的关键。有研究表明，由于进料问题，完整的水葫芦植株脱水只能选择板框压滤机，脱水后含水率降低约20％；粉碎后的水葫芦并没有进料的限制，此时使用螺旋压滤机脱水，脱水率约70％。另有研究表明，机械压力值存在一个最佳的极限值，随着压滤时压力提高到8MPa（最佳压力值），粉碎后的水葫芦碎渣含水率可降低至约65％，当继续提高压力值时，脱水效果并未明显提高。机械压滤机的选择应根据进料口型号、能耗以及产物脱水要求等综合考虑。

此外，在使用机械压滤机前将生物质进行调理也是提高其脱水效果的有效途径，如污泥脱水过程中通过调理可以改善脱水效果。常用调理方法包括高温/低温调理、超声波（微波）调理、（复合）絮凝剂调理、表面活性剂的调理等。一些预处理以及添加调理剂对水葫芦碎渣的脱水具有促进效果，例如酸化处理可以破坏细胞结构以释放结合水，优化脱水效果，CaO、木屑等添加剂的加入同样可以优化机械挤压脱水效果。

通常，机械挤压脱水与粉碎、成型打包联用，粉碎有利于挤压脱水且方便成型打包，也有利于转运、储存以及后续利用。例如，有研究人员开发了挤压喂入式（香蕉秸秆）脱水粉碎机，将粉碎与脱水相结合，工作流程为香蕉秸秆经进料口进入机器后，具有交错排列齿状的轴通过传动系统开始挤压、粉碎物料；完成挤压脱水后，秸秆被传送到粉碎装置中，利用横截面呈矩形且刀刃为锯齿状的刀片继续粉碎，使其长度一致，此过程可以降低部分含水率；最后，粉碎的香蕉秸秆通过收集装置排出。

4.4.2.3　化学干燥

化学干燥是指利用化学品对物料进行处理以达到脱水干燥目的的方法，根据脱水原理主要分为置换干燥、混凝/絮凝脱水，其中置换干燥在植物生物质脱水过程中较常见。置换干燥主要是对林木生物质进行脱水的方法，该方法利用密度大于水且不溶于水的特殊干燥剂（亦称置换剂）来浸出物质表面及其内部的水分。常见的置换剂包括乙醇、甲醇、丙酮、碳氟化合物等。基本操作过程如下：首先将物料浸于干燥剂中，通过浮力以及表面张力将物料中的水分浸出，利用后的置换剂再通过离心、蒸发等方法将置换剂与水分离回收，然后，置换剂再循环进入干燥系统重新利用。在置换干燥过程中，可以通过引入表面活性剂进一步提高脱水效果。

4.4.2.4　组合工艺干燥

生物质的实际脱水往往需要几种不同的干燥工艺相组合，在不同阶段（生物质含水率状态）选择适用的工艺，可以达到速度快、成本低、效果好的目的。通常，重力沉降、混凝/絮凝沉降作为初步脱水工艺，而热力干燥、挤压脱水、真空冷冻干燥、喷雾干燥等作为深度脱水工艺。

例如，微藻的脱水可分为两个阶段，第一阶段是采收，第二阶段是深度脱水。采收阶段相当于将微藻从含水率约 99%的含藻水体中脱水，常采用的方法包括重力沉降、絮凝沉降、机械离心脱水、过滤、气浮等，获得的鲜藻液含水率约 85%。采收后需要进一步脱水，此时可选择热力干燥。研究表明，85℃条件下可以将含水率 89%的微藻生物质（主要为小球藻和栅藻）在 1h 后烘干至约 50%含水率状态，进一步烘干至 1%以下（藻粉）需要 4h。除热力干燥外，真空冷冻干燥、喷雾干燥也是微藻深度脱水的常用方法。实验表明，在真空－70～－50℃环境下处理 20h 可得到含水率 2%左右的微藻生物质。同样，活性污泥脱水过程也分为两个阶段，第一阶段常采用重力沉降、絮凝沉降、气浮以及机械离心脱水等方法，第二阶段主要采用机械挤压脱水，由于活性污泥生物质成分不高，因此脱水要求不高，采用机械挤压脱水后便可以达到要求。

综上，植物生物质应根据其特性以及脱水要求选择适用于物料特性的具体脱水工艺，同时，在脱水过程中可以根据脱水工艺的特点灵活设计组合工艺，提高脱水效率。

参 考 文 献

[1] 杨超，张露露，程宝栋．中国林业70年变迁及其驱动机制研究——以木材生产为基本视角[J]．农业经济问题，2020，6：30-42.
[2] 田明华，史莹赫，黄雨，等．中国经济发展、林产品贸易对木材消耗影响的实证分析[J]．林业科学，2016，52（9）：113-123.
[3] 陶德亨．表面炭化木材水分传输行为研究[D]．呼和浩特：内蒙古农业大学，2019.
[4] 陈思禹．不同含水率状态下木材力学性能微观分析[D]．呼和浩特：内蒙古农业大学，2018.
[5] 韩颖．冷冻技术在木材加工中的应用探讨[J]．林业机械与木工设备，2020，48（8）：4-6.
[6] 吴义强．木材科学与技术研究新进展[J]．中南林业科技大学学报，2021，41（1）：1-28.
[7] 高鑫，庄寿增．利用核磁共振测定木材吸着水饱和含量[J]．波谱学杂志，2015，32（4）：670-677.
[8] 中华人民共和国林业局．林业生物质原料分析方法 含水率的测定：GB/T 36055—2018[S]．北京：中国标准出版社，2018.
[9] 孙正彬．简述木材的纤维饱和点[J]．林业勘查设计，2008，2：99.
[10] 马林，周冰．烟草自身保润性能[J]．广东化工，2009，36（10）：93-94.
[11] 龙华祥．关于对木材中水分的探讨[J]．黑龙江科技信息，2013，29：241.
[12] 王舒，魏洪斌，伊松林，等．浸渍杉木吸湿滞后研究[J]．安徽农业科学，2010，38（21）：11591-11593.
[13] 沈玉林，王喜明，宁国艳．不同状态下的胡杨木材水分特性对比研究[J]．西北林学院学报，2018，33（1）：241-246.
[14] 于世宏，吕继春．吉林省梨树县人工杨树幼龄林材积和含水率的测定[J]．林业勘查设计，2019，48（4）：91-93.
[15] 杨延青，卢桂宾，刘和．枣树枝叶水分含量变化的研究[J]．山西林业科技，2012，41（3）：1-5.
[16] 薛杨，王小燕，宿少锋，等．不同径阶木麻黄含水率和生物量的研究[J]．热带农业科学，2017，37（12）：87-91.
[17] 刘景贵，刘尔平．大兴安岭林区兴安落叶松生物量测定初探[J]．内蒙古林业调查设计，2015，38（2）：17-18，56.
[18] 张清，陆素娟，李品荣，等．半干旱石漠化地区直干桉生物量及含水率特征分析[J]．西部林业科学，2019，48（4）：126-131.
[19] 卞禄，谢宝东，吴峰．不同香樟单株含水量及抗寒性差异分析[J]．林业科技开发，2009，23（3）：77-79.
[20] 熊昌国，谢祖琪，易文裕，等．农作物秸秆能源利用基本性能的研究[J]．西南农业学报，2010，23（5）：1725-1732.
[21] 费辉盈，常志州，王世梅，等．畜禽粪便水分特征研究[J]．农业环境科学学报，2006，25（增刊）：599-603.
[22] 黄慧，牛冬杰，潘朝智．畜禽粪便脱水干燥技术的研究进展[J]．山西能源与节能，2010，4：48-52.
[23] 包维卿，刘继军，安捷，等．中国畜禽粪便资源量评估相关参数取值商榷[J]．农业工程学报，2018，34（24）：314-322.

[24]　季文杰，姚寰琰，陈斌，等. 水葫芦压滤脱水与鲜汁强化除磷工艺 [J]. 环境工程学报，2019，13 (1)：195-203.

[25]　於俊颖，岳波，赵丹，等. 华中地区典型农业型村镇生活垃圾的理化特性及季节变化分析 [J]. 环境工程，2018，36 (3)：127-132.

[26]　李志龙，岳波，弓晓峰，等. 我国典型村镇春季生活垃圾的理化特性对比 [J]. 环境工程学报，2017，11 (3)：1787-1794.

[27]　傅大放，蔡明元，华建良，等. 污水厂污泥微波处理试验研究 [J]. 中国给水排水，1999，15 (6)：58-59.

[28]　曾勇庆，李铁坚，韩红岩，等. 鸡粪不同处理方法对其品质的影响 [J]. 中国畜牧杂志，1994，30 (1)：13-15.

[29]　徐昕，黄立维，闫晶晶. 滚筒干燥器干燥城市生活垃圾实验研究 [J]. 广西轻工业，2010，4：69-70，117.

[30]　丛宏斌，赵立欣，孟海波，等. 农作物秸秆多级协同干燥系统设计与试验 [J]. 太阳能学报，2018，39 (1)：163-169.

[31]　李晓兰，叶京生，罗乔军. 流化床干燥技术的研究与进展 [J]. 通用机械，2007，8：61-64，78.

[32]　羿宏雷，李卫星，张卫国，等. 竹屑流化床干燥特性研究 [J]. 林产工业，2020，57 (6)：26-30.

[33]　田俊青，马小涵，赵丹，等. 响应面试验优化甘薯渣流化床干燥工艺 [J]. 食品科学，2017，38 (22)：224-230.

[34]　李辉，吴晓芙，蒋龙波，等. 城市污泥脱水干化技术进展 [J]. 环境工程，2014，11：102-107.

[35]　段甜. 混合收运城市生活垃圾高压蒸煮和高压挤压预处理技术研究 [D]. 西安：西安理工大学，2018.

[36]　杜静，常志州，黄红英，等. 水葫芦脱水工艺参数优化研究 [J]. 江苏农业科学，2010 (2)：267-269.

[37]　Singh J, Kalamdhad A S. Effects of lime on bioavailability and leachability of heavy metals during agitated pile composting of water hyacinth [J]. Bioresource Technology, 2013, 138: 148-155.

[38]　施晓佳，王自强，梁栋，等. 挤压喂入式香蕉秸秆脱水粉碎机的设计 [J]. 农机化研究，2019 (10)：85-90.

[39]　王连勇，王国恒，刘汉桥，等. 置换干燥原理及其在木材干燥中的应用 [J]. 节能，2004 (6)：14-16，2.

[40]　Zhang R H, Lei F. Chemical treatment of animal manure for solid-liquid separation [J]. Transactions of the ASAE. 1998, 41 (4): 1103-1108.

[41]　陈天荣. 畜禽粪工厂化好氧发酵干燥处理技术试验 [J]. 上海农业学报，1994，10 (增刊)：26-30.

[42]　Sathish A, Smith B R, Sims R C. Effect of moisture on in situ transesterification of microalgae for biodiesel production [J]. Journal of Chemical Technology and Biotechnology, 2014, 89 (1): 137-142.

[43]　田柏剑. 酒糟饲料化加工技术及设备——国产化 DDGS 生产工艺与设备 [J]. 饲料工业，1995，16 (8)：6-13.

[44]　刘玉德，绳以健. 小型餐厨垃圾处理设备研究 [J]. 粮油加工，2010，(1)：107-109.

第5章 生物质原料的提取物

植物生物质原料中除主要组分纤维素、木质素及半纤维素外，还含有少量提取物组分，正因为含有这部分少量提取物组分，才使人们享受到生物质带来的生活乐趣，如在森林里闻到树叶的清香，看到五颜六色的花朵，享受木材的芳香。提取物还可被加工成各种产品，如松香、栲胶、色素等，丰富着人类的生活。

5.1 提取物的定义、提取和分布

提取物常指植物生物质原料中存在的少量组分，是指用水、水蒸气、有机溶剂、碱水和酸水从植物生物质原料中提取出来物质的总称。

根据提取物的定义，虽然用水、水蒸气、有机溶剂、碱水和酸水均能从植物生物质中得到提取物，但不同的溶剂或方法得到的提取物成分差异很大。

用水提取的物质主要是植物生物质中的部分无机盐、单糖、低分子糖、单宁、植物碱、色素及多糖类物质，如果胶、淀粉、黏液及树胶等溶于水的成分。

水蒸气蒸馏法的原理是，水蒸气的蒸汽压加上待蒸出物质的蒸汽压等于一个大气压时，把植物生物质原料中的挥发性物质（即在100℃下有明显的蒸汽压的物质）蒸馏出来，主要有萜烯类、酚类、烃类和木酯素类物质。

用碱水提取植物生物质得到的物质包含水可提取的物质，还可以提取出部分半纤维素、树脂酸和低分子的木质素。

用酸水也可提取出水能提取的物质，还可以提取出部分半纤维素、降解的纤维素和木质素。

常用于提取植物生物质提取物的有机溶剂有乙醚、苯、乙醇、苯和乙醇的混合液（2∶1）、二氯甲烷等，有机溶剂能够提取出的物质有脂肪、蜡、树脂、脂肪酸、树脂酸、萜烯类、甾醇、酚类物质、水解单宁、色素、精油等。由于性质不同的溶剂溶解能力差异很大，因此，不同溶剂提取的物质的量和成分也差异很大。

乙醚可溶解植物生物质中的脂肪、蜡、树脂、脂肪酸、甾醇及大分子的碳氢化合物，且乙醚也能与少量水混合，故能用于抽提含水原料，但由于乙醚的沸点只有35℃，在抽提和溶剂回收过程中易于挥发，储存过程中也会因氧化或光照产生过氧化物，容易爆炸，且乙醚有麻醉作用，可能会因挥发造成操作人反应迟钝、操作失误，引起重大事故，因此使用乙醚作溶剂提取的比较少。

苯溶解植物生物质中的脂肪、蜡、树脂及香精油的能力很强，但苯与水不能混溶，对含有水的试样渗透性较差，对水溶性物质抽提能力差；乙醇对脂溶性物质（如脂肪、蜡等）的溶解能力小，但乙醇能与水以任何比例混溶，适合于含水试样的提取，且能溶解色素、单宁、部分糖类和少量的木质素等。为了提高提取效率，常常使用苯和乙醇的混合液为溶剂进行提取。国家标准中提取物的测定使用了 2∶1 的苯和乙醇混合液。但因为苯是有毒物质，长期使用会因为苯的挥发而影响操作人的身体健康，因此需要做好保护措施。目前美国纸浆与造纸工业技术协会（TAPPI）标准中提取物的抽提已不再使用苯和乙醇的混合液，改为二氯甲烷作为溶剂提取，虽然二氯甲烷的抽提能力没有苯和乙醇强，但因其毒性小，经常用来替代苯和乙醇。

植物生物质中的提取物存在于植物的根、茎、花、叶及果实中，常会使这些部位呈现一定的颜色，散发出一定的气味，增加木材的使用价值，还可以保护植物免受外界的损坏。提取物在一些树木的树皮中含量很高，在木材中主要存在于边材的薄壁细胞中。树干在生长过程中，形成层向外分生产生新韧皮部细胞，向内分生产生新木质部细胞，新产生的木质部细胞不断成熟、木质化，管胞或木纤维逐渐死亡，由形成层新分生的含有薄壁细胞的新木质部逐渐替代失去活性的木质部，但木材中大量的轴向和横向薄壁细胞还一直生活着，且能维持多年，用作植物生长所需水和无机盐输送的通道，继续进行着新陈代谢和起着储存养料的作用。随着树木的继续生长，这些轴向和横向薄壁细胞也会逐渐死亡，形成木材的心材。在形成心材的过程中，薄壁细胞中的无机盐和营养物质会发生转化形成提取物，储存在树脂道、细胞腔或细胞中。一般情况下，提取物占绝干木材的比例较小，为 2%～5%，但有一些树种（如马尾松、漆树）中含有大量的树脂分泌物，提取物的含量很高。一般情况下，针叶树材的有机溶剂提取物含量比阔叶树材高，主要是因为一些针叶树材（松科六属）中含有树脂道，里面充满树脂，能够被有机溶剂提取出来，其主要成分是松香酸、萜烯类化合物、脂肪酸及不皂化物。阔叶树材的提取物成分相对含量少，一般在 1%以下，其主要成分是游离及酯化的脂肪酸，不含或只含少量的松香酸。

不仅针叶树材和阔叶树材的提取物含量和成分有区别，不同树种间的木材提取物的含量和成分差别也很大，如针叶树材松科六属（松属、落叶松属、云杉属、黄杉属、银杉属和油杉属）松脂的含量和成分差别很大，松属最多，从前往后依次减少，油杉属最少。即使同一树种的不同部位，其提取物的含量及组成也有很大差异。针叶树材松科六属中木材的提取物主要存在于树脂道及木射线薄壁细胞中，阔叶树材中的提取物主要存在于轴向薄壁细胞和木射线薄壁细胞中，而细胞壁和细胞间隙中含量较少。且木材的心材含量大于边材含量，其含有的提取物成分也不同，心材提取物中含有较多的树脂酸和酚类，边材提取物中含有较多的脂肪酸、糖类、灰分。

不同地方生长的木材的提取物也不同，热带地区的木材因为光照多、生长快，从土壤里吸取的无机盐多，储存的营养物质多，因此灰分含量高，提取物含量也高。温带、寒带木材中的提取物含量相对少一些。

禾本科原料的提取物与木材差异很大，不仅含量不同，化学组分也有很大差别。禾本科原料的乙醚提取物含量少，且其主要组分为蜡和脂肪，禾本科原料的苯和乙醇提取物含量较高，一般为其质量的3%～6%，有的甚至高达8%，这是因为除蜡与脂肪组分外，苯和乙醇的混合液还可提取出色素、单宁及红粉。禾本科原料的提取物中灰分含量也高，如麦草和稻草，尤其是稻草，灰分含量可高达百分之十几，主要是因为麦草和稻草中含有大量的无机盐。

5.2 提取物的分类、结构和性质

提取物的定义、分类及结构

植物生物质的提取物是混合物，里面有上千种物质，不同原料的提取物也千差万别，结构复杂多样，为了便于学习，通常根据提取物中物质的结构把提取物分成四大类，分别为：①萜烯类化合物，其基本结构是由多个异戊二烯组成的，根据异戊二烯的数量又分为单萜烯、倍半萜烯、二萜烯、三萜烯、四萜烯、多萜烯等；②芳香族化合物，分子结构中含有苯环的一类化合物，主要有单宁、黄酮、芪、醌类、木质酚、简单酚类等物质；③脂肪族化合物，主要是指碳水化合物、含氮化合物、多元醇等物质；④灰分，植物在生长过程中从土壤中吸取的无机物，在成分上称为灰分。

5.2.1 萜烯类化合物

萜烯类化合物的基本结构单元是异戊二烯，其分子通式是（C_5H_8）$_n$，$n \geqslant 2$，根据异戊二烯的数量可分为单萜烯（$n=2$）、倍半萜烯（$n=3$）、二萜烯（$n=4$）、三萜烯（$n=6$）、四萜烯（$n=8$）、多萜烯（$n>8$）。萜烯类化合物可能是无环碳氢化合物，也可能是环状碳氢化合物。如果环状碳氢化合物分子内环含有羧基、羟基、羰基、酯基及其他官能基，则称之为类萜或萜类化合物。

萜烯类化合物也可根据分子结构中是否有环分为无环、单环、双环、三环萜烯类化合物。针叶树材的提取物含有从单萜烯到四萜烯的所有萜烯类化合物。

5.2.1.1 单萜烯

单萜烯是由两个异戊二烯组成的一类天然化合物，其分子可以是无环、单环或双环结构，主要存在于植物的精油中。常见的单萜烯如图5.1所示。

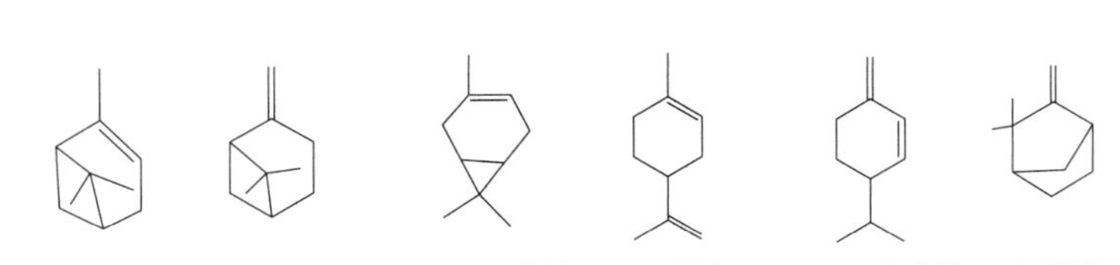

(a) α—蒎烯 (b) β—蒎烯 (c) Δ^3—蒈烯 (d) 苧烯 (e) β—水芹烯 (f) 莰烯

图5.1 常见的单萜烯

1. α—蒎烯

α—蒎烯是针叶树材中最重要的单萜烯。它是松科六属树种中松节油的主要成分。常见的松节油分为脂松节油、木松节油和硫酸盐松节油三种。脂松节油是从松科六属的树木上得到的松脂经过水蒸气蒸馏获得，水蒸气蒸出的部分称为脂松节油，剩余的高沸点物质称为脂松香，脂松节油中含有60%～65%的α—蒎烯。木松节油是松树砍伐后，存在于木材或松根中的松脂用有机溶剂提取出来，再用水蒸气蒸馏获得，水蒸气蒸出的部分称为木松节油，剩余的高沸点物质称为木松香，木松节油中含有75%～80%的α—蒎烯。硫酸盐松节油是松木制浆时，小放气得到的松节油。硫酸盐松节油中含有60%～70%的α—蒎烯。松木中的树脂酸经碱皂化后悬浮于黑液中，黑液浓缩得到硫酸盐皂，经碱溶液皂化得到浮油松香。松节油是一种优良有机溶剂，广泛用于油漆、催干剂、胶黏剂、医药等，可合成樟脑、龙脑、檀香、芳樟醇、松油醇、紫苏类香料、麝香类香料。α—蒎烯除存在于松节油外，还存在于许多植物的精油之中。因其结构中有一个双键和一个易受异构的四元环，易发生化学反应，如氧化和聚合，与HCl反应得到2—氯莰和二氢氯化苧，在无机酸的催化下与水加成得到水合萜二醇，受热异构化生成莰烯、双戊烯和无环萜等。

2. β—蒎烯

β—蒎烯是α—蒎烯的同分异构体，它是松节油中的另一个主要组分，分子结构中也具有一个双键和一个易受异构的四元环，反应活性不如α—蒎烯。β—蒎烯也主要存在于松节油中，脂松节油中含有25%～35%的β—蒎烯，木松节油中含有0～2%的β—蒎烯，硫酸盐松节油中含有20%～25%的β—蒎烯。β—蒎烯也经常存在于许多植物的精油中，但一般含量比α—蒎烯少。在一定条件下可异构成α—蒎烯，经氧化后可以得到诺蒎酸。

3. Δ^3—蒈烯

Δ^3—蒈烯是长叶松和印度松松节油中的主要成分，具有香味，在空气中易被氧化成树脂状细粒物，可以异构成单环萜。与HCl加成可得到双戊烯氢氯化物和纵萜的混合物。

4. 苧烯

苧烯也是一种比较重要的单环萜，存在于沼松的松节油中，性质相对稳定，在空气中也容易氧化。与水反应得到水合1,8—萜二醇及不饱和萜品醇。在加热及甲酸铜的催化下可发生歧化反应，得到对孟烯和对—伞花烃。

5. β—水芹烯

β—水芹烯性质不稳定，常压蒸馏时易发生聚合反应，存在于多种松节油和精油中。

6. 莰烯

莰烯也是一种重要的单萜烯，在木松节油中含量为4%～8%。也可由α—蒎烯异构得到，用于合成樟脑、香料的原料。

香料是能够用嗅觉嗅出香味或用味觉品尝出香味的物质，天然香料又分为动物香料和植物香料，植物香料就来自植物生物质一些部位的提取物。作为香料物质必须具有一定的挥发性才能被闻到，在有机化合物中，物质的碳原子数越少，其沸点越低，挥发就越快，反之，碳原子数越多，其沸点越高，就越难挥发，所以含碳数

过多或过少都不宜做香料，通常含碳原子数为4～20个、分子量为50～300的物质作为香料比较合适。单萜烯是多种松节油和精油的主要成分，是松节油中低沸点的物质，因其具有10个碳原子，分子量为136～210，具有香料分子量、碳数、骨架，并具有双键、共轭双键、异丙基、亚甲基及三元环或四元环等反应点，可以通过化学反应改变其基团和引入其他基团，因此单萜烯非常适合作为香料或合成香料的原料。

5.2.1.2 倍半萜烯

倍半萜烯是由三个异戊二烯组成的一类天然化合物，由于三个异戊二烯是单帖烯的一倍半，因此被称为倍半萜烯。该类化合物分子中含15个碳原子，其结构呈现无环、单环或双环多种形式。倍半萜烯主要存在于针叶树材的精油中，在阔叶树材中含量很少，只存在于热带阔叶树材中，在温带阔叶树材中很少发现。它是松节油中高沸点（250～280℃）的物质，由于倍半萜烯含有15个碳原子，分子量为210左右，也具有香料的分子量、碳数、骨架和可引入其他基团的反应点，且倍半萜烯的氧化产物大多具有较强的香气和生物活性，因此常被用作香料或用于制备香料的原料，广泛应用于化妆品、食品、医药和轻工业中。常见的倍半萜烯有杜松烯、雪松烯、长叶烯和罗汉柏烯等，结构如图5.2所示，它们均是各种针叶树材精油的主要成分，如杉木和杜松的精油中含有杜松烯，其沸点为275℃；雪松的精油中含有雪松烯，其沸点为262～263℃，为无色液体；马尾松、长叶松的精油中含有长叶烯，长叶烯的沸点为250～256℃，油状液体；我国侧柏精油中含有罗汉柏烯，其沸点为256.5℃。

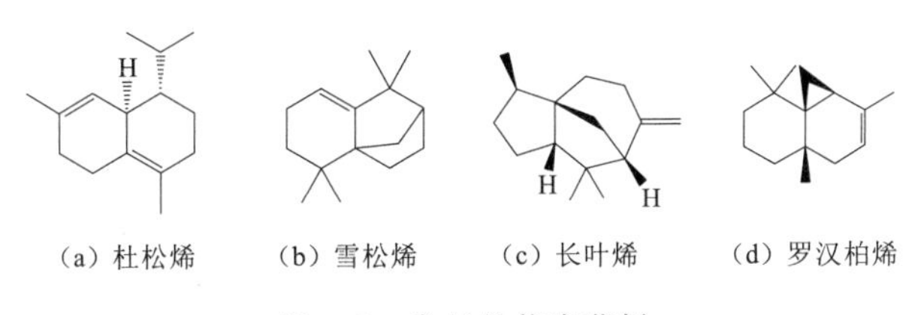

图5.2 常见的倍半萜烯

5.2.1.3 二萜烯

二萜烯是由四分子异戊二烯组成的一类天然化合物，其结构呈现无环、单环、双环或三环的多种形式。二萜烯包括树脂酸和中性二萜，主要存在于针叶树材的树脂中，尤其是松科六属的树脂（松脂）中，松属中最多。

松脂中的树脂酸也称为二萜酸，分子通式是$C_{19}H_{29}COOH$，为烃化的氢化菲核一元酸，具有一个羧基及两个双键。松脂中的树脂酸有枞酸型和海松酸型两种类型，其结构如图5.3所示：①枞酸型树脂酸的结构中大多具有一个共轭双键，在C_7位置上是一个异丙基侧链，因为具有共轭双键，在紫外光下具有强的吸收光谱，化学反应性质比较活泼，在空气中很容易被氧化，也容易被酸或受热异构化；

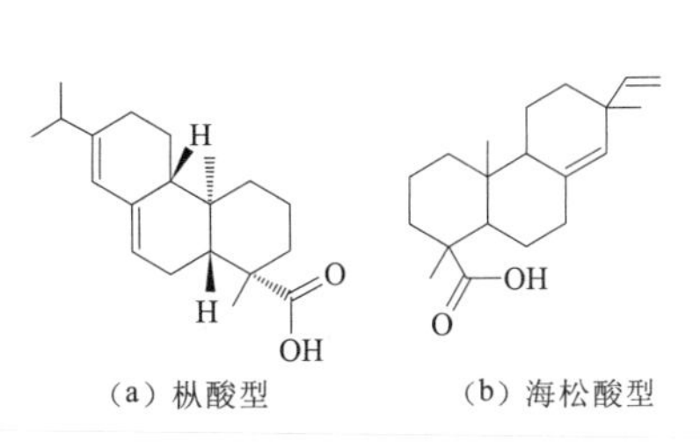

图5.3 树脂酸结构类型

②海松酸型树脂酸的结构中没有共轭双键，在 C_7 位置上有一个甲基和一个乙烯基，因为没有共轭双键，结构相对稳定，在紫外光下具有较弱的吸收光谱。无论是脂松香、木松香还是浮油松香中均含有大量的树脂酸，其含量可达 85.6%～88.7%。松脂中还有一些中性二萜，具体为氧化物、二萜烃、醇类或醛类化合物。

松香的主要成分是树脂酸，应用广泛，主要作为施胶剂用于造纸工业，作为成膜物质用于油墨工业、涂料工业和黏合剂工业，还可用于食品工业、橡胶工业、电器工业等。

植物中除树脂酸为二萜烯外，还有一些其他二萜烯化合物，这些化合物因其结构特殊，往往具有药用价值，常常被用来治疗疾病，如银杏内酯和紫杉醇，如图 5.4 所示。银杏内酯是治疗人类心脑血管疾病的重要药物，是从银杏叶中提取得到的二萜烯化合物。紫杉醇是从红豆杉树皮中提取得到的具有八元碳环的二萜成分，抗肿瘤疗效好，尤其是对发病率高的乳腺癌、子宫癌和卵巢癌具有很好的疗效，是国际上常用的抗癌药物，因为从植物中提取获得率低、化学合成步骤多，因此紫杉醇的价格很高，被称为植物黄金。

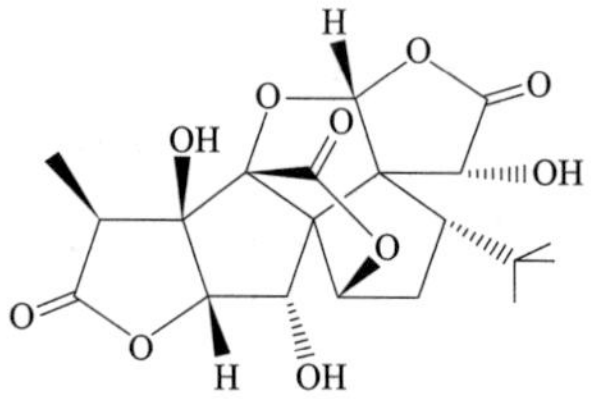

（a）银杏内酯B 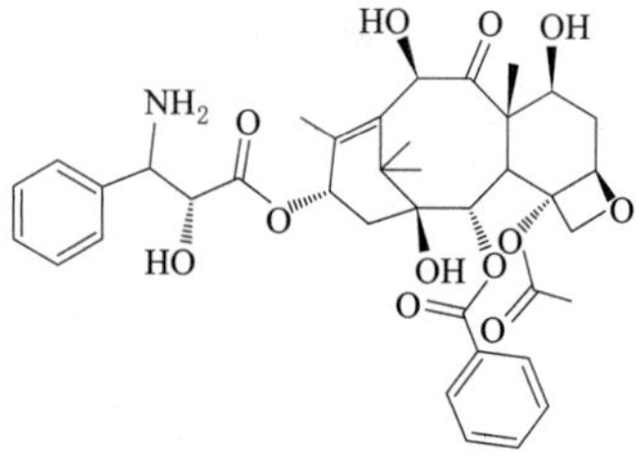　　（b）紫杉醇

图 5.4　二萜烯化合物的结构

5.2.1.4　三萜烯

三萜烯是由六分子异戊二烯组成的一类天然化合物，其结构可能是无环、四环或五环。针叶树材和阔叶树材中均含有三十个碳原子的角鲨烯及与三萜相关的植物甾醇。甾醇是甾类（stepoid）的第三个碳原子上含有羟基的不饱和仲醇，在植物中广泛存在，在植物油精炼过程中经皂化反应得到的不皂化物中就含有大量甾醇。松树、落叶松、杨树、云杉的木材及树皮含有 β—谷甾醇，其结构如图 5.5 所示。

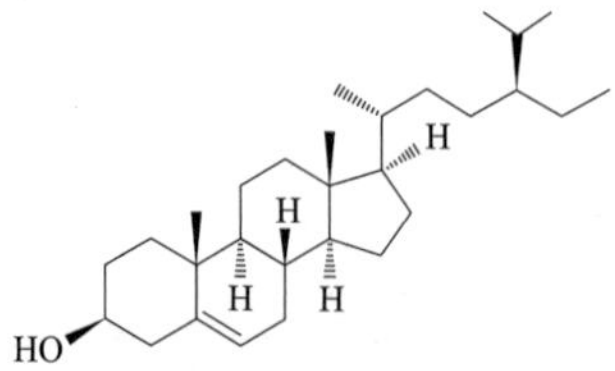

（a）β—谷甾醇 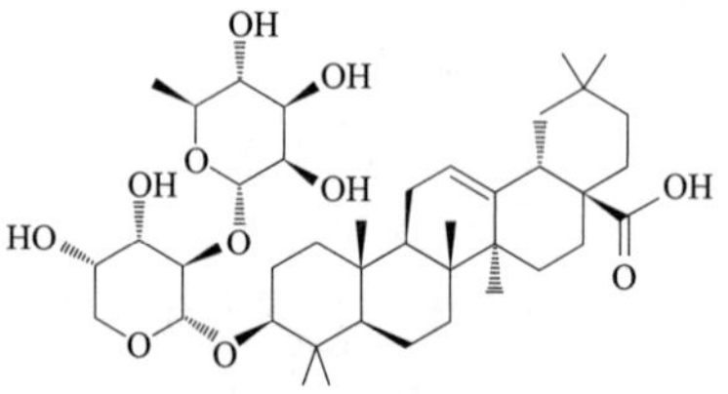　　（b）三萜皂苷

图 5.5　三萜烯化合物的结构

另一种常见三萜烯是萜皂苷，存在于许多热带树木中，在皂荚中含量最多，由于能在水中起泡，被广泛应用于洗涤行业。此外，萜皂苷具有杀菌作用，常被用作防腐剂。

5.2.1.5 四萜烯

四萜烯（tertraterpenoids）是由八个异戊二烯组成的一类天然化合物，通常是一种植物中同时含有多种同类物质。这类物质基本具有左右对称结构，一般情况下，其分子两端是由两个异戊二烯构成的六元环，中间连接四个异戊二烯，如图5.6所示。胡萝卜素（carotene）就属于四萜烯，它有α、β、γ三种同分异构体，通常情况下三种异构体共同存在于一种植物体内，但往往β—胡萝卜素含量最多。胡萝卜素广泛存在于胡萝卜根、柑橘果皮、南瓜或其他植物中，也广泛存在于植物的绿叶里。叶黄素主要存在于蔬菜中，深绿色的蔬菜含量高，也存在于花卉、水果中。紫杉红素主要存在于一些植物红色果实和叶子中，如忍冬属植物（*Lex Red*）。

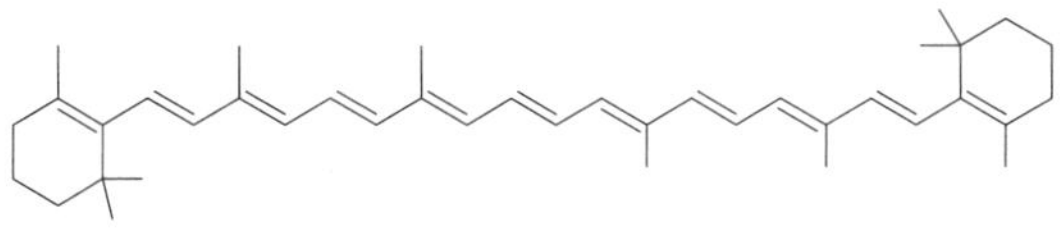

（a）β—胡萝卜素（β—Carotene）

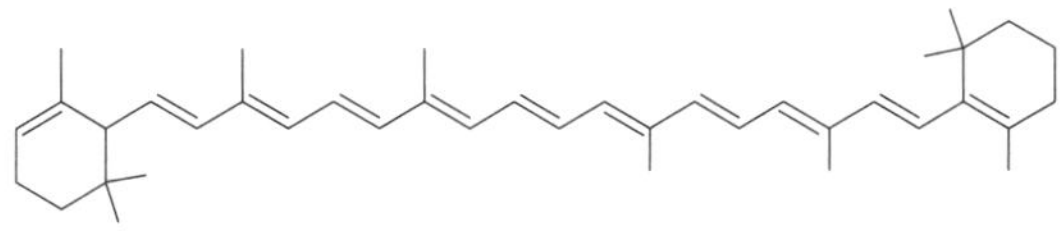

（b）α—胡萝卜素（α—Carotene）

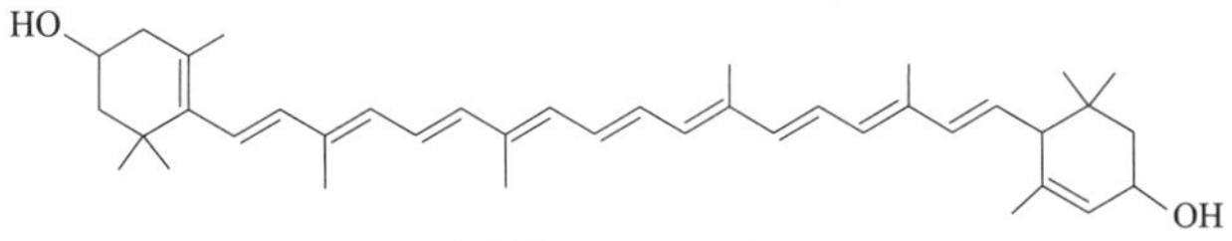

（c）叶黄素（Xanthophyll）

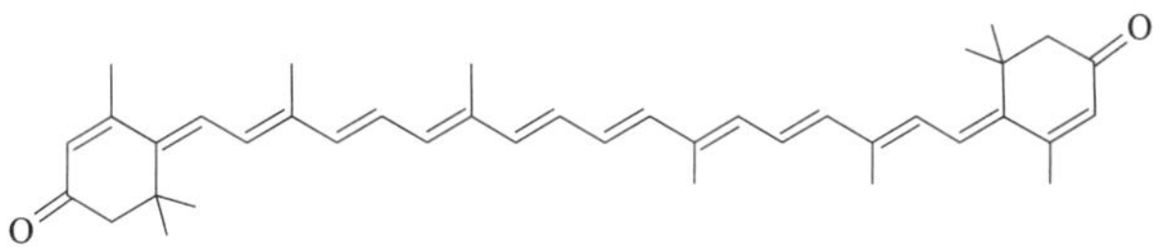

（d）紫杉红素（Rhodoxanthin）

图5.6 四萜烯化合物的结构

5.2.1.6 多萜烯

多萜烯是由八分子以上异戊二烯组成的一类天然化合物。代表性的多萜烯是常见的热带树种分泌的树胶，常按照树种命名，如橡胶、杜仲胶和马来树胶，经济价值很高。它们都是1,4连接的多个异戊二烯组成的聚合物，只是聚合度及分子构型不相同。橡胶是1,4连接的顺式聚异戊二烯，因顺式中的甲基侧链把两个分子隔开，受到外力时可以弯曲，因此橡胶富有弹性。杜仲胶和马来树胶则是1,4连接的反式聚异戊二烯，因甲基在分子的两侧，弹性差。杜仲胶在杜仲叶中的含量约2%，白色无弹性，受热软化，冷却后可固化，可塑性好，经常被用于橡皮糖、齿科填封剂等。

5.2.2　芳香族化合物

芳香族化合物

植物生物质中除木质素结构带有苯环外，在提取物中还有许多结构中带有苯环的化合物，统称为芳香族化合物，芳香族化合物中大多是酚类化合物，根据其结构不同，又分为单宁、黄酮类化合物、芪、木酯素和部分其他化合物。

5.2.2.1　单宁

人们生活中穿的皮衣、皮鞋均是动物皮，但从动物身上得到的生皮不能直接用于制作皮衣、皮鞋，这是因为生皮僵硬、容易开裂、有臭味、惧水易腐烂、难保存、不美观，因此必须进行鞣制。常用的鞣制剂就是单宁，单宁可以与生皮中的蛋白质反应，并去除一些不稳定组分，使皮质柔软、抗潮、防霉及耐用，这样得到的皮子称为熟皮，适合于生活用品使用。因此，单宁是指从植物中提取得到的能与动物生皮内的蛋白质反应成革的植物物质，也称为植物鞣质，颜色一般为米色或浅褐色无定形粉状固体，极性很强，能溶于丙酮、低碳醇等极性溶剂，水溶液为半胶体性质，呈酸性；能与生物碱或蛋白质反应生成不溶或难溶于水的配合物，和三价铁盐发生生色反应，也可与碱土金属或重金属的氢氧化物反应生成沉淀。

一般情况下单宁的分子量为 500～3000，根据其组成化学键的特征和化学结构，通常把单宁分为水解单宁和凝缩单宁两类。

1. 水解单宁

水解单宁分子结构中是由没食子酸或其二聚体与糖或多元醇形成酯键连接形成的聚合物，酯键容易被酸、碱、酶水解断开，得到的主要是糖（多为葡萄糖）或多元醇及酚酸类，失去单宁的特性。

水解单宁又可根据水解得到的酚酸结构分为没食子单宁和鞣花单宁，如图 5.7 所示。

(a) 没食子酸　　(b) 双没食子酸　　(c) 鞣花酸

图 5.7　水解单宁结构单元

没食子单宁是糖或多元醇的部分或全部羟基与没食子酸中的羧基酯化形成的聚合物，分子中的酯键经水解断开可得到没食子酸（倍酸）、糖或多元醇。五倍子单宁是一种没食子酸单宁，它是我国特有的一种单宁，在国际上被称之为中国单宁，我国药典上称其为鞣酸，它是从五倍子中提取得到的。五倍子是五倍子蚜虫寄生在漆树科植物盐肤木叶翅上所形成的虫瘿或其他蚜虫寄生在同属植物的小叶背上所形成的虫瘿。五倍子的主要成分是单宁，含量可达 60%～70%，有的甚至达到 78%，是提取五倍子单宁的最佳原料。鞣花单宁是糖或多元醇的部分或全部羟基与鞣花酸

或与其有关的酚酸中的羧基酯化形成的聚合物，分子中的酯键经水解断开可得到鞣花酸或有关的酚酸、多元醇。鞣花酸为黄色沉淀（又称为黄粉），不仅可由鞣花单宁水解得到，而且也可从植物的各种软果、坚果中提取得到，因其结构中含有多个酚羟基，使其具有良好的抗氧化、抗突变、抗癌变功效，被广泛应用于医药、医疗和食品领域中。

2. 凝缩单宁

凝缩单宁称为缩合单宁或难水解单宁，其结构是由黄酮类化合物单元以C—C键相连形成的聚合物。这类单宁在水溶液中不被酸、碱、酶水解，但在强酸作用下，单宁分子缩聚成暗红色沉淀，称为红粉。凝缩单宁存在于树木的心材和树皮中，如落叶松树皮中含有8%～18%的凝缩单宁，余甘的树皮中含有20%～28%的凝缩单宁。黑荆树树皮中含有高达40%～50%的凝缩单宁，但我国没有这个树种。因为其单宁含量高，目前云南、福建、广西、广东均已引种了黑荆树。其他常见的木材中也含有凝缩单宁，如赤杨、白桦、云杉和松木。

5.2.2.2 黄酮类化合物

黄酮类化合物是存在于植物生物质中的一类色原烷或色原酮的衍生物，基本骨架是C_6—C_3—C_6，即由中间的三碳链与两端的两个芳香环相互连接形成的一系列化合物。根据中间三碳链被氧化程度、苯环在三碳链上的连接位置以及三碳链是否为环状等特征，可把黄酮类化合物分为黄酮、黄酮醇、异黄酮、花青素、双氢黄酮、查耳酮、黄烷醇、双黄酮等十多种化合物，如图5.8所示。因为植物生物质中的黄酮类化合物上经常连有羟基、甲氧基等助色基团，因此黄酮类化合物大多呈现黄色。黄酮类化合物广泛存在于植物生物质中，且分布与植物进化程度密切相关，植物进化程度高，黄酮类物质成分既多又复杂，一部分呈游离状态，但大部分与糖

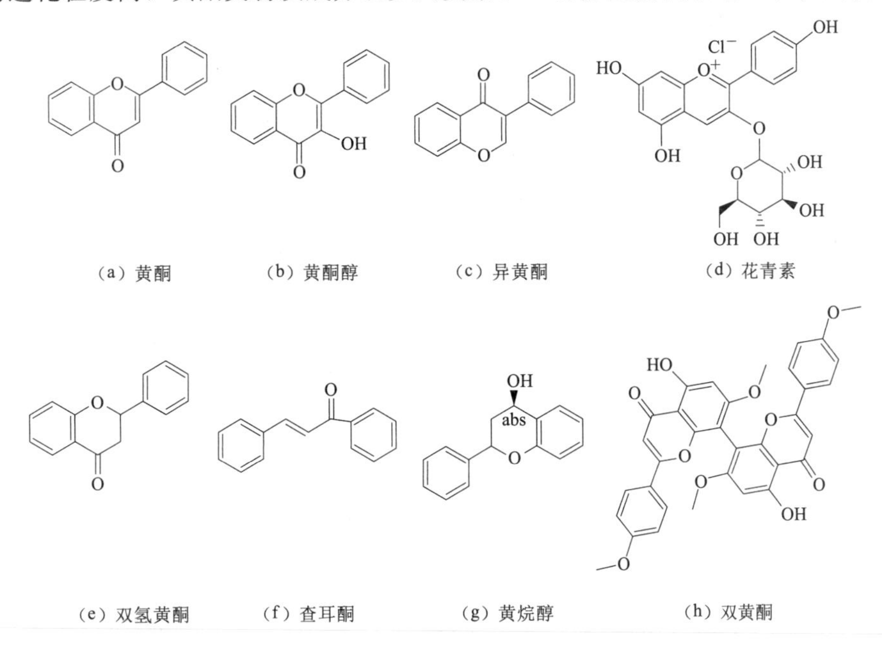

图5.8 部分黄酮类化合物

结合为苷。

黄酮类化合物结构中具有苯环、酚羟基和烷氧基，紫外吸收范围为 250～400nm，因此具有很好的抗紫外线功能和抗氧化性，被广泛应用于化妆品、食品工业中。近几十年的研究也表明，黄酮类化合物具有很好的生理功能，有防癌、治癌、抗过敏、抗炎、抗菌等功效，此外，由于黄酮类化合物还具有引起血管扩张的作用而被用于治疗心脑血管疾病，市场上常见的用于治疗心脑血管疾病的药中起作用的主要就是黄酮类化合物。

5.2.2.3　芪

芪（stilbenes）的结构为 α、β—二苯乙烯，其结构特点是乙烯基的两边各连接一个苯环，其核心碳骨架是 C_6—C_2—C_6，植物生物质中的芪有顺式和反式两种结构。已从木材中分离确定的芪有 23 种，这些芪大多数是游离状态，苯环上经常连有羟基、甲氧基，也有少量和糖连接成为苷。

研究发现松木的心材部分含有少量芪，其中的 3,5—二羟反芪被称为银松素或欧洲赤松素。3,5—二羟反芪能和重氮联苯胺反应呈血红色，可以根据这个原理来鉴别松木的心材和边材。芪的结构中含有酚羟基，因此具有抗菌能力，使木材的抗腐性增加。部分芪类化合物结构如图 5.9 所示。

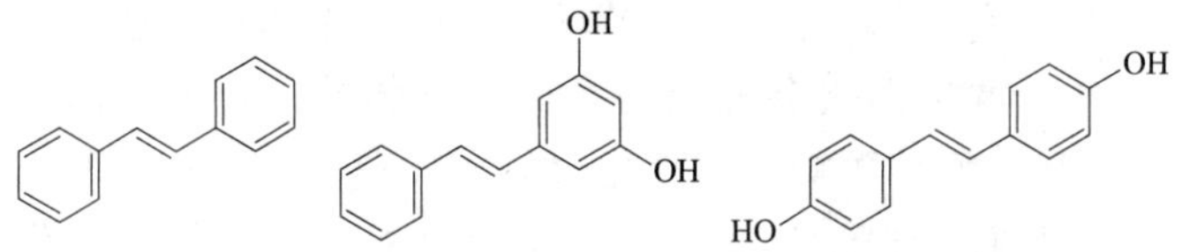

(a) 芪　　(b) 3,5—二羟反芪　　(c) 4,4—二羟反芪

图 5.9　部分芪类化合物

5.2.2.4　木酯素

植物生物质原料中除木质素之外，还有一种由苯基丙烷组成的化合物——木酯素（lignan），木酯素是由 β—β 键连接两个苯基丙烷结构单元得到的二聚体，其结构中还含有多种基团。木酯素是木质素新陈代谢的产物，它的一些结构也存在于木质素分子中。木酯素广泛存在于植物生物质中，目前已从树皮、心材、果实、树根、树叶及植物的分泌物中分离出多种木酯素。部分木酯素结构如图 5.10 所示。

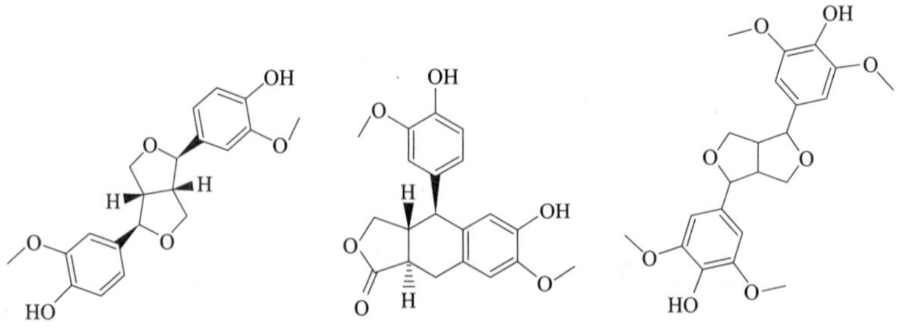

(a) 松脂醇　　(b) 铁杉树脂醇　　(c) 丁香树脂醇

图 5.10　部分木酯素结构

大多数木酯素呈白色晶体，其分子量大，沸点高，不挥发，难溶于水，易溶于有机溶剂如氯仿、苯、乙醇、乙醚等。因其具有抗流感病毒、止泻和补肾功能，被广泛应用于医药领域。

5.2.2.5 其他化合物

除以上芳香族化合物外，植物生物质中还有一些芳香族化合物，常见的阔叶树材（栎、榆、柚、檀等）木材中含有一些醌类化合物，如2,6—二氧甲基对苯醌（图5.11），这些化合物可用有机溶剂提取出来。

（a）2,6—二氧甲基对苯醌　（b）2,6—二氧甲基对苯醌

图5.11　二氧甲基对苯醌

5.2.3 脂肪族化合物

脂肪族化合物和灰分

5.2.3.1 脂肪和蜡

水滴滴在树叶或秸秆上，水滴会滚成一个个圆球，这是因为在树叶和秸秆上有一些植物蜡，而蜡是防水的。

脂肪族化合物在植物生物质中主要指脂肪、蜡以及由它们组成的化合物、含氮类化合物和水溶性糖类。脂肪是指由脂肪酸和甘油形成的甘油酯，蜡是指脂肪酸与高级一元醇形成的酯。构成脂肪或蜡的脂肪酸碳原子数可不同，有可能是饱和的，如十二烷酸（又称月桂酸）、十四烷酸（又称肉豆蔻酸）、十六烷酸（又称软脂酸或棕榈酸）、十八烷酸（又称硬脂酸）、二十烷酸（又称花生酸）、二十二烷酸（又称山萮酸）、二十四（烷）酸（又称木质素酸）等。也可能是不饱和的，如十六烷烯—（9）酸（又称棕榈油酸）、十八烷烯—（9）酸（又称油酸）、十八烷二烯—（9，12）酸（又称亚油酸）、十八烷三烯—（9，12，15）酸（又称亚麻酸）。脂肪酸不饱和度的多少会影响脂肪和蜡的性能，可用碘或其他卤素加成到双键上来测定脂肪酸的不饱和度或碘值。脂肪和蜡在禾本科原料中的含量较多，常见的树叶表面、茎秆表面具有一层疏水物质，这部分物质就是植物蜡；但在木材中的含量较少，一般木材中脂肪含量低于0.5%，蜡含量低于0.1%。除此之外，植物中还含有一些构成脂肪和蜡的物质——脂肪酸和高级一元醇。存在于植物生物质中的脂肪酸大多数为偶数碳原子，奇数碳原子的脂肪酸很少。

5.2.3.2 糖类化合物（碳水化合物）

这里的糖类化合物主要指能溶于水的一些糖类，根据其结构不同又可分为单糖和低聚糖、淀粉、果胶和多元醇。

1. 单糖和低聚糖

在木质生物质中，除纤维素和半纤维素外，木材中还含有一些单糖和低分子糖，研究发现木材的边材部分含有葡萄糖、果糖及蔗糖，有些树种的木材心材部分含有少量D—木糖、L—阿拉伯糖和D—甘露糖。但多种针叶树材（如侧柏和松木）的心材、边材均含有阿拉伯糖。

2. 淀粉

众所周知，淀粉存在于谷物果实中，含量很高。木材中看不到淀粉，但研究发

现，在许多阔叶树材边材中也含有少量淀粉，主要存在于木材的木射线、轴向薄壁细胞和髓部中，作为树木生长储存的营养物质，含量一般为 0.5%～5%，具体含量会随材种及采伐季节变化而变化，含量多时可从磨碎的木粉中洗出一些淀粉粒。淀粉和单糖在边材中含量多，为微生物提供了营养物质，且边材部分含水多，心材部分抗腐性提取物多，因此木材的边材部分比心材部分易于遭受微生物的腐蚀。

3. 果胶

植物生物质中还含有一些多糖化合物，它是由果胶酸（20%）及果胶酸的甲基酯化产物（80%）组成的线性高分子物质。构成果胶的果胶酸是由 1—4 苷键连接的 α—D—吡喃型半乳糖醛酸组成的线性高分子化合物，不溶于水。

果胶是由果胶酸 80%羧基被甲基酯化，一部分羧基被中和成盐，转化成的可溶于水的物质，分子量为 50000～180000，其结构如图 5.12 所示。其溶解性取决于果胶的聚合度和甲基酯化度：聚合度一定时，甲基酯化度越高，羧基就会越少，形成的盐就越少，其溶解性就越大。甲基酯经皂化后析出羧基，溶解性变差，胶凝能力增加。果胶的黏度和聚合度相关，果胶酸的聚合度越大，果胶的黏度也越大。

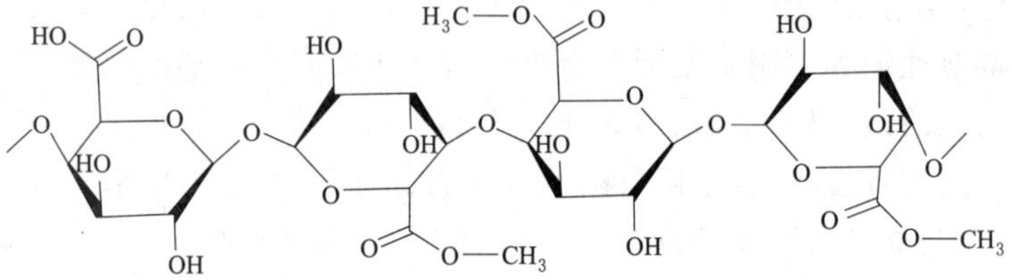

图 5.12　果胶分子结构

果胶存在于植物生物质细胞的胞间层和初生壁中，在成熟木材中，果胶的含量一般低于 1%，针叶树材如松木和云杉的果胶量一般为 0.5%～1.0%；在一些植物部位中，如柠檬果皮、柑橘皮、烟杆、向日葵盘及杆、苹果渣、甜菜等，果胶含量比较高。在植物生物质中，果胶未酯化的羧基与多价金属离子作用，使果胶分子形成网状结构，变成不溶水结构，因此仅有少量果胶可溶于冷水。在酸、碱或草酸铵溶液作用下，果胶分子间网状结构经水解被破坏，变成可溶于水的果胶，因此，提取果胶可用稀酸、稀碱或草酸铵溶液提取。

果胶可从柠檬果皮中提取，也能从向日葵盘及杆、甜菜、柑橘皮、苹果渣中提取，以盐酸法为例，其提取流程为：压榨过滤→真空浓缩→用乙醇沉淀→洗涤→脱水→干燥→粉碎。

果胶是天然多糖类，胶凝性优良，因而广泛用作天然食品添加剂，可添加在果汁、果酱、罐头、糖果、巧克力、冰激凌中，起增稠作用。

4. 多元醇

植物生物质的提取物中含有甘油、糖醇和环醇等多元醇，从其分子结构和糖的定义上看，这些多元醇不属于糖类化合物，但因为多元醇的化学性质与单糖类似，因此习惯上还是把多元醇划归为糖类化合物中。

甘油在植物生物质中是以脂肪形式存在的，在一定条件下，脂肪水解生成了甘油和脂肪酸。甘油就进入了提取液中。

糖醇是一类低分子的多羟基烷烃，是由植物中的糖类还原得到的，甘油就是植物生物质中最简单的糖醇，白蜡树的渗出液中主要含有甘露糖醇。

环醇主要包括肌醇（环己六醇，inositol）及栎醇（环己五醇）。肌醇为一种稳定的白色结晶，耐酸、碱和热，可溶于水，有甜味，广泛存在于植物及其种子或胚芽中，可从玉米、麦麸、米糠、棉籽壳等植物中提取。肌醇具有参与动物体内新陈代谢活动的作用。栎醇存在于山毛榉科、棕榈科植物中。

糖醇和环醇具有相似的性质，大多数具有甜味，不溶于无水乙醇或丙酮，但可溶于水，也可溶于含水的乙醇和丙酮，可与硼酸形成复盐。

5.2.3.3 含氮化合物

植物生物质中的含氮化合物主要是指氨基酸、蛋白质及生物碱（含氮有机碱）。微生物生长需要 N 元素，这些含氮类物质正好为微生物腐蚀木材提供了氮源。

植物生物质中含有多种氨基酸，除构成蛋白质外，还存在大量的游离氨基酸，如茶叶中含有茶氨酸、谷氨酸、精氨酸、丝氨酸及天冬氨酸等。

木材中蛋白质含量很少，针叶树材如松属、云杉属和冷杉属的木材中仅含0.2%～0.8%的蛋白质；蛋白质在阔叶树材中含量更低，多数阔叶树材含氮量低于0.1%。有研究发现，蛋白质参与细胞壁的构造。随着木材老化，蛋白质含量逐渐降低，但即使在300年后的树木中也能测出蛋白质。

在很多热带阔叶树材中含有一些生物碱，生物碱是植物体内除蛋白质、氨基酸、肽类及维生素B以外含氮化合物的总称，其结构复杂并有生理活性。常见的生物碱有喜树碱、麻黄碱、可卡因等。

5.2.4 灰分

植物生物质在生长过程中从土壤里吸收了大量的无机盐，无机盐残留在体内，经燃烧和灰化后产生灰分。

灰分在木材中的含量一般较少，在温带树种木材中含量为0.1%～1.0%，但在热带树种木材中，灰分含量则可达5%。禾本科生物质原料的灰分含量一般比木材中高，大多在2%以上，稻草灰分尤其高，可达10%甚至15%，因为稻草中含有大量的 SiO_2。

木材灰分中含有 Ca、K、Na、Mg、Fe、Mn、P、S、Si 等元素，形成水溶性盐和水不溶性盐：水溶性盐占全部灰分的10%～25%，其中主要为 K、Na 的碳酸盐（占整个可溶性灰分的60%～70%）；水不溶性盐主要是 Mg、Ca 的碳酸盐、硅酸盐、磷酸盐。

植物生物质中灰分含量的测定采用在600℃下灼烧4h后计算剩余物质的质量占原料绝干质量的百分数，之所以采用600℃，是因为木质素的最终分解温度是550℃，低于600℃，植物生物质中的有机物质分解不完全，会造成所测灰分含量高；高于600℃，植物生物质中的碳酸盐会受热分解，造成灰分含量偏低。TAPPI标准中除了采用600℃测定植物生物质的灰分外，还可以采用900℃时测定，这个温度下测定的是碳酸盐分解后的灰分含量，与600℃时的测定值之差还能推算出碳酸盐的含量。

提取物的提取、分离

5.3 提取物的提取、分离

5.3.1 提取物的提取

提取物存在于植物生物质中，如想进行利用，必须提取、分离出来。植物生物质提取物的提取方法有升华法、水蒸气蒸馏法和溶剂法三类。

5.3.1.1 升华法

当被提取的物质是固体时，把植物生物质原料加热到一定温度，里面的固体物质受热直接气化，导出后遇冷又凝固为固体化合物，这种提取方法即为升华法。例如，茶叶中的咖啡碱在178℃以上就能升华而不分解，因此可以利用升华法提取出来。但因为升华法提取不完全，且加热的温度高，有些物质会受热分解或发生化学变化，因此该方法不经常用。

5.3.1.2 水蒸气蒸馏法

水蒸气蒸馏法的原理是水蒸气的蒸汽压加上待提取物质的蒸汽压为1个大气压时即可被蒸出。水蒸气蒸馏首先要求待提取的物质在100℃下具有明显的蒸汽压，这样才能和水蒸气一起被导出来；其次要求被提取的物质在100℃时性质稳定，不能发生化学变化或与水蒸气发生反应。因为水蒸气蒸馏法工艺简单、操作方便和易于实现，因此广泛应用于植物的精油提取，市场上的植物精油大多是采用水蒸气蒸馏法提取得到的，松脂加工成松香和松节油也是采用水蒸气蒸馏法。

5.3.1.3 溶剂法

溶剂法利用相似相溶原理，用极性相似的溶剂把所需要的物质提取出来，即提取极性大的物质用极性大的溶剂，提取极性小的物质用极性小的溶剂。植物生物质原料中的提取物质按极性由小到大排序为烃＜环烃＜苯＜醚＜酯＜酮＜醛＜醇＜羧酸＜水，溶剂按极性由小到大排序为脂肪烃＜环己烷＜四氯化碳＜三氯甲烷＜甲苯＜苯＜乙醚＜乙酸乙酯＜丙酮＜丁醇＜乙醇＜甲醇＜乙酸＜水，对应选择合适的溶剂即可。

溶剂法是最常用的提取方法，家庭熬制中药就是用的这种方法，其所用溶剂为水。溶剂法最初为把植物生物质原料浸泡在相应溶剂中的浸渍法，后来发展为不断更新溶剂提取的渗漉法，再到使用回流法（索氏抽提器提取）、连续回流法不断循环利用溶剂，提高提取效率。随着科学技术的发展，溶剂法的提取方式仍在不断改进，出现了一些辅助提取法。

1. 超声波提取

超声波提取（ultrasonic extraction，USE）技术利用超声波辐射压强产生的骚动效应、空化效应和热效应，引起生物质细胞壁破裂、溶剂流动、提取物质加速扩散溶解，是一种溶剂强化提取方法。超声波提取系统一般由超声波发生器、超声波

振动系统和装有恒温箱的反应器组成，如图5.13所示。

超声波提取的优点有提取方法简单、提取时间短、提取率高、提取温度低、可避免高温高压对有效成分的破坏，缺点是超声波提取系统容器要求较高、有超声噪声及存在设备放大后不均匀等问题。

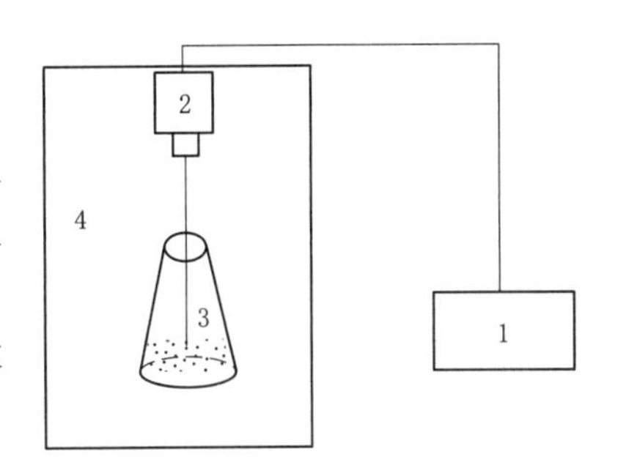

图5.13 超声波提取系统
1—超声波发生器；2—超声波振动系统；3—反应器；4—恒温箱

2. 微波提取

微波提取是在微波照射下用溶剂进行提取的方法，其利用了不同物质吸收微波的能力不同，一些组分被选择性地快速加热而提取出来。目前，微波提取的应用也很多，其优点是提取时间短、设备简单、投资较少，缺点是微波辐射会产生局部过热，破坏物质结构。

3. 超临界流体萃取

众所周知，物质有固体、液体和气体三种形态，物质的温度低于其熔点时通常呈固体状态，随着温度升高，到达熔点以上时，就会变成液态，温度继续升高，就会变成气态。超临界状态是在特定的温度（超临界温度）和压力（超临界压力）以上时，物质处于一种超临界状态，即介于液体和气体之间的状态，此状态下，该物质既有液体的性质也有气体的性质。超临界流体萃取（super critical fluid extraction，SCFE）技术就是利用溶剂的超临界状态提取其他物质的技术，它是近三四十年发展起来的一种前沿新型高效提取分离技术。利用溶剂在超临界状态下兼有液体强提取能力和气体流动性好的特点选择性地溶解其他物质，然后再通过改变提取液的温度或压力（降压或升温），使超临界流体变成普通气体，被溶物便会析出，从而实现混合物分离的目的。目前，超临界流体萃取技术多采用CO_2作萃取剂，因为CO_2的临界温度是31.04℃，临界压力是7.37MPa，易于超临界化。

超临界CO_2萃取的工艺流程为：CO_2钢瓶→制冷系统→泵加压→超临界流体→与夹带剂在混合器混合→净化器净化→换热器预热→萃取器→换热器→分离器分离提取物和CO_2→再经换热器→分离器再分离提取物和CO_2→精馏柱分离提取物和CO_2→CO_2→CO_2钢瓶，如图5.14所示。

由于CO_2的临界温度及压力很容易达到，再加上提取完易于分离、适应广泛、提取效率高、工艺简单、过程容易调节、CO_2制取费用低、易得、并可循环使用等特点，超临界CO_2萃取技术深受欢迎，在提取行业应用前景广阔。但超临界流体萃取技术也有其缺点：提取需高压下进行，需要耐压设备，不仅一次性投资大，而且其运行成本也高。

5.3.2 提取物的分离

因为植物生物质的提取物成分复杂，利用各种提取方法无法单独提取到某一纯净化合物，得到的物质仍然是一个混合物，里面包含几种、几十种甚至上千种化合

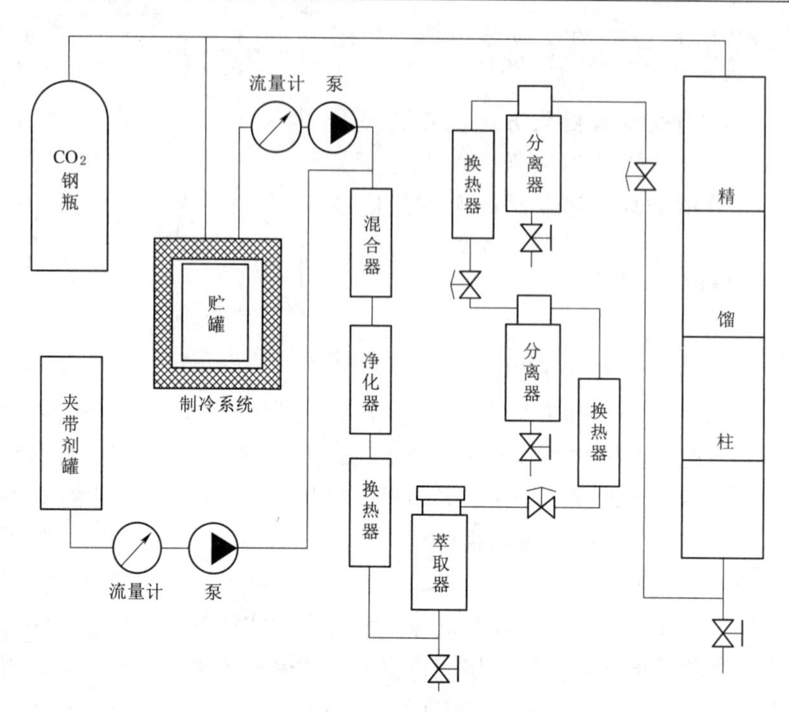

图 5.14　超临界流体提取工艺

物，要想得到纯的物质或进行结构鉴定，必须进行分离、提纯。常用的分离方法有重结晶法、萃取法、层析法和膜分离四种。

5.3.2.1　重结晶法

重结晶法分离利用被分离物质在加热时溶解度大、杂质溶解度小，冷却时被分离物质溶解度小、杂质溶解度大的原理，加热过滤除去杂质。此方法操作简单，但只适用于固体物质的分离纯化。

5.3.2.2　萃取法

萃取法是利用被分离物质在不同溶剂中的溶解度不同，通过向溶液中加入不溶性溶剂使溶液分层进行物质分离的方法。此法操作方便，经常用于提取物的分离，但性能相似的物质难以分离。比较引人关注的是双水相萃取技术（aqueous two-phase extraction，ATPE），此技术最早出现于 20 世纪 60 年代，从分离原理上与一般萃取没有区别，利用的是待分离物质在两个互不相溶的水相间存在分配的差异来实现物质的分离提纯。之所以两个水相能互相不混溶，是因为当绝大多数的亲水高聚物的水溶液和另一种亲水性高聚物或一些无机盐混合时，超过一定的浓度就会互不相溶，产生分层现象，形成双水相体系。在双水相萃取技术中，两个水相体系中的含水率均可高达 80%左右，大量水的存在保护了被分离物质的生物活性，一些组成双水相体系的高聚物或无机盐也能起到稳定与保护被分离物质生物活性的作用。双水相萃取技术因分相时间短、可连续操作、目标物质分配系数大、投资费用低、形成双水相的高聚物可以回收利用等特点，被广泛应用于生物化工、生物化学、细胞生物学等领域，尤其是有机大分子的分离和提取，如蛋白质、核酸、酶等。目前

也应用于有机物小分子的分离提纯。

5.3.2.3 层析法

层析法是利用混合物中各组分在不相混溶的流动相和固定相之间吸附或分配的能力不同，在流动过程中，各组分以不同速度移动而分离的方法。常用的层析法有薄层色谱法（thin layer chromatography，TLC）、纸色谱法（paper chromatography）及柱色谱法。

1. *薄层色谱法*

薄层色谱法是在一定尺寸的玻璃板上均匀地涂上一层固定相，固定相是根据所分离的化合物性质选择合适的物质加水调配而成的，如硅胶、氧化铝、氧化铝—硅胶、硅胶—羧甲基纤维素钠、硅胶—淀粉、硅藻土、纤维素等物质，涂布好室温下阴干，活化后备用。用于定性定量分析时，薄层厚度一般为0.3～0.5mm，而用于制备薄层的厚度一般可为0.5～2mm。把制备好的薄层色谱点上样品，放入展开箱内，用合适的溶剂进行展开，即可把待分离的物质分离开。

2. *纸色谱法*

纸色谱法运用的原理和薄层色谱法相似，不同之处是纸色谱法以滤纸为载体，固定相为滤纸中结合的水分（约6%），流动相是用水饱和的有机溶剂，借助于纸中的毛细管作用在纸上展开。有机溶剂可以是不与水相混溶的，也可以是与水相混溶的，比如乙醇、丙酮、丙醇，甚至也可以用水。也可用反相纸色谱法进行物质分离，反相纸色谱是将亲脂性液体涂布在滤纸上作固定相，以水或亲水性液体为流动相的纸色谱，用于亲脂性强、水溶性小的化合物分离。

薄层色谱法和纸色谱法主要依据 Rf 值判定，Rf 值的计算公式为

$$Rf=\frac{a}{b} \tag{5.1}$$

式中 a——分离物质随溶剂走的高度；

b——溶剂走的高度。

在相同展开条件下，同一种物质的 Rf 值是一样的，因此可以用标准样品来鉴别物质的结构，也可查阅相关文献初步确定物质的结构。

薄层色谱法和纸色谱法价格便宜、使用方便、操作简单，在实验室里被广泛使用。薄层色谱法和纸色谱法分离得到的物质可以用溶剂重新洗脱出来，从而得到纯净的化合物。

3. *柱色谱法*

柱色谱法在一个玻璃管中装入某种填料作为固定相，从管的上端口加入待分离的混合物，用洗脱剂进行洗脱，根据待分离混合物中的成分分别与固定相及流动相之间的结合程度不同，随洗脱剂运动的速度有快有慢，由此进行分离。因为柱色谱法起分离作用的距离比薄层色谱法或纸色谱法长，因此其分离效果好，常用于混合物的分离提纯，常见的气相色谱法和液相色谱（LC）法也是用柱色谱法把物质分开的。

5.3.2.4 膜分离

膜分离让待分离的混合物通过膜装置，利用膜上的孔径对物质进行分离，即根

据分子量的大小进行分离。膜分离又可分为微滤、超滤、纳滤、反渗透。微滤的过滤粒度一般为0.02～10μm，用来除掉大分子物质，不能除去混合物中的微小物质，如细菌。常见的活性炭滤芯过滤、陶瓷滤芯过滤就属于微滤，比如用于家庭水龙头的自来水过滤装置及利用活性炭吸附的废水处理装置，这类滤芯一般为一次性膜材料，使用一定时间需要按时更换。超滤的过滤粒度比微滤小，一般为0.001～0.1μm，是需要利用压力差的膜分离技术，可去除纳米级的物质，如水中的泥沙、铁锈、胶体、悬浮物、细菌、大分子有机物等物质，但能保留水中的一些矿物质。常见的矿泉水、山泉水过滤器件就是超滤膜。由于超滤装置易于实现冲洗和反冲洗，因此超滤膜不易堵塞，使用寿命相对长。家庭饮用水的全面净化可以采用超滤方式，不需要另外加压，只用自来水压力就能进行过滤，流量大，成本低廉。纳滤，过滤精度为0.1～1μm，需要进行加电、加压过滤，常用于制备工业纯水，但因其脱盐率低，会造成近30%的自来水损失。反渗透，过滤精度在0.1μm左右，利用压差进行膜分离，只允许水分子通过，可用于除掉溶液中的水分子，也可用于纯净水、医药超纯水、工业超纯水的制备。但水的利用率低（得率小于50%），成本高，不适合生活用水的净化。膜分离的优点是分离效果高效、低能耗、环保、工作温度接近室温、物理过滤、工艺简单，易于实现连续化操作；缺点是会造成膜污染，需要定时更换膜。膜分离常应用于中药提取中去除高分子杂质，提高药液澄明度；还可用于食品中的果汁、茶多酚和速溶茶粉分离浓缩，啤酒回收啤酒渣，纯水和超纯水的制备方面。

提取物的分离也可利用液膜分离技术，液膜就是一个由表面活性剂及膜溶剂构成的很薄的液体层，有单滴型、隔膜型和乳状液膜型。其分离机理可根据膜的种类不同分为选择性渗透、渗透伴有化学反应、吸附、萃取等。液膜分离方法因具有设备简单、操作容易、价格便宜、能耗低等优点而被广泛应用于提取物的分离中。如黄柏皮水浸液中的黄连素经包有盐酸的乳化液膜提取一次再经重结晶分离后，黄连素的纯度可达99%，达到了药用标准。

提取物的结构鉴定

5.3.3　提取物的结构鉴定

提取物经过分离提纯，得到纯净物就可以进行结构分析了，结构分析可以根据化学反应进行定性分析，也可以运用仪器分析进行结构鉴定。

5.3.3.1　定性分析

提取物组分结构分析可以根据待测物质与一定的化学试剂进行化学反应出现的现象进行定性分析。

1. 酚类物质

取1mL待测液放入试管中，加入1%的三氯化铁乙醇液1～2滴，液体呈现紫色、蓝色、绿色，可以判定待测液中含有酚类物质。

2. 生物碱

取15mL待测液放入试管中，用5%氢氧化铵溶液调成中性，在水浴上蒸干，加入3ml5%的硫酸溶解蒸干物，加入1～2滴硅钨酸，出现黄色或灰白色沉淀，说

明含有生物碱。

3. 氨基酸或蛋白质

取 5mL 待测液放入试管中，加入 0.1%～0.2%水合茚三酮，加热如显蓝色、紫红色，则含有氨基酸或蛋白质。

4. 糖类

取 2mL 待测液放入试管中，加入 5%萘酚乙醇液 2～3 滴摇匀，沿试管壁慢慢加入 0.5mL 浓硫酸，如在二液交界上有紫红色环，则证明待测液中含有糖类物质。

5. 皂苷类

取 2mL 待测液放入试管中，用力摇 1min 产生蜂窝泡沫 10min 不消失，说明液体中含有皂苷类物质。

6. 黄酮类

取 1mL 待测液放入试管中，加入浓盐酸 4～5 滴、少量镁粉或锌粉，在沸水浴上加热 3min，如有红色，则说明含有黄酮类物质。

7. 蒽醌（anthraquinone，AQ）

取 1mL 待测液放入试管中，加入 7 滴醋酸镁甲醇溶液，如有红紫色，则说明含有蒽醌。

8. 挥发油、油脂

取待测液 2 滴滴在滤纸上蒸发，纸上有油渍说明含有油脂，纸上无油渍但有香气说明含有挥发油。

5.3.3.2 仪器分析结构鉴定

鉴定所得产物需要做的工作如下：第一步是测定待测物的物理常数，如熔点、沸点、比旋光度等，通过查阅文献初步判断待测物质是哪种物质，有无旋光性；第二步是进行待测物质的元素分析，通过元素分析掌握待测物质由哪些元素组成，各占多少；第三步可用凝胶色谱法、光散射法、黏度法或质谱测定待测物的分子量；第四步用紫外光谱、红外光谱、质谱及核磁共振（NMR）谱（如^{13}C－NMR、^{1}H－NMR 和二维谱）分析该物质的结构；第五步是综合分析和化学验证；第六步是利用 CD 圆二色谱、ORD 旋光光谱、X 射线衍射等测定分子的主体结构。

产物结构分析需要使用光谱分析。物质分子运动在正常状态下有平动、转动、振动和分子内电子运动四种状态，每种状态都对应一定的能级，在一定情况下，分子受到某种波长的光辐射时，因吸收了能量，可从某一能级跃迁到较高的能级，从而引起能级的跃迁。电磁波的能量与波长有关，波长越短，其能量越大，因此不同波长的光照射给予物体的能量也不同，产生的能级跃迁也不同，常见的光中波长最大的是无线电波，其波长大于 100μm，可使具有核磁矩的原子核在强的磁场中发生磁共振，产生 NMR 谱。第二波长的是微波，第三波长的是红外线（波长 0.78～300μm），可产生红外光谱，比红外线波长更短的是可见光（400～760nm），波长比可见光还短的是紫外光（10～400nm），可产生紫外光谱，再短波长的就是 X 射线和 γ 射线。

因为电磁波照射物质后其分子能级跃迁是跳跃式的，不是连续式的，因此每一种物质都只能吸收一定波长的电磁波，即对一定波长的电磁波有最大吸收。根据比耳—兰伯特（Beer—Lambert）定律，在特定的波长照射下，物质对光的吸收强度与物质的浓度和通过样品池的吸收厚度呈正比，即

$$A = kbc \tag{5.2}$$

式中　A——吸收强度，可由入射光和透射光的强度求出；

k——吸收系数，L/(g·cm) 或 L/(mol·cm)；

b——光在样品池的通过长度，cm；

c——物质的浓度，g/L 或 mol/L。

通常，以吸收系数 k 或吸收强度 A 为纵坐标（对数坐标），以波数（cm^{-1} 或 μm^{-1}）或波长（nm 或 μm）为横坐标作图，即可得到物质的吸收光谱图，当然也可用透过百分率为纵坐标作图得到透过光谱。使用波长为 200～400nm 的紫外光辐射，引起分子中价电子跃迁产生紫外光谱，因双键及共轭结构官能团可吸收紫外光，因此紫外光谱常用于分析化合物的双键及共轭结构官能团，但不能用于鉴别物质的结构。使用波长为 2～16μm 的红外光照射，引起分子振动能级跃迁产生红外光谱，因物质中的特定官能团有固定的吸收峰，因此红外光谱也用来分析化合物的官能团，但也不能鉴别物质的结构。质谱是在高真空下固体、气体或液体的蒸汽，受到电子流的轰击，分子结构部分被打掉形成带正离子的碎片，并按照质量与电荷之比 m/e 的大小顺序依次排列成谱图被记录下来。物质在无线电波的照射下，H 原子或 ^{13}C 原子的原子核在强的磁场中发生磁共振，得到 NMR 氢谱或碳谱，可根据峰的位移及强度判断 H 原子或 ^{13}C 原子的数量及位置。

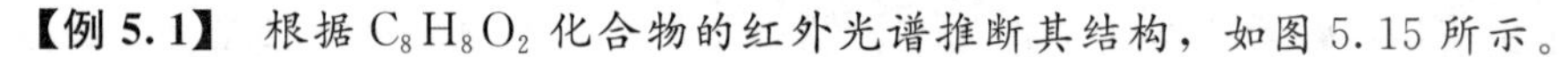

【例 5.1】　根据 $C_8H_8O_2$ 化合物的红外光谱推断其结构，如图 5.15 所示。

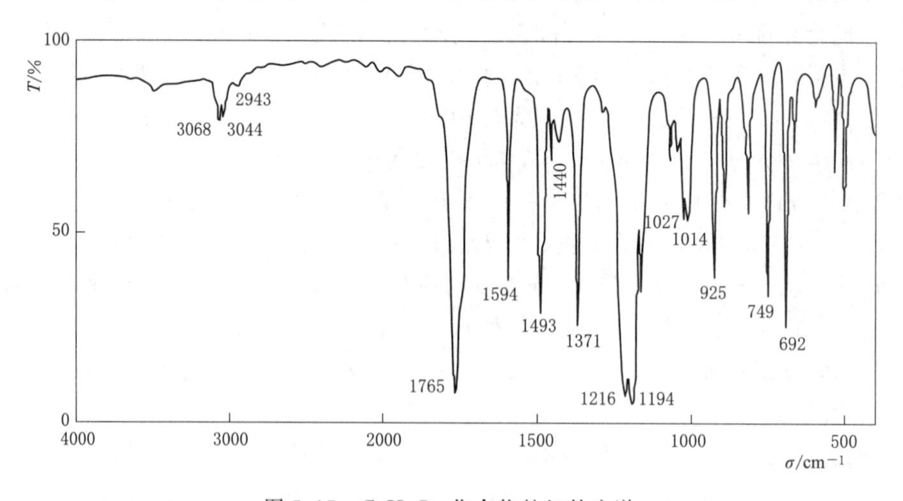

图 5.15　$C_8H_8O_2$ 化合物的红外光谱

解析： 首先计算化合物的不饱和度：计算不饱和数为 1+8−8/2=5>4，因为苯环是 4，分析有可能存在苯峰。

在 $3068cm^{-1}$、$3044cm^{-1}$、$1594cm^{-1}$、$1493cm^{-1}$、$1440cm^{-1}$ 有峰，说明存有苯基。

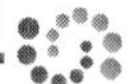

在 749cm^{-1} 和 692cm^{-1} 为苯单取代峰。

在 1765cm^{-1} 及 1216cm^{-1}、1194cm^{-1} 有峰，说明存在非共轭酯键。

在 1027cm^{-1} 和 1014cm^{-1} 有峰，说明存在 C—O—C。

在 2943cm^{-1} 和 1371cm^{-1} 有峰，为甲基峰。

根据以上信息，可以推断此化合物结构如图 5.16 所示。

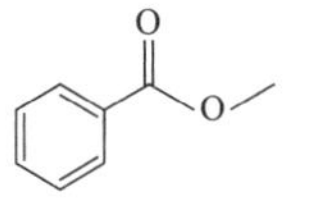

图 5.16 $C_8H_8O_2$ 化合物结构

【例 5.2】 判断庚酮 $C_7H_{14}O$ 的结构，质谱图如图 5.17 所示。

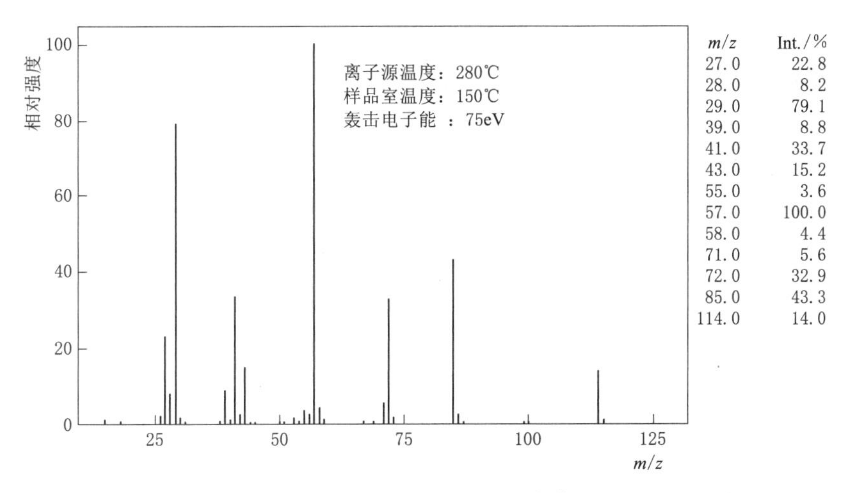

m/z	Int./%
27.0	22.8
28.0	8.2
29.0	79.1
39.0	8.8
41.0	33.7
43.0	15.2
55.0	3.6
57.0	100.0
58.0	4.4
71.0	5.6
72.0	32.9
85.0	43.3
114.0	14.0

图 5.17 庚酮 $C_7H_{14}O$ 的质谱图

解析： 首先确定 m/z114.0 是分子峰。

m/z57.0 是基峰，C_4H_9—的离子峰，也是打掉 C_4H_9—剩余的离子峰。

m/z85.0 是分子峰打掉一个 C_2H_5—留下的离子峰。

m/z29.0 是分子峰打掉的 C_2H_5—离子峰。

其余的峰是上述离子继续打掉的碎片峰。

因此可以推断其结构如图 5.18 所示。

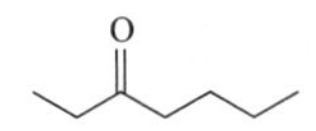

图 5.18 庚酮 $C_7H_{14}O$ 结构

5.3.4 提取物的加工利用

提取物对加工利用的影响

植物生物质提取物中含有丰富的化合物，是自然界给予人类的宝贵财富，合理利用这些提取物可取得可观的经济效益，有利于维护生态平衡，从而国家推进生态文明建设。

5.3.4.1　提取物对植物生物质性能的影响

1. 提取物会使植物生物质呈现一定的颜色

植物生物质呈现不同的颜色通常是由于色素不同引起的，不同颜色的花朵、叶子或果实都是因为含有不同的色素导致的。木材的品种不同，色素的种类、含量也不同，使木材呈现不同的颜色，可满足家具、建筑装修等的需要。常见木材的颜色主要是红、黄、黑色等，比如红色木材有紫杉、柳杉、侧柏、桧柏，黄色木材有黄连木、乌檀、鱼骨木，黑色木材有柿木、乌木。正是因为提取物的色素不同，才使植物外观丰富多彩，丰富着人类的生活。

2. 提取物可使生物质原料发生变色

提取物可引起生物质原料的酶变色，当生物质中某些提取物含量高时，非常容易受到细菌的进攻，产生颜色变化而呈现红色、蓝色、绿色、黄色、褐色或灰橄榄色。菌变色如蓝变、酶变可影响生物质原料的外观，但一般不影响其强度。

提取物可引起生物质的铁、铜变色，铁离子与生物质中的酚类物质反应，将产生一种黑色化合物。

提取物也会引起生物质原料的氧化变色，生物质原料中的酚类物质氧化后会变成褐色，如栎属木材含单宁多、泡桐木材含酚类物质多，氧化均易变色。

3. 使植物生物质呈现一定的气味

有些植物中含有精油，又称挥发油，使植物生物质呈现香、臭、涩、苦、甜等气味，如香椿、臭椿、香樟、檀香木等，人们闻到的花香、树叶的清香也是提取物精油的作用。

4. 影响生物质原料的强度

有些提取物增加了木材的抗弯、抗压、耐磨强度。

5. 木材防腐处理时渗透性下降

提取物的存在会影响药液的渗透性。

6. 干缩下降，吸湿增加

有些提取物会影响生物质材料的吸湿性，如有些木材（胡桃）吸湿性增加、干缩下降。

7. 使植物生物质具抗腐性

植物提取物中含有抗菌性成分如木质酚、芪、卓酚酮、单宁、黄酮、萜烯类、生物碱类等，使生物质（木材）具有天然抗腐性。

5.3.4.2　提取物对植物生物质加工的影响

1. 提取物影响成分测定

在生物质化学成分分析、组分分离时，均需要把提取物去掉，比如磨木木质素制备、木质素含量测定、纤维素分离、半纤维素提取等，经常采用苯醇提取法去除植物生物质原料中的提取物。

2. 对生物质物理加工的影响

生物质加工过程中经常使用刀锯加工、使用胶黏剂胶接和涂料装饰，提取物在加工过程中会产生一些不利影响，如提取物使刀锯腐蚀钝化，提取物中有一些酸性

物质，能使铁质锯腐蚀、钝化，使用一定时间后要重新磨制；提取物影响胶合强度，提取物中有一些酸性或碱性物质，会影响胶黏剂的固化、稳定，影响胶合强度；提取物使油漆膜变色，提取物中有一些酸性或碱性物质，会影响漆膜的稳定，使颜料变色；提取物对人体过敏，有些提取物会引起加工人过敏，如漆树中的漆酚会使人过敏。

5.3.4.3　提取物对化学加工的作用

提取物可用作林产化工的原料，林化产品如栲胶、松香、松节油、冷杉油、冷杉脂、桃胶、大漆、色素、芳香油、油脂、蜡、樟脑、香料等都是由提取物加工得到的。在木材的防腐处理时，提取物的存在会影响药液的渗透性。对造纸工业来说，虽然提取物中得到的松香可作纸张施胶剂，但提取物的不利影响也很多，如蒸煮时阻碍药液渗透；碱法制浆时树脂酸、脂肪酸与碱反应生成皂化物塔尔油；酸法制浆时提取物被加热、软化成油状物，形成树脂障碍；双氢栎精被氧化成黄色的栎精，使纸浆发黄，使浆料难以漂白、白度低、易返黄；原料（特别是草类原料）碱法制浆过程中，灰分中的 SiO_2 形成 Na_2SiO_3，使废液黏度升高，洗浆时黑液提取率低，对黑液的碱回收造成硅干扰；Cu、Fe、Mn 等过渡金属离子对纸浆颜色造成不利影响；影响 H_2O_2、O_2、O_3 等药液的漂白效果；Ca、Mg 等碱土金属离子可稳定漂剂，但是过多也可稳定木质素，降低漂白白度。另外提取物中的果胶是灰分的载体，应尽量脱除。

5.4　木质生物质的酸碱性

大部分木质生物质的 pH 值为 4～6，主要原因是木质生物质成分中含有羧基、提取物中含有酸性物质，使大部分木质生物质呈弱酸性，但也有一些木质生物质的提取物中含有碱性物质而使其呈弱碱性。影响木质生物质 pH 值的因素有树木的立地条件、树木的采伐季节、树木的部位、木材的存放时间、pH 值测定方法和条件。

木质生物质 pH 值的测定方法为：取 3.0g 40 目木粉放入 50mL 烧杯中，加入新煮沸并冷却至室温的蒸馏水 30mL，搅拌 5min，放置 15min 后，再次搅拌 5min，静置 5min，用 pH 计测定 pH 值。结果精确至 0.02，每一试样平行测定两次，误差不得超过 0.05，取其算术平均值为最终结果，精确至小数点后第二位。

木质生物质的总酸度是指木质生物质水抽提物中总游离酸的含量，以 100mL 滤液中所含的醋酸克数表示，其计算公式为

$$\text{醋酸(g)/100(g)} = \frac{(N \times V)_{\mathrm{NaOH}} \times 0.06006 \times 100}{V_1} \tag{5.3}$$

式中　$(N \times V)$——NaOH 溶液毫克当量；

0.06006——醋酸的毫克当量；

V_1——滴定时所取滤液的毫升数。

木质生物质的酸碱缓冲容量就是指木质生物质的水提取液所具有的对外来的酸或碱作用的缓冲能力。这种缓冲能力的大小可以表征木质生物质生长及加工利用过程中对酸碱的抵制能力。

参 考 文 献

[1] 裴继诚. 植物纤维化学 [M]. 北京：中国轻工业出版社，2012.
[2] 李忠正，孙润仓，金永灿. 植物纤维资源化学 [M]. 北京：中国轻工业出版社，2012.
[3] 刘金瑞，林晓雪，张妍，等. 膜分离技术的研究进展 [J]. 广州化工，2021，49 (13)：27-29，71.
[4] 谢慧荣，罗忠圣，钱余，等. 膜分离技术在天然产物中的应用 [J]. 食品科技，2021，46 (5)：104-107.
[5] 王志锋，王青. 超临界流体萃取技术在中药提取中的应用 [J]. 科技与创新，2018 (14)：13-15.
[6] 熊维巧. 仪器分析 [M]. 成都：西南交通大学出版社，2019.
[7] 尹思慈. 木材学 [M]. 北京：中国林业出版社，1996.

第6章 木质素

木质素是植物生物质的重要组成部分，它与纤维素及半纤维素共同组成了植物细胞壁，起到黏结、支撑作用，本章将详细介绍木质素的存在、分布、结构、物理性质、化学性质及改性利用。

6.1 木质素的存在、分布及研究历程

木质素的存在和生物合成

6.1.1 木质素的存在

法国植物学家和化学家 Anselmen Peyen 1830 年最早提出木材是由纤维素和另外一种物质组成的。当时他发现，用硝酸和碱交替处理木材时，可以除去部分木材物质，而得到纤维素，被除去物质的碳含量比纤维素高。他认为在木材中这些物质是镶嵌于纤维素之间的，因而把它称为镶嵌物或被覆物（incrusting material），提示了木质素存在的可能性。1857 年，F. Schulze 将此高碳含量的溶出物命名为木质素”(lignin)，其名称来源于拉丁语“Lignum”，原本是木材的意思。

在此期间，以木材为原料进行制浆的研究非常兴旺，1866 年，F. Tilgman 提出了亚硫酸盐制浆法（SP 法），强烈激发了人们对制浆化学反应研究的兴趣，即对木质素研究的热情。1868 年，E. Erdman 提出这些溶出的非纤维素组分是由芳香族化合物构成的观点。进而在 1874 年，F. Tiemann 等从木材中分离出松柏苷（coniferrin）和松柏醇，支持了木材中存在芳香族化合物的观点。1890 年，E. Bamberger 进一步发现木材中存在有甲氧基，由于纤维素分子中没有甲氧基，因而认为可能是木质素中的一种官能团，并指出了甲氧基作为木质素表征性官能团的重要性。

总之，19 世纪，从 Anselmen Peyen 提出木材中有“另一种物质”存在开始，到 E. Erdman 发现木质素是由芳香族化合物构成的，一直到 E. Bamberger 发现木材中有甲氧基存在，可认为这 60 年间是木质素研究的初始阶段，加之亚硫酸盐制浆方法的兴起，为木质素化学研究的进一步发展打下了良好基础。

6.1.2 木质素的分布

木质素广泛存在于高等植物中，占植物体总质量的 20%～30%。一直以来，人

们普遍认为木质素的立体大分子由三种前驱体物质通过酶的脱氢聚合及自由基耦合而成，即对香豆醇、松柏醇和芥子醇这三个前驱体对应的木质素结构单元分别为对羟基苯基、愈创木基和紫丁香基结构单元，如图6.1所示。木质素通过与半纤维素和纤维素形成共价键和氢键的形式连接在一起，共同构成植物的木质部。在植物生长发育过程中，木质素不仅提供植物组织机械支撑，保护细胞壁免受生物降解，而且能够促进植物中的水分传输。植物原料中木质素的含量、种类和分布随植物类型和形态学部位不同而变化，且在细胞水平上也存在一定的差别。

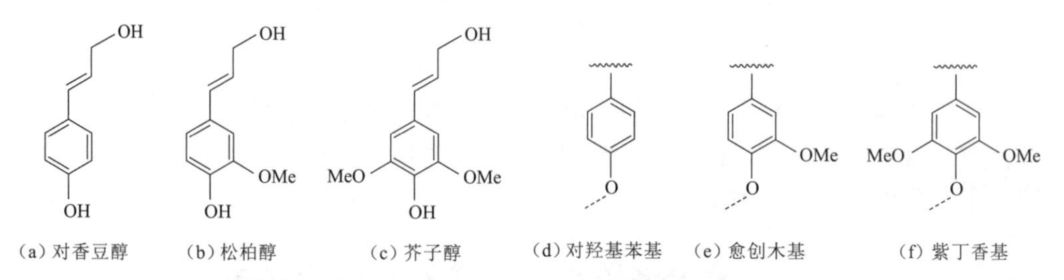

图6.1　木质素前驱体及其对应的木质素结构单元

6.1.2.1　植物类型

在针叶树材（裸子植物）中，木质素的含量为25%～35%；阔叶树材（被子植物中的双子叶植物）中，木质素的含量为20%～25%；禾本科植物一般含15%～25%的木质素。木质素及各结构单元的具体含量因不同材种而存在一定区别，热带阔叶树材木质素的含量与针叶树材接近。针叶树材主要由愈创木基型单体构成，阔叶树材主要由愈创木基和紫丁香基型单体组成；相较于木材类单体构成，禾本科还含有对羟基苯基型结构单元，见表6.1。除此之外，根据植物类型的不同，对羟基苯甲酸（p-hydroxy benzoic acid，PB）、对香豆酸和阿魏酸以酯键或醚键的形式与木质素的脂肪族区相连。例如，杨木和柳树中常含有PB单元并与紫丁香基/愈创木基型单元以γ—酯键的形式连接；草类和竹类植物中通常会发现与木质素以γ—酯键形式连接的对香豆酸和以α—醚键连接的阿魏酸。

表6.1　不同植物种类中木质素的含量及木质素类型

种　类	木质素含量/%	紫丁香基型	愈创木基型	对羟基苯基型
针叶树材	25～35		√	
阔叶树材	20～25	√	√	
禾本科	15～25	√	√	√

6.1.2.2　形态学部位

同株木材中木质素的含量随形态学部位的变化而有所不同。木质素填充于细胞壁内的纤维框架内的过程有可能导致个体内的非均匀分布，树干越高，木质素含量越低，即垂直分布上的不均一性。木质素的含量除在垂直分布上的变化外，还在径向分布上存在差异，如大多数针叶树材心材木质素含量比边材少，阔叶树材中则无明显差异。同一年轮中早、晚材的木质素含量亦有差别，树干的下部，春材的木质

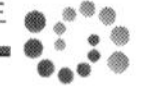

素含量较秋材的高，中间部分则差异不大，相反，在树干的上部，秋材的木质素含量较高。此外，树龄的不同也会使木质素的含量和组成发生变化。近期，学者对不同树龄（1个月、18个月和9年）的桉木（Eucalyptus Globulus）的组成和结构进行研究发现：木质素总含量［Klason木质素和酸溶木质素（ASL）］在生长过程中增加（从1个月样本的15.7%增加到9年样本的24.5%），而其他成分（即丙酮提取物、水溶性物质和灰分）的含量则随树龄的增加而减少，见表6.2；随着木质化程度的增加，对羟基苯基和愈创木基型木质素单元减少，紫丁香基型单元增加，同时对各连接键含量造成了一定程度的影响，如图6.2所示。在一定程度上可以看出木质素各单元在木质化过程中的沉积过程：对羟基苯基和愈创木基型沉积较早，而紫丁香基型木质素富集较晚（在木质素生物合成部分会做具体介绍）。

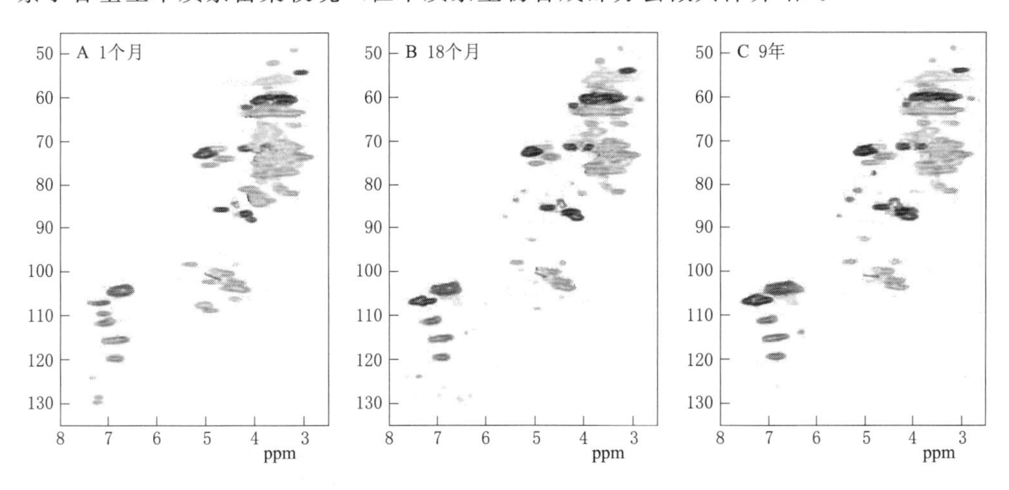

图6.2 不同树龄桉木样品的二维核磁共振（2D-HSQC NMR）谱
(δ_C/δ_H 45～135/2.5～8.0)

表6.2　不同树龄桉木中主要组分的百分含量　%

化学成分	1个月	18个月	9年	化学成分	1个月	18个月	9年
丙酮提取物	8.6	0.5	0.6	阿拉伯聚糖	3.8	0.9	0.8
水溶性物质	6.6	1.4	2.2	半乳聚糖	2.7	1.2	1.5
Klason木质素	13.0	17.5	19.8	甘露聚糖	0.9	0.4	0.4
酸溶木质素	2.7	5.2	4.7	鼠李糖	0.7	0.4	0.5
纤维素（结晶性）	25.0	36.7	29.9	脱氧半乳聚糖	0.3	0.1	0.1
葡聚糖（无定形）	11.4	15.0	16.2	糖醛酸	7.4	5.9	5.8
木聚糖	12.2	14.0	17.1	灰分	4.6	0.7	0.4

6.1.2.3 木质素微区分布

木质素微区分布是指其在植物组织结构内部细胞壁中的分布及含量多少。该研究一直是木质素领域的研究热点之一，其研究手段也不断创新，从最初的光学显微镜结合染色的方法，发展到紫外显微镜、共聚焦激光显微镜、电子显微镜结合X射线能谱仪等方法，测量结果也由定性测量发展到定量测量。以紫外显微镜分析云杉管胞的木质素分布，如图 6.3 所示，表明细胞角隅木质素浓度最高，复合胞间层次之，次生壁中最低。但由于次生壁比复合胞间层厚很多，木材中大部分的木质素存在于次生壁而不是胞间层。

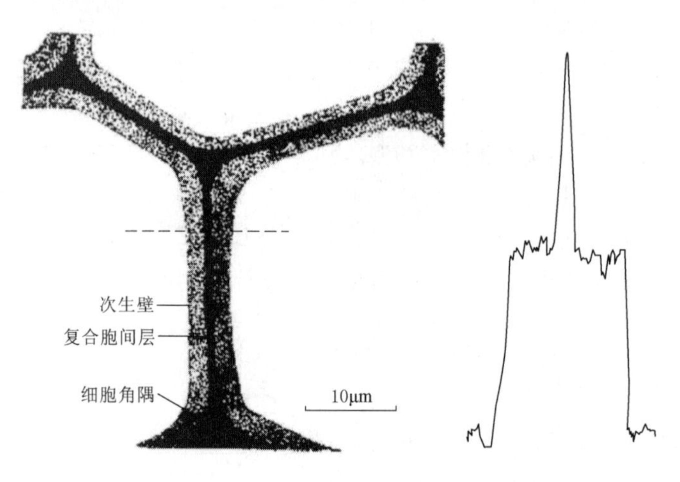

图 6.3　云杉管胞的木质素分布

6.1.3　木质素的研究历程

6.1.3.1　确定木质素是芳香族化合物

任何一门科学的进步都与时代生产力发展的需求密切相关，并以此为动力，木质素研究也不例外。19 世纪末木材化学制浆方法被发明并迅速工业化，其结果引起了科学家对制浆化学反应研究的兴趣和关心，自然地，木质素在制浆过程中的行为成为研究的焦点。

在论述木质素的研究历史时，不能不提到被称为“木质素化学之父”的瑞典科学家 P. Klason，他于 1897 年总结了前人研究的成果，并发现松柏醇与亚硫酸氢盐反应可生成磺酸盐，其性质与木质素磺酸盐相近，从而推测松柏醇与木质素有密切关系。他进而提出了木质素是由松柏醇通过生物合成形成的高分子物质的假说，这个假说的提出为以后的木质素化学研究打下了基础，对木质素研究做出了重大贡献。P. Klason 的功绩还在于他发明了木质素定量方法，被称为 Klason 木质素（酸不溶木质素，又称硫酸木质素），这种定量方法直至今日仍被广泛应用于木质素的测定。

早期的木质素研究是从“木质素是否是芳香族化合物”开始的。由于当时的科学水平限制，尚不能直接证明木质素就是芳香族化合物，因此这一基本问题在学术界争论了大约半个世纪。直到 1939 年，瑞典科学家 K. Freudenberg 发现针叶树材木质素在碱性硝基苯氧化时可得到大量香草醛；与此同时，H. Hibbert 用乙醇—盐酸醇解木质素得到 Hibbert 酮（苯丙烷单体侧链上有酮基）；E. Harris 也发现，木材氢解时可分离出丙基环己醇衍生物等，才逐渐确立了木质素是由苯丙烷单元构成的学说。这个问题在 1945 年 P. Lange 用紫外吸收光谱法直接证明了植物细胞壁中存在木质素的芳香结构后得到彻底解决。

在证明了木质素是由苯丙烷结构单元构成的芳香族化合物之后，木质素化学研究进入了新的领域，即对植物体内木质素是如何形成的、苯丙烷结构单元是如何构成木质素大分子的等一系列问题开展了深入研究。

6.1.3.2 木质素是如何形成的

在这个时期，不能不提到瑞典科学家 K. Freudenberg 的贡献，即他的脱氢理论（dehydrogenation theory）和后来提出的木质素结构模型图。

1933 年，H. Erdtman 研究了异丁子香酚（isoeugnol）被 $FeCl_3$ 氧化可脱氢得到游离基，并生成酚型香豆满结构（phenylcumaran），同时预言其侧链上会有一个与苯环共轭的双键，可在 β—碳上发生偶合反应。20 世纪 30 年代末，K. Freudenberg 将松柏醇的脱氢聚合物用 $KMnO_4$ 氧化得到了藜芦酸（veratric acid）和异半蒎酸（isohemipinic acid），这与木质素和脱氢异丁香酚（dehydrogen isoeugnol）的 $KMnO_4$ 氧化产物相同，进一步证明了 H. Erdtman 的假说是正确的。1943 年，K. Freudenberg 用蕈氧化酶或漆酶将松柏醇脱氢得到了脱氢聚合物（DHP），与云杉木质素酶解脱氢得到的结果很相似，从此他开始重点研究木质素的生物合成路线并于 1952 年正式发表了脱氢学说。1964 年，K. Freudenberg 在松柏醇脱氢聚合研究的基础上，参考了木质素其他化学分析数据，提出了针叶树材木质素的第一个结构模型，清楚地显示了木质素的总体结构。此模型图以后虽经过多次修改补充，但其基本框架没有变化，圆满地解决了木质素在植物体内生物合成的基本过程研究。

6.1.3.3 木质素化学研究体系的形成

1. 木质素的化学结构

20 世纪 60 年代以后，随着光谱、色谱等分析技术在木质素化学研究中的应用，以及木质素生物合成模型化合物研究的发展，学者们对木质素化学结构的认识越加深刻。在此期间，Kratzl 和樋口隆昌对木质素生物合成研究做出了重要贡献；Adler 和 Lundquist 发明的木质素醇解和酸解、榊原章等的二氧六环—水的木质素水解、Nimz 的硫代醋酸解等方法的提出，特别是在此前发明的木质素碱性硝基苯氧化法等，对了解木质素的化学结构发挥了极其重要的作用，使木质素化学研究在 20 世纪 70—80 年代蓬勃发展，进入到顶峰时期。

在此期间，人们知道了不同植物的木质素结构不同，即裸子植物（针叶树材）主要由愈创木基丙烷结构单元构成；被子植物是由紫丁香基、愈创木基丙烷结构单元构成；禾本科植物则由愈创木基、紫丁香基、4—羟基苯基丙烷结构单元构成等，如图 6.1 所示；知道了这 3 种木质素是分别由 4—羟基肉桂醇（4—hydroxy - cinnamyl alcohol）、松柏醇和芥子醇脱氢聚合而成；还知道了针叶树材和阔叶树材木质素结构单元之间的连接键型种类及其比率，如针叶树材（以云杉为代表）木质素中有 48%的连接键是 β—烷基—芳基醚键（β—O—4 键）结构，9%～12%为苯基香豆满结构，9.5%～11%为联苯结构（5—5′连接），6%～8%为 α—烷基—芳基醚键（α—O—4 键）结构，7%为 β—1 连接（1,2—二芳基丙烷结构），3.5%～4%为 4—O—5 连接（二苯基醚结构），2.5%～3%为 β—6 和 β—2 结构，β—β 结构约占

2%等。

以桦木磨木木质素（milled wood lignin，MWL）为代表的阔叶树材木质素中的β—O—4键为58～65个/100个C_9单元（其中紫丁香基为34～39），α—O—4键为6～8个/100个C_9单元，苯基香豆满结构为6个/100个C_9单元，4—O—5键为6.5个/100个C_9单元（其中紫丁香基型为5.5个/100个C_9单元），联苯结构（5—5′连接）为4.5个/100个C_9单元，β—1连接（1,2—二芳基丙烷结构）为7个/100个C_9单元，β—β结构约为3个/100个C_9单元，β—6和α—6结构为1.5～2.5个/100个C_9单元等。桦木MWL中愈创木基型和紫丁香基型的结构物质的量比为1∶1；认为，70%～80%紫丁香型结构单元形成了β—O—4键。至20世纪80年代初，法国的D. Robert根据^{13}C核磁共振（^{13}C—NMR）谱分析结果认为，紫丁香基结构单元有80%～90%是以β—O—4键存在的。20世纪70年代初，德国的H. Nimz根据山毛榉木质素硫代醋酸解的结果提出了阔叶树材木质素的结构模型。

最早提出禾本科植物木质素与木材不同的是B. Leopold和I. Malmstrom，他们于1952年用碱性硝基苯氧化禾本科植物木质素时，发现其基本结构单元是由对羟基苯基—紫丁香基—愈创木基构成的。1967年樋口隆昌等将禾本科植物木质素在50℃条件下皂化，得到了对羟基肉桂酸和阿魏酸。直到1971年，日本科学家进一步证明禾本科植物木质素中的对羟基肉桂酸和阿魏酸主要与木质素结构单元侧链的α—C和γ—C上的羟基形成酯键。20世纪80年代开始，以李忠正为代表的中国学者对一系列禾本科植物木质素基本构成和化学结构特性进行了系统深入的研究，为了解禾本科植物木质素的基本特性及其制浆化学反应特性做出了重要贡献。

2. 木质素在制浆过程中的化学反应

18世纪开始，木材制浆工业在欧美等国兴起，引起了这些国家的科学家对制浆机理的关注，极大地促进了木质素化学研究的进展。同时，木质素化学研究反过来又进一步推动了制浆技术的进步。

1896年，瑞典的P. Klason发表了第一篇关于亚硫酸盐法制浆废液和硫酸盐制浆黑液的研究报告，提出了木质素在亚硫酸蒸煮中磺化的理论。此后，B. Holmberg（1939年）和H. Erdman（1946年）相继用酚型和非酚型愈创木基模型物进行磺化反应，提出了木质素的磺化位置是在木质素结构单元侧链α—碳的醇羟基上，并发现不同类型的木质素模型物磺化反应速度不同。其后，日本的三川礼（1951年）、瑞典的B. O. Lindgren（1951年）提出了木质素结构可分为A基和B基：A基又可分为X基和Z基，这些基团可在整个pH范围内被磺化；而B基只能在酸性条件下磺化。后来的研究才知道：X基即为木质素的酚型结构且侧链α—碳上有醇羟基或酯键或醚键结构；Z基则为非酚型木质素，但其侧链α—碳上有醇羟基或酯键或醚键结构；B基是非酚型木质素，侧链上有醚键的结构。至20世纪60年代末，亚硫酸盐法的制浆机理才完全研究清楚。

硫酸盐法制浆由A. K. Eaton于1871年提出专利，并于19世纪末在美国建立了第一家硫酸盐制浆厂。此后许多科学家对木质素在硫酸盐法中的反应，特别是硫化钠的作用机理进行了大量研究，并提出了许多学说。到20世纪60年代中期，以

瑞典科学家 J. Gierer 为首的研究小组用酚型和非酚型 β—芳基醚键木质素作为模型物，研究了它们在烧碱法和硫酸盐法蒸煮中的反应，提出了在碱溶液中木质素结构单元的 β—芳基醚键断裂是最重要的木质素反应。酚型木质素的 β—醚键结构在碱溶液中很容易脱除 α—碳上的取代基，生成亚甲基醌中间体。

在以 OH^- 为主的烧碱法中，其主反应是亚甲基醌中间体发生 β—消除反应，使 γ—碳脱掉，生成稳定的二苯乙烯结构，而不发生 β—醚键的断裂。但此时的 OH^- 也可以作为亲核试剂，去攻击 α—碳原子，使之形成环氧化物，而使 β—醚键断裂，但其反应速度较慢，这是烧碱法木质素中的副反应。而在硫酸盐法制浆中除 OH^- 外，还有 SH^- 和 S^{2-}，这两种离子的亲核能力都较 OH^- 强，易攻击 α—碳原子，形成 α—C—S—结构，再进一步形成环硫化合物，使醚键断裂，从而引起木质素碎片化。至此，硫酸盐法的反应机理也已基本清楚。此后，Gierer 等（1979 年）又对硫酸盐法反应的各个阶段进行了动力学研究，进一步证明了木质素在硫酸盐法中生成亚甲基醌的重要性，使多年争论不休的问题得到了解决。

6.1.3.4 木质素研究的进步

20 世纪 70 年代，木质素的研究经过了一百多年的艰苦努力，人们对其分子结构有了基本了解，木质素在制浆、漂白中的主要反应也已基本清楚，并有大量木质素产品得到应用。但由于自然界中木质素结构的差异性及其不均一性，特别是木质素作为一种可再生资源的利用，人类仍然没完全掌握它的奥秘和内在规律。

20 世纪 70—90 年代的 20 年间，是木质素研究进展最快、收获较大的时期。人们对木质素的许多认识都是在这个阶段得到的，主要表现在：①木质素结构研究的分析手段有了许多新发展，现代的分析仪器在木质素研究中得到了广泛应用；②木质素在植物中的生物合成路线已清楚，并在此基础上研究转基因树木的化学成分控制，进行了大量生物酶解木质素机理研究；③基本厘清了木质素与半纤维素和纤维素之间的关系，以及纸浆中残余木质素的结构及其在制浆、漂白过程中的行为；④木质素超分子聚集态结构的研究开始起步；⑤木质素基材料的资源化利用有了一定的进展。

1. 木质素化学研究手段的进展

从 20 世纪 50 年代开始，一些近代分析手段逐渐被引入到木质素化学结构研究中，其中的很多方法已成为现在常规的研究手段，如紫外光谱、红外光谱、氢核磁共振（^1H-NMR）、$^{13}C-NMR$、ESR、气相色谱液相质谱联用（GC－MS）、电子显微镜等，对木质素结构研究发挥了重要作用。特别是近 30 年来，现代分析方法不断进步，并很快被应用到木质素结构研究中，推动了木质素研究的进步。在 20 世纪 60 年代中期，美国的 J. L. MeCarthy 首先将 ^1H-NMR 用于木质素分析，70 年代初，德国的 H. Nimz 成功地将 $^{13}C-NMR$ 用于木质素结构研究，当今 NMR 技术已成为木质素化学不可缺少的研究手段，它能提供木质素结构中几乎全部碳原子类型的信号，近年 NMR 技术的进步主要表现在：①$^{13}C-NMR$ 由定性各碳原子类型发展到可定量分析；②多维 NMR 的应用，通过 $^1H-^{13}C$ 两维固体 NMR 可观察到碳原子和质子的相关信息，得到木质素与碳水化合物之间的连接信息；③^{31}P 核磁共振（$^{31}P-NMR$）和^{19}F核磁共振（$^{19}F-NMR$）的应用，$^{31}P-NMR$可测定木质素结构的羧基、醇羟基和酚羟基，$^{19}F-NMR$可定量木质素中的醛、酮、醌基等；④用固体NMR分辨木质素各碳原子类型。

2. 木质素超分子聚集态结构研究

过去人们对木质素的结构研究主要集中在其分子结构单元本身官能团和结构单元之间的连接类型和比例，以及分子量及其分布等信息上。实际上木质素的超分子结构要远比其分子结构复杂得多。人们在研究木质素的化学反应和植物原料的制浆性能以及木质素的物理化学性能时，往往发现许多只用单元结构和单元之间化学连接类型难以解释的现象。

木质素大分子之间是否存在聚集现象，其聚集体的形状如何，在不同条件下是否发生变化，分子间的聚集力是什么，木质素的聚集态对它的化学反应和物理化学性能有什么影响等，都是当代科学家们需要认识的问题，也是目前木质素应用研究的重要课题。

以前许多科学家都认为，木质素是一种无定形的、杂乱的球形结构。加拿大的Goring是最早（20世纪70年代）研究木质素超微结构的学者，他认为，木质素磺酸盐在溶液中为紧密的凝胶微粒，其粒径是20～50nm。由于木质素磺酸盐的聚电介质特性而集聚为较大的不规则的形体。1976年，Fenger用电子显微镜观察云杉MWL发现其有很多球形粒子，也可能由于氢键的原因，大分子集聚为蛇管状，其粒子大小为10～100nm。2001年，俄罗斯科学院化学研究所的A. Karmalov等用Goring的方法研究桦木和杨木MWL时发现，木质素超分子结构是一种星型的线状结构（star-shaped-structure with linear rays），即为具有线性分支的星形大分子结构。但至今人们对于木质素的超分子结构尚没有一个统一的看法。大家都认为，由于木质素结构的复杂性，用一般经典的方法研究是困难的，需要提出一种新的“复杂性科学（science of complexity）”的概念来研究它。

3. 木质素与碳水化合物的关联

20世纪50年代已证明，植物纤维中或纸浆中木质素和碳水化合物之间会形成木质素-碳水化合物复合物（lignin-carbohydrate-complex，LCC），引起木材化学家们的极大兴趣。特别是80年代以来，发现了纸浆中残余木质素在漂白过程中的行为与LCC的关联之后，更加激起了人们对LCC研究的兴趣。至今，LCC仍然是木材化学研究的热点之一。

LCC的研究与木质素研究一样，也是由它的分离和纯化方法开始的。最早提出从植物纤维中分离LCC方法的是Bjorkman（1957年），他将提取MWL后的残渣用二甲基亚砜（dimethyl sulfoxide，DMSO）或二甲基甲酰胺（dimethyl formamide，DMF）提取、纯化后制得。目前常用的LCC分离法是酶解法，也可将Bjorkman法与酶解法结合，制备出较高纯度的LCC以供研究。

LCC结构尚在继续研究中，已经基本清楚的是，木质素与半纤维素之间的连接主要是化学键，即木质素结构单元侧链上形成C_α—醚键或C_α—酯键、苯苷键、C_α—缩醛键，也有人提出在C_γ上形成连接；与木质素连接的糖基主要是L—阿拉

伯糖、D—半乳糖和 4—O—甲基—葡萄糖醛酸，以及聚木糖末端的木糖基、聚葡萄糖甘露糖末端的甘露糖基（葡萄糖基）等。木糖基和半乳糖基与 C_α 形成的醚键在酸和碱介质中都较稳定。

近来一些学者发现，木质素不但与半纤维素存在化学连接，而且与纤维素之间也有化学连接。日本学者饭塚等证明，针叶树材中木质素与葡萄糖或半乳糖的 C_6 位置上可能形成醚键，而这些己糖可能来自纤维素。瑞典的 U. Westermark 也认为，纸浆中残余木质素与高分子质量的纤维素有化学连接，但这种化学键只存在于针叶树材中，阔叶树材中则未发现。目前木质素与纤维素之间是否存在化学键仍是一个有争论的问题。另外，目前尚未找到一种不经分离即可直接研究 LCC 结构的方法，因此与木质素连接的糖基的详细情况尚有待进一步明确。

4. 木质素利用的研究

研究木质素化学的重要目的之一是有效利用这一丰富的具有战略意义的可再生资源。近些年来，世界各国科学家对生物质资源的利用问题给予了高度重视，投入了大量人力、物力，发表了大量论文和专利。但从总体来说，木质素的利用至今仍处于研究开发阶段，尚未取得突破性进展，这主要是由木质素的复杂性和多变性造成的。据不完全统计，目前全世界木质素产品的消耗量约为 100 万 t，我国的消耗量为 10 万～15 万 t。

6.2 木质素的生物合成

木质素的存在和生物合成

6.2.1 木质素的沉积

木质素沉积是木质部细胞分化的最后阶段之一，主要发生在细胞壁的二次增厚过程中。木质化从初生壁的细胞角隅开始，向径向和横向的复合胞间层推进，然后到细胞角隅的复合胞间层，最后到达次生壁。次生壁木质素顺序与细胞壁的形成次序一致，即次生壁外层—次生壁中层—次生壁内层。细胞各部位木质化先后不同，各部位木质素的化学结构形式也会有所不同。例如，阔叶树材的次生木质部中主要存在紫丁香型木质素，初生木质部主要存在愈创木基型木质素，而在纤维与纤维之间的胞间层则存在愈创木基型和紫丁香基型木质素。木质化的先后顺序和木质素结构类型的不同与后续木质素的脱除机理有着密切的关系。

6.2.2 木质素结构单元的生物合成历程

K. Freudenberg 等人提出木质素起源于苯基丙烷的葡萄糖甙。在酶的作用下，葡萄糖析出，余下的苯基丙烷结构经聚合作用形成沉积在细胞壁和胞间层中的一种胶黏性物质，即木质素。从结构上看，木质素含有芳香区、脂肪区和侧链区。其侧链区连接着不同类型、不同数量的官能团，基本单元间不同类型的连接键及其与半纤维素之间的复杂关系使木质素成为自然界中最复杂的天然高聚物之一。因此，了解木质素的生物合成途径对木质素结构的确定及后续的高值化利用有很大的作用。

大量的研究为木质素化合物在植物体内的生物合成途径做出了贡献。但由于多基因（普通基因和植物特异性基因）之间的相互作用以及对木质素生物合成的影响、新的酶和新的途径不断被发现，对木质素的生物合成过程的认识在持续更新中。最新的木质素单体生物合成中涉及的基因和酶在生物合成“苯丙烷途径”中的作用如图6.4所示。研究表明木质素基本单元生物合成的途径始于苯丙氨酸，但酪氨酸在单子叶植物木质素的形成过程中也有消耗。苯丙氨酸首先通过苯丙氨酸脱氨酶（PAL）脱氨生成肉桂酸，然后经肉桂酸4—羟基化酶（C4H）羟基化转化为对香豆酸。如果以酪氨酸为起始点，则这两阶段的酶促过程都会省略，直接经酪氨酸脱氨酶（TAL）作用转化为对香豆酸。

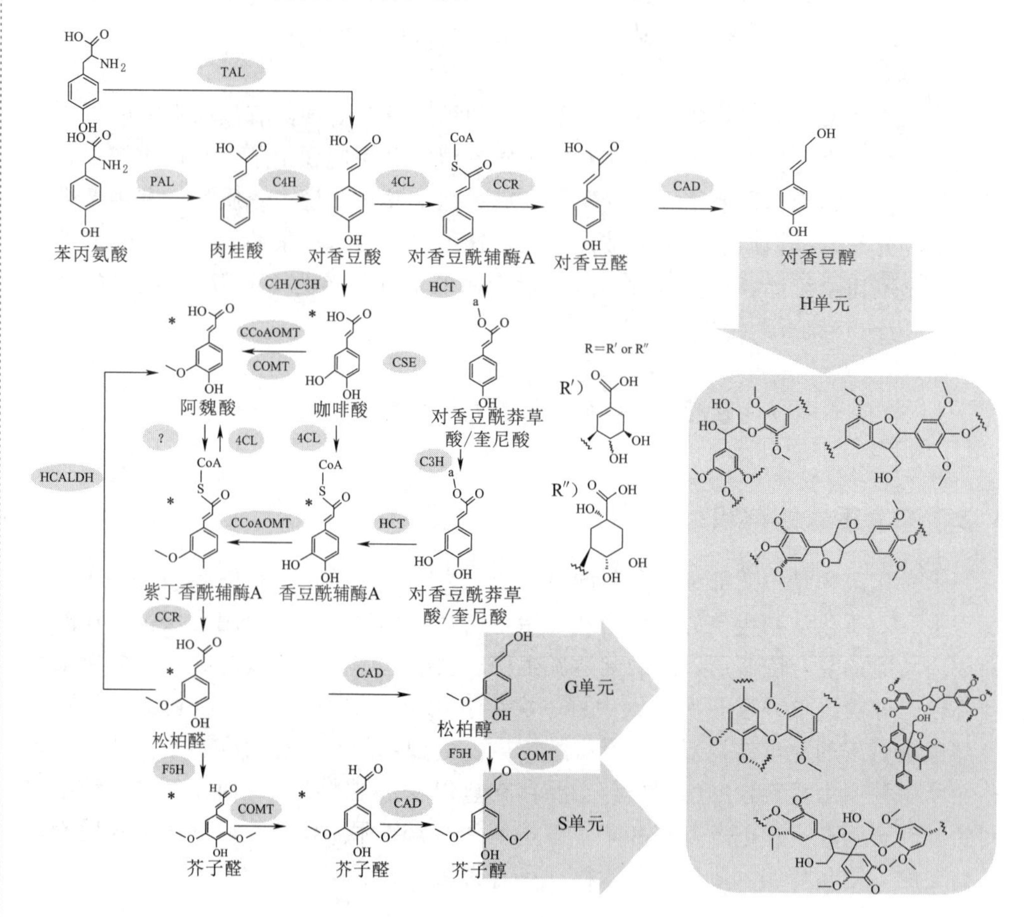

图6.4　天然木质素单体生物合成中的苯丙途径

在对香豆酸阶段，酶反应的顺序可能会发生分化，产生对香豆酰—辅酶A（经4—对香豆酸：辅酶A连接酶，4CL）或通过芳香环的第二次羟基化（C3H或C4H）产生咖啡酸。在正常的木质素单元生物合成途径中，对香豆酰—辅酶A通过羟肉桂酰转移酶（HCT）转化为*p*—香豆酰莽草酸/奎尼酸或经肉桂酰辅酶A还原酶（CCR）还原为对香豆醛，后续还能经肉桂醇脱氢酶（CAD）还原为对香豆醇，进而对香豆醇在木质素大分子中生成对羟基苯基型单元。

经咖啡酸氧甲基转移酶（COMT）作用，咖啡酸环上 C_3 位羟基可以被甲基化，进而转化成阿魏酸，然后生成阿魏酰辅酶 A（通过 4CL）。此外，阿魏酰辅酶 A 通常被认为是经咖啡酰辅酶 A 甲基转移酶（CCoAOMT）作用而由咖啡酰辅酶 A 直接甲基化产生的。随后，阿魏酰辅酶 A 通过肉桂酰辅酶 A 还原酶还原为松柏醛。松香醛是形成愈创木基（松柏醇衍生物）和紫丁香基（芥子醇衍生物）单元的分枝点。松柏醛通过羟基化（F5H 作用）和甲基化取代构成了合成芥子醛的主要路径。最后，在肉桂醇脱氢酶作用下，松柏醛和芥子醛催化还原为相对应的醇，即形成愈创木基和紫丁香基型单元。此外，松柏醛可以通过羟肉桂醛脱氢酶（HCALDH）的作用实现醛的氧化，从而回到苯基丙基途径生成阿魏酸。愈创木基、紫丁香基和对羟基苯基型单元是木质素的组成部分，通过上调和下调参与木质素生物合成的酶基因，可以得到理想的基因改造的木质素，从而有利于得到更好的植物或含特定类型的木质素，促进木质素结构及高值化领域的研究。

木质素单体合成后，先转变为稳定的 β—葡萄糖苷的形式在细胞壁中储存和输送（图 6.5），然后经过三步酶作用经自由基偶联机制组合聚合形成木质素大分子：①木质素前驱体在过氧化物酶和/或漆酶介导中，通过电子传递，脱氢后形成共振稳定的苯氧自由基及其共振体；②两个自由基相遇后会在电子自旋密度最大的位置相互耦合，生成不稳定的木质素二聚体亚甲基醌结构，并与水、糖或木质素结构单元发生加成反应生成稳定结构；③形成的木质素二聚体本身也可以进一步脱氢形成自由基，进而和别的自由基结合，反复进行类似的加成反应，使木质素高分子化。

图 6.5　松柏醇的形成及其脱氢作用

6.3 木质素的分离

木质素是自然界中最丰富的可再生芳香族高聚物，广泛分布于羊齿类以上的高等植物和蕨类植物中。它和半纤维素一起填充在纤维之间和微细纤维之间，充当“黏合剂”和“填充剂”。木质素在植物的生长和进化过程中起着至关重要的作用，

木质素的分离

它能提高水在木质部的管状分子中的传输效率、增强纤维组织的强度，限制病原体在植物组织中的传播。

木质素由苯基丙烷结构单元通过β—O—4′、α—O—4′、β—1′、5—5′、4—O—5′和β—β′键无规律连接而成，是一种不均一的无定形物质。木质素在针叶树材中含量为21%～29%，阔叶树材次之，含量为18%～25%，在禾本科植物中最低，为15%～24%。木质素的含量和组成随着树种、树龄、取样部位的不同有很大差异。

6.3.1　木质素分离需求

木质素的分离纯化对木质素结构和性质研究具有重要意义。木质素与纤维素、半纤维素共存于植物中，为研究天然植物中的木质素（天然木质素）的结构和性质，往往需要将木质素从植物中分离出来。理想的木质素结构研究试样是在分离过程，天然木质素的化学结构和物理性质未发生任何改变。迄今为止，仍然未找到一种完全代表天然木质素的分离技术，而且在分离过程中，木质素伴随有不同程度的降解。其主要原因包括以下方面：①木质素的性质不稳定，木质素的结构和性质在光、热、化学试剂及机械作用下或多或少地会发生一些变化；②木质素结构复杂，溶解性能差，木质素的大分子聚合物结构，几乎不可能用某种溶剂在不改变木质素结构的情况下将其溶解出来；③木质素与聚糖之间错综复杂的联系，木质素与纤维素、半纤维素不仅存在物理连接，也存在化学连接，因此难以分离高纯度的木质素；④木质素的基本骨架单元的侧链结构与某些糖类化合物丙糖苷具有相似性，给木质素的有效分离增加了难度。

近年来，木质素的高值转化利用受到广泛关注。传统的木质纤维素生物精炼模式或制浆造纸只利用碳水化合物，而浪费了大量的木质素。该模式已经不能满足当代工业经济的发展需求。成功实现木质素到化学品的能源再利用主要依靠生物质分离、木质素解聚和优化升级为目标化学品的生物炼制技术。生物质分离技术是生物精炼的核心。当以化学品为目标时，分离和解聚阶段的一个关键任务是尽可能减少木质素聚合（C—C连接键的形成）。在分离过程中，尽可能保留天然木质素的化学结构是木质素高效转化的重要途径之一。木质素原生结构解析以及高值化利用的需求促使人们积极探索高得率、高纯度、结构破坏少的木质素分离技术。近年来，文献中对木质素分离的报道越来越多。

6.3.2　木质素分离技术的分类

根据分离原理的不同，从植物纤维原料中分离木质素的方法可以分为两大类：一类是将木质素溶解，保留碳水化合物；另一类是将碳水化合物溶解，保留木质素。传统以及近年来发展的新型木质素分离技术及其特点见表6.3和表6.4。第一类分离技术侧重从生物质基质中溶解木质素（脱木质素），（半）纤维素以纸浆的形式保留，木质素以沉淀物的形式分离。第二类分离技术主要是将碳水化合物转化和溶解，木质素以残渣或生物油形式分离。

表 6.3　溶解木质素（可溶性木质素）的分离技术及特点

分离技术		处理条件	特征
碱性	硫酸盐法制浆	批量，140～170℃，水，NaOH，Na_2S	木质素沉淀：硫酸盐木质素（如 Indulin AT） 高度降解的低聚物 硫醇基团（含硫量 1.5%～3%）
碱性	亚硫酸盐法制浆	批量，140～170℃，水，亚硫酸或亚硫酸氢根的钠盐、铵盐、镁盐或钙盐	木质素沉淀：木质素磺酸盐（如 Ultrazine NA） 高度降解的低聚物 磺酸盐基团（含硫量 4%～8%）
碱性	碱法制浆	批量，160～170℃，水，NaOH，蒽醌	木质素沉淀：碱木质素（如 Protobind 1000） 高度降解的低聚物
碱性	碱水溶液预处理法	批量，40～160℃，水，NaOH，$Ca(OH)_2$，蒽醌	木质素沉淀/解聚木质素：碱性预处理液 单体（如对香豆酸、阿魏酸等）+低聚物
碱性	氨纤维爆破/膨胀处理（ammonia fiber explosion，AFEX）	批量，60～160℃，水，氨，快速减压	木质素沉淀：低聚物 解聚木质素（单体）：酚类单体 有效保护 β—O—4 键 氮掺入
碱性	液氨预处理法（anhydrous ammonia pretreatment，AAP）	批量，100～130℃，无水氨，干燥生物质	木质素沉淀：氨木质素，低聚物 有效保护 β—O—4 键 氮掺入
碱性	氨循环渗滤处理［ammonia recycle (d) percolation，ARP］	流动式，150～210℃，液氨	木质素沉淀：低聚物 有效保护 β—O—4 键 碳水化合物杂质 氮掺入
酸性	稀酸预处理法（dilute acid pretreatment，DAP）	流动式，120～210℃，水，无机酸（硫酸、盐酸）	木质素沉淀：小分子低聚物， 有效保护 β—O—4 键 解聚木质素（单体，广泛）：香草醛，丁香醛，芥子醇等
酸性	流动水热预处理法（flow-through hot water pretreatment，FT-HWP）	流动式，160～240℃，水	木质素沉淀：小分子低聚物， 部分保护 β—O—4 键解聚木质素（单体，广泛）：香草醛，丁香醛，芥子醇等
酸性	蒸汽爆破预处理法（steam explosion pretreatment，SEP）	批量，100～210℃，水，SO_2，快速减压	木质素沉淀：解聚低聚物 解聚木质素（单体）：酚类单体
酸性	有机溶剂制浆（酸预处理）	批量，100～210℃，有机溶剂［甲醇，乙醇，丁醇；乙二醇，甘油；四氢呋喃（THF），二氧六环，甲基四氢呋喃；甲酸，乙酸；丙酮、4—甲基—2—戊酮］	木质素沉淀：有机溶剂木质素 解聚木质素：α—烷氧基（来自醇溶剂），酯基（来自酯溶剂）
酸性	甲醛辅助分级分离	批量，80～100℃，二氧六环，水，甲醛，盐酸	木质素沉淀：低聚物 最大程度保护 β—O—4 键 1,3—二氧六环结构：OH_α 和 OH_γ 间位羟甲基化

续表

分离技术		处理条件	特征
中性	有机溶剂法	二氧六环水溶液、95%乙醇溶液	MWL、布朗斯木质素（BNL）、二氧六环木质素 类似于天然木质素
还原	还原催化分离法（RCF）	批量，180～250℃，氧化还原催化剂，H_2，有机溶剂（甲醇，乙醇，异丙醇等；乙二醇，甘油；THF，二氧六环）	解聚木质素：高度解聚的油 对位取代的愈创木酚/丁香酚 酚类二聚体 小寡聚体
其他	离子液体（IL）溶解和离子溶剂制浆	批量，90～170℃，离子液体：例如[C_4C_1im][$MeCO_2$][C_2C_1im][HSO_4][C_4C_1im][Cl]	木质素沉淀：离子液体和离子溶剂木质素 部分保护β—O—4键 硫掺入 低聚物
	机械预处理提取	批量，室温 粗球磨	木质素沉淀：MWL 类似于天然木质素

表6.4　保留木质素（不溶性木质素或解聚的木质素油）的分离技术及特点

分离技术		处理条件		特征
酸催化水解	浓酸水解（CAH）	批量，20～25℃，水，浓无机酸（硫酸，盐酸，氢氟酸等）		木质素沉淀：酸木质素，如克拉森木质素、盐酸木质素、氢氟酸木质素 高度降解的低聚物
	稀酸水解（DAH）	批量生产	170～300℃，水，无机酸（硫酸，盐酸，氢氟酸，磷酸等）	克拉森木质素（+腐殖质） 高度解聚的低聚物
		流动式		木质素沉淀：低聚物部分保留的β—O—4键
	γ—戊内酯（GVL）辅助酸水解	流动式或批量，120～170℃，水，γ—戊内酯，无机酸（硫酸）		木质素沉淀：γ—戊内酯提取木质素 低聚物 有效保留的β—O—4键
	离子液体辅助酸水解	批量，100～150℃，例如：[C_2C_1im][HSO_4]；水，无机酸（硫酸，盐酸等）		木质素沉淀：解聚低聚物 可能硫掺杂
	机械辅助酸催化水解	批量，浸渍（硫酸，盐酸），球磨，后水解，水，130℃		木质素沉淀：解聚的低聚物
酶辅助水解	预处理生物质的酶解（预处理：HWP、DAP、SEP、AFEX、DMR）	酶水解：批量，水，30～60℃，有限解聚的预处理（水热，稀酸，蒸汽爆破，氨纤维爆破，脱乙酰化和机械精制）		木质素沉淀：酶解残渣 低纯度 产物种类复杂
	纤维素酶解木质素（cellulolytic enzyme lignin，CEL）分离	批量，40～60℃，水，pH4～5（缓冲液），纤维素酶，球磨生物质		木质素沉淀：CEL 类似天然木质素
	温和酶酸解木质素（EMAL）分离	批量，两步法，第一步：纤维素酶解，球磨生物质；第二步，温和酸水解，二氧六环/水，盐酸，80～90℃		木质素沉淀：EMAL 类似天然木质素

续表

分离技术		处理条件	特征
热处理	（快速）热解	400～600℃，缺氧条件，催化剂：酸性沸石	木质素沉淀：热解木质素高度解聚的小分子低聚物 C_8 单元 木质素残渣：焦炭 木质素油：酚类单体

6.3.2.1 溶解木质素的分离技术

将木质素溶解作为木质素制备物的方法很多，包括：①与制浆工业有关的碱性木质素，如木质素磺酸盐、碱木质素、硫化木质素，以及与生物炼制有关的氨木质素等；②在酸、热水等溶剂预处理纤维原料中分离的木质素，如酸木质素等；③用中性有机溶剂提取的木质素，如 MWL、二氧六环木质素、CEL 等。

1. 碱性脱木质素法

碱性介质可促进生物质脱木质素和木质素溶解，因此经常将其应用于制浆工业。常用的制浆工艺如下：

（1）硫酸盐法制浆。硫酸盐法制浆是目前主要的制浆工艺，生产了 90%以上的化学浆。其全球主导地位归因于：①所得纸浆质量高；②制浆化学品的综合回收；③在能量需求方面自给自足。在硫酸盐法制浆过程中，木材在 NaOH 和 Na_2S 的水溶液中处理，称为白液。这种液体的独特之处在于含有 HS^- 离子，可以通过增强去木质素和木质素解聚作用提高制浆的选择性，但不能同时加速碳水化合物的溶解。尽管如此，苛刻的碱性环境会导致严重的木质素降解和重新聚合反应。含有溶解的木质素的废加工液称为黑液，大多被焚烧以回收能量和制浆化学品。或者也可以通过酸化诱导的沉淀从黑液中分离溶解的木质素。这种高度浓缩的且含有少量残留的 β—O—4 键沉淀物被称为硫酸盐木质素。此外，硫酸盐木质素还含有巯基形式的硫，可能使下游增值复杂化（例如催化剂中毒）。

（2）亚硫酸盐法制浆。亚硫酸盐法制浆是第二重要的化学制浆工艺，但随着更高效的硫酸盐法制浆工艺的兴起，其市场份额急剧下降（<5%）。亚硫酸盐法制浆通过选择（双）亚硫酸盐，可以在酸性、碱性和 pH 中性的情况下进行调节。无论 pH 如何，活性的 C_α 位被磺化，形成苄基磺酸盐基团。即使在低 pH 值下，这些磺酸盐基团的存在也依然增加了木质素在水中的溶解度。所得的木质素磺酸盐通常以钠盐、铵盐、镁盐或钙盐的形式分离获得（如超滤、提取或沉淀）。木质素磺酸盐通常高度降解（新形成的 C—C 键和低 β—O—4 含量），并且与硫酸盐法木质素相比具有更高的含硫量（4%～8%）。

（3）碱法制浆。第三种传统制浆工艺是碱法制浆。它与硫酸盐法制浆有关，主要区别在于碱法制浆不添加 Na_2S。由于没有强亲核试剂，解聚反应（NaOH）的进行效率较低，而竞争反应的发生程度较大。碱法制浆历来被用于生产非木质生物质（稻草、芒草、亚麻、甘蔗、甘蔗渣等）的纸浆。非木质生物质通常具有较低的木质素含量、更为疏松的结构，以及较大部分的碱不稳定酯键。通过添加蒽醌可以提高碱法制浆的效率。有人提出，蒽醌促进醚键的还原裂解，同时通过醌—氢醌作用形成的氧化还原梭块来限制碳水化合物的剥皮降解反应。碱法制浆与硫酸盐法制浆和亚硫酸盐法制浆相比的一个主要优点是获得了无硫木质素。碱木质素通常含有较少的β—O—4键，可以通过沉淀分离。

（4）碱水溶液预处理法。与碱法制浆相近的方法是碱水溶液预处理法［例如NaOH，$Ca(OH)_2$］，其主要应用在草本生物质上。与碱法制浆相比，其主要差异在于处理条件较温和。如对玉米秸秆的NaOH水溶液预处理证明，可以将大约55%的原始木质素提取到液体中，该液体被称为碱性预处理液（alkaline pretreatment liquor，APL）。通过用水洗涤剩余固体可以除去另外35%的木质素。APL中富含由酯键水解得到的单体酚，如对香豆酸、阿魏酸和香草酸。这些酚类化合物质量占原玉米秸秆木质素的27%。此外，APL还含有木质素低聚物，以及碳水化合物碱性降解产生的衍生物，如羟基酸（乳酸、乙醇酸等）。而水洗液中仅含有高分子量的木质素低聚物。

（5）AFEX。除了基于NaOH的技术之外，还有几种其他依赖于（液体）氨的碱性分离技术。液氨能够溶解或重新分配木质素，并有效保留碳水化合物。另外，由于氨的高挥发性，预处理液易于回收。最常用的技术是AFEX。湿或润湿生物质在高压下与氨反应，产生的热量诱导LCC以及其他酯键发生氨解和水解。随后，氨通过快速和爆破性的压力释放蒸发，从而破坏生物质结构并在预处理的固体中重新分配木质素和半纤维素。AFEX的特点在于该方法本身不分离生物质组分，而是使其有利于后续木质素的提取（例如使用有机或碱性溶液），玉米秸秆经AFEX预处理后可去除多达50%～65%的木质素。分离的木质素为低聚物，保留了大部分的β—O—4键。它还含有少量的酚类单体，包括醛类（香草醛、丁香醛）、酸类（香草酸、对香豆酸等）及其酰胺。

（6）AAP。与AFEX密切相关的是无水的AAP。液氨是一种优异的纤维素润胀剂，甚至能渗透纤维素的结晶区。它可以破坏纤维素天然的氢键网络，形成纤维素—氨络合物，液氨蒸发后可改变纤维素的结晶结构，形成纤维素Ⅲ晶型。与天然纤维素Ⅰ相比，纤维素Ⅲ结晶结构对酶水解更敏感。由于生物质中的水会阻碍纤维素Ⅲ的形成，因此AAP适用于水分含量非常低的生物质，这是AAP与AFEX的主要区别之一。此外，AAP也没有爆破性压力释放。在高压下，保持液态的氨能够立即提取溶解的生物质组分，尤其是木质素，基于这种特性，AAP也被称为萃取氨预处理法（extractive ammonia pretreatment，EAP）。EAP可从玉米秸秆中提取44%的木质素，仅发生极少量降解。而如果先采用AAP处理蒸发氨后，再用NaOH水溶液（例如在25℃下0.1M）温和提取，可提取更多的木质素（玉米秸秆木质素提取率高达65%），并且可以实现NH_3回收。在这两种情况下，β—O—4键能够保持完整，N以羟基肉桂酰胺（即香豆酰胺和阿魏酰胺）的形式整合到木质素中。

（7）ARP。第三种基于氨脱木质素的技术是ARP。在该方法中，氨水溶液连续提取木质素使其高效脱除（玉米秸秆木质素脱除率高达85%），此外，还从生物

质中提取了大部分半纤维素（50%～60%）。溶解的木质素可以通过蒸发（和再循环）氨从萃取液中沉淀出来，所得到的沉淀物中含有大量的碳水化合物杂质（高达20%），其所含的杂质可完全通过温和酸催化水解除去，而不损害木质素的结构完整性。Bouxin 等的研究结果表明，在杨木的氨渗透过程中，β—O—4 键可被很好地保留，但是在这个特定的研究中，分离的木质素产量和脱木质素程度相当低，分别为 31%和 58%。与所有氨分离技术一样，此法也加入了少量 N（1%～2%）。

2. 酸性脱木质素法

（1）DAP。DAP 主要是为了降低生物质中半纤维素的含量，但对木质素也会产生影响。如果以间歇模式操作，DAP 释放的木质素片段部分溶于酸性热水，将缩合再沉积到生物质表面，结果会使木质素仅有结构发生改变，而其含量没有明显下降。当以流通模式（flow - through，FT）操作时，溶出的木质素片段从加热区移除，将限制木质素结构改变和再沉积的程度。因此，FT - DAP 被认为是一种提取木质素（和半纤维素）的有效方法，其明显比间歇模式去除了更多的木质素。水解产物中含有半纤维素碳水化合物（即单体和低聚物）、木质素低聚物和较小部分的木质素单体，且低聚物中的 β—O—4 键被部分保留。由于沉淀对低分子量和含氧化合物无效，从水解产物中完全分离木质素十分困难。

（2）FT—HWP。与 FT—DAP 类似的方法是 FT—HWP 法，其可被认为是 FT—DAP 的自催化形式，因此也称为自水解。FT—HWP 所需的酸度主要来自：①升高温度水的离解；②从生物质中释放有机酸（例如来自乙酸酯基团的乙酸）。与 FT—DAP 相比，FT—HWP 反应期间的木质素经历了较轻度的酸解和酸催化缩合。大部分提取的木质素构成了寡聚体片段，并且假设 β—O—4 键部分保留。获得的少量单体酚含有多种化合物（最多 30 种），包括对羟基苯甲酸、香草醛、丁香醛和芥子醇，且认为香草醛、丁香醛及其酸衍生物主要来自氧化降解（即 C_{α}—C_{β} 键的氧化裂解）。与 FT—DAP 类似，FT—HWP 存在沉淀分离木质素难的问题。

（3）SEP。SEP 结合了 AFEX 和 HWP/DAP 的特征，用加压蒸汽/水（自动水解）处理之后是爆破性压力释放，可打开木质纤维素基质并物理破坏有序的纤维结构。虽然 SEP 本身不能实现大量的生物质脱木质素，但它有助于随后的有机或碱性溶液提取木质素（类似于 AFEX）。木质素可以通过沉淀（通过酸化、加水或蒸发有机溶剂）与共同提取的半纤维素衍生产物分离。根据工艺的苛刻程度，木质素会经历中度至重度酸催化降解（β—O—4 键损失 50%～100%）。

（4）有机溶剂制浆（酸预处理）。尽管上述酸性脱木质素方法都应用纯水性介质，但通过加入有机溶剂可以显著增强脱木质素的程度。通常用有机溶剂与无机酸和/或水一起处理生物质，这就是有机溶剂制浆的基本原理。由于木质素在有机溶剂中的溶解度增加，与（间歇）DAP/HWP 相比具有更高的提取效率。在制浆过程之后，木质素可以通过从制浆液中沉淀而与共同提取的半纤维素部分分离，产生有机溶剂木质素，有机溶剂制浆因此能够有效地分离木质纤维素的三个主要成分：固体纤维素纸浆、木质素沉淀物和半纤维素衍生物。醇类（甲醇、乙醇、丁醇）、多元醇（乙二醇、甘油）、环醚（THF、二氧六环）、有机酸（甲酸、乙酸）和酮（丙酮、MIBK）等各种溶剂均可以使用，其中低沸点醇因为易于回收和低成本而被广泛采用。有机溶剂制浆可以在酸催化剂存在或不存在下进行（自催化分离），在任何一种情况下，木质素都经过酸催化解聚和缩合产生寡聚片段，结构改变的程度很大程度上取决于工艺的剧烈程度。从工业相关（苛刻）有机溶剂工艺中获得的技术有机溶剂木质素，例如Alcell工艺（195℃，含水乙醇制浆），获得的木质素仅含有少量的β—O—4键，但丁醇制浆分离的木质素β—O—4键则被较好地保留。采用高沸醇分离的木质素发生了烷氧基化，防止β—O—4键结构发生降解和缩合反应。

Luterbacher等报道了利用含有HCl和甲醛的二氧六环水溶液提取分离木质素。这种温和（80～100℃）分离技术的创新点在于甲醛具有化学稳定木质素的能力，从而防止酸催化的解聚和再聚合反应。甲醛通过与β—O—4键基序中的烷基侧链的C_α位羟基和C_γ位羟基基团反应形成相对稳定的1,3—二氧六环（即缩醛形成），抑制反应性的碳鎓离子的形成，可以获得几乎完全保留β—O—4键的低聚木质素沉淀。此外，甲醛还在甲氧基对位形成羟甲基，阻止了缩合反应的发生。值得注意的是，由于加工条件的优化，不会发生诸如酚醛树脂中形成的亚甲基交联。甲醛辅助脱木质素过程的副反应是将甲醛加入剩余的碳水化合物纸浆中，但可以通过另外的酸性水解步骤除去未接枝的甲醛。

3. 中性有机溶剂法

尽管从植物纤维中分离木质素的方法较多，但可用于结构和性质研究的分离木质素并不多，并且基本上都是用有机溶剂提取的分离技术。一般认为MWL在分离和纯化过程中其结构的变化较小，可用于结构和性质研究。另外BNL结构变化虽少，但木质素得率低，代表性较差，现已很少使用；二氧六环木质素、高碘酸盐木质素等木质素因分离方法较为简单，所以虽然有一定的结构变化，但在某些情况下也可用于木质素的结构研究。

（1）MWL。MWL的制备方法最早由瑞典木材化学家A. Bjökman于1957年提出，故又称Bjökman木质素。其制备方法是：将脱去提取物的木粉在球磨机中磨2～3天。为避免木粉润胀，磨碎过程中应加入甲苯作为分散剂。经球磨处理的木粉除去甲苯后用9∶1的二氧六环和水溶液提取数次，可得到占天然木质素50%～70%的粗MWL。经提纯后的木质素得率一般为天然木质素的20%～35%，但其中仍含有较多的糖类物质。针叶树材MWL的含糖量为0.6%～5.0%，阔叶树材MWL含糖量为3%～9%，禾本科植物MWL含糖量可高达10%以上。可采用不同溶解性能的溶剂组合提取的纯化方法，如A. Bjökman的木质素纯化方法以及Lundquist的液—液抽提法等，可使MWL中的含糖量下降至1%左右，甚至可制得糖含量仅0.5%以下的纯MWL试样。

MWL是在不加酸、不加热的条件下用中性有机溶剂提取的木质素，首先依靠机械力破坏木质素和聚糖之间以及木质素大分子间的连接键，最终得到的木质素是呈浅奶酪色的粉末。在不同磨碎、提取及纯化条件下制备的MWL，其分子质量、含糖量和化学结构均有差异。MWL是目前最接近天然木质素的木质素制备物之一，广泛应用于木质素的结构和性质的研究。但是，由于在制备过程中会不可避免地发

 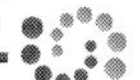

生轻度脱甲基、氧化、连接键断裂及游离基的耦合反应，MWL 在结构上或多或少地与天然木质素有所不同。此外，由于该法不能分离出植物原料中的全部木质素，MWL 是否能代表植物原料中的全部木质素也存在疑问，因此不能将 MWL 与天然木质素相提并论。

(2) 布朗斯木质素。这一方法最初是 Brauns 于 1939 年提出的，Brauns 称之为“天然木质素”。用 95%的乙醇彻底提取 100～200 目的木粉，抽出液经浓缩后滴入水中，得到的沉淀物即为粗木质素。粗木质素经二氧六环溶解、乙醚沉淀提纯即可得到。

Lai 和 Sarkanen 分析比较了布朗斯木质素和 MWL 的结构特性。布朗斯木质素与 MWL 的元素组成虽然没有明显差别，但其得率很低，仅为植物中木质素含量的 8%～10%，而糖含量为 2%～3%；分子量较低（数均分子量为 850～1000）；含有较多的酚类物质，其酚羟基含量为 0.46/MeO，比 MWL 高 50%；布朗斯木质素有时含有一定量的提取物，可以通过进一步纯化，如采用凝胶渗透色谱的方法来降低布朗斯木质素中提取物的含量。此外，从杨木中分离出来的布朗斯木质素的紫丁香基的含量高于从同一原料中分离得到的 MWL，山毛榉的布朗斯木质素与碳水化合物复合体中的木质素也存在类似的情况。因此，所谓的“天然木质素”并不能代表植物中的天然木质素，目前已不用于木质素的结构研究。

(3) 二氧六环木质素。为制取可溶于有机溶剂的木质素，并具有较高的得率，温和的水解条件和良好的木质素溶剂配合是非常重要的。在多种木质素的分离技术中，含水的二氧六环溶液是木质素的良好溶剂，加入少量的无机酸如 HCl 后可用来制备二氧六环木质素。经苯醇提取的脱脂木粉用 0.2mol/L HCl 的二氧六环水混合溶液（二氧六环与水的体积比为 9：1）在 90～95 ℃下加热回流 0.5～48h，将回流液浓缩后滴加到水中，可沉淀出二氧六环木质素。针叶树材、阔叶树材和禾本科生物质原料用此法分离得到的木质素得率分别为 Klason 木质素的 10%～30%、22%～35%和 44%～55%，含糖量为 1.6%～7.5%。

用二氧六环—水混合液在 175 ℃下加热处理木粉 2h，云杉可溶出 40%的 Klason 木质素，桦木可溶出 60%的 Klason 木质素。虽然此时木质素被部分水解，但木质素的缩合程度较低。作为结构研究，也是一种值得关注的木质素分离技术。

4. RCF

RCF 通过异相氧化还原催化剂结合了木质素的溶剂分解萃取和还原催化解聚。因此，该过程与有机溶剂制浆密切相关，但该方法产生高度解聚的木质素油而不是高分子量沉淀。脱木质素的程度主要取决于溶剂类型，反应时间和温度。在有机溶剂分离中，低沸点醇（如甲醇、乙醇、异丙醇）是最常用的溶剂，通常与水混合。此外，添加酸性助催化剂（例如 H_3PO_4、金属三氟甲磺酸盐）可以增强木质素的提取以及半纤维素的去除。随后的木质素解聚（氢解）和还原稳定化由氧化还原催化剂控制。为此，目前已将负载了的贵金属和 Ni 的催化剂应用于 RCF 过程。碳水化合物与催化剂一起作为（全）纤维素纸浆获得。从纸浆中分离催化剂对于保证 RCF 过程的可行性是至关重要的，但仍然是困难的。已经证明，使用铁磁催化剂或催化剂篮可以实现容易的催化剂纸浆分离。

5. 其他脱木质素技术

（1）离子液体溶解和离子溶剂制浆。离子液体溶解和离子溶剂制浆是基于离子液体作用的两种相互关联的分离技术。溶解整个木质纤维素底物（离子液体溶解）或是提取木质素和半纤维素（离子溶剂制浆）取决于加入的离子液体。在离子液体溶解中，纤维素可通过加入反溶剂（有机或水—有机溶液）从产物混合物中沉淀出来。该方法的主要优点是可以使纤维素再结晶，从而促进下游转化。在离子溶剂制浆期间，仅溶解木质素和半纤维素，同时纤维素部分保持固体纸浆的形式。因此，离子溶剂制浆与有机溶剂制浆非常相似但通常可以在较低温度（<160℃）下进行，溶解的木质素可以从制浆液中沉淀出来。这两种基于离子液体的分离技术，根据工艺的剧烈程度，会发生部分β—O—4键裂解，然后进行再聚合。据推测，β—O—4键裂解的强度与阴离子的类型（例如硫酸根、乙酸根、磷酸根）相关，其可以充当亲核试剂，但阳离子的贡献很小。此外，在使用含硫阴离子（如硫酸根、磺酸根、氨基磺酸根）时还可能引入硫。其他与离子液体使用有关的因素包括离子液体成本、毒性和回收等。

（2）机械预处理提取。机械预处理提取可以促进生物质分离。该原理是分离球磨MWL的基础。MWL是通过在室温下对木材进行球磨，然后用有机溶液如二氧六环/水进行木质素提取而获得的。以这种方式可以获得结构上类似于天然木质素的木质素底物。尽管β—O—4键的含量高，但需要较长的粉碎时间（数天到数周），并且脱木质素程度通常较低（<35%），故MWL分离不适用大规模工业生产。但该方法提供了天然木质素替代物，常用于结构鉴定和分析。

6.3.2.2 保留木质素的分离技术

保留木质素的分离技术是基于碳水化合物的转化。

1. 酸催化水解

（1）将木质纤维素碳水化合物转化为单糖的传统方法是浓酸水解，主要包括Klason木质素和盐酸木质素（Willstätter木质素）。分离的原理是用65%～72%硫酸或42%盐酸处理植物原料，使聚糖溶解，并以稀酸补充水解，保留下来的残渣即为酸木质素。在工业上，这两种木质素又称为水解木质素。在该方法中，使用浓缩的无机酸在室温下消化原始生物质，产生主要碳水化合物低聚物的水溶液。需要在较高的温度（例如100℃）下用稀酸（0.5%～5%）进行后水解以产生糖单体(80%～100%产率)。木质素部分经酸催化严重降解醚键断裂和再聚合。结果，大部分木质素作为高度浓缩的不溶性残余物获得。重量分析法测定是测量木质纤维素生物质（酸不溶性）木质素含量的标准分析方法，可用来测定Klason木质素的量。除了Klason木质素外，还有一小部分以酸溶性木质素的形式存在，包含含氧木质素单体和低聚物，可以用分光亮度法测定。浓酸水解的主要缺点是腐蚀问题和难以回收和再生无机酸。

分离Klason木质素的标准方法是用浓硫酸（72%硫酸）在20℃下处理脱除提取物的植物原料（应磨成40～60目粉）一定时间（通常为2h），然后加水将硫酸稀

释至3%浓度，加热回流数小时（如4h）后得到的深褐色残渣即为Klason木质素。这一方法由瑞典木材化学家P. Klason首先提出，是植物纤维中木质素的经典定量方法。

分离盐酸木质素的标准方法是将脱除提取物的木粉置于经冰水冷却的42%盐酸中，振动25h后在冰水浴中放置过夜，残渣用5%硫酸煮沸5～6h后过滤，经洗涤即可得到呈淡黄色的盐酸木质素。

即使在非常缓和的条件下，木质素对无机酸也极为敏感。在酸木质素的分离过程中，天然木质素的结构发生了相当程度的变化，主要是缩合反应。盐酸木质素的变化程度比Klason木质素要小一些，Klason木质素完全不适合于木质素化学结构和反应性能的研究，而广泛应用于植物原料中木质素的定量计算。但也有一部分木质素在酸性水解过程中溶解，因此原料中木质素的含量应包括Klason木质素和酸溶木质素两部分。针叶树材的酸溶木质素含量较低，一般不超过1%，可以将Klason木质素作为总木质素的含量，但阔叶树材的酸溶木质素含量为3%～5%，禾本科生物质原料的酸溶木质素也在1%以上，因此测定阔叶树材和禾本科生物质原料的木质素含量必须同时考虑酸溶木质素。

（2）与浓酸水解相关的是稀酸水解。通过较高的反应温度（>170℃）来补偿较低的酸浓度（<5%）。在这种恶劣的环境中，纤维素和半纤维素都会被水解。木质素经历了酸催化降解，如果以间歇式模式操作，不溶性残渣中除了含有结构高度改变的木质素外，还可能含有由碳水化合物降解产生的腐殖质（也称为假木质素）；如果以连续模式（FT-DAH）操作，将减少木质素和碳水化合物降解。该木质素级分大部分为可从水解产物中沉淀的低聚物，少部分为香草醛、丁香醛、松柏醇等单体酚类。低聚物还可发生解聚反应，这表明木质素低聚物中保留了大部分的β—O—4键。

（3）Dumesic等报道的酸催化水解领域的最新创新涉及γ—戊内酯/水混合物与硫酸的组合使用。戊内酯通过促进（半）纤维素解构和木质素增溶来促进生物质的完全溶解，碳水化合物被降解为单糖和低聚糖（70%～90%产率）或二级产品（如乙酰丙酸和糠醛）。通过向混合物中加入水可以沉淀溶解的木质素，或者通过CO_2萃取戊内酯/水混合物来回收木质素沉淀物而减少水的用量。因此通过CO_2基分离可以获得水相中高浓度的单糖（高达127g/L）。对于木质素部分，基于戊内酯的分离能够达到温和的加工条件，有利于保留β—O—4键。

（4）木质纤维素的酸催化水解也可以在酸化的离子液体中进行，离子液体使得糖苷键更易于水解进而使木质纤维素生物聚合物的溶解成为可能。因此，与水系统相比，离子液体中的碳水化合物可以更有效地水解。木质素经历酸催化降解反应，残留物中β—O—4键的含量较低，来自离子液体的磺酸盐基团也可以合并。

（5）另一种替代的酸催化水解方法是机械辅助酶催化水解，Rinaldi等已经对其进行了广泛研究。该技术依赖于酸浸渍生物质的研磨，将底物完全转化为水溶性产物（低聚糖和木质素片段）。在应用后水解步骤后，可以获得高产率的单糖。同时，在酸催化糖化期间形成非常类似于乙醇溶剂（乙醇/水＝50/50，180℃）木质素的

β—O—4键含量的木质素沉淀，其中含有β—O—4键含量相当低的低聚物。有人提出，大多数结构改变（解聚和缩合）发生在实际的机械辅助酶催化水解步骤，而不是在后水解步骤中。然而，通过在包含水/2—甲基四氢呋喃的两相系统中进行后水解步骤可以避免部分的再聚合，会产生与从单相水性糖化获得的木质素沉淀相比具有更低分子量的木质素聚合物。据推测，在2—甲基四氢呋喃阶段提取木质素片段可以保护它们免于再缩合。

2. 酶辅助水解

酶辅助水解是从驻留在木质纤维素生物质中的碳水化合物聚合物中释放单糖的常用方法，同时得到含有不溶于水的木质素及残留的碳水化合物的固体残余物。由于原始生物质的许多物理化学因素阻碍（半）纤维素的直接生物解构，因此通常应用预处理步骤以减少生物质顽固性。如果预处理步骤不能实现显著的脱木质素作用，则在预处理的生物质的酶水解后获得类似的富含木质素的残余物。

除了上述工业相关残留物之外，存在两种酶解的实验室规模程序以分离具有最小结构改变和高β—O—4键含量的纯木质素：CEL分离和酶促温和酸解木质素（EMAL）分离。两种方法都依赖于纤维素分解酶对球磨木材的酶辅助水解（通常为48h）。残余固体中提取木质素（例如用二氧六环/水），然后沉淀得到CEL，其分离的产率通常较低（<35%）但β—O—4键保留良好。为了提高分离产率，可在二氧六环中加入盐酸以断裂更多的LCC键，获得EMAL。相比CEL，酶促温和酸解木质素的产率提高了25%～65%。尽管如此，EMAL、CEL和MWL的分离不适用大规模工业生产，这些分离的木质素仅用于研究，例如研究（接近）天然木质素的解聚。

（1）预处理生物质的酶解。最常见的不引起广泛脱木质素作用的预处理方法是HWP、DAP、SEP、AFEX，以及脱乙酰化和机械精制，其他较不常规的预处理方法有超声波预处理法。从酶水解获得的残留物含有低纯度木质素（例如灰烬、残留碳水化合物）和蛋白质等，它们可用作进一步增值的木质素资源，因而愈发受到关注。纯度以及结构改变的程度在很大程度上取决于预处理方法的类型和剧烈程度。

（2）CEL分离。在有机溶剂提取之前首先用纤维素酶处理球磨后木粉，以除去其中的碳水化合物，可有效提高分离木质素的得率。用这种方法分离得到的木质素制备物称为CEL。

用酶解的方法分离得到的木质素均含有部分包括纤维素和半纤维素的碳水化合物。这部分碳水化合物可能与木质素存在共价键连接，而且不能用延长酶解时间或增加酶解次数除去，也不可能在纯化过程中完全除去。从未漂化学浆和半漂化学浆中分离出来的残余木质素，其碳水化合物的含量一般在3%～7%，所以仍需进行纯化。

CEL的一个主要缺点是会受到酶不同程度的污染，尤其是从半漂化学浆分离的CEL。残留在粗木质素中的酶（蛋白质）不能在纯化过程中完全除去，因此测定分离木质素的N元素含量显得尤为重要。Jiang等的研究指出，从未漂与半漂的南方松硫酸盐浆中分离的CEL，在纯化前含氮量分别为2.5%和7.3%，经纯化后则分

别为 0.6%和 2.3%。

(3) EMAL。对球磨后木粉进行酶水解，接着利用弱酸（0.01M 盐酸）对酶水解后的残渣进行提取，得到的木质素称为 EMAL。研究结果表明，利用该方法分离得到的木质素与传统的 MWL 和 CEL 相比，具有得率和纯度更高的特点，且木质素大分子内的各连接键并没有发生断裂，因此更具有代表性。

3. 热处理

热处理法即（快速）热解。木质纤维素的热解是指生物质在没有 O_2 的情况下发生热分解（400～600℃），产生气态产物和焦炭。产生的焦炭主要来源于木质素，随后的凝结气体产生液体产物，称为热解油或生物油。为了使油产量最大化，优选高加热速率（300～1000℃/min）和短停留时间（1～2s）的条件。虽然可以达到高达 75%的油产率，但获得的生物油不稳定、能量含量低、含水率高，与石油基燃料不混溶。因此，需要进行原位或非原位催化改质以生产与燃料兼容的液体。

热解生物油馏分含有碳水化合物和包括酚类单体和低聚物的木质素衍生的产物。热解形成的木质素单体可以以相当大的量存在（最多 20%的初始木质素），并且包含多种化合物（酚类、儿茶酚类、愈创木酚等）。与碳水化合物衍生的化合物（糠醛、脱水糖、短醛和酸等）相比，木质素衍生的产物更疏水，因此可以通过加水等方式从生物油中沉淀大部分木质素级分，然而，酚单体有可能大部分保持在液相中。形成的沉淀物被称为热解木质素，并且高度浓缩和降解，它由短寡聚体（DP＝4～9）组成，由于 C_3 侧链的降解，它们主要由 C_8 而不是（天然）C_9 单元构成。

6.4 木质素的结构

木质素概念及结构

木质素是一种源于甲氧基化的羟基肉桂醇的复杂且水不溶性的芳香聚合物，由苯基丙烷结构单元通过醚键和 C—C 键连接而成。虽然木质素结构复杂，但相对于植物纤维中的多糖组分，木质素含有高含碳量和低含氧量，这也使其成为生产生物燃料和化学品的一种有吸引力的原料。

6.4.1 元素组成

木质素由 C、H 和 O 三种元素组成。由于木质素是芳香族高聚物，其含碳量比木材或其他植物原料中的高聚糖要高很多。针叶树材木质素中含碳量为 60%～65%，阔叶树材为 56%～60%，而纤维素的含碳量仅为 44.4%。一般认为木材中的木质素不含 N，但禾本科木质素含有少量 N，如麦秆 MWL 中含氮量为 0.17%，稻草 MWL 为 0.26%，芦竹 MWL 为 0.45%。各种分离木质素的元素含量随原料的品种和分离方法略有差别。在表示木质素的元素分析结果时，常用去除甲氧基量的苯基丙烷（C_6—C_3）单元做标准，以相当于 C_9 的各种元素量来表示，再加上相当于每个 C_9 的甲氧基基数。各种 MWL 平均 C_9 单元见表 6.5。

表 6.5 各种 MWL 平均 C_9 单元

MWL	平均 C_9 单元	MWL	平均 C_9 单元
云杉	$C_9H_{8.83}O_{2.37}(OCH_3)_{0.96}$	芦竹	$C_9H_{7.81}O_{3.12}(OCH_3)_{1.18}$
山毛榉	$C_9H_{7.10}O_{2.41}(OCH_3)_{1.36}$	蔗渣	$C_9H_{7.34}O_{3.50}(OCH_3)_{1.10}$
桦木	$C_9H_{9.03}O_{2.77}(OCH_3)_{1.58}$	竹	$C_9H_{7.33}O_{3.81}(OCH_3)_{1.24}$
麦秆	$C_9H_{7.39}O_{3.00}(OCH_3)_{1.07}$	玉米秆	$C_9H_{9.36}O_{4.50}(OCH_3)_{1.23}$
稻草	$C_9H_{7.44}O_{3.38}(OCH_3)_{1.03}$		

6.4.2 官能团

木质素结构中有多种官能团，其中影响木质素反应性能的主要官能团有甲氧基、羟基和羰基。

6.4.2.1 甲氧基

甲氧基是木质素的特征官能团之一。针叶树材木质素一般含甲氧基 14%～16%，阔叶树材含 19%～22%，禾本科植物含 14%～15%。阔叶树材木质素中甲氧基含量比针叶树材的高，是因为阔叶树材木质素中除含有愈创木酚基单元外，还含有较多的紫丁香基单元的缘故。甲氧基含量的确定在对木质素结构分析及应用上的研究有很大意义。

6.4.2.2 羟基

木质素上的羟基有两种类型，一种是存在于木质素结构单元苯环上的酚羟基，另一种是存在于木质素结构单元侧链上的脂肪族羟基。羟基是木质素中含量较多的官能基团，它在判定木质素活性及木质素改性制备功能性材料方面起重要作用。木质素中的酚羟基大部分以醚键形式与其他结构单元连接，只有一小部分以游离酚羟基的形式存在，如图 6.6 所示。木质素侧链上的脂肪族羟基可分布在 C_α 位和 C_β、C_γ 位碳原子上。它们可以以游离基的形式存在，也可以以醚或酯的连接形式与其他芳基或其他基团连接。

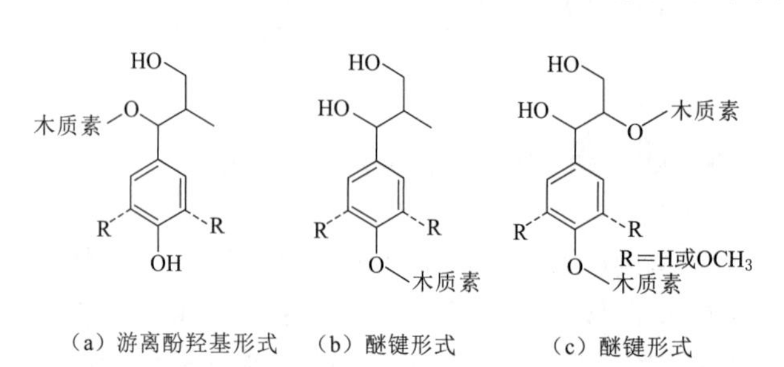

图 6.6 木质素结构单元苯环和侧链上的羟基

6.4.2.3 羰基

木质素侧链含有少量的羰基官能团，其包括醛基、酮基、羧基等。天然木质素中不存在羧基，羧基一般是木质素分离过程中经氧化产生的。木质素中的羰基官能团分为两类，一类是共轭的羰基，一类是非共轭的羰基，如图 6.7 所示。连接在 C_α 位上的羰基是以酮基形式存在的共轭羰基，C_γ 位碳原子上的羰基则以共轭醛基的形式存在。

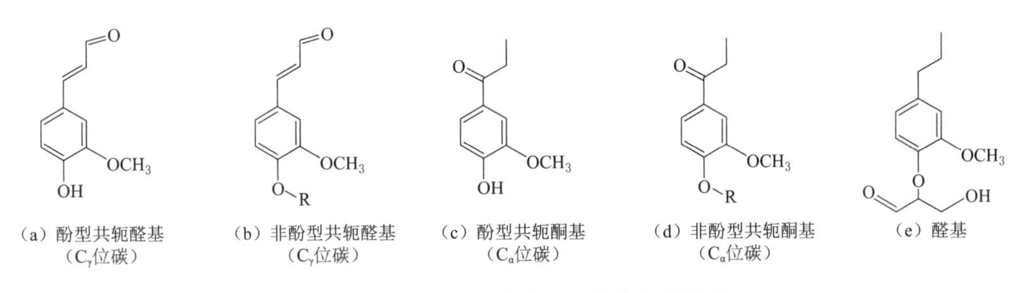

(a) 酚型共轭醛基（C_γ位碳） (b) 非酚型共轭醛基（C_γ位碳） (c) 酚型共轭酮基（C_α位碳） (d) 非酚型共轭酮基（C_α位碳） (e) 醛基

图 6.7 木质素结构中共轭和非共轭的羰基

6.4.3 木质素结构单元间的连接

植物细胞壁的木质化过程是木质素单体通过自由基化、氧化偶合反应变成木质素大分子的聚合过程。木质化的起始阶段是由相同的木质素单体分子经脱氢二聚合或者两个不同的木质素单体相互二聚化开始的，所形成的二聚体进一步与木质素单体和低聚物经过交联偶合反应形成木质素大分子。木质素结构单元间的连接键类型如图 6.8 所示，主要是醚键或 C—C 键，含有极少量的酯键（禾本科原料中含量较高），一般醚键占 60%～70%，C—C 键占 30%～40%。

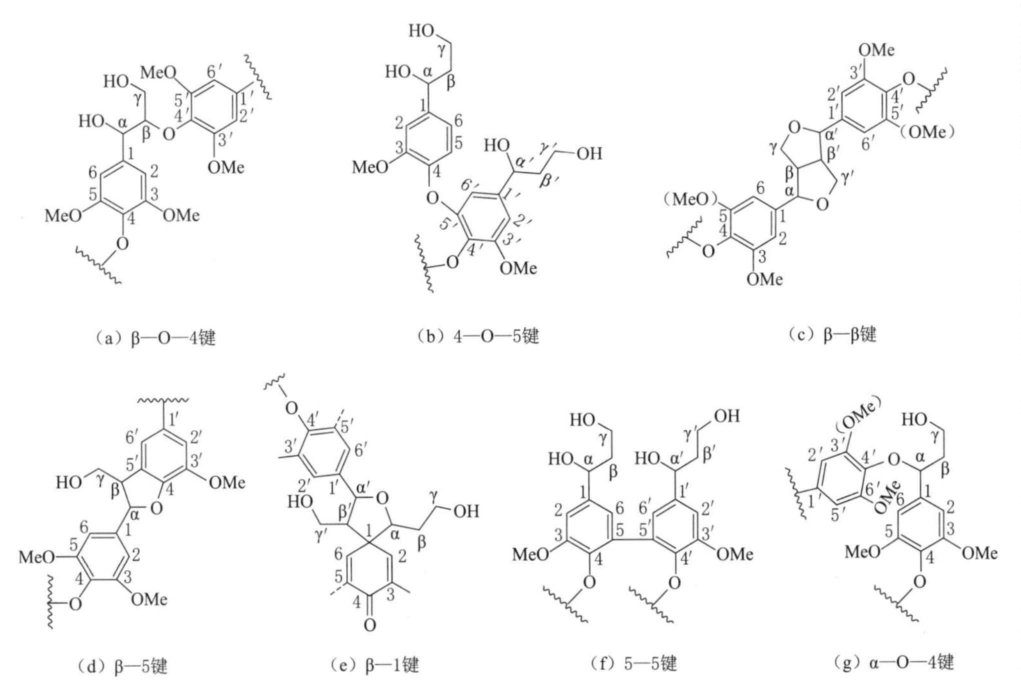

(a) β—O—4键 (b) 4—O—5键 (c) β—β键 (d) β—5键 (e) β—1键 (f) 5—5键 (g) α—O—4键

图 6.8 连接键类型汇总

6.4.3.1 醚键的连接

木质素结构单元间的醚键连接主要有烷基芳基醚、二芳基醚和二烷基醚等三种连接方式。据测定，木质素中的苯基丙烷单元有 2/3～3/4 是以醚键与相邻的结构单元连接的。

1. 烷基芳基醚

醚键中最常见的形式是烷基芳基醚键，它是以苯基丙烷单元中苯环的第四个碳原子与另一个苯基丙烷单元侧链成醚键形式的连接。典型的烷基芳基醚键是β—O—4键、α—O—4键和γ—烷基—芳基醚键（γ—O—4键）。其中，β—O—4键是木质素结构中出现频率最高的连接键，约占烷基芳基醚键的50%。当木质素经化学处理或者制浆过程中受到蒸煮药液的作用时，醚键可发生断裂，引起木质素大分子的解构，但α—O—4键和γ—O—4键极易断裂，在分离得到的木质素中不易观察到。因此β—O—4键是目前木质素领域研究最多的连接键。苏氏和赤式是木质素的两种旋光异构体，目前有多种方法用来区分β—O—4键的赤式和苏式两种构型，包括化学方法和NMR的方法。如果是由愈创木基单元形成的β—O—4键，那么赤式、苏式的比例为1∶1；如果是由紫丁香基单元所组成的β—O—4键，那么赤式、苏式的比例大约为3∶1。值得一提的是，若木质素仅由β—O—4键构成，则呈现线性的木质素分子结构。此外，β—O—4键含量较高的木质素，也将呈现较为线性的分子。

2. 二芳基醚

典型的二芳基醚键是4—O—5键连接。有报道指出，这种连接键是两个木质素低聚物的酚末端之间形成的，而非单体和单体或单体和低聚物之间的耦合。先前有报道指出，云杉木质素经硫醇酸解或高锰酸盐氧化后释放的二聚体中有5%来自4—O—5键。但实际上木质素中4—O—5键的含量很难从解构出的相对二聚体中准确推断出来，因为直接参与4—O—5键的C没有附着质子，因此很难直接用二维HSQC检测识别。但近期，有学者指出4—O—5键在结构上与紫丁香基单元类似，因此在不含紫丁香基单元的针叶树材木质素中，含4—O—5键的木质素单元的C_2—H_2和C_6—H_6之间的不同关联可以很容易地区分，并结合木质素模型物法和白云杉的酶解木质素的2D—HSQC NMR谱图得出，4—O—5键的含量约为1%，明确了其含量的确很低。

3. 二烷基醚

二烷基醚通常是两个木质素结构单元侧链位置上形成的醚键连接，典型的二烷基醚是α—O—γ松脂酚。在研究木素的化学反应性能时，常把松脂酚结构作为木质素中一种有代表性的连接键来研究。此外尚有α—O—β型的二烷基醚键等连接方式。

除了木素结构单元间的醚键连接外，在木素结构单元内，大多数（90%～95%）都存在甲基—芳基醚键，它把甲氧基连接到木质素的苯环上。

6.4.3.2　C—C键的连接

1. β—β键

β—β键是树脂醇亚结构单元，一般由紫丁香基单元组成。树脂醇结构被认为是单体—单体耦合而成的。在松树木质素中没有发现树脂醇说明了这种单元不仅仅是脱氢二聚化，并且可能含有链扩增反应的发生。树脂醇结构单元在核磁中很容易分辨。Lu和Ralph率先在洋麻纤维的木质素证明了这种连接单元的形成机理，这种

单元一般是酰化之后的单体再聚合形成的，并且具体的酰化形式已经在核磁中得到明确的归属。因此，如果某些特定的植物中具有较多的天然酰化现象，则有可能发现此类单元。

2. β—5 键

β—5 键属于缩合结构，以苯基香豆满结构为代表。苯基丙烷的 β 碳原子与另一结构单元上苯环上的 C_5 连接。这种结构单体一般是由愈创木基单元所组成；此外，这种结构单元的结构在核磁中能够很清晰地确认。

3. β—1 键

由于这种结构单元较稀少，一般情况下很少对其单独进行讨论。β—1 连接的核磁证据是从云杉和杨木木质素中得到的，随后发现紫丁香基含量高的木质素含有更多的这种单元，例如在洋麻纤维木质素中就发现了大量的紫丁香基的 β—1 连接单元。

4. 5—5 键

5—5 键又称联二苯结构，它是指一个木质素结构单元苯环上的 C_5 与另一个木质素结构单元苯环上 C_5 之间的 C—C 键连接。5—5 键主要来自愈创木基木质素单元和少量的对羟基苯基木质素单元，几乎不来自紫丁香基木质素单元。因此，一般在针叶树材中都会有所发现，但是在阔叶树材和禾草类生物质中会很少见到。由于 5—5 键连接结构的核磁信号在芳环区重叠很严重，因此很难通过核磁定性证明和定量测定。

6.4.4 LCC

木质素碳水化合物复合体

6.4.4.1 LCC 的存在

人们发现，木质素与碳水化合物往往很难完全分开，说明木质素和碳水化合物组分之间的连接牢固，即这些成分间有化学键连接。这个问题虽然没有定论，但一直是一个热点研究问题。很长一段时间以来，人们已经意识到木质素和碳水化合物间存在物理和化学作用力（例如氢键、范德华力和化学结合），但是却很难确定这些化学连接键的类型和数量。现在可以肯定的是，有木质素—半纤维素复合体（lignin - hemicellulose complex，LHC）存在。木质素与纤维素是否有化学键连接尚无定论，但习惯上把木质素和碳水化合物间通过化学键连接到一起的复合体称为 LCC。

6.4.4.2 LCC 的连接键型

D • Fengel 把云杉综纤维素的碱抽出物用离子交换色谱法分离成 6 组分，把这些组分用高分辨电子显微镜进行观察，发现木质素含量低的组分，由于连接到聚糖上的木质素质点较少，在电子显微镜下呈细纤维状，而木质素含量高的组分，细纤维状的聚糖形成弯曲状盘绕状态，在这些部位上木质素小质点连接到细纤维表面。根据观察的结果，他提出木质素和多糖间的连接示意图如图 6.9 所示。

就目前的研究成果看，人们通过降解实验来研究木质素与碳水化合物间的连接形式，包括温和的碱性水解、酸水解或酶水解，并对降解产物进行分离和纯化，取

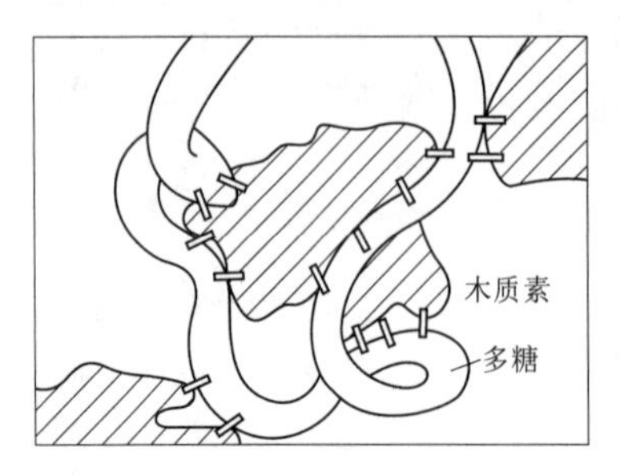

图6.9　木质素与多糖间的连接示意图

得了一些研究成果，认为木质素与半纤维素的连接键是存在的。比较公认的连接键类型有以下几种型式：苯苄醚键（benzyl ether bond）、苯苄酯键（benzyl ester bond）、苯基糖苷键（phen—yl-glycoside bond）等。

能与木质素形成化学键连接的糖基有半纤维素侧链上的L—阿拉伯糖、D—半乳糖、4—氧甲基—D—葡萄糖醛酸，木聚糖主链末端的D—木糖基，聚葡萄糖甘露主链末端的—D—甘露糖（或D—葡萄糖）基。这些糖基的空间结构利于与木质素键合，从分离的天然木质素中也分别发现含有较多上述糖基，说明上述糖基与木质素存在牢固的化学键结合，难以分离。

1. α—醚键结合

苯丙烷结构单元的 C_α 有可能与半纤维素形成醚键（BE），连接位置主要有L—阿拉伯糖的 C_3（C_2）位以及D—半乳糖的 C_3 位；复合胞间层中的果胶质类物质（聚半乳糖和聚阿拉伯糖）半乳糖的 C_3 位、阿拉伯糖的 C_5 位；木聚糖主链末端的D—木糖基 C_3（C_2）位、聚葡萄糖甘露主链末端的D—甘露糖（或D—葡萄糖）基的 C_3 位等。α—醚键在酸性及碱性条件下都有一定的稳定性。α—醚键的两种连接形式如图6.10所示。

2. 苯基糖苷键（PhGlc）

半纤维素的苷羟基与木质素的酚羟基或醇羟基形成苯基糖苷键如图6.11所示。该键在酸性条件下容易发生水解，有时甚至在高温中性水中就容易受到水解而发生部分断裂。

3. 缩醛键

缩醛键是木质素结构单元侧键上γ碳原子上的醛基与碳水化合物的游离羟基之间形成的连接：与一个羟基形成半缩醛键，继而与另一个游离羟基（该羟基可能来自同一个糖基，也可能来自不同糖基）连接，形成缩醛键，如图6.12所示。用类似的模型化合物作对比，证实糖与木质素之间的这种结合是可能存在的较牢固的形式之一。

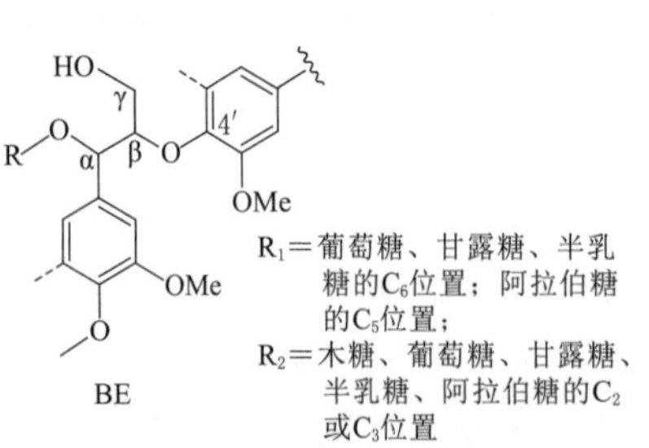

R_1＝葡萄糖、甘露糖、半乳糖的 C_6 位置；阿拉伯糖的 C_5 位置；
R_2＝木糖、葡萄糖、甘露糖、半乳糖、阿拉伯糖的 C_2 或 C_3 位置

图6.10　LCC中α—醚键的两种连接形式

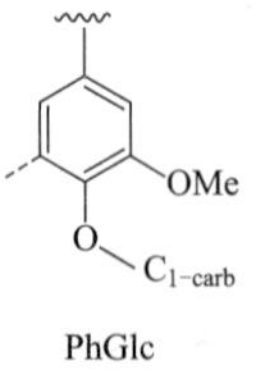

图6.11　LCC中苯基糖苷键

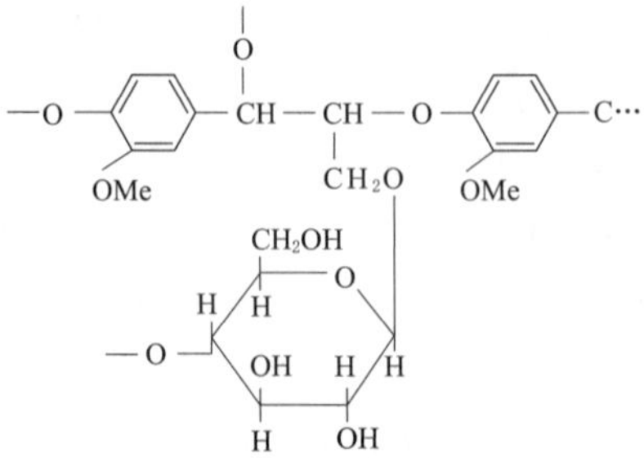

图6.12　LCC中缩醛键

4. 酯键（Est）

木糖侧链上的4—氧甲基—D葡萄糖醛酸与C_α位连接成酯键，如图6.13所示，该键对碱是敏感的，即便是温和的碱处理，例如1mol NaOH溶液，在室温下就很容易水解。

5. 由自由基结合而成的—C—O—结合

自由基结合而成的—C—O—结合也是一种醚键结合，如图6.14所示，但它比α—醚键及酯键结合对水解的抵抗性要强，另外它也不被糖苷酶所分解。因此，也许它是对酸性水解、碱性分解、酶分解等都具有抵抗性的牢固结合的一种形式。

木质素和碳水化合物之间，除了可能存在上述的化学键之外，还有大量氢键，因为木质素结构单元上有一部分没有醚化的羟基，与碳水化合物糖基上的羟基能够形成氢键。虽然氢键键能较小，但数量众多，其总的键能将比共价键还要高。因此，木质素与碳水化合物间的氢键作用也很关键。

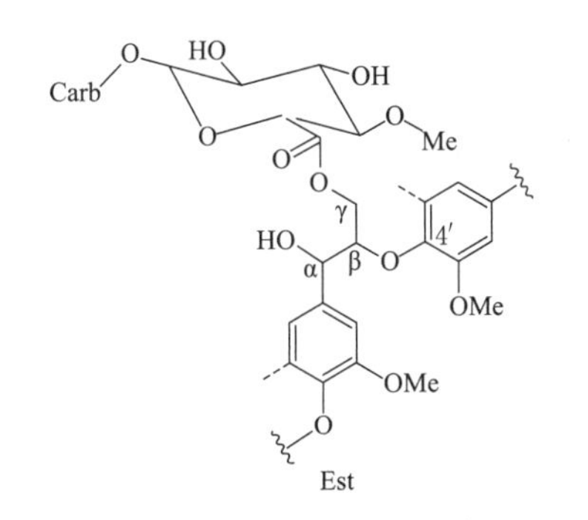

图6.13 LCC中酯键

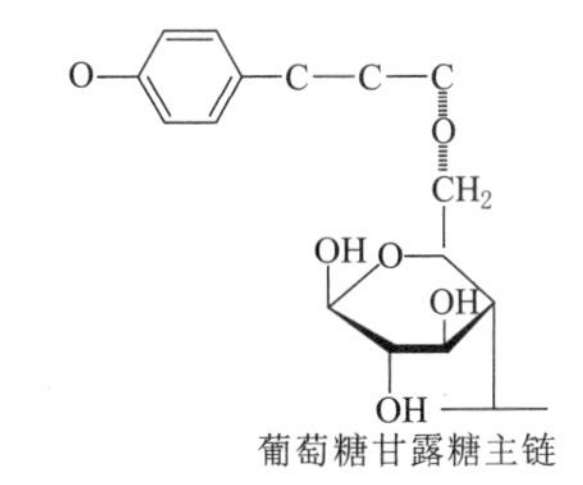

图6.14 LCC中由自由基结合而成的—C—O—结合

6.4.5 木质素结构研究方法

木质素结构研究方法一般采用化学降解分析法和光谱分析方法。化学降解分析法主要是将木质素通过硝基苯氧化、硫代乙酸解、衍生化还原降解法（DFRC）等降解后，与高效液相色谱（HPLC）、气相色谱液相质谱联用来检测其降解产物。光谱分析法主要是基于木质素对不同能量的光和电磁波的吸收，如紫外光谱、红外光谱、NMR技术（^{1}H-NMR、^{13}C-NMR、^{31}P-NMR、2D-HSQC NMR、2D-HMQC NMR、3D-NMR）等。木质素的结构具有多样性、复杂性和易变性，且与植物中其他组分有连接，通常综合多种手段来鉴定。光谱分析法主要利用了木质素的波谱特性，其研究过程详见6.5.3节。下面主要介绍化学降解分析法研究木质素结构。

6.4.5.1 $KMnO_4$氧化

$KMnO_4$氧化是木质素结构研究的重要手段之一，它对木质素的侧链进行选择性氧化，产物为形成芳香族羧酸及其他脂肪族羧酸的混合物。通过分析降解产物，可以得到木质素苯环结构以及苯丙烷结构单元间的连接方式和出现频率等信息，但是这种方法仅适用于酚型木质素的分析。当然，可以通过提高木质素游离酚羟基含量的方法来扩展 $KMnO_4$ 氧化的应用范围。

$KMnO_4$ 氧化法是由 K. Freudenberg 等（1939 年）提出的。最早他们用 KOH 溶液加热将云杉木材或木质素进行碱水解，使其醚键断裂，然后用硫酸二甲酯进行甲基化，以保护由此暴露出来的酚羟基。然后样品在特丁醇—水（体积比 3∶1）溶液中加入 $KMnO_4$ 和过碘酸盐，并在 pH＝6～7 时进行氧化反应，直到紫色不褪。因为反应产物中还含有大量苯乙醛酸或其取代物，用碱性 H_2O_2 氧化，可使之降解成对应的苯酸类化合物。$KMnO_4$ 氧化释放出藜芦酸，其得率大约是木质素的 8%。另外还生成少量的异半蒎酸和脱氢二藜芦酸等，可分离和鉴定出 19 种甲氧基取代芳香羧酸。

Miksche 等发现，如将高碘酸钠和高锰酸盐的混合物作为氧化剂，在温度为 82℃的 NaOH—叔丁醇溶液中进行氧化时，芳香酸的得率会显著提高。后来此方法又做了改进，即在水解之前增加一个温和条件下的甲基化以提高酸的得率。木质素 $KMnO_4$ 氧化后得到的芳香酸经甲基化，用气相色谱分析生成的产物以推测其木质素来源结构；或将所得的甲酯用气相色谱分离，再用气相色谱-质谱联用法进行定性定量分析。

用碱对木质素进行预处理，可以将非酚型单元转化成酚型单元。这样，$KMnO_4$ 氧化也可用于非酚型木质素的结构分析。对比经碱预处理的木质素和未经处理的木质素的氧化产物（芳香酸）得率的增加，可以估算出醚化单元的比例。

6.4.5.2 碱性硝基苯氧化

碱性硝基苯氧化是研究木质素苯环结构的有效手段之一，1939 年由 K. Freudenberg 等提出，比 $KMnO_4$ 氧化法提出时间略晚。由于碱性硝基苯氧化比 $KMnO_4$ 氧化更为简便，至今仍被广泛采用。

木质素的碱性硝基苯氧化不仅可在木质素结构特性的研究中用于测定非缩合结构单元的最低含量以及非缩合木质素中愈创木基丙烷、紫丁香基丙烷以及对羟基苯丙烷的比例，同时，还可以用于维管植物的分类。不过，如果木质素中含有较多的缩合结构，则该法仅能测定其中的非缩合结构。碱性硝基苯氧化是使木质素侧链氧化的方法，使侧链氧化成甲醛基团，酚醚键断裂，同时把木质素的 3 种结构单元分别氧化成香草醛、紫丁香醛和对羟基苯甲醛，当然同时也有少量相应的羧酸产生。硝基苯经过反应之后，最终变成苯胺。

上述氧化反应是定量进行的，因此降解产物中 3 种主要产物的比例就反映了非缩聚木质素中 3 种主要结构单元的比例。但是，木质素经碱性硝基苯氧化所得产物的组成并不反映缩合结构的组成，不同种类植物的木质素经降解后产生芳香醛的种类及得率也不同。针叶树材木质素经碱性硝基苯氧化主要得到香草醛，其得率为木质素总量的 22%～28%，另外尚有少量对羟基苯甲醛以及其他氧化产物（根据树种不同）；阔叶树材木质素主要产物为香草醛和紫丁香醛；禾本科植物木质素主要为

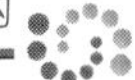

香草醛、紫丁香醛和对羟基苯甲醛。

木质素的酚型单元经碱性硝基苯氧化的产物得率较高，而非酚型结构单元经过氧化后，首先转化为酚型单元，然后也可生成上述3种醛。由总醛得率可以判断木质素缩聚程度以及芳基醚键连接的多少：总醛得率低，说明缩聚程度高，而芳基醚连接少；总醛得率高则与之相反。

传统的碱性硝基苯氧化只能根据香草醛、紫丁香醛和对羟基苯甲醛3种物质的得率来确定非缩合结构的含量。目前，将碱性硝基苯氧化与核交换反应相结合，可以定量分析残余木质素中各种二苯甲烷型（DPM）结构。

6.4.5.3 木质素衍生化还原降解法

Ralph等于1997年提出了一种新的木质素降解分析方法，可以选择性地降解木质素的β—芳基醚键，并可定量地分析释放出的相应单体。其反应过程为3个阶段：第一阶段，木质素与乙酰溴反应，结果苄基结构被溴化、游离酚羟基被乙酰化；第二阶段，木质素结构中β—O—4键被锌粉还原开裂；第三阶段，新产生的游离酚羟基进一步被乙酰化，用气相色谱可定量测定木质素单体衍生物。

但由于衍生化还原降解法所得的单体产物得率较硫代醋酸解的得率低，同时由于木质素结构的复杂性，所得的单体产物也不一定完全是β—O—4键开裂的产物。因此衍生化还原降解法一直没有广泛地被利用于木质素结构的研究中。

近来对衍生化还原降解法进行了改进，即用丙酸体系取代醋酸的乙酰化剂，以洋麻木质素为原料，得到的衍生化还原降解β—β紫丁香基二聚体，其乙酰化位置都在C_γ上，而且乙酰化发生在单体木素酚阶段。这种木质素衍生化还原降解乙酰化结构单元在维管束植物中也得到很多证实。由于衍生化还原降解没有影响β—C的立体化学结构，得到的β—5和β—β衍生化还原降解二聚体都是光学不活泼的，这就非常完美地证实了木质素的外消旋性质。从辐射松木材衍生化还原降解物分离得到的新的苯基异苯并二氢呋喃（arylisochroman）三聚体，由于这种新的降解方法，进一步证实了木质素中存在有spirodienone结构（木质素中新发现的一种结构）。

6.4.5.4 硫代乙酸解

木质素的硫代乙酸解是由Nimz等提出的一种木质素酸解方法，是将木质素在二氧六环—乙硫醇溶液中，以三氟化溴醚合物为催化剂的溶剂解。这种方法可以定量测定各种非缩合型木质素中的烷基—芳基醚结构。

这种降解反应可引起β—O—4键的断裂，进而造成木质素的深度裂解。有多达91%的山毛榉木质素和77%的云杉木质素可被降解成单体至四聚体的混合物。硫代乙酸解反应可分为3步，其基本原理如图6.15所示。首先用三氟化硼和硫代乙酸处理木材，可使芳基甘油醚—β—芳基醚结构单元通过苯甲基离子，转化为S—硫代乙酰基苯酯；继而在60℃下用2mol/L的NaOH进行皂化，通过相邻的β—碳原子上给出的环硫化物的苯甲基硫醇盐离子受到进攻而失去β—芳氧基；最后用Raney镍和烧碱在115℃下处理，以除去硫和生成的酚型产物。

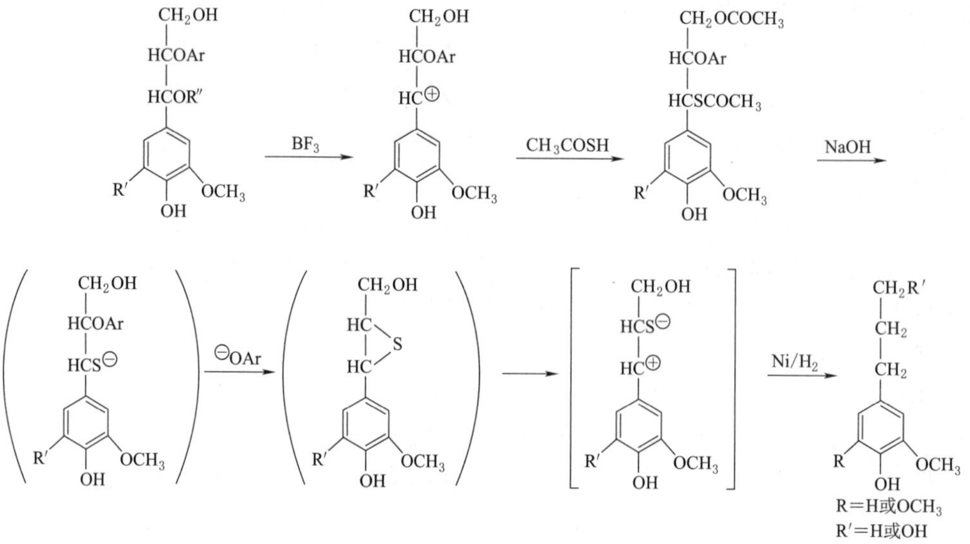

图 6.15 木质素的硫代乙酸解的基本原理

木质素的
物理性质

6.5 木质素的物理性质

木质素的物理性质包括一般物理性质，如颜色等表观性质和相对密度、溶解性、热性质及燃烧热等，还有分子量和聚集状态等高分子性质与波谱特性。木质素的物理性质与木质素试样的来源，如植物的种类、组织、部位和试样的分离与提纯方法等都有密切的关系。

6.5.1 木质素的一般物理性质

6.5.1.1 颜色

天然木质素是一种白色或接近无色的物质。人们见到的木质素的颜色在浅黄色至深褐色之间，这是由于现有的分离、提取木质素的方法不同，且不同的提取方法对木质素的破坏程度不同，木质素上生成的发色基团和助色基团的数量和种类不同造成的。

6.5.1.2 相对密度

从木本植物分离、提取的木质素相对密度为1.30～1.50，不同种类的木质素其密度不同，相同种类的木质素随测定方法的不同，木质素的密度也会有所差别。比如松木 Klason 木质素用水测定的相对密度是1.451，而用苯测定的相对密度则是1.436。

6.5.1.3 溶解性

天然木质素在水中以及通常的溶剂中大部分不溶解，也不能水解成单个木质素单元。以各种方法分离木质素，在某种溶剂中溶解与否，取决于溶剂的溶解性参数的氢键结合能。在能溶解木质素的溶剂中，木材中木质素的反应性也越大。表6.6列出了各种方法获得的云杉木质素在不同溶剂中的溶解性能。

表 6.6　　　　各种方法获得的云杉木质素在不同溶剂中的溶解性能

木质素样品	乙醇	丙酮	亚硫酸氢盐溶液	冷的稀碱	水
盐酸木质素	—	—	—	—	—
Klason 木质素	—	—	—	—	—
水解木质素	—	—	—	—	—
铜氨木质素	—	—	—	—	—
乙醇木质素（无 HCl，天然木质素）	+	+	+	+	—
乙醇木质素（加 HCl）	+	+	—	+	—
碱木质素	+	+	—	+	—
硝酸木质素	+	+	+	+	—
高碘酸钠木质素	—	—	+	—	—
木质素磺酸盐	+	+	+	+	+
生物木质素（醇溶解的木质素）	+	+	+	+	—
二氧六环木质素	—	—	—	—	+
酚木质素	+	+		+	—

注　+溶解；—不溶解。

6.5.1.4　热性质

木质素的热性质指的是木质素的热可塑性。木质素的热可塑性对木材的加工和制浆，特别是机械浆的生产，是一项重要的性质。各种分离木质素的软化点（玻璃转化点），随树种、分离的方法、分子量大小而异，干燥的木质素为 127～193℃。吸水润胀后的木质素，其软化点下降。在木材加工和制浆时以水润湿木片，木片中木质素的软化点在水的作用下降低，有利于木材加工和纤维的分离。表 6.7 中列出木质素的含水率和软化点。

表 6.7　　　　木质素的含水率和软化点

树　种	木 质 素	含水率/%	软化点/℃
云杉	过碘酸木质素	0.0	193
		3.9	159
		12.6	115
		27.1	90
桦木	过碘酸木质素	0.0	179
		10.7	128
云杉	二氧己环木质素（低分子量）	0.0	127
		7.1	72
	二氧己环木质素（高分子量）	0.0	146
		7.2	92
针叶树材	木质素磺酸盐	0.0	235
		21.2	118

研究认为在软化点以下，木质素的分子链的运动被冻结，而呈玻璃状固体，随着温度的升高，分子链的微布朗运动加快，到了玻璃转化点以上，分子链的微布朗运动开放，木质素本身软化，固体表面积减少，产生了黏着力。深入研究了解木质素的热性质对于木材的加工和制浆工程都是非常重要的。

6.5.1.5　燃烧热

木质素因其结构为苯丙烷结构单元（C_6—C_3 结构），燃烧热值相对较高。硫酸盐木质素的燃烧热是 109.6kJ/g，是制浆黑液中热值的主要来源，是燃烧法碱回收最为主要的热源。

6.5.2　木质素的高分子性质

木质素的高分子性质研究主要指各种分离木质素的性质，其对木材工业及木质素的利用有重要的意义。

天然木质素的真实分子量是无法确切知晓的，任何一种分离方法都会造成木质素的局部降解和变化。分离木质素的分子量随分离的方法和分离条件而异，分子量的分布范围可从几百到几百万，其中硫酸盐木质素的分子量较低。各种分离木质素不论是用作结构研究的 MWL、酶解木质素，还是各种工业木质素，都具有多分散性。分离木质素分子量的多分散性是由于天然木质素在分离过程中受到机械作用、酶的作用、化学试剂的作用引起三维空间的立体网状结构的任意破裂而降解成大小不同的木质素碎片。木质素分子量的测定方法除可采用渗透压法、光散射法和超级离心法外，近些年来还采用凝胶色谱法结合适当的标准样品（如不同分子量的聚苯乙烯）进行测定。各种 MWL 的分子量见表 6.8。

表 6.8　MWL 的平均分子量

MWL	M_w	M_n	M_w/M_n	MWL	M_w	M_n	M_w/M_n
云杉	7050	4120	1.70	杨木	5140	3440	1.53
落叶松	6650	3760	1.78	芦苇	5350	3300	1.62

6.5.3　木质素的波谱特性

木质素的紫外及红外光谱

6.5.3.1　紫外光谱

各种来源的分离木质素的紫外光谱都很相似，有两个吸收峰（205～208nm 和 280nm），常用的典型针叶树材、阔叶树材的紫外光谱通常在波长 280nm 附近。禾本科植物木质素的紫外光谱除有上述特征外，在 312～314nm 附近还有一吸收峰或肩峰。杨木及落叶松木质素紫外光谱如图 6.16 所示。

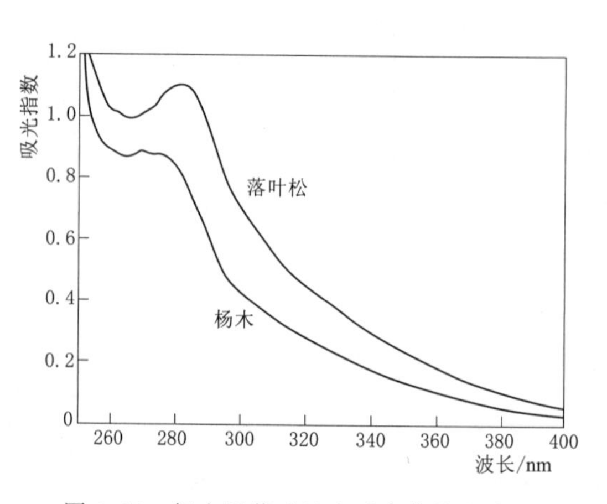

图 6.16　杨木及落叶松木质素紫外光谱图

280nm附近的吸收峰是木质素中苯环的吸收带。针叶树材木质素的最大吸收波长λ_{max}为280nm或略低一点，阔叶树材木质素中由于有较多的高度对称性的紫丁香基单元而使最大吸收波长移至275～277nm；禾本科植物木质素如芦竹、麦草等λ_{max}都在280nm附近，但酯键含量较高的蔗渣和竹材木质素λ_{max}在315nm左右，这是由于对—香豆酸酯和阿魏酸酯的影响。

6.5.3.2 红外光谱

红外光谱作为传统的木质素定性和定量方法，其可以研究木质素的结构及变化，确定木质素中存在的各种官能团和化学键，例如羟基、羰基、C—H键和C═C键等，这些官能团和化学键在红外谱图中的特定出峰位置如图6.17所示。通过多种方法研究得出来的木质素主要的红外光谱吸收光带归属见表6.9。但由于木质素大分子的结构复杂性以及木质素的纯度，不同的原子团在相同的波谱区域可能存在相同的吸收带，因此还需与其他分析手段相结合来对木质素的结构进行综合分析。

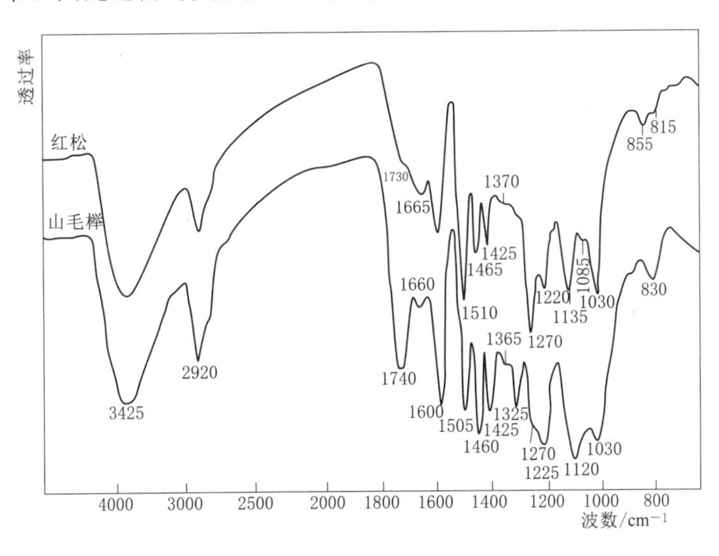

图6.17 红松和山毛榉的红外光谱图

表6.9 木质素主要的红外光谱吸收光带

波数/cm^{-1}	吸收光带归属	波数/cm^{-1}	吸收光带归属
3450～3400	羟基伸缩振动	1470～1460	C—H不对称弯曲振动
2940～2820	甲基、亚甲基、次甲基伸缩振动	1430～1425	苯环骨架振动
1715～1710	与苯环非共轭的羰基	1370～1365	C—II对称弯曲振动
1675～1660	与苯环共轭的羰基	1330～1325	紫丁香环呼吸振动
1605～1600	苯环骨架振动	1270～1275	愈创木基环呼吸振动
1515～1505	苯环骨架振动	1085～1030	C—H，C—O，弯曲振动

针叶树材木质素红外光谱中反映愈创木基苯环的各吸收带很强，而阔叶树材红外光谱中，反映紫丁香基苯环的各峰都很强。由于1500cm^{-1}的吸收强度不易受苯环上取代基的影响，将吸收峰底部连接成基线，以1500cm^{-1}强度为基准，用其他

峰的强度与 1500cm^{-1} 强度的比值来表示愈创木基和紫丁香基有关的重要吸收带，结合硝基苯氧化产物的紫丁香基型木质素衍生物和愈创木基型木质素衍生物的比值（即 S/V 值），可对各种植物的木质素进行分类。

6.5.3.3 ^{1}H－NMR 谱

^{1}H－NMR 谱广泛用于研究木质素的结构，如官能团（总羟基、酚羟基和甲氧基）的测定，计算芳核取代基数及缩合结构的含量等。如从乙酰基及甲氧基的氢核所在区可分别计算出酚羟基、总羟基和甲氧基的含量。计算芳核质子区的质子数可推算出芳环上取代基数及缩合结构的含量。由于木质素是一种极为复杂的体型高分子化合物，在进行^{1}H－NMR 谱测定时其分子运动受到阻碍，各种质子信号重叠，受自旋-自旋偶合及空间影响等原因，整个谱中的信号都较宽。木质素^{1}H－NMR 谱中各峰的归属主要是依据研究与木质素结构单元有关的模型化合物的化学位移而确定的。为改变木质素的溶解性以及研究某些官能团的需要，常用乙酰化木质素为样品。典型的针叶树材、阔叶树材乙酰化木质素^{1}H－NMR 谱如图 6.18 所示。乙酰化木质素^{1}H－NMR 谱中各峰的归属见表 6.10。

表 6.10　　乙酰化木质素^{1}H－NMR 谱中各峰的归属

区域	ppm	质子的类型
1	11.5～8.00	羧基和醛基的氢核
2	8.00～6.28	苯环上的氢核，侧链 H_{α}（α与β间共轭双键）
3	6.28～5.74	侧链 H_{α}（β—O—4′及β—1′），H_{β}（α与β间共轭双键）
4	5.74～5.18	侧链 H_{α}（苯基香豆满）
5	5.18～2.50	甲氧基及大部分侧链上的氢核（3，4，5 区除外）
6	2.50～2.19	芳香族乙酰基的氢核
7	2.19～1.58	脂肪族乙酰基与二苯基连接处于邻位的乙酰基氢数
8	1.58～0.38	高度屏蔽的氢核

6.5.3.4 ^{13}C－NMR 谱

^{13}C－NMR 谱采集信号更广（240～0ppm）、分辨率更高、重叠信号更少，但由于天然同位素^{13}C 丰度低，其信号采集所需时间长。^{13}C－NMR 谱图可以提供较全面的木质素结构及官能团信息，如甲氧基、紫丁香基型木质素和愈创木基型木质素的比值（S/G 值）、β—O—4 键等信号。木质素的^{13}C—NMR 波谱特性可用于鉴别不同类型的木质素、跟踪木质素的化学反应和生物降解工程。除能对木质素的结构作定性解析外，还能定量研究木质素的某些官能团（如酚羟基、醇羟基和甲氧基）、定量苯丙烷结构单元间主要的键型 β—O—4 键的比例和木质素中苯环的缩聚程度等。木质素的^{13}C－NMR 谱可直接用分离木质素，也可用乙酰化木质素为样品，溶剂分别为 DMSO—d_6 和丙酮—d_6。有机溶剂木质素的^{13}C－NMR 谱图如图 6.19 所示。

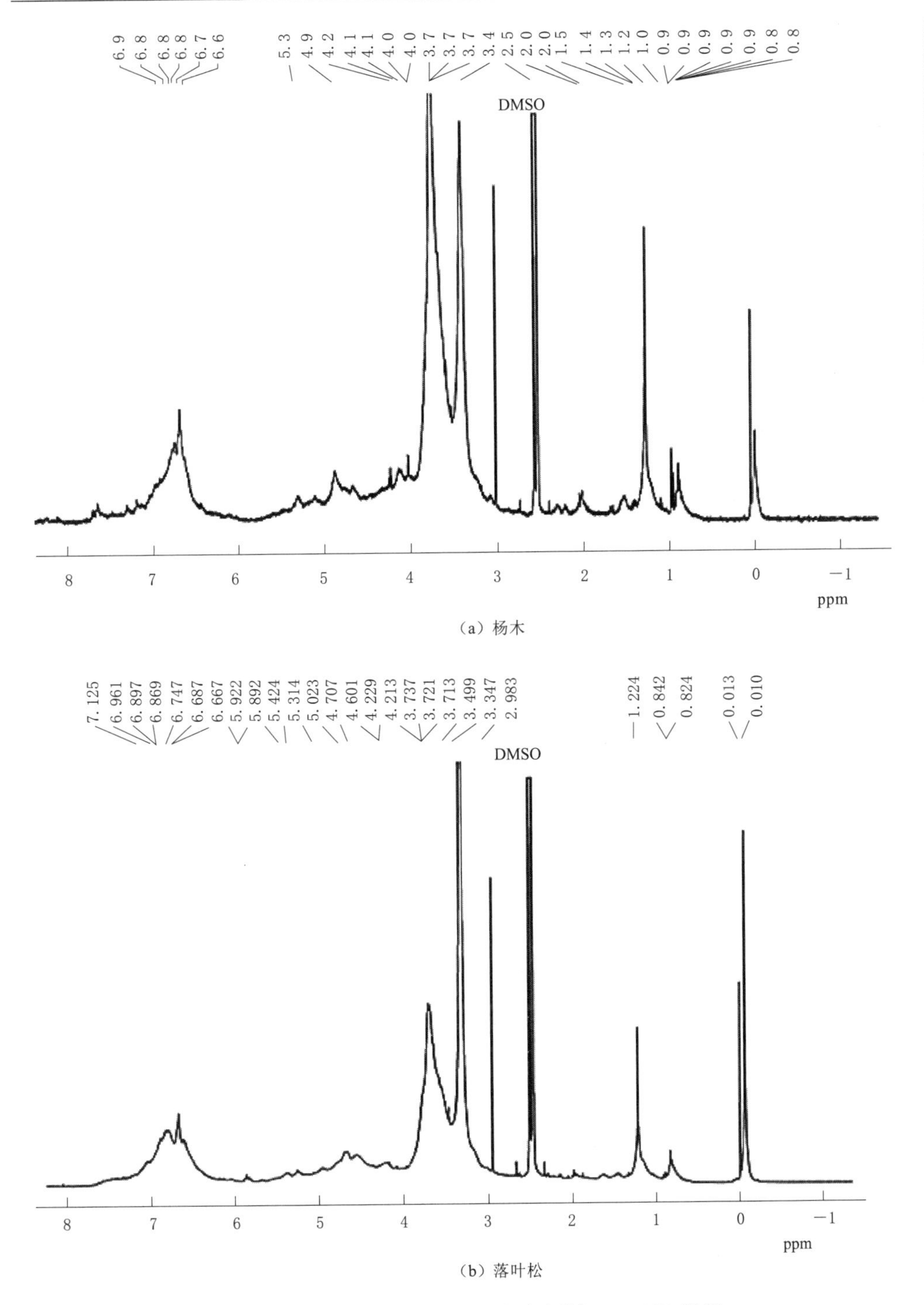

(a) 杨木

(b) 落叶松

图 6.18 杨木和落叶松乙酰化木质素的^{1}H－NMR 谱图

6.5.3.5 ^{31}P－NMR 谱

^{31}P－NMR 技术被认为是定性和定量分析木质素中的羟基的最快速、简易和准确的方法。^{31}P－NMR 需通过木质素中羟基与磷化试剂完成测定，其羟基基团可与磷

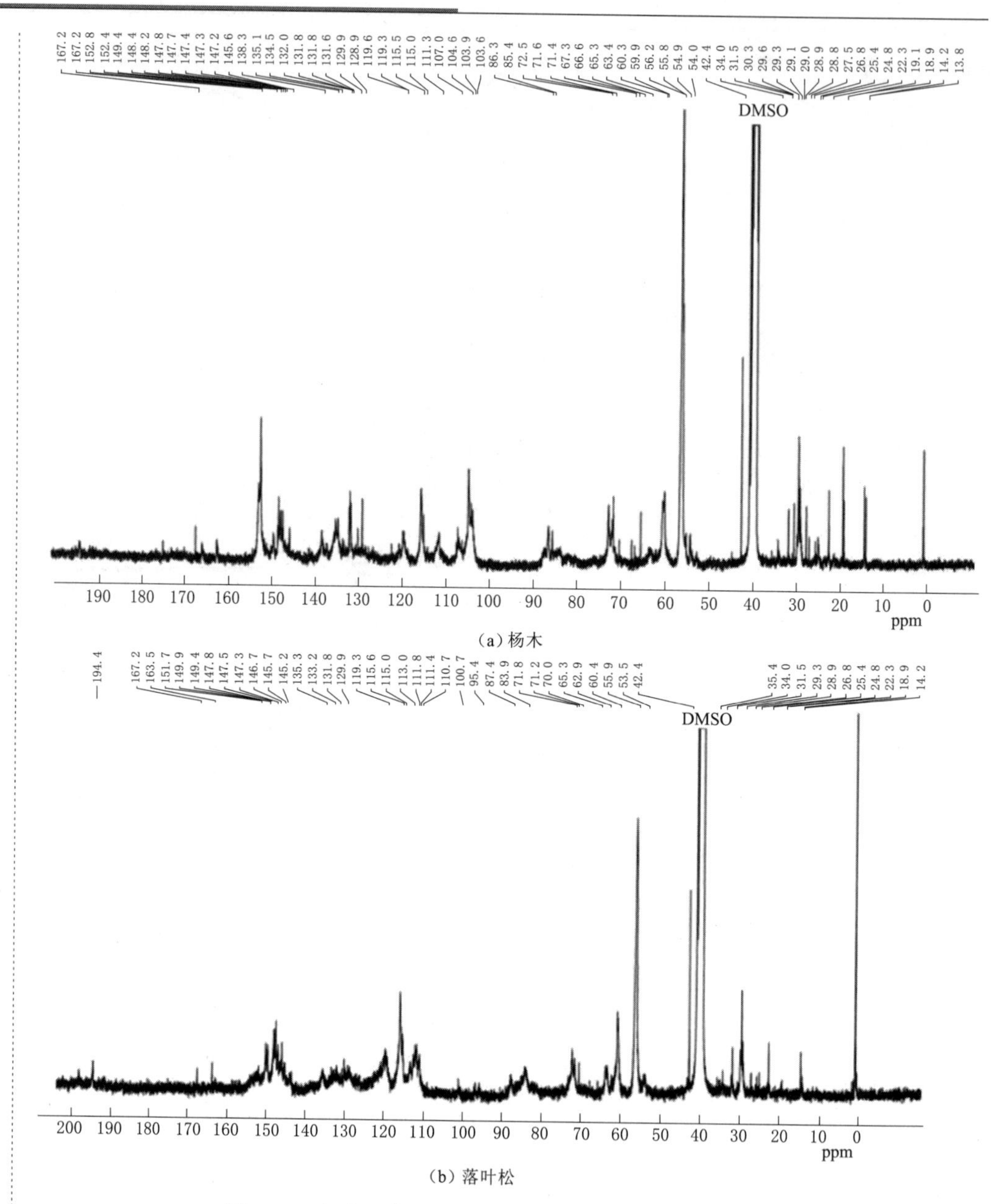

(a) 杨木

(b) 落叶松

图 6.19 杨木和落叶松有机溶剂木质素的^{13}C-NMR 谱图

化试剂反应从而被标记，常用的磷试剂有 2—氯—4,4,5,5 四甲基—1,3,2—二噁磷酚烷（TMDP）。反应介质为无水吡啶与氘代氯仿（体积比 1.6∶1）的混合溶液，其磷化反应式如图 6.20 所示。这种方法的特点是芳香环上的邻位取代基对^{31}P 化学位移有显著影响，而对位和间位取代基的影响极小。木质素中存在愈创木基、紫丁香基和对羟基苯基 3 种酚羟基，与磷化试剂 TMDP 形成衍生物后，因苯环邻位取代基对^{31}P-NMR 化学位移影响较大，其化学位移将出现在不同的区域（分别在 138.79～142.17、144.50～142.17、137.10～138.40ppm 范围内），利用此特性可以准确定量测定各种酚羟基的含量。在木质素^{31}P-NMR 谱图中，可以将不同羟基

类型进行归属与积分，主要包括脂肪族羟基，紫丁香基型羟基（S—OH），愈创木基型羟基（G—OH）和羧基，并通过与内标峰对比和换算完成木质素中羟基的定量分析。如图 6.21 所示，在 145.32～144.90ppm 处的信号为内标信号峰，144.50～142.17ppm、140.17～138.79ppm 和 138.40～137.10ppm 处分别为木质素紫丁香基型羟基，非缩合的愈创木基型羟基和对羟基苯基型羟基的信号峰。此外，缩合的愈创木基型羟基（主要为 C_5 取代）的酚羟基信号峰则分布在 135.50～134.20ppm。

图 6.20 木质素与磷化试剂间的磷化反应

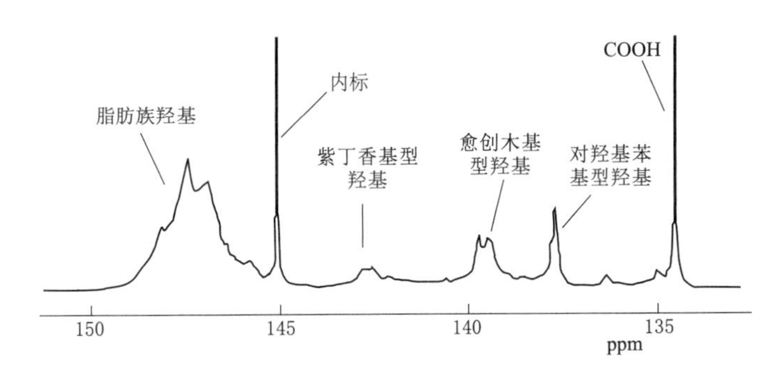

图 6.21 木质素的 ^{31}P - NMR 谱图

6.5.3.6 2D - HSQC NMR 谱

2D - HSQC NMR 称为异核单量子 C—H 相干 NMR，是目前木质素结构研究中最常用的技术手段。该检测可结合 ^{1}H - NMR 谱的高灵敏度和 ^{13}C - NMR 谱的谱宽范围大、分辨率高等优势，可以更有效地分析木质素大分子样品的结构特征。它可以采集 C—H 相关的信号，并受其相近官能团电子云的影响，而在不同的位移坐标展示甲氧基、各连接键以及各结构单元的信号，且其信号轮廓的强度及位移变化可以反映分离过程中木质素发生的解聚或缩合反应。典型的木质素（三倍体白毛杨酶解木质素）2D - HSQC NMR 谱图如图 6.22 所示，谱中 C—H 相关信号归属见表

6.11，主要的亚结构如图6.23所示。

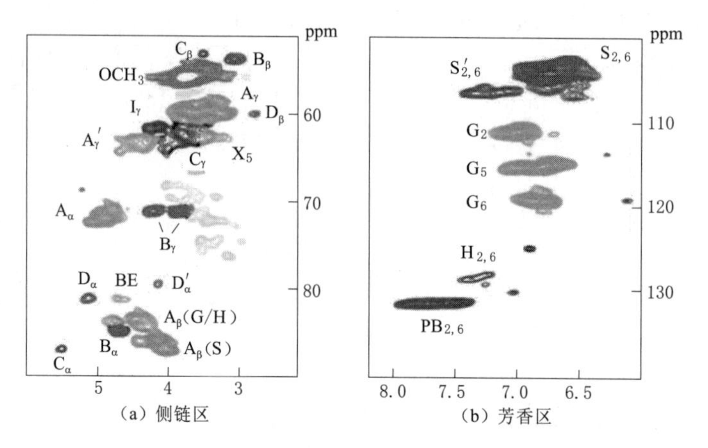

图6.22 三倍体毛白杨酶解木质素的2D-HSQC NMR谱图

表6.11 2D-HSQC NMR谱中木质素C—H相关信号归属

标记	δ_C/δ_H	归属
C_β	52.9/3.45	苯基香豆满（β—5′）亚结构的C_β—H_β相关（C）
B_β	53.5/3.05	树脂醇（β—β′）亚结构的C_β—H_β相关（B）
—OCH_3	55.6/3.72	甲氧基的C—H相关
A_γ	59.5/3.70～3.39	β—O—4′键亚结构的C_γ—H_γ相关（A）
D_β	59.8/2.76	螺环二烯酮亚结构的C_β—H_β相关（D）
I_γ	61.4/4.10	肉桂醇末端基的C_γ—H_γ相关（I）
C_γ	62.4/3.73	苯基香豆满亚结构的C_γ—H_γ相关（C）
A'_γ	63.1/4.29	C_α位氧化的β—O—4′键亚结构的C_γ—H_γ相关（A′）
B_γ	71.1/4.17和3.81	树脂醇亚结构的C_γ—H_γ相关（B）
A_α	71.9/4.86	β—O—4′键亚结构的C_α—H_α相关（A）
D_α	79.4/4.11	螺环二烯酮亚结构的C_α—H_α相关（D）
BE	81.0/4.65	苄基醚键的C_α—H_α相关
D_α	81.1/5.06	螺环二烯酮亚结构的C_α—H_α相关（D）
A_β（G/H）	83.4/4.43	连接愈创木基/对羟基苯基型单元的β—O—4′键亚结构的C_β—H_β相关（A）
B_α	84.8/4.65	树脂醇亚结构的C_α—H_α相关（B）
A_β（S）	85.8/4.11	连接紫丁香基型单元的β—O—4′键亚结构的相关（A）
C_α	86.9/5.45	苯基香豆满亚结构的C_α—H_α相关（C）
$S_{2,6}$	103.9/6.71	紫丁香基单元的$C_{2,6}$—$H_{2,6}$相关（S）
$S'_{2,6}$	106.2/7.32	氧化（C═O）的紫丁香基单元的$C_{2,6}$—$H_{2,6}$相关（S′）
G_2	110.9/6.96	愈创木基单元的C_2—H_2相关（G）

续表

标记	δ_C/δ_H	归　属
G_5	114.9/6.76	愈创木基单元的 $C_5—H_5$ 相关（G）
G_6	119.0/6.78	愈创木基单元的 $C_6—H_6$ 相关（G）
$H_{2,6}$	127.8/7.22	对羟基苯基单元的 $C_{2,6}—H_{2,6}$ 相关（H）
$PB_{2,6}$	131.2/7.66	PB 单元的 $C_{2,6}—H_{2,6}$ 相关（PB）

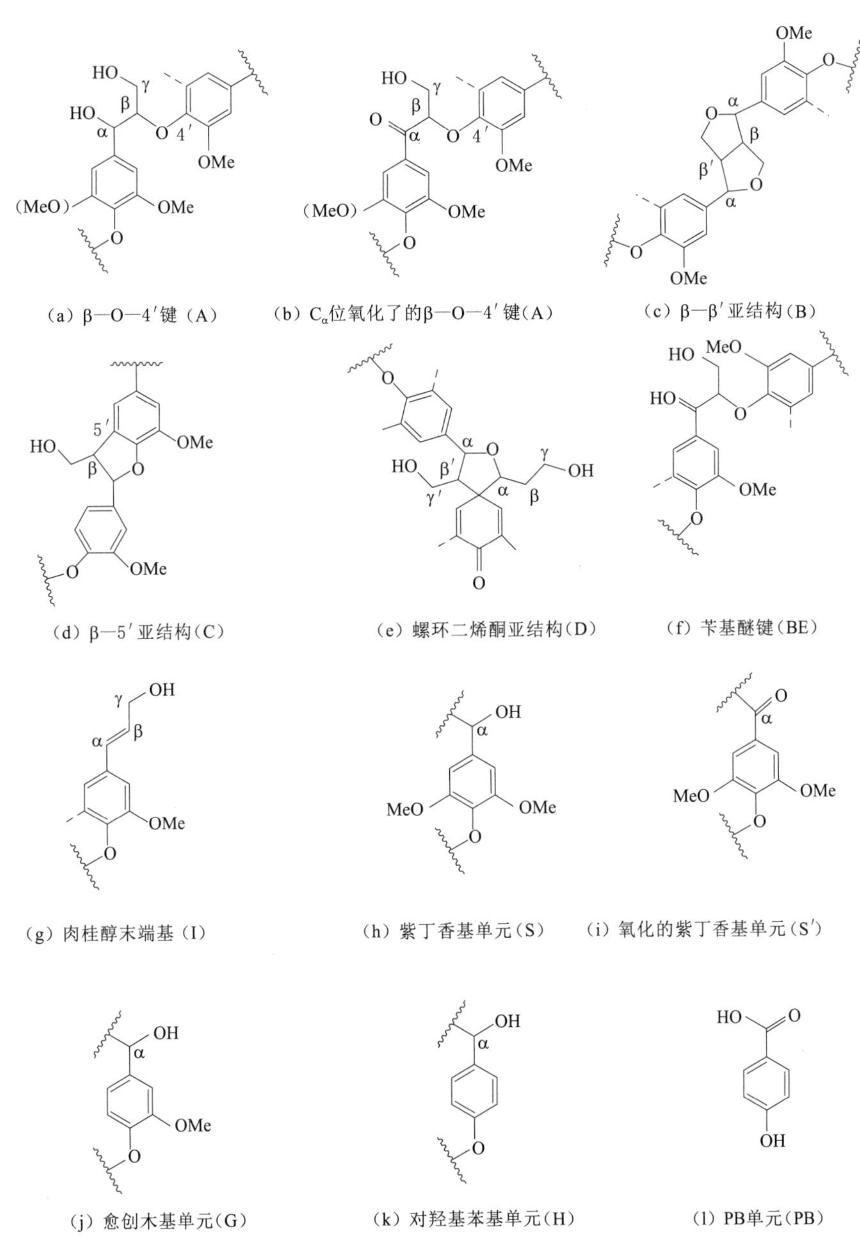

图 6.23　碱提取木质素中主要的亚结构

在侧链区（化学位移δ_C/δ_H＝51.0～90.0/2.2～6.0），主要的C—H相关信号是甲氧基（δ_C/δ_H＝55.6/3.72）和β—O—4′（A）键单元。其中，β—O—4′键中C_α位、C_γ位和酰化了的C_γ位的C—H相关信号分别出现在δ_C/δ_H＝1.9/4.86、59.5/3.70～3.39和63.1/4.29处，而C_β位C—H相关信号出现在δ_C/δ_H＝85.8/4.11和83.4/4.43处，分别对应于β—O—4′键中的愈创木基/对羟基苯基单元和S单元。位于δ_C/δ_H＝84.8/4.65、53.5/3.05、71.1/4.17和3.81的强信号分别对应于树脂醇亚结构（β—β，B）中的C_α，C_β，C_γ位。苯基香豆满亚结构（β—5，C）的信号出现在δ_C/δ_H＝86.9/5.45、52.9/3.45、62.4/3.73处，分别对应于C_α，C_β，C_γ位。螺环二烯酮亚结构（D）的C—H相关信号出现在δ_C/δ_H＝81.1/5.06、79.4/4.11处。另外，有少量的对羟基肉桂醇（I）的C_γ位的C—H相关信号被检测到（δ_C/δ_H＝61.4/4.10）。苄基醚键（BE）是典型的LCC，其C—H相关信号出现在δ_C/δ_H＝81.0/4.65处。2D-HSQC NMR谱的芳香区（δ_C/δ_H＝100～140/6.0～8.2）主要包括紫丁香基、愈创木基和对羟基苯基单元信号。紫丁香基与其对应的氧化单元（S′）的C_2、C_6号位的C—H相关信号分别位于δ_C/δ_H＝103.9/6.71和106.2/7.32处。δ_C/δ_H＝110.9/6.96、114.9/6.76和119.0/6.78分别对应于愈创木基单元的C_2、C_5、C_6号位。在δ_C/δ_H＝127.8/7.22处检测到较弱的C—H相关信号，来自对羟基苯基的C_2、C_6号位。在δ_C/δ_H＝131.2/7.66处检测到强烈的C—H相关信号，归属于PB单元的C_2、C_6号位。在同一轮廓状态下对各连接键的C_α位信号及结构单元的C_2或C_2、C_6位进行积分，可通过半定量或相对定量的方法进行计算。

木质素的化学反应（亲核反应及亲电反应）

6.6 木质素的化学性质

木质素的化学性质包括木质素的各种化学反应，如发生在苯环上的卤化、硝化和氧化反应，发生在侧链的苯甲醇基、芳醚键、烷醚键上的反应，以及木质素的改性反应和显色反应等。木质素的化学反应与制浆工业和木质素的利用都有着极密切的关系。

6.6.1 氧化反应

有多种氧化剂能使木质素发生氧化反应，如O_2、O_3、H_2O_2、Cl_2、二氧化氯（ClO_2）、次氯酸盐、硝基苯、过氧酸钾等。对木质素各种氧化条件下的产物进行分离和鉴定，即可根据这些产物的结构来推测木质素的结构。

6.6.1.1 O_2对木质素的氧化

一般情况下，O_2不能氧化木质素，但在碱性条件下（O_2—NaOH），木质素酚型结构的酚羟基解离，可以给出电子而使O_2变为过氧化氢负离子（HOO^-）或超氧负离子（OO^-），生成的木质素苯氧自由基少部分会发生缩合反应，如生成C_5—C_5键，大部分苯氧自由基会受到亲电试剂的攻击，导致木质素侧链断裂脱除、苯环开环、羟基化和脱甲基等反应，如图6.24所示。

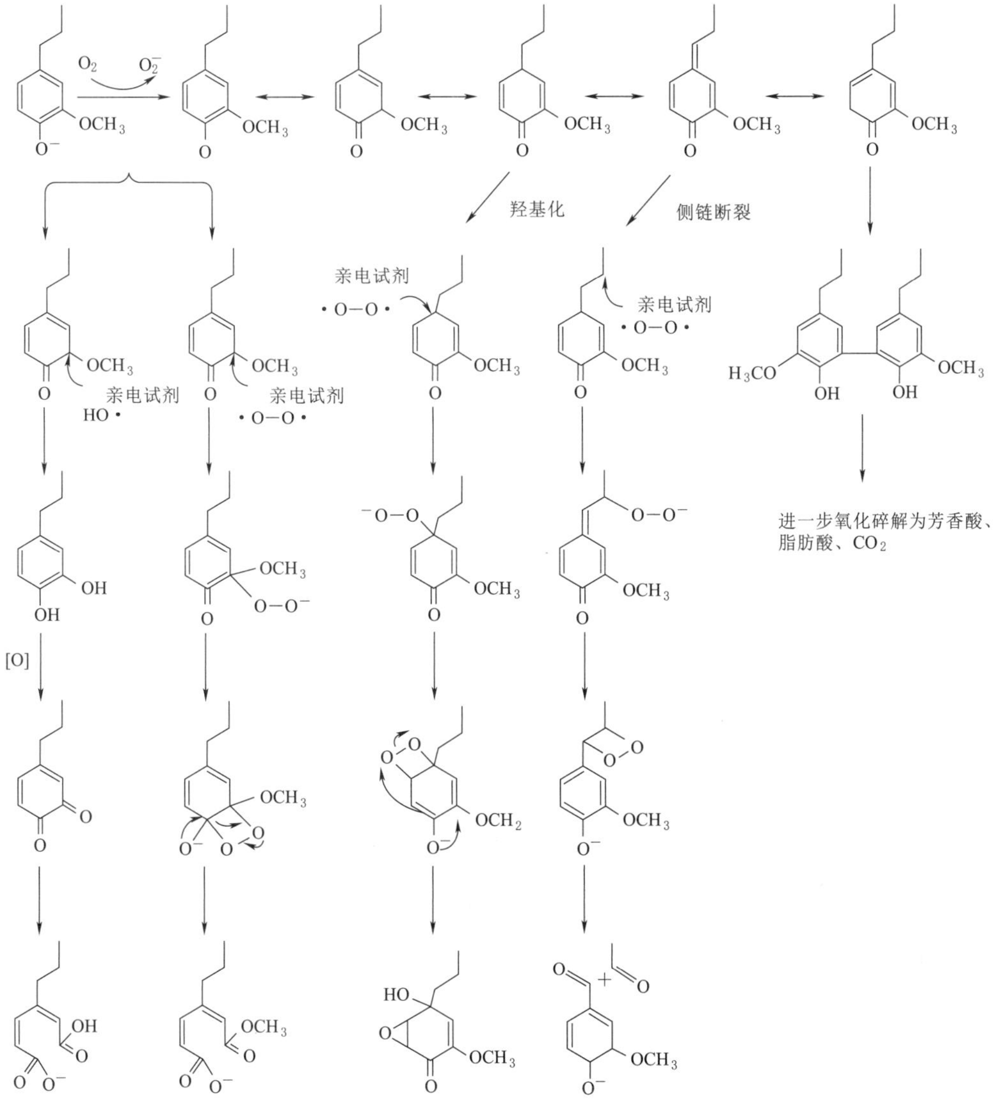

图 6.24 木质素和 O_2 反应

6.6.1.2 H_2O_2 氧化

在碱性介质中，H_2O_2 能使木质素的苯环和侧链碎解并溶出，从而破坏木质素中的发色基团，实现漂白的目的。木质素结构单元苯环是无色的，受氧化而形成各种醌式结构后变成有色体，H_2O_2 漂白过程中，破坏了这些醌式结构，变有色结构为无色的其他结构，甚至碎解成为低分子的脂肪族化合物，反应过程如图 6.25 所示。

木质素结构单元的侧链上具有共轭双键时，本身是一个有色体，H_2O_2 漂白时，改变了侧链上有色的共轭双键结构，甚至将侧链碎解，变有色基团为无色基团。非共轭双键侧链在碱性 H_2O_2 氧化时也能断裂，这都使木质素进一步溶出，如图 6.26 所示。

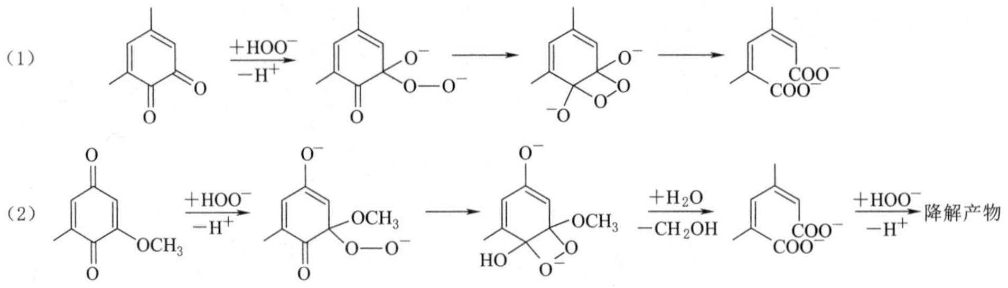

（1） $\xrightarrow[-H^+]{+HOO^-}$ O^- $O-O^-$ ⟶ O^- O O ^-O ⟶ COO^- COO^-

（2） O OCH_3 O $\xrightarrow[-H^+]{+HOO^-}$ O^- OCH_3 $O-O^-$ O ⟶ O^- OCH_3 HO O O^- $\xrightarrow[-CH_2OH]{+H_2O}$ COO^- COO^- $\xrightarrow[-H^+]{+HOO^-}$ 降解产物

图 6.25 H_2O_2 与木质素苯环间反应

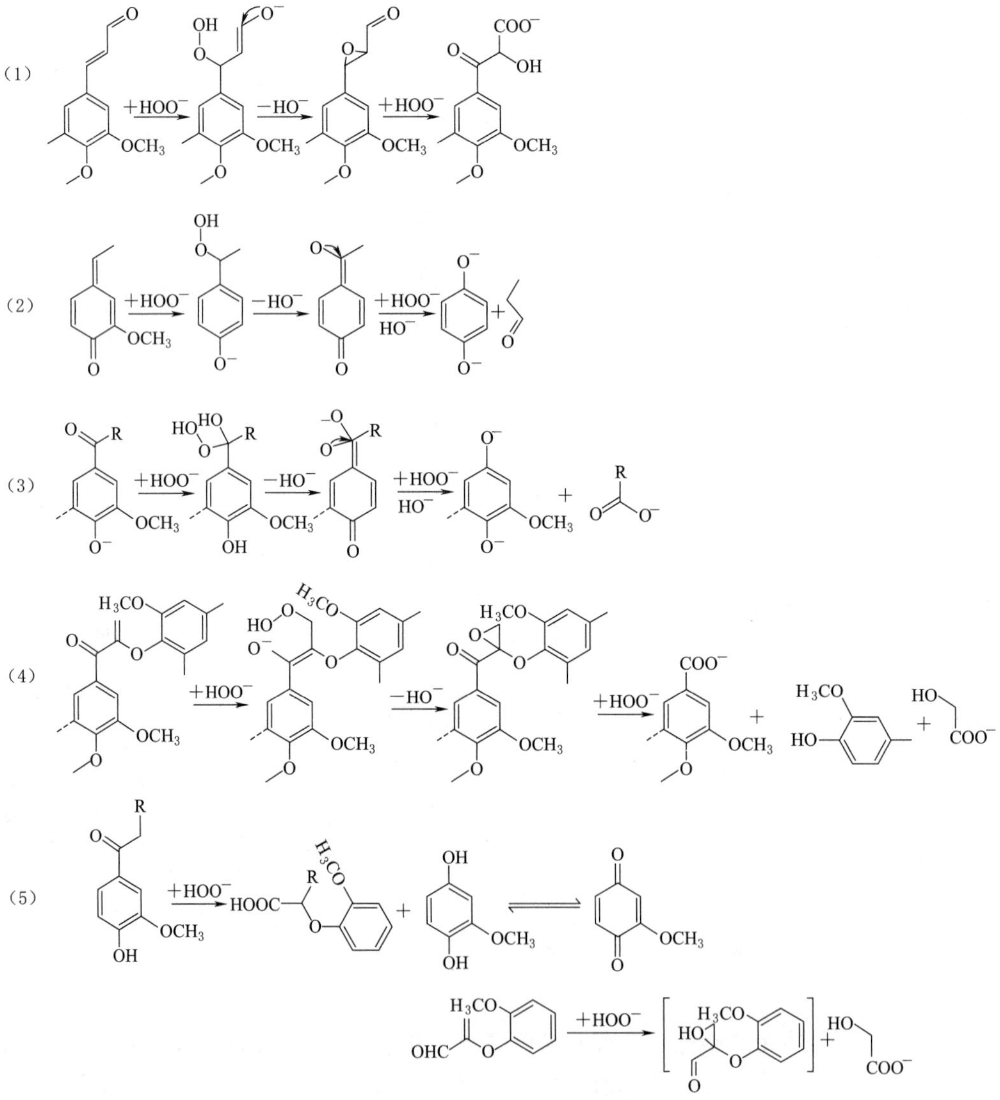

（1） O OCH_3 O $\xrightarrow{+HOO^-}$ OH O O^- OCH_3 O $\xrightarrow{-HO^-}$ O O OCH_3 O $\xrightarrow{+HOO^-}$ COO^- O OH OCH_3 O

（2） OCH_3 O $\xrightarrow{+HOO^-}$ OH O O^- $\xrightarrow{-HO^-}$ O O $\xrightarrow[HO^-]{+HOO^-}$ O^- O^- + O

（3） O R OCH_3 O^- $\xrightarrow{+HOO^-}$ HO HO R O OCH_3 OH $\xrightarrow{-HO^-}$ ^-O R O O $\xrightarrow[HO^-]{+HOO^-}$ O^- OCH_3 O^- + R O O^-

（4） H_3CO O O OCH_3 O $\xrightarrow{+HOO^-}$ H_3CO HO O O^- O OCH_3 O $\xrightarrow{-HO^-}$ H_3CO O O O OCH_3 O $\xrightarrow{+HOO^-}$ COO^- OCH_3 O + H_3CO HO + HO COO^-

（5） R O OCH_3 OH $\xrightarrow{+HOO^-}$ HOOC R H_3CO O + OH OCH_3 OH ⇌ O OCH_3 O

H_3CO OHC O $\xrightarrow{+HOO^-}$ [H_3CO HO O O] + HO COO^-

图 6.26（一） H_2O_2 与木质素侧链反应

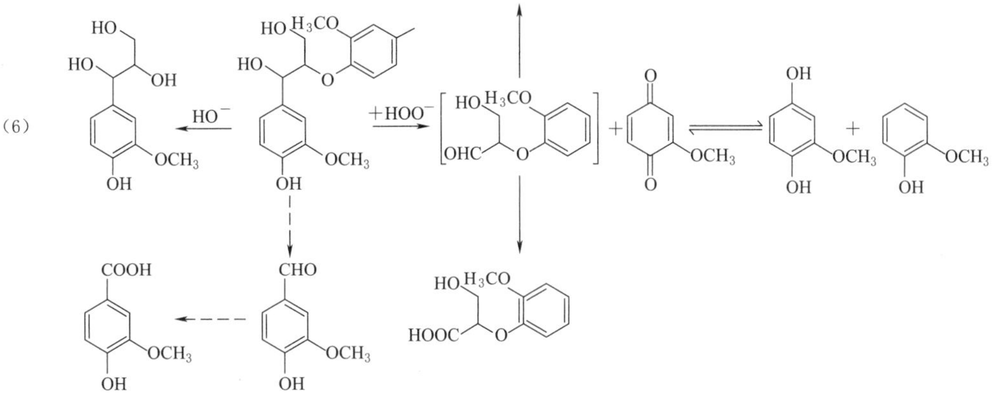

图 6.26（二） H_2O_2 与木质素侧链反应

云杉 MWL 和云杉磨木浆在碱性 H_2O_2 氧化下，其反应产物经鉴定是一系列的二元脂肪酸和芳香酸，如图 6.27 所示。

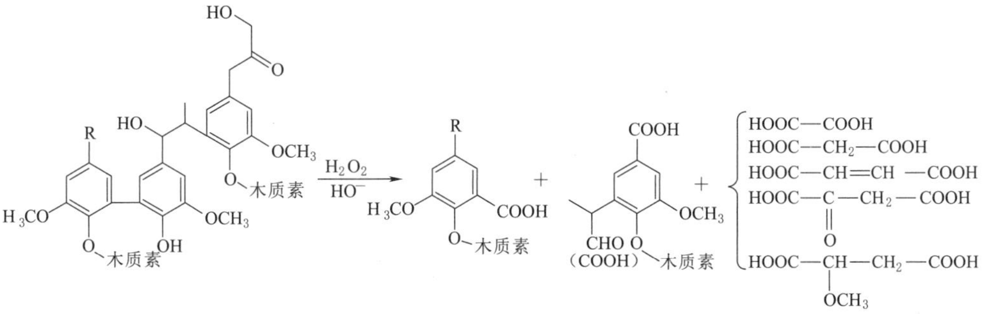

图 6.27 云杉磨木浆在碱性 H_2O_2 下的氧化反应

由此可知，木质素的 H_2O_2 氧化反应的结果使侧链断开并导致芳香环裂解，最后形成一系列的二元脂肪酸和芳香酸，同时，苯环上还发生脱甲基反应，木质素的一些发色基团被破坏而成为无色基团。

6.6.1.3 Cl_2 氧化

木质素在氯水溶液或气态 Cl_2 的作用下引起的化学反应是氯碱法制浆和纸浆漂白中的基本反应。Cl_2 在水溶液中形成强亲电性的氯阳离子（Cl^+）或它的化合物（H_2O^+Cl），即

$$\begin{cases} Cl_2 + H_2O \rightleftharpoons HClO + HCl \\ 2HClO \rightleftharpoons OCl^- + H_2O^+Cl \\ H_2O + Cl \rightleftharpoons H_2O + Cl^+ \end{cases} \tag{6.1}$$

氯水溶液中形成的 Cl^+ 和 H_2O^+Cl 能使木质素结构基团的β—芳基醚键和甲基芳基醚键受氧化作用而断裂，生成邻苯醌和相应的醇，使木质素大分子变小而溶出。图 6.28 是木质素模型物邻苯二酚单烷基醚和二烷基醚在氯水溶液中的氧化断裂的机理。

首先是亲电的 Cl^+ 进攻烷基醚键上具有未共用电子对的氧原子，生成一个不稳

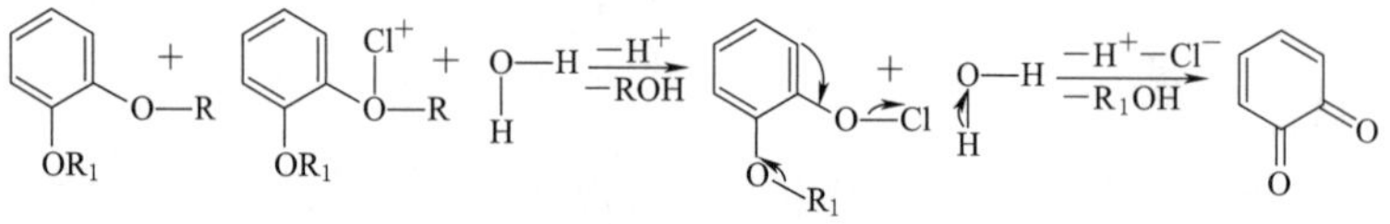

图 6.28　邻苯二酚烷基醚在氯水溶液中的氧化断裂机理

定的带正电的中间物——正氧离子，正氧离子经水解，形成相当的醇而析出，本身变成次氯酸芳基酯。而后，次氯酸芳基酯中的 Cl^+ 获得两个电子还原成 Cl^- 而脱出，反应中水做电子给予体，最后得到相应的邻苯醌和另一个醇。根据多种模型物实验，例如β—芳基醚和松脂酚等结构类型的化合物在氯水溶液中的反应，结果都是获得邻醌、氯羟邻醌以及乙醇酸和甘油酸等产物，证明木质素受 Cl^+ 的氧化裂解都是形成邻醌。木质素氧化后生成的邻醌是一种呈黄红色的生色基团，这是纸浆经氯化后呈现黄红色的一个原因。

氧化醚键断裂反应形成的碎解物进一步受到 Cl^+ 的氧化作用，形成相应的羧酸，图 6.29 为木质素单元脂肪族侧链的氯氧化反应，氯水溶液中羧酸的形成机理。

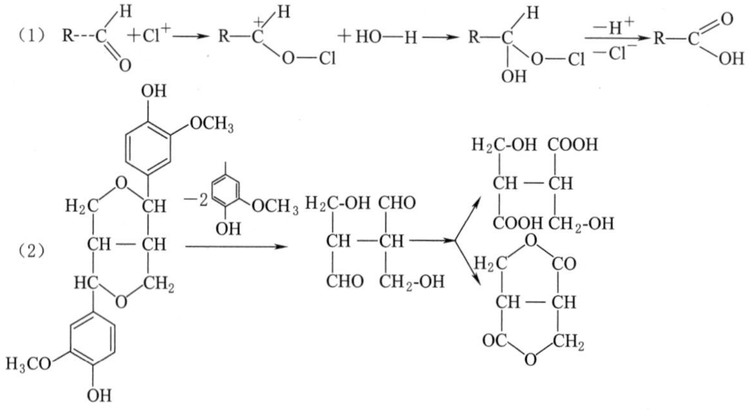

图 6.29　木质素单元脂肪族侧链的氯氧化反应

受到 Cl^+ 的进攻，生成正碳离子中间产物，之后，Cl^+ 获得两个电子成为 Cl^- 脱出，反应生成相应的脂肪族羧酸。图 6.29 中的（2）式表示松脂酚在反应中有两个芳基脱出，形成两侧链连着的 2,3—二羟甲基丁二醛，它亦氧化成二羧酸或二内酯。

综上所述，木质素中酚型与非酚型单元与氯反应，受到氯水溶液中 Cl^+ 的作用，发生苯环的氧化，芳基—烷基醚键氧化断裂、侧链的氯亲电取代断开以及链碎解物的进一步氧化作用，最终生成邻醌（来源于苯环部分）和羧酸（来源于侧链部分），并析出相应的醇，从而使木质素大分子碎解并溶出。

6.6.1.4　ClO_2 氧化

ClO_2 是一种自由基和强氧化剂，其中的 Cl 是＋4 价的，与 0 价的 Cl 相比，氧化能力更强。它可以选择性地氧化木质素和色素并将他们除去，而对纤维素的损伤较少，因此可以作为一种很好的纸浆漂白剂，漂白后的纤维素具有白度高、纯度高、不易返黄的优点，机械强度也不会下降。但由于采用这种方法漂白过程中产生

含氯毒性废水，现已限制使用。

ClO 容易掠夺酚羟基上的 H—H 自由基使木质素形成苯氧自由基和环己二烯自由基（图 6.30），1D 自身可以耦合生成联苯结构，大部分自由基进一步被 ClO_2 氧化，生成亚氯脂类物质，这些脂类不稳定，可以进一步分解为黏糠酸、邻醌、对醌和氧杂环丙烷结构。

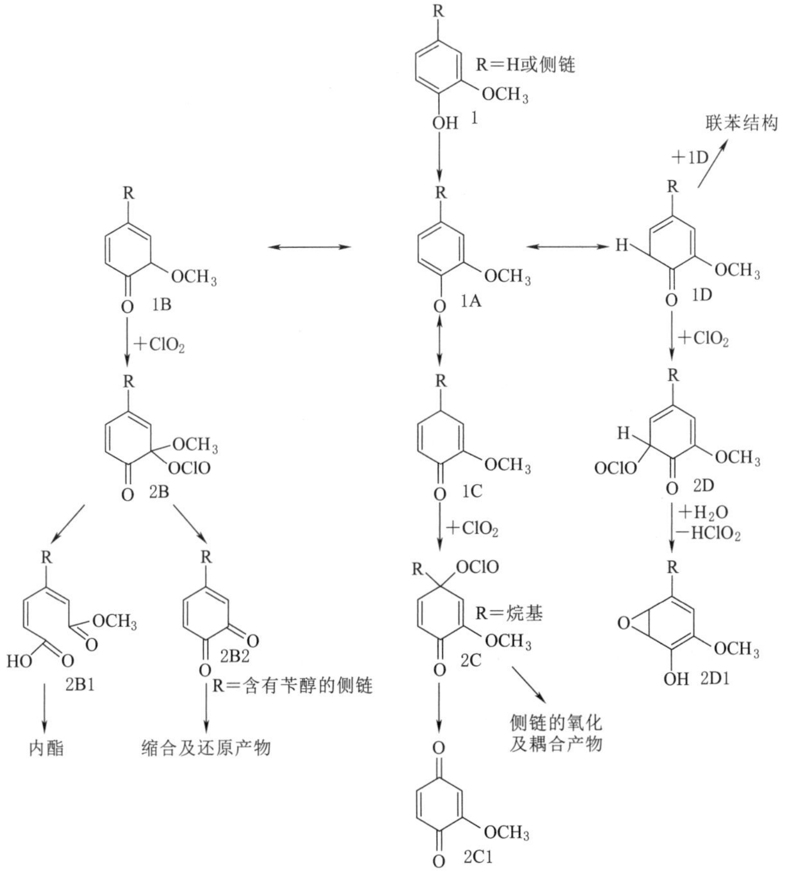

图 6.30　ClO_2 与木质素酚型结构反应

对于非酚型木质素来说，ClO_2 的降解速度较慢。ClO_2 与非酚型结构单元先生成 3 种共振自由基，进一步反应生成不稳定的亚氯脂类物质，最后降解为黏糠酸、醌类和芳香醛，如图 6.31 所示。

6.6.1.5　次氯酸盐氧化

次氯酸盐是常用的漂白剂。蒸煮后的纸浆为提高白度进一步脱木质素时，广泛采用次氯酸盐进行漂白。次氯酸盐漂白时主要发生氧化作用，但也有氯化反应。次氯酸盐与木质素的反应属于亲核反应；而次氯酸盐与次氯酸发生分解反应时也会产生自由基，从而发生自由基反应，如图 6.32 所示。次氯酸盐主要攻击苯环的苯醌结构和侧链的共轭双键。当次氯酸盐攻击苯环的苯醌结构时发生亲核加成反应，并形成环氧乙烷中间体，最后进行碱性氧化降解，最终产物为羧酸类化合物和 CO_2，

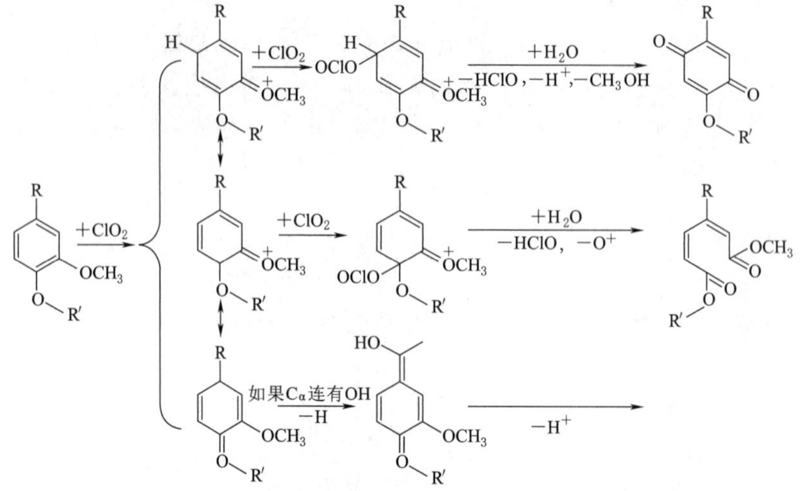

图 6.31 ClO_2 与非酚型结构的反应

如图 6.33 所示。如果木质素单元中尚存在酚型 α—芳基醚或 β—芳基醚连接，则在次氯酸盐和木质素发生亲电取代反应，生成氯化木质素，然后脱去甲基生成邻苯二酚，最终芳环破裂，生成低分子的羧酸和 CO_2。在氧化作用下，木质素大分子的 α—芳基醚或 β—芳基醚键断开，并导致在结构单元相连位置形成新的酚负离子，从而重复上述反应，如图 6.34 所示。

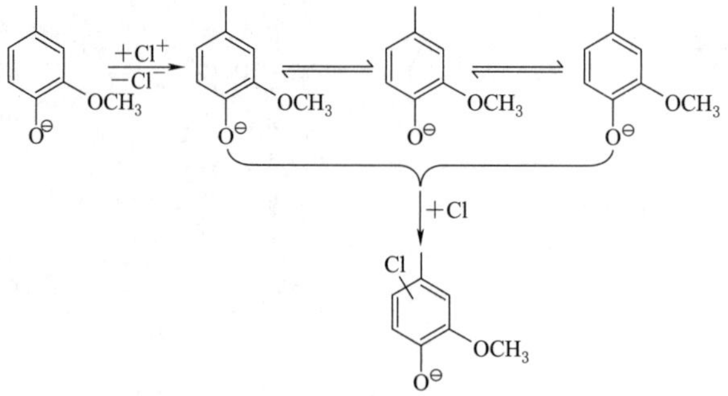

图 6.32 次氯酸盐漂白对木质素的反应

6.6.2 生物降解

在自然界中，许多真菌和细菌都显示出显著的木质素降解能力，例如白腐真菌和褐腐真菌。然而，在工业应用中一些真菌由于对 pH 值、温度及供氧具有较低的适应性，因此应用十分受限。与真菌相比，细菌对温度、pH 值和供氧具有更高的耐受性，并且细菌来源广泛，生长迅速，有利于大规模推广和利用。在木质素的降解中，细菌产生的代谢产物不同于真菌系统。较小的芳香族化合物在细胞内被分解代谢，复杂的木质素是由芽孢杆菌属等类的菌株降解。因此，细菌可能是木质素大规模利用和转化的突破口。

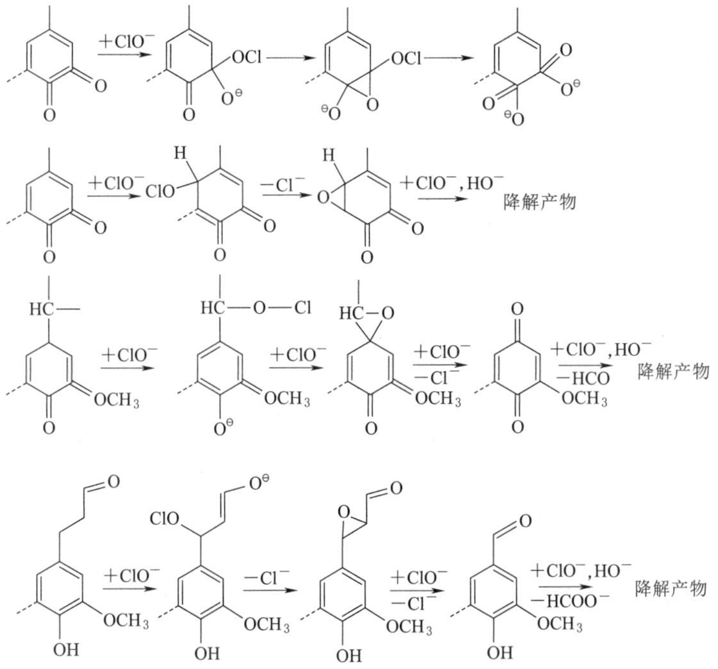

图 6.33 次氯酸盐与木质素发色基团的降解反应

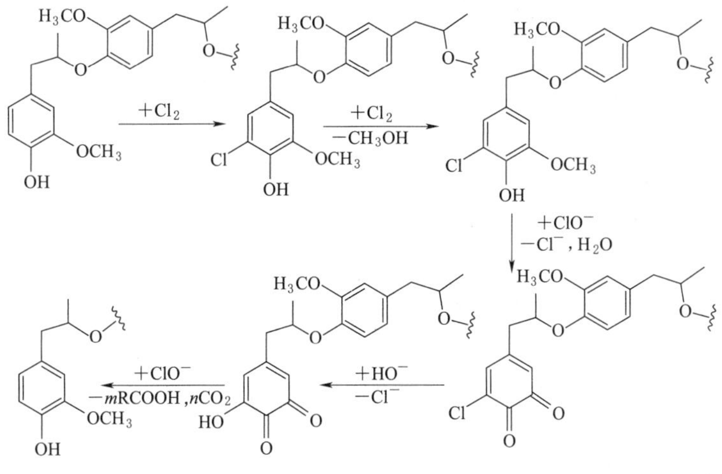

图 6.34 次氯酸盐与木质素的反应

目前研究最广泛的木质素降解酶是漆酶、锰过氧化物酶（MnP）、木质素过氧化物酶（LiP）和多功能过氧化物酶（VP）。

漆酶是分布最广泛且研究最多的多铜氧化酶，在许多用于木质素降解的真菌和细菌中已经发现了漆酶活性。最常研究的漆酶是来自白腐真菌的漆酶，被认为是“理想的绿色催化剂”，因为它使用 O_2 作为共底物并且生成水作为无毒副产物。漆酶可以使木质素中的 C_α 氧化以及芳基—烷基 C—C 键和 C_α—C_β 连接键裂解。LiP、MnP 和 VP 被归类为血红素过氧化物酶，它通过多步电子转移作用于底物，同时产生中间自由基。VP 是一种独特的木质素降解酶，具有多功能性，结合 MnP、LiP 和低氧化还原电位过氧化物酶的酶学性质，从而氧化高氧化还原电位底物，包括木质素的酚型和非酚型部分。与其他过氧化物酶催化相比，MnP 对于木质素结构内的酚型 C_α—C_β 裂解、C_α—H 氧化和烷基—芳基的 C—C 键断裂更具有选择性。LiP 是不含介质的过氧化物酶，该酶通过丙基侧链的 C_α 和 C_β 原子之间的断裂、苄基亚甲基的羟基化以及通过氧化苄醇形成醛或酮，它在酚类和非酚类木质素组分的降解中起重要作用。

6.7 木质素的利用

木质素的利用

木质素是森林中可更新的、最丰富的芳香族化合物。木质素的利用不仅是木质素研究领域中的一个重要课题，也是与可再生资源的利用和环境保护密切相关的问题。木质素除可作为燃料或在制浆生产中将其保留于纸浆只作为高木质素含量的浆料利用外，还可作为造纸工业和水解工业的一种副产物，利用其分解产物制备低分子量的化学试剂，或将其转化为具有一定用途的高聚物。

6.7.1 工业木质素的物理和化学性能

工业木质素一般指从制浆过程中分离的木质素，包括从亚硫酸盐废液分离的木质素磺酸盐、硫酸盐法和烧碱法蒸煮黑液经过酸化沉淀得到的硫酸盐木质素和碱木质素。

6.7.1.1 木质素磺酸盐

木质素磺酸盐的化学结构和分子量是极不均一的。它可溶于不同 pH 值的水溶液中，但不溶于乙醇、丙酮及常用的有机溶剂。典型的针叶树材木质素磺酸盐平均 C_9 式为 $C_9H_{8.5}O_{2.5}(OCH_3)_{0.85}(SO_3H)_{0.4}$，紫外最大吸收波长 $\lambda_{max}=280nm$，消光系数 $E_{280}=3.0\times10^3L/$［(C_9 单元重量)・cm］，酚羟基含量为 0.5mg・mol/(L・g)。

木质素磺酸盐不能有效地降低水的表面张力以及降低液体间的界面张力，但它有很强的吸附和解吸性能。木质素磺酸盐若被吸附在悬浮粒子的表面，便能使粒子表面带上负电荷，由于带电质点之间存在静电斥力，使质点相互分离而不是发生沉淀或者凝聚。

木质素的上述特性可作为分散剂使用，若能在其结构中引入长链烷基，则有助于提高表面活性。将木质素磺酸盐与硫酸盐木质素交联，使木质素与甲醛缩合，采用空气或 O_2 对处于碱性介质中的木质素磺酸盐进行氧化，均可制得性能优良的分散剂。

木质素磺酸盐能与多种金属离子如 Fe^{3+}、Cu^{2+}、Mg^{2+}、Ni^{2+}、Mn^{2+}、Zn^{2+}、Al^{3+}、Ca^{2+} 等生成络合物，使金属盐在溶液中不沉淀，可作为络合剂使用。以环氧丁二酯、氰化物、O_3 或氯乙酸（$ClCH_2COOH$）与木质素磺酸盐发生羧化反应，可以增强与金属的络合性。

6.7.1.2 硫酸盐木质素

硫酸盐木质素的多分散性不如木质素磺酸盐大。它可溶于碱性水溶液（pH 值>

10.5）、二氧六环、丙酮、DMF 等。典型的针叶树材硫酸盐木质素的平均 C_9 式为 $C_9H_{8.5}O_{2.10.11}(OCH_3)_{0.80}(COOH)_{0.2}$，紫外最大吸收波长 $\lambda_{max}=280nm$，消光系数 $E_{280}=4.85\times10^3L/[(C_9$ 单元重量$)\cdot cm]$，酚羟基含量为 3.1mg·mol/(L·g)。

硫酸盐木质素可与亚硫酸钠在高温（150～200℃）下反应，得到不同程度的磺化度。也可与亚硫酸钠和甲醛在低温（100℃以下）下反应引进磺甲基，还可与亚硫酸盐和 O_2 实现氧化磺化，反应式如图 6.35 所示。经过磺化的硫酸盐木质素可作分散剂、乳化稳定剂和黏度降低剂等。

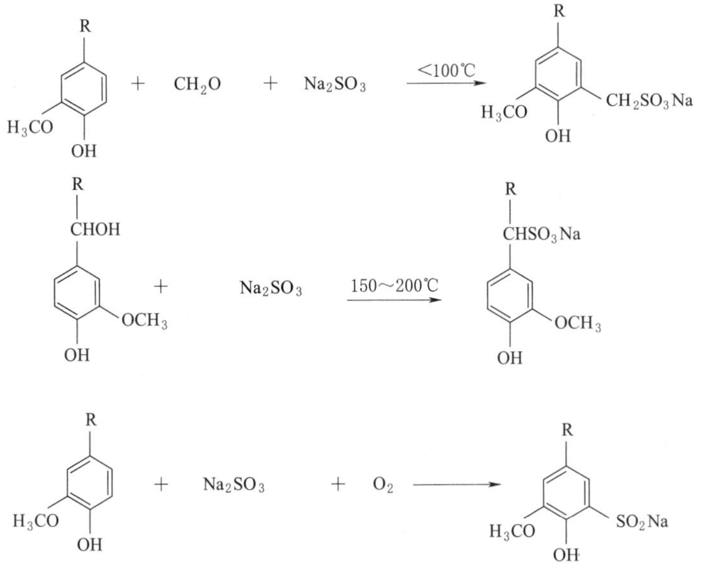

图 6.35　硫酸盐木质素的磺化反应

R—木质素

硫酸盐木质素与缩水甘油胺反应可得阳离子型木质素胺，溶于水后可制备阳离子型沥青乳化液使用。木质素磺酸盐和硫酸盐木质素在物理和化学性能方面都有较大的差异，见表 6.12。

表 6.12　木质素磺酸盐与硫酸盐木质素的性能比较

性　能	木质素磺酸盐	硫酸盐木质素
重均分子量（M_w）	2000～50000	3000～20000
多分散性（PDI，M_w/M_n）	6～8	2～3
磺酸盐基（含量，meq/g）	1.25～2.5	0
有机硫/%	4～8	1～1.5
溶解度	可溶于不同 pH 值的水溶液中，不溶于有机溶剂	不溶于水，可溶于碱性介质（pH 值>10.5）、丙酮、DMF、甲基纤溶剂等
色泽	浅褐色	深褐色
官能团	酚式羟基、羟基和儿茶酚基团均较少，不饱和侧链也很少	酚式羟基、羟基和儿茶酚基团均较多，有一些不饱和侧链

6.7.1.3　碱木质素

碱木质素来自烧碱法或者烧碱—蒽醌法制浆工艺。烧碱法与硫酸盐法工艺的主要区别在于蒸煮液无S元素。用NaOH水溶液在140～170℃条件下处理原料，为了减少碳水化合物的无效分解，通常加入少量的蒽醌。该过程得到的碱木质素的平均分子量为1000～3000。由于该工艺的添加剂很少，所以碱木质素杂质含量较低。

6.7.2　工业木质素的利用

6.7.2.1　低分子量的木质素产品

木质素经过各种方法降解可得到多种低分子量的产物。已经工业化的木质素低分子产品有香草醛（俗名香蓝素）和DMSO。

1. 香草醛

以空气中的O_2在碱性介质中氧化针叶树材的亚硫酸盐废液或木质素磺酸盐可制得香草醛，也可用CuO、硝基苯、HgO或O_3取代大气中的O_2作为氧化剂。工业生产只以针叶树材木质素为原料，阔叶树材木质素磺酸盐反应后除产生香草醛外还有紫丁香醛，不能较好地与香草醛分离。香草醛也能由碱木质素生产，但得率相当低。

2. 二甲硫醚和DMSO

以硫黄或硫化物与木质素磺酸盐在215℃下反应即可制得甲硫醚和甲硫醇。甲硫醚进一步氧化可制得DMSO，这是一种用途广泛的工业溶剂。据研究，在理想的氢解条件下可将木质素转化为简单的苯酚，得率可达50%，但尚未在实际工业生产中应用。

6.7.2.2　聚合物形式的木质素产品

以聚合物的形式被利用是木质素利用的最重要的方面。传统上主要利用木质素磺酸盐，对于硫酸盐木质素和碱木质素的利用甚少。木质素磺酸盐和磺化的硫酸盐木质素大多用于分散剂、黏合剂、减水剂、乳化稳定剂、络合剂和表面活性剂等。工业木质素产品的主要用途见表6.13。除表6.13中介绍的各种用途的木质素产品外，在橡胶增强剂、抗氧剂及胶黏剂用途方面也有大量的研究工作，成效显著，但大多尚未有工业上的实用价值。

由于工业木质素的用途极为广泛，且来源丰富、价格低廉（仅为石油化学制品价格的1/50～1/10）还具有一些独特的性能，如吸附能力强、对人畜无毒性等。随着改进木质素产品性能的新技术日趋完善，木质素利用的前景是广阔的。

6.7.2.3　新兴的应用领域

1. 木质素基甲醛系树脂

工业木质素需要通过预处理活化或者对官能团进行改性后方可参与到酚醛树脂的制备。工业木质素的活化改性主要集中在苯丙烷结构上，主要方法有羟甲基化增加木质素的羟甲基、脱甲基生成苯环上的酚羟基，以及酚化反应赋予木质素苯酚官能团。

表 6.13 工业木质素产品的主要用途

应用场合	功　能	应用场合	功　能
炭黑和颜料	分散剂	牲畜饲料和家禽饲料	丸黏化黏合剂
水泥和混凝土	减水剂/分散剂	陶瓷、砖和耐火材料	黏合剂
染料配方	分散剂	铸造型砂	黏合剂
铅蓄电池和酸性蓄电池		矿石浮选和煤砖	黏合剂
石膏墙板	分散剂	土壤调理	黏合剂
可湿性和流动性农药	分散剂	沥青乳化液	乳合剂/稳定剂
石油钻井泥浆	分散剂	石蜡	乳合剂/稳定剂
锅炉用水和冷却水处理	络合剂/分散剂	农药和化肥（释放控制）	吸附/解吸
防腐蚀剂	络合剂/分散剂	石油回收	吸附/解吸
工业清洗剂	络合剂/分散剂	橡胶	增强剂
微养料	络合剂/分散剂	烧火用木段	增强剂
蛋白质沉淀剂	络合剂/分散剂	灭火泡沫	表面活性剂
胶合板和纤维板	黏合剂	糖蜜调理	—
玻璃纤维	黏合剂	皮革	鞣剂

2. 抗菌剂

木质素中含有各种复杂的官能团，这些官能团的存在为木质素提供了良好的抗菌性能，尤其是 $C_α$、$C_β$ 位上的双键以及 $C_γ$ 位上的甲基都具有明显的抗菌效果。

3. 聚合物力学补强剂

木质素中含有大量的极性和非极性官能团，双亲性的特点为它在补强剂中的应用提供了可能。经过简单改性和纯化后，木质素可以很好地与高分子基体材料相容，作为聚合物的力学补强剂应用于材料领域。

4. 超级电容器电极材料

木质素中含碳量很高，而且含有大量的芳环结构，这为其作为碳源制备多孔碳材料提供了可能。由木质素作为碳源制备得到的多孔碳材料具有很大的比表面积和很好的孔隙结构，这些特性使其很适合作为超级电容器的电极材料。此外木质素磺酸盐由于磺酸基团的存在赋予了其优异的亲水性，可以作为电化学活性材料的分散剂，也可以与导电聚合物、金属氧化物、石墨烯、碳纳米管等材料通过静电相互作用和 π—π 相互作用复合制备功能化的复合电极材料。

参 考 文 献

[1] 李亚丽，黄六莲，陈礼辉，等. 纤维素酶处理改善黏胶纤维级溶解浆反应性能的研究[J]. 中国造纸学报，2017，32 (4)：1-5.

[2] Janzon R，Puls J，Bohn A，et al. Upgrading of paper grade pulps to dissolving pulps by nitren extraction：yields，molecular and supramolecular structures of nitren extracted pulps [J]. 2008，15 (5)：739-750.

[3] Janzon R，Puls J，Saake B. Upgrading of paper-grade pulps to dissolving pulps by nitren

extraction: optimisation of extraction parameters and application to different pulps [J]. Holzforschung, 2006, 60 (4): 347 - 354.

[4] JIN A X, REN J L, PENG F, et al. Comparative characterization of degraded and non - degradative hemicelluloses from barley straw and maize stems: Composition, structure, and thermal properties [J]. Carbohydrate Polymers, 2009, 78 (3): 609 - 619.

[5] 李新菊，陈华，赵松林. 海南发展椰衣栽培基质加工业的前景分析 [J]. 热带农业科学, 2001 (5): 37 - 39, 49.

[6] Bobleter O. Hydrothermal degradation of polymers derived from plants [J]. Progress in polymer science, 1994, 19 (5): 797 - 841.

[7] Schutyser W, Renders T, Van den Bosch S, et al. Chemicals from lignin: an interplay of lignocellulose fractionation, depolymerisation, and upgrading [J]. Chemical Society Reviews, 2018, 47 (3): 852 - 908.

[8] Renders T, Van den Bosch S, Koelewijn S F, et al. Lignin - first biomass fractionation: the advent of active stabilisation strategies [J]. Energy & Environmental Science, 2017, 10 (7): 1551 - 1557.

[9] Pena - Pereira F, Namiesnik J, Ionic liquids and deep eutectic mixtures: sustainable solvents for extraction processes [J]. Chemsuschem, 2014, 7 (7): 1784 - 1800.

[10] Karp E. M, Nimlos C. T, Deutch S, et al. Quantification of acidic compounds in complex biomass - derived streams [J]. Green Chemistry, 2016, 18 (17): 4750 - 4760.

[11] Karp E. M, Donohoe B. S, O'Brien M. H, et al. Alkaline pretreatment of corn stover: bench - scale fractionation and stream characterization [J]. Acs Sustainable Chemistry & Engineering 2014, 2 (6): 1481 - 1491.

[12] Linger J. G, Vardon D. R, Guarnieri M. T, et al. Lignin valorization through integrated biological funneling and chemical catalysis [J]. Proceedings of the National Academy of Sciences of the United States of America, 2014, 111 (33): 12013 - 12018.

[13] Chundawat S, Donohoe B. S, et al. Multi - scale visualization and characterization of lignocellulosic plant cell wall deconstruction during thermochemical pretreatment [J]. Energy & Environmental Science, 2011, 4 (3): 973 - 984.

[14] Bouxin F, Mcveigh A, Tran F, et al. Catalytic depolymerisation of isolated lignins to fine chemicals using a Pt/alumina catalyst: part 1 - impact of the lignin structure [J]. Green Chemistry, 2015, 17 (2): 1235 - 1242.

[15] Chundawat S. P. S, Bellesia G, Uppugundla N, et al. Restructuring the Crystalline Cellulose Hydrogen Bond Network Enhances Its Depolymerization Rate. Journal of the American Chemical Society 2011, 133 (29): 11163 - 11174.

[16] Sousa L. D. C, Jin M, Chundawat S. P. S, et al. Next - generation ammonia pretreatment enhances cellulosic biofuel production [J]. Energy & Environmental Science, 2016, 9 (4): 1215 - 1223.

[17] Kim T. H, Kim J. S, Sunwoo C, et al. Pretreatment of corn stover by aqueous ammonia [J]. Bioresource Technology, 2003, 90 (1): 39 - 47.

[18] Zhao X B, Cheng K K, Liu D H. Organosolv pretreatment of lignocellulosic biomass for enzymatic hydrolysis [J]. Applied Microbiology and Biotechnology, 2009, 82 (5): 815 - 827.

[19] Galkin M. V, Samec J. S. M. Lignin Valorization through Catalytic Lignocellulose Fractionation: A Fundamental Platform for the Future Biorefinery [J]. Chem Sus Chem, 2016, 9 (13): 1544 - 1558.

[20] Deuss P. J, Lancefield C. S, Narani A, et al. Phenolic acetals from lignins of varying compositions via iron (III) triflate catalysed depolymerisation [J]. Green Chemistry, 2017, 19 (12): 2774 - 2782.

[21] Lancefield C. S, Panovic I, Deuss P. J, et al. Pre - treatment of lignocellulosic feedstocks using biorenewable alcohols: towards complete biomass valorisation [J]. Green Chemistry, 2017, 19 (1): 202 - 214.

[22] Delmas M. Vegetal refining and agrichemistry [J]. Chemical Engineering & Technology, 2008, 31 (5): 792 - 797.

[23] Delmas G. H, Benjelloun - Mlayah B, Bigot Y L, et al. Functionality of Wheat Straw Lignin Extracted in Organic Acid Media [J]. Journal of Applied Polymer Science, 2011, 121 (1): 491 - 501.

[24] Bozell J. J. Approaches to the Selective Catalytic Conversion of Lignin: A Grand Challenge for Biorefinery Development [J]. Selective Catalysis for Renewable Feedstocks and Chemicals, 2014, 353: 229 - 255.

[25] Shuai L, Amiri M. T, Questell - Santiago Y. M, et al. Formaldehyde stabilization facilitates lignin monomer production during biomass depolymerization [J]. Science, 2016, 354 (6310): 329 - 333.

[26] Shuai L, Saha B. Towards high - yield lignin monomer production [J]. Green Chemistry, 2017, 19 (16): 3752 - 3758.

[27] Schutyser W, Van den Bosch S, Renders T, et al. Influence of bio - based solvents on the catalytic reductive fractionation of birch wood [J]. Green Chemistry, 2015, 17 (11): 5035 - 5045.

[28] Ferrini P, Rinaldi R, Catalytic Biorefining of Plant Biomass to Non - Pyrolytic Lignin Bio - Oil and Carbohydrates through Hydrogen Transfer Reactions [J]. Angewandte Chemie - International Edition, 2014, 126 (33): 8778 - 8783.

[29] Song Q, Wang F, Cai J Y, et al. Lignin depolymerization (LDP) in alcohol over nickel - based catalysts via a fragmentation - hydrogenolysis process [J]. Energy & Environmental Science, 2013, 6 (3): 994 - 1007.

[30] Parsell T, Yohe S, Degenstein J, et al. A synergistic biorefinery based on catalytic conversion of lignin prior to cellulose starting from lignocellulosic biomass [J]. Green Chemistry, 2015, 17 (3): 1492 - 1499.

[31] Brandt A, Gräsvik J, Hallett J. P, et al. Deconstruction of lignocellulosic biomass with ionic liquids. Green Chemistry, 2013, 15: 550 - 583.

[32] George A, Tran K, Morgan T. J, et al. The effect of ionic liquid cation and anion combinations on the macromolecular structure of lignins [J]. Green Chemistry, 2011, 13 (12): 3375 - 3385.

[33] Antonoplis R. A, Blanch H. W, Freitas R. P, et al. Production of sugars from wood using high - pressure hydrogen chloride [J]. Biotechnology bioengineering, 1983, 25 (11): 2757 - 2773.

[34] Zheng M J, Gu S B, Chen J, et al. Development and validation of a sensitive UPLC - MS/MS instrumentation and alkaline nitrobenzene oxidation method for the determination of lignin monomers in wheat straw [J]. Journal of Chromatography B, 2017, 1055: 178 - 184.

[35] Sannigrahi P, Kim D. H, Jung S, et al. Pseudo - lignin and pretreatment chemistry [J]. Energy & Environmental Science, 2011, 4 (4): 1306 - 1310.

[36] Van Zandvoort I, Wang Y H, Rasrendra C. B, et al. Formation, molecular structure, and morphology of humins in biomass conversion [J]. Influence of Feedstock and Processing Conditions. Chemsuschem, 2013, 6 (9): 1745 - 1758.

[37] Van Zandvoort I, Koers E. J, Weingarth M, et al. Structural characterization of ^{13}C enriched humins and alkali - treated ^{13}C humins by 2D solid - state NMR [J]. Green Chemistry, 2015, 17 (8): 4383 - 4392.

[38] Wang H L, Ben H X, Ruan H, et al. Effects of lignin structure on hydrodeoxygenation reactivity of pine wood lignin to valuable chemicals [J]. ACS Sustainable Chemistry & Engineering, 2017, 5 (2): 1824 - 1830.

[39] Xiang Q, Lee Y. Y. Oxidative cracking of precipitated hardwood lignin by hydrogen peroxide [J]. Applied biochemistry and biotechnology, 2000, 84: 153 - 162.

[40] Xiang Q, Lee Y. Y. Production of oxychemicals from precipitated hardwood lignin [J]. Applied biochemistry and biotechnology, 2001, 91 - 93 (1 - 9): 71 - 80.

[41] Yan L S, Zhang L B, Yang B. Enhancement of total sugar and lignin yields through dissolution of poplar wood by hot water and dilute acid flowthrough pretreatment [J]. Biotechnology for Biofuels, 2014, (7): 76.

[42] Corma A, Iborra S, Velty A. Chemical routes for the transformation of biomass into chemicals [J]. Chemical Reviews, 2007, 107 (6): 2411 - 2502.

[43] Liu C G, Wyman C. E. The effect of flow rate of very dilute sulfuric acid on xylan, lignin, and total mass removal from corn stover [J]. Industrial & Engineering Chemistry Research, 2004, 43 (11): 2781 - 2788.

[44] Luterbacher J. S, Azarpira A, Motagamwala A. H, et al. Lignin monomer production integrated into the gamma - valerolactone sugar platform [J]. Energy & Environmental Science, 2015, 8 (9): 2657 - 2663.

[45] Yan N, Zhao C, Dyson Prof P. J, et al. Selective degradation of wood lignin over noble - metal catalysts in a two - step process [J]. Chemsuschem, 2008, 1 (7): 626 - 629.

[46] Sievers C, Valenzuela - Olarte M. B, Marzialetti T, et al. Ionic - liquid - phase hydrolysis of pine wood [J]. Industrial & Engineering Chemistry Research, 2009, 48 (3): 1277 - 1286.

[47] Li C Z, Wang Q, Zhao Z K. Acid in ionic liquid: An efficient system for hydrolysis of lignocellulose [J]. Green Chemistry, 2008, 10 (2): 177 - 182.

[48] Li B, Filpponen I, Argyropoulos D S. Acidolysis of wood in ionic liquids [J]. Industrial & Engineering Chemistry Research, 2010, 49 (7): 3126 - 3136.

[49] Meine N, Rinaldi R, Schüth F. Solvent - free catalytic depolymerization of cellulose to water - soluble oligosaccharides [J]. Chemsuschem, 2012, 5 (8): 1449 - 1454.

[50] Käeldstroem M, Meine N, Fares C, et al. Fractionation of "water - soluble lignocellulose" into C - 5/C - 6 sugars and sulfur - free lignins [J]. Green Chemistry, 2014, 16 (5): 2454 - 2462.

[51] Rechulski M. D. K, Kaeldstroem M, Richter U, et al. Mechanocatalytic depolymerization of lignocellulose performed on hectogram and kilogram scales [J]. Industrial & Engineering Chemistry Research, 2015, 54 (16): 4581 - 4592.

[52] Schneider L, Dong Y, Haverinen J, et al. Efficiency of acetic acid and formic acid as a catalyst in catalytical and mechanocatalytical pretreatment of barley straw [J]. Biomass & Bioenergy, 2016, 91: 134 - 142.

[53] Kaeldstroem M, Meine N, Farses C, et al. Deciphering "water - soluble lignocellulose" ob-

tained by mechanocatalysis: new insights into the chemical processes leading to deep depolymerization [J]. Green Chemistry, 2014, 16 (7): 3528 - 3538.

[54] Calvaruso G, Clough M. T, Rinaldi R. Biphasic extraction of mechanocatalytically - depolymerized lignin from water - soluble wood and its catalytic downstream processing [J]. Green Chemistry, 2017, 19 (12): 2803 - 2811.

[55] Calvaruso G, Clough M T, Rechulski M D K, et al. On the meaning and origins of lignin recalcitrance: a critical analysis of the catalytic upgrading of lignins obtained from mechanocatalytic biorefining and organosolv pulping [J]. Chemcatchem, 2017, 9 (14): 2691 - 2700.

[56] Tolbert A, Akinosho H, Khunsupat R, et al. Characterization and analysis of the molecular weight of lignin for biorefining studies [J]. Biofuels Bioproducts &Biorefining - Biofpr, 2014, 8 (6): 836 - 856.

[57] Liu C J, Wang H M, Karim A M, et al. Catalytic fast pyrolysis of lignocellulosic biomass [J]. Chemical Society Reviews, 2014, 43 (22): 7594 - 7623.

[58] Bridgwater A V. Review of fast pyrolysis of biomass and product upgrading [J]. Biomass & Bioenergy, 2012, 38: 68 - 94.

[59] Ruddy D A, Schaidle J A, Ferrell J. R, et al. Recent advances in heterogeneous catalysts for bio - oil upgrading via "ex situ catalytic fast pyrolysis": catalyst development through the study of model compounds [J]. Green Chemistry, 2014, 16 (2): 454 - 490.

[60] Xiu S, Shahbazi A. Bio - oil production and upgrading research: A review [J]. Renewable & Sustainable Energy Reviews, 2012, 16 (7): 4406 - 4414.

[61] Saidi M, Samimi F, Karimipourfard D, et al. Upgrading of lignin - derived bio - oils by catalytic hydrodeoxygenation [J]. Energy & Environmental Science, 2014, 7 (1): 103 - 129.

[62] Wang H M, Male J, Wang Y. Recent Advances in Hydrotreating of Pyrolysis Bio - Oil and Its Oxygen - Containing Model Compounds [J]. Acs Catalysis, 2013, 3 (5): 1047 - 1070.

[63] 李忠正，孙润仓，金永灿. 植物纤维资源化学 [M]. 北京：中国轻工业出版社，2012.

[64] 武书彬. 工业木素的特性及其化学改性 [J]. 纸和造纸，1996 (2): 49 - 50.

[65] 杨淑蕙. 植物纤维化学 [M]. 北京：中国轻工业出版社，2001.

第7章 纤维素

纤维素的存在、结构和性质

7.1 纤维素的存在

纤维素是地球上最古老、最丰富的天然高分子，是重要的生物可降解和可再生的生物质资源之一。它主要来源于陆生的木材、棉花、麻类、草类等高等植物，也存在于海底植物体内，还可在细菌酶解过程中产生。植物纤维素是植物细胞壁的主要化学成分，见表7.1，它与半纤维素、木质素一起构成了植物细胞壁，是细胞壁的“骨架”，对植物的物理、力学和化学性质有着重要的影响。

表7.1 植物纤维素的分布及含量

植物种类	部位	含量/%	植物种类	部位	含量/%
木材	树干、树枝	40～50	蔗渣	茎	35～40
棉花	种毛	88～96	纸草	叶	40
亚麻	韧皮纤维	75～90	竹材	茎	40～50
黄麻	韧皮纤维	65～75	芦苇	茎、叶	40～50
苎麻	韧皮	85	禾秆	茎、壳	40～50
马尼拉麻	叶纤维	65			

植物中的纤维素为白色，相对密度为1.55g/cm^3，比热容为0.32～0.33kJ/(kg·℃)。据统计，每年地球上产生约2.16×10^{11}t植物纤维素，是自然界中取之不尽用之不竭的宝贵资源。纤维素是诸多工业的主要原料，与人类生活密切相关，在造纸工业、纺织工业和木材工业等领域有着多种重要的用途。造纸、纺织和功能材料是纤维素最传统的应用，纤维素还可通过水解反应或生物转化将大分子转变为葡萄糖，或通过进一步的化学、生物加工，制取乙醇或其他产品。由于化石资源储量的不断减少，有关纤维素原料转化和利用的研究受到全世界极大的关注，拓展以纤维素为主的天然资源的高附加值利用是国家可再生资源发展战略需要，也是全球经济、能源和新材料发展的热点领域之一。

7.2 纤维素的分子结构

纤维素物理结构

7.2.1 化学结构及其特点

纤维素是指D—葡萄糖以β—1,4苷键结合起来的链状高分子化合物，其大分子化学结构早在20世纪30年代初期就已确定。当前认为，纤维素的化学式为$C_6H_{11}O_5—(C_6H_{10}O_5)_n—C_6H_{11}O_6$，其中$C_6H_{10}O_5$是葡萄糖基，$n$是葡萄糖基$C_6H_{10}O_5$的个数，其数值随纤维素的来源、制备方法和测定方法而异，可以达几百至几千甚至10000以上。

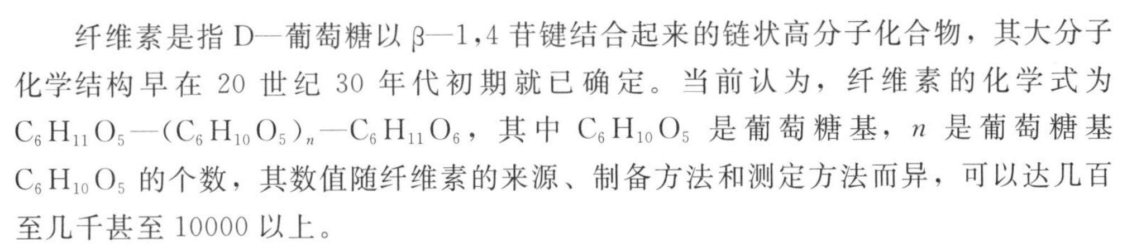

纤维素大分子属线型高分子化合物，从以下几点可以得到证实：①纤维素用强酸水解时，可得到近于理论得率的D—葡萄糖；②纤维素用醋酸分解时，可得理论量约40%的八乙酰基纤维二糖，如把它皂化，可分离出纤维二糖；③在缓和条件下水解纤维素时，可得到由3～7个D—葡萄糖构成的低聚糖；④对纤维素进行深度乙酰化或甲基化时，则生成每个葡萄糖基相当于含有3个乙酰基或3个甲基的醋酸纤维素或甲基纤维素，当水解甲基纤维素时，除定量生成2,3,6—三氧甲基—D—葡萄糖外，还有由非还原性末端基生成的2,3,4,6—四氧甲基—D—葡萄糖。

以上事实说明纤维素的葡萄糖基在C_2、C_3及C_6位上具有羟基，且没有支链结构。另外，对旋光度的加和性（Hudson规则）、水解动力学、X射线衍射（XRD）等的研究，对纤维素化学结构的确定也起了积极作用。

纤维素大分子化学结构的特点是：①D—吡喃式葡萄糖基是纤维素的结构单元，由β—1,4苷键连接成线型的均一高聚糖，基环之间相互旋转180°；②纤维素大分子中每个基环均具有3个醇羟基，其中C_2位和C_3位上为仲醇羟基，而C_6位上为伯醇羟基，其反应能力不同，可以发生氧化、酯化、醚化、交联、接枝共聚等反应，并能通过吸湿、润胀，使分子间形成氢键，对纤维素的物理和化学性质有决定性的影响；③纤维素大分子的两个末端基性质不同；左端的基环C_4上多一个仲醇羟基，右端的基环C_1上多一个苷羟基；苷羟基上的氢原子最易转位，与基环氧桥上的氧结合，使环式结构变成开链结构，C_1原子变成醛基而显还原性；④纤维素大分子是线型结构，分子表面平滑，大分子可以弯曲，其弯曲程度与大分子之间的相互作用和排列方向密切相关；⑤纤维素大分子的D—吡喃葡萄糖基的6个碳原子并不在同一平面上，而是弯曲的六角环，具有不同的构象，以平伏椅式构象能量最低，也最稳定。纤维素大分子的椅式构象结构如图7.1所示。

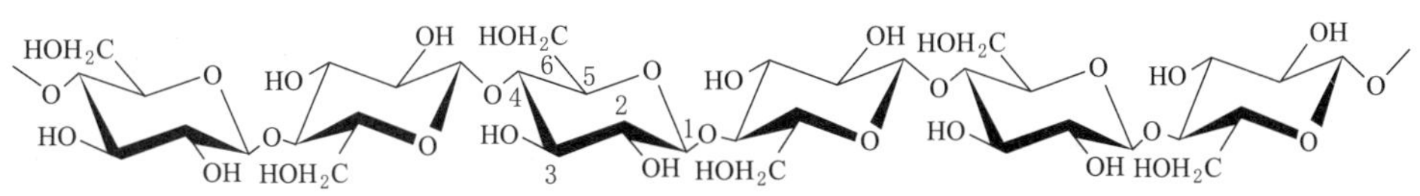

图7.1 纤维素大分子的椅式构象结构

7.2.2 纤维素链的构象

纤维素的结构包括高分子的链结构和聚集态结构。链结构又称一级结构，包括尺寸不同的二类结构，即近程结构和远程结构，其中，远程结构主要指纤维素链的构象。纤维素大分子链的构象（conformation）是指大分子链的大小、尺寸，以及分子在单键内旋转作用下在空间中产生的不同形态。构象之间的转换是通过单键的内旋转和分子热运动，各种构象之间的转换速度极快，因而构象十分不稳定。

7.2.2.1 葡萄糖环的构象

葡萄糖分为 α 为和 β 两种构象，即 C_1 位和 C_2 位的羟基分别处于吡喃葡萄糖环的同侧和异侧。吡喃葡萄糖环上取代基相互之间的空间效应和电性效应使得糖环不可能在一个平面，因此存在椅式构象和船式构象两种构象。椅式构象比船式构象能量较低而稳定，所以吡喃葡萄糖环只能以$^4C_1$ 或$^1C_4$ 两种椅式构象之一存在，如图 7.2 所示。因为$^4C_1$ 构象中各碳原子上的羟基都是平伏键（equatorial bond，简称 e 键），空间排斥作用较小，较为稳定；而$^1C_4$ 构象中各碳原子上的羟基都是直立键（axialbond，简称 a 键），C_1 位上的羟基与 C_3 位和 C_5 位具有空间排斥作用，因此葡萄糖环的$^4C_1$ 椅式构象是优势构象，在水溶液中占主体地位。

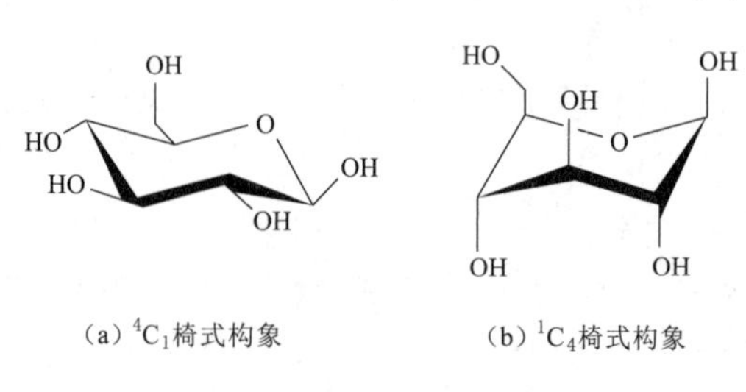

图 7.2　葡萄糖的椅式构象

7.2.2.2 纤维素大分子链的构象

纤维素是由葡萄糖通过 1,4—β—苷键连接起来的大分子，其 β—D—吡喃式葡萄糖单元成椅式扭转，每个单元上 C_2 位羟基，C_3 位羟基和 C_6 位上的取代基均处于水平位置。

7.2.3 纤维素的多分散性

7.2.3.1 纤维素的聚合度和分子量

纤维素的聚合度表示分子链中所连接的葡萄糖单元的数目，通常用 *DP* 表示。在分子式 $C_6H_{11}O_5—(C_6H_{10}O_5)_n—C_6H_{11}O_6$ 中，$DP=n+2$。纤维素聚合度随着原料种类、制备方法、测定方式的不同而不同。根据分子量的测定，天然棉花纤维的聚合度为 13000～16000，韧皮纤维为 7000～15000，木材纤维为 7000～10000，细菌纤维素为 2000～3700。表 7.2 是 Zugenmaie 在其 2008 年编著的 *Crystalline Cellulose and Derivatives Characterization and Structures* 一书中关于部分纤维素和纤维素衍生物的 *DP* 范围。

纤维素的基本结构单元即葡萄糖单元的分子量为 162，由于分子链两个末端基环比链单元多出两个氢原子和一个氧原子，即相对原子质量多了 18，故纤维素的分子量 *M* 为

表 7.2　　部分纤维素和纤维素衍生物的 DP 范围

原　料	DP	原　料	DP
各种木浆纤维	6000～10000	细菌纤维素	4000～6000
木浆	500～2000	苎麻	10000
硫酸盐浆	950～1300	亚麻	9000
漂白化学浆	700	黏胶纤维	300～500
棉花	10000～15000	玻璃纸	300～500
漂白棉短绒	1000～5000	纤维素酯	200～350
法囊藻	25000		

$$M=162DP+18 \tag{7.1}$$

当 DP 很大时，式（7.1）中的 18 可以忽略不计，因此纤维素的分子量和聚合度之间的关系为

$$\begin{cases} M=162DP \\ 或\ DP=\dfrac{M}{162} \end{cases} \tag{7.2}$$

根据统计方法的不同，有多种不同的平均分子量。常用的平均分子量有数均分子量 M_n、重均分子量 M_w 和黏度平均分子量 M_η。

7.2.3.2　纤维素的多分散性和分级

纤维素是由不同聚合度的纤维素分子组成，即纤维素具有相同的基环，基环间的连接方式也相同，但具有不同的分子量或者聚合度。因此，不同纤维素的分子量是不均一的，这种不均一性被称为多分散性。纤维素的多分散性影响其反应性能和纤维的机械强度。多分散性的纤维素可按不同的聚合度分成若干级分，该过程称为分级。

以 U 表示多分散性，M_n 表示数均分子量，M_w 表示重均分子量，P_n 表示数均聚合度，P_w 表示重均聚合度，则 U 可表示为

$$\begin{cases} U=\dfrac{M_w}{M_n}-1 \\ 或\ U=\dfrac{P_w}{P_n}-1 \end{cases} \tag{7.3}$$

由式（7.3）可知，数均分子量和重均分子量平均值的比值越大，则纤维素的多分散性越大。测得分子量或者聚合度的两种平均值后，即可根据公式求出纤维素的多分散性。

进行纤维素分级的方法有溶解分级法、沉淀分级法和 GPC 分级法三种。

1. 溶解分级法

将一种多分散性的纤维素样品分次用同一浓度的铜氨溶液溶解但逐次增加液比，则可通过逐次溶解将不同聚合度的纤维素分成不同的级分，该方法称为溶解分级法。表 7.3 是采用含 0.25％的铜及 15％的 NH_3 的铜氨溶液，以不同液比处理平均聚合度为 844 的纤维素，得到的多分散性的结果。

表 7.3　用铜氨溶液的溶解分级法测定纤维素的多分散性的结果

液比	相继溶解的各级分的重量（纤维素重量/%）	聚合度	液比	相继溶解的各级分的重量（纤维素重量/%）	聚合度
30	8.8	160	175	18.2	820
75	9.9	350	225	26.0	1083
125	16.4	545	未溶残余	20.8	1161

2. 沉淀分级法

在纤维素或其酯溶液（如纤维素铜氨溶液）中加入沉淀剂（如正丙醇或丙酮）降低原溶剂的溶解能力，使聚合度较大的部分先沉淀出来。将其分离后，再逐渐增加沉淀剂用量，导致原来溶剂的溶解能力逐渐减少，从而使纤维素按聚合度大小依次沉淀出来，达到分级的目的，称为沉淀分级法。由于纤维素溶解后很易降解，一般先将纤维素硝化制成硝化纤维素，然后再将其溶解，依次添加沉淀剂加以分级。沉淀分级法对高聚合度级分的分级能力较强。新溶剂的发现可促进纤维素分级，例如，有学者采用酒石酸铁钠（FeTNa）和镉乙二胺（EDA）两种溶剂来溶解纤维素，并以甘油—水（1∶3）或者正丙醇为沉淀剂，进行分级沉淀。

3. GPC 分级法

GPC 是凝胶渗透色谱仪的简称，GPC 分级法于 1964 年确立并逐步推广应用于高聚物的分级。GPC 的工作原理是：进入色谱柱凝胶微孔的溶质分子中，分子量较大的溶质分子比较小的溶质分子更早通过凝胶被洗脱出来，达到分级的目的。在分级过程中，将纤维素溶液自 GPC 柱柱顶加入，通过溶剂不断淋洗，从色谱柱下端接收淋出液，计算淋出液的体积。GPC 收集到的各级分可采用红外光谱仪、紫外光谱仪等测定级分的浓度，然后再求其分子量。求分子量之前必须用已知分子量的标准品与淋洗体积的峰值作图制出标准曲线，样品的分子量可通过淋洗体积查标准线得到。

表示聚合度分布的分布曲线一般有积分分布曲线（也称为累积重量分布曲线）、微分重量分布曲线和微分数量分布曲线三种。根据上述分级方法得到各级分的重量 W_i 和各级分聚合度 P_i 的结果，见表 7.4。

表 7.4　聚合度分布测定结果及计算表

分级	聚合度 P_i	重量分数 W_i①	累积重量 ΣW_i②	累积重量分布 $C(P_i)$	累积重量分布差 $dC(P_i)$③	聚合度差 $d(P_i)$④	微分重量分布 $\frac{dC(P_i)}{C(P_i)}$	微分数量分布 $\frac{dC(P_i)}{P_iC(P_i)}$
1	160	0.01	0.01	0.005	0.005	160		
2	240	0.04	0.05	0.03	0.025	80	31×10^{-5}	1.3×10^{-6}
3	350	0.09	0.14	0.095	0.065	110	59×10^{-5}	1.68×10^{-6}
4	475	0.23	0.37	0.255	0.16	125	128×10^{-5}	2.7×10^{-6}
5	600	0.26	0.68	0.50	0.245	125	196×10^{-5}	3.27×10^{-6}
6	740	0.25	0.88	0.755	0.255	140	182×10^{-5}	2.46×10^{-6}

续表

分级	聚合度 P_i	重量分数 W_i①	累积重量 $\sum W_i$②	累积重量分布 $C(P_i)$	累积重量分布差 $dC(P_i)$③	聚合度差 $d(P_i)$④	微分重量分布 $\frac{dC(P_i)}{C(P_i)}$	微分数量分布 $\frac{dC(P_i)}{P_iC(P_i)}$
7	925	0.08	0.96	0.92	0.165	185	89×10^{-5}	0.96×10^{-6}
8	1100	0.04	1.00	0.98	0.06	175	34×10^{-5}	0.3×10^{-6}

① 重量分数 W_i 是各级分的重量对原试样重量的比值。

② $C(P_i)=\frac{1}{2}W_i+\sum_{1}^{i-1}W_i$。

③ 累积重量分布差 $dC(P_i)=C(P_i)-C(P_{i-1})$。

④ 聚合度差 $d(P_i)=P_i-P_{i-1}$。

7.2.3.3 测定方法

1. 黏度法

液体流动时在分子间产生的内摩擦力称为液体的黏度。黏度是流体黏滞性的一种量度：内摩擦力较大时，流动显示出较大的黏度，流动较慢；反之，黏度较小，流动则较快。黏度法测定纤维素的分子量就是将纤维素或其衍生物溶解成溶液，然后通过测定溶液的黏度来计算纤维素的分子量和聚合度。溶液的黏度与纤维素的分子量有关，同时也取决于分子的结构、形态和在溶剂中的扩张程度。

在纤维素的黏度测量中，最常用的是毛细管黏度计，包括乌氏（Ubbelohde）黏度计和奥氏（Ostwald）黏度计。目前我国对浆粕纤维素分子量测定的标准方法，引用了北欧的标准。

黏度法测定纤维素的分子量时所用的黏度常以下列形式表示：

（1）相对黏度 η_r，表示同温度下溶液黏度 η 与纯溶剂黏度 η_0 之比，液体的浓度越大，相对黏度越大。

$$\eta_r=\frac{\eta}{\eta_0} \tag{7.4}$$

（2）增比黏度 η_{sp}，表示相对于溶剂黏度而言，溶液黏度增加的分数。

$$\eta_{sp}=\frac{\eta-\eta_0}{\eta_0}=\eta_r-1 \tag{7.5}$$

（3）比浓黏度 η_{sp}/c，表示增比黏度 η_{sp} 与浓度 c 之比，其单位是浓度单位的倒数，一般用 cm^3/g 表示。

（4）比浓对数黏度 $\ln\eta_{sp}/c$，表示增比黏度 η_{sp} 的自然对数值与浓度 c 之比。

（5）特性黏度 $[\eta]$，表示比浓黏度在浓度趋于 0 时的极限值，即单位质量纤维素大分子在溶液中所占流体力学体积的相对大小。$[\eta]$ 的单位是 mL/g。

$$[\eta]=\lim_{c\to0}\frac{\eta_{sp}}{c} \tag{7.6}$$

聚合物溶液的特性黏度 $[\eta]$ 与聚合物分子量 M 之间的关系，可用 Mark - Houwink 方程表示，即

$$[\eta]=KM^{\alpha}=K'DP^{\alpha} \tag{7.7}$$

式中　K（K'）、α——常数，与聚合物性质、溶剂性质、溶液温度、聚合物在溶液中形状有关。纤维素及其衍生物是半刚性的线状大分子，由于其刚性和空间位阻较大，α 值通常为0.7～1.00。

特性黏度［η］的数值的计算方法有两种：一是根据标准曲线采用外推法求得；二是采用一点法从实际测定所得到的经验公式计算而得。

1）外推法的测定原理是：在一定温度下，某浓度范围内聚合物溶液的比浓黏度 η_{sp}/c 或比浓对数黏度 $\ln\eta_{sp}/c$ 与浓度 c 呈线性关系，以 η_{sp}/c 对 c 或 $\ln\eta_{sp}/c$ 对 c 作图，分别得到两条直线，这两条直线的延线必定交于纵坐标的同一点，该点的纵坐标值就是该溶液的特性黏度［η］。所以只要测定几个浓度下聚合物溶液的黏度 $\eta(t)$ 和纯溶剂的黏度 $\eta_0(t_0)$，就可以由 $\eta_{sp}/c-c$ 或 $\ln\eta_{sp}/c-c$ 的关系图上，将直线外推至 c 而求得特性黏度［η］，并代入公式 $[\eta]=KM^{\alpha}$ 求得该聚合物的分子量。

2）一点法测定纤维素特性黏度［η］的经验公式，《纸浆·铜乙二胺（CED）溶液中特性黏度值的测定》（GB/T 1548—2016）中引用了Martin公式，即

$$\eta_{sp}=[\eta]c\,e^{k'[\eta]c} \tag{7.8}$$

式中　k'——经验常数；

η_{sp}——增比黏度。

由已测出的 η_r 值（相对黏度）即可通过《纸浆·铜乙二胺（CED）溶液中特性黏度值的测定》（GB/T 1548—2016）查出 $[\eta]c$ 值，已知测定时加入的样品量，即浓度 c 已知，即可求出特性黏度［η］。

2. GPC法

GPC法测定聚合物的分子量分布是利用高分子溶液通过填充有特殊多孔性填料的柱子，按照分子量大小在柱上进行连续分级的方法。常用的多孔性填料为交联聚苯乙烯凝胶或硅胶。GPC法可自动测定聚合物的分子量及其分布，它的最大特点是速度快、重复性好。另外，利用GPC也可制备窄分布高聚物或纯化各种天然聚合物。该技术自20世纪60年代出现后，获得了飞速发展和广泛应用，目前已成为测定分子量分布的主要方法。

对于天然纤维素，通常将其制成纤维素硝酸酯、醋酸酯、三苯胺基酯等，再将其溶于有机溶剂中，在GPC上进行分级、测定。GPC分离机理比较复杂，目前有体积排斥理论、扩散理论和构象熵等。其中，体积排斥理论最为常见，进行着重介绍。

体积排斥理论认为，GPC的分离作用是基于分子大小不同，其在多孔性填料中所占据的空间体积不同。在GPC柱中，多孔性填料的表面和内部存在各种各样大小不同的孔洞和通道。当聚合物溶液随溶剂加入GPC柱后，由于浓度的差别，所有溶质分子都向填料内部孔洞和通道渗透。较大的分子进入较大的孔，而比最大孔还要大的分子则停留在填料之间的空隙中。随着溶剂的洗脱，最大的聚合物分子从填料之间的空隙优先洗出，依次洗出的是尺寸较大的分子，然后是尺寸较小的分子，最小的分子最后被洗出，这样就达到了分离大小不同的聚合物分子的目的。

据此，GPC柱的总体积应由三部分体积组成，即柱中填料的空隙体积或称粒间

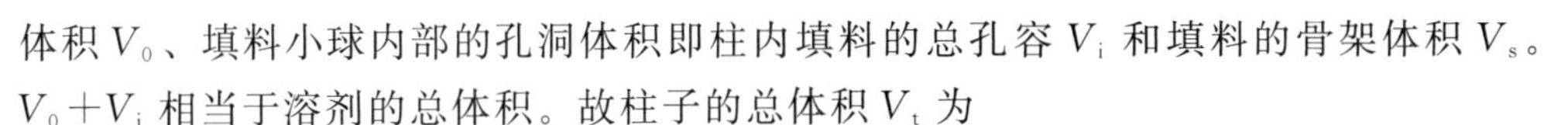

体积 V_0、填料小球内部的孔洞体积即柱内填料的总孔容 V_i 和填料的骨架体积 V_s。V_0+V_i 相当于溶剂的总体积。故柱子的总体积 V_t 为

$$V_t=V_0+V_i+V_s \tag{7.9}$$

按照一般的色谱理论，试样分子的保留体积 V_R（或淋出体积 V_e）可表示为

$$V_R(V_e)=V_0+K_dV_i \tag{7.10}$$

其中 $$K_d=c_p/c_0$$

式中 c_p、c_0——平衡状态下凝胶孔内、外的试样浓度。

因此，K_d 相当于在填料分离范围内某种大小的分子在填料孔洞中占据的体积分数，即可进入填料内部孔洞体积 V_{ic} 与填料总孔容 V_i 之比，称为分配系数 K_d，表示为

$$K_d=\frac{V_{ic}}{V_i} \tag{7.11}$$

大小不同的分子有不同的 K_d。当高分子体积比孔洞尺寸大，任何孔洞均不能进入时，$K_d=0$，$V_e=V_0$；当试样分子比渗透上限分子还要大时，没有分辨能力；当高分子体积很小，小于所有孔洞尺寸，它在柱中活动的空间与溶剂分子相同时，$K_d=1$，$V_e=V_0+V_i$，相当于柱的下限；对于小于下限的分子，同样没有分辨能力；只有 $0<K_d<1$ 的分子，才能在 GPC 柱中实现分离。

溶质分子体积越小，其淋出体积越大。这种方法既不考虑溶质和载体之间的吸附效应，也不考虑溶质在流动相和固定相之间的分配效应，其淋出体积仅仅由溶质分子尺寸和载体的孔洞所决定，分离过程完全是由体积排斥效应引起的，故称为体积排斥机理。因此凝胶渗透色谱又被称为体积排斥色谱。

聚合物分子被 CPC 柱按分子量大小分级后，需要对各级分的含量和分子量进行测定和标定才能得到分子量分布情况。在 GPC 技术中，淋出液的浓度反映了级分的含量。采用适当的方法检测淋出液的浓度，即可确定各级分的含量。淋出液的浓度通常用示差折光仪检测。示差折光仪可测得溶液折射率 n 和溶剂折射率 n_0 之差 Δn。在稀溶液范围内，Δn 正比于溶液浓度 c，所以 Δn 值直接反映了淋出液的浓度，即反映了各级分的含量，所以 GPC 谱图反映了试样的分子量分布情况。

GPC 是根据溶质分子的体积大小进行分级的，而高分子的体积与分子量只存在间接关系。不同的高分子，虽然分子量相同，但分子体积并不一定相同。因此，在同一根 GPC 柱和相同的测试条件下，不同的高分子试样所得到的校正曲线并不重合。为此，在测定某种聚合物的分子量分布时，需要用这种聚合物的单分散（或窄分布）试样所求得的专用的校正曲线，这给测试工作带来极大的不便。所以，人们希望校准曲线对各种聚合物具有普适性，即只要制备一种聚合物的标准样，用它测出的校准曲线可普遍适用于各种聚合物的淋出体积—分子量换算。由 GPC 分离原理可知，流体力学体积相同的高分子具有相同的淋出体积。Einstein 黏度公式指出

$$[\eta]=2.5\frac{N_AV_h}{M_r} \tag{7.12}$$

式中　N_A——阿伏伽德罗常数，其值为 6.022×10^{23}；

V_h——溶质分子的流体力学体积。

改写式（7.12）可得

$$V_h=\frac{[\eta]M_r}{2.5N_A} \tag{7.13}$$

可见，$[\eta]M_r$ 表征了高分子的流体力学体积，如用 $\lg[\eta]M_r$ 对 V_e 作图，得到的校准曲线将与聚合物的品种无关，即不同种类的聚合物的 $\lg[\eta]M_r-V_e$ 校准曲线相互重合，校准曲线对各种聚合物具有普适性，所以称之为“普适校准曲线”，这样只要知道在 GPC 测定条件下特性黏度方程中的参数 K 和 α，利用 $[\eta_1]M_{r1}=[\eta_2]M_{r2}$ 即可由标定试样的分子量 M_{r1} 计算被测试样的分子质量 M_{r2}，因为 $[\eta]_1=K_1M_{r_1}^{\alpha_1}$，$[\eta]_2=K_2M_{r_2}^{\alpha_2}$，$\lg[\eta]_1M_{r_1}=\lg[\eta]_2M_{r_2}$，所以

$$\lg M_{r_2}=\frac{1+\alpha_1}{1+\alpha_2}\lg M_{r_1}+\frac{1}{1+\alpha_1}\lg\frac{K_1}{K_2} \tag{7.14}$$

用式（7.14）可以从标准样的淋出体积-分子量关系，求出待测试样的淋出体积-分子量关系，并可以从谱图求出试样的各种平均分子量 $M_{r,w}$、$M_{r,n}$ 及 $M_{r,\eta}$。

7.3　纤维素的聚集态结构

纤维素晶体结构

7.3.1　纤维素晶型

纤维素的聚集态结构即所谓超分子结构，是指处于平衡态时纤维素大分子链相互间的几何排列特征，主要包括结晶结构和取向结构。其中，结晶结构是指结晶区和无定形区、晶胞大小及形式、分子链在晶胞内的堆砌形式、微晶的大小；取向结构是指分子链和微晶的取向。

纤维素大分子是由 D—葡萄糖单元通过 1,4—β 苷键连接而成的线性链。高等植物的细胞壁一般都含有纤维素。与其他聚合物比较，纤维素分子的重复单元是简单而均一的，分子表面较平整，使其易于长向伸展，加上吡喃葡萄糖环上侧基具有较强的反应性，十分有利于形成分子内和分子间氢键，使这种带状、刚性的分子链倾向于聚集在一起，形成了规整的结晶结构。根据 X 射线衍射研究，一部分的纤维素大分子排列比较规整，呈现清晰的 X 射线衍射图，这部分称为结晶区；另一部分的分子链排列不整齐，且较松弛，但其取向大致与纤维轴平行，这部分称为无定形区。

为了深入研究纤维素大分子的聚集态结构，首先必须了解纤维素的复合晶体模型以及各种结晶变体。另外，为了解释纤维素多晶型的成因、纤维素生物合成及其机理方面热力学和动力学的差异、不同类型纤维素的力学性质，还要了解纤维素晶体结构的特性。

7.3.1.1　晶体的基本概念

1. 晶体

指内部的质点（原子、离子或分子）在三维空间呈现规律排列的固体。

2. 晶胞和晶胞参数

任何一种晶体都有一定的几何形状，组成晶体的质点在空间作有序的周期性排列，形成空间点阵。这些空间点阵排列所具有的几何形状称为结晶格子，简称晶格。晶胞是结晶体中具有周期性排列的最小单元。为了完整地描述晶胞的结构，采用6个晶胞参数来表示其大小和形状，即平行六面体三晶轴的长度 a、b、c 及其相互间的夹角 α、β、γ，如图7.3所示。

3. 晶轴

晶轴是一种晶系，常被理解为一种由三个方向所组成的坐标数字，这三个方向被标记为晶轴。各晶轴方向内的位移周期就是单位周期，如图7.4中的 a_0、b_0、c_0。c 轴直立方向，以向上为正，向下为负；a 轴为左右方向，以向右为正，向左为负；b 轴为前后方向，以向后为正，向前为负。β 和 γ 为晶角。

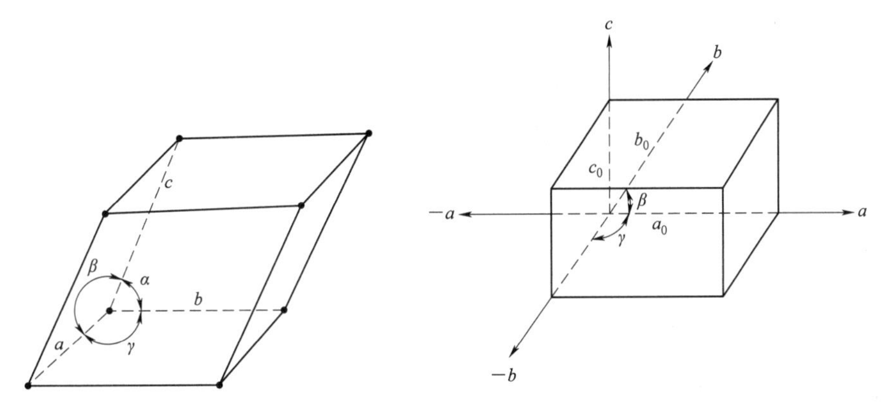

图7.3　晶胞结构模型　　　图7.4　晶轴和晶角

4. 晶面和晶面指数

结晶格子内所有的格子点全部集中在相互平行的等距离的平面群上，这些平面称作晶面，晶面的间距用 L_{hkl}（L 表示距离，hkl为用米勒指数表示的晶面名称）表示。同一晶体从不同角度去分割可得到不同的晶面。标记这些晶面的参数称作晶面指数。由于它是米勒首先提出来的，所以也称作米勒指数。

根据米勒的建议，所有晶面可用该晶面在三晶轴 a、b、c 上截距的倒数来表征，如图7.5（a）所示。图中划线的面，它在 a、b、c 三晶轴上的截距分别为3、2、1，取各自的倒数，再乘以它们的最小公倍数，即可得到该组晶面的晶面指数为（236）；图中未划线的晶面指数应为（230）。其他的晶面的表示如图7.5（b）所示。

5. 晶系

尽管晶体有千百万种，但组成它们的晶胞只有7种，即立方、四方、斜方、单斜、三斜、六方和三方，构成7个晶系，不同晶系的晶胞及其参数见表7.5。

7.3.1.2　纤维素的两相理论

纤维素的两相理论认为：纤维素是由结晶区和无定形区交错连接而成的两相体系，其中还存在相当的空隙系统。所谓纤维素的超分子结构，就是形成一种由结晶

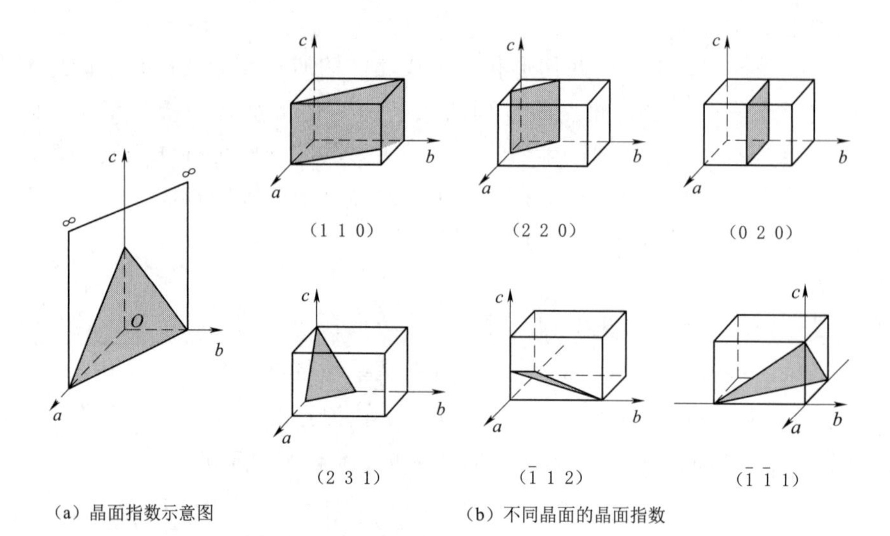

(a) 晶面指数示意图　　(b) 不同晶面的晶面指数

图 7.5　标记晶面指数的示意图及不同晶面的晶面指数

表 7.5　　晶体的 7 种晶系及参数

图　形	晶系名称	晶胞参数
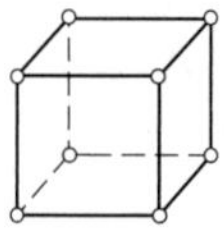	立方	$a=b=c$，$\alpha=\beta=\gamma=90°$
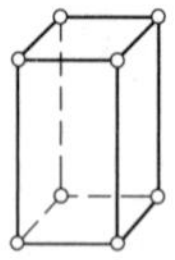	四方	$a=b\neq c$，$\alpha=\beta=\gamma=90°$
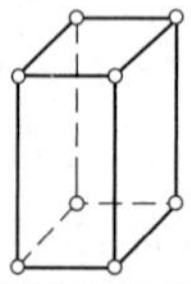	斜方（正交）	$a\neq b\neq c$，$\alpha=\beta=\gamma=90°$
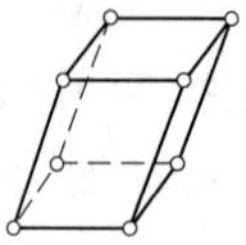	单斜	$a\neq b\neq c$，$\alpha=\gamma=90°$　$\beta\neq 90°$
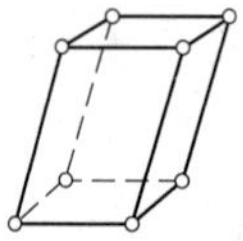	三斜	$a\neq b\neq c$，$\alpha\neq\beta\neq\gamma\neq 90°$
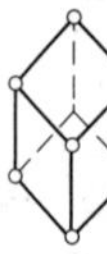	六方	$a=b\neq c$，$\alpha=\beta=90°$　$\gamma=120°$

续表

图 形	晶系名称	晶胞参数
	三方（菱形）	$a=b=c$，$\alpha\neq\beta\neq\gamma\neq 90^{\circ}$

区和无定形区交错结合的体系，从结晶区到无定形区是逐步过渡的，无明显界限，一个纤维素分子链可以经过若干结晶区和无定形区，在纤维素的结晶区旁边存在相当的空隙，一般大小为 100～1000nm，最大可达 10000nm。

单个结晶区称为微晶体（也有称之为胶束或微胞）。结晶区的特点是纤维素分子链取向良好，密度较大，结晶区纤维素的密度为 1.588g/cm^3，分子间的结合力最强，故结晶区对强度的贡献大。无定形区的特点是纤维素分子链取向较差，分子排列无秩序，分子间距离较大，密度较低，无定形区纤维素密度为 1.50g/cm^3，且分子间氢键结合数量少，故无定形区对强度的贡献小。纤维素结晶体聚集态结构包括立方、正交、单斜、三斜晶系等。

7.3.1.3 纤维素的复合晶体模型及单元晶胞的结晶变体

β—D—葡萄糖重复单元构成了高结晶度的纤维素，其不同的堆砌排列方式形成了多种晶型。至今共发现固态下的纤维素存在着 5 种结晶变体，即天然纤维素（纤维素Ⅰ，包含纤维素Ⅰ$_{\alpha}$和纤维素Ⅰ$_{\beta}$）、人造纤维素Ⅱ、人造纤维素Ⅲ（纤维素Ⅲ$_{\text{I}}$和纤维素Ⅲ$_{\text{II}}$）、人造纤维素Ⅳ（纤维素Ⅳ$_{\text{I}}$和纤维素Ⅳ$_{\text{II}}$）和人造纤维素 X。这 5 种结晶变体各有不同的晶胞结构，并可由 X 射线衍射、红外光谱、拉曼光谱等方法加以辨认。

不同晶型的纤维素具有不同的链构象、堆砌方式和物理化学性质。根据分子链极性的差异，纤维素多晶可分为平行链晶型（纤维素Ⅰ$_{\alpha}$、纤维素Ⅰ$_{\beta}$、纤维素Ⅲ$_{\text{I}}$和纤维素Ⅳ$_{\text{I}}$）和反平行链晶型（纤维素Ⅱ、纤维素Ⅳ$_{\text{II}}$）两种。纤维素Ⅲ$_{\text{II}}$由于 O_6 羟基的旋转无序性，可能是反平行链结构，其链构象为 2_1 螺旋轴或很大程度上接近 2_1 螺旋轴。

1. 纤维素Ⅰ

纤维素Ⅰ是天然存在的纤维素形式，包括细菌纤维素、海藻和高等植物（如棉花和木材等）细胞中存在的纤维素。纤维素Ⅰ包含两种结晶变体，即纤维素Ⅰ$_{\alpha}$和纤维素Ⅰ$_{\beta}$。纤维素Ⅰ$_{\alpha}$为单链三斜晶胞，空间群为 $P1$，链构象可以近似认为是 2_1 螺旋轴；而纤维素Ⅰ$_{\beta}$为两链单斜晶胞，空间群为 $P2_1$。纤维素Ⅰ$_{\alpha}$和纤维素Ⅰ$_{\beta}$的带状链是由链片内氢键连接起来的，链片之间和晶胞对角线方向上有一些弱的链片间氢键，不存在强的氢键作用。

(1) 纤维素Ⅰ$_{\alpha}$与纤维素Ⅰ$_{\beta}$的发现。20 世纪 80 年代以来，Vander Hart、Atalla 和 Sugiyama 等相继研究发现，天然存在的纤维素并不是像原来公认的那样只有纤维素Ⅰ一种结晶变体，而是两种结晶变体——纤维素Ⅰ$_{\alpha}$与纤维素Ⅰ$_{\beta}$的混合物。1984 年，Atalla 对天然纤维素的 CP/MAS ^{13}C－NMR（正交极化/魔角旋转^{13}C－

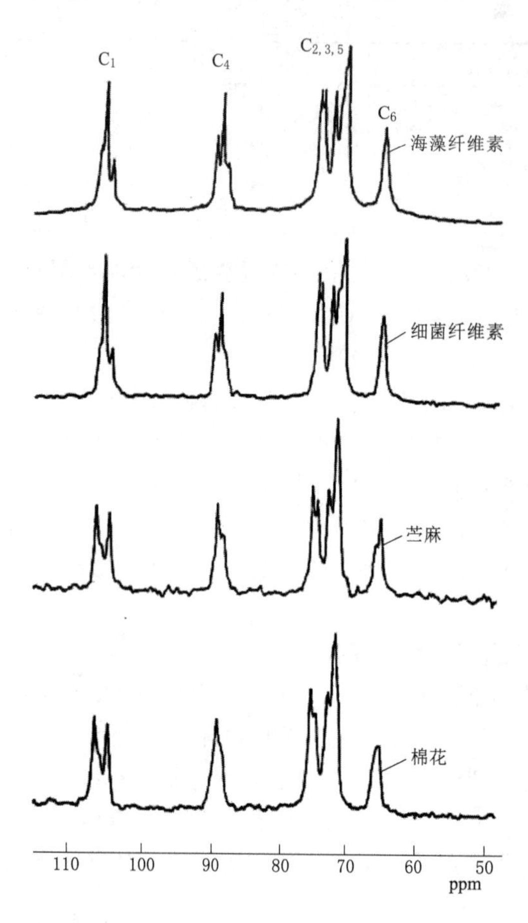

图 7.6 含结晶部分的不同来源天然纤维素的 CP/MAS ^{13}C－NMR 谱图

注：源于 Atalla R. H.，Vanderhart D. L. Native cellulose: a composite of two distinct crystalline forms [J]. Science，1984，223 (4633)：283－285.

NMR）谱图研究发现，在两大类天然纤维素中，细菌—藻类与棉—苎麻的 C_1、C_4 的共振谱线明显不同，特别是 C_1 谱线差异很大，在棉—苎麻的 CP/MAS ^{13}C－NMR 谱图中，C_1 为双峰，中间的单峰很弱；而细菌—藻类的 CP/MAS ^{13}C－NMR 谱图中，C_1 为 3 峰，由一个增强的单峰和两个对称峰组成，如图 7.6 所示。1988 年，Simon 等研究发现位于晶体表面的纤维素晶体与位于晶体中心内部的纤维素晶体不同。1989 年，Atalla 和 Vander Hart 将它们命名为纤维素 I_α 与纤维素 I_β。

(2) 纤维素 I_α 与纤维素 I_β 的单元晶胞模型。1987 年 Horri 等根据 CP/MAS ^{13}C－NMR 谱图的差异，指出纤维素 I_α 与纤维素 I_β 的单元晶胞分别对应于纤维素的两链和八链单元晶胞区。1991 年，Sugiyama 根据对一种绿色海藻即 Microdictyon 纤维素的电子衍射图的研究结果，提出了单链三斜晶胞模型和两链单斜晶胞模型，如图 7.7 所示，分别对应于纤维素 I_α 与纤维素 I_β，并由衍射图数据和模型测定了晶胞参数。

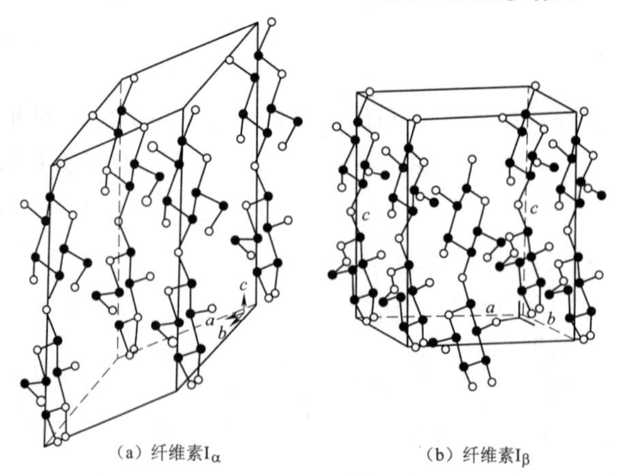

图 7.7 纤维素 I_α 和纤维素 I_β 的单元晶胞模型

注：源于詹怀宇. 纤维素物理与化学 [M]. 北京：科学出版社，2010.

纤维素 I_{α} 是亚稳态的含一条链的三斜晶胞，其晶胞参数为 $a=0.674$nm、$b=0.593$nm、$c=1.036$nm（纤维轴）、$\alpha=117°$、$\beta=113°$、$\gamma=81°$。而纤维素 I_{β} 则是含两链的单斜晶胞，它的晶胞参数为 $a=0.801$nm、$b=0.817$nm、$c=1.03$nm（纤维轴）、$\alpha=90°$、$\beta=90°$、$\gamma=97.3°$。

目前，根据纤维素Ⅰ的晶胞尺寸提出了3种主要的晶胞模型，即Meyer—Misch模型、Blackwell—Sarko模型和Honjo—Watanable模型。1937年，Meyer—Misch提出纤维素Ⅰ结构模型，其晶胞参数为 $a=8.35$Å、$b=10.3$Å（轴向）、$c=7.9$Å，$\beta=84°$。1958年，Honjo—Watanable提出了八链纤维素Ⅰ晶胞模型，其 a 和 b 参数为Meyer—Misch模型的两倍。1974年，Blackwell等提出了纤维素Ⅰ单元晶胞的平行链模型，认为位于晶胞角上和中心的分子链均是沿同一方向的平行链，链分子的薄片平行于 ac 面，所有—CH_2OH 均为tg构象，中心链在高度上与角上的分子链相差半个葡萄糖基，其结构如图7.8所示。

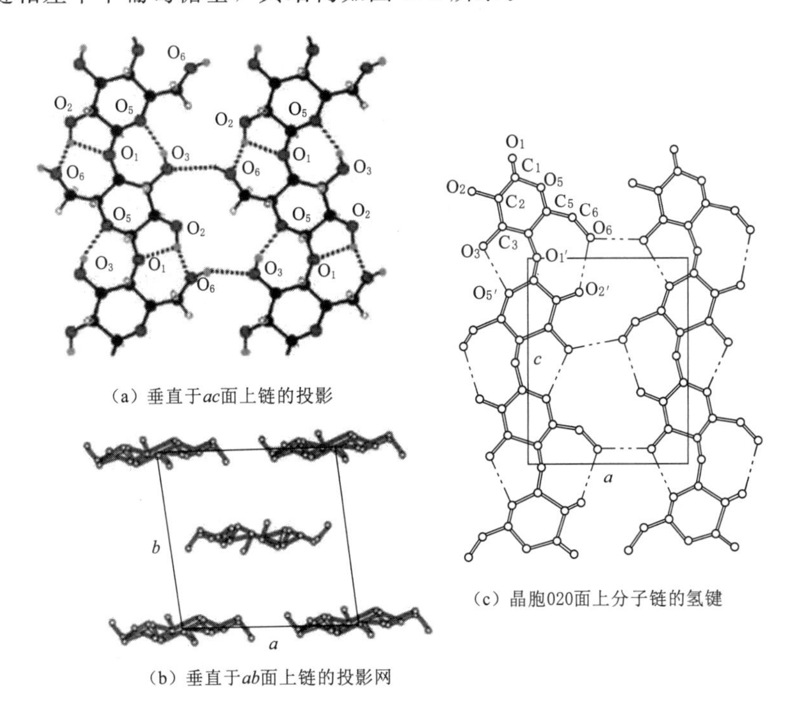

(a) 垂直于ac面上链的投影

(b) 垂直于ab面上链的投影网

(c) 晶胞020面上分子链的氢键

图7.8 纤维素Ⅰ平行链模型的投影图

注：源于Nishiyama Y, Langan P, Chanzy H. Crystal structure and hydrogen-bonding system in cellulose Iβ from synchrotron X-ray and neutron fiber diffraction [J]. Journal of the American Chemical Society, 2002, 124 (31): 9074-9082.

由模型计算得到的纤维素 I_{α} 的三斜单元晶胞的密度为 $1.582g/m^3$，而纤维素 I_{β} 的单斜单元晶胞的密度为 $1.599g/m^3$。纤维素 I_{β} 的密度高于纤维素 I_{α}，说明在热力学上单斜晶胞比三斜晶胞稳定，这与在一定条件下纤维素 I_{α} 可以向纤维素 I_{β} 转化的现象相符。

(3) 自然界中纤维素 I_{α} 与纤维素 I_{β} 的分布。研究指出天然存在的纤维素中，原始生物合成的纤维素以纤维素Ⅰ$_\alpha$为主，而高等植物中的纤维素以纤维素Ⅰ$_\beta$为主。例如，海洋藻类富含纤维素Ⅰ$_\alpha$，质量分数约为0.63；细菌纤维素随培养条件不同，纤维素Ⅰ$_\alpha$的质量分数为0.64～0.71；而高等植物如棉花、麻等则富含纤维素Ⅰ$_\beta$，质量分数约为0.80。目前为止，自然界中至今未发现有纯的纤维素Ⅰ$_\alpha$的存在，也不能采用任何人工合成方法得到。

(4) 纤维素Ⅰ$_\alpha$向纤维素Ⅰ$_\beta$的转变。研究表明，在不同介质中，通过热处理可以使亚稳态的纤维素Ⅰ$_\alpha$转化为更为稳定的纤维素Ⅰ$_\beta$。已经发现通过以下途径可以使纤维素Ⅰ$_\alpha$向纤维素Ⅰ$_\beta$转化：①用饱和蒸汽于高温下进行热处理，如于255℃下蒸汽爆破处理日本枫木纤维素，处理前后样品的CP/MAS ^{13}C - NMR谱图发生明显变化，说明纤维素Ⅰ$_\alpha$向纤维素Ⅰ$_\beta$的转化，但需要指出的是该处理条件下纤维素降解严重；②在碱溶液中于高温下进行热处理，如用0.1mol/L的NaOH溶液于260～280℃下热处理，可以使纤维素Ⅰ$_\alpha$向纤维素Ⅰ$_\beta$转化，而纤维素降解不明显，

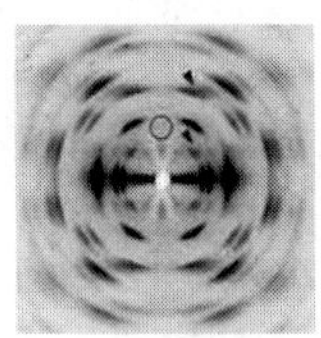
(a) 原始纤维素

(b) 热处理纤维素

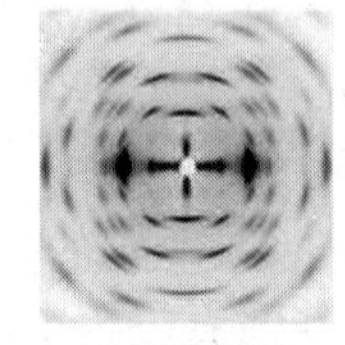
(c) 超临界氨处理纤维素

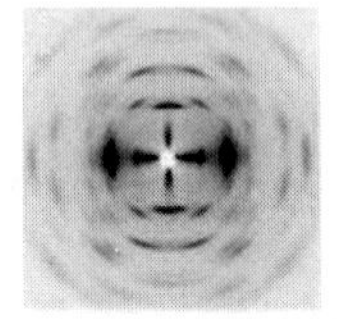
(d) 液氨处理纤维素

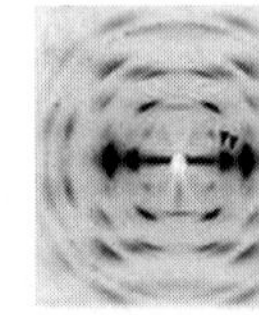
(e) 超临界氨结合甘油处理纤维素

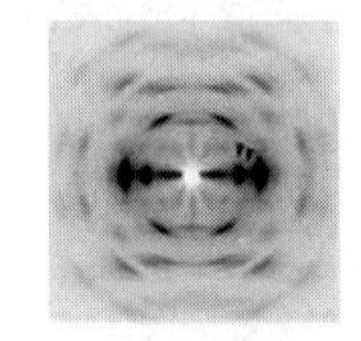
(f) 液氨结合甘油处理纤维素

图7.9 刚毛藻纤维素X射线衍射图

注：源于French A D. Idealized powder diffraction patterns for cellulose polymorphs [J]. Cellulose, 2014, 21: 885-896.

如图7.9所示，(a) 样品为原始纤维素，主要由纤维素Ⅰ$_\alpha$组成，当采用0.1mol/L的NaOH溶液在260℃处理30min时，纤维素Ⅰ$_\alpha$完全转化为纤维素Ⅰ$_\beta$，如图7.9 (b) 所示，轴向纤维素Ⅰ$_\beta$的XRD谱图如图7.10所示，可以看出，不同的峰归属于不同尺寸的结晶结构，三个主要的峰分别是米勒指数（－110）、(110) 和 (200)；③纤维素三醋酸酯在固态下再生；④纤维素Ⅲ$_Ⅰ$在固态下再生。

2. 纤维素Ⅱ

纤维素Ⅰ在浓碱水溶液中溶胀（丝光化处理）或由溶液中再生，经洗涤和干燥后即可得到纤维素Ⅱ。纤维素Ⅰ的分子链是同向平行排列，而纤维素Ⅱ的分子链是反平行排列。在纤维素Ⅱ的晶胞中，角链和中心链都为2_1螺旋轴，位于单斜空间群$P2_1$中。Blackwell和Sarko提出了纤维素Ⅱ早期的结构模型，在晶胞中角链和中心链的构象非常相似，但是角链和中心链O_6有不同的旋转位置，这与空间群$P2_1$一致，如图7.11所示。轴向纤维素Ⅱ的XRD谱图如图7.12所示。从图7.12中可以看出，三个主要的峰分别是米勒指数（－110）、(110) 和 (020)。

3. 纤维素Ⅲ

纤维素Ⅲ是干态纤维素的第三种结晶变体，也称氨纤维素。它是将纤维素Ⅰ或纤维素Ⅱ用液氨或胺类试剂处理，再将其蒸发所得到的一种低温变体。纤维素Ⅲ又分为纤维素Ⅲ$_Ⅰ$和纤维素Ⅲ$_Ⅱ$两种变体。如果原料为棉（主要成分为纤维素Ⅰ$_\beta$）或

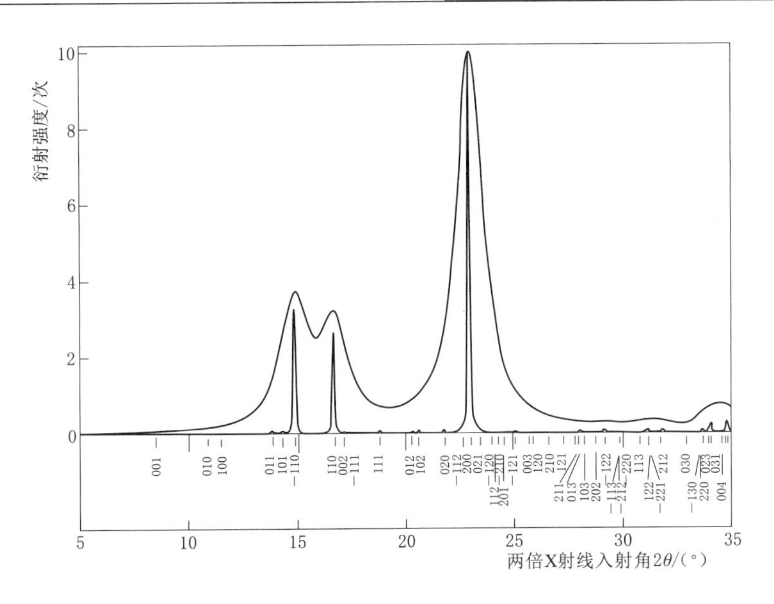

图 7.10 轴向纤维素Ⅰ$_{\beta}$的 XRD 谱图

注：源于 French A D. Idealized powder diffraction patterns for cellulose polymorphs [J]. Cellulose，2014，21：885 - 896.

者海藻（主要成分为纤维素Ⅰ$_{\alpha}$），液氨蒸发后可以得到纤维素Ⅲ$_{\text{I}}$。而纤维素Ⅲ$_{\text{II}}$主要由丝光化苎麻或者黏胶纤维获得。纤维素Ⅲ$_{\text{I}}$能够通过热处理或溶剂复合物分解的方式得到分子链平行排列的纤维素Ⅰ，而纤维素Ⅲ$_{\text{II}}$能够通过同样的热处理得到分子链反平行的纤维素Ⅱ，因此推测纤维素Ⅲ$_{\text{I}}$的分子链以平行方式排列，而纤维素Ⅲ$_{\text{II}}$的分子链以反平行方式排列。纤维素Ⅲ有一定的消晶作用，当氨或胺除去后，结晶度和分子排列的有序度都下降了，可及度增加。

4. 纤维素Ⅳ

纤维素Ⅳ是纤维素的第四种结晶变体，其链的构象呈 $P2_1$ 配置，晶胞为正方晶胞。将纤维素Ⅲ在 260℃的甘油中加热可以得到纤维素Ⅳ，根据纤维素母体来源的不同形成纤维素Ⅳ$_{\text{I}}$和纤维素Ⅳ$_{\text{II}}$两种晶型。纤维素Ⅰ得到纤维素Ⅳ$_{\text{I}}$，而由纤维素Ⅱ得到纤维素Ⅳ$_{\text{II}}$。纤维素Ⅳ$_{\text{I}}$和纤维素Ⅳ$_{\text{II}}$的 X 射线衍射图是相同的，但纤维素Ⅳ$_{\text{I}}$的结晶性比纤维素Ⅳ$_{\text{II}}$的好，衍射图比较清晰。此外，他们的红外光谱也不相同，纤维素Ⅳ$_{\text{I}}$的红外光谱与纤维素Ⅰ相似，而纤维素Ⅳ$_{\text{II}}$的与纤维素Ⅱ相似。

5. 纤维素 X

纤维素 X 结晶变体也是一种纤维素的再生形式。将纤维素Ⅰ（棉花）或纤维素Ⅱ（丝光化棉）放入浓度为 380～403g/L 的盐酸中，在 20℃下处理 2.0～4.5h，用水将其再生所得到的纤维素粉末即为纤维素 X。纤维素 X 的聚合度很低，用铜乙二胺溶液进行黏度测定，聚合度只有 15～20。纤维素 X 的晶胞大小与纤维素Ⅳ相近，晶胞形式可能是单斜晶胞或正方晶胞。

7.3.2 纤维素结晶变体的相互转化

纤维素的 4 种结晶变体都来源于纤维素Ⅰ，分子链的化学结构和重复距离

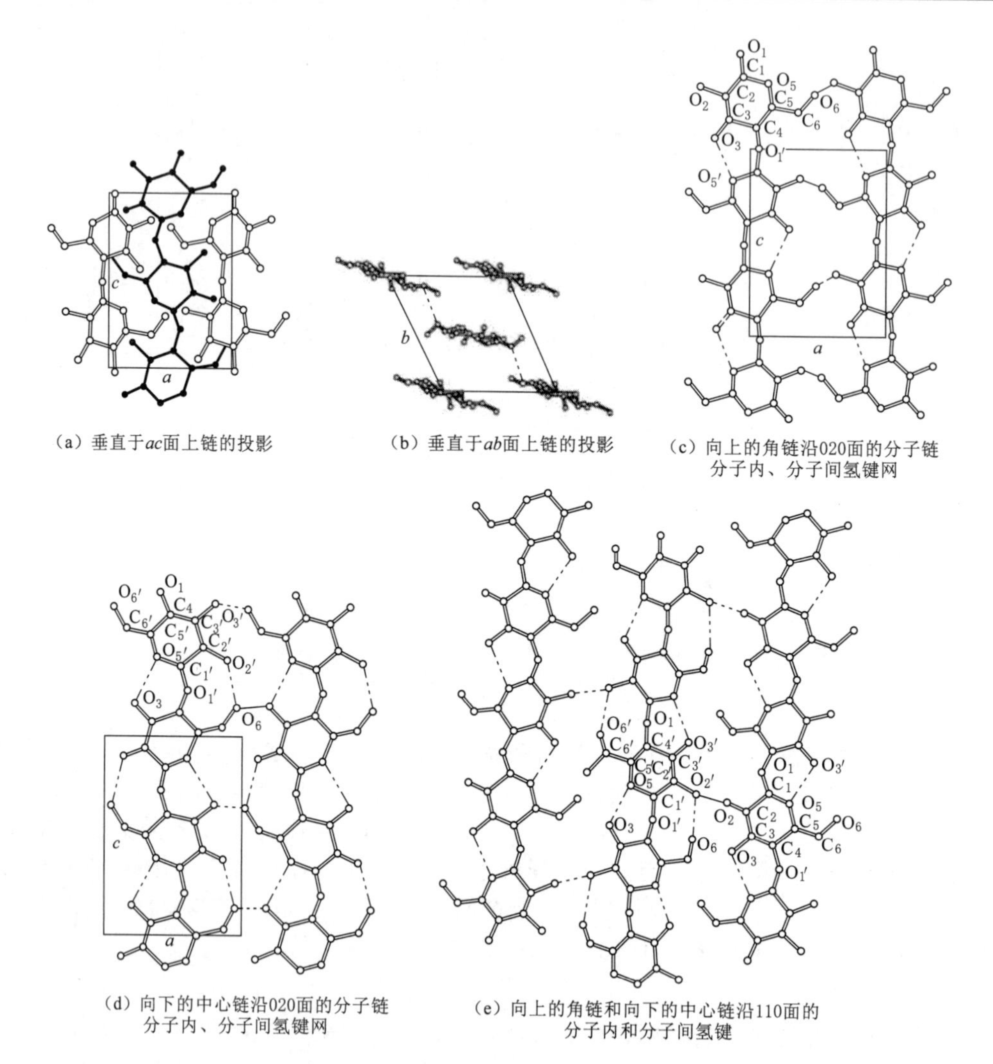

（a）垂直于*ac*面上链的投影　（b）垂直于*ab*面上链的投影　（c）向上的角链沿020面的分子链分子内、分子间氢键网

（d）向下的中心链沿020面的分子链分子内、分子间氢键网　（e）向上的角链和向下的中心链沿110面的分子内和分子间氢键

图 7.11　纤维素Ⅱ平行链模型的投影图

（1.03nm 左右）几乎相同，并各有完好的晶胞和清晰的 X 射线图，其区别在于晶胞大小和形式、链的构象和堆砌形式，在一定条件下，结晶变体可发生相互转化。纤维素各种结晶变体的转变途径如图 7.13 所示。

7.3.2.1　纤维素Ⅰ向纤维素Ⅱ的转化

在所有纤维素结晶变体的转化中，最重要的是天然纤维素Ⅰ向纤维素Ⅱ的转化。纤维素Ⅰ为平行链结构，纤维素Ⅱ为反平行链结构。纤维素Ⅱ有较多方面扩展的氢键，单胞结构较紧密，能量最低，成为最稳定的纤维素多晶型物。纤维素Ⅰ易于向纤维素Ⅱ及其他 3 种结晶变体转化，而至今未发现纤维素Ⅱ向纤维素Ⅰ的转化，所以，纤维素Ⅰ向纤维素Ⅱ的转化是不可逆的。只有采用相当高的能量处理步骤，才能使纤维素Ⅱ向纤维素Ⅲ和纤维素Ⅳ转化。

纤维素Ⅱ除了在 Halicysis 海藻中存在外，主要存在于丝光化纤维素和再生纤维素中，可由如下方法获得：①以浓碱溶液（11%～15% NaOH 溶液）作用于纤

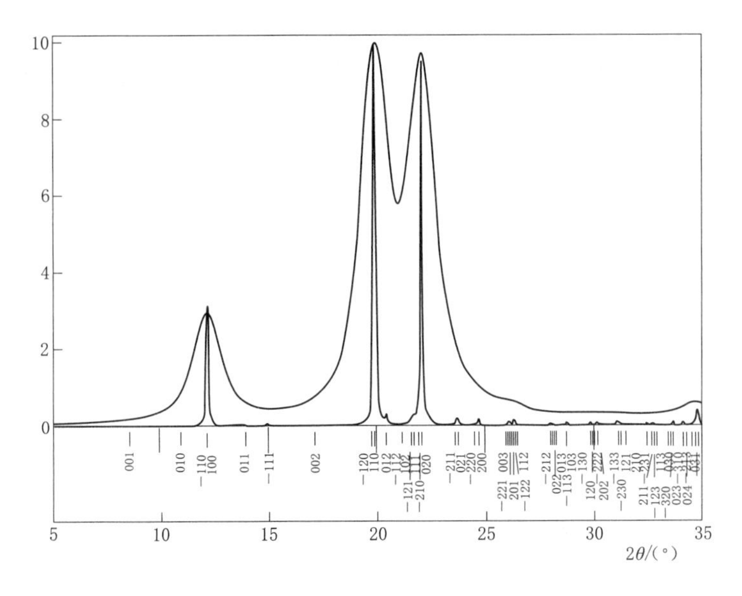

图 7.12 轴向纤维素Ⅱ XRD 谱图

注：源于 French A D. Idealized powder diffraction patterns for cellulose polymorphs [J]. Cellulose，2014，21：885 - 896.

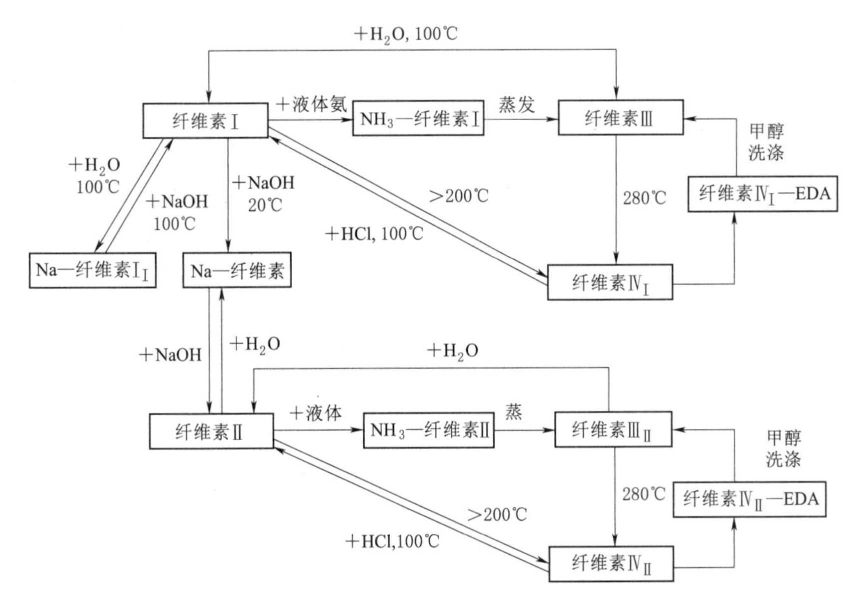

图 7.13 纤维素各结晶变体间可能的相互转化示意图

维素生成碱纤维素，再用水洗涤、干燥处理，可以得到纤维素Ⅱ，这个过程称之为丝光化，生成的纤维素Ⅱ称之为丝光化纤维素，在棉织物及其印染工业中，丝光化作用可节省染料、增加纤维光泽、提高着色均匀度，并使织物表面平整、尺寸稳定；②将纤维素溶解后再从溶液中沉淀再生，或将纤维素酯化后再皂化，这样生成的纤维素称之为再生纤维素；③将纤维素磨碎后用热水处理。

7.3.2.2　纤维素Ⅰ、纤维素Ⅱ与纤维素Ⅲ间的相互转化

纤维素Ⅰ、纤维素Ⅱ用液氨、胺类及其氧化物处理，可以转化为纤维素Ⅲ。研究表明纤维素Ⅲ的结构特点是可以取平行链（$Ⅲ_{Ⅰ}$）或反平行链（$Ⅲ_{Ⅱ}$）的堆砌排列，并可在一定条件下转化成其母体纤维素的结构纤维素Ⅰ和纤维素Ⅱ。

Segal等将棉花浸入乙胺中，在4h后完全转变为纤维素$Ⅲ_{Ⅰ}$，将所形成的纤维素$Ⅲ_{Ⅰ}$在100℃水中煮沸2h转化成原纤维素Ⅰ。Chidambareswaran等将纤维素Ⅰ（棉花）和纤维素Ⅱ用75%（质量分数）乙二胺溶液处理，接着用甲醇洗涤，分别得到纤维素$Ⅲ_{Ⅰ}$和纤维素$Ⅲ_{Ⅱ}$，这种结晶变体用稀盐酸洗涤或用100℃水煮沸，可以分别转化成原纤维素Ⅰ或纤维素Ⅱ。

7.3.2.3　纤维素Ⅳ与其他结晶体间的相互转化

纤维素Ⅳ这种高温变体可由纤维素Ⅰ、纤维素Ⅱ和纤维素Ⅲ经由不同的方法制得，依照母体纤维素或结晶变体纤维素$Ⅲ_{Ⅰ}$或纤维素$Ⅲ_{Ⅱ}$的不同，分别得到纤维素$Ⅳ_{Ⅰ}$和纤维素$Ⅳ_{Ⅱ}$，并可通过某种处理再次转化回其母体纤维素（纤维素Ⅰ和纤维素$Ⅲ_{Ⅰ}$或纤维素Ⅱ和纤维素$Ⅲ_{Ⅱ}$）。

例如，将由棉花和黏胶纤维所制得的纤维素$Ⅲ_{Ⅰ}$和纤维素$Ⅲ_{Ⅱ}$在260℃甘油中制成纤维素$Ⅳ_{Ⅰ}$和纤维素$Ⅳ_{Ⅱ}$，再用乙二胺将其分别制成纤维素$Ⅳ_{Ⅰ}$—EDA和纤维素$Ⅳ_{Ⅱ}$—EDA配合物，当用甲醇洗涤后，各自转化为纤维素$Ⅲ_{Ⅰ}$和纤维素$Ⅲ_{Ⅱ}$。所以，纤维素$Ⅳ_{Ⅰ}$和纤维素$Ⅳ_{Ⅱ}$可经由纤维素$Ⅲ_{Ⅰ}$和纤维素$Ⅲ_{Ⅱ}$转化回其母体纤维素（纤维素Ⅰ和纤维素Ⅱ）。又如，将纤维素$Ⅳ_{Ⅰ}$和纤维素$Ⅳ_{Ⅱ}$在100℃的2.5mol/L盐酸中水解，可直接转化为纤维素Ⅰ和纤维素Ⅱ。

纤维素Ⅳ一个值得注意的结构特点是：认为它是由纤维素Ⅰ和纤维素Ⅱ两种多晶型物构成的。如纤维素在DMSO/PF溶剂系统中的溶液老化3～4个星期后用磷酸再生得到纤维素Ⅳ，但随着再生温度的改变，得到不同的结晶变体：在室温下再生时，沉淀的样品为高度结晶的纤维素Ⅱ；在100℃再生时基本上转化为纤维素Ⅳ及部分纤维素Ⅱ；在140℃再生时，已完全为纤维素Ⅳ；在160℃再生时，X射线衍射图呈现出高结晶度纤维素Ⅰ的特征。在解释纤维素Ⅳ的拉曼光谱时，认为纤维素Ⅳ是由纤维素Ⅰ和纤维素Ⅱ同时共存所构成的混合晶体，因为其拉曼光谱与不完全丝光化得到的纤维素Ⅰ和纤维素Ⅱ混合试样几乎完全相同。

Hayashi等将苎麻制得的纤维素$Ⅳ_{Ⅰ}$用12%的NaOH溶液在张力下使纤维长度固定进行丝光化处理，然后用水再生，当再生温度为20℃时，得到纯的纤维素Ⅱ，在100℃再生时，得到80%的纤维素Ⅱ和20%的纤维素Ⅰ，说明纤维素$Ⅳ_{Ⅰ}$可经由不同的条件向纤维素Ⅱ或纤维素Ⅰ转化。

关于纤维素Ⅳ晶体中链的方向尚未清楚，纤维素$Ⅳ_{Ⅱ}$只能向纤维素Ⅱ和纤维素$Ⅲ_{Ⅱ}$转化，所以被推定为反平行链排列，但纤维素$Ⅳ_{Ⅰ}$可依实验条件不同转化为纤维素Ⅱ或纤维素Ⅰ，所以纤维素$Ⅳ_{Ⅰ}$是否为平行链的结构至今还是一个问题。

纤维素X可由纤维素Ⅰ、纤维素Ⅱ和纤维素Ⅳ用磷酸（或盐酸）处理得到，并认为可转化回纤维素Ⅱ和纤维素Ⅳ，由于纤维素X是聚合度极低（$DP=15\sim20$）的粉末，没有任何用途，至今未见进一步的报道。

结晶的纤维素变体是纤维素结构研究的一个重要课题，纤维素 4 种主要的结晶变体几乎有相同的分子链，因为都有相同的重复周期（1.03nm 左右），它们间的区别在于链构象和在晶胞内堆砌的不同。根据纤维素各结晶变体间转化的研究可将其分为两个“家族”：纤维素Ⅰ族（纤维素Ⅰ，纤维素$Ⅲ_{Ⅰ}$，纤维素$Ⅳ_{Ⅰ}$），由纤维素Ⅰ转化得到；纤维素Ⅱ族（纤维素Ⅱ，纤维素$Ⅲ_{Ⅱ}$，纤维素$Ⅳ_{Ⅱ}$），由纤维素Ⅱ转化得到。它们间可以进行图 7.13 的转化，但任何纤维素Ⅱ族中的结晶变体不能转化回纤维素Ⅰ族。

7.3.3 纤维素聚集态结构理论

7.3.3.1 天然纤维素的原细纤维结构

根据对纤维素研究的结果，普遍认为纤维可用简单的打散分离出细纤维，细纤维通过振动打散还可分离出更小的微细纤维（图 7.14），通过超声波处理，在高倍电子显微镜下可以观察到微细纤维是由宽度为 3.5nm 的原细纤维有规则排列而成的。

关于纤维素聚集态的理论有多种，这里主要介绍佛瑞—韦斯领（A. Frey—Wyssling）的研究成果，如图 7.15 所示。

佛瑞—韦斯领认为微细纤维是由若干原细纤维组成的，微细纤维的直径由电子显微镜测量，为 15～25nm，可用超声波水解为更小的原细纤维，微细纤维与原细纤维的长度超出电子显微镜的测量范围。原细纤维的大小约为 3nm×10nm，为扁平形。佛瑞—韦斯领根据 X 射线法测出天然纤维素的结晶度约为 70%，故认为原细纤维是由结晶中心（3nm×7nm）和包围其四周的不完善结晶的外膜所组成（所谓不完善结晶的外膜即为无定形区）。原细纤维与原细纤维之间有 1nm 大小的间隙，只有水、碱、碘等才能进入；而微细纤维与微细纤维之间有约 10nm 大小的较大间隙，胶体染料（刚果红）及胶体金属粒子可以进入，在木材纤维中，木质素、半纤维素也聚集在此间隙中。

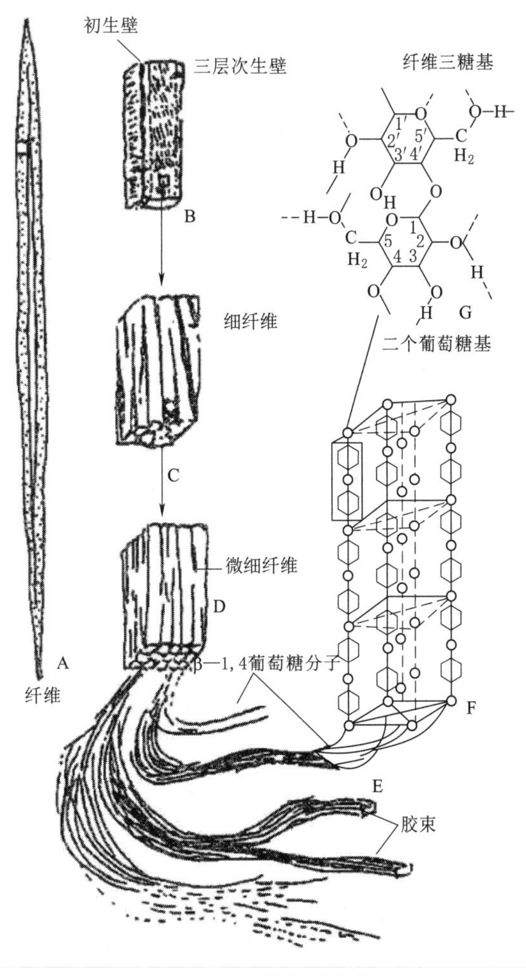

图 7.14 纤维素纤维构成

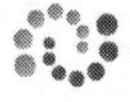

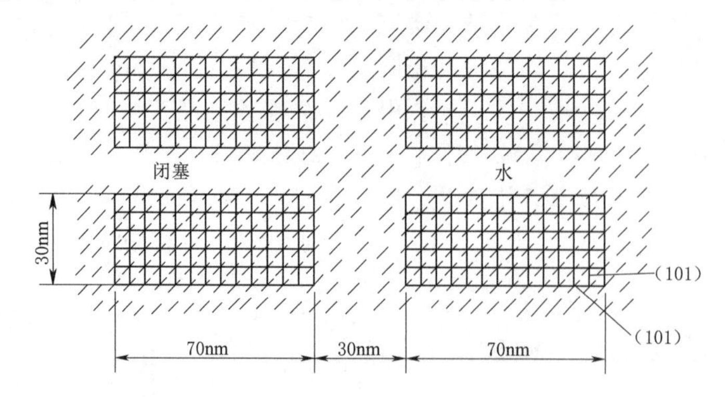

图 7.15　佛瑞—韦斯领原细纤维及微细纤维形象示意图（横切面）

注：源于詹怀宇．纤维素物理与化学［M］．北京：科学出版社，2010.

因此，根据佛瑞—韦斯领的说法，不完善结晶的纤维素主要是以外膜的形状分布于原细纤维结晶中心的四周和微细纤维与微细纤维之间，但由于机械作用将微细纤维在其表面上分离出流苏状小线，比水解生成的结晶纤维素（即所谓微晶体）长得多，故认为在微细纤维纵向的某些横切面上仍存在有不完善结晶的纤维素（强酸水解时，即从此处断裂），不过其量远不及在原细纤维外膜及微细纤维间纵向分布多。表 7.6 为莫里赫德（Morehead）用水解法除去纤维素的无定形部分而将水解剩余物（结晶部分）用超声波分散再制成样品，在电子显微镜下测其长度和宽度。纤维素的种类不同，其微晶体的平均长度亦不同。

表 7.6　从铜氨黏度测出及用电子显微镜直接看到的在各种纤维素纤维内的微晶体大小

纤维素种类	平均聚合度（从铜氨黏度算出）	从聚合度算出的平均链长度/nm	在电子显微镜下直接看见的微晶体长度/nm			在电子显微镜下直接看见的微晶体宽度和厚度/nm	
			最小	最大	平均值	宽度	厚度
棉纤维素	280	144	91	208	144	5.0	6.4
木材纤维素	297	153	120	330	153	3.7	4.5
苎麻纤维素	251	129.3	112	140	120	3.5	4.0
皂抽纤维素（福弟生纤维）	65	33.5	—	—	33.4	2.7	5.0
黏胶人造丝	56～60	25.4～30.9	—	—	24	2.3	5.0

7.3.3.2　纤维素的聚集态结构理论

纤维素原细纤维这一最小结构单元的存在，使不少研究者提出了各种模型加以解释，即纤维素大分子间存在一种怎样的相互聚集关系结合成为原细纤维结构，并如何用这种结构模型解释纤维素及其纤维的物理和化学性能。

对于纤维素分子在结晶区中的排列（伸直链或折叠链、平行排列或反平行排列等），沿原细纤维的方向上结晶区和无定形区间的聚集连接，已提出各种理论和模型，由于实验技术的限制和研究方法的不同，至今纤维素聚集态结构理论还存在着

争议，下面介绍其中几种主要的结构理论及其模型。

1. 缨状微胞结构理论

缨状微胞结构理论（theory of fringed—micelle structure）是在微胞理论的基础上发展起来的。1928年前后Meyer和Mark等提出微胞（胶束）理论，他们用X射线衍射确定了苎麻中微胞的大小为长600×10^{-10}m，宽50×10^{-10}m，黏胶纤维中的微胞大小为长300×10^{-10}m，宽40×10^{-10}m，这与当时大多数研究者测定的分子长度相一致。所以认为微胞是纤维素分子的聚集体，是有真正界面的棒状物，长为100～150个葡萄糖残基（500×10^{-10}m左右）的50～60条纤维素分子链结合在微胞中，微胞沿纤维轴排列，由无定形的微胞间物借助于微胞间力黏固在一起。1930年前后，不少研究者由黏度法测定的天然和再生纤维素的聚合度都比微胞长度大得多，而且这种理论始终解释不了润胀时微胞之间借助什么机理仍维持在一起，所以，经过1933年在曼彻斯特由法拉第学会的论证后，微胞理论就被放弃。与此同时，发展了缨状微胞理论，并提出各种可能的模型描述这一结构理论，其结构要点是：纤维素纤维是由结晶区和无定形区构成的，同一大分子可以连续地通过一个以上的微胞（结晶区）和无定形区，结晶区和无定形区间无明显的界面，分子链以缨状形式由微胞边缘进入无定形区。

例如，Howsman和Sisson指出，在缨状微胞中，结晶区和无定形区间并无截然不同，大分子的相互接近和排列可以从很高的结晶有序状态逐渐过渡到几乎完全无序的状态，其有序度（thedegree of order）能满足发生X射线射要求的部分为结晶区，反之，为无定形区，在结晶区和无定形区间有无数有序度不同的结构，可人为地分为$\overline{O}_1\sim\overline{O}_n$级的侧序分布（lateral order distribution），如图7.16所示。采用侧序分布的概念，可以认为纤维素结构是由大分子形成的连续结构，排列致密的部分分子平行排列，取向良好，分子结合力大；致密度小的部分，分子结合力小，成为无定形区；微胞是链的个别部分，这一部分分子链距离小，具有很高的结晶有序性和极大的键能。

Hess等用电子显微镜观测了天然和黏胶纤维素纤维的结构，当添加碘或铊时，观测到不规则的纵向周期，大周期为$(300\sim700)\times10^{-10}$m，小周期为$(100\sim500)\times10^{-10}$m，并假设了有代表性的缨状微胞结构模型，如图7.17所示。

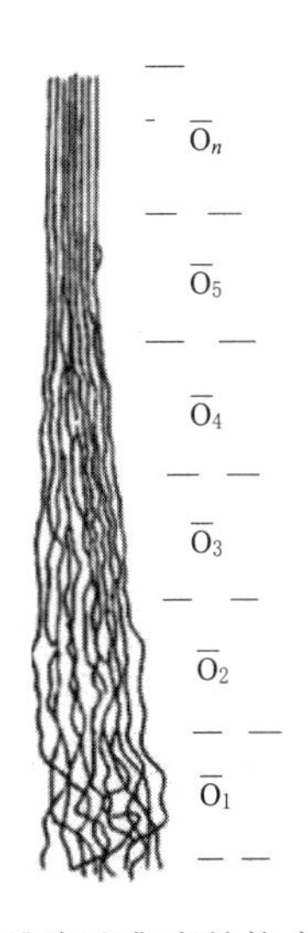

图7.16 纤维素聚集态结构中的侧序分布

注：源于詹怀宇．纤维素物理与化学［M］．北京：科学出版社，2010.

2. 缨状原细纤维结构理论

1940年后，电子显微镜开辟了直接观测纤维素微细结构的方法。大量的观测结果证明，天然和某些人造纤维存在着直径为250×10^{-10}m左右、长度很长的原细纤维结构。1958年，Hearle提出缨状原细纤维结构理论（theory of fringed fibril structure）如图7.18所示，这种结构模型放弃了微胞有限长度的设想，由于大分子聚集过程中的缠结和局部无序，结晶区中的分子不在同一位置上逸出，也不可能无限地结合在同一结晶原细纤维中，而可在结晶区不同的部位上离开，造成原细纤维中结晶区的弯曲、扭变和分叉，所以原细纤维在横向和长向上都可不断地分裂和重建，构成网络组织的结晶区和无定形区。这种理论认为缨状微胞是长的缨状原细纤维的极限情况，即当结晶期间成核频繁，原细纤维中的结晶区变得很短的情况。

图7.17　纤维素缨状微胞结构示意图

注：源于詹怀宇．纤维素物理与化学［M］．北京：科学出版社，2010.

图7.18　纤维素缨状原细纤维结构示意图

注：源于詹怀宇．纤维素物理与化学［M］．北京：科学出版社，2010.

缨状微胞和缨状原细纤维结构模型可用以解释天然纤维素、普通黏胶纤维和高湿模量纤维的性能。例如，用水解方法测得的微晶平衡聚合度只有15（高强力黏胶纤维）～300（苎麻等天然纤维素），这相当于$75\times10^{-10}\sim1500\times10^{-10}$m的微胞长度，而且可以解释纤维素及其纤维的物化性质。在普通黏胶纤维的制备中，当黏胶进入凝固浴时，由于强酸的作用，结晶速度快，成核频繁，形成体积小、尺寸短小的微晶，很少发现原细纤维结构，所以纤维强度低、伸长大，易为水或其他化学试剂所润胀，湿态时强度迅速下降，可用缨状微胞结构理论加以解释；高湿模量黏胶纤维将纤维素黄酸酯的凝固和再生分开进行，再生在很高的牵伸条件下缓慢进行，所以可以形成类似棉花的原细纤维结构，大大强固了纤维的结构，使之具有较高的强度、模量、耐碱性和韧性，这可以用缨状原细纤维结构理论加以解释。

3. 折叠链结构理论

1957年，在聚乙烯稀溶液中首先制备了单晶，其厚度为$(100\sim500)\times10^{-10}$m，认为几万纳米以上的大分子是在垂直于单晶板面方向上（c轴方向）来回折叠排列的，之后从聚甲醛、等规聚丙烯、等规聚苯乙烯、聚乙烯醇，尼龙—66、聚丙烯酸以及纤维素等物质都获得单晶（片晶）。另外，小角X射线衍射发现纤维素纤维的纵向上存在平均$(100\sim200)\times10^{-10}$m左右的等同周期，使一部分研究者设想纤维

素及其衍生物存在与合成线型聚合物相似的折叠链结构（folded chains structure），并提出各种可能的折叠链结构模型。

1960 年，Tonnesen 和 Ellefsen 首先提出了基元原细纤维折叠链结构的设想，但当时并没有可靠的实验证据，他们认为纤维素在结晶区中每经 500×10^{-10}m 就折叠而转向相反的方向，形成宽度 100×10^{-10}m 左右的单分子层链片，位于晶胞的（101）面上。分子层厚度相当于葡萄糖单元的横向尺寸（5×10^{-10}m 左右），由 8 个这样相同的分子层在垂直于（101）面方向上结合成一个微胞（胶束），厚度为 40×10^{-10}m，这样折叠构成的结晶胞的大小为 $(500\times10^{-10})\text{m}\times(100\times10^{-10})\text{m}\times(40\times10^{-10})\text{m}$。由于这种模型无法解释缨状微胞结构所能说明的各种实验证据，因而并未得到广泛的接受。

1964 年，Manley 发现直径 35×10^{-10}m 左右的基元原细纤维和周期结构，提出带状盘褶（pleatedribbon）的折叠链结构，如图 7.19 所示，在这种结构模型中，纤维素分子链通过折叠成为宽 35×10^{-10}m 的带，然后以 Z 字型盘褶成为螺旋状，分子链伸直的片段平行于螺旋（纤维）轴，这样形成的基元原细纤维有 $(35\times10^{-10})\text{m}\times(20\times10^{-10})\text{m}$ 左右的矩形横截面。原细纤维之间由氢键键合以解释 X 射线衍射图的弥散散射和各种形式的侧向不完整。

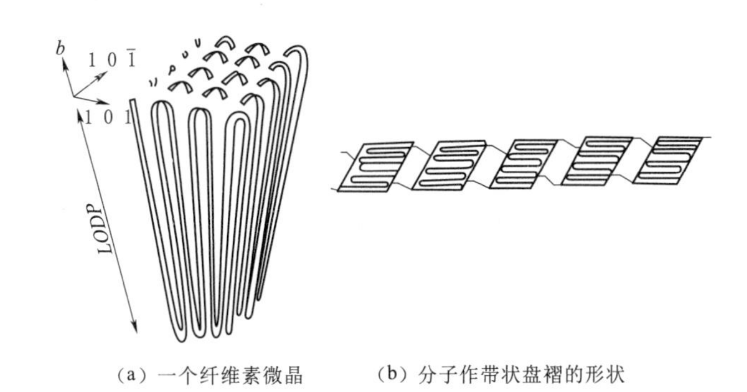

（a）一个纤维素微晶　　（b）分子作带状盘褶的形状

图 7.19　纤维素折叠链结构示意图

注：源于詹怀宇．纤维素物理与化学［M］．北京：科学出版社，2010.

1971 年，Chang 提出另一种折叠链结构模型，并用这种结构模型解释纤维素丝光化过程中纤维素Ⅰ向纤维素Ⅱ结晶型态的转变和纤维素的水解。

Chang 折叠链模型的要点如下：①纤维素大分子链本身在（101）面内以分子间距来回折叠，折叠长度相当于平衡聚合度（*LODP*），形成大小约为 $LODP\times(38\times10^{-10})\text{m}\times(6\times10^{-10})\text{m}$ 的薄片晶，作为纤维素最小的结构单元；②若干个薄片晶在垂直于（101）面的方向上堆砌构成基元原细纤维；③薄片晶中的伸直链部分，葡萄糖酐间为 β 构象型的连接，在折叠（弯曲）部分，糖苷为 β_L 构象型连接，由 2～4 个 β_L 苷键完成一次折叠，β_L 构象比 β 构象弱，易于被水解而断裂，成为薄片晶中的“定形”部分，如图 7.20 所示。

纤维素的折叠链结构理论可以解释纤维素及其衍生物的单晶结构、纤维素Ⅱ的反平行链结构、丝光化纤维素所观察到的串晶结构以及纤维素长方向上存在的小周

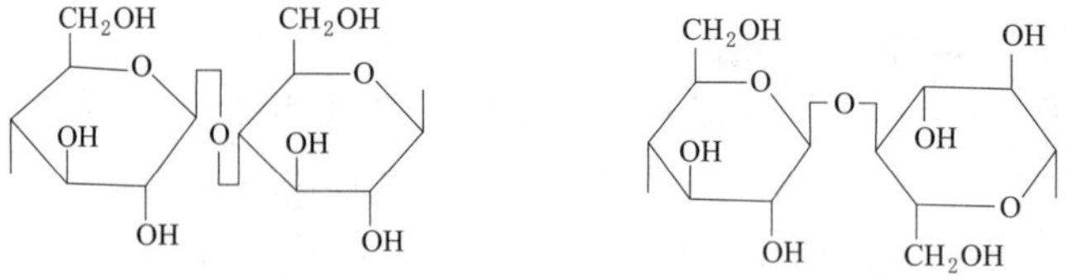

(a) β_L构象　　(b) β构象

图7.20　纤维素糖苷的β_L构象和β构象

期结构。但是，对于纤维素Ⅰ，大量的研究，特别是X射线衍射与计算机相结合的近代堆砌分析、纤维素生物合成机理的研究，都得出天然纤维素是平行排列、伸直链结构的结论。1969年，Muggli设计了一个有趣的实验确定苎麻中微原细纤维的分子量分布：将苎麻切成2μm长，他设想，如果纤维素分子链是伸展的，随机切断之后，分子量应有相当大的减少；如果是折叠链，只有少数分子被切断，分子量应基本不变。实验结果表明，苎麻的聚合度由3900降到1600，这个结果说明纤维素Ⅰ分子的构象是伸展的。前述Hieta等的观测则是天然纤维素平行链排列的一个直接观测证据。研究发现黏胶纤维中纤维素的结构是折叠链结构。

目前，纤维素及其纤维的结构理论主要采用改进了的缨状微胞模型和缨状原细纤维模型加以解释。由于纤维素Ⅰ向纤维素Ⅱ转化的机理至今还有争议以及纤维素Ⅱ各种反平行链模型的提出，折叠链结构理论在解释纤维素Ⅱ形成机理和结构的性能关系方面仍应予以考虑。

7.4　纤维素的物理性质

7.4.1　纤维素的吸湿与解吸

纤维素纤维自大气中吸收水或水蒸气的过程，称为吸湿；因大气中降低了水蒸气分压而使纤维素放出水或水蒸气的现象称为解吸。

纤维素吸湿的内在原因是：在纤维素的无定形区中，链分子中的羟基只是部分地形成氢键，还有部分羟基仍是游离状态。由于羟基是极性基团，易于吸附极性水分子，并与吸附的水分子结合形成氢键。纤维素吸附水蒸气的现象对纤维素纤维的许多重要性质有影响，例如随着纤维素吸附水量的变化引起纤维润胀或收缩，纤维的强度性质和电学性质也会发生变化。

纤维素纤维所吸湿的水可分为两部分：一部分是进入纤维素无定形区与纤维素的羟基形成氢键而结合的水，称为吸附水，这种吸附水具有非常规的特性，即最初吸着力强烈，并伴有热量放出，使纤维素发生润胀，还产生对电解质溶解力下降等现象，因此吸附水又叫作化学吸附水；另一部分是当纤维物料吸湿达到纤维饱和点后，水分子继续进入纤维的细胞腔和空隙中，形成多层吸附水，这部分水称之为自由水或毛细管水。吸附水由于化学吸附而形成，而自由水是由于物理吸附而形成。

纤维素润胀、溶解

7.4.2 纤维素的润胀与溶解

纤维素的润胀和溶解并没有很明确的界限，可能同时发生。纤维素经过有限润胀后体积增加，物理性质发生明显变化，但总的结构得以保持。而纤维素一旦溶解，原有的超分子结构完全破坏。从物理化学的角度来看，纤维素的有限润胀和溶解现象具有一些共同点：溶剂分子与纤维素链之间形成更强的分子间作用力或者是共价衍生化来克服纤维素分子内和分子间的氢键相互作用，从而使纤维素的超分子结构变得松散甚至消失，导致纤维素羟基的可及度和反应性增加。

7.4.2.1 纤维素的润胀

润胀是固体吸收润胀剂后体积变大但不失其表观均匀性、分子间内聚力减少、固体变软的现象。纤维素上所有的羟基都处于氢键网络中，纤维素分子链以链片的方式排列。在纤维素分子链中每个葡萄糖环上有一个伯醇羟基和两个仲醇羟基，因此可与许多能够形成氢键的溶剂发生润胀。常用的纤维素润胀剂有水、碱溶液、磷酸、甲醇、乙醇、苯胺、苯甲醛等极性液体。

纤维素的润胀可分为有限润胀和无限润胀（即溶解）。

（1）有限润胀：纤维素吸收润胀剂的量有一定限度，其润胀的程度也有限度。有限润胀分为结晶区间的润胀和结晶区内的润胀。结晶区间的润胀是指润胀剂只达到无定形区和结晶区的表面，纤维素的X射线衍射图不发生变化。结晶区内的润胀是润胀剂占领整个无定形区和结晶区，形成润胀化合物，产生新的结晶格子，纤维素原本的X射线衍射图消失，出现了新的X射线衍射图。多余的润胀剂不能进入新的结晶格子中，只能发生有限润胀。

（2）无限润胀：润胀剂无限进入纤维素的结晶区和无定形区导致纤维素形成溶液，即溶解。在无限润胀过程中纤维素原有的X射线衍射现象逐渐消失，且不出现新的X射线衍射环。

纤维素纤维的润胀程度可用润胀度表示，即纤维润胀时直径增大的百分率。影响润胀度的因素有润胀剂种类、浓度、温度和纤维素种类等。对于碱溶液来说，碱溶液种类不同，其润胀能力不同。碱溶液中的金属离子通常以水合离子的形式存在，半径越小的离子对外围水分子的吸引力越强，形成直径较大的水合离子，对润胀剂进入无定形区和结晶区更为有利。几种碱溶液的润胀能力大小为：LiOH＞NaOH＞KOH＞RbOH＞CsOH。不同碱溶液中，纤维素润胀的最佳碱浓度不同。

7.4.2.2 纤维素的溶解

所谓溶解，是指溶质分子通过扩散与溶剂分子均匀混合成分子分散的均匀体系。纤维的溶解性取决于溶剂和纤维的相互作用，即与分子间作用力的强度有关，所以纤维素的溶解性受化学结构所制约。

纤维素是一种高分子化合物。由于高分子结构的复杂性，它的溶解要比小分子的溶解缓慢而又复杂得多。由于高分子与溶剂分子的尺寸相差悬殊，两者的分子运动速度存在着数量级差别，溶剂分子能很快渗透入高分子，而高分子向溶剂的扩散却非常缓慢。因此高分子的溶解过程经历两个阶段：首先是溶剂分子渗入高分子内部，使高分子体积膨胀，称为溶胀；其次在高分子的溶剂化程度达到能摆脱高分子间的相互作用之后，高分子才向溶剂中扩散，从而进入溶解阶段，最后高分子均匀地分散在溶剂中，达到完全溶解。

纤维素双电层及热解

7.4.3　纤维素纤维的表面电化学性质

由于纤维本身含有糖醛酸基、极性羟基等基团，纤维素纤维在水中时，其表面总是带负电荷。分子的热运动则导致在离纤维表面由远而近有不同浓度的正离子分布：近纤维表面部分的正离子浓度大；远纤维表面部分的正离子浓度小。当纤维运动时，靠近纤维表面的正离子会随纤维一起运动，纤维表面加上随纤维运动的正离子称为吸附层。从吸附层到正离子为零时的一层不随纤维运动，而是随溶液运动，这一层称为扩散层。吸附层和扩散层组成的双电层称为扩散双电层，扩散双电层的正电荷等于纤维表面的负电荷。

设在双电层中过剩正离子浓度为零处的电位为零。纤维表面的液相吸附层与液相扩散层之间的界面上，两者发生相对运动的电位差称作动电位或 Zeta 电位（ξ—电位），它代表分散在液相介质中带电颗粒的有效电荷。ξ—电位的绝对值越大，粒子间的相互排斥力越强，分散体系越稳定。相反，ξ—电位的绝对值越小，粒子间的相互排斥力越弱。ξ—电位趋向零时，分散体系很不稳定，出现絮凝。不同纤维素样品的ξ—电位是不同的。就绝对值而言，纸浆越纯，ξ—电位越大。在 pH＝6～6.2 的水中，棉花的ξ—电位是－21.4mV，α—纤维素是－10.2mV，而未漂硫酸盐木浆是－4.2mV。

pH 对ξ—电位也有很大的影响。pH 增大，ξ—电位绝对值增大；pH 降至 2 时，ξ—电位接近于零。加入电解质可以改变液相中带电离子的分布，电解质的浓度增大，吸附层内的离子增多，扩散层变薄，ξ—电位下降。当加入足够的电解质时，ξ—电位为零，扩散层的厚度也为零，此时称为等电点。

7.5　纤维素的化学改性

7.5.1　纤维素的降解反应

当纤维素受到化学、物理、机械和微生物的作用时，分子链上的糖苷键断裂，引起纤维素的降解，并造成纤维素化学、物理和机械性质等的变化。纤维素的主要降解反应包括酶水解降解、酸水解降解、碱性降解、机械降解、氧化降解和热解等。

纤维素酶降解

7.5.1.1　纤维素的酶水解降解

酶是由氨基酸组成的具有特殊催化功能的蛋白质。能使纤维素水解的酶称纤维素酶，它能使木材、棉花和纸浆的纤维素发生酶水解从而降解，纤维素酶可将纤维素水解成葡萄糖。从原理上说，纤维素的酶水解作用主要是导致纤维素大分子上的β—1,4 苷键断裂。由于酶水解作用选择性强，且比化学水解的条件更温和，是一种

清洁的水解方法，也是生产纤维素乙醇的常规手段。

纤维素酶是一种多组分酶，主要包括以下酶组分：①内切—β—葡聚糖酶；该酶又称 β—1,4 葡聚糖水解酶，可随机地作用于纤维素内部的结合键；②外切—β—葡聚糖酶，该酶又称 β—1,4 葡聚糖纤维二糖水解酶；主要作用于上述酶的水解产物，从纤维素大分子的非还原性末端起，顺次切下纤维二糖或单个地依次切下葡萄糖，也能使结晶性纤维素解聚生成无定形纤维素；③β—葡萄糖苷酶，该酶也称为纤维二糖酶，能将纤维二糖水解为葡萄糖。目前，大部分文献认为外切酶破坏结晶区，也发现了一些内切酶可以，但主流还是认为外切酶为主。

纤维素酶对天然纤维素的水解是上述几种酶协同作用的结果。结晶纤维素被内切—β—葡聚糖酶降解生成无定形纤维素和可溶性低聚糖，然后被外切—β—葡聚糖酶作用直接生成葡萄糖，也可被外切—β—葡聚糖酶水解生成纤维二糖，接着被 β—葡萄糖苷酶水解得到葡萄糖。内切—β—葡聚糖酶主要作用是将纤维素水解成纤维二糖和纤维三糖，不能将纤维素直接水解成葡萄糖。整个反应可看作两个步骤，即将纤维素变成纤维二糖和将纤维二糖水解成葡萄糖。

纤维素酸水解和碱降解

7.5.1.2 纤维素的酸水解降解

纤维素大分子的苷键对酸的稳定性较差，在适当的氢离子浓度、温度和时间下会发生酸性水解。若水解条件不强烈，其水解残渣称为水解纤维素，它的化学结构与原来纤维素并无区别，但是聚合度、机械强度降低，还原性、溶解度增强，吸湿性也发生变化。若水解条件强烈，可以完全水解，最终产物为葡萄糖。即

$$(C_6H_{10}H_5)_n \xrightarrow[H^+]{H_2O} nC_6H_{12}O_6 \tag{7.15}$$

由于纤维素不溶于稀酸而溶于浓酸，所以纤维素水解反应有单相与多相之分，在稀酸中就以多相体系进行，在浓酸中以均相体系进行。二者在原理和影响因素上不尽相同，在实际中碰到的大部分是多相水解，因此本节主要讨论稀酸水解。

1. 纤维素的酸水解机理和影响因素

纤维素的酸水解机理如图 7.21 所示。葡糖苷键 a 式先质子化成 b 式，再裂解成为环状结构的碳鎓离子 c 式，又形成半椅形结构 d 式，水与 d 式加成而成为新的还原性末端基。

纤维素水解速度可表示为

$$\frac{dx}{dt}=K(a-x) \tag{7.16}$$

式中：K——水解速度常数；

a——水解前的纤维素数量；

x——经过时间 t 后，发生水解的纤维素数量。

将式（7.16）两边积分得 $x=a(1-e^{-Kt})$，可看出 a 为固定数字，与水解条件无关。纤维素水解数量 x 决定于K 与t 之积，K 值较大则水解速度较快，反之则较慢。

K 值受酸的种类、浓度、水解温度及纤维素材料性质等因素影响，表示为

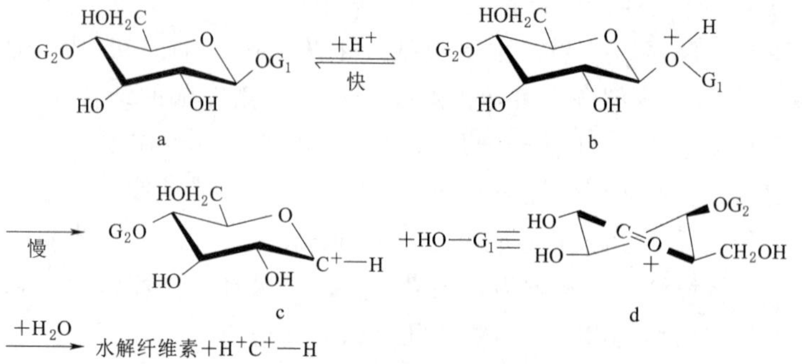

$\xrightarrow[\text{慢}]{}$ … $+HO—G_1$ …

$\xrightarrow{+H_2O}$ 水解纤维素 $+H^+C^+—H$

图 7.21　纤维素的酸水解机理

G_1，G_2—葡萄糖基

注：源于贺近恪，李启基．林产化学工业全书　第 2 卷［M］．北京：中国林业出版社，2001.

$$K=\alpha N\delta\lambda \tag{7.17}$$

式中　α——催化剂的活性常数，决定酸的种类；

N——催化剂的校准浓度，mol/L；

δ——多糖水解常数，决定于不同纤维素材料；

λ——温度常数。

酸的 H^+ 浓度不同，其催化作用不同。相同标准浓度下的各种酸催化剂的活性常数见表 7.7。在稀酸水解过程中，当酸浓度增加时，水解反应速度亦随之而增大。在工业上主要以硫酸水解为主，盐酸也有一定应用。

纤维素原料本身的性质对水解有很大影响，各种原料的水解常数见表 7.8。水解常数越低，越难水解。从表 7.8 中看出，棉花最难水解。

表 7.7　　催化剂的活性常数

酸的种类	α 值	酸的种类	α 值
盐酸	1.0	硫酸	0.5
氢溴酸	1.14	醋酸	0.025
硝酸	1.0	磷酸	0.06

表 7.8　　各种原料的水解常数

原　料	δ 值	原　料	δ 值
棉花	1	半纤维素	10～100
木材、禾本	2.0～2.5		

注　以棉花的 δ 值为 1 作基准。

水解温度对水解反应的影响见表 7.9。从表 7.9 中看出，当温度升高时，水解速度增大，大约每升高 10℃，水解速度加快 1 倍。然而温度升高，水解生成单糖的分解速度也增加，而且酸浓度越高分解越快。所以一般水解温度在 180℃左右进行。计算木材在 0.05mol/L 硫酸中，180℃下进行水解的水解常数为

$$K=\alpha N\delta\lambda=0.5\times0.05\times2.0\times6.85=0.343$$

表 7.9　　稀酸水解的温度系数和温度常数

温度/℃	温度系数 Q_{10}	温度常数 λ	温度/℃	温度系数 Q_{10}	温度常数 λ
160	2.10	1.20	190	2.22	15.9
170	2.37	2.88	200	2.08	35.3
180	2.22	6.85	210	1.90	73.5

注　当温度为 200℃时，温度每升高 10℃，其 $Q_{10}=\frac{K_{t^o+10}}{K_{t^o}}=\frac{K_{300}}{K_{190}}=2.08$，其中 K_{t^o} 为初始温度的水解速率。

2. 纤维素多相水解过程的基本规律

在多相介质内，纤维素水解速度在反应过程中变化很大。在水解初期速度较大，经过一定时间后，反应速度大大降低，并在多数情况下维持恒定，直至反应终了。这个阶段，水解残渣的聚合度、结晶度、吸水量等也都大致为一定值。不同纤维素制品，其高速水解时间各不相同，从表 7.10 可以看出纤维素聚合度和单糖生成量在水解初期变化较大，并随水解时间的延长而变化速度减慢。

表 7.10　　水解过程中纤维素聚合度的变化

亚硫酸盐浆			经丝光化的亚硫酸盐浆		
水解时间/h	纤维素聚合度	生成单糖量（占称料的百分比）/%	水解时间/h	纤维素聚合度	生成单糖量（占称料的百分比）/%
0	1980	0	0	1960	0
1.5	570	6.8	1	125	8.8
3	510	9.3	2	109	12.5
4.5	490	11.3	4	101	18.7
6	460	13	6	98	21.5

大多数人认为，出现上述规律的原因在于纤维素中存在两相结构。当纤维素在稀酸中进行多相水解时，水解剂很快扩散到纤维素的无定形区，各处几乎同时进行水解，故水解速度很快。由于水解剂极难甚至根本不能进入结晶区，当无定形区纤维素链分子水解完毕以后，水解作用仅在结晶区表面少数链分子进行，故水解速度显得很慢而趋于稳定。

纤维素水解工业是利用纤维素酸性水解来制造葡萄糖并发酵生产乙醇及其他发酵产品的工业。对于造纸用浆，合适的水解可使木料容易打浆。在采用硫酸盐法制造人造丝浆粕时，常用稀酸作预水解。在进行酸性亚硫酸盐制浆时，当木质素已大部分除去后，要防止高温下长时间蒸煮以避免纸浆得率和聚合度下降，同时也避免水解产生的单糖进一步水解，以提高废液利用价值。

7.5.1.3　纤维素的碱性降解

一般认为纤维素的苷键对碱是比较稳定的，但在高温下会发生碱性降解，使纤维素的糖苷键部分断裂，产生新的还原性末端基，导致聚合度下降，强度降低。纤维素的碱性降解主要为碱性水解和剥皮反应。在稀碱溶液中，一般来说，150℃以前的碱性降解主要是剥皮反应，150℃以后主要发生碱性水解，导致葡萄糖苷键无序断裂。

1. 剥皮反应

在碱性溶液中，即使在很温和的条件下，纤维素也能发生剥皮反应。所谓剥皮反应是指在碱性条件下，纤维素结构中具有还原性的末端基一个个掉下来使纤维素大分子逐步降解的过程。

纤维素的剥皮反应如图 7.22 所示。纤维素先异构化为酮糖 b，经烯二醇 c，使 C_4 上葡萄糖苷键断裂生成 d，并变成二酮结构 e，然后由于重排生成葡萄糖异变糖酸 f。而 G_n—OH 具有新的还原性末端基，可继续进行上述反应，逐个不断地脱掉末端基。这种裂解的机理是当葡萄糖末端基在碱作用下异构化变成酮糖 b 时，由于负电性基团的诱导效应，C_α 位碳原子上的氢原子酸性增强，而被强碱所移去，接着发生电子对的转移，在两个碳原子间形成双键，同时使 C_β 上的醚键发生 β—分裂。如图 7.23 所示。说明发生剥皮反应必须在碱性条件下具有 β—烷氧基羰基结构时才会发生。

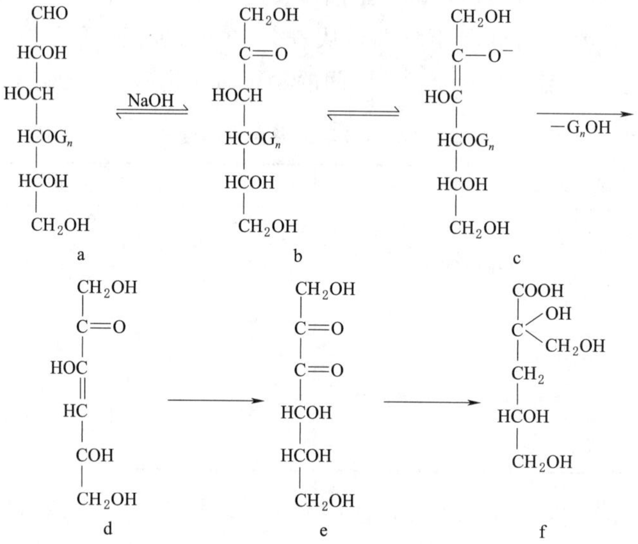

a: CHO—HCOH—HOCH—HCOG$_n$—HCOH—CH_2OH $\underset{}{\overset{NaOH}{\rightleftharpoons}}$ b: CH_2OH—C=O—HOCH—HCOG$_n$—HCOH—CH_2OH $\rightleftharpoons$ c: CH_2OH—C—O$^-$ ‖ HOC—HCOG$_n$—HCOH—CH_2OH $\xrightarrow{-G_nOH}$

d: CH_2OH—C=O—HOC=HC—COH—CH_2OH $\longrightarrow$ e: CH_2OH—C=O—C=O—HCOH—HCOH—CH_2OH $\longrightarrow$ f: COOH—C(OH)(CH_2OH)—CH_2—HCOH—CH_2OH

图 7.22　纤维素的剥皮反应

注：源于贺近恪，李启基．林产化学工业全书　第 2 卷［M］．北京：中国林业出版社，2001.

CH_2OH—C=O—HO—$\overset{\alpha}{C}$—H—H—$\overset{\beta}{C}$—O—G$_n$—H—C—OH—CH_2OH $\xrightarrow{NaOH}$ H—O—G$_{n-1}$ + CH_2OH—C=O—HO—C=C—H—H—C—OH—CH_2OH

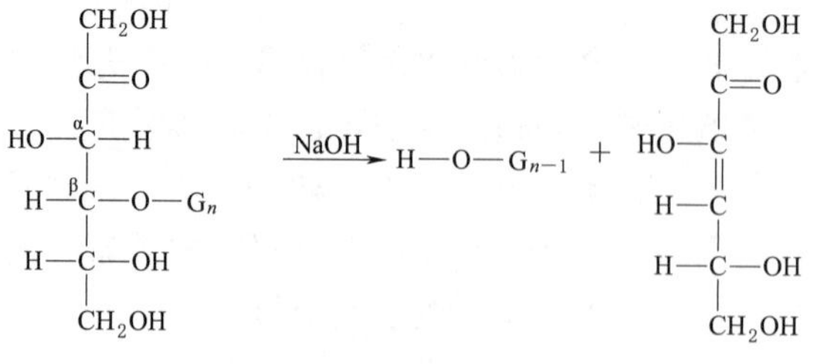

图 7.23　β—烷氧基羰基结构

注：源于贺近恪，李启基．林产化学工业全书　第 2 卷［M］．北京：中国林业出版社，2001.

纤维素在稀碱溶液中也可能进行另一种反应，即图 7.24 所示的终止反应。末端基脱除 α—CH，β—C—OH 即脱水形成新的 π 键烯醇结构 b，烯醇 b 活泼，排斥

π 键，烯醇羟基的氢原子加成到 π 键上，形成 C ═O 基 c，由于诱导效应，碳氧 π 键—C ═O 被水加成得同碳二元醇 d，而同碳二元醇不稳定，进行分子重排，生成偏变糖酸 e，具有偏变糖酸末端基的纤维素因无 β—烷氧基羰基结构，故不再进行上述剥皮反应，因此，称为稳定反应。偏变糖酸的生成速度为异变糖酸的 1/90～1/70，这可能是由于在碱性溶液中存在大量的羟基离子，妨碍了 C_3 位上羟基的消除。

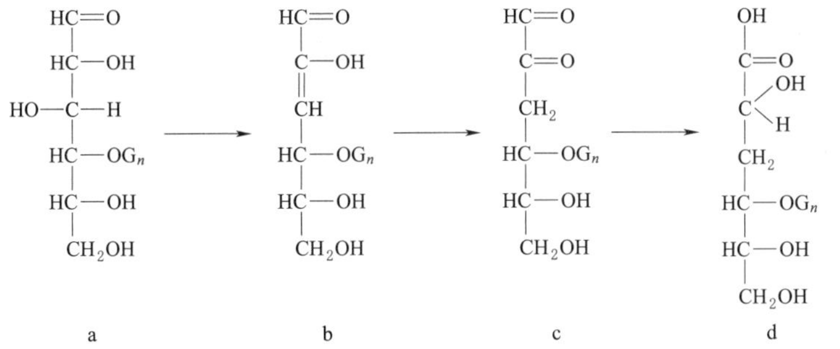

图 7.24　纤维素对稀溶液的终止反应

注：源于贺近恪，李启基．林产化学工业全书　第 2 卷［M］．北京：中国林业出版社，2001.

2. 碱性水解

在稀碱溶液中，一般来说 150℃以上的碱性降解主要是碱性水解。它与酸性水解完全不同，是由于环氧化作用而产生的，如图 7.25 所示，可以看出纤维素 a 发生碱水解，首先是 C_2 位置上的羟基发生电离 b，但椅式构象 c 是稳定的，不易发生水

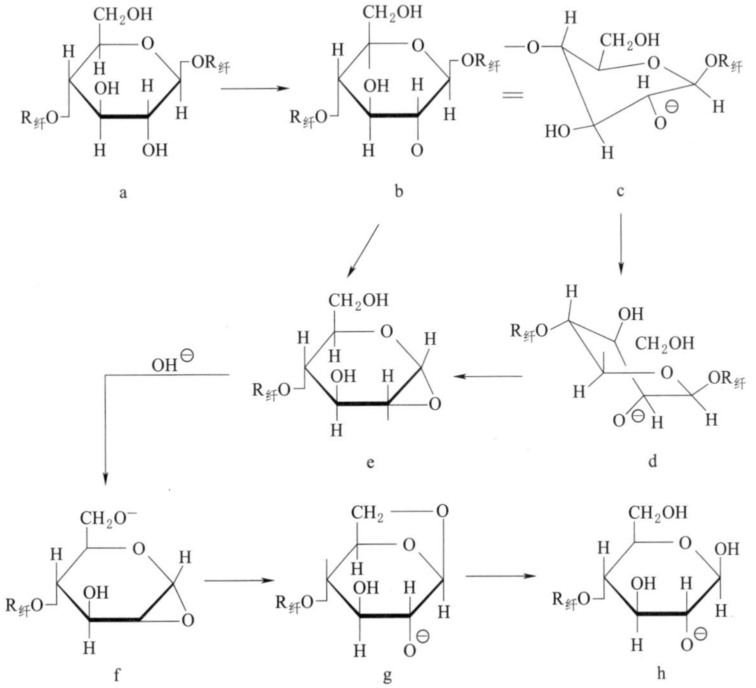

图 7.25　纤维素碱性水解过程（稀碱）

注：源于贺近恪，李启基．林产化学工业全书　第 2 卷［M］．北京：中国林业出版社，2001.

解反应。当椅式构象转变为船式构象 d（或互变）时，就容易发生环氧化反应 e 而降解，最后形成降解产物 h。

$$G_n—C(=O)H + O_2 \longrightarrow G_n—C(=O)\cdot + HOO\cdot$$

$$G_n—C(=O)\cdot + O_2 \longrightarrow G_n—C(=O)OO\cdot$$

$$G_n—C(=O)OO\cdot + G_nH \longrightarrow G_n—C(=O)OOH + \underset{a}{G_n\cdot}$$

（以上：开始氧化）

$$G_n\cdot + O_2 \longrightarrow \underset{b}{G_nOO\cdot}$$

$$G_nOO\cdot + G_nH \longrightarrow \underset{c}{G_nOOH} + G_n\cdot$$

（以上：链锁氧化）

$$G_nOOH \xrightarrow{Co^{2+}等} \underset{d}{G_nO\cdot} + \underset{e}{\cdot OH}$$

$$G_nH + G_nO\cdot \longrightarrow G_n\cdot + G_nOH$$

$$G_nH + \cdot OH \longrightarrow G_n\cdot + H_2O$$

（以上：自动氧化）

图 7.26　纤维素在浓碱溶液中反应

注：源于贺近恪，李启基．林产化学工业全书第2卷［M］．北京：中国林业出版社，2001.

在浓碱溶液中，纤维素发生降解的机理如图 7.26 所示。初始反应是由 O_2 脱掉醛基的氢原子而生成 a。在链锁氧化阶段，$G_n\cdot$ 和 O_2 反应而生成过氧游离基 b，再与纤维素反应生成 c 和 $G_n\cdot$，于是在自动氧化反应中，由于过渡性金属离子 Co^{2+}、Mn^{2+}、Fe^{2+} 等的存在，发生 c 的分解，生成游离基 d 和 e，再攻击纤维素而生成 $G_n\cdot$。游离基反应虽然能很好地说明纤维素在浓碱溶液中的老化作用，但直到现在还没有生成游离基的直接证明。Mattor 从在碱纤维素的老化过程中没有发现游离基中间体的事实出发，提出离子反应式。醛基与氢氧离子反应生成络合物，由此双重离子化的醛基生成，此离子攻击纤维素而使之分解，有

$$G_n—CH(O^-)_2 + O_2 \longrightarrow G_n—C(=O)O^- + HOO^- \tag{7.18}$$

7.5.1.4　纤维素的机械降解

磨碎、压碎或强烈压缩时纤维素受到机械作用降解，表现为聚合度下降。对于相同聚合度的纤维素，受机械降解的纤维素比受氧化、水解或热解的纤维素具有更大的反应能力和较高的碱溶解度，这说明纤维素在磨碎或受其他强烈机械作用时，除纤维素大分子中的键断裂外，还发生天然纤维素结晶结构以及纤维素大分子间氢键的破坏。

纤维素的氧化

7.5.1.5　纤维素的氧化降解

纤维素分子中存在大量的羟基和易被水解的苷键，它们的反应程度受氧化剂种类和反应液的 pH 影响。根据不同氧化条件，可生成羰基或羧基，其结构和性质与原纤维素不同，故称为氧化纤维素。其中具有羰基的称为还原性氧化纤维素，具有羧基的称为酸性氧化纤维素。纤维素的氧化是工业上的一个重要过程，通过对纤维素氧化的研究，可以预防纤维素的损伤或获得进一步利用的性质。例如氯、次氯酸盐和 ClO_2 用于纸浆和纺织纤维的漂白；在黏胶纤维工业中，利用碱纤维素的氧化降解调整再生纤维的强度，对以碱纤维素为中间物质的其他酯醚反应以及纤维素的接枝共聚等都是十分重要的。

1. 氧化剂的类型及其氧化性能

氧化剂按其对纤维素不同羟基氧化有无选择性，可分为选择性氧化剂和非选择性氧化剂。如 NO_2 主要使伯醇羟基氧化成羧基，高碘酸使葡萄糖基的 C_2 位和 C_3 位上羟基氧化成醛基，ClO_2 使醛基在酸性介质中氧化成羧基。它们均具有良好的渗透性，作用缓和均匀，氧化后仍保持纤维状态，这类为选择性氧化剂。又如 $KMnO_4$、H_2O_2、次氯酸盐等，具有较强烈的氧化作用，氧化后使纤维素易失去强度变脆，这类为非选择性氧化剂。

2. 氧化的途径

通过对氧化纤维素功能团的分析，纤维素氧化途径如图 7.27 所示。其中（a）为纤维素还原性末端基 C_1 位上氧化，纤维素末端基转化为葡萄糖首酸。一般纤维素与 HClO 或温和碱性次亚碘酸盐溶液作用，发生这种氧化作用。（b）为纤维素基环 C_2 位和 C_3 位上羟基的氧化，一般先氧化成羟酮，然后在酸性介质中进一步氧化时，环开裂生成纤维素碳酸酯，在 pH＝4.0～4.5 时还能脱去 CO_2，使碳链变短，形成阿拉伯糖基末端，此途径还需进一步了解。若在碱性介质中，羟酮会起同分异构作用，而形成烯二醇，再氧化成二酮，进一步氧化使环开裂成羧酸。（c）为纤维素 C_6 位上羟基氧化，先氧化成醛基，然后再氧化成羧基，但在酸性介质中主要为醛基，在碱性介质中主要为羧基。此外，$C_2—C_3$ 键也可能断开，得到二醛纤维素，进一步氧化得到二羧基纤维素。

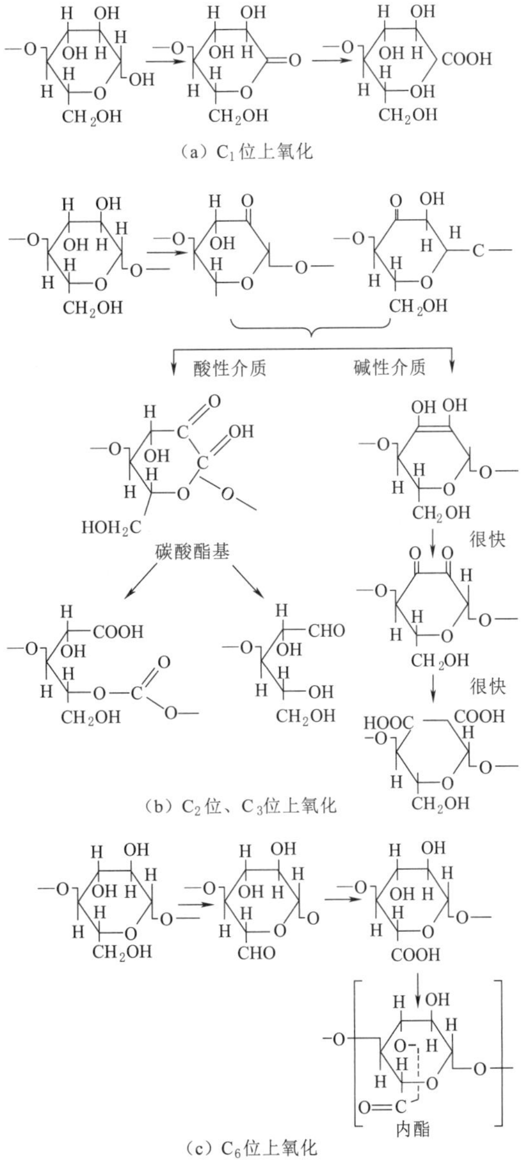

(a) C_1 位上氧化

(b) C_2 位、C_3 位上氧化

(c) C_6 位上氧化

图 7.27　纤维素氧化途径

注：源于贺近恪，李启基．林产化学工业全书第 2 卷 [M]．北京：中国林业出版社，2001.

3. 氧化降解

纤维素的氧化降解主要是由于氧化而引起的水解作用和分解作用。醛基和羧基都是亲电取代基，这对聚糖苷键的分解有一定的影响，尤其是醛基的影响最大。它能活化与之相近的苷键，使之容易水解而发生苷键的断裂，聚合度下降、纤维素漂白尤其如此。纤维素氧化降解反应过程如图 7.28 所示。(a) 为氧化纤维素在碱性介质中，β—烷氧基羰基结构的位置。(b) 为裂开的结果产生了各种分解产物，并进一步裂解为一些简单的有机化合物，如乙醛酸、甘油酸、草酸及 CO_2 等。苷键的断裂，按 β—分裂原理进行。

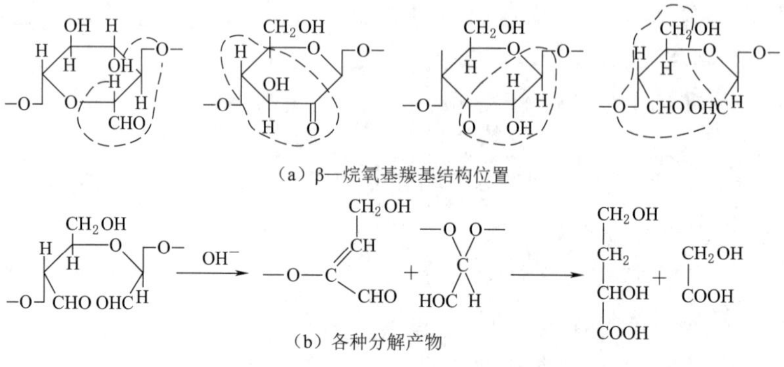

(a) β—烷氧基羰基结构位置

(b) 各种分解产物

图 7.28　纤维素氧化降解反应

注：源于贺近恪，李启基．林产化学工业全书　第 2 卷 [M]．北京：中国林业出版社，2001.

下面分别介绍 O_2、氯、NaClO 对纤维素的降解。

氧化降解常发生在制浆造纸工业的氧碱漂白过程。氧碱漂白对纤维素的降解反应主要是碱性氧化降解反应，其次是剥皮反应。纤维素受到分子氧的氧化作用，会在 C_2 位（或 C_3 位、C_6 位）上形成羰基，从而导致糖苷键断裂，如图 7.29 所示。

氯对纤维素的降解反应过程包括离子反应过程和游离基反应过程。离子反应过程包括氢化物或质子的转移过程，游离基反应过程包括氢原子消除反应。

在离子反应过程中，由于氯水系统的水解、电离反应，氯水溶液中将存在下列平衡反应：

$$\begin{cases} Cl_2 + H_2 \rightleftharpoons HOCl + HCl \\ 2HOCl \rightleftharpoons Cl_2O + H_2O \end{cases} \tag{7.19}$$

因此氯水溶液中的氯将以 Cl_2、HOCl 和 Cl_2O 等状态存在并参加离子反应过程，如图 7.30 所示（以 β—葡萄糖甲基苷为例）。

从图 7.30 可以看出，氢化物或质子转移，使糖苷键氧化断裂，并在 C_1 位上形成羰基。同理在 C_2 位、C_3 位、C_4 位、C_6 位上的氧化，也能出现羰基进而氧化为羧基。Alfredsson 和 Samuelson 曾用氯水氧化过纤维素，发现葡萄糖酸是纤维素氯化时形成的主要的末端羧酸基。由于氯水系统不仅有水解、电离现象，而且还可能有游离基存在。温度越高，越容易产生游离基（以 25℃以下较好），pH 最好在 1～2，否则 HO・增多。

$$\begin{cases} Cl_2 \xrightarrow[h_\gamma]{\triangle} \cdot Cl + \cdot Cl \\ HOCl \xrightarrow{\triangle} HO\cdot + \cdot Cl \\ Cl_2O \xrightarrow{\triangle} ClO\cdot + \cdot Cl \end{cases} \tag{7.20}$$

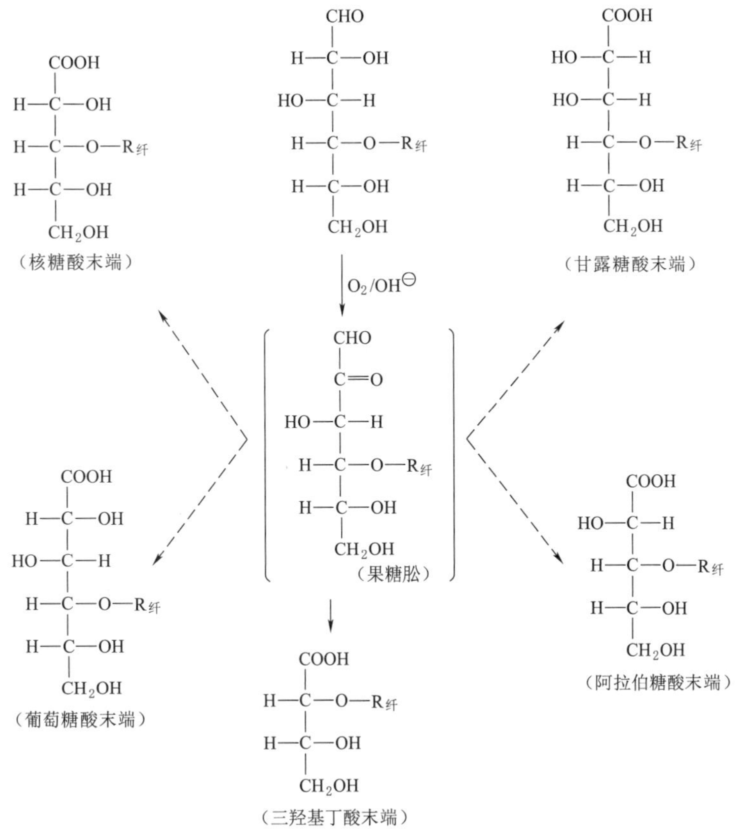

（核糖酸末端）

（甘露糖酸末端）

$O_2/OH^{\ominus}$

（果糖肸）

（葡萄糖酸末端）

（阿拉伯糖酸末端）

（三羟基丁酸末端）

图 7.29 氧对纤维素的降解反应

注：源于贺近恪，李启基．林产化学工业全书 第 2 卷［M］．北京：中国林业出版社，2001.

纤维素与这些游离基反应时，就会发生氢原子消除反应，即

$$\begin{cases} R_{纤}\ H+Cl\cdot \longrightarrow R_{纤}+HCl;R_{纤}+Cl_2 \longrightarrow R_{纤}\ Cl+Cl\cdot \\ R_{纤}\ H+HO\cdot \longrightarrow R_{纤}+H_2O;R_{纤}\cdot +HOCl \longrightarrow R_{纤}\ Cl+HO\cdot \\ R_{纤}\ H+ClO\cdot \longrightarrow R_{纤}\cdot +HOCl;R_{纤}+Cl_2O \longrightarrow R_{纤}\ Cl+ClO\cdot \end{cases} \tag{7.21}$$

若以 β—葡萄糖甲基苷为例，如图 7.31 所示。

反应结果使糖苷键断裂、C_1 位形成羰基。为减少纤维素降解、增强纸浆强度，在氯漂纸浆时添加一些助剂，如 ClO_2、NH_4Cl 等，能清除这种游离基氧化降解反应。

次氯酸盐对纤维素的反应一般有三种：①纤维素的某些羟基氧化为羰基；②羰基进一步氧化为羧基；③降解为含有不同末端基的低聚糖甚至单糖以及相应的糖酸和简单的有机酸，它们都可以溶解于水中。①和②比较简单，而③反应极为复杂，就可溶于水的棉花纤维素次氯酸盐降解产物来说，有大量 2～7 个葡萄糖基的低聚糖，其中还有少量阿拉伯糖或赤藓糖的末端基。单糖以葡萄糖最多，其他还有阿拉伯糖、赤藓糖，少量木糖与甘露糖，而二糖酸、单糖酸、甲酸和乙二酸更是大量存在。

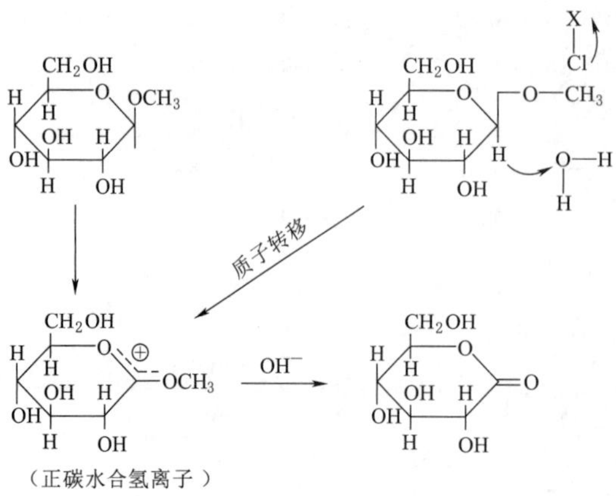

为了阻止或减轻这种碱性氧化降解，人们发现可加入化学助剂，如碱土金属碳酸盐 $MgCO_3$ 以及 Mg^{2+} 的一些络合物，是十分有效的保护剂。作用原理如图 7.32 所示，镁盐与具有羰基的氧化纤维素，形成相对稳定的络合物。也有人认为在氧漂中所生成羧基是生成过氧化物的引发剂，当 Mg^{2+} 存在时，就形成 Mg—过氧化物络合物，使过氧化物稳定，防止纤维素继续降解。关于纤维素在碱性双氧水中漂白时氧化降解反应机理如图 7.33 所示。

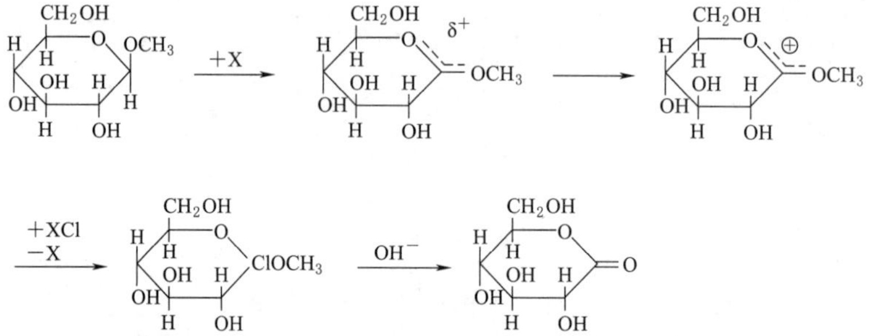

图 7.30 氯对纤维素的降解反应

注：源于贺近恪，李启基．林产化学工业全书 第 2 卷［M］．北京：中国林业出版社，2001.

图 7.31 氢原子消除反应（以 β—葡萄糖甲基苷为例）

X— ·Cl、HO·、ClO·

注：源于贺近恪，李启基．林产化学工业全书 第 2 卷［M］．北京：中国林业出版社，2001.

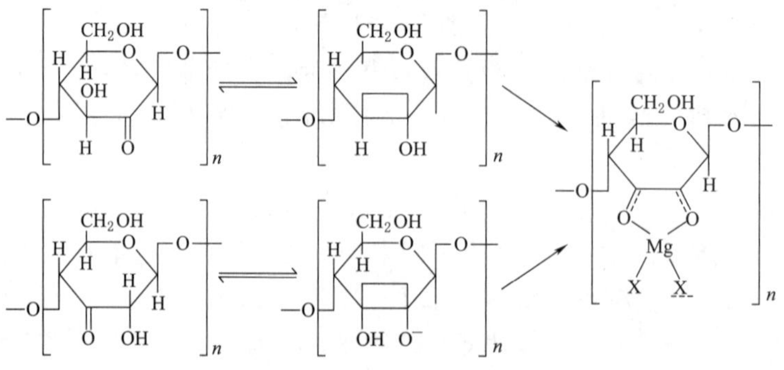

图 7.32 镁盐的保护作用

注：源于贺近恪，李启基．林产化学工业全书 第 2 卷［M］．北京：中国林业出版社，2001.

图 7.33 双氧水漂白时氧化降解反应

注：源于贺近恪，李启基．林产化学工业全书 第 2 卷［M］．北京：中国林业出版社，2001.

纤维素的双电层及热解

7.5.1.6 纤维素的热解

纤维素的热解是指纤维素在受热条件下，纤维素的聚合度下降、分子分解，甚至发生炭化反应或石墨化反应的过程。在大多数情况下，纤维素热解时也发生氧化降解。纤维素的降解、分解和石化过程分为四个阶段，如图 7.34 所示。

第一阶段：纤维素的物理吸附水解吸（25～150℃），吸附水羟基的红外吸收谱带（$1630cm^{-1}$）强度随温度增高而下降。

第二阶段：纤维素大分子中某些葡萄糖基开始脱水（150～240℃），出现羰基和双键的红外吸收谱带。

第三阶段：纤维素大分子中的苷键断裂（240～400℃），部分 C—O 和 C—C 键也开始断裂。热解反应剧烈，产生焦油、水、CO、CO_2 等大量热分解产物，此阶段称为炭化阶段。

第四阶段：纤维素结构的残余部分进行芳环化（400℃以上），并逐步形成石墨结构（800℃以上）。

1968 年 Shafizadeh 提出了石墨化反应的模式，认为石墨化反应是由于每个吡环经消除反应形成剩余四碳残余物，以及其他炭化中间产物缩合而形成石墨结构，如图 7.35 所示。

纤维素的结构变成石墨化结构时，它的长、宽方向都要收缩，这是因为不是纤维素分子中所有的原子都参加石墨化，而是一部分原子参加了石墨化缘故。纤维素石墨化在结构上的变化如图 7.36 所示。纤维素石墨化的主要用途是制备石墨纤维或石墨纤维织物用作耐高温的材料。

纤维素的热解机理：纤维素在 300～375℃较窄的范围内发生热分解，如图 7.37 所示。其中的热重量（T.G）和差示热解重量分析（D.T.G）曲线，表示了样品在恒速加热下一系列物理转变和化学反应。

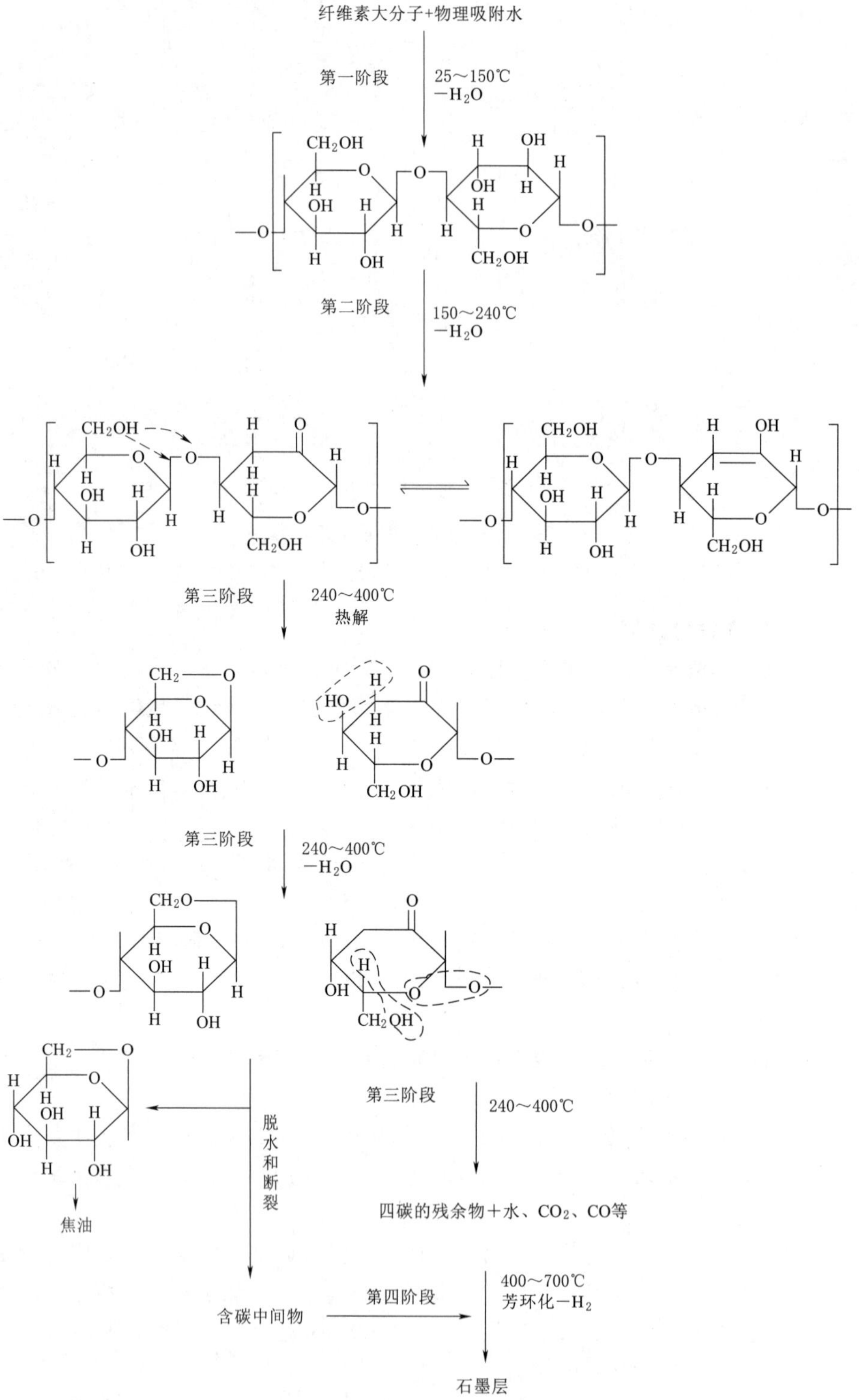

纤维素大分子+物理吸附水

第一阶段　25～150℃　$-H_2O$

第二阶段　150～240℃　$-H_2O$

第三阶段　240～400℃　热解

第三阶段　240～400℃　$-H_2O$

脱水和断裂

焦油

第三阶段　240～400℃

四碳的残余物＋水、CO_2、CO等

含碳中间物

第四阶段　400～700℃　芳环化$-H_2$

石墨层

图 7.34　纤维素热解四个阶段

注：源于贺近恪，李启基．林产化学工业全书　第2卷［M］．北京：中国林业出版社，2001.

图 7.35 纤维素石墨化

注：源于贺近恪，李启基．林产化学工业全书 第 2 卷［M］．北京：中国林业出版社，2001.

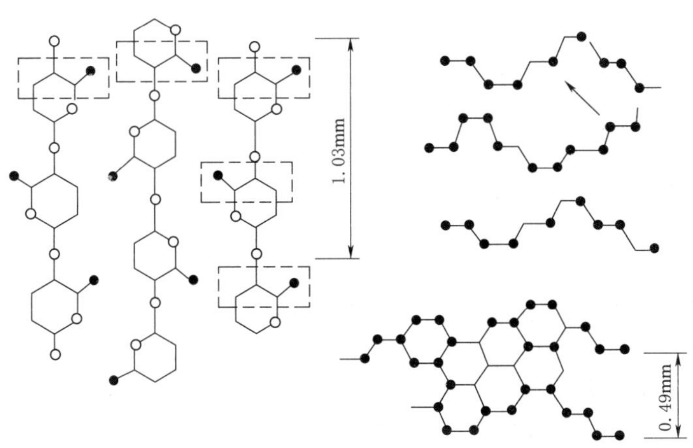

（a）纤维素的石墨化的横向聚合过程收缩后，长度为原长度的 $\frac{0.49}{1.03}=47.57\%$

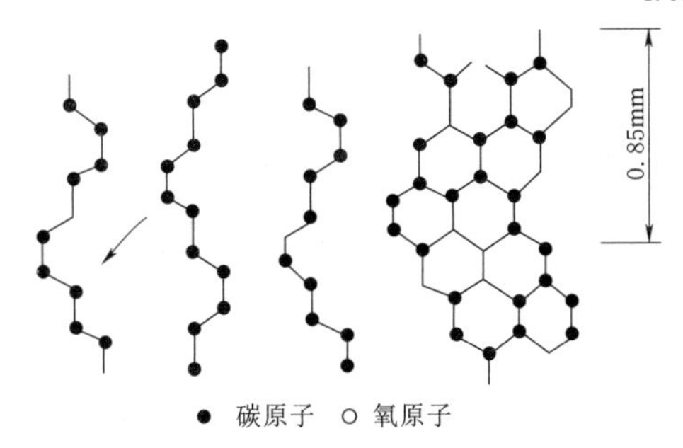

● 碳原子 ○ 氧原子

（b）纤维素的石墨化的纵向聚合过程收缩后，长度为原长度的 $\frac{0.85}{1.03}=82.52\%$

图 7.36 纤维素石墨化在结构上的变化

注：源于贺近恪，李启基．林产化学工业全书 第 2 卷［M］．北京：中国林业出版社，2001.

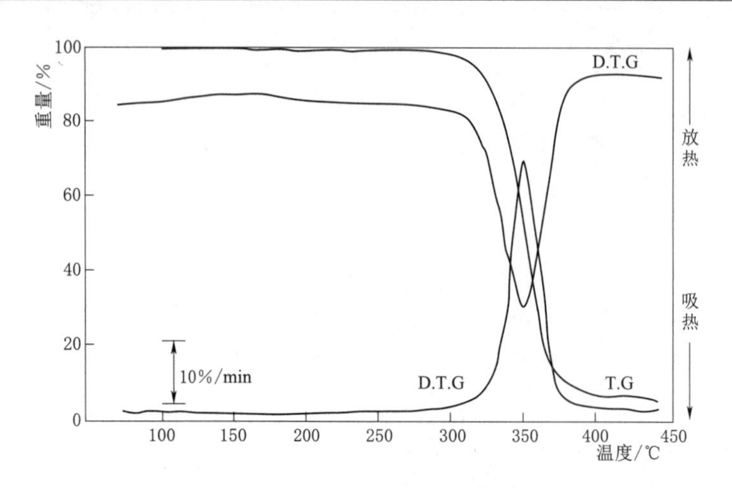

图 7.37　微晶纤维素的热解曲线

注：源于贺近恪，李启基．林产化学工业全书　第 2 卷［M］．北京：中国林业出版社，2001.

纤维素在高度真空下快速升温超过 300℃时能够得到大量的左旋失水葡萄糖，这是主要的热解一次产物，或称纤维素常压热解中间产物，它可进一步分解成一系列复杂产物。

7.5.2　纤维素的衍生化反应

纤维素酯化

7.5.2.1　纤维素的酯化反应

纤维素大分子每个葡萄糖基单元中含有 3 个醇羟基，在酸催化作用下，纤维素的羟基可与酸、酸酐和酰卤等发生酯化反应，生成诸多高附加值的纤维素酯。根据所采用酯化试剂的不同，主要包括无机酸酯和有机酸酯。纤维素无机酸酯指纤维素与硝酸、硫酸、磷酸和黄酸酯等无机酸或酸酐的反应产物，目前，最主要的无机酸酯有纤维素硝酸酯和纤维素黄原酸酯（生产再生纤维素的重要中间体），其他还有纤维素硫酸酯和纤维素磷酸酯；纤维素有机酸酯可通过纤维素与有机酸、酸酐或酰氯反应制得，大体上分为酰基酯、氨基甲酸酯、磺酰酯和脱氧卤代酯四类，其中最重要的是酰基酯中的纤维素醋酸酯及其混合酯（如纤维素醋酸丙酯、纤维素醋酸丁酯等）。

醇与酸作用生成酯和水，称为酯化反应。纤维素作为一种多元醇（羟基）化合物，其羟基为极性基团，在强酸溶液中可被亲核基团或亲核化合物取代而发生亲核取代反应，即酯化反应生成纤维素酯，其反应机理为

$$\text{Cell—OH} + \text{H}^{\oplus} \rightleftharpoons \text{Cell—}\overset{\oplus}{\text{O}}\begin{smallmatrix}\diagup \text{H} \\ \diagdown \text{H}\end{smallmatrix} \tag{7.22}$$

$$\text{Cell—}\overset{\oplus}{\text{O}}\begin{smallmatrix}\diagup \text{H} \\ \diagdown \text{H}\end{smallmatrix} + \text{X}^{\ominus} \rightleftharpoons \left[\text{X}^{\ominus} \rightarrow \text{Cell—}\overset{\oplus}{\text{O}}\begin{smallmatrix}\diagup \text{H} \\ \diagdown \text{H}\end{smallmatrix}\right] \rightleftharpoons \text{X—Cell} + \text{H}_2\text{O} \tag{7.23}$$

$$\text{Cell—}\overset{\displaystyle \text{H}}{\overset{|}{\text{O}}} + \underset{\underset{\displaystyle \text{R}}{|}}{\overset{\overset{\displaystyle \text{OH}}{|}}{\text{C}}}\text{=O} \rightleftharpoons \left[\text{Cell—}\overset{\displaystyle \text{H}}{\overset{|}{\text{O}}}\text{—}\underset{\underset{\displaystyle \text{R}}{|}}{\overset{\overset{\displaystyle \text{OH}}{|}}{\text{C}}}\text{=O}\right] \rightleftharpoons \text{Cell—O—}\underset{\underset{\displaystyle \text{R}}{|}}{\text{C}}\text{=O} + H_2O \tag{7.24}$$

$$\text{R—C}\begin{matrix}\nearrow\!\!\!\!= \text{O}\\ \searrow \text{OH}\end{matrix} + H^{\oplus} \rightleftharpoons \left[\text{R—C}\begin{matrix}\nearrow\!\!\!\!= \text{O}\\ \searrow \text{OH}\end{matrix}\right]^{\oplus} \tag{7.25}$$

$$\text{Cell—}\overset{\displaystyle \text{H}}{\overset{|}{\text{O}}} + \left[\underset{\underset{\displaystyle \text{R}}{|}}{\overset{\overset{\displaystyle \text{OH}}{|}}{\text{C}}}\text{—OH}\right]^{\oplus} \rightleftharpoons \left[\text{Cell—}\overset{\displaystyle \text{H}}{\overset{|}{\text{O}}}\text{—}\underset{\underset{\displaystyle \text{R}}{|}}{\overset{\overset{\displaystyle \text{OH}}{|}}{\text{C}}}\text{—OH}\right]^{\oplus} \rightleftharpoons$$

$$\text{Cell—O—}\underset{\underset{\displaystyle \text{R}}{|}}{\text{C}}\text{=O} + H_2O + H^{\oplus} \tag{7.26}$$

在亲核取代反应过程中，首先生成水合氢离子，见式（7.20）。然后按式（7.21）进行取代，纤维素与无机酸的反应属于此过程。而纤维素与有机酸的反应，实质上为亲核加成反应，按式（7.22）进行。酸催化可促进纤维素亲核取代反应的进行，因为一个质子首先加成到羧基电负性的氧上，使该基团的碳原子更具正电性，见式（7.23），故而有利于亲核醇分子的进攻，见式（7.24）。以上反应的所有步骤均为可逆的，即纤维素的反应是一个典型的平衡反应，通过除去反应所生成的水，可控制反应朝生成物方向进行，从而抑制其逆反应——皂化反应的发生。理论上，纤维素可与所有的无机酸和有机酸反应，产生一取代、二取代和三取代的纤维素酯。

1. 纤维素硝酸酯

纤维素硝酸酯俗称硝化纤维素或硝酸纤维素，是用浓硝酸加浓硫酸在一定条件下将纤维素硝化得到的，其反应为

$$\text{Cell—OH} + HNO_3 \xrightarrow{H_2SO_4} \text{Cell—}ONO_2 + H_2O \tag{7.27}$$

硝化纤维素广泛采用的是棉绒浆和木浆，一般要求 α—纤维素含量高（94%～96%）、戊聚糖含量低（1.0%～1.5%）、浆的黏度高。硝化剂使用硝酸、硝酸和无机酸的各种混合酸、氮的氧化物（N_2O_5）等，在工业上仍使用硝酸和硫酸的混合酸。浓硫酸用量较大，其原因是硝化反应为可逆反应，有水生成，必须即时去除，以防影响硝化的酯化度的提高。另外用浓硫酸吸收水时放出的热量能促进酯化反应进行，并能帮助纤维素润胀，增加硝酸的扩散程度，加快反应。在使用浓硫酸的同时，也生成硫酸酯，为了除去它使硝酸酯稳定，依次用水、稀苏打水或乙醇进行煮沸处理。硝化温度一般控制在 25～30℃。增加温度使酯化速度增加，但同时使副反应如氧化、水解等反应速度增加，黏度下降、溶解度增加。酯化度除用取代度 *D.S.* 表示之外，也用含氮量%表示。两者之间关系式为

$$N\% = \frac{31.1D.S.}{3.60 + D.S.} \tag{7.28}$$

三硝酸纤维素的含氮量为14.14%。不同含氮量的硝酸纤维素的溶剂和用途见表7.11。

表7.11　不同含氮量的硝酸纤维素的溶剂和用途

含氮量/%	溶　剂	用　途
10.7～11.2	丙酮，醋酸戊酯，乙醇	塑料，喷漆
11.2～11.7	丙酮，醋酸戊酯，乙醇	喷漆
11.8～12.3	丙酮，醋酸戊酯	喷漆，涂膜
13.0～13.5	丙酮，醋酸戊酯	火药

2. 纤维素黄原酸酯（黄原酸盐）

纤维素黄原酸盐是纤维素在碱的存在下与CS_2反应而制得的，其反应式为

$$\text{Cell—OH} + CS_2 + \text{NaOH} \longrightarrow \text{Cell—O—C}(=\text{S})\text{—SNa} + H_2O \tag{7.29}$$

纤维素一般采用木材化学浆，即用氯系漂白剂及苛性钠进行多段漂白高度精制的纸浆（α—纤维素为88%～96%），又称溶解浆。首先将纤维素在17.5%的苛性钠溶液中常温浸渍1～2h，使之成碱纤维素，将其压榨到约3倍纤维素重之后粉碎而进行老化，以调整聚合度；其次在减压下加入相当于纤维素质量30%～40%的CS_2，在常温下处理2～3h，生成橙黄色的黄原酸钠，一般消耗CS_2为添加量的50%～70%。

纤维素黄原酸钠的$D.S.$为0.4～0.5。也用γ值来表示$D.S.$，$\gamma=300$相当于$D.S.=3.0$。在纤维素黄原酸钠中加入稀苛性钠溶液，可得到黏稠液体，称为黏胶，可制造人造丝或玻璃纸。由于CS_2有毒，纤维素黄原酸盐在纺丝时释出CS_2会影响人体健康，故国内外都在研究微毒纺丝，即将碱纤维素先羧甲基化，再进行低CS_2（15%～20%）黄化制低酯化度黏胶。

原纺丝反应式为

$$\left[\begin{array}{l}\text{—O—C}(=\text{S})\text{—SNa}\\ \text{—OH}\\ \text{—O—C}(=\text{S})\text{—SNa}\end{array}\right. + H_2SO_4 \longrightarrow \left[\begin{array}{l}\text{—OH}\\ \text{—OH}\\ \text{—OH}\end{array}\right. + Na_2SO_4 + 2CS_2\uparrow \tag{7.30}$$

纤维素磺原酸钠　　　　再生纤维素

微毒纺丝反应式为

$$
\left.\begin{array}{l} -C-CH_2COONa \\ -OH \\ -O-C(=S)-SNa \end{array}\right| + H_2SO_4 \longrightarrow \left.\begin{array}{l} -OH \\ -OH \\ -OH \end{array}\right| + Na_2SO_4 + CH_3COOH + CS_2\uparrow \tag{7.31}
$$

醚化纤维素磺原酸盐　　　　　再生纤维素

3. 纤维素醋酸酯

纤维素醋酸酯俗称醋酸纤维素或乙酰纤维素。它是用醋酸酐作酯化剂，在催化剂（如硫酸）的作用下，在不同的稀释剂中生成不同酯化度的醋酸纤维素。其化学反应式为

$$
\text{Cell—OH} + (CH_3CO)_2O \xrightarrow{H_2SO_4} \text{Cell—OCOCH}_3 + CH_3COOH \tag{7.32}
$$

酯化剂可使用醋酸、乙酰氯、烯酮、醋酸酐等，工业上多采用醋酸酐—冰醋酸—硫酸的混合液进行乙酰化，即每 100 份重纤维素，配醋酸酐 250～300 份重，醋酸 280～350 份重，硫酸（96%）8～12 份重，反应温度 20～30℃，乙酰化时，用硫酸作催化剂，与硝化时作用不同，它主要使醋酸酐变成乙酰硫酸（醋酸化剂）而起催化作用，故用量较少。反应方程式为

$$
\begin{cases} (CH_3-CO)_2O + HO-SO_2-OH \longrightarrow CH_3COO-SO_2-OH\ (\text{乙酰硫酸}) + CH_3COOH \\ CH_3COO-SO_3-OH + \text{Cell—OH} \longrightarrow \text{Cell—OCOCH}_3 + H_2SO_4 \end{cases} \tag{7.33}
$$

释放出的硫酸可再与醋酸作用生成乙酰硫酸。过氯酸也可作催化剂，一般在工业上用量为 0.5%～1%，其优点为无须进行安定处理就可制得较稳定的醋酸纤维素，因为过氯酸与硫酸不同，它不与纤维素反应形成酯类。

酯化程度除用 $D.S.$ 表示之外，也用乙酰基量 $A\%$ 表示，两者之间关系式为

$$
A\% = \frac{142.9D.S.}{3.86 + D.S.} \tag{7.34}
$$

使用稀释剂的目的是增加液比，促进乙酰化进行。所用稀释剂除冰醋酸外，还可用三氯甲烷、三氯乙烷、二氯甲烷等，反应开始为多相反应，后期变为单相反应，又称均态醋酸化。此时可得到高酯化度（$\gamma=300$）的产品，称三醋酸纤维素。用苯、甲苯、乙酸乙酯、四氯化碳等作稀释剂，反应开始和终了皆为多相反应，又

称非均态醋酸化，酯化度较低（γ=200～270）。以上两种产品均称为第一醋酸纤维素，不能溶于丙酮。若将均态醋酸化纤维素进行部分水解，使γ降低到222～270，就变成第二醋酸纤维素，其产品可溶于丙酮，制造人造丝或软片。不同乙酰基量的醋酸纤维素的溶剂和用途见表7.12。

表7.12 不同乙酰基量的醋酸纤维素的溶剂和用途

乙酰基/%	溶剂	用途
29.4	水	—
45.4～47.1	水，三氯甲烷，热乙醇	—
53.4～54.8	丙酮	喷漆，塑料，人造纤维
56.1～57.5	—	照相用胶片
60.0～62.5	—	人造纤维，电绝缘用

4. 混合酯

纤维素混合酯制造的目的在于利用各种酯的特性，从而提高其利用价值。如酯酸—丙酸纤维素和醋酸—丁酸纤维素，其溶解性较醋酸酯好，可塑性及与其他树脂的互溶性也较好，可用作塑料原料。

纤维素醚化

7.5.2.2 纤维素的醚化反应

纤维素醚是纤维素衍生物的一个重要分支，它是纤维素分子中的羟基和醚化试剂反应得到的产物。纤维素醚是一类重要的水溶性聚合物，性能优良，已广泛用于建筑、水泥、石油、食品、洗涤剂、涂料、医药、造纸及电子元件等领域。纤维素醚种类较多，现有品种已逾千种，且还在不断增加：按取代基种类可以分为单一醚和混合醚；根据溶解性可分为水溶性和非水溶性纤维素醚；就水溶性纤维素醚来说，按取代基电离性质又可将其分为离子型、非离子型以及混合离子型纤维素醚。与纤维素相比，纤维素醚最重要的优势在于其优异的溶解性能。纤维素醚的溶解性可以通过取代基的种类以及取代度来调控。亲水性取代基（如羟乙基、季铵基团等）和极性取代基可以在低取代度时便赋予产物水溶性；而对于憎水取代基而言（如甲基、乙基等），低取代度的产物仅溶胀或溶解于稀碱溶液中，取代度适中时才能赋予产物较好的水溶性，取代度较高时则只能溶于有机溶液中。

1. 反应原理

纤维素的醇羟基能与烷基卤化物在碱性条件下起醚化反应生成相应的纤维素醚。纤维素的醚化反应是基于以下经典的有机化学反应：

（1）亲核取代反应——Williamson醚化反应，化学式为

$$\text{Cell—OH} + \text{NaOH} + \text{RX} \longrightarrow \text{CellOR} + \text{NaX} + H_2O \quad (7.35)$$

式中 R——烷基；

X——Cl，Br。

碱纤维素与卤烃的反应属于此类型，其反应特点是不可逆，反应速度控制取代度和取代分布。甲基纤维素、乙基纤维素、羧甲基纤维素的制备均属于此类反应。

（2）碱催化烷氧基化反应。羟乙基纤维素、羟丙基纤维素和羟丁基纤维素是用

碱纤维素与环氧乙烷或环氧丙烷反应而成，该反应是碱催化烷氧基化反应，其化学式为

$$\text{Cell—OH} + \underset{\diagdown\,O\,\diagup}{H_2C\text{——}CH}\text{—R} \xrightarrow{NaOH} \text{Cell—OCH}_2\text{—}\underset{\substack{|\\OH}}{CH}\text{—R} \tag{7.36}$$

(3) 碱催化加成反应——Michael 加成反应。在碱的催化下，活化的乙烯基化合物与纤维素羟基发生 Michael 加成反应，其化学式为

$$\text{Cell—OH} + H_2C{=}CH\text{—Y} \xrightarrow{NaOH} \text{Cell—OCH}_2CH_2\text{—Y} \tag{7.37}$$

最典型的反应是丙烯腈与碱纤维素反应生成氰乙基纤维素，其化学式为

$$\text{Cell—OH} + H_2C{=}CH\text{—CN} \xrightarrow{NaOH} \text{Cell—OCH}_2CH_2\text{—CN} \tag{7.38}$$

该反应特点是：反应可逆，可控制产物的取代度。

2. 纤维素甲基醚

制造纤维素甲基醚可用硫酸二甲酯、甲基氯、重氮甲烷等，工业上常用甲基氯与碱纤维素反应，其反应式为

$$\text{Cell—ONa} + CH_3Cl \longrightarrow \text{Cell—OCH}_3 + NaCl \tag{7.39}$$

在以甲基化为中心的醚化反应中，葡糖基的 C_2 位、C_3 位和 C_6 位羟基的相对反应速度比值见表 7.13，以 C_3 位羟基的（反应速度常数）$K_3=1$ 进行比较。反应速度受各羟基的酸度、醚化剂的体积、试样纤维素的润胀等的影响显著。C_2 位羟基上的酸度较 C_3 位羟基高，所以反应速度快。C_6 位羟基由于位阻现象小，对于如环氧乙烷、一氯代醋酸等体积比较大的醚化剂比 C_2 位和 C_3 位羟基醚化反应速度要快。

表 7.13　　葡糖基各羟基的相对反应速度

醚化剂	羟基位置		
	K_2	K_3	K_6
硫酸二甲酯	3.5	1	2
甲基氯	5	1	2
重氮甲烷	1.2	1	1.5
氯乙烷	4.5	1	2
环氧乙烷	3	1	10
一氯代醋酸	2	1	2.5

纤维素甲基化后，具有表面活性和耐油性，其主要用于以使水泥浆增黏、保水及黏结为目的的建材方面，见表 7.14。

表 7.14　　不同取代度的甲基纤维素的溶剂和用途

D. S.	溶剂	用途
0.1～0.9	4%～10%苛性钠	薄膜，浆料
1.6～2.0	水	糨糊，洗涤剂
2.4～2.8	极性溶剂	增黏剂，保水剂，黏结剂

3. 纤维素羟乙基醚

纤维素羟乙基醚是在碱存在下，用环氧乙烷或 α—氯乙醇反应制得，其反应式为

$$\begin{cases} \text{Cell—OH} + \underset{\diagdown\ \text{O}\ \diagup}{\text{CH}_2\text{—CH}_2} \xrightarrow{\text{NaOH}} \text{Cell—OCH}_2\text{CH}_2\text{OH} \\ \text{Cell—OH} + \text{ClCH}_2\text{CH}_2\text{OH} \xrightarrow{\text{NaOH}} \text{Cell—OCH}_2\text{CH}_2\text{OH} \end{cases} \tag{7.40}$$

4. 纤维素羧甲基醚（CMC）

纤维素羧甲基醚是用一氯乙酸作用于碱纤维素制得，其反应式为

$$\begin{cases} \text{Cell—OH} + \text{ClCH}_2\text{COOH} \xrightarrow{\text{NaOH}} \text{Cell—OCH}_2\text{COONa} \\ \text{Cl—CH}_2\text{COOH} + \text{NaOH} \longrightarrow \text{HOCH}_2\text{COONa} + \text{NaCl} \end{cases} \tag{7.41}$$

此反应是把纤维素浸渍于一氯乙酸后，再加入苛性钠溶液。由于其副反应生成乙醇钠，必须控制乙醇钠产生在最小限度内。为提高一氯乙酸的反应效率，需要降低反应温度，苛性钠的加入量不能过剩。纤维素原料采用溶解浆。

纤维素羧甲基醚为阴离子型高分子电解质，把它溶解于冷水或热水中时，成为黏稠的糊液。纤维素羧甲基醚对于热及光稳定，乳液分散性大，可用作医药、化妆品及食物的乳液稳定剂，以及纺织品的浆料、洗涤剂的助剂、涂料的增黏剂等。纤维素羧甲基醚成品以钠盐形式存在，一般有高、中、低三种黏度，高黏度为 1000～2000mPa·s，中黏度为 500～1000mPa·s，低黏度为 50～100mPa·s。黏度测定是将成品配成 2%的水溶液，用黏度计在 25℃测定，纤维素羧甲基醚的 γ 值越低则黏度越高，一般有 25 以下、40～120、120 以上几种。

5. 其他醚类

纤维素的其他醚类有乙基纤维素、氰乙基纤维素及苄基纤维素，可分别用于糨糊、胶黏剂、绝缘材料。反应式为

$$\begin{cases} \text{Cell—ONa} + \text{Cl—CH}_2\text{CH}_2 \longrightarrow \text{Cell—OCH}_2\text{CH}_3 + \text{NaCl} \\ \text{Cell—OH} + \text{CH}_2\text{=CHCN} \xrightarrow{\text{NaOH}} \text{Cell—OCH}_2\text{CH}_2\text{CN} \\ \text{Cell—ONa} + \text{C}_6\text{H}_5\text{—CH}_2\text{Cl} \longrightarrow \text{Cell—OCH}_2\text{—C}_6\text{H}_5 + \text{NaCl} \end{cases} \tag{7.42}$$

7.5.2.3　纤维素的脱氧—卤代反应

在糖类化学反应中，羟基的亲核取代反应（主要为 S_{N_2} 取代）起着相当重要作用。采用这种反应，可合成新的纤维素衍生物，包括 C—取代的脱氧纤维素衍生物。重要的脱氧纤维素衍生物有脱氧—卤代纤维素和脱氧氨基纤维素。

根据有机化学反应原理，烷基磺酸酯可与亲核试剂发生亲核取代反应，其反应式为

$$\text{ArSO}_2\text{OR} + :\text{Z} \longrightarrow \text{R}:\text{Z} + \text{ArSO}_3^- \tag{7.43}$$

根据上述反应化学原理，可制备各种脱氧纤维素衍生物。最常用的烷基磺酸酯为对甲苯磺酰氯或甲基磺酰氯。首先将纤维素转化为相应的甲苯磺酸酯或甲基黄酸

酯，即

$$\text{Cell—OH} + \text{CH}_3\text{—C}_6\text{H}_4\text{—SO}_2\text{Cl} \xrightarrow[\text{(吡啶)}]{\text{OH}^-} \text{Cell—O—SO}_2\text{—C}_6\text{H}_4\text{—CH}_3 + \text{Cl}^- + \text{H}_2\text{O} \tag{7.44}$$

其次用卤素或卤化物等亲核试剂将易离去基团取代，得到脱氧纤维素卤代物，即

$$\text{Cell—O—SO}_2\text{—C}_6\text{H}_4\text{—CH}_3 + \text{X}^- \longrightarrow \text{Cell—X} + \text{CH}_3\text{—C}_6\text{H}_4\text{—SO}_3^- \tag{7.45}$$

将纤维素甲苯磺酸酯与氨、一级胺、二级胺或三级胺的醇溶液进行亲核取代反应，可以得到脱氧氨基纤维素，即

$$\text{Cell—O—SO}_2\text{—C}_6\text{H}_4\text{—CH}_3 + \text{R}_2\text{NH} \longrightarrow \text{Cell—NR}_2 + \text{CH}_3\text{—C}_6\text{H}_4\text{—SO}_3\text{H} \tag{7.46}$$

7.5.3 纤维素的交联改性

纤维素接枝共聚与交联

纤维素的交联反应是形成二醚或二酯的缩合反应，用于纺织品的防缩、防皱，或增加纸板的挺度和防潮性能，增加纸和纸板的裂断长、耐破度和形变稳定性。

交联剂一般用甲醛、乙二醛，三聚氰胺—甲醛树脂和脲—甲醛树脂作为湿强剂的作用也是基于纤维素的交联反应。其他二卤化合物如二异氰酸酯、二环氧化合物、二乙烯基砜也可作交联剂。甲醛与纤维素的交联反应式为

$$2\text{Cell—OH} + \text{CH}_2\text{O} \longrightarrow \text{Cell—OCH}_2\text{O—Cell} + \text{H}_2\text{O} \tag{7.47}$$

交联反应程度即使很小，对纤维素的性质和构造也有很大影响。用甲醛处理的α—纤维素含量为88.6%的木浆，其结合甲醛量为1.1%时，α—纤维素量即可增加到95.0%。又如：纤维素与氰脲酰氯的亲核取代反应也能形成交联的纤维素，从而增加纸或纸板的强度，其反应式为

$$2\text{R}_{纤}\text{—O}^{\ominus} + \text{C}_3\text{N}_3\text{Cl}_3 \longrightarrow \text{C}_3\text{N}_3\text{Cl(O)(OR}_{纤}) + 2\text{Cl}^{\ominus} \longrightarrow \text{C}_3\text{N}_3\text{(OH)(OR}_{纤})(\text{OR}_{纤}) \tag{7.48}$$

生成酯的交联可采用酸酐（如苯二甲酸酐和顺丁烯二酸酐）、酰氯、二羧酸（除了草酸、丁二酸、戊二醇反应性能很小外，可使用其他二酸）以及二异氰酸酯（如2,4—二异氰酸甲苯酯和2,6—二异氰酸甲苯酯），其反应式为

$$2\text{R}_{纤}\text{—OH} + \text{Cl—}\overset{\overset{\text{O}}{\|}}{\text{C}}\text{—C(CH}_2)_n\text{—}\overset{\overset{\text{O}}{\|}}{\text{C}}\text{—Cl} \xrightarrow[\text{DMF 液}]{\text{室温}}$$

$$\text{R}_{纤}\text{—O—}\overset{\overset{\text{O}}{\|}}{\text{C}}\text{—C(CH}_2)_n\text{—}\overset{\overset{\text{O}}{\|}}{\text{C}}\text{—OR}_{纤} + 2\text{HCl} \tag{7.49}$$

7.5.4　纤维素接枝共聚反应

接枝共聚是改性高分子的一种形式，是指在聚合物的主链上接上另一种单体，以提高其性能。纤维素接枝共聚反应的研究开始于 1943 年，其方法主要有自由基引发接枝和离子引发接枝。在接枝共聚反应过程中常伴有均聚反应，鉴于纤维素接枝共聚物与均聚物溶解性的不同，通常用溶剂抽提法除去均聚物。

7.5.4.1　自由基引发接枝

这一类方法研究最多，应用最广，主要包括直接氧化引发接枝、Fentons 试剂引发接枝、辐射引发接枝等。

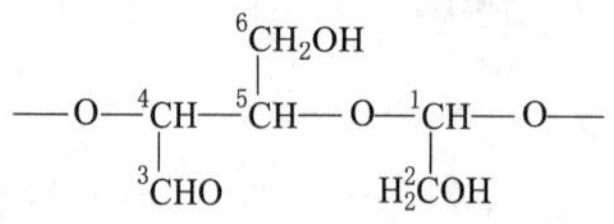

1. 直接氧化引发接枝

典型例子是用四价的铈离子（特别是硝酸铈离子），能使纤维素产生自由基（铈离子使乙二醇氧化、断开，产生一分子醛和一个自由基）。因此，一般认为纤维素接枝共聚作用的引发反应是发生在葡萄糖基环的 C_2 位、C_3 位上，形成如图 7.38 所示的结构。

```
              6CH2OH
                |
—O—4CH—5CH—O—1CH—O—
     |              |
   3CHO          H2 2COH
```

图 7.38　葡萄糖 C_2 位、C_3 位上发生的纤维素接枝共聚作用的引发反应

2. Fentons 试剂引发接枝

Fentons 试剂是一种含有 H_2O_2 和 Fe^{2+} 的溶液，是一个氧化还原系统。Fe^{2+} 首先通过 H_2O_2 发生反应放出一个氢氧自由基，这个自由基从纤维素链上夺取一个氢原子形成水和一个纤维素自由基，此自由基与接枝单体进行接枝共聚，即

$$\begin{cases} Fe^{2+} + H_2O_2 \longrightarrow Fe^{2+} + O^- + HO\cdot \\ \text{Cell—OH} + HO\cdot \longrightarrow \text{Cell—O}\cdot + H_2O \\ \text{Cell—O}\cdot + M \longrightarrow \text{接枝共聚物} \end{cases} \tag{7.50}$$

式中　Cell—OH——纤维素分子；

M——单体，可以是甲基丙烯酸甲酯或丙烯酸、乙烯乙酸酯等。

3. 辐射引发接枝

紫外线和高能辐射已经成功地用于纸浆和纸的接枝共聚。用紫外线照射的接枝共聚反应过程为

$$R_{纤}OH \longrightarrow R_{纤}O\cdot + H\cdot;R_{纤}O\cdot + M \longrightarrow \text{接枝共聚(M 为单体)} \tag{7.51}$$

用高能辐射时的接枝共聚反应过程为

$$\begin{cases} R_{纤}OH \xrightarrow[\text{在空气中或 } H_2O_2 \text{ 中}]{\text{高能辐射}} R_{纤}OOH;R_{纤}OOH \longrightarrow R_{纤}O\cdot + \cdot OH \\ R_{纤}O\cdot + M \longrightarrow \text{接枝共聚(M 为单位体)};\cdot OH + M \longrightarrow \text{均聚物(副反应)} \end{cases} \tag{7.52}$$

假如加入还原剂（如 Fe^{2+}），则均聚体大量减少，即

$$R_{纤}OOH + Fe^{2+} \longrightarrow R_{纤}O\cdot + Fe^{3+} + OH^- \tag{7.53}$$

辐射法也适用于含有木质素的纸浆，因为木质素也能受辐射引发接枝共聚。此外，加入甲醇作化学引发剂能提高接枝率。M 单体可以为苯乙烯、醋酸乙烯酯及顺丁烯二酸酯。

纸浆接枝共聚后，需要鉴定生成物的接枝程度。首先要将生成物用索氏提取器在适当溶剂中提取，去除均聚物，留下纤维素的共聚物，这样就可以计算它的接枝程度。提取所用溶剂视单体不同而不同，如聚乙烯单体可用丙酮作溶剂。接枝效率计算公式为

$$接枝效率=\frac{A-B}{C}\times 100\% \tag{7.54}$$

式中 A——聚合和提取后的纸浆重（除去均聚物后重）；

B——原纸浆绝干重；

C——所用单体重。

纤维素接枝共聚后，由于纤维素大分子结构有了改变，包括羟基含量减少、合成高分子的支链增加，使纤维素的超分子结构也发生改变。因此，纤维素的性质，尤其是物理性质有了较大变化。接枝所用单体不同，接枝纤维素的性质也不同。

7.5.4.2 离子引发接枝

纤维素先用碱处理产生离子，然后进行接枝共聚。所用单体有丙烯腈、甲基丙烯酸甲酯、甲基丙烯腈等。接枝共聚时的溶剂有液态氮、THF 或 DMSO。以丙烯腈为单体、THF 为溶剂，其反应历程为

链引发

$$\mathrm{Cell{-}O\cdot Na^+ + CH_2{=}CHCN \longrightarrow Cell{-}O{-}CH_2{-}C^- HCN + Na^+} \tag{7.55}$$

链增长

$$\begin{aligned}&\mathrm{Cell{-}O{-}CH_2{-}C^- HCN + \mathit{n}CH_2{=}CHCN \longrightarrow}\\&\quad\mathrm{Cell{-}O{-}(CH_2{-}\underset{\displaystyle CN}{\underset{|}{C}}N)\mathit{n}{-}CH_2{-}C^- HCN}\end{aligned} \tag{7.56}$$

链终止

$$\begin{aligned}&\mathrm{Cell{-}O{-}(CH_2{-}\underset{\displaystyle CN}{\underset{|}{C}}N)\mathit{n}{-}CH_2{-}C^- HCN + H^+ \longrightarrow}\\&\quad\mathrm{Cell{-}O{-}(CH_2{-}\underset{\displaystyle CN}{\underset{|}{C}}N)\mathit{n}{-}CH_2CH_2CN}\end{aligned} \tag{7.57}$$

在不良情况下会产生副反应，即

$$\left\{\begin{aligned}&\mathrm{CH_2{=}C^-{-}CN + \mathit{n}CH_2{=}CHCN \longrightarrow \underbrace{CH_2{=}\underset{\displaystyle CN}{\underset{|}{C}}{-}(CH_2\underset{\displaystyle CN}{\underset{|}{C}}H)_{\mathit{n}-1}{-}CH_2C^- HCN}_{均聚物}}\\&\mathrm{CH_2{=}\underset{\displaystyle CN}{\underset{|}{C}}{-}(CH_2\underset{\displaystyle CN}{\underset{|}{C}}H)_{\mathit{n}-1}{-}CH_2C^- HCN + CH_2{=}CHCN \longrightarrow}\\&\quad\mathrm{\underbrace{CH_2{=}\underset{\displaystyle CN}{\underset{|}{C}}{-}(CH_2\underset{\displaystyle CN}{\underset{|}{C}}H)_{\mathit{n}-1}{-}CH_2CH_2CN}_{均聚物} + CH_2{=}C^-{-}}\end{aligned}\right. \tag{7.58}$$

7.5.5 纤维素的多相反应与均相反应

7.5.5.1 纤维素的多相反应

天然纤维素的高结晶性和难溶解性决定了多数的化学反应都是在多相介质中进行的。固态纤维素仅悬浮于液态（有时为气态）的反应介质中，纤维素本身又是非均质的，不同部位的超分子结构体现不同的形态，因此对同一化学试剂便表现出不同的可及度；加上纤维素分子内和分子间氢键的作用，导致多相反应只能在纤维素的表面上进行。只有当纤维素表面被充分取代而生成可溶性产物后，其次外层才为反应介质所可及。因此，纤维素的多相反应必须经历由表及里的逐层反应过程，尤其是纤维素结晶区的反应更是如此。只要天然纤维素的结晶结构保持完整不变，化学试剂便很难进入结晶结构的内部。很明显，纤维素这种局部区域的不可及性妨碍了多相反应的均匀进行。因此，为了克服内部反应的非均匀倾向和提高纤维素的反应性能，在进行多相反应之前，纤维素材料通常都要经历溶胀或活化处理。

工业上，绝大多数纤维素衍生物都是在多相介质中制得的，即使在某些反应中使用溶剂，也仅作为反应的稀释剂，其作用是溶胀，而不是溶解纤维素。由于纤维素的多相反应局限于纤维素的表面和无定形区，属非均匀取代，产率低、副产物多。

7.5.5.2 纤维素的均相反应

在均相反应的条件下，纤维素整个分子溶解于溶剂之中，分子内与分子间氢键均已断裂，纤维素大分子链上的伯、仲羟基对于反应试剂来说都是可及的。均相反应不存在多相反应所遇到的试剂渗入纤维素的速度问题，有利于提高纤维素的反应性能，促进取代基的均匀分布。均相反应的速率较高，如纤维素均相醚化的反应速率常数比多相醚化高一个数量级。在均相反应中，尽管各羟基都是可及的，但多数情况下，伯羟基的反应比仲羟基快得多。各羟基的反应性能顺序为 C_6—OH＞C_2—OH＞C_3—OH。

7.6 纤维素溶剂及纤维素利用

纤维素润胀、溶解

7.6.1 纤维素溶剂

在纤维素大分子中，羟基基团容易形成多重的分子内和分子间氢键，削弱了大部分羟基的亲和作用，从而使其难溶于水和普通有机溶剂。目前，常用的溶解纤维素的方法可以分为衍生化溶解法和直接溶解法：前者通过溶剂体系与纤维素发生衍生化反应而促进溶解，例如，NaOH/CS_2、多聚甲醛/DMSO、N_2O_4/DMF 等溶剂体系；后者属于物理溶解，溶剂体系主要破坏纤维素氢键网络，包括 N—甲基吗啉—N—氧化物（NMMO）体系、碱水溶液体系、LiCl/N，N—二甲基乙酰胺（DMAc）、ILs 等。

当前工业化的纤维素溶解技术主要有粘胶法和莱赛尔法。粘胶法采用衍生化溶

剂 $NaOH/CS_2$ 溶解纤维素，通过与纤维素发生化学反应形成纤维素衍生物使其溶解，该生产过程工艺烦琐，会排放 CS_2 等有害化学物质，造成环境污染并损害人体健康，不利于可持续发展；莱赛尔法生产技术中采用绿色溶剂 NMMO 物理溶解纤维素，环境友好，但价格昂贵，且溶剂热稳定性差、副反应可能引起溶剂分解带来爆炸性危险。因此，开发和应用工艺简单、安全有效的新型纤维素溶剂一直是纤维素利用领域的研究热点。本节主要介绍新型溶剂体系。当前溶解纤维素的新型溶剂体系包括两类：一类是水相溶剂体系，即由两种或两种以上组分组成的含水混合液，水在溶解过程中有润胀纤维素、降低溶液黏度、调节试剂两亲性等作用；另一类是有机溶剂体系，即完全由有机组分组成的非水溶剂。

7.6.1.1 水相溶剂体系

1. $NaOH/H_2O$ 溶剂体系

$NaOH/H_2O$ 溶剂体系是能溶解纤维素的最简单、经济的溶剂。较低分子量的（<40000）非结晶态纤维素在 4℃可溶解于 8%～10%NaOH 溶液中，但溶解度较小。为了提高纤维素在 NaOH 溶液中的溶解性能，需要利用蒸汽爆破技术、水热处理、酶修饰、机械球磨等手段对纤维素进行前处理。Kamide 团队将纤维素与 NaOH 溶液的混合物置于高温高压蒸汽中（如 183～252℃，1.0～4.9MPa，持续 15～300s），经爆破后迅速减压，破坏了纤维素的超分子结构，从而获得高浓度纤维素溶液。他们认为蒸汽爆破使纤维素吡喃糖环 C_3 位的仲羟基（图 7.39）与相邻葡萄糖单元环上羟基氧原子之间的氢键局部断裂，从而提高纤维素在 NaOH 溶剂体系中的溶解能力。纤维素经高温水热（173℃，30～70min）处理后，可直接溶解于 NaOH 溶液中，但其分子量和结晶度均会降低。另外，将纤维素分散液添加到纤维素酶的醋酸缓冲液中进行酶处理，可得到分子量、结晶度及氢键数目较少的纤维素，该纤维素经过滤和洗涤即可溶解在 NaOH 溶液中。对纤维素进行机械球磨也可以降低其结晶度、打破分子内和分子间氢键，从而提高纤维素的溶解度。

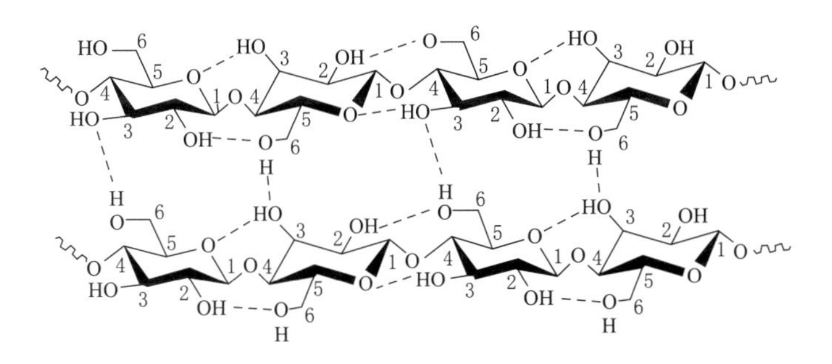

图 7.39 纤维素的分子结构

在高浓度 NaOH 溶液中，强电负性 OH^- 与纤维素羟基反应生成带负电荷的碱纤维素，并通过静电作用吸引 Na^+，使纤维素氢键断裂，进而实现溶解。NMR 技术和拉曼光谱分析结果显示：随着 NaOH 浓度增大，纤维素碳原子化学位移线性增大，在溶液中的存在形态由 Na—纤维素Ⅰ复合物转变为 Na—纤维素Ⅱ复合物。Moigne 等对溶解机理进行深入研究发现，纤维素在 8% NaOH 溶液中的溶解是一

个不断破坏纤维素分子氢键的过程，氢键逐步解离形成多层次结构。因此，影响纤维素溶解的主要因素是其分子结构和分子链所处的化学环境。NaOH/H_2O 溶剂体系虽然价格低廉，但其溶解能力有限，只能溶解低分子量或经过前处理的纤维素和再生纤维素，难以实现纺丝或制膜工业化生产。

2. 碱/尿素和NaOH/硫脲水溶液体系

基于前人对碱水溶液体系的探索，张俐娜院士团队开发了无毒、低成本、快速低温溶解纤维素的碱/尿素和NaOH/硫脲水溶液体系。其中，碱的种类对溶解效果影响较大，研究表明：在−12℃条件下，无须经过前处理的黏度平均分子量 M_η 为 $1.14\sim3.72\times10^5$ 的纤维素在7% NaOH/12%尿素和4.2% LiOH/12%尿素水溶液体系中完全溶解只需2min，但在KOH/尿素水溶液体系中却无法溶解。另外，9.5% NaOH/4.5%硫脲水溶液体系预冷至−5℃同样能够迅速溶解纤维素，利用湿法纺丝可以制备出力学性能优良（拉伸强度为2.0～2.2cN/dtex）的纤维素丝。NaOH/尿素、LiOH/尿素和NaOH/硫脲水溶液体系溶解纤维素的机理如图7.40所示，低温下NaOH水合物 [$Na^+(OH)_m\cdot OH^-(OH)_n$] 或LiOH水合物 [$Li^+(OH)_m\cdot OH^-(OH)_n$] 更容易与纤维素羟基结合形成新的氢键网络，从而破坏纤维素自身分子内和分子间氢键，尿素或硫脲分子通过动态自组装快速包覆在蠕虫状碱和纤维素的氢键网络外部，形成碱—尿素—水的集群或NaOH—硫脲—水的集群，差示扫描热量法（differential scanning calorimetry，DSC）和 ^{13}C-NMR分析结果证明：这种稳定自组装集群的形成可促使纤维素快速溶解，同时尿素或硫脲可稳定已溶解的纤维素分子，阻止其聚集或凝胶化。Huang等采用固态NMR技术研究了LiOH/尿素/纤维素体系中 Li^+ 的存在形式及各组分之间的相互作用，结果表明：4种不同形式的 Li^+ 与纤维素链相互作用，阻止链自聚集，促进溶解。另外，其他生物聚合物，如甲壳素、壳聚糖等在低温碱/尿素水溶液中也可以溶解，其溶解机理与纤维素的溶解机理一致。然而，由于碱/尿素和NaOH/硫脲水溶液体系只能溶解草浆、甘蔗渣浆等低聚合度的纤维素，且纤维素在预冷溶剂中存在分散不均匀、易发生凝胶化、溶解条件苛刻等问题，阻碍了该体系的工业化进程。

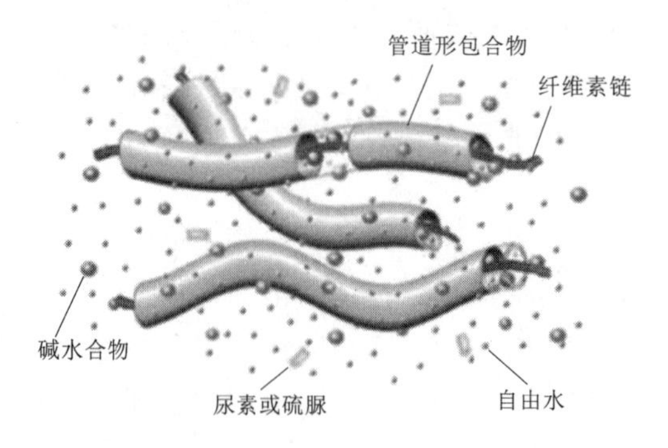

图7.40 NaOH/尿素水溶液体系溶解纤维素的机理

注：源于Cai J，Zhang L，Liu S，et al. Dynamic self-assembly induced rapid dissolution of cellulose at low temperatures [J]. Macromolecules，2008，41（23）：9345-9351.

3. 季铵盐/季磷盐水溶液及其复合溶剂体系

季铵盐/季磷盐水溶液是一种常温快速溶解纤维素的新型溶剂体系，该体系解决了碱/尿素和NaOH/硫脲水溶液体系溶解条件苛刻的难题。Heinze等研究发现四丁基氟化铵三水合物（TBAF·$3H_2O$）/DMSO体系在室温下可快速（15min）溶解分子量高达 105300 的纤维素。在此溶解体系中，F^- 与水产生氢键作用，加入纤维素后，F^- 与纤维素的羟基形成新的氢键，破坏了纤维素自身氢键网络，从而溶解纤维素。2012 年，四丁基氢氧化铵（TBAH）和四丁基氢氧化磷（TBPH）水溶液体系室温溶解纤维素的研究成果被相继报道，室温纤维素溶剂体系引起了学术界的极大关注。TBAH 和 TBPH 水溶液在室温条件下可以快速（5min）溶解 20%的未经前处理的微晶纤维素，制得透明溶液，且纤维素未被降解或衍生化。Alves 等利用固态 NMR 技术对该溶剂体系中固体和液体的纤维素信号分别进行了表征，结果表明：与 NaOH—纤维素溶液相比，在 TBAH 水溶液中的液体纤维素碳原子信号明显强于固体的信号，表明 TBAH 水溶液体系溶解纤维素能力更强。

季铵盐/季磷盐水溶液体系溶解纤维素的机理主要涉及自由基反应、双亲性调控等。Chen 等提出微晶纤维素在 TBAH/DMSO 溶剂体系中的溶解机制是自由基反应，即纤维素溶解度与混合溶剂中的自由基量呈正相关，如图 7.41 所示，DMSO 自由基首先进攻纤维素还原性末端，使纤维素链从还原性末端打开，导致分子间氢键（C_6—OH…OH—C_3）暴露在溶剂中，最终溶解。此外，调控季铵盐水溶液与纤维素晶体之间的双亲性，可实现对该溶剂体系的增溶作用。Wei 等为了提高 TBAH 水溶液对纤维素的溶解度，在溶剂中添加尿素，研究表明：40%～60% TBAH 水溶液随浓度不同表现出不同的双亲性，加入尿素可以屏蔽已溶解纤维素分子的疏水区域，从而抑制纤维素再生。TBAH 和 TBPH 水溶液体系溶解纤维素的条件温和、溶解度高，且体系中允许含有大量水分，因此是一类有巨大潜力的纤维素溶剂体系。

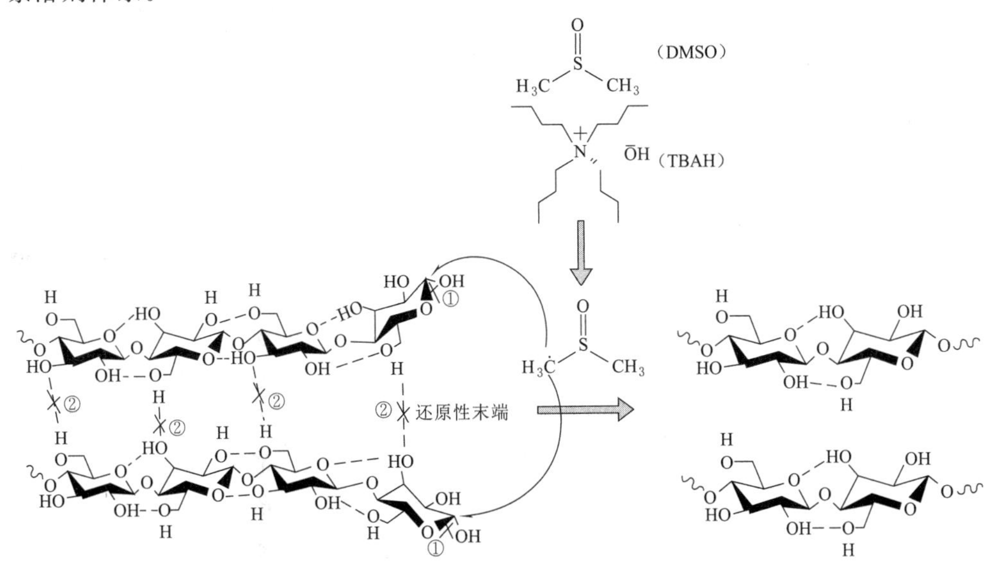

图 7.41 TBAH/DMSO 体系溶解纤维素的机理

①—断裂还原性末端；②—断裂分子间氢键

注：源于 Chen X，Chen X，Cai X M，et al. Cellulose dissolution in a mixed solvent of tetra（n－butyl）ammonium hydroxide/dimethyl sulfoxide via radical reactions [J]. ACS Sustainable Chemistry & Engineering，2018，6（3）：2898－2904.

4. 熔融无机盐水合物

近年来，原料易得、价格低廉的熔融无机盐水合物作为纤维素的新溶剂受到了研究者们的广泛关注。常用来溶解纤维素的无机盐水合物有 $ZnCl_2 \cdot 4H_2O$、$Zn(NO_3)_2 \cdot xH_2O$ ($x<6$)、$FeCl_3 \cdot 6H_2O$、$LiClO_4 \cdot 3H_2O$、$LiI \cdot 2H_2O$、LiBr、$LiSCN \cdot 2H_2O$、$ZnCl_2 \cdot 3H_2O$、$Ca(SCN)_2 \cdot 3H_2O$，以及混合体系 $LiClO_4 \cdot 3H_2O/MgCl_2 \cdot 6H_2O$、$LiClO_4 \cdot 3H_2O/Mg(ClO_4)_2/H_2O$、$LiClO_4 \cdot 3H_2O/NaClO_4/H_2O$、$LiCl/ZnCl_2/H_2O$、$NaSCN/KSCN/LiSCN/H_2O$、$NaSCN/KSCN/Ca(SCN)_2/H_2O$ 等。早在20世纪70年代，Richard 和 Williams 就使用甲基β—D—吡喃葡萄糖作为模型物研究 $ZnCl_2$ 水溶液和纤维素之间的作用，结果表明：$ZnCl_2$ 与β—D—吡喃葡萄糖上的 C_2 位和 C_3 位邻羟基之间存在复合结构。Lu 等研究指出：在80℃时，细菌纤维素在 $ZnCl_2 \cdot 3H_2O$ 中的最大溶解度为5.5%，制备的再生纤维由于表面原纤化和低结晶度，机械性能较差。另外，未经任何前处理的木浆在100℃下可以溶解于55%的 $Ca(SCN)_2$ 水溶液中，这是由于 Ca^{2+} 与骨架葡萄糖环中的氧原子（主要为 C_6 位）相互作用，破坏纤维素的分子结构。纤维二糖在无机盐溶液中的溶解规律遵循 Hofmeister 序列，即溶解度由大到小为 $ZnCl_2>LiCl>NaCl>H_2O>KCl>NH_4Cl$，其溶解机理是金属阳离子水合物与纤维素 C_5 位和 C_6 位的氧原子相互作用，与金属阳离子结合的 Cl^- 进而去破坏纤维素氢键。Yang 等提出了一种新的纤维素溶解再生工艺，即纤维素在110～130℃范围内溶解于54%～60% LiBr 水溶液中，经凝固再生后制备出具有高度多孔三维结构的再生纤维素凝胶。纤维素在熔融无机盐水合物中的溶解机理尚不明朗，仍需要进一步研究。

7.6.1.2 有机溶剂体系

1. LiCl/DMAc 体系

LiCl 与 DMAc 简单复合后对纤维素表现出了良好的溶解能力，这与络合物分子的空间结构有关。其中，LiCl 的质量分数对纤维素溶解度影响较大，研究表明：当复合体系中 LiCl 的质量分数为10%时，纤维素（聚合度为550）最大溶解度可达16%。Matsumoto 等指出 LiCl/DMAc 体系可以在室温下溶解高分子量（>1000000）的纤维素，且纤维素无明显降解。为了加快溶解速度，需要对纤维素进行前处理，常用的处理手段是将纤维素原料机械粉碎、活化，以及在水或二氧六环中溶胀后再加入乙醇、甲醇或丙酮等进行溶剂交换。目前该体系被广泛接受的溶解机理有两种：其中一种是由 McCormick 等提出的，即 Li^+ 与 DMAc 的羰基之间形成离子—偶极配合物，而 Cl^- 和纤维素的羟基之间形成氢键，Morgenstern 等通过观察和分析 ^7Li-NMR 的化学位移，证实了 Li^+ 与纤维素链之间存在密切的相互作用，并提出新的机理，即在 LiCl/DMAc 体系溶解纤维素的过程中，Li^+ 内配位层中的一个 DMAc 分子被一个纤维素羟基取代；另一种是 Zhang 等在此基础上继续提出了 $Li^+—Cl^-$ 离子对同时裂解打破纤维素分子间氢键的理论（图7.42），即纤维素羟基质子与 Cl^- 形成强氢键，而 Li^+ 与 DMAc 分子形成溶剂化物，该溶剂化物通过与 Cl^- 形成氢键作用来达到电荷平衡，进而实现溶解。LiCl/DMAc 体系的纤维素溶液无色透明，且纤维素在其中不会发生显著降解，因而该体系在分析技术、制备纤

维素衍生物等领域具有广泛的用途。然而，通过对 LiCl/DMAc 体系进行光散射研究发现，纤维素稀溶液中存在小的团聚体，利用机械剪切作用可以暂时消除这些团聚体，但是，当 LiCl 的质量分数低于 6%或纤维素的质量分数高于 2%时，纤维素溶液中存在不溶物，且该溶液随储存时间延长而黏度逐渐降低，证明纤维素在其中处于亚稳态。同时，LiCl/DMAc 体系价格昂贵、回收困难的缺点也限制了其商业应用。

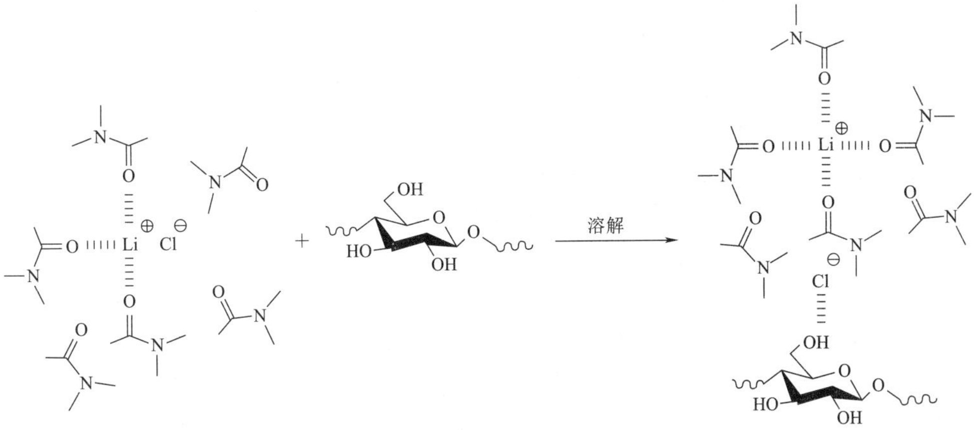

图 7.42 LiCl/DMAc 体系溶解纤维素的机理

注：源于 Zhang C, Liu R, Xiang J, et al. Dissolution mechanism of cellulose in N, N-dimethylacetamide/lithium chloride: revisiting through molecular interactions [J]. The Journal of Physical Chemistry B, 2014, 118 (31): 9507-9514.

2. ILs 及其复合溶剂体系

ILs 是指在相对较低的温度（<100℃）下以液体形式存在的盐溶剂体系，具有不易挥发性、化学和热稳定性、不可燃性、较低的蒸汽压、结构可设计性等优异性能。2002 年，Rogers 团队首次发现烷基咪唑类 ILs 可物理溶解纤维素，开辟了一类新型纤维素溶剂的研究领域。随后，Zhang 等在咪唑阳离子结构中引入带有不饱和双键的烯丙基，合成了新型室温 ILs 1—烯丙基—3—甲基咪唑氯盐（AmimCl），可溶解未经任何前处理的纤维素样品，并且以水为凝固浴制备的再生纤维素薄膜具有较高的机械性能。在此基础上，熔点更低、黏度更小和溶解能力更强的 1—乙基—3—甲基咪唑醋酸盐（EmimAc）被成功合成。至此，ILs 在纤维素化学中的应用开始引起科学家们广泛的关注，越来越多的新型 ILs 被陆续发现。可溶解纤维素的新型 ILs 类型主要有咪唑类、吡啶类、胆碱类和超碱类等。新型功能化咪唑羧酸盐在没有额外能源消耗下表现出极大增强的纤维素室温溶解能力。Sixta 等研发的新型超碱类 ILs 1,5—二氮杂双环［4.3.0］壬—5—烯醋酸盐（[DBNH][Ac]）可以用于离子液体纤维（Ioncell）的制备，离子液体纤维的物理和化学性能均超越了目前商业人造纤维的性能，为工业化生产提供了可能。Fu 等以吡啶和氯丙烯为原料，采用一步合成法制备出新型吡啶类 ILs N—丙烯基吡啶氯盐［APy]Cl，该体系对棉浆粕纤维素具有优异的溶解能力。Ren 等在 N_2 保护下，合成了 9 种胆碱类 ILs，其

中胆碱牛磺酸（[Ch][Tau]）对小麦秸秆纤维素的溶解能力最佳。综上，ILs溶解纤维素能力大致排序为咪唑类>超碱类>吡啶类>胆碱类。上述ILs尽管对纤维素溶解有效，但是ILs具有强吸水性且溶解过程中存在溶解速度慢、黏度大和成本高等问题，因此，研究者们对ILs溶解纤维素的工艺进行了改进，或将ILs与其他共溶剂复合，如添加金属盐、质子惰性共溶剂、固体酸、氢键受体等，以期达到助溶的效果。

对于ILs溶解纤维素的机理，尤其是阴阳离子在溶解过程中各自所起的作用，目前仍然存在争议，特别是阳离子所起的作用，研究者们还没有清晰的认识或形成共识。Fukaya等首次提出ILs阴离子与纤维素羟基的相互作用是影响纤维素溶解的主要因素，并且表征了阴离子的氢键接受能力。同时，溶解过程的分子模拟显示，ILs的进攻目标是纤维素中的葡萄糖残基，阴离子与纤维素羟基之间存在较强的相互作用。Remsing等采用NMR技术对溶解机理进行进一步研究表明，纤维素在1—丁基—3—甲基咪唑氯盐（C_4mimCl）中的溶剂化涉及纤维素羟基质子与ILs Cl^-之间的化学计量氢键，而与阳离子之间没有必然关系。然而，Zhang等通过系统NMR研究证明，纤维素在EmimAc中的溶解是阴阳离子与纤维素羟基共同作用的结果，阴离子与纤维素羟基氢形成氢键，阳离子通过咪唑环上的活泼氢与纤维素羟基氧相互作用，如图7.43所示。Lu等为进一步验证阳离子在纤维素溶解中不可或缺的作用，合成了13种相同阴离子、不同阳离子的ILs，研究发现，阳离子通过与纤维素的羟基氧或醚氧形成氢键结合从而提高纤维素的溶解度，阴离子竞争/空间位阻会降低纤维素的溶解度。此外，纤维素链与ILs之间的作用比纤维素链与水或甲醇的作用力强，除了阴离子与纤维素羟基形成强氢键，一些阳离子通过疏水作用与多糖接触，也证实了阳离子在纤维素溶解过程中有不可替代的作用。因此，ILs的阴阳离子协同破坏纤维素氢键是目前学术界普遍接受的溶解机理。含有乙基、烯丙基、2—羟基乙基、2—甲氧基乙基、丙烯酰氧基丙基等官能团的甲基咪唑阳离子、吡啶阳离子、乙基吗啉阳离子、甲基吡啶阳离子等，与Ac^-、癸酸根（Dec^-）、$HCOO^-$、Cl^-、苯酸根（BEN^-）、磷酸二甲酯根（$DMPO^{4-}$）、磷酸二乙酯根（DEP^-）、磷酸二正丁酯根（DBP^-）、Br^-等阴离子相结合，对纤维素的溶解效果最佳。ILs作为一类新型、高效的绿色纤维素溶剂，具有巨大的产业化潜力。据报

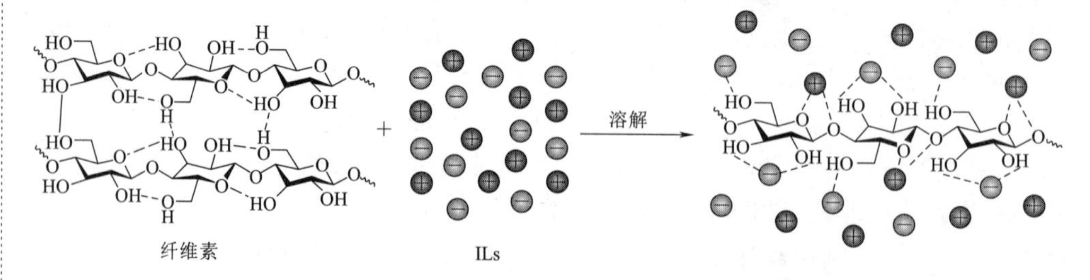

图7.43 ILs体系溶解纤维素的机理

注：源于Zhang J，Zhang H，Wu J，et al. NMR spectroscopic studies of cellobiose solvation in EmimAc aimed to understand the dissolution mechanism of cellulose in ionic liquids [J]. Physical Chemistry Chemical Physics，2010，12（8）：1941-1947.

道，山东恒联新材料股份有限公司基于 ILs 体系的一万吨再生纤维素膜生产线已建成，正在试运行。但人们对 ILs 的高效合成、毒性评价、循环利用等重要问题的认识仍有待深入研究。

3. 低共熔溶剂体系

低共熔溶剂（DESs）是由氢键受体（HBA）和氢键供体（HBD）通过分子间氢键作用连接形成的一种低熔点绿色溶剂，具有和 ILs 相似的物理化学特性，且制备方法简单、成本低廉。HBA 主要为季磷盐、季铵盐、咪唑鎓盐等，HBD 主要包括羧酸、胺、醇或碳水化合物等。

HBA 和 HBD 的摩尔比值、种类、结构显著影响 DESs 对纤维素的溶解度。2012 年，Francisco 等首次将 DESs 作为木质纤维素加工的溶剂，并测试了不同物质的量比值脯氨酸—苹果酸组成的 DESs 溶解纤维素的能力，发现随着脯氨酸在 DESs 中比率的增加，纤维素溶解度增大，当脯氨酸与苹果酸的物质的量比为 3∶1 时，纤维素的溶解度达 0.78%，而物质的量比 2∶1 时，纤维素的溶解度降低为 0.25%。Sharma 等采用氯化胆碱（ChCl）、溴化胆碱、甜菜碱为 HBA，尿素、乙二醇、甘油为 HBD 合成 DESs，并利用其溶解纤维素，研究表明：ChCl—尿素（物质的量比为 1∶2）在 100℃下可溶解 8.0%纤维素，但实验结果无法重现，而 ChCl—乙二醇（物质的量比为 1∶2）在任何工艺条件下均不能溶解纤维素。此外，季铵盐类和酰胺类物质反应制备的 DESs 具有较强的溶解纤维素的能力，含丁基的季铵盐类 DESs 对纤维素的溶解度可达 6.5%～7.8%，远远大于含乙基（5.5%）和甲基（5.0%）的季铵盐类 DESs。同时，丁基季铵盐—酰胺类 DESs 中不同阴离子对纤维素溶解能力也不同，可排序为 $Br^- < Cl^- < HSO_4^- < Ac^-$。该季铵盐—酰胺类 DESs 溶解纤维素的机理符合纤维素羟基氢原子和氧原子参与的电子接受和电子供给原理，阴离子与纤维素羟基缺电子基团上的氢原子之间存在电子诱导作用，季铵盐阳离子与纤维素羟基氧原子发生反应，有效破坏了纤维素结构中的分子间氢键，从而使纤维素溶解。Fu 等采用光谱分析和量子化学理论计算的方法对纤维素在超碱类 DESs 中的溶解机理进行深入探究，研究表明当纤维素在 DESs 中溶解时，HBA 和 HBD 与纤维素之间形成复杂的非共价作用，DESs 自身的氢键强度降低，纤维素氢键网络被破坏，分子链结构松弛，进而溶解。此外，纤维素在 DESs 中的溶解性与其哈密特酸度函数 H、氢键碱度 β 和极性 π^* 等成正相关。Ren 等制备了一系列 ChCl 类 DESs 并探讨了其溶解纤维素的能力，研究表明当 DESs（ChCl—咪唑物质的量比为 3∶7）的 H（1.869）、β（0.864）和 π^*（0.382）值最高时，纤维素的溶解度最大（2.48%）。DESs 溶剂体系对纤维素的溶解研究仍然处于初始阶段，纤维素在大多数已知的 DESs 中溶解度都较低，且高溶解度数据重现性较差，纤维素溶解机理和再生机理相关研究有限。

7.6.1.3 溶解机理对比分析

纤维素基产品的制备及应用与其溶解程度密切相关，深入探究纤维素溶解机理，寻找一种优异的新型纤维素溶剂至关重要。表 7.15 对比和总结了纤维素在各溶剂体系中的溶解机理，有利于为新型纤维素溶剂体系的开发提供依据和参考。

表 7.15　　纤维素在各溶剂体系中的溶解机理

溶剂类型	溶剂组成	溶解温度	溶解机理
水相溶剂体系	$NaOH/H_2O$	−5～5℃	静电作用、氢键破坏
	碱/尿素水溶液、NaOH/硫脲水溶液	−12～5℃	蠕虫状复合物、氢键破坏
	季铵盐水溶液、季磷盐水溶液	室温	自由基反应、双亲性调控、氢键破坏
	熔融无机盐水合物	80～130℃	氢键破坏
有机溶剂体系	LiCl/DMAc	80～165℃	电荷平衡原理、氢键破坏
	ILs	20～130℃	阴阳离子协同破坏氢键
	低共熔溶剂	20～120℃	电子接受和电子供给原理、氢键破坏

7.6.2　纤维素利用

7.6.2.1　纤维素材料

1. 微晶纤维素

微晶纤维素是从天然纤维中分离的微米或纳米纤维素晶体。除了低密度、高强度和高拉伸模量之外，微晶纤维素还具有许多优点，例如可再生性、无毒性、生物降解性、高机械性能、高表面积和生物相容性。它不仅具有与纤维素相同的结构和功能，而且具有纳米材料特有的一些特性，如表面积大、吸附能力强和反应活性高。

微晶纤维素的形态、物理性质、化学性质和机械特性取决于原料的来源和提取过程。从天然纤维中提取微晶纤维素的方法包括化学法、物理法、生物法及其组合。原料经过水解、中和、洗涤和干燥得到微晶纤维素。在干燥过程中，对颗粒的粒度分布、含水率、结合力等进行控制以达到工业要求。采用包括冷冻干燥、流化床干燥、微波干燥、经典烘箱干燥等干燥方式，最后使用机械粉碎回收微晶纤维素颗粒。从木材分离高度纯化的微晶纤维素包括酸水解、碱水解、蒸汽爆破、挤压和辐射。图 7.44 是制备微晶纤维素常用的工艺流程。

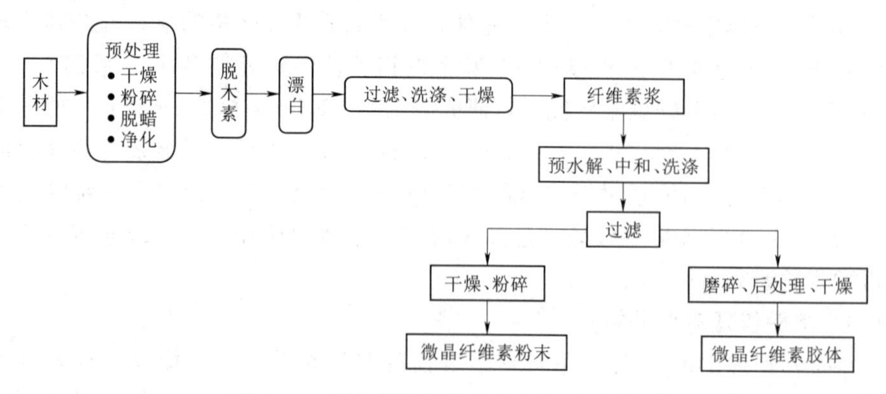

图 7.44　制备微晶纤维素常用的工艺流程

（1）化学法。

1）酸水解。酸水解是一种常用的制备微晶纤维素的工艺，需要的反应时间较短，可以使用少量酸连续化生产。采用硫酸水解木材能产生胶体稳定的纤维素晶体悬浮液，酸水解后得到的微晶纤维素纤维聚合度接近。在酸水解中，稀释的纤维素水悬浮液通过机械均化而得到微晶小碎片。纤维素微纤维由结晶区和无定形区组成，在与酸性溶液接触时，无定形区被破坏，而具有较高抗性的结晶区保持基本完整。酸性溶液对纤维素微纤维的无定形区域降解，产生微晶纤维素。值得一提的是，这些微晶纤维素的直径通常为 30nm～20μm，长度可达 100μm。

除简单酸水解方法外，还可以采用其他方法来辅助生产微晶纤维素。例如，在酸性环境中使用足量的活性氧，使用一步水解和漂白可将未漂白硫酸盐浆制备得到微晶纤维素：用 2mol/L 盐酸和［2mol/L 硫酸＋0.2mol/L 臭氧］在沸腾温度下水解 60min，滤出产物并用热水洗涤，然后冷冻干燥。该方法可从各种纸浆中制备得到微晶纤维素，并且可以减少水解和漂白步骤，获得令人满意的产品。理想情况下，这种方法可以一步完成水解和漂白过程，获得高质量的微晶纤维素产品。又如，采用常压 100℃ 乙酸—过氧化氢体系，在 CO_2 催化剂作用下，反应条件为 5％～6％过氧化氢，25％～30％乙酸，液固比 10～15，可用于制备微晶纤维素，微晶纤维素得率 36.3％～42.0％，木质素含量不超过 1％，半纤维素含量不超过 6％。

微晶纤维素分离的水解过程是多步反应。水解过程中纤维素分解成葡萄糖和还原糖（低聚糖），并不生成大量的脱水产物，如乙酰丙酸、5—羟甲基糠醛。当纤维素溶解在酸性溶液如盐酸中时，H^+ 向 β—糖苷键移动，而 Cl^- 弱化糖苷键以促进水解。当糖苷键连接断裂时，纤维素的氢键合结构开始打开。在葡萄糖降解和纤维素水解期间，通过质子化形成水合氢离子（H_3O^+），糖苷氧和吡喃氧发生质子化。两个氧原子的部分质子化受纤维素链沿着糖苷键的构象限制。在酸水解过程中，通过单分子步骤形成碳阳离子是关键步骤之一。

2）碱水解。碱水解是木材脱木质素最常用的一种方法，碱处理破坏木质素结构，同时还破坏木质素与碳水化合物之间的连接，从而提高碳水化合物的可及性。随着木质素的去除，剩余碳水化合物的反应性增加。碱水解可以消除半纤维素上的乙酰基和糖醛酸基团，从而降低酶对纤维素表面的可及性。碱水解生产微晶纤维素可以克服酸水解引起的诸如酸性解聚等问题。将纤维素原料与碱溶液混合，纤维素完全溶胀后降解从而降低黏度。最后，将溶液过滤、中和、洗涤并干燥。碱水解不用高温、高压，过程经济性好。碱水解与酸水解一起使用，总的化学药品用量少，是一种简单、经济、环保的方法。需要注意是，要合理控制工艺流程以避免不必要的纤维素降解，这样才能分离得到完整的微晶纤维素。

3）蒸汽爆破。蒸汽爆破过程中，体系的体积膨胀，糖苷键水解形成的有机酸使木材结构变化，半纤维素发生溶解，木质素由于高温而软化。固体残渣的纤维素反应活性提高，增加了木材原料的可及性。与其他技术相比，蒸汽爆破方法成本低，环境影响小，使用的危险化学品少，能耗低。将纤维素材料置于耐压反应器，在一定条件下对纤维素材料蒸汽爆破可获得微晶纤维素。

（2）物理化学法。挤压法是一种短时间高温水解的方法，操作灵活、效率高、环保性好。将原料置于碱性水溶液中，通过挤压机进料，将木材分解成木质素、半纤维素和纤维素，之后提取木质素和半纤维素，并将残留的纤维素进行酸水解从而形成微晶纤维素。利用挤压法产生微晶纤维素，原料首先置于在NaOH溶液中挤压，然后置于硫酸中进行第二次挤压，制得微晶纤维素，其由短纤维和棒状纤维组成，其中纤维素含量83.79%，结晶度指数70%。

（3）物理—生物法。辐射—酶处理法环境友好、效率高，可以通过两步辐射—酶处理过程生产微晶纤维素：首先从云杉中分离出漂白的溶解浆，然后用电子束照射浆料，之后进行酶处理、洗涤、过滤、干燥，得到微晶纤维素，其聚合度为150，结晶度指数为64%。辐射—酶处理过程制备微晶纤维素具有较低的结晶度，但成本较高。

2. 再生纤维素丝及纺丝工艺

再生纤维素丝一般通过溶液纺丝制备，包括湿法纺丝和干喷湿纺。湿法纺丝是将溶液法制得的纺丝溶液从喷丝头的细孔中通过压力喷出呈细流状，然后在凝固浴中固化成形。由于纤维素丝凝固慢，所以湿法纺丝的纺丝速度较低，一般为50～100m/min。目前使用这种纺丝方法生产的再生纤维素丝主要为黏胶丝和铜氨丝。干喷湿纺是纺丝液先经过一段空气隙，然后进入凝固浴再生成形。干喷湿纺的纺丝速度一般为湿法纺丝的2～8倍。目前，采用NMMO溶剂制备的Lyocell纤维（天丝）即利用干喷湿纺法生产。

（1）铜氨丝。1857年，德国化学家Schweizer（1818—1860）首次发现棉花、亚麻纤维素以及蚕丝在室温下能够溶解于铜氨溶液中。1890年，法国化学家Despeissis将这种纤维素铜氨溶液在稀硫酸水溶液中中和并沉淀，首次成功制得铜氨丝。铜氨溶液通过将$Cu(OH)_2$溶解于浓氨溶液中而制得深蓝色溶液，其中铜氨以$Cu(NH_3)_4(OH)_2$形式存在于溶液中，溶液浓度随温度升高而增加。同时，溶液中形成氨二聚体（$NH_3—NH_3$），其浓度随NH_4OH浓度增加而增加。在NH_4OH浓度为6mol/L时，$Cu(NH_3)_4(OH)_2$的浓度达到最大。$Cu(NH_3)_4(OH)_2$对光特别敏感，遇光发生快速光降解而产生CuO，所以必须储存在冷暗的地方。$Cu(OH)_2$通过下面方法制得：①直接方法，将NaOH水溶液加入$CuSO_4$水溶液中，直到pH＞8～9时产生$Cu(OH)_2$，然而，通过这种方法得到的$Cu(OH)_2$很容易被空气氧化，不适用于商业生产；②间接方法，将Na_2CO_3水溶液（55℃，质量分数20%）加入到$CuSO_4$水溶液（90℃，质量分数2%～3%）中，得到稳定的碱性硫酸铜$CuSO_4 \cdot 3Cu(OH)_2$沉淀，将沉淀溶解于氨水溶液中，未反应完的$CuSO_4$与NaOH反应生成$Cu(OH)_2$。溶液中，$Cu(OH)_2$与NH_4OH反应生成$Cu(NH_3)_4(OH)_2$。通过光谱方法证明，除了$Cu(NH_3)_4^{2+}$以外，体系中还含有不同的络合物，如$Cu(NH_3)^{2+}$、$Cu(NH_3)_2^{2+}$、$Cu(NH_3)_3^{2+}$和$Cu(NH_3)_5^{2+}$等离子。氨溶液中的$Cu(OH)_2$含量最多为10g/L。铜氨溶液中的硫酸盐会降低纤维素的溶解度，使纤维素难以完全溶解。因此，碱性$CuSO_4$中的硫酸盐含量应尽可能低。由于NH_4OH比NaOH更便宜，通常在pH=8时将氨溶液与$CuSO_4$水溶液快速搅拌可制备出含大量

$Cu(OH)_2$ 的碱性 $CuSO_4$。产物过滤后与 NaOH 进一步反应可得到纯的 $Cu(OH)_2$。

为了制备纤维素铜氨溶液，首先将预处理（超声波分散或机械分离）后的纤维素（$D.P.=550$）加到新制的铜氨溶剂中。纤维素溶解时，与 $Cu(NH_3)_4(OH)_2$ 形成络合物，并释放出 NH_4^+，然后溶液中过量的 $Cu(OH)_2$ 溶解并与过量的 NH_4OH 反应生成 $Cu(NH_3)_4(OH)_2$，以补偿与纤维素形成络合物的 $Cu(NH_3)_4(OH)_2$ 含量并继续与纤维素反应形成络合物。纤维素浓度为质量分数 8%～12%，氨为 6%～8%，铜为 3%～5%。纤维素铜氨溶液经过滤、脱泡后纺丝。铜氨法纺丝中，纺丝液从纺丝漏斗中流下，同时拉伸取向。纤维素铜氨溶液从纺丝口的细孔出来，用漏斗作辅助手段使溶液沿纺丝漏斗流下，进入凝固浴，并拉伸取向形成蓝色凝胶丝。在这个过程中，铜氨络合物发生水解，大部分氨和部分铜脱出，并在纺丝液中扩散开。通常这种扩散式的纺丝工艺条件能促使丝凝固。随着漏斗喷丝速率增加，可引起高达 400% 的挤压拉伸，丝的强度和伸长率等力学性能多半由漏斗中的拉伸取向和凝固过程决定。然后，这些纤维素丝用质量分数 5% 的硫酸溶液洗涤，除去剩余的 Cu^{2+} 和其他化学沉淀物，最后水洗得到铜氨丝，也称为本伯格（Bemberg®）丝。铜氨丝的单丝十分纤细，手感柔软、光泽柔和，比黏胶丝更接近蚕丝；它的吸湿性与黏胶丝相近，断裂强度相近，但湿强度比黏胶丝要高，且耐磨性能也优于黏胶丝。铜氨丝的截面呈圆形，比较均一，轮廓光滑（图 7.45）。铜氨法主要用于人工肾用透析膜、中空纤维膜、高级衣料等领域。

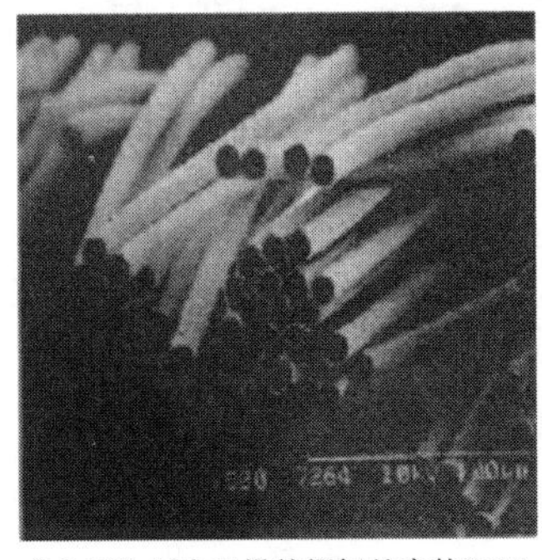

(a) 再生后未干燥的铜氨丝束的SEM

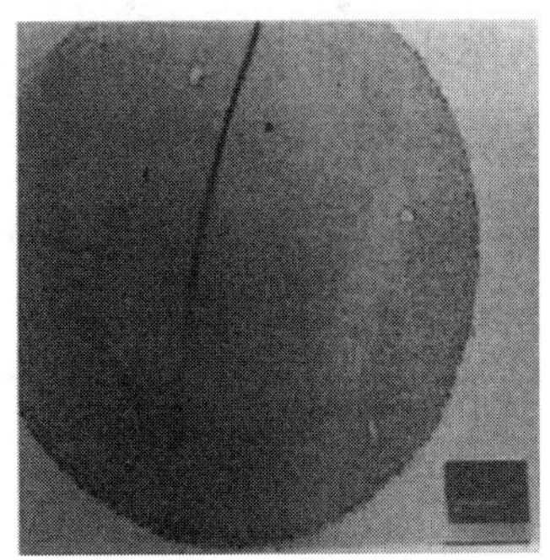

(b) 单根纤维的横截面照片

图 7.45 铜氨丝形貌

注：源于李忠正，孙润仓，金永灿．植物纤维资源化学［M］．北京：中国轻工业出版社，2012.

(2) 黏胶丝。黏胶法生产人造丝至今已有一百多年的历史。1892 年，英国化学家 Cross 等人首次发现棉花或木浆纤维经过 NaOH 处理，然后与 CS_2 反应后形成的纤维素衍生物可溶于水或稀 NaOH 水溶液，得到黄色的黏胶纤维素溶液。用这种纤维素溶液喷丝，并经过硫酸铵凝固以及稀硫酸处理后变成为白色的纤维素丝。黏胶丝生产早已工业化，黏胶纺丝工艺是：首先用质量分数 18%～20% 的 NaOH 水溶液于 25℃处理纤维素浆料得到碱纤维素，再通过挤压除去大部分过量的 NaOH。然后，温度升到 30～32℃时，粉碎碱纤维素，并进行老化还原，以控制纤维素的聚合度。当达到预期的聚合度时，将 CS_2 加到碱纤维素中，于 20～30℃处理 1～3h 进行磺化。所生成的纤维素磺酸酯加到稀 NaOH 水溶液中，在 10℃以下进行溶解。然后进行纤维素磺酸酯溶液熟成（主要是去除磺酸基团），熟成过程在低温下进行，时间为几小时到几天。由此制备出纤维素磺酸酯溶液，再经过过滤、脱气后用于纺丝。黏胶液从喷丝头喷出，进入由酸、盐和添加剂组成的凝固液中凝固和再生，并伴随着牵伸及纤维素磺酸酯的水解还原，快速形成黏胶丝。黏胶丝在凝固浴中前进时逐渐形成表皮褶皱，再加上再生过程的化学反应导致固化成丝。此时纤维素丝内部水分脱出使纤维体积减小和收缩，引起纤维表面形成褶皱，其截面形成类似于荷叶状，如图 7.46 所示。然而，传统黏胶法生产工艺不但工艺繁杂、生产流程长、能源消耗大，而且在生产中释放出大量的有毒 CS_2 和 H_2S 气体，给人类身体健康造成了巨大伤害并且污染环境。同时，生产中还产生大量的酸性和碱性废水、废液、废渣，污染江河湖海以及土壤和大气，破坏生态平衡。近年，开发绿色工艺生产非黏胶法纤维素丝受到普遍关注。

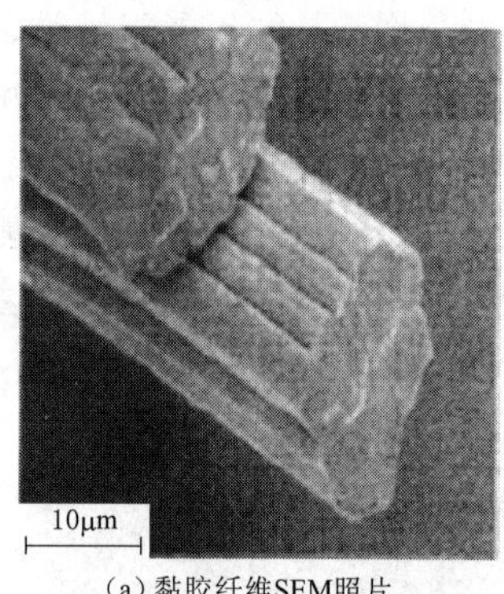

(a) 黏胶纤维SEM照片

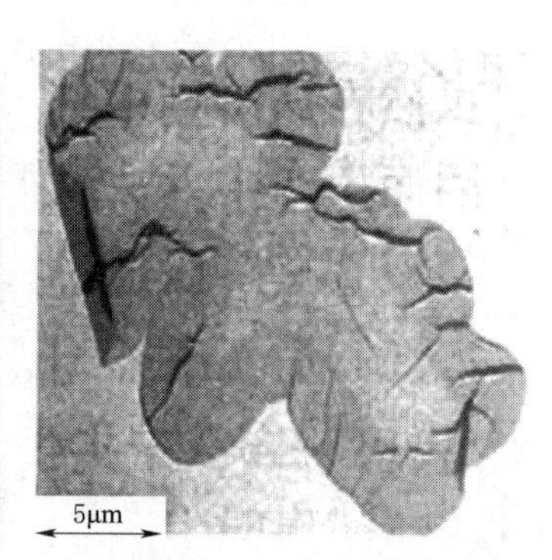

(b) 黏胶丝截面透射电子显微镜照片

图 7.46　黏胶丝形貌

(3) Lyocell 纤维。近年在纤维素新溶剂及其纺丝研究领域已取得较大进展，主要是纤维素在 NMMO 等溶剂体系中的溶解、溶液性质及纺丝工艺。自 1939 年 Graenacher 等人发现三甲基氧化胺、三乙基氧化胺和二甲基环己基氧化胺等叔胺氧化物可以溶解纤维素以来，该类有机物作为纤维素溶剂的研究与开发引起了人们的重视。1967 年，Johnson 首次将 NMMO 用作纤维素溶剂。NMMO 是一种毒性较低但易爆的溶剂，具有很强的偶极（N^+O^-），该基团的氧原子可以与含羟基的物质形成氢键，因此在高温下可以完全溶解纤维素。1969 年，Eastman Kodak 公开了以 N—甲基吗啉制备的氮氧化物作为纤维素溶剂的专利。1980 年，美国 Enka（现在的 Akzo Nobel）公司和英国 Courtaulds 公司建立中试工厂发展纺丝技术以及溶剂回收。Lyocell 纤维的研究和不断改进直至实现工业化生产经历了 20 多年，它由 Courtaulds 公司最早实现商业化生产的纤维素纤维 Tencel 发展而来。目前，已用该溶剂生产出多种商业纤维，如奥地利 Lenzing 公司生产的 Lyocell 短纤维、KIST 公司生产的 Cocel、德国 TITK 研究协会生产的 Alceru 短纤维等。1989 年，国际人造丝及合成纤维标准局为 $NMMO/H_2O$ 溶剂法纺的丝命名为 Lyocell，在我国俗称天丝。这种纤维比黏胶丝有明显高的强度（尤其在湿态下）和优异的尺寸稳定性，因而被称为“21世纪纤维”。然而，其不足之处是溶剂价格昂贵以及工艺过程条件苛刻，目前全球Lyocell纤维的年产量仅约10万t。

NMMO工艺是一种不经化学反应而生产纤维素丝的新工艺，属于物理溶解和再生过程。它将纤维浆料溶解于NMMO中得到黏度适宜的纺丝液，采用干喷湿纺法纺丝，然后经低温水浴或NMMO/H_2O溶液凝固成形，经拉伸、水洗、切断、上油、干燥、溶剂回收等工序制成Lyocell纤维。图7.47和图7.48分别示出纤维素/NMMO/H_2O再生过程的相图以及Lyocell纤维干喷湿纺示意图。生产Lyocell纤维所用木浆的聚合度一般是500～550，经过粉碎机加工成小块的浆料，首先与含质量分数76%～78%的NMMO/H_2O溶液混合，同时加入少量的抗氧化剂，如没食子酸丙酯、焦磷酸钾等，它们不仅作为抗氧化剂，而且也作为螯合剂。混合物在70～90℃下进行搅拌，变成溶胀的木浆纤维及糨糊状浆料。在真空下进行充分的机械搅拌加速溶解，同时加热除去过量的水分后得到清亮的琥珀色纤维素溶液。纤维素质量分数一般为10%～18%，反应温度为90～120℃。然而，溶解过程中NMMO会缓慢地氧化纤维素，导致纤维素聚合度降低并产生有色的化合物影响纤维素丝的白度，在温度升高的时候尤为明显。同时，NMMO分解成N—甲基吗啉和其他胺类，并且如有过渡金属如铜和铁的存在，将促进分解反应的发生。溶液通过传输系统（溶液冷却器、液压冲罐）并经过两步过滤除去溶液中的杂质后

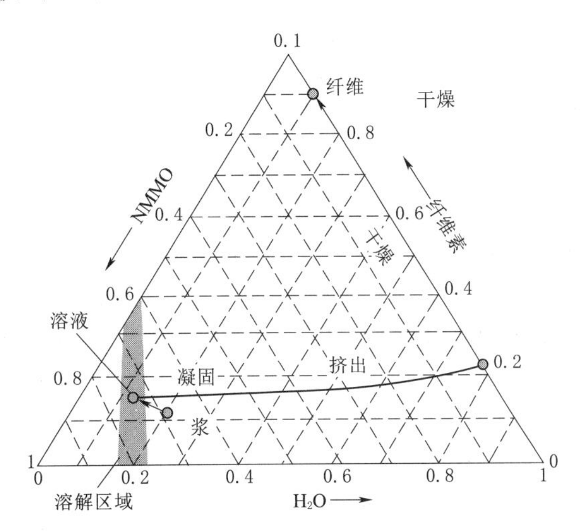

图7.47 纤维素/NMMO/H_2O再生过程的相图

注：源于李忠正，孙润仓，金永灿．植物纤维资源化学［M］．北京：中国轻工业出版社，2012.

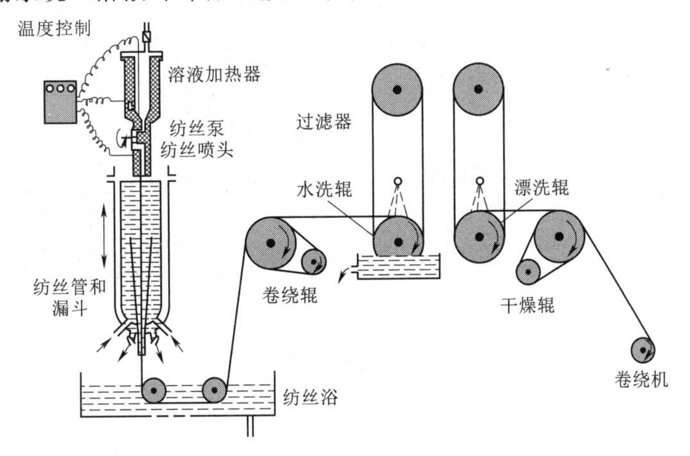

图7.48 Lyocell纤维干喷湿纺示意图

注：源于李忠正，孙润仓，金永灿．植物纤维资源化学［M］．北京：中国轻工业出版社，2012.

进入纺丝过程。Chanzy等报道了在NMMO/H_2O溶液中的亲液性纤维素溶液的纤维成形工艺。虽然在该溶剂中，纤维素液晶溶液纺丝是可能的，但在纤维素溶液接近成形条件时并不稳定，因而生产中并未采用液晶纺丝。通常，Lyocell纤维的制备可用湿法纺丝或干喷湿纺。湿法纺丝中，溶液直接挤压通过喷丝口喷出进入凝固浴，溶剂从凝胶丝中扩散出来，并且经进一步牵伸、水洗和后处理。干喷湿纺中，纺丝液从喷丝头喷出，经过一段空气隙后，再进入含NMMO的凝固液中再生。该纺丝工艺是一个物理过程，当加热到100℃的纤维素溶液经挤压从喷丝孔喷出时，以比溶液喷出速度快许多的速度拉伸，使纤维素在空气隙中取向，最终能得到高强度和伸长率的丝。典型的拉伸比在4～20，低的拉伸比导致纤维强度下降，而高的拉伸比使强度提高但纺丝稳定性变差。同时，喷丝板构造（如喷丝孔长径比）、空气层高度、拉伸比、凝固浴浓度和温度等因素对纤维素丝的物理性能都有重要影响。纤维素丝在凝固浴中随着溶剂和非溶剂的互相扩散，导致纤维素溶剂化分子破坏，同时纤维素分子内和分子间氢键重新形成。极性溶剂如水、醇和稀的NMMO/H_2O溶液都能使纤维素再生，它是一个物理过程。由此所得到的Lyocell纤维为圆形截面，如图7.49所示。Lyocell纤维具有高结晶、高取向结构，一旦吸水后，只会向纤维横向膨胀，而不会沿纤维轴向伸长，在此湿态条件下，纤维受强力或摩擦力时易沿着纤维素轴向表面剥离、裂成直径小于4μm的微纤维，呈原纤化的损坏特征。原纤化使Lyocell纤维加工困难并带来使用上的不方便，织物表面易起毛起球，这是Lyocell纤维的主要缺点。同时，这些微纤维在经过适当的酶酵素处理后，在织物表面产生“桃皮绒效果”，其绒毛纤细、茂密、短匀，手感细腻平滑，类似于蚕丝的手感。

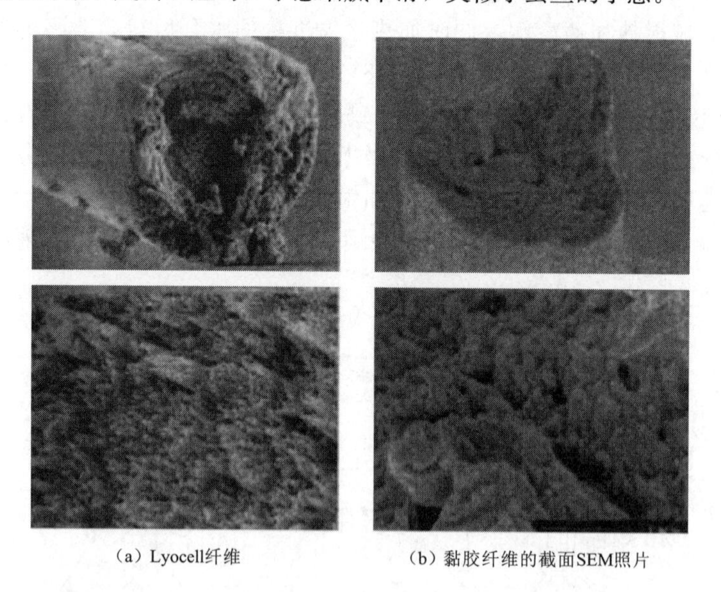
（a）Lyocell纤维　　（b）黏胶纤维的截面SEM照片

图7.49　Lyocell纤维形貌

注：源　李忠正，孙润仓，金永灿．植物纤维资源化学［M］．北京：中国轻工业出版社，2012.

NMMO溶剂价格昂贵，必须进行回收。溶剂回收分为稀溶剂的离子交换和浓缩两个主要过程。大规模工业化生产中，NMMO和水基本上可完全回收，NMMO

的回收率可达到99.6%～99.7%，而且NMMO无论在生产或进一步加工还是在生物分解过程中均毒性较小，因此基本上不污染环境，然而，其存在以下问题：①NMMO高温下易分解；②溶解过程中生成发色团副产物，污染成品纤维；③纺丝过程中纤维素的降解导致纤维力学性能下降和纺丝线波动；④Lyocell纤维原纤化控制；⑤稳定剂的加入导致更多副反应发生；⑥溶解放热反应造成潜在的爆炸，威胁生产安全。NMMO工艺还需进一步改进。

（4）NaOH/尿素水溶液生产新型再生纤维素纤维。我国是纺织品生产大国，而且传统的污染严重的黏胶丝产量占世界一半以上。利用纤维素、甲壳素等生物质资源和绿色技术生产化纤产品是国家纺织行业的必经之路。鉴于我国目前黏胶法生产人造丝和玻璃纸给环境造成的严重污染，张俐娜等发明了一种新的纤维素溶剂——质量分数7% NaOH/12%尿素水溶液，该溶剂冷却到－12℃时，能迅速溶解纤维素（其分子量在1.2×10^5以下）。利用这种纤维素溶剂，可成功纺出新型再生纤维素丝，如图7.50所示。SEM、小角X射线散射（SAXS）和CP/MAS ^{13}C－NMR结果揭示了该再生纤维素纤维的结构。它具有圆形截面（类似Lyocell纤维），以及光滑的表面和较好的力学性能。

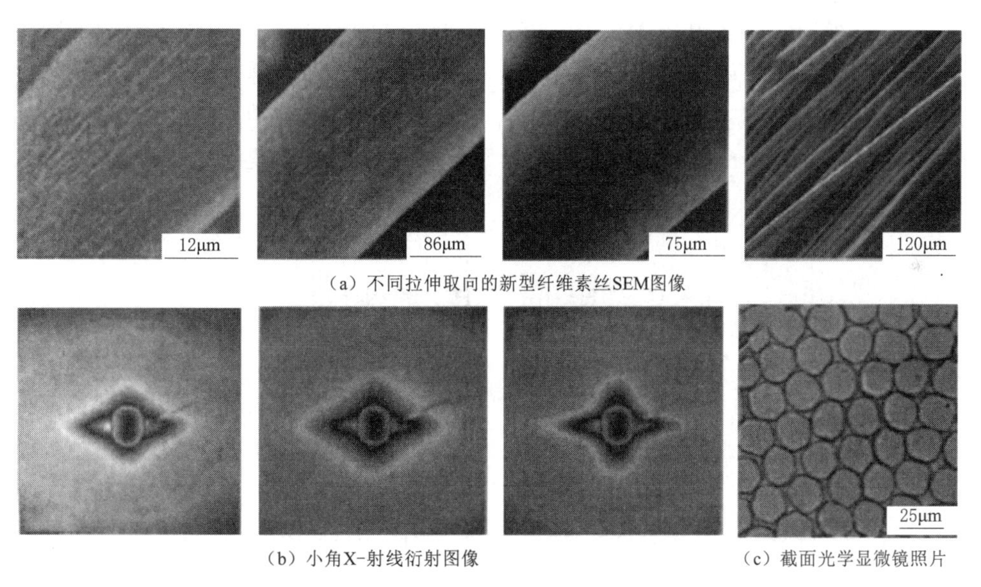

（a）不同拉伸取向的新型纤维素丝SEM图像

（b）小角X-射线衍射图像　　（c）截面光学显微镜照片

图7.50　新型再生纤维素丝

注：源于李忠正，孙润仓，金永灿．植物纤维资源化学［M］．北京：中国轻工业出版社，2012.

这种新型纤维素丝的抗张强度（1.7～2.2cN/dtex）接近商品黏胶丝，并证明随拉伸取向的增加，纤维的表面光滑度和取向度增加，因此工业化生产优化设备后将大大提高丝的强度。江苏海安龙马绿色纤维有限公司已完成了首套低温溶解设备，在1000L溶解罐中成功纺出透明的纤维素溶液，而且溶解时间不超过5min；在该成套试验设备中成功完成了纤维素的溶解、脱气泡和过滤，并且纺出纤维素纤维。尤其是NaOH/尿素水溶液生产纤维素丝的全部生产周期仅12h，明显低于黏胶丝的生产周期（1周）。初步工业化试验的结果已证明，再生纤维素纤维的结构和性能，以及可控分子排列的取向特点使它比其他新溶剂更容易实现工业化。图7.51为工业化试验成套设备经湿法纺丝的再生纤维素纤维及其光学显微镜、电子显微镜图像。这种无污染、廉价以及生产周期很短的再生纤维素丝生产的“绿色”方法，可望取代目前污染严重的黏胶法。最近，NaOH/尿素水溶液低温溶解纤维素的方法已引起国内外的高度重视，认为该体系对纤维素工业与技术具有潜在应用前景。

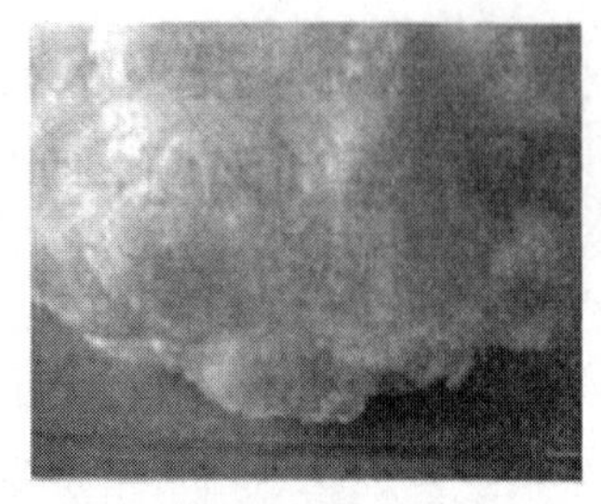
(a)经湿法纺丝的再生纤维素纤维

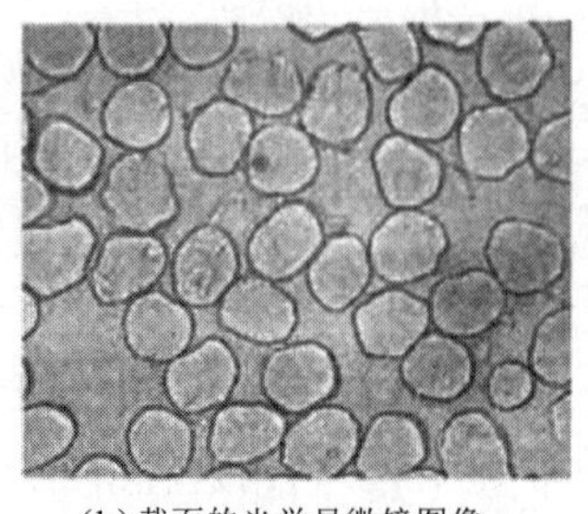
(b)截面的光学显微镜图像

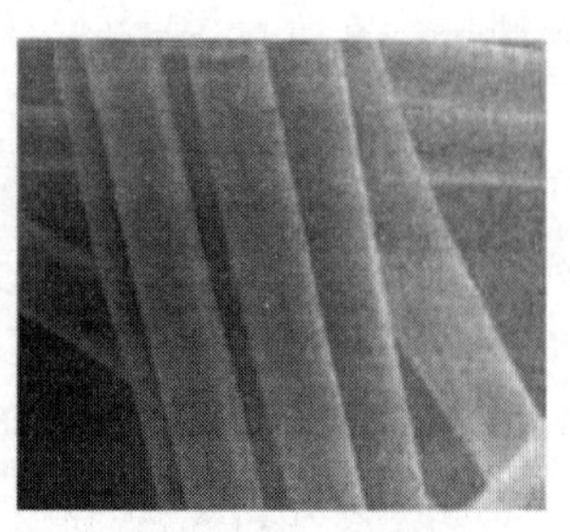
(c)表面的电子显微镜

图7.51　经湿法纺丝的再生纤维素纤维

注：源于李忠正，孙润仓，金永灿．植物纤维资源化学[M]．北京：中国轻工业出版社，2012.

(5) 其他途径制备纤维素丝。1938年，Hill和Jacobsen发现纤维素与尿素反应得到的衍生物易溶解于稀碱，并可在酸溶液中再生得到纤维或膜。此后，芬兰黏胶企业Kemira Oy Saeteri与Neste Oy合作发展了氨基甲酸酯衍生化溶解纤维素的途径。纤维素氨基甲酸酯具有良好的化学稳定性，但该反应较为复杂并有副反应发生。其反应式为

$$\begin{cases} NH_2—\overset{\overset{\displaystyle O}{\|}}{C}—NH_2 \xrightarrow{\text{加热}} NHCO+NH_3\uparrow \\ HNCO+Cell—OH \longrightarrow Cell—OH—\overset{\overset{\displaystyle O}{\|}}{C}—NH_2 \end{cases} \tag{7.59}$$

副反应为

$$\begin{cases} HNCO+NH_2—\overset{\overset{\displaystyle O}{\|}}{C}—NH_2 \longrightarrow NH_2—\overset{\overset{\displaystyle O}{\|}}{C}—NH—\overset{\overset{\displaystyle O}{\|}}{C}—NH_2 \\ HNCO+NH_3 \longrightarrow NH_4^+NCO^- \end{cases} \tag{7.60}$$

这种工艺又称Carbacell纺丝工艺，与加热黏胶法相似。首先将纤维素在NaOH水溶液中进行碱化，随后通过挤压排出多余的浸渍碱溶液，再经粉碎和预熟成适当聚合度（250～400之间）的碱纤维素。经过预处理的纤维素在惰性有机溶剂或尿素溶液中生成可溶性的纤维素氨基甲酸酯（含氮量为2.5%～4.5%），然后将纤维素氨基甲酸酯溶解在一定浓度的NaOH水溶液中制成纺丝液。由于氨基甲酸酯在碱性介质中容易水解，故需低温（0℃以下）溶解和储存。这种纤维素衍生物溶液在硫酸或Na_2CO_3溶液中纺丝，经过再生得到纤维丝。Carbacell丝横截面呈卵形且结构均匀，类似于Lyocell纤维，但无原纤化趋势。随着技术不断改进，Carbacell丝的性能已经接近常规黏胶丝，但这种生产工艺并不完善：由于该工艺用液氨

作为浸润剂，生产过程能耗大、生产成本较高。世界上开发和研究纤维素氨基甲酸酯的主要有波兰罗兹化学纤维研究所和德国的Zimmer公司等。

Kamide等研究了纤维素在质量分数9.1%的NaOH水溶液中的湿法纺丝。他们利用蒸汽爆破法处理木浆，获得聚合度为215～320的碱溶性纤维素并用于制备纺丝原液。将蒸汽爆破过的纤维素放入质量分数9.1%的NaOH水溶液中，于4℃下混合液间歇搅拌放置8h，得到的溶液在纺丝前用10000r/min离心分离1～4h，除去残留的未溶解的纤维素和气泡，用硫酸溶液为凝固浴。所得纤维丝在50～85旦，具有高结晶度的纤维素Ⅱ型晶体结构，但结晶取向和强度均明显低于黏胶丝。由于丝的强度低，纺丝过程中只能用很低的牵引和拉伸比例。丝的截面接近圆形，具有致密的表层和多孔的内部结构。此外，纤维素溶液很容易凝胶化，因此尚未实现工业化纺丝。

纤维素在$ZnCl_2/H_2O$溶液用湿法纺丝可制得纤维素丝。这种纤维素溶液通过注射器针头挤出，进入分别含有一种或多种醇或酮的凝固浴中，收集到的纤维进一步水洗除去残留溶剂，进行干燥。干燥后的纤维经牵伸，再浸入水中重结晶，经这样处理的纤维物理性能有很大改善。然而，$ZnCl_2$法目前尚存在一系列问题，而无法工业化，如溶解能力较低，无法制得高浓度纺丝原液；溶解过程中浆粕降解剧烈；溶液有强腐蚀性等。

Bianchi等研究了在LiCl/DMAc中纤维素（*D.P.*=290）溶液的纺丝，制得的纤维横截面尺寸为20～50μm。纺丝时，纤维模量随纤维素浓度、样品贮存或熟成时间的增加而增加，纤维的强度也随之增加。由各向同性溶液纺丝制得的纤维具有光滑均匀的表面，而由两相共存溶液纺丝制得的纤维具有粗糙的表面形态。以上迄今尚仅用于实验室分析研究。

纤维素/液氨/硫氰酸氨溶液可用干喷湿法纺丝技术纺丝，用低级醇如甲醇、正丙醇或异丙醇为凝固浴。Liu等也发现该纤维的截面形状随凝固浴类型的不同而变化，由该体系纺丝纤维为纤维素Ⅲ结构。研究表明，纤维模量在较低的凝固浴温度时增加，降低凝固浴温度致使溶剂从纤维素溶液中出来的扩散速率降低。Cuculo和Aminnuddin发现纤维性能可通过纺丝过程中降低凝固温度和增加牵伸率得以改善。但由于该法在溶解纤维素前需要将NH_3浓缩得到液氨，而且溶剂在使用和存储过程中必须特别注意液氨的挥发以及NH_4SCN结晶，并且在纤维成形时液氨剧烈沸腾，产生大量气泡，使纤维结构产生缺陷。

3. 细菌纤维素

细菌纤维素

细菌纤维素是指在不同条件下由细菌合成的纤维素的统称。能够产生细菌纤维素的细菌主要有醋酸菌属（Acetobacter）、土壤杆菌属（Agrobacterium）、假单胞杆菌属（Pseudomonas）等属类。一些细菌和原核细胞生物甚至致病的细菌也能合成纤维素，比较典型的是醋酸菌属中的木醋杆菌（Acetobacterxylimum），它合成纤维素的能力最强，最具有大规模潜力。Brown等对微生物合成的纤维素进行了详细研究。研究表明，细菌纤维素具有纤维素Ⅰ（包括$I_α$和$I_β$两种亚异构体）和纤维素Ⅱ两种结晶形式。

与自然界中的植物纤维素相比，细菌纤维素具有纯度高（不含木质素、半纤维素)、结晶度高、聚合度高、抗拉强度高、吸水性强、生物相容性好等特性，是一种新型的生物材料。Kondo等研究了微生物在取向的大分子模板上的运动，直接生物合成具有纳米和微米结构的纤维素材料。Yano等使用细菌纤维素来增强各种树脂而获得光透明性细菌纤维素纳米复合物。由于细菌纤维素纳米纤维的尺寸几乎不受光散射影响，所以纳米纤维能够用来增强透明塑料，甚至在纤维素的质量分数达到60%时，都可以保持相当好的光透明性，在波长为500～800nm范围内，复合材料的透光率达到80%。这种纳米复合物不仅具有光透明性，而且具有低的热膨胀系数（4×10^{-6}/K），接近于硅晶体，其机械强度高达325MPa，杨氏模量为20GPa。由于纳米纤维尺寸效应，在20℃时对树脂折光指数从1.492～1.636都获得高的透明性，即使提高温度到80℃，折光指数的变化也对透明性没多大的影响。

4. 纤维素膜材料

薄膜（film）是指软而薄的高分子材料制品，其厚度约0.25mm以下，一般由高分子熔体吹塑、挤塑或高分子浓溶液流延成型，主要用于包装、地膜及电子工业等领域。高分子薄膜的应用价值取决于它的力学性能，如拉伸强度（σ_b，MPa）和断裂伸长率（ε_b,%）等。同时，膜（membrane）是能使溶剂和部分溶质通过而其他溶质不能通过的材料，具有传质功能，主要用于透析、超滤、分离领域，其孔径尺寸和水流通量是衡量其实用价值的主要指标。

再生纤维素膜是膜材料的重要组成部分。长期以来，再生纤维素膜的生产主要采用黏胶法和铜氨法，由此制得的再生纤维素膜商品分别称为玻璃纸（cellophane）和铜珞玢（cuprophane）。再生纤维素膜具有力学性能良好、亲水、对蛋白质和血球吸附少、耐γ射线、耐热、稳定、生物相容和安全等优点，且大量的羟基使其易于修饰、改性，废弃后还可以在微生物的作用下完全分解成CO_2和水，不会造成环境污染。因此，再生纤维素膜是有很好应用前景的高分子膜材料。由于具有良好的气体透过性，再生纤维素膜常用作食品保鲜膜以及包装材料等，孔径在10um以下的再生纤维素膜还可用做透析膜，通过溶质扩散而除去其中低分子量的物质。

当前膜材料的加工制造工艺多采用相分离法，该法始于20世纪60年代，由于其操作简便，适用范围广泛，逐渐成为最常用的制备工艺。它利用铸膜液在周围环境中进行溶剂和非溶剂的交换，使原来稳定的溶液发生相转变，最终分相固化成膜。相分离法主要包括热诱导相分离法、浸入沉淀法、溶剂蒸发法和气相沉淀法四种技术，其中浸入沉淀法多用于天然高分子膜等的制备，比如黏胶法制备再生纤素膜的成型工艺即为浸入沉淀法。一般浸入沉淀法较复杂，因为整个过程至少涉及高分子、溶剂和非溶剂三种组分，以及溶剂和非溶剂间复杂的扩散及对流行为，当高分子溶液浸入凝固浴时，溶剂和非溶剂通过溶液界面与凝固剂进行相互扩散，导致高分子溶液发生液—液相分离。

制备过程中条件的控制对膜材料的结构和性能有很大影响。Isogai等选择不同来源的纤维素（棉浆、微晶纤维素、漂白软木浆）为原料，利用NaOH/尿素及LiOH/尿素水溶液为溶剂得到纤维素溶液，流延后在不同的凝固浴（硫酸、硫酸/Na_2SO_4、乙醇、叔丁龄和丙酮）中凝固，再生制备了一系列透明、柔韧的再生纤

维素膜。与传统的黏胶玻璃纸、聚偏二氯乙烯膜或聚乙烯醇膜相比，再生纤维素膜具有较高的 O_2 阻隔性能，其透氧率可以在 0.003～0.03mL・μm/(m^2・d・kPa)间调节，与纤维素溶液的浓度成反比，其中透氧率最低的再生纤维素膜可在 0℃丙酮凝固浴中再生制得。这些再生纤维素膜是潜在的环境友好型包装材料。Yano 等利用纤维素纳米纤维的优良性能制备出优良的纳米纤维复合膜。他们利用细菌纤维素良好的热性能和力学性能来增强各种树脂，获得光透明的细菌纤维素纳米复合塑料，其突出的优点是具有超低的热膨胀系数（4×10^{-6}/K）和良好的柔韧性，在电子器件制造领域具有潜在的应用前景。此外，ILs 溶解的纤维素可以在乙醇、丙酮等非溶剂中凝固再生制备再生纤维素膜，且再生纤维素与溶解前的试样具有基本一致的聚合度分布，但其形貌和结构发生显著的变化。Yousefi 等对纤维素微纤维悬浮液进行真空抽滤得到了纤维素微纤维膜，热压、干燥后将该膜浸泡在 ILs 中部分溶解，随后在乙醇中再生得到纳米结构纤维素膜。该纳米纤维素膜质轻、透明，膜的内部由未溶解的直径在（53±16)nm 的纤维素纳米纤维组成，因此透光率和力学性能相比纤维素微纤维膜大大提高，且具有良好的气体阻隔性，在包装领域有潜在的应用前景。

纤维素酯、醚及其他衍生物可用于制备多种膜材料，其中最重要的是纤维素酯系膜。早期的超滤膜主要采用纤维素酯类材料，如醋酸纤维素，其至今仍是主要的通用膜材料之一。用醋酸纤维素水解后制备的再生纤维素膜也已广泛应用，如国内开发的能抗霉菌的氰乙基取代醋酸纤维素超滤膜。近年来还研制了各种醋酸纤维素混合膜，将不同取代度的醋酸纤维素进行适当混合，如二醋酸纤维素和三醋酸纤维素，制得的渗透膜长期运行的稳定性好，透水速度高，压密系数小。随着中空纤维膜制造技术的进步，醋酸纤维素系的中空纤维膜也得到发展。如三醋酸纤维素中空纤维膜，由于制成中空纤维状，提高了膜的装填密度，达到提高产水率的目的。

近年发展的由 NMMO 真溶液中纺丝而制得 Lyocell 纤维预示着从此纤维素溶液中可制得高强度、亲水、不易被蛋白质污塞的超滤、微滤纤维素膜、平膜和中空纤维膜，其中在纤维素溶液中添加抗氧化剂是技术关键，以避免制膜过程中纤维素的氧化降解。

醋酸纤维素也可用作反渗透膜材料。反渗透膜可用于海水的淡化，其分离机理有氢键理论、选择吸附—毛细管流动机理和溶液扩散机理。其中氢键理论认为，反渗透膜材料如醋酸纤维素是一种具有高度有序矩阵结构的聚合物，具有与水或醇等溶剂形成氢键的能力。盐水中的水分子能与醋酸纤维素半透膜上的羰基形成氢键，在反渗透压的推动下，以氢键结合的、进入醋酸纤维素膜的水分子能够由一个氢键位置断裂而转移到另一个位置形成键。这些水分子通过一连串的位移，直至离开表皮层，进入多孔层后流出淡水。

7.6.2.2 纤维素乙醇

纤维素类生物质原料主要包括木材（如杨树、桉树、松树等）及林产加工废弃物、农业秸秆类废弃物（如玉米芯、玉米秆、麦秆、稻草等）、能源草（如柳枝稷、芒草等）和其他纤维废弃物（如甘蔗渣、甜高粱渣、木薯渣等）。纤维素类生物质具有复杂的纤维素—半纤维素—木质素三维结构，其中纤维素是一种多糖物质，可以经水解、发酵制备成燃料乙醇、生物柴油、生物燃油等燃料。本节主要介绍燃料乙醇的生产过程。

1. 纤维素乙醇制备过程及基本原理

纤维质原料转化为乙醇主要包括原料糖化水解、糖液发酵和乙醇纯化三个过程。其中纤维素和半纤维素转化为可发酵性糖是乙醇发酵的前提，理论上，每162kg纤维素水解可得180kg葡萄糖，每132kg半纤维素水解可得150kg木糖。根据所用的催化剂不同，糖化水解方法有以酸作为催化剂的浓酸水解和稀酸水解、以纤维素酶为催化剂的酶水解三种。从学科方向来说，酸水解属化学法，具有反应速度快、成本低的明显优势。酶水解为生化法，较化学法产物单一，反应条件温和，但其前提条件是必须将生物质原料进行预处理，即将半纤维素和木质素去除或部分去除，使酶能够与纤维素充分接触，完成水解。

浓酸水解工艺比较成熟，在19世纪即已提出，其原理是结晶纤维素在较低温度下可完全溶解在72%硫酸中，转化成含几个葡萄糖单元的低聚糖。把此溶液加水稀释并加热，经一定时间后就可把低聚糖水解为葡萄糖。浓酸水解的优点是糖的回收率高（可达90%以上），可以处理不同的原料，相对迅速，并极少降解。但对设备要求高，且酸必须回收。我国曾在黑龙江建设了年产5000t乙醇的工厂，后停产，主要问题是成本太高、原料供应短缺、污染严重等。

稀酸水解采用低于10%稀盐酸为催化剂，反应条件相对温和，有利于生产成本的降低，其基本原理为溶液中的H^+可和纤维素上的氧原子相结合，使其变得不稳定，容易和水反应，纤维素长链在该处断裂，同时又放出H^+，从而实现纤维素长链的连续解聚，直到分解成为最小的单元葡萄糖，纤维素的稀酸水解为串联一级反应。主要影响因素有原料粒度、液固比、温度、酸浓度和助催化剂等：原料越细，其和酸溶液的接触面积越大，水解效果越好，可使生成的单糖及时从固体表面移去；液固比增加，单位原料的产糖量也增加，但水解成本上升，所得糖液浓度下降；一般认为温度上升10℃，水解速度可提高0.5～1倍；酸浓度提高1倍时，水解时间可缩短1/3～1/2，但这时酸成本增大，对设备抗腐蚀要求也会提高；华东理工大学发现$FeCl_2$助催化剂的添加有助于促进酸的催化作用，使水解转化率超过了70%。稀酸水解主要问题为副产物浓度高和对反应器腐蚀性强。

目前，纤维素乙醇公认的主流工艺流程包括预处理—酶解—（五碳糖、六碳糖）发酵三个主要步骤，如图7.52所示。

2. 纤维素原料预处理

预处理可打破紧密的纤维素—半纤维素—木质素结构，降低纤维素的结晶度和聚合度，去除木质素的位阻，增大物料表面孔径和表面积，对于提高微生物的多糖利用率至关重要。目前木质纤维素类生物质预处理技术主要包括热处理（thermal pretreatment）方法、化学处理方法和生物处理方法等，其中热处理方法是利用高温水或蒸汽对木质纤维素进行预处理的方法，其反应温度一般为150～220℃，在这个过程中大部分的半纤维素和部分的木质素被去除，比较热门的两种方法是蒸汽爆

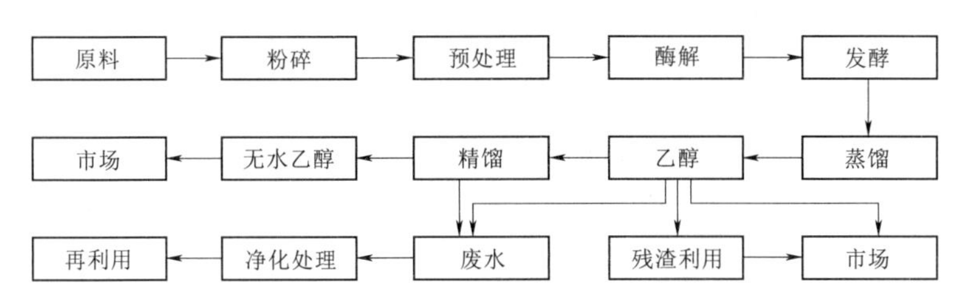

图 7.52 纤维素乙醇生产工艺流程

注：源于袁振宏，吴创之，马隆龙. 生物质能利用原理与技术 [M]. 北京：化学工业出版社，2005.

破法和高温液态水法。化学处理方法包括酸法、碱法和有机溶剂法等。几种典型生物质预处理方法的过程及其特点见表 7.16。

表 7.16　几种典型生物质预处理方法的过程及其特点

方　法	过　　程	特　　点
蒸汽爆破法	饱和蒸汽压（160～290℃）在 0.69～4.85MPa 压力下，反应几秒或者几分钟，然后瞬间减压	半纤维素去除率 80%～100%，其中 45%～65%木糖回收率，纤维素有一定的分解，木质素去除较少，残渣酶解率大于 80%，糖降解副产物多
氨爆法	1～2kg 氨水/1kg 生物质，90℃，30min，压力 1～1.5MPa，然后减压	无明显半纤维素去除，纤维素有一定分解，木质素去除率 20%～50%，残渣酶解率大于 90%，糖降解副产物少，但需要氨回收
CO_2 爆破法	4kgCO_2/1kg 物料，压力 5.62MPa	残渣酶解率大于 75%，酶解产物少
高温液态水法	高温液态水（200℃左右），压力大于 5MPa，反应时间为 10～60min，物料浓度小于 20%	半纤维素去除率 80%～100%，其中 80%左右木糖回收率，纤维素有一定的分解，木质素去除较少，残渣酶解率大于 90%，糖降解
稀酸处理法	0.01%～5%硫酸、盐酸、硝酸或甲酸和马来酸等有机酸，物料浓度 5%～10%，反应温度 160～250℃，反应压力小于 5MPa	半纤维素去除率 100%，其中 80%左右木糖回收率，纤维素分解比较剧烈，木质素去除较少，残渣酶解率大于 90%，酶降解副产物比较多
碱法	1%～5% NaOH 溶液，24h，60℃；饱和石灰水，4h，120℃；2.5%～20%氨水，1h，170℃	相对酸水解，反应器成本降低；50%以上的半纤维素被去除，其中 60%～75%木糖回收率，纤维素被转化，约 55%木质素被去除，残渣酶解率高于 65%，糖降解产物少，需要碱回收
有机溶剂法	甲醇、乙醇、丙酮、乙二醇和 THF 及其混合物，185℃以上处理 30～60min；或者加入 1%硫酸或盐酸	几乎所有的半纤维素和木质素可以被去除和回收，但处理成本较高，需要有机溶剂回收
生物处理法	白腐菌和白蚁等	通过产生木质素氧化酶来降解木质素，具有耗能低、反应条件温和、无污染等优点，缺点是反应周期长，对纤维素和半纤维素也有一定的损耗，需要借助其他预处理手段来达到最佳效果

目前研究最多和被认为最有可能实现工业大规模应用的预处理方法主要有稀酸处理法、高温液态水法和蒸汽爆破法。

(1) 稀酸处理法。稀酸处理法研究开始于 20 世纪 40 年代，也是目前工艺最成熟的预处理方法，不同反应过程及反应器结构对于木质纤维素类生物质稀酸水解的效果影响很大。一般反应过程包括并流、逆流和交叉流三种。其中并流指生物质和水解液朝一个方向移动进行反应，逆流是指生物质和水解液以相反的方向接触反应，交叉流是指生物质和水解液的无规则的相对运动。从纯理论的观点来看，逆流反应优于其他反应过程。反应器包括间歇固定床反应器、平推流式反应器、渗滤式反应器、压缩渗滤床反应器和螺旋传动反应器，各反应器的特点及稀酸水解效果比较见表 7.17。多步处理、逆流接触、动态反应预计是木质纤维素类生物质稀酸高效水解的研究趋势。其中多步处理可以在不同条件下得到不同的水解产物，避免了产物的降解；逆流接触被认为是最高效的反应过程；而动态反应如螺旋挤压对于反应的进行具有很好的促进作用。美国可再生能源实验室（NREL）设计开发了连续两步反应系统，该反应器结合平推流过程和压缩渗滤过程于一体，包括水平螺旋平推段和垂直逆流压缩段。其中，生物质中的半纤维素通过 170～185℃的蒸汽在水平螺旋平推段水解，纤维素部分通过<0.1%的稀硫酸在 205～225℃下垂直逆流压缩段水解。经过初步试验，黄杨树木屑半纤维素的糖收率均可达到 90%。

由于传统硫酸、盐酸、硝酸和磷酸不仅对设备要求比较高，而且预处理过程中糖降解严重，所以目前国内外研究的重点已经从稀酸（1%～10%）转变为超低酸（小于 1%），从传统的强酸转变为如马来酸、甲酸、乙酸等有机酸，另外还在预处理过程中添加了金属助催化剂。中国科学院广州能源研究所采用 0.1%的马来酸，在 200℃下水解纤维素，纤维素转化率可以达到 95.7%，指出马来酸的分子羧酸位和糖苷酶的活化位点类似，可有效模拟酶催化，表现出很好的选择性，同时由于马来酸的 H^+ 电离能力较弱，从而减少了质子氢进攻葡萄糖分子上的羟基以及葡萄糖分子内脱水的概率。

表 7.17　各反应器的特点及稀酸水解效果比较

反应器类型	特　点	稀酸水解效果
间歇固定床反应器	原料和反应液呈非流动态，反应结束后收集产物	总糖得率约 40%
平推流式反应器	原料和反应液呈非连续并流状态，反应产物可以随时收集，物料的停留时间可以控制，从而减少反应产物的降解	总糖得率可达到 55%
渗滤式反应器	原料与反应器呈连续并流状态，糖降解减少，但由于固液比很高，糖浓度较低	木糖得率为 97%
压缩渗滤床反应器	原料与反应液呈连续并流状态，同时随着物料的消耗，固体床层的高度将被逐渐压缩，物料密度保持稳定，有利于减少糖的分解，提高糖得率	葡萄糖得率约 90%
螺旋传动反应器	结合平推流过程和压缩渗滤过程于一体，包括水平螺旋平推段和垂直逆流压缩段	半纤维素和纤维素的糖得率均可达到 90%

（2）高温液态水法。高温液态水法作为一种新兴的绿色反应工艺，由于不需要添加任何化学试剂、生成降解产物少等优点而成为研究热点。目前相关研究主要集中在提高半纤维素衍生糖的得率和浓度，以及半纤维素高温液态水中水解的机理问题。高温液态水中半纤维素水解的影响因素主要包括：①原料的种类；②反应系统的类型；③反应工艺参数，包括反应温度、时间、压力、预热时间和渗滤液体流量等；④助催化剂等其他试剂的加入。国内以中国科学院广州能源研究所的研究为最早，并针对木材类生物质木质化程度更高、纤维素结晶指数更大的特点，提出了变温高温液态水预处理法，即：先在180℃下反应20min，回收半纤维素衍生糖；再在200℃下反应20min，进一步处理纤维素，降低其结晶度并脱除部分木质素，最后纤维素酶解率可以达到93.3%，总糖（木糖和葡萄糖）得率可以达到96.8%。比较高温液态水水解半纤维素后糖的存在形式，发现无论何种原料和反应系统，低聚木糖量都占回收总糖的40%～60%，这可以用半纤维素的水解动力学来解释：半纤维素在高温液态水中的水解为一级连串反应，半纤维素首先水解为低聚糖，然后进一步分解为单糖，当反应条件剧烈时被进一步降解为糠醛等副产物。由于高温液态水相对稀酸水解反应条件更温和，所以低聚糖降解为单糖的速度慢，表现为水解液中存在大量的低聚糖。正是由于高温液态水技术的绿色环保和木质纤维素类生物质的价格低廉等原因，使得高温液态水水解木质纤维素原料来制取功能性低聚糖成为研究的热点。

（3）蒸汽爆破法。蒸汽爆破法利用高温高压水蒸气处理生物质一定时间，使得纤维原料软化，高压蒸汽渗入生物质内部，之后瞬间泄压使得原料在膨胀气体的冲击下发生多次剪切形变，实现了原料组分的化学分离、机械分裂和结构重排等，从而提高了纤维素酶对纤维素的可及率。国内中粮集团有限公司采用连续蒸汽爆破法，建成了500t/年玉米秸秆纤维素乙醇试验装置，并已投料试车成功。然而单纯的水蒸气爆破法具有半纤维素损失率高、木质素去除率低和有毒副产物浓度高的缺点，所以大大影响了乙醇发酵的产量。在蒸汽爆破过程中添加少量化学催化剂如SO_2、CO_2和NH_3等，可以大大降低能耗，并提高残渣的酶解率，这主要是因为在酸性或碱性环境下，木质纤维素类生物质的半纤维素和木质素更容易被去除，特别是在碱性条件下，如氨爆预处理的反应温度可以降低到90℃，有20%～50%的木质素被去除，纤维素酶解率可以达到90%。

3. 纤维素原料酶解

纤维素酶是一类能够把纤维素降解为低聚葡萄糖、纤维二糖和葡萄糖的水解酶，根据纤维素酶的结构不同，分为纤维素酶复合体和非复合体纤维素酶。纤维素酶复合体是一种超分子结构的多酶蛋白复合体，由多个亚基构成，主要在醋弧菌属、拟杆菌属、丁酸弧菌属、梭菌属和瘤胃球菌属等一些厌氧细菌中发现，在部分厌氧真菌中也有发现。不同的微生物产生的纤维素酶复合体结构不同，但基本上由脚手架蛋白、凝集蛋白和锚定蛋白结合体、底物结合区域和酶亚基四个部分构成。脚手架蛋白不具有催化活性，包含多种Ⅰ型凝集蛋白模块，该模块可与带有锚定蛋白的酶亚基结合，功能是通过凝集蛋白和锚定蛋白结合体使多种酶亚基形成一个有机的整体。凝集蛋白和锚定蛋白结合体有Ⅰ型和Ⅱ型两种类型：Ⅰ型锚定蛋白结合到Ⅰ型凝集蛋白上，其功能主要是将酶亚基锚定在脚手架蛋白上；Ⅱ型锚定蛋白结合到Ⅱ型凝集蛋白上，其功能主要是将脚手架蛋白锚定在细菌细胞壁表面。底物集合区域主要功能是结合底物。酶亚基有多种，表现出来的酶活有内切和外切葡聚糖酶活、半纤维素酶活、壳多糖酶活和果胶酶活等其他聚糖降解酶活，主要功能是降解植物细胞壁。纤维素酶复合体的结构如图 7.53 所示。

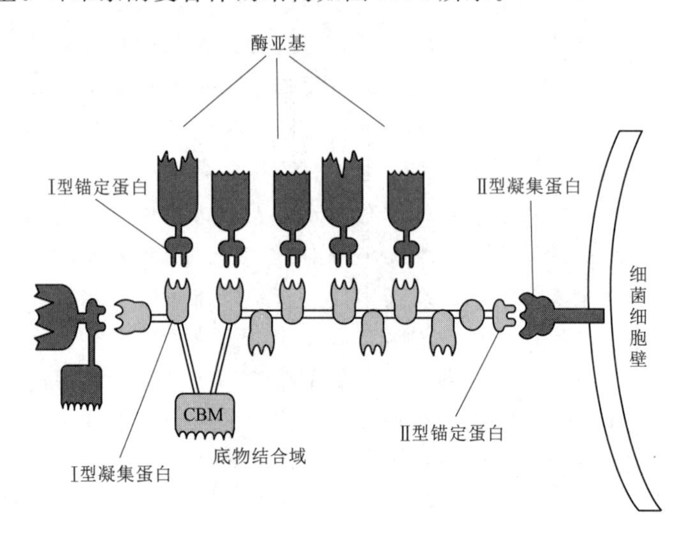

图 7.53　纤维素酶复合体的结构

注：源于袁振宏，吴创之，马隆龙．生物质能利用原理与技术［M］．北京：化学工业出版社，2005.

非复合体纤维素酶主要由好氧的丝状真菌产生，如子囊菌纲和担子菌纲等的一些种属。它是由不同的三种酶所构成的混合物，即内切葡聚糖酶、外切葡聚糖酶和β—葡萄糖苷酶。内切葡聚糖酶作用于纤维素的无定型区，从纤维素链内部糖苷键进行随机切割，将长链纤维素降解为短链纤维素；外切葡聚糖酶作用于纤维素的结晶区，从纤维素链末端以纤维二糖为单位进行切割，释放出纤维二糖；β—葡萄糖苷酶作用于寡聚葡萄糖和纤维二糖，产生葡萄糖。大多数纤维素酶的结构由结合结构域、催化结构域和连接两个结构域的连接体三部分构成，其结构如图 7.54 所示。结合结构域和催化结构域具有多个家族，它们通过不同组合连接，可形成多种纤维素酶。结合结构域的主要功能是在反应的初始阶段，使纤维素酶结合到纤维素上，以保证纤维素酶的催化酶解效率。有些纤维素酶在结合结构域的辅助下结合到纤维素上后不能解吸下来，有些可以，且解吸与温度有关。除了起到结合作用外，结合结构域可深入到纤维素的结晶区，促使结晶区变得松散，并防止松散的结构重新结晶。催化结构域的主要功能是作用于β—1,4—糖苷键，降解纤维素。连接体主要使结合结构

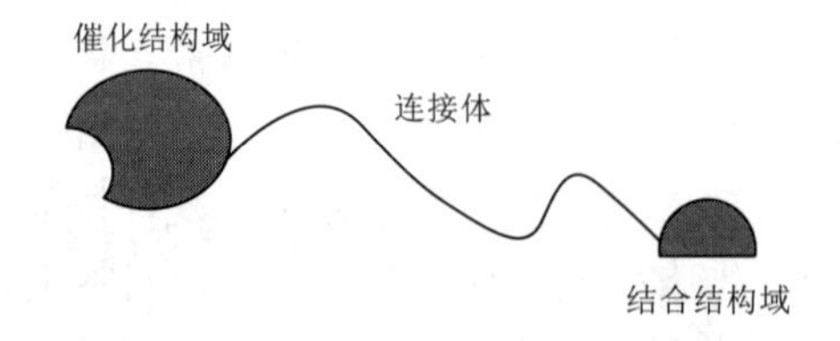

图 7.54　非复合体纤维素酶的结构

注：源于袁振宏，吴创之，马隆龙．生物质能利用原理与技术［M］．北京：化学工业出版社，2005.

域与催化结构域之间保持一定的距离，连接体太短会影响纤维素酶的水解效果。

4. 发酵

木质纤维素酶解糖液的发酵方式分为分步糖化发酵、同步糖化发酵和预水解同步糖化发酵。分步糖化发酵是木质纤维素先经过酶解后再进行发酵，其优点在于酶解和发酵都可以在最优条件下进行，缺点就是纤维素酶会受到产物反馈抑制；同步糖化发酵是木质纤维素的酶解和发酵在同一反应器内同时进行，其优点在于可以解除产物的反馈抑制，缺点是酶解和发酵最优条件只能选择其一；预水解同步糖化发酵是木质纤维素先在高温下酶解一段时间后，再降温进行同步糖化发酵，其优点在于可保证木质纤维素先在合适条件下进行酶解，降低反应体系的黏度。此外，若酶解液中木糖含量较高时，接入整合有与木糖发酵相关基因的酿酒酵母，采用葡萄糖和木糖共发酵方式，可以大大提高乙醇产量。木质纤维素原料预处理水解液中含有大量半纤维素衍生糖，同时存在发酵抑制物，如甲酸、乙酸、糠醛、5—羟甲基糠醛和芳香族化合物等，传统微生物发酵效果较差。水解液一般可从以下三个方面进行脱毒处理：①优化预处理过程，避免或减少抑制物的产生；②发酵之前对水解产物进行脱毒处理；③构建耐受能力较高的菌种，实现原位脱毒。Lee 等用活性炭对硬木片高温液态水水解液进行脱毒，发现用 2.5％的活性炭量可以去除水解液中 42％的甲酸、14％的乙酸、96％的 5—羟甲基糠醛和 93％糠醛，同时约有 8.9％的糖损失。然后用一株基因改造后的厌氧嗜热杆菌 MO1442 对脱毒后的水解液进行发酵，该菌可以代谢其中葡萄糖、木糖和阿拉伯糖，达到乙醇理论产率的 100％。首都师范大学杨秀山教授培育了一株树干毕赤酵母新菌株 Y7，该菌株能够对木质纤维素稀酸水解产物进行原位脱毒，能将木质纤维素稀酸水解液中的葡萄糖和木糖高效转化为乙醇，达到乙醇最高理论值的 93.6％。菌株的原位脱毒可以简化以木质纤维素为原料生产乙醇的工艺、降低乙醇生产成本，对木质纤维素乙醇生产的商业化具有重要的理论和实际意义。

参 考 文 献

[1] 贺近恪，李启基. 林产化学工业全书 第 2 卷 [M]. 北京：中国林业出版社，2001.

[2] 李鑫，游婷婷，许杜鑫，等. 新型溶剂体系下纤维素溶解机理研究进展 [J]. 林产化学与工业，2020，40 (5)：1 - 9.

[3] 李忠正. 植物纤维资源化学 [M]. 北京：中国轻工业出版社，2012.

[4] 许凤，陈阳雷，游婷婷，等. 纤维素溶解机理研究述评 [J]. 林业工程学报，2019，4 (1)：1 - 7.

[5] 叶代勇，黄洪，傅和青，等. 纤维素化学研究进展 [J]. 化工学报，2006，57 (8)：1782 - 1791.

[6] 杨淑蕙. 植物纤维化学 [M]. 北京：中国轻工业出版社，2001.

[7] 詹怀宇. 纤维素物理与化学 [M]. 北京：科学出版社，2005.

[8] 袁振宏，吴创之，马隆龙. 生物质能利用原理与技术 [M]. 北京：化学工业出版社，2005.

[9] Wada Masahisa，Heux Laurent，Sugiyama Junji. Polymorphism of cellulose Ⅰ family：re-investigation of cellulose $Ⅳ_Ⅰ$ [J]. Biomacromolecules，2004，5 (4)：1385 - 1391.

[10] Kolpak F J, Blackwell J. Determination of the structure of cellulose Ⅱ [J]. Macromolecules, 1976, 9 (2): 273 - 278.

[11] Richardson Anthony C. Advances in Carbohydrate Chemistry and Biochemistr: Volume 24, edited by Melville L. Wolfrom, R. Stuart Tipson, and Derek Horton academic press, new york and london, 1969. Elsevier, 1974, 32 (2): 423 - 433

[12] Martin Chang. Folding chain model and annealing of cellulose [J]. Journal of Polymer Science Part C: Polymer Symposia, 1971, 36 (1): 343 - 362.

[13] Hearle J W S. A fringed fibril theory of structure in crystalline polymers [J]. Journal of Polymer Science, 1958, 28 (117): 432 - 435.

[14] Frey - Wyssling A. The Fine Structure of Cellulose Microfibrils [J]. Science, 1954, 119 (3081): 80 - 82.

[15] Nicolai E, Frey - Wyssling A. Über den Feinbau der Zellwand von Chaetomorpha [J]. Protoplasma, 1938, (30): 401 - 413.

[16] Wada M, Heux L, Sugiyama J. Polymorphism of Cellulose Ⅰ Family: Reinvestigation of Cellulose Ⅳ Ⅰ [J]. Biomacromolecules, 2004, 5 (4): 1385 - 1391.

[17] Kolpak F J, Blackwell J. Determination of the Structure of Cellulose Ⅱ [J]. Macromolecules, 1976, 9 (2): 273 - 278.

[18] Schindler T. M. The new view of the primary cell wall [J]. Journal of Plant Nutrition and Soil Science, 1998, 161 (5): 499 - 508.

[19] Hieta Kaoru, Kuga Shigenori, Usuda Makoto. Electron staining of reducing ends evidences a parallel - chain structure in Valonia cellulose [J]. Biopolymers, 1984, 23 (10): 1807 - 1810.

[20] Cai J, Zhang L, Liu S L, et al. Dynamic self - assembly induced rapid dissolution of cellulose at low temperatures [J]. Macromolecules, 2008, 41 (23): 9345 - 9351.

[21] Chen X, Chen X F, Cai X M, et al. Cellulose dissolution in a mixed solvent of tetra (n - butyl) ammonium hydroxide/dimethyl sulfoxide via radical reactions [J]. ACS Sustainable Chemistry & Engineering, 2018, 6 (3): 2898 - 2904.

[22] Zhang C, Liu R F, Xiang J F, et al. Dissolution mechanism of cellulose in N, N - dimethylacetamide/lithium chloride: revisiting through molecular interactions [J]. The Journal of Physical Chemistry B, 2014, 118 (31): 9507 - 9514.

[23] Zhang J M, Zhang H, Wu J, et al. NMR spectroscopic studies of cellobiose solvation in EmimAc aimed to understand the dissolution mechanism of cellulose in ionic liquids [J]. Physical Chemistry Chemical Physics, 2010, 12 (8): 1941 - 1947.

[24] Atalla R H, Vanderhart D L. Native cellulose: a composite of two distinct crystalline forms [J]. Science, 1984, 223 (4633): 283 - 285.

第8章　半纤维素

8.1　概　　述

半纤维素的命名和存在

半纤维素是自然界丰富的可再生资源，存在于植物细胞壁中，通过共价键与果胶、木质素交联，并通过氢键与纤维素相互作用，从而构成紧凑的网络状结构，以维持植物细胞壁的稳定。

半纤维素的发现源自偶然。1891年，德国学者Schulze在对植物进行提取处理时使用了碱溶液，处理后获得的样品含有一部分多糖类化合物。为了与纤维素区别，Schulze将这一从植物中获得的物质称之为半纤维素。1960年，瑞典学者Timell对半纤维素正式下了定义，即半纤维素是不同于纤维素的一种碳水化合物，不易溶于水，易溶于酸碱溶液。随着研究的逐步深入，科学家发现半纤维素是一类由多种糖基组成的复杂化合物，拥有支链结构，其聚合度及分子量比纤维素小。由于半纤维素这一名词沿用许久，所以科学界依旧采用这一名字，不过该名词被赋予了新的内容和含义。

半纤维素是一种不均一的聚糖，聚合度为50～300，含量占植物干重的20～35%。如图8.1所示，半纤维素具有多分支结构，其主链上带有短的支链。主链由五碳糖（戊糖基）、六碳糖（己糖基）等不同碳数糖单元混合连接构成。前者主要有D—木糖、L—阿拉伯糖单元，后者则含有葡萄糖、半乳糖以及甘露糖单元。对

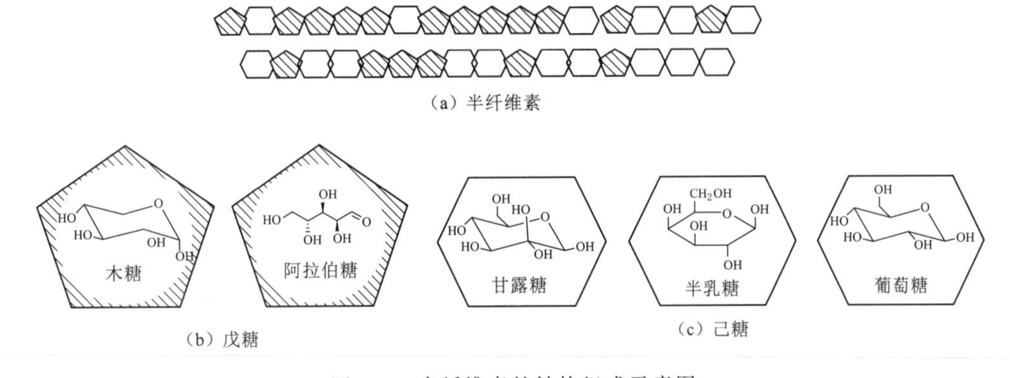

图8.1　半纤维素的结构组成示意图

于半纤维素的支链，除了上述两类糖单元外，还含有已糖醛酸基、脱氧已糖基等单元。已糖醛酸基可细分为D—葡萄糖醛酸基、4—O—甲基—D—葡萄糖醛酸基以及D—半乳糖醛酸基3种；脱氧已糖基包含L—岩藻糖基和L—鼠李糖基2种。半纤维素结构中糖单元种类较多且含量不定，因此赋予了半纤维素复杂多变的物理化学性质。

半纤维素化学性质相对活泼，可在酸性、碱性、酶或者热化学条件下发生降解转化反应，生成一系列低聚物或小分子化合物，体现了半纤维素在化学工业中的应用潜力。同时，半纤维素在造纸、食品和化工等行业也有广泛应用。

8.2　半纤维素的分布、命名及生物合成

8.2.1　半纤维素的分布

半纤维素的糖单元组成和连接方式的多样性决定了其结构的复杂性。不同植物细胞壁中半纤维素结构、含量有所不同。即使对于同一植物，不同组织器官、细胞壁不同区域、不同层次间也存在非常大的差异。从图8.2可以看出植物中的纤维素为主体部分，木质素与半纤维素缠绕在纤维素四周，以此构成相互紧密贯穿的结构。

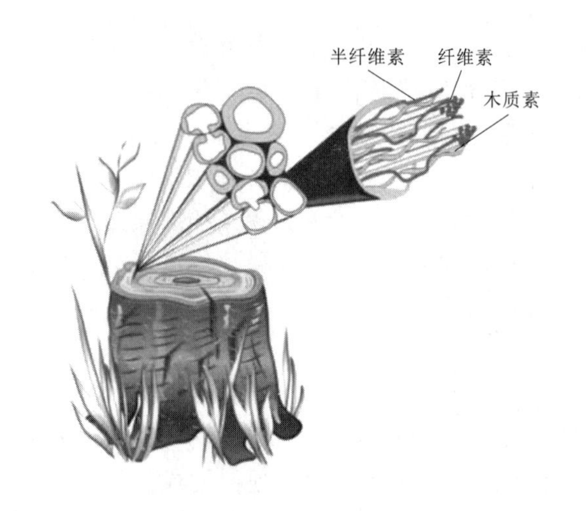

图8.2　植物细胞壁中不同组分分布示意图

自然界中的植物主要分成三类：阔叶木、针叶木以及禾本科植物。表8.1展示了这几类植物中“三大素”的组成，其中阔叶木植物中半纤维素含量占比为15%～35%；针叶木植物的半纤维素含量与阔叶木差不多，占比为20%～32%；禾本科植物中半纤维素含量相对较高，占比为25%～50%。

表8.1　不同木质纤维素在不同植物中质量含量占比　%

类　别	成　分		
	纤维素	半纤维素	木质素
阔叶木	40～44	15～35	18～25
针叶木	40～44	20～32	25～35
禾本科植物	25～40	25～50	13～30

目前，对植物细胞壁中半纤维素的分布已有较多研究，主要方法分为植物组织化学法、光谱显微镜法、免疫细胞化学法以及糖组剖析法四类。

8.2.1.1 植物组织化学法

植物组织化学法是最经典、常用的方法，具体可分成显微解剖化学分析法、骨架法、氧化染色法和化学剥皮法四种。

1. 显微解剖化学分析法

显微解剖化学分析法使用偏光显微镜从细胞壁横向或径向的切面观察植物半纤维素的分布情况。该方法比较直观，但对切片、观测角度和观测经验有较高要求，仅作为初步分析半纤维素分布的方法。

2. 骨架法

骨架法需要提前准备植物的综纤维素样品，使用酸溶液或碱溶液对其进行水解处理，将半纤维素进行溶解并除去，得到“骨架”，再将其与未处理的综纤维素样品的细胞壁进行比较，便可得知半纤维素分布情况。

3. 氧化染色法

氧化染色法是指在化学氧化剂作用下，将半纤维素中还原性末端的醛基氧化成为羧酸，再使用特定的金属离子与羧基螯合，使得金属离子能够附着于半纤维素上。金属离子会散射出一定量的电子，根据这一特性利用电子显微镜进行观测，可获得显颜色的电子显微镜图像，根据图像区域颜色的深浅程度进行推测，即可得到半纤维素的分布信息。

4. 化学剥皮法

化学剥皮法顺着细胞壁径向方向从纤维外表面到细胞腔方向依次进行“剥皮”，通过特定仪器对剥下来的组织进行成分分析，即可得到半纤维素的分布、含量情况。该方法需要将纤维进行润胀和酯化处理，处理后外表面会形成一层酯类化学物，加入适当溶剂可将其“剥”下来。

8.2.1.2 光谱显微镜法

光谱显微镜法将光谱技术与显微技术相结合，可分成两种：第一种是共聚焦拉曼显微镜法，第二种是基质辅助激光解吸/电离质谱法（MALDI）。

共聚焦拉曼显微镜法原理简单，通过仪器监测细胞壁各个组分的特征拉曼频率强度的实时变化情况，以此构建各个组分的空间分布规律图，从而获得其排列方向数据。

MALDI 通过获取质谱信息以构建各个组分的分布信息。该方法的基本操作是先将样品处理成薄片形状，将其固定于玻璃板上，之后利用原位酶水解方法，使样品中的水溶性聚糖水解，获得低聚糖。接着喷洒 MALDI 技术特定的基质溶液，利用激光装置扫描样品，获得相应的质谱结果。质谱信号与荷质比属性相对应，可根据荷质比信息构建组分的分布图像。

8.2.1.3 免疫细胞化学法

免疫细胞化学法利用免疫学中的抗原抗体反应，借助标记物（荧光基因、金属离子、酶、放射性核素等）来标记抗体，使抗体显色，以此确定半纤维素种类。此外借助细胞分光光度计和共聚焦显微镜等仪器对细胞原位进行定量测定。免疫细胞化学法是研究各类半纤维素在细胞壁各个分区分布情况最有效的方法，利用该方法不仅可以确定分布特性，而且还能推测该半纤维素在细胞壁组织架构中所起的作用。

8.2.1.4　糖组剖析法

糖组剖析法通过利用一系列程度递增的化学连续提取对细胞壁进行处理，以便将碳水化合物溶解出来。随后采用单克隆抗体工具标记所获得的碳水化合物，通过酶联免疫吸附测定从而获得热图，进行数据分析可获知各个聚糖种类及其相对含量。

以香脂云杉应压木管胞细胞为例，对植物细胞壁半纤维素的分布状况进行阐述。由表 8.2 可知，聚半乳糖在胞间层和初生壁占比只有 2%，在次生壁外层占比为 32%，大部分存在于次生壁中层，占比为 65%。聚半乳糖葡萄糖甘露糖在次生壁中层占比可达 76%，小部分存在于次生壁外层，占比为 23%。聚阿拉伯糖基本存在于胞间层和次生壁中层。阿拉伯糖—4—O—甲基葡萄糖醛酸聚木糖大部分存在于次生壁外层和次生壁中层。

表 8.2　半纤维素在香脂云杉应压木管胞壁中质量分数占比分布　%

细胞壁层	聚半乳糖	聚半乳糖葡萄糖甘露糖	聚阿拉伯糖	聚阿拉伯糖—4—O—甲基葡萄糖醛酸聚木糖
胞间层和初生壁	2	1	32	3
次生壁外层	32	23	7	29
次生壁中层	65	76	61	68

8.2.2　半纤维素的命名

在不同植物细胞壁中，半纤维素的种类、含量有较大差异，表 8.3 显示了阔叶木、针叶木中各种类型半纤维素含量，可见阔叶木所含半纤维素种类最多的是聚葡萄糖醛酸木糖，含量占比高达 80%～90%；而针叶木的聚半乳糖葡萄糖甘露糖含量最高，达 60%～70%。从聚糖成分还可以发现，不同的半纤维素至少由两种基本糖单元构成，为了区分这些半纤维素组分，需要对其进行命名。

表 8.3　半纤维素中不同糖在阔叶木和针叶木中占比　%

树种	半纤维素						果胶
	聚葡萄糖醛酸木糖	聚阿拉伯葡萄糖醛酸木糖	聚葡萄糖甘露糖	聚半乳糖葡萄糖甘露糖	聚阿拉伯糖半乳糖	其他半乳糖体	
阔叶木	80～90	0.1～1	1～5	0.1～1	0.1～1	0.1～1	1～5
针叶木	5～15	15～30	1～5	60～70	1～15	0.1～1	1～5

8.2.2.1 第一种命名方式

第一种命名方式较为简单，只写主链糖基，而支链糖基不需写出，开头或词尾加上“聚”字。

如图8.3所示的两条糖链，第一条链只含有主链，由木糖基构成。第二条链除木糖基所构成的主链外，还拥有其他支链。根据第一种命名规则，只需要判断主链组成糖基成分，因此这两种半纤维素皆可命名为聚木糖或木聚糖。该命名方式虽能简明地表达主链糖基成分，但无法知道支链组成糖基成分，存在一定的局限性，因此需要介绍第二种命名方法。

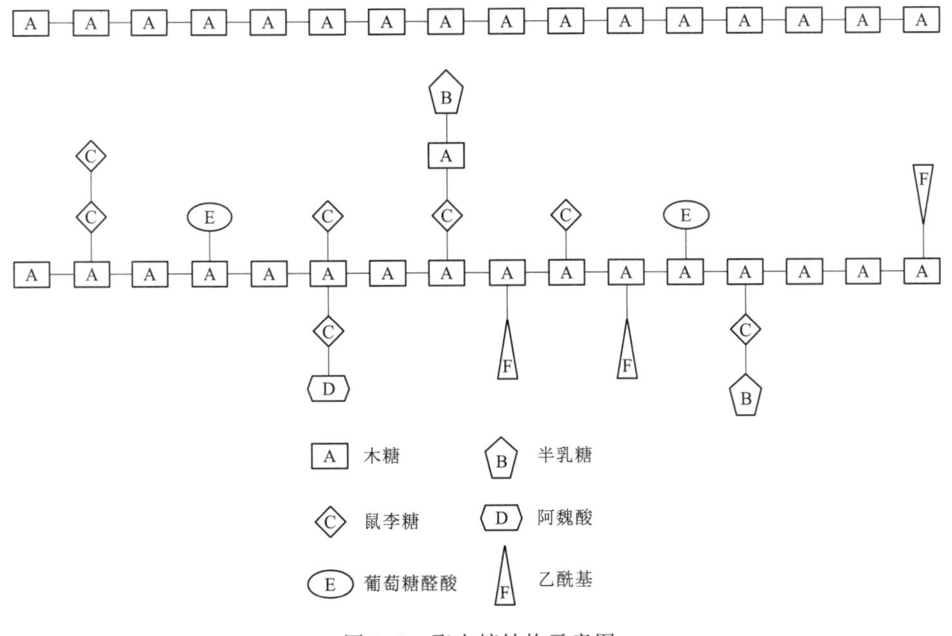

图8.3 聚木糖结构示意图

8.2.2.2 第二种命名方式

此方式命名时不仅需要考虑主链，而且需要将支链糖基考虑在内，规则如下：①先写支链糖基，再写主链糖基；②含量少的糖基先写，含量多的糖基后写；③词首或词尾加上“聚”字。

如图8.4所示，半纤维素的主链为甘露糖基，支链的糖基单元有半乳糖基和葡萄糖基两种。根据命名规则，先写支链上含量较少的糖基，因此先写半乳糖，再写含量较多的葡萄糖，最后写主链甘露糖，因此图中半纤维素可命名为聚半乳糖葡萄糖甘露糖。第二种命名方式相较于第一种能清楚地表达支链糖

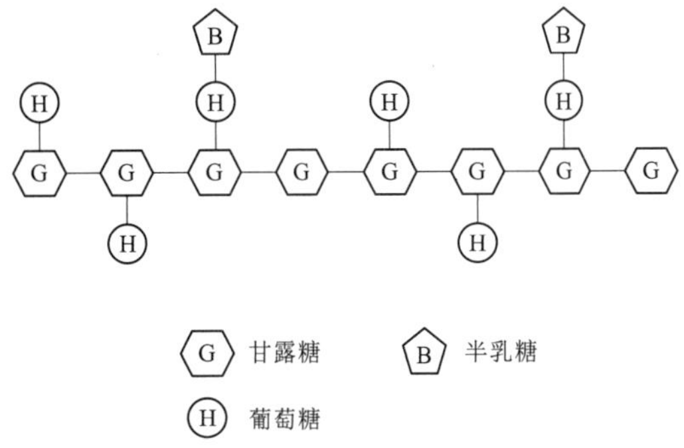

图8.4 聚半乳葡萄糖甘露糖结构示意图

基种类和含量，因而被广泛应用。需要说明的是，两种命名方式并无优劣之分，实际应用中常混合使用。

为方便理解命名规则，图 8.3 和图 8.4 采用简易的画法，下面以聚糖具体结构进行举例。图 8.5 展示了某一半纤维素的结构，木糖是聚糖的主链，而 4—O—甲基葡萄糖醛酸、阿拉伯糖处于支链。按照第一种命名方式，可命名为聚木糖。按照第二种命名方式，先写含量少的支链，后写含量多的支链，最后写主链，因此该半纤维素可命名为聚阿拉伯糖—4—O—甲基葡萄糖醛酸木糖。根据“聚”字放的位置不同，还可命名为阿拉伯糖—4—O—甲基葡萄糖醛酸木聚糖。

需要特别注意，为方便命名，本书统一将“聚”字放在开头。

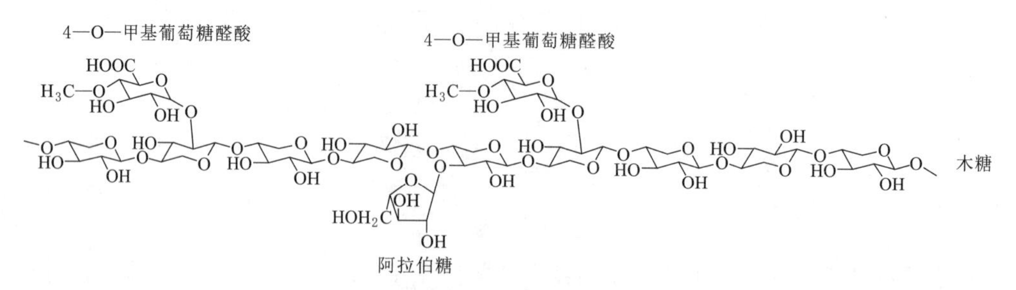

图 8.5　聚阿拉伯糖—4—O—甲基葡萄糖醛酸木糖结构图

8.2.3　半纤维素的生物合成

半纤维素是在特定细胞器内合成的，如图 8.6 所示，植物细胞中的高尔基体含有合成半纤维素所需的糖基转移酶，因此是合成半纤维素的主要场所。其合成过程

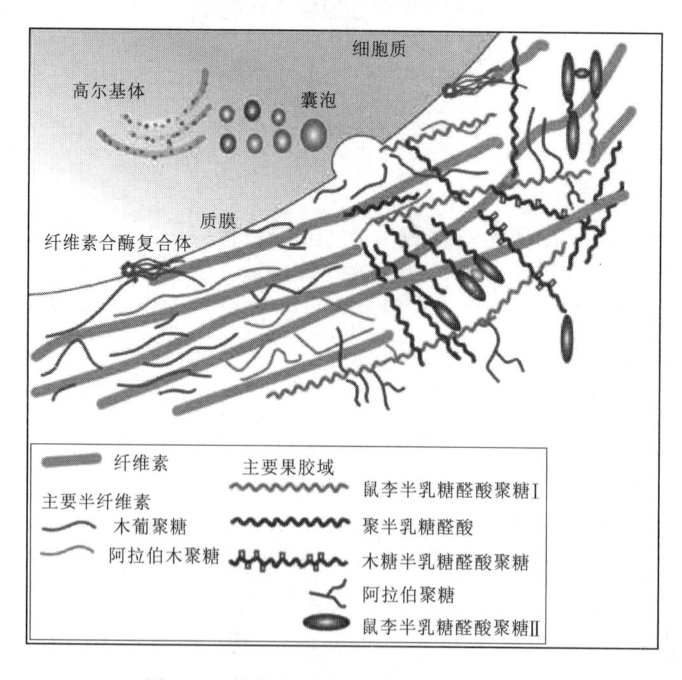

图 8.6　植物细胞合成半纤维素示意图

为：细胞中内质网合成特定的蛋白质，之后蛋白质被转移至高尔基体进行糖苷化合成半纤维素，半纤维素后续向细胞表面移动，从而到达细胞壁并与其他组分交织，形成细胞壁的特殊结构。

8.2.3.1 聚木糖的生物合成

聚木糖在阔叶木、禾本科植物中占比含量较多，是植物细胞次生壁的重要组成部分。木糖通过 β—1,4—糖苷键连接形成主链聚木糖。根据支链组分的不同，可将聚木糖分成聚阿拉伯糖木糖、聚葡萄糖醛酸木糖以及聚葡萄糖醛酸阿拉伯糖木糖三种。

聚木糖在高尔基体内经过各种糖基转移酶催化合成后转移到质体外，组装到次生壁中。而催化聚木糖生成的糖基转移酶主要有 IRX9/IRX9L、IRX10/IRX10L、IRX14/IRX14L 等，它们构成多酶复合体共同发挥作用，从而催化聚木糖的形成。其中 IRX10/IRX10L 主要负责催化 β—1,4—糖苷键的形成，构建木聚糖主链；而 IRX9/IRX9L 和 IRX14/IRX14L 主要作为多酶复合体的结构蛋白，维持多酶复合体的活性。细胞质中存在大量二磷酸尿苷木糖，简称 UDP -木糖（Uridine diphosphate，UDP - Xyl），是合成聚木糖的底物。

图 8.7 展示了聚木糖生物合成路径。在高尔基体中，UDP—葡萄糖在脱氢酶（UGHD）催化作用下转化成 UDP—葡萄糖酸酯，之后被酶（UXS）催化形成 UDP—木糖。UDP—木糖经过复合糖基转移酶作用合成主链聚木糖。聚木糖支链的基团可在相应的转移酶催化下连接到主链上，形成不同糖单元组成的半纤维素结构。

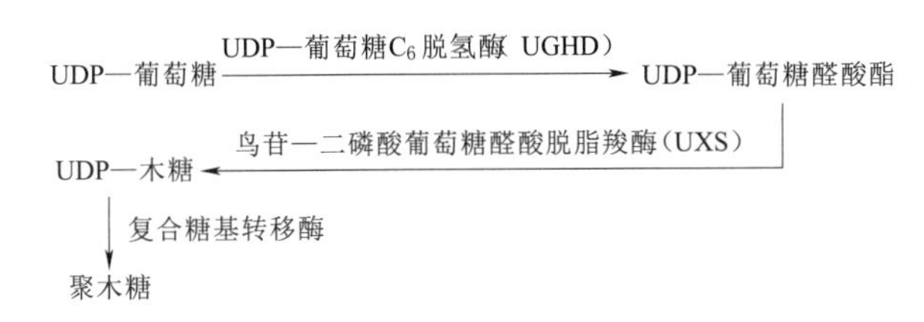

图 8.7 聚木糖的生物合成

8.2.3.2 聚 D—半乳糖甘露糖的生物合成

聚 D—半乳糖甘露糖是由半乳糖和甘露糖构成的一类半纤维素聚糖，具有良好的水溶性和交联性，因而可被用作稳定剂、增稠剂、黏合剂等，在石油钻采、医药、建筑涂料、造纸、农药等领域具有重要用途。

Dey 等通过实验研究后提出了聚半乳糖甘露糖合成途径。如图 8.8 所示，甘露糖残基（GDP—α—甘露糖）在 D—甘露糖基转移酶作用下，被转运至未还原的甘露糖链末端进行连接，不断延长甘露糖链；此外，半乳糖残基（UDP—D—半乳糖）则在 D—半乳糖基转移酶作用下被转运至聚糖，在链的末端和次末端的甘露糖残基上进行连接。在两种不同转移酶和基因水平调控下，可以生成不同结构的聚 D—半乳糖甘露糖。

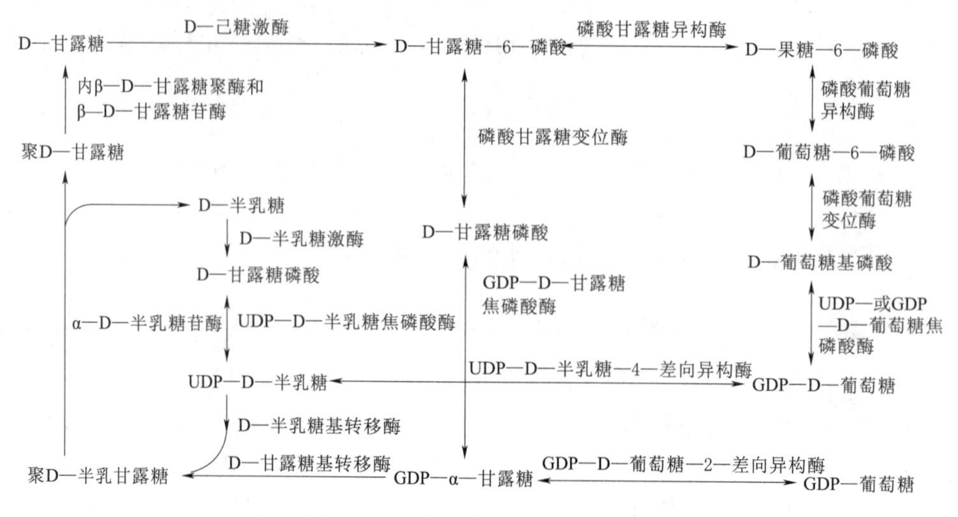

图 8.8　聚半乳糖甘露糖合成途径

半纤维素的提取

8.3　半纤维素的分离与提取

为了深入研究半纤维素的结构和性质，将其从植物原料中进行分离是首要的研究任务。然而，由于植物纤维组分复杂，半纤维素与其他组分之间还存在共价键或氢键等连接，导致半纤维素的分离和提取相对困难和复杂。最大限度地分离和保留其原生结构是半纤维素分离与提取所要考虑的两个重要方面。近些年，针对不同类型的植物原料，发展出了一系列的半纤维素预处理和提取方法，有效实现了半纤维素组分的高效分离。

8.3.1　分离前的预处理

植物纤维原料成分复杂，包含纤维素、半纤维素、木质素等主要成分，还包括蛋白质、脂肪、萜烯类、多酚类、无机盐等次要成分。因此在对半纤维素进行分离纯化前，有必要先对原料进行预处理以除去次要成分，制取无提取物试样。

对于无机物，无须特别分离，在后续涉水的处理步骤可以溶解除去；对于脂溶性的杂质，如脂肪、萜烯类、色素等，可以使用有机溶剂提取脱除；对于水溶性单糖和低聚糖等物质，可采用水洗提取脱除。一般地，制备半纤维素无提取物的步骤是先用水进行提取，再用有机溶剂苯—乙醇混合溶液提取。若植物原料中果胶质或半乳糖醛酸含量较高，则可以进一步用草酸盐溶液提取。

制备好无提取物试样后，按照植物分类，阔叶木、禾本科植物可直接提取，而针叶木则需要先将提取物试样制备为综纤维素，再进行下一步处理。这主要是由于针叶木次生壁木质化程度较高，溶剂进入困难所导致的。

8.3.2 半纤维素的提取

8.3.2.1 水热法提取

水热法仅使用水作为提取溶剂，是一种比较清洁、无污染的提取方法。水热处理过程一般在高温、高压下进行，容易导致结构中部分乙酰基的水解，生成乙酸。乙酸可以让混合体系呈弱酸性，有利于半纤维素的溶出。同时，由于处理过程中未加入其他化学试剂，水热法处理后的提取液中仅存在较少量的降解产物，半纤维素中原本的主、侧链结构和基本化学成分可得到保持，有利于半纤维素后续的分离和提纯。

8.3.2.2 稀酸法提取

稀酸法提取常使用盐酸、硫酸等无机酸溶液。使用盐酸提取时，可得到较高收率的半纤维素，但由于盐酸本身的挥发性和腐蚀性，会对提取设备产生不可逆的损伤，同时也对人体健康产生不良影响。多数情况下，常使用稀硫酸提取半纤维素，其优点为：①提取后的残渣可在后续的酸法制浆中再次应用；②可以减少投入的生产成本。稀酸法提取时，植物原料中半纤维素与其他组分之间的共价键或氢键在温度较低、反应时间较短的情况下便可得到一定程度的裂解，使得半纤维素收率较高。

8.3.2.3 碱提取法

碱提取法是最常用的半纤维分离方法之一，主要原理是利用碱性溶液中的OH^-破坏半纤维素与纤维素间连接的氢键，从而使得半纤维素从交织结构中溶出。

1. 浓碱溶解硼酸络合分级提取法

浓碱溶解硼酸络合分级提取法主要用于针叶木综纤维素中半纤维素的分离。先用24%的KOH溶液对样品进行提取，然后再换用含硼酸盐的NaOH或LiOH溶液提取。在碱溶液中加入硼酸盐，可与聚糖邻位羟基发生脱水络合作用，增加了聚糖的溶解能力，便于其溶解后被碱溶液提取出来。

2. 逐步增加碱溶液浓度分级提取法

逐步增加碱溶液浓度分级提取法是利用半纤维素在不同浓度碱溶液中的溶解度差异实现逐步溶解和分离的方法。例如，易溶的低聚糖可先用低浓度碱溶液溶解提取，随后逐步提高碱溶液浓度，实现对难溶聚糖的溶解和提取。目前，该方法更多地使用$Ba(OH)_2$溶液进行选择性分级提取，利用其对聚半乳糖葡萄糖甘露糖特殊的络合作用，形成不溶物后与聚木糖等分离。该方法常用于针叶木综纤维素中半纤维素的分离。

3. 单纯碱溶液提取法

单纯碱溶液提取法常使用单一的碱溶液对半纤维素进行提取，如KOH溶液等。KOH溶液溶解聚木糖的能力较强，而溶解聚甘露糖的能力较弱，因而可以获得较好的聚木糖溶出效果。例如，提取阔叶木与禾本科植物中的聚木糖时，可分别使用10%和5%的KOH溶液进行提取。图8.9列举了毛竹半纤维素碱提取的流程。

在使用碱溶液提取时，还容易发生以下碱催化的副反应：乙酰化聚糖发生乙酰

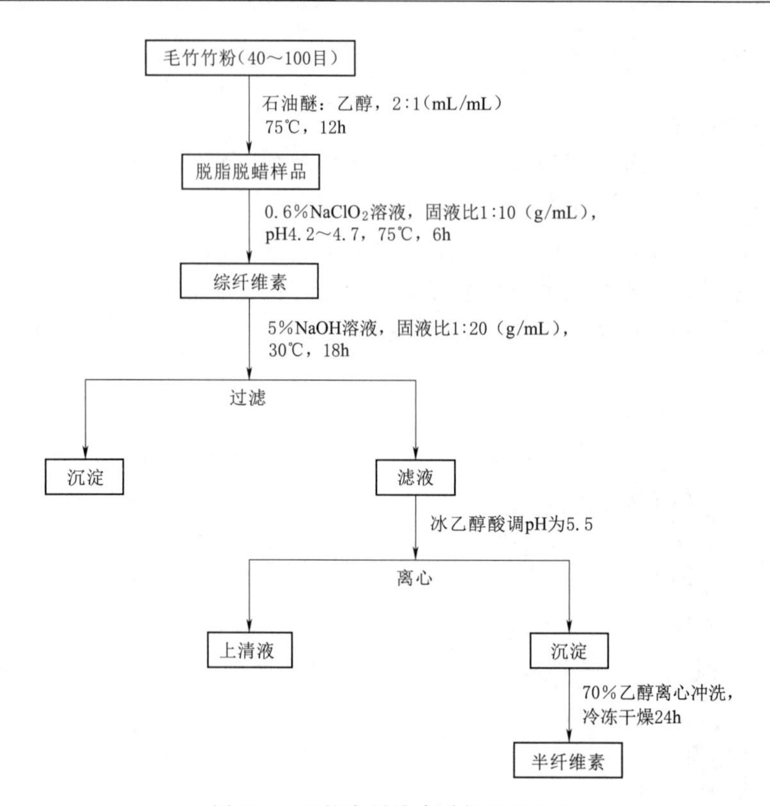

图 8.9　毛竹半纤维素碱提取流程图

基脱除、碱性剥皮反应和碱性水解反应。因此需控制提取条件，尽量避免发生上述副反应。

4. 碱性过氧化物提取

H_2O_2 在碱性条件下可作为半纤维素的温和增溶剂。使用碱性 H_2O_2 提取半纤维素时，可获得聚合度较高的样品，且样品中木质素含量较低。然而，在碱性环境或存在过渡金属条件下，H_2O_2 易分解为 $\cdot O^{2-}$ 和 $\cdot OH^-$ 等活性自由基，可以部分氧化木质素基团形成羧基等极性基团，同时还能破坏木质素与其他组分间的化学键，促使木质素溶解和半纤维的分离。有研究结果显示，麦草、稻草等原料在 pH 为 12，浓度为 2%的 H_2O_2 溶液中 48℃处理 16h，可将 80%的木质素和纤维素溶解，获得较高得率的半纤维素。样品检测发现其中缔合木质素含量较低（3%～5%），且多糖结构较完整。

8.3.2.4　有机溶剂提取

与碱提取法相比，有机溶剂提取可避免半纤维素中乙酰基的水解，得到的半纤维素的结构完整性较好、纯度较高。常用的提取溶剂为 DMSO 和 1,4—二氧六环。在水、少量酸或碱存在的情况下，该方法得到的提取液中聚木糖含量较高，木质素和其他物质含量较低。与其他提取方法相比，有机溶剂提取的优点是可直接获得半纤维素，无须进一步去除木质素。这种方法也有缺点，如具有毒性、易挥发性等，不仅会对人体健康产生伤害，而且有机废液处理也是一个需要解决的难题。

8.3.2.5 物理法辅助提取

1. 超声波辅助分离法

超声波辅助分离法主要借助超声震动，细胞溶质和溶液间由于震动的空化作用形成微小气泡并瞬间爆破，帮助溶质增溶。这种辅助分离法处理周期短、耗时少，超声波的作用使原料受热均匀，加热速率快，易于穿透细胞壁。有研究指出，使用超声波辅助分离法提取时，半纤维素的得率明显升高，且半纤维素的分子结构基本上没有受到破坏。

2. 微波辅助分离法

微波辅助分离法主要利用微波辐射的作用，通过加大植物细胞壁内的极性分子或基团的振动，使得分子运动加快，导致细胞破裂，从而达到半纤维素分离的目的。与其他方法相比，该方法所需的提取时间整体较短，且乙酰基损失量较少。

3. 机械辅助法

机械辅助法利用机械力破坏纤维原料的结构实现半纤维素分离。目前使用较多的机械辅助设备为挤压型双螺旋反应器，使用该设备辅助碱提取法分离半纤维素，不仅可以减少化学药剂的用量（仅为传统方法的约7%），还可以减少废水排放量。此外，该设备在规模化和连续化工业生产中也可发挥一定的作用。

4. 蒸汽爆破处理法

蒸汽爆破处理法的原理是：在高温高压条件下，蒸汽进入植物细胞壁，此时蒸汽以液态存在于细胞壁中，突然将压力减小后，液态的蒸汽瞬间变为气态，使得细胞的体积迅速增大，导致细胞壁破裂，植物原料内部的紧密结构被破坏，再通过热水浸泡爆破后的原料，可将半纤维素溶出。此方法可用于大多数植物原料，无须添加其他化学药品，不会对环境造成压力，所需提取时间也比较短，但高温蒸汽仍可能导致半纤维素的降解。

表8.4列出了不同半纤维素提取分离方法优缺点对比。在实际生产过程中需要结合对半纤维素结构的要求，从原料、组成和性质等方面进行综合考察，从而选取最适宜的分离提取方法。

表8.4　不同半纤维素提取分离方法优缺点对比

提取方法	优　点	缺　点
水热法提取	副产物少，且无须添加额外的化学药品，环境友好	反应压力、温度相对较高，部分乙酰基脱落
稀酸法提取	在不破坏纤维素结构的同时使半纤维素溶出，反应时间较短，分离效率较高	反应效果不明显，需要加热等其他条件辅助，且设备需具有耐腐蚀性
碱提取法	成本低，不需要特别严苛的条件和实验设备	对半纤维素结构造成影响，且得到的半纤维素中木质素含量较高
有机溶剂提取	溶剂可回收再利用，污染小，可得到结构完整性高的半纤维素	具有毒性，溶剂难以降解，危害人体健康，处理成本较高
物理法辅助提取	污染小、环境友好	提取效率低，通常与其他提取方法协同作用

8.3.3 半纤维素的纯化

提取后的半纤维素预处理液中仍存在一定量的杂质成分，如单糖、聚糖、木质素、有机小分子等，因而需要进一步的纯化处理。依据不同的纯化原理，常用的纯化方法包括膜分离法、吸附法、柱色谱法、溶剂沉淀法和生物法等。

8.3.3.1 膜分离法

膜分离法的原理是借助膜的孔结构，将被分离物通过物理尺寸差异进行分离。在膜两侧推动力（如浓度差、压力差、电位差等）的作用下，不同粒径物质流过膜时，仅尺寸比孔径小的物质可以流穿，大的会被截留，从而实现不同粒径物质的分离。常见的膜分离技术包括微滤、超滤、纳滤和反渗透，对应孔径范围为0.1～10μm、0.001～0.01μm、1～2nm和0.1～1nm。超滤和纳滤被广泛应用于半纤维素的分离纯化，有利于去除分子量较低的木质素、无机盐等。

8.3.3.2 吸附法

活性炭、离子交换树脂具有良好的物理吸附性，可用于半纤维素纯化过程中吸附处理液中的一些副产物，如木质素、糠醛、甲酸、乙酸等。活性炭具有较大的比表面积和丰富的孔结构，对非极性和低极性的木质素分子具有良好的吸附作用。有研究表明，使用活性炭吸附预处理液时，当处理液与活性炭质量比为30∶1时，处理液中90%的木质素和65%的糠醛得到了脱除。

离子交换树脂是具有孔隙结构的不溶性高分子材料，常具有阴阳离子基团或氨基等基团，通过与极性物质相互作用，可以进行选择性交换或吸附。例如，使用含有氨基的离子交换树脂，可通过氢键作用吸附乙酸，之后再在碱性条件下将乙酸脱附，实现半纤维素中乙酸杂质的去除。研究表明，使用此方法进行分离纯化，57%的乙酸吸附在离子交换树脂上，然后再使用4%的NaOH溶液进行洗涤脱附时，乙酸脱附效率高达84%。

8.3.3.3 柱色谱法

柱色谱法利用填料的吸附性能实现对非糖物质的去除，如木质素、类脂物等，以得到更高纯度的半纤维素。柱色谱法需要在色谱柱中装入填料，可根据需要分段装入不同的填料。纯化过程中，将待分离的提取液装入不同填料的色谱柱，杂质吸附在填料表面，多段吸附后收集提取液，便可获得纯度更高的产品。低聚糖溶液的纯化多采用柱色谱法。

8.3.3.4 溶剂沉淀法

溶剂沉淀法主要是利用溶解度实现分离纯化。半纤维素预处理液中加入不同的溶剂，使得部分物质形成不溶的沉淀，从而实现半纤维素的纯化。乙醇沉淀和硫酸铵沉淀是最常使用的方法。例如，高浓度乙醇沉降获得的半纤维素分支多但分子量小，低浓度乙醇沉降得到的半纤维素分支少但分子量大。图8.10列举了乙醇沉淀法纯化杨木浆料中半纤维素的流程。图中，H15代表乙醇浓度为15%。有研究表明，将预处理液pH调节为2时，木质素的去除率可达到50%，若再用4倍的乙醇沉淀，分离的半纤维素纯度可达到86%。

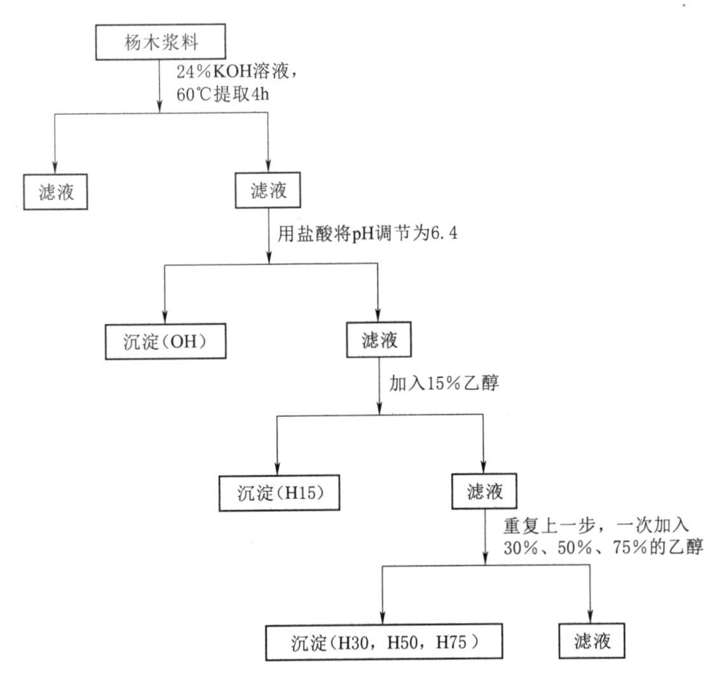

图 8.10 乙醇沉淀法纯化杨木浆料中半纤维素的流程图

8.3.3.5 生物法

目前，也有一些研究使用生物法对半纤维素预处理液进行纯化，最为常用的是漆酶，对木质素的去除具有良好的效果。漆酶是一种多酚氧化酶，含有4个Cu^{2+}，有助于促使酚类物质氧化形成自由基，进一步促使自由基耦合，最终使得木质素聚合，形成不溶物从半纤维素预处理液中分离出去。

8.3.4 半纤维素的分离实例

不同的半纤维素分离和纯化方法得到的半纤维素种类和结构有所差异，在实际使用过程中须标明分离方法，以便获得可重复性结果。以下将以玉米秸秆为例，介绍几种不同的分离方法所对应的流程。

8.3.4.1 连续碱提取分离

连续碱提取分离常使用不同浓度的强碱溶液对生物质原料进行提取，适当提高水的温度有利于获得具有更多支链的半纤维素。图8.11为了连续碱提取玉米秸秆半纤维素流程。

8.3.4.2 不同溶剂体系下提取分离

以不同溶剂连续提取玉米秸秆，半纤维素得率可高达88.5%，且有机碱可保留半纤维素的支链糖基。不同溶剂体系下玉米秸秆半纤维素分离流程图如图8.12所示。

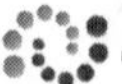

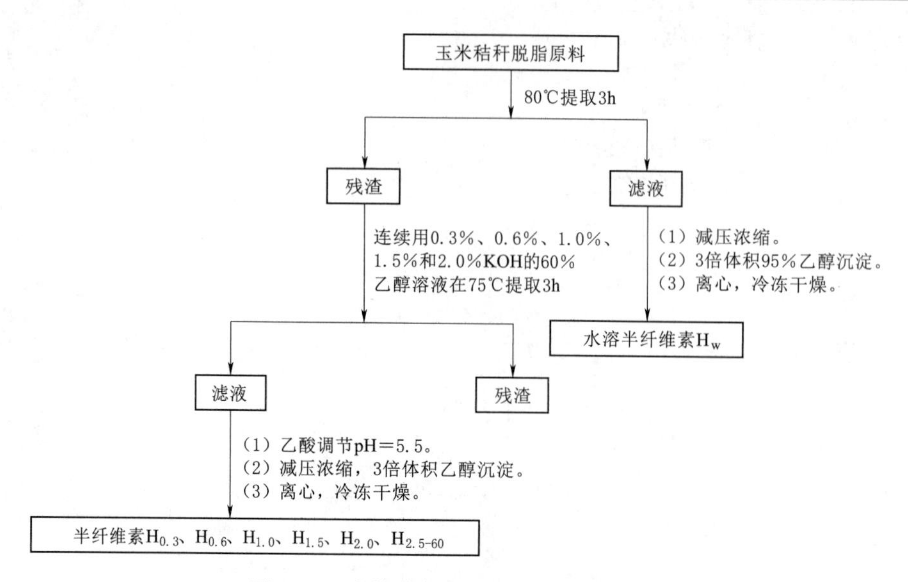

图 8.11 连续碱提取玉米秸秆半纤维素流程图

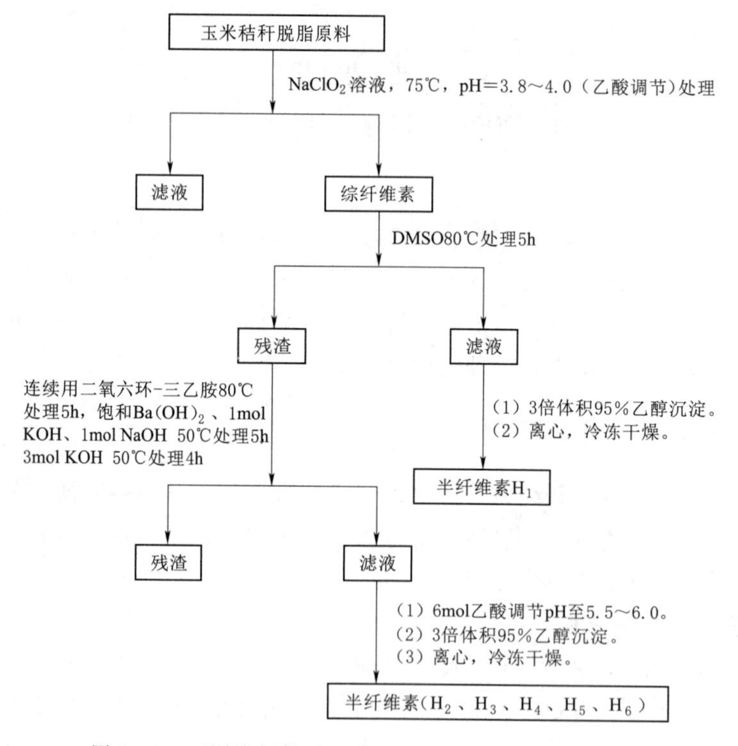

图 8.12 不同溶剂体系下玉米秸秆半纤维素分离流程图

8.3.4.3 乙醇分级分离法

乙醇分级分离常与一定量的强碱（10% KOH 溶液）配合使用，通过调节乙醇的浓度，实现对提取的半纤维素的分支度进行控制。当混合液中乙醇浓度较高时，可获得分支度较高的支链型半纤维素；反之，则获得分支度较低的支链型半纤维

素。乙醇分级沉淀玉米秸秆半纤维素流程图如图 8.13 所示。

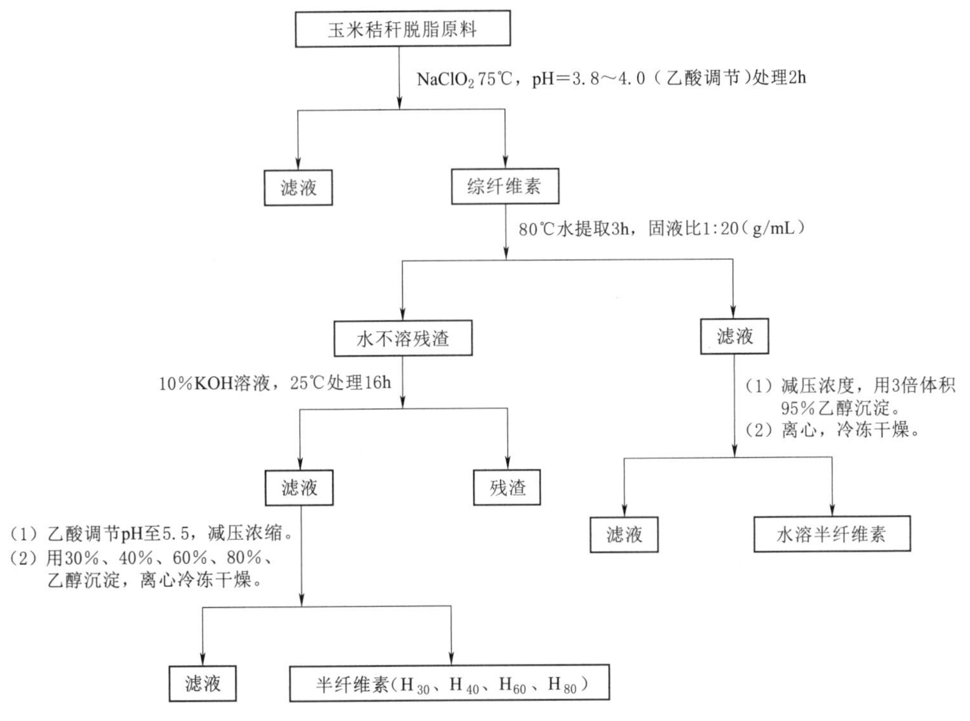

图 8.13 乙醇分级沉淀玉米秸秆半纤维素流程图

8.4 半纤维素的聚集态结构及物理性质

8.4.1 分支度和聚集态

与纤维素相比，半纤维素聚合度相对较低，且具有高度分支的短支链。为了方便比较不同类型半纤维素中支链情况，引入分支度的概念，用于表示半纤维素分子结构中支链的多少。半纤维素分支度对其自身的物理性质影响很大。研究表明，对于同一类型的半纤维素，在相同溶剂和相同条件下，分支度越高，其溶解度越大。这是因为半纤维素分支度越高，结构越疏松，结晶情况越少，溶剂分子越容易进入半纤维素的结构中，容易产生润胀、溶解效果。

半纤维素在结构上具有大量的支链，其在植物细胞中的聚集态结构与纤维素相比有明显区别。半纤维素一般以无定形态为主，但经过适当的物理或化学方法处理后，也可能会呈现一定的结晶态。例如，经过稀碱溶液处理后的阔叶木综纤维素，通过 X 射线衍射的方法可以观察到结晶态的聚木糖。这是因为阔叶木中的聚木糖在经过处理后，脱去结构中的乙酰基支链，使得聚木糖部分区域结晶化，从而展现出高度的定向性。此外，在以白桦为原料的碱法纸浆和以云杉为原料的硫酸盐法纸浆中，也观察到结晶态聚木糖的存在，检测后发现是因为聚木糖结构中脱除了乙酰基及糖醛酸基支链，使得部分聚木糖产生结晶化。由此可见，通过减少半纤维素结构中的支链和乙酰基等基团，可以有效地提高分子的取向性，形成结晶区域。

除此之外，天然状态下呈现结晶态的半纤维素非常少。天然状态的聚甘露糖只有很少一部分是呈现结晶态的，其他部分都是以无定形或者次结晶的形式存在。

8.4.2　聚合度和溶解度

天然半纤维素的聚合度基本为50～300，其平均聚合度为200左右。其中，针叶木半纤维素的聚合度稍低，约100，而阔叶木半纤维素的聚合度约为200。常见的半纤维素聚合度的测试方法有渗透压法、光散射法、黏度法等。

渗透压法是基于稀溶液的化学位低于纯溶剂的化学位，通过化学位的差异测定半纤维素数均聚合度（$\overline{DP}_{\mathrm{n}}$，结构单元数表示聚合物的聚合度）。测试过程选用只能通过溶剂分子并且阻碍大分子聚合物通过的半透膜，以此来分隔开稀溶液和纯溶剂。纯溶剂中溶剂分子渗透速率要比稀溶液大得多，导致稀溶液池中的压力不断上升，最终两边渗透达到平衡，溶剂分子不再渗透，半透膜两边压力差值即为渗透压。在一定温度及大分子聚合物-溶剂体系的条件下，聚合物的浓度、聚合度都和渗透压有一定的关系，因此可通过测定渗透压来反映聚合度等信息。渗透压和聚合度之间的关系为

$$\frac{\pi}{c}=RT\left(\frac{1}{\overline{DP}_{\mathrm{n}}}+A_{2}c\right) \tag{8.1}$$

式中　π——渗透压；

c——稀溶液的浓度；

A_2——第二维利系数；

T——温度；

R——气体常数。

光散射法基于光照射粒子时发生的散射现象来测定半纤维素重均聚合度（$\overline{DP}_{\mathrm{w}}$，重量平均表示聚合物的聚合度）。目前常采用方向性和单色性极佳的氦氖激光作为光源。小角度激光光散射法适用于多种聚合物重均聚合度的测定，通常以Zimm方程计算，即

$$\frac{Kc}{R_{\theta}}=\frac{1}{\overline{DP}_{\mathrm{w}}} \tag{8.2}$$

式中　R_θ——在零角度时获得的Rayleigh散射比；

θ——散射角；

c——聚合物溶液的浓度。

黏度法是基于马克—霍温克（Mark - Houwinck）方程，来计算聚合度，即

$$[\eta]=\alpha K\cdot\overline{DP}_{\mathrm{w}} \tag{8.3}$$

式中　α、K——马克—霍温克常数，与聚合物性质、溶剂性质、聚合物在溶液中的状态有关。

根据黏度相关数据可以发现，同种原料在不同溶剂中所表现出来的K值不同。

当这两个参数确定时，只需要测定聚合物溶液的特性黏度 $[\eta]$，便可以计算聚合度。以黏度法为例，测定部分聚木糖类半纤维素的聚合度，对应数据见表 8.5。

表 8.5　　聚木糖类半纤维素的聚合度及特性黏度

原料	分离方法	得率/%	$\overline{DP}_n$	测量方法	$\overline{DP}_w$	测量方法	特性黏度 K/（dL/g）			
							A	B	C	碱
糖槭	用碱直接提取	13	215	渗透压法			0.97	0.65		
白桦	氯综纤维素、DMSO	17	180	渗透压法	470		0.87	0.98		
黄桦	用碱直接提取	18	192	渗透压法	95	光散射法	0.93	0.57		
大叶山毛榉	氯综纤维素、水	13	47	黏度法			0.31			
大齿杨	16%的 NaOH 溶液提取	5	170	渗透压法					0.63	0.60
美国榆	用碱直接提取	6	185	渗透压法	400		1.11	0.56		

注　A 代表铜乙二胺，B 代表 DMSO，C 代表铜氢氧化铵。

研究发现，半纤维素的$\overline{DP}_w/\overline{DP}_n>1$，具有多分散性。阔叶木中天然聚木糖的$\overline{DP}_n$ 主要分布在 150～200，相应的$\overline{DP}_w$ 分布在 180～240，其比率$\overline{DP}_w/\overline{DP}_n=1.2$，聚合程度较低。

半纤维素的溶解度受到其自身聚合度和分支度的共同影响。因聚合度和分支度的不同，不同半纤维素聚糖在水或酸碱溶液中的溶解度存在差异。一般情况下，聚合度低于 150 的半纤维素可以轻易地溶解在 10%的 NaOH 溶液中。此外，半纤维素的聚合度越低，分支度越大，则越容易溶于水。目前仅有一小部分半纤维素易溶于水，大部分半纤维素不溶于水。

表 8.6 列举了常见的陆生植物中半纤维素的溶解情况，可以发现，阔叶木聚O—乙酰基—4—O—甲基葡萄糖醛酸基木糖在水中的溶解度较差；针叶木中的三种半纤维素聚糖的聚合度为 100，落叶松中聚阿拉伯糖基半乳糖聚合度为 200，两者都具有较好的水溶性。针叶木中的聚半乳糖基葡萄糖甘露糖的溶解性度好，其支链结构上的半乳糖基呈单个分布，支链越多，在水中的溶解度越高；当此支链数量较少时，只能溶于 NaOH 溶液。阔叶木中的聚葡萄糖甘露糖溶解度差，在强碱溶液中也难以溶解，但可溶于碱性硼酸盐溶液中。

表 8.6　　常见的陆生植物中半纤维素的溶解情况

来源	半纤维素聚糖类型	组　成		可溶溶剂	$\overline{DP}_n$
		糖基单元	连接方式		
阔叶木	聚 O—乙酰基—4—O—甲基—葡萄糖醛酸基木糖	β—D—吡喃型木糖	1→4	碱，DMSO*	200
		4—O—甲基—α—D—吡喃型葡萄糖醛酸	1→2		
		O—乙酰基	木糖 C_2、C_3		
	聚葡萄糖甘露糖	β—D—吡喃型甘露糖	1→4	碱性硼酸盐	200
		β—D—吡喃型葡萄糖	1→4		

续表

来源	半纤维素聚糖类型	组　　成		可溶溶剂	$\overline{DP}_n$
		糖基单元	连接方式		
针叶木	聚阿拉伯糖基—4—O—甲基—葡萄糖醛酸基木糖	β—D—吡喃型木糖	1→4	碱，DMSO*，水*	100
		4—O—甲基—α—D—吡喃型葡萄糖醛酸	1→2		
		α—L—呋喃型阿拉伯糖	1→3		
	聚半乳糖基葡萄糖甘露糖	β—D—吡喃型甘露糖	1→4	碱，水*	100
		β—D—吡喃型葡萄糖	1→4		
		α—D—吡喃型半乳糖	1→6		
		O—乙酰基	甘露糖 C2、C3		
	聚半乳糖基葡萄糖甘露糖	β—D—吡喃型甘露糖	1→4	碱性硼酸盐	100
		β—D—吡喃型葡萄糖	1→4		
		α—D—吡喃型半乳糖	1→6		
		O—乙酰基	甘露糖 C2、C3		
落叶松	聚阿拉伯糖基半乳糖	β—D—吡喃型半乳糖	1→3、1→6	水*	200
		α—L—呋喃型阿拉伯糖	1→6		
		β—D—吡喃型阿拉伯糖	1→3		
		β—D—吡喃型葡萄糖醛酸	1→6		

*　部分溶解。

8.5　半纤维素的化学结构

相比于纤维素，半纤维素具有更加复杂的化学结构，同时还会随着植物的种属和分离方法的不同产生结构上的差异。半纤维素属于支链型的聚糖，主链可由一种或两种及以上的糖基构成，主链糖基之间连接方式也有差异。支链通常包含多种糖基，还有大量的O—乙酰基。因此，确定半纤维素中聚糖的成分、主/支链的连接方式是半纤维素化学结构研究的重点。从传统的高碘酸盐氧化法、部分水解法等方法，结合现代色谱、NMR、质谱等表征技术，半纤维素结构鉴定更加准确和便捷。本节将从半纤维素糖基及其结构来介绍半纤维素的化学结构。

8.5.1　半纤维素糖基

半纤维素糖基结构检测方法有$^{1}H/^{13}C$-NMR、2D-HSQC NMR、高效液相色谱、傅里叶变换红外光谱（FTIR）等，通常需要多种表征技术结合使用才能确定半纤维素的结构。

NMR分析是通过化学位移表征分子结构的方法，包括^{1}H-NMR、^{13}C-NMR、2D-HSQC和2D-HSQC-TOCSY等。通过对碳/氢化学位移的分析，不仅可以明确部分特征糖基单元和连接键种类信号，还可以表征半纤维素的乙酰基程度。例

如，^1H-NMR 谱图中 2.0ppm 处信号峰归属于乙酰基上氢原子化学位移，对应于碳谱中 170ppm 左右的乙酰基羰基碳的信号；^1H-NMR 谱图中 3.4ppm 处出现单峰，且在 $^{13}C-NMR$ 中 57.4ppm 和 173.2ppm 左右检测到信号峰，极有可能代表的是聚木糖中的 4—O—甲基葡萄糖醛酸支链上的甲基碳/氢信号和羧基碳信号。

高效液相色谱分析能够准确地定量分析半纤维素样品中所含中性糖基和糖醛酸的种类和含量，同时也能够判断所得半纤维素样品中是否混入了纤维素和木质素，结合 X 射线衍射能够分辨样品中是否有纤维素晶型，进一步判断是否混入了纤维素；但是高效液相色谱不能分析半纤维素的乙酰化程度，也不能判断半纤维素糖基单元之间的连接键形式。需要说明的是，高效液相色谱测试之前需要对样品进行水解和衍生化。

傅里叶变换红外光谱通过特定官能团的振动形式对半纤维素的糖基进行定性分析，能够表征木糖单元、阿拉伯糖、O—乙酰基的存在以及糖基单元之间的连接键形式，同时可以表征半纤维素样品中是否残留木质素。例如，1170～1000cm^{-1} 的谱带归属于阿拉伯糖基聚木糖的特征吸收峰，1733cm^{-1} 左右吸收峰归属于 O—乙酰基，905cm^{-1} 和 778cm^{-1} 附近的振动峰分别表明了半纤维素的 β 和 α—糖苷键的存在。

如图 8.14 所示，半纤维素的糖基单元主要为：①已糖基：α—D—吡喃半乳糖（α—D—galactopyranose）、β—D—吡喃葡萄糖（β—D—glucopyranose）、β—D—吡喃甘露糖（β—D—pyranose mannose）；②戊糖基：α—L—吡喃阿拉伯糖（α—L—arabopyranose）、α—L—呋喃阿拉伯糖（α—L—furan arabinose）、β—D—吡喃木糖（β—D—xylopyranose）；③已糖醛酸基：α—D—葡萄糖醛酸（α—D—glucuronic acid）、α—D—吡喃半乳糖醛酸（α—D—pyrangalacturonic acid）、4—O—甲基—α—D—吡喃葡萄糖醛酸（4—O—ethyl—α—D—pyranglucuronic acid）；④脱氧已糖基：α—L—吡喃岩藻糖（α—L—pyranose fucose）、α—L—吡喃鼠李糖（α—L—rhamnol pyranoses）。

半纤维素的主链糖基通常有木糖、甘露糖和葡萄糖，一般以 β—吡喃糖形式存在；其他糖基常以 α—吡喃糖形式作为支链存在，而 L—阿拉伯糖则主要以 α—呋喃糖形式存在。按照主链糖基类型，聚木糖类和聚甘露糖类是半纤维素的主要类型，除此之外，还有聚葡萄糖类和聚半乳糖类。

8.5.2　半纤维素类型及化学结构

半纤维素类型随着不同植物的类型而有所差异，三种常见陆生植物原料中具有代表性的半纤维素聚糖结构如图 8.15 所示。

由图 8.15 可见，三种不同类型的植物中，半纤维素主要类型差异明显：①阔叶木中半纤维素类型主要为聚木糖，其支链主要是 4—O—甲基—α—D—吡喃式葡萄糖醛酸基和乙酰基；②针叶木中主要为聚葡萄糖甘露糖，支链主要是乙酰基和半乳糖基；③禾本科植物中主要为聚木糖，支链主要是 L—呋喃式阿拉伯糖基和 D—吡喃式葡萄糖醛酸基。

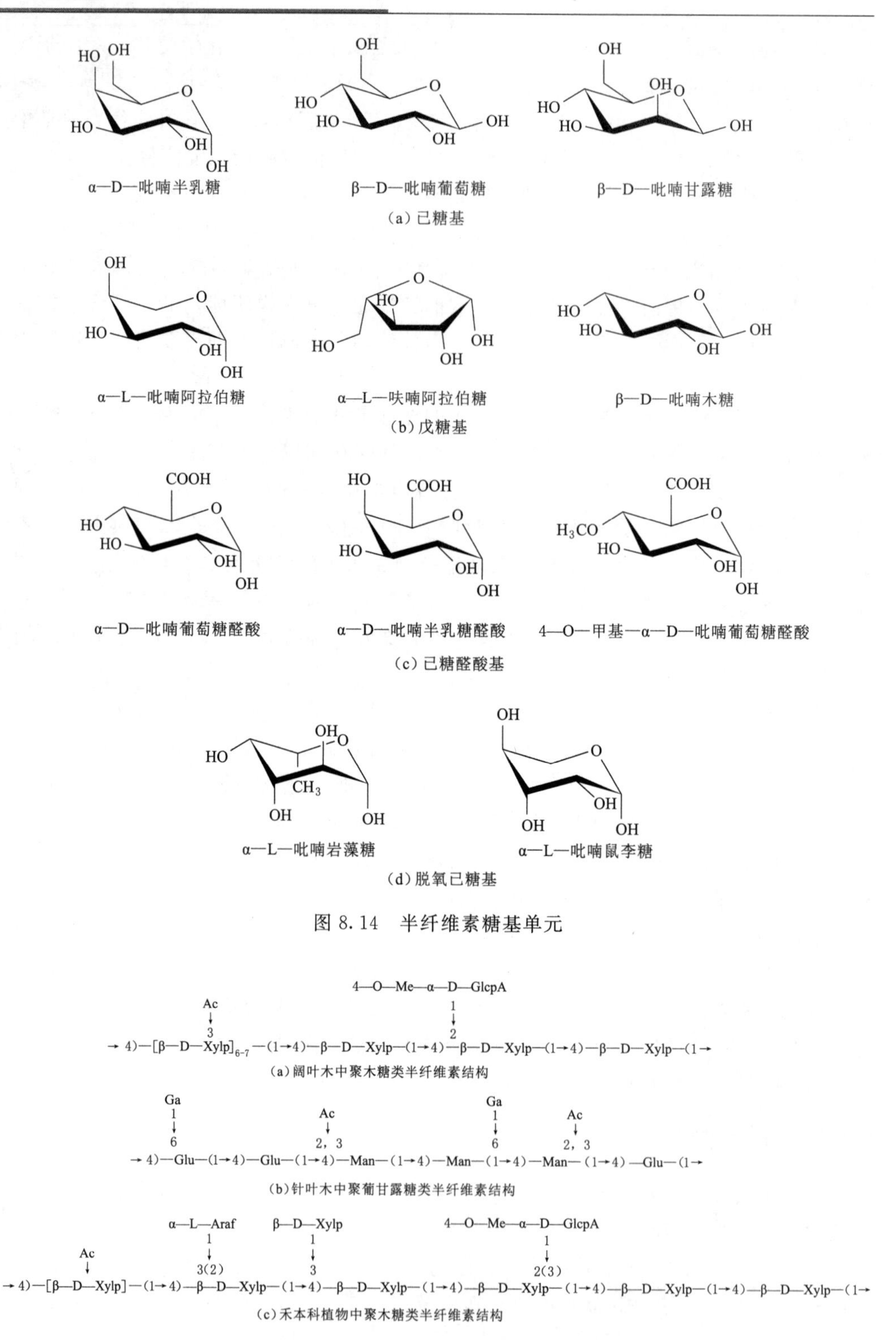

图 8.14 半纤维素糖基单元

图 8.15 三种常见陆生植物原料中具有代表性的半纤维素聚糖结构

Xylp—吡喃木糖基；Me—甲基；GlcpA—吡喃葡萄糖醛酸基；Glu—葡萄糖基；Man—甘露糖基；Ga—半乳糖基；Araf—呋喃阿拉伯糖；Ac—O—乙酰基；R—其他基团

然而，不同类型植物中并非仅有一种类型半纤维素，有时是几种类型半纤维素同时存在，含量有所差异。

8.5.2.1 聚木糖类半纤维素

聚木糖类半纤维素的主链是由D—木糖单元通过β—1,4—糖苷键连接而成，支链可能含有L—阿拉伯糖基、D—葡萄糖醛酸基、4—O—甲基—D—葡萄糖醛酸基和O—乙酰基等单元。此外，部分植物中的聚木糖还含有少量的D—半乳糖醛酸、L—鼠李糖。

聚木糖类半纤维素的化学结构表达式（注意该式不代表糖基的比例）如图8.16所示。

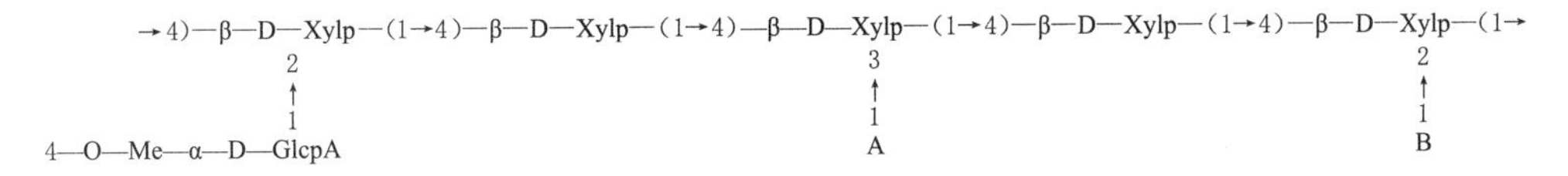

图8.16 聚木糖类半纤维素的化学结构

对于阔叶木，A—O—乙酰基；B—O—乙酰基。对于针叶木和禾本科植物，A—α—L—呋喃阿拉伯糖；B—羟基

1. 针叶木中的聚木糖类半纤维素

针叶木中的聚木糖含量占木材干重的7%～12%，类型主要为聚阿拉伯糖—4—O—甲基葡萄糖醛酸木糖，主链由D—吡喃木糖以β—1,4—糖苷键方式连接。支链为α—1,2—连接的4—O—甲基—D—吡喃葡萄糖醛酸和α—1,3—连接的L—呋喃阿拉伯糖。少数针叶木中还会含有木糖支链。代表性结构如图8.17所示。

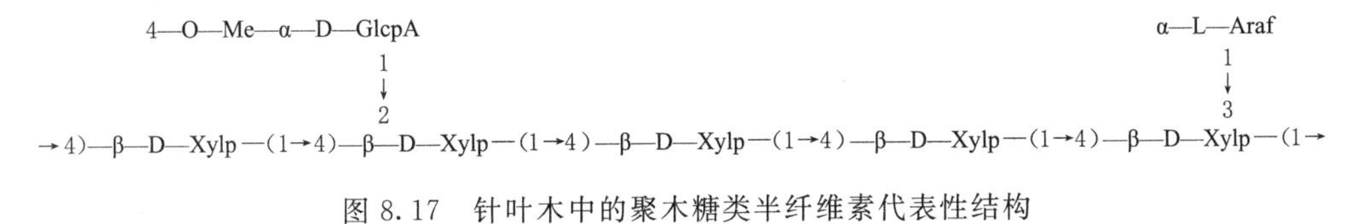

图8.17 针叶木中的聚木糖类半纤维素代表性结构

2. 阔叶木中的聚木糖类半纤维素

阔叶木中的聚木糖一般占木材干重的15%～35%，主要为聚O—乙酰基—4—O—甲基葡萄糖醛酸木糖，主链由D—吡喃木糖以β—1,4—糖苷键连接，支链4—O—甲基—D—吡喃葡萄糖醛酸以α—1,2—连接在主链的C_2位；支链O—乙酰基主要连接在主链的C_3位，平均每10个木糖基含有7个乙酰基。阔叶木的聚木糖不同部分中乙酰基含量不一样，如边材中含10%～13%的乙酰基，而芯材中没有乙酰基。代表性结构如图8.18所示。

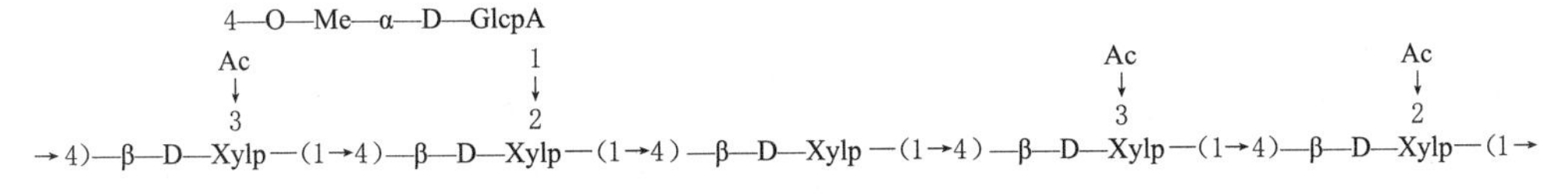

图8.18 阔叶木中的聚木糖类半纤维素代表性结构

以白杨（*Populus tremula*）和杂交桐（*Paulownia elongate*/*Paulownia fortu-*

nei）为例，两者的半纤维素类型均为聚 O—乙酰基—4—O—甲基葡萄糖醛酸木糖。白杨中主链木糖基约有 50%（摩尔分数）无支链，而含有支链的结构中 C_3 位乙酰化的占 21%，C_2 位乙酰化的占 13%，C_2 和 C_3 位同时乙酰化的占 6%，C_3 位乙酰化＋C_2 位 4—O—甲基葡萄糖醛酸取代的占 10%。杂交桐的聚木糖中，主链木糖上约有 5%（摩尔分数）连接有 4—O—甲基—D—葡萄糖醛酸和 D—葡萄糖醛酸，乙酰化程度可达 50%，其中 23% 是 C_2 位乙酰化的、22% 是 C_3 位乙酰化的、7% 是 C_2 位和 C_3 位同时乙酰化的。白杨和杂交桐聚木糖类半纤维素的结构如图 8.19 所示。

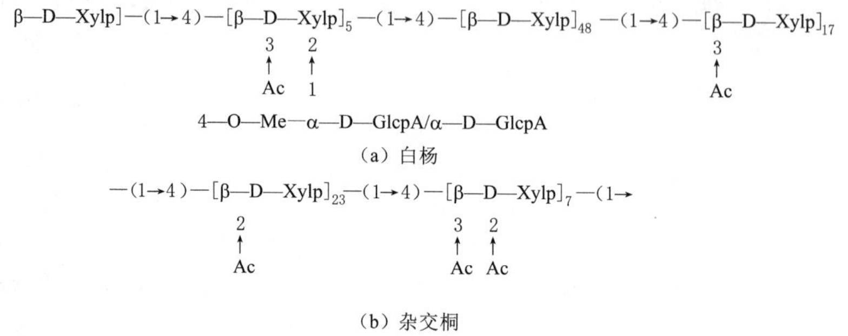

β—D—Xylp]—(1→4)—[β—D—Xylp]$_5$—(1→4)—[β—D—Xylp]$_{48}$—(1→4)—[β—D—Xylp]$_{17}$

3 ↑ Ac　　2 ↑ 1　　3 ↑ Ac

4—O—Me—α—D—GlcpA/α—D—GlcpA

（a）白杨

—(1→4)—[β—D—Xylp]$_{23}$—(1→4)—[β—D—Xylp]$_7$—(1→

2 ↑ Ac　　3 ↑ Ac　　2 ↑ Ac

（b）杂交桐

图 8.19　白杨和杂交桐聚木糖类半纤维素的结构

尾巨桉的聚木糖中还发现了 D—半乳糖支链，即聚 O—乙酰基半乳糖 4—O—甲基葡萄糖醛酸木糖，该类聚木糖中 D—木糖主链：4—O—甲基—D—葡萄糖醛酸支链：半乳糖支链的摩尔比约为 30∶3∶1；该类聚木糖乙酰化程度也很高，可达 48%～51%（摩尔分数）。此外，D—半乳糖支链可能连接葡萄糖、鼠李糖形成高分支支链。代表性结构如图 8.20 所示。

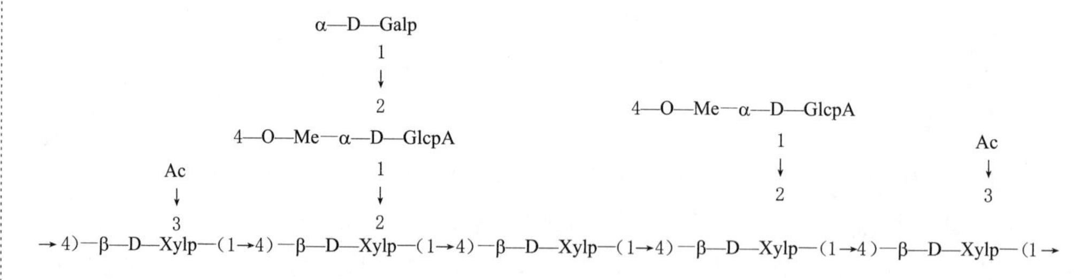

图 8.20　尾巨桉聚木糖类半纤维素代表性结构

Galp—吡喃半乳糖；Glcp—吡喃葡萄糖

3. 禾本科植物中的聚木糖类半纤维素

禾本科植物中主要是聚阿拉伯糖—4—O—甲基葡萄糖醛酸木糖，其主链由 D—吡喃木糖通过 β—1,4—糖苷键连接而成，支链为 L—呋喃阿拉伯糖、4—O—甲基—D—吡喃葡萄糖醛酸、D—吡喃木糖等。少数禾本科植物中还包括线状均一聚木糖（西班牙草）和高分支聚木糖（热带草）。代表性的植物为小麦秸秆、稻草秆等。

（1）小麦秸秆。小麦秸秆中的聚阿拉伯糖—4—O—甲基葡萄糖醛酸木糖，主链约含有 73 个木糖单元，支链上有 7 个 L—呋喃阿拉伯糖单元、4.4 个 4—O—甲基—

D—吡喃葡萄糖醛酸单元，并分别以 α—1,2 或 α—1,3 键连接在主链 C_2 位或 C_3 位上，部分结构如图 8.21 所示。

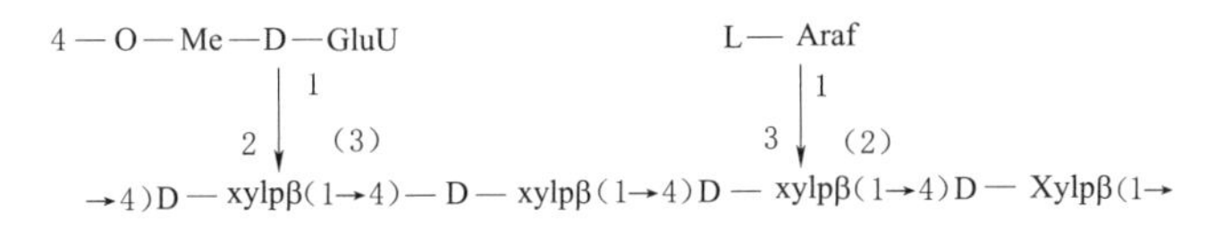

图 8.21　小麦秆聚木糖类半纤维素部分结构

（2）稻草秆。稻草秆中的聚阿拉伯糖—4—O—甲基葡萄糖醛酸木糖，每 30 个木糖单元含有 1 个 4—O—甲基—D—葡萄糖醛酸和 3 个 L—呋喃阿拉伯糖，分别以 α—1,2 和 α—1,3 连接在主链上，部分结构如图 8.22 所示。

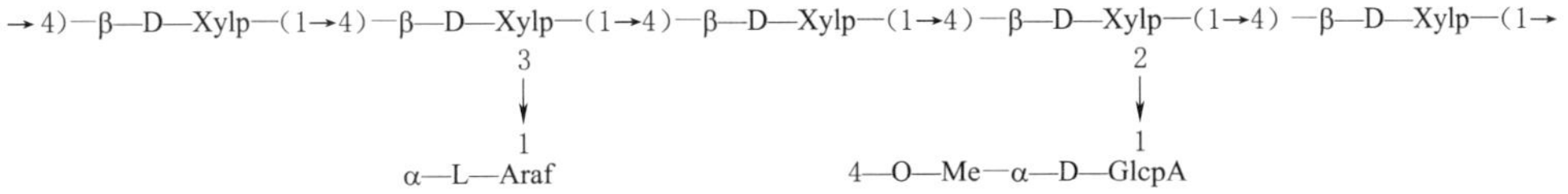

→4)—β—D—Xylp—(1→4)—β—D—Xylp—(1→4)—β—D—Xylp—(1→4)—β—D—Xylp—(1→4)—β—D—Xylp—(1→
3 ↓ 1　α—L—Araf
2 ↓ 1　4—O—Me—α—D—GlcpA

图 8.22　稻草秆聚木糖类半纤维素部分结构

8.5.2.2　聚甘露糖类半纤维素

聚甘露糖主链由 D—葡萄糖和 D—甘露糖通过 β—1,4—糖苷键连接而成。支链通常为 D—吡喃半乳糖，以 α—1,6—糖苷键方式连接至主链 C_6 位上。O—乙酰基也是重要的支链，连接至主链的 C_2 位和/或 C_3 位。聚甘露糖类半纤维素水解可以得到甘露二/三/四糖、纤维二糖、甘露糖葡萄糖二糖、葡萄糖、甘露糖等，表明主链糖基分布的随机性。木材中甘露糖类半纤维素的结构（注意该式不代表糖基的比例）如图 8.23 所示。

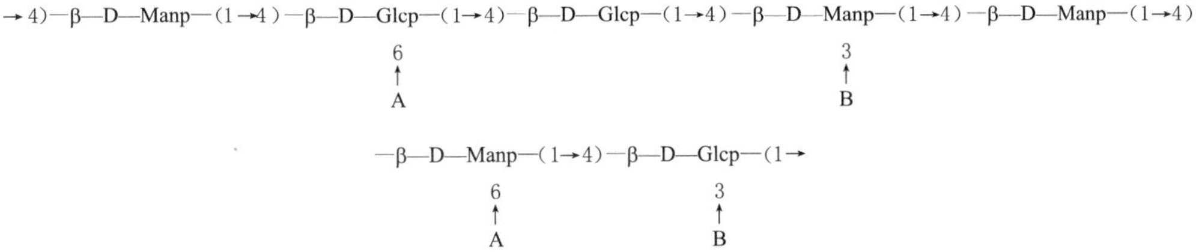

→4)—β—D—Manp—(1→4)—β—D—Glcp—(1→4)—β—D—Glcp—(1→4)—β—D—Manp—(1→4)—β—D—Manp—(1→4)
6 ↑ A　3 ↑ B
—β—D—Manp—(1→4)—β—D—Glcp—(1→
6 ↑ A　3 ↑ B

图 8.23　木材中聚甘露糖类半纤维素的结构

对于阔叶木，A—羟基；B—O—乙酰基。对于针叶木，A—α—D—吡喃半乳糖；B—O—乙酰基

1. 针叶木中的聚甘露糖类半纤维素

针叶木中多数聚糖为聚葡萄糖甘露糖，甘露糖通常是葡萄糖的 3.5～6.5 倍。针叶木中还含有少量的聚半乳糖葡萄糖甘露糖，三种糖单元摩尔比例接近 1∶1∶3。例如，红松中为 0.26∶1.00∶2.35，云杉中为 0.97∶0.7∶3.00。该类聚糖中平均每 3～4 个主链糖基含有 1 个 O—乙酰基，且 O—乙酰基在 C_2 位和 C_3 位的取代概率几乎相同。需要说明的是，O—乙酰基一般只存在于针叶木边材的聚半乳糖葡萄糖甘露糖中，而芯材中几乎不含 O—乙酰基。其结构如图 8.24 所示。

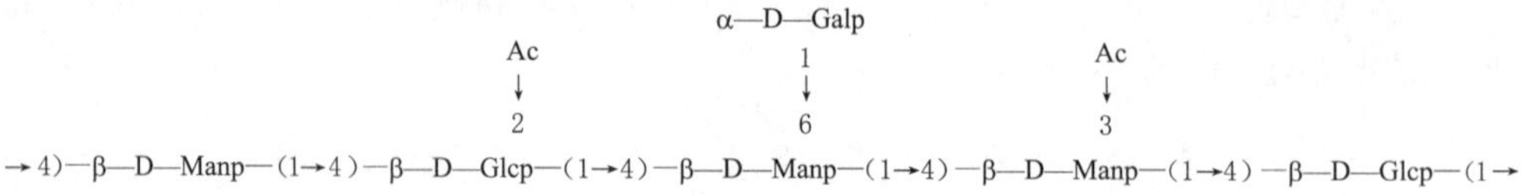

```
                                   α—D—Galp
                  Ac                  1                  Ac
                  ↓                   ↓                  ↓
                  2                   6                  3
→4)—β—D—Manp—(1→4)—β—D—Glcp—(1→4)—β—D—Manp—(1→4)—β—D—Manp—(1→4)—β—D—Glcp—(1→
```

图 8.24 针叶木中的聚甘露糖类半纤维素的结构

2. 阔叶木中的聚甘露糖类半纤维素

阔叶木中主要为聚甘露糖葡萄糖，含量占木材干重的3%～5%。主链常由D—吡喃甘露糖、D—吡喃葡萄糖以β—1,4—糖苷键连接而成，甘露糖含量为葡萄糖的1～2倍。桦木中葡萄糖比例最高（1∶1），糖槭中葡萄糖比例最低（1∶2.3）。O—乙酰基连接在主链甘露糖基的 C_2 位或 C_3 位，乙酰化程度可达30%。其结构如图8.25所示。

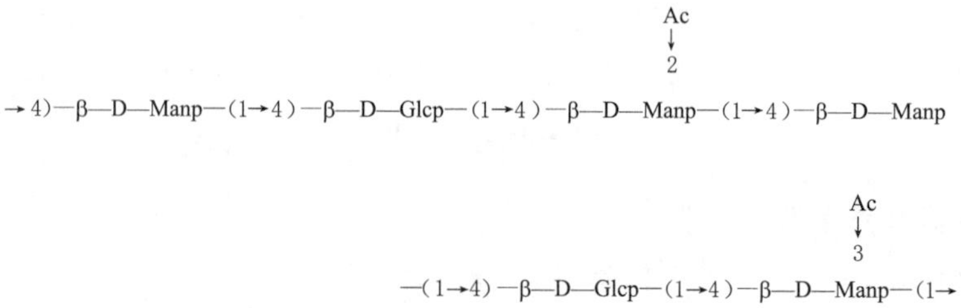

```
                                                  Ac
                                                  ↓
                                                  2
→4)—β—D—Manp—(1→4)—β—D—Glcp—(1→4)—β—D—Manp—(1→4)—β—D—Manp

                                                  Ac
                                                  ↓
                                                  3
                     —(1→4)—β—D—Glcp—(1→4)—β—D—Manp—(1→
```

图 8.25 阔叶木中的聚甘露糖类半纤维素的结构

3. 禾本科植物中的聚甘露糖类半纤维素

禾本科植物中也存在一定比例的聚甘露糖类半纤维素。例如，红花苜蓿中甘露糖、葡萄糖、半乳糖的摩尔比约为1.1∶1∶0.25，肉桂羊齿科植物中三种糖基比例约为2∶1∶0.1。其他原始植物诸如棍状苔藓、木贼属、裸蕨属中也分离出了聚甘露糖。

此外，植物的种子、块茎或球茎中也含有聚甘露糖。例如，象牙果和棕榈的种子中的聚甘露糖，只含有甘露糖单元，仅有少量的半乳糖支链；一些耐旱豆荚和刺槐属豆种子的聚甘露糖中，甘露糖含量约为葡萄糖的7倍，刺槐属聚甘露糖中还含有半乳糖支链。

8.5.2.3 聚葡萄糖类半纤维素

植物中还含有一类以葡萄糖为主链的聚葡萄糖类半纤维素，是除纤维素和淀粉以外的聚葡萄糖类。该类半纤维素的主链糖基不仅以β—1,4—糖苷键连接，还以β—1,3—糖苷键连接。此外，该类半纤维素的主链中还可能存在木糖。根据主链糖基种类和连接方式，可以将其细分为β—1,3—聚葡萄糖、β—1,4—聚葡萄糖和聚木糖葡萄糖。

1. β—1,3；1,4—聚葡萄糖

该类聚葡萄糖中，主链由D—吡喃葡萄糖以β—1,3—糖苷键和β—1,4—糖苷键连接，该类聚糖可以看作是由β—1,3—分割的以β—1,4—连接的聚甘露糖，两类连接键的比例随植物种属存在差异。例如，竹竿射线细胞壁中的半纤维素包括聚阿拉伯糖木糖、聚β—1,3；1,4—葡萄糖，20%～30%以β—1,3—连接，70%～80%以β—1,4—连接。美洲落叶松中主要以β—1,3—连接，有6%～7%以β—1,4—连接，此聚葡萄糖中含有少量的葡萄糖醛酸和半乳糖醛酸支链（约4%）。

β—1,3—连接的聚葡萄糖广泛存在于植物、细菌、藻类、霉菌中。例如，筛管素即为β—1,3—连接的聚葡萄糖，存在于韧皮部的筛管细胞中。对于棉花来说，该类聚葡萄糖是纤维素在生物合成中的一种中间体。值得注意的是，尚未发现连续的β—1,3—连接的半纤维素。

2. 聚木糖葡萄糖

阔叶木中聚木糖葡萄糖含量相对较高，常见于细胞初生壁中，含量可达25%。其主链由D—吡喃葡萄糖通过β—1,4—糖苷键连接，主链的C_6位含有D—吡喃木糖支链，同时支链还包括D—半乳糖、L—岩藻糖和O—乙酰基。针叶木和阔叶木中的聚木糖葡萄糖均是高分支的，但结构有所差异。

针叶木中的聚木糖葡萄糖是D—吡喃木糖支链以β—1,6—糖苷键连接在主链葡萄糖的C_6位。此外，木糖支链上还可能以α—1,2—糖苷键连接着L—吡喃岩藻糖、L—呋喃阿拉伯糖或D—吡喃半乳糖形成高分支支链。其结构如图8.26所示。

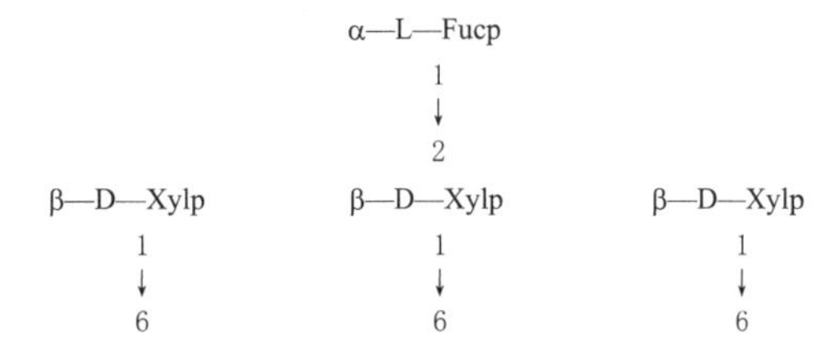

图8.26 针叶木中的聚木糖葡萄糖类半纤维素的结构

Fucp—吡喃岩藻糖

阔叶木中的聚木糖葡萄糖，超过75%的主链的C_6位连接有单糖、二糖或三糖支链。木糖支链以α—1,6—糖苷键连接在葡萄糖的C_6位；二糖支链上，木糖的C_2位以β—1,2—连接着D—半乳糖，D—半乳糖的C_6位通常连接有O—乙酰基；三糖支链上，D—半乳糖C_2位上还可能以α—1,2—连接着L—岩藻糖。例如，美洲刺槐树叶的聚木糖葡萄糖结构中，葡萄糖、木糖、半乳糖、岩藻糖单元的摩尔比为8∶5∶2.5∶1。

8.5.2.4 聚半乳糖类半纤维素

聚半乳糖类半纤维素是一种水溶性聚糖，聚糖中半乳糖含量越高，水溶性越好。该类半纤维素的主链为D—吡喃半乳糖，可由β—1,3—或β—1,4—糖苷键连接，支链包括许多种糖基，例如，D—半乳糖、L—鼠李糖、L—阿拉伯糖、4—O—甲基葡萄糖醛酸等。依据不同种属植物中的主链连接方式、支链糖基种类，该类半纤维素可分为聚阿拉伯糖半乳糖和聚鼠李糖阿拉伯糖半乳糖。

1. 聚阿拉伯糖半乳糖

大多数针叶木中均含有聚阿拉伯糖半乳糖，含量通常低于1%，但落叶松属针叶木芯材的管胞和薄壁细胞内腔中其含量可达10%～25%。这类聚糖的主链为D—吡喃半乳糖，根据主链连接键的不同可以分为以下两类：

(1) 一类是高分支度的聚阿拉伯糖半乳糖，主链由D—吡喃半乳糖以β—1,3—糖苷键连接，所有主链糖基C_6位均有支链，大部分为2个β—1,6—糖苷键连接的D—吡喃半乳糖，同时含有少量的L—阿拉伯糖和D—葡萄糖醛酸支链，约有1/3的阿拉伯糖是吡喃式的，2/3是呋喃式的。其结构如图8.27所示。

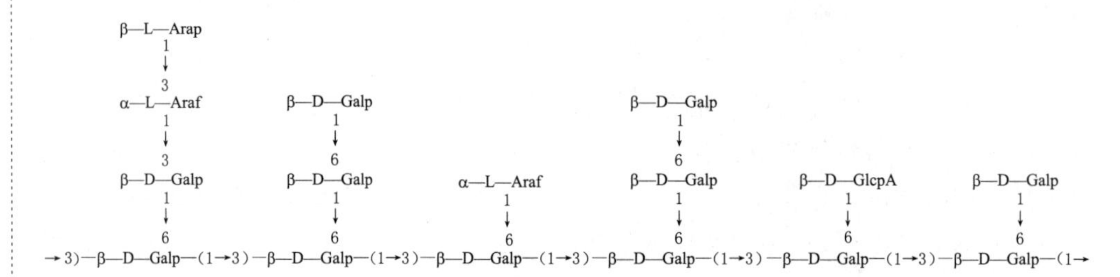

图8.27　高分支度的聚阿拉伯糖半乳糖类半纤维素的结构

Arap—吡喃阿拉伯糖

(2) 另一类为低分支度的聚阿拉伯糖半乳糖，主链由D—吡喃半乳糖以β—1,4—糖苷键连接，支链为α—1,6—连接的D—吡喃半乳糖醛酸，支链糖基约为主链糖基的1/10。该类聚糖存在于美洲落叶松应压木、红杉应压木和香脂云杉应压木中。值得一提的是，近期研究认为该类半纤维素实际上更应该称为果胶。

2. 聚鼠李糖阿拉伯糖半乳糖

该类聚糖主要存在于糖槭、山毛榉应拉木等阔叶木中。

山毛榉应拉木中该类聚糖是高分支的，主链由D—吡喃半乳糖以β—1,4—糖苷键连接，支链含有D—吡喃半乳糖、L—吡喃鼠李糖、4—O—甲基—D—吡喃葡萄糖醛酸、α/β—L—呋喃阿拉伯糖。其结构如图8.28所示。

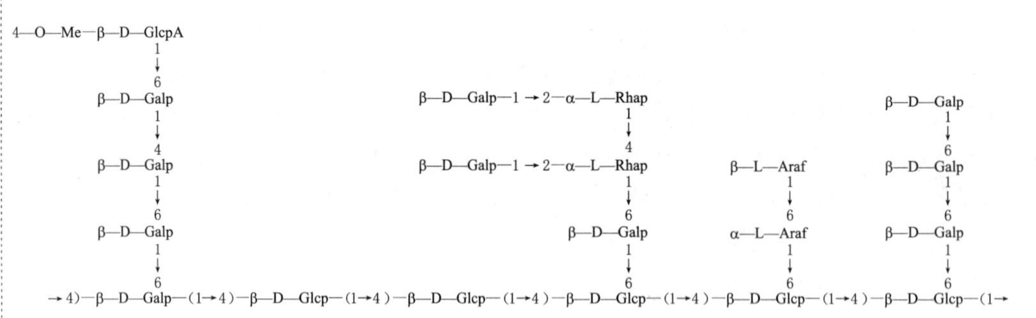

图8.28　聚鼠李糖阿拉伯糖半乳糖类半纤维素的结构

Rhap—吡喃鼠李糖

糖槭中该类聚糖是轻微分支的，主链由D—吡喃半乳糖以β—1,3—糖苷键连接，鼠李糖、阿拉伯糖、半乳糖的摩尔比约为0.2∶1.0∶1.7。从合欢树、棉等植物中分离出来的聚阿拉伯糖半乳糖中，支链还检测到鼠李糖、阿拉伯糖、半乳糖醛酸等单元的存在。

8.5.3 半纤维素与纤维素区别

作为自然界中最丰富的两种碳水化合物，纤维素与半纤维素具有较多的共同点，如多羟基结构、糖苷键连接、有共同的糖单元等；但也具有较大的差异性，前者是由单一糖基（D—吡喃葡萄糖）通过β—1,4—糖苷键连接形成的直链型的均一聚糖，结构中含有丰富的氢键，常以结晶结构出现，与之相比，半纤维素在结构、糖单元、连接方式、结晶性等方面差异较大，主要体现在以下几个方面：①糖单元不同，半纤维素中包含糖单元十分丰富，如上述己糖、戊糖、己糖醛酸等，而纤维素中仅有葡萄糖单元一种；②聚合度不同：半纤维素的聚合度相对较低，为50～300，而纤维素的聚合度高达7000～15000，半纤维素的分子链更短，具有更多比例的还原性末端；③连接方式不同，半纤维素是支链型聚糖，支链糖基种类和连接方式丰富多样，纤维素没有支链，连接键为β—1,4—糖苷键；④聚合单元不同，半纤维素的主链可以是均一聚糖，也可以是非均一聚糖，而纤维素没有主链和支链之分，仅有一种糖基，形成一条长链；⑤晶体结构不同，半纤维素是无定形的，没有晶体结构，而纤维素包含结晶区和无定形区，结晶度通常为60%～90%。

8.6 半纤维素的化学性质

半纤维素的化学性质

半纤维素的糖单元种类多、支链丰富，结构中没有太多结晶部分，因此反应活性高、反应类型和产物也相对较多，常见反应有酸性水解、碱性水解、酶降解、热解等。

8.6.1 半纤维素酸性水解

几十年来，人们对半纤维素酸性水解进行了深入研究，通过控制水解温度、酸种类和浓度以及生物质浓度等参数，可以选择性地从半纤维素中获得高附加值的糖类产物，如木糖、甘露糖等，从而广泛地应用于食品、医药和燃料等行业。

如图8.29所示，糖苷键的裂解是通过糖苷氧原子或环氧原子的质子化以形成异头碳正离子而引发的。随后，它可以与水反应形成α,β—异头单体糖的混合物，并释放出一个质子。环氧原子的质子化和单体糖的变旋光可导致α,β—吡喃糖和α,β—呋喃糖环形式。

各种多糖的酸水解需要不同的条件。有研究指出，有更多糖醛酸基团的多糖比中性糖更难完全水解；碱性糖需要苛刻的条件才能水解，但较为稳定；酸性糖（糖醛酸）相对容易释放但不稳定；对于中性糖，糖苷键的耐水解性和单体的稳定性介于酸性和碱性糖之间。通常，主链中的糖苷键比支链中的糖苷键更稳定，吡喃糖形式的糖苷键比呋喃糖形式的糖苷键更稳定，醛糖形式比酮糖形式更稳定，糖醛酸比中性或碱性糖更加稳定。此外，除了多糖中糖苷键的裂解外，酸性水解可能导致在苛刻条件或长时间处理下生成的单糖降解。例如，戊糖可降解为糠醛，己糖可降解为5—羟甲基糠醛，并可降解为乙酰丙酸和甲酸。为避免不完全水解，确保优化的

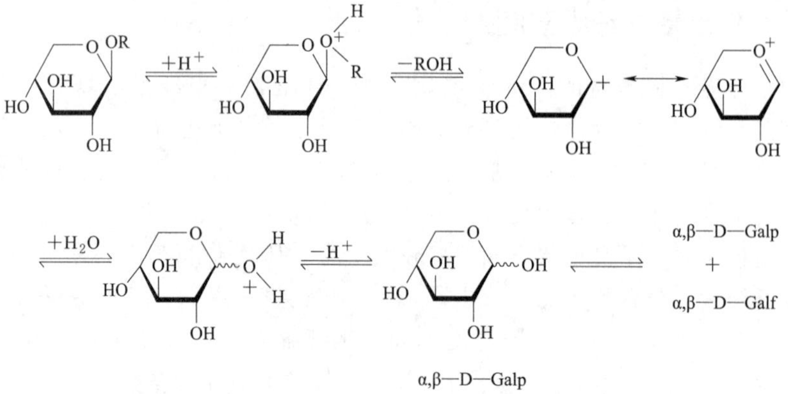

图 8.29　半纤维素酸性水解

水解强度和时间是必不可少的，同时还需要在单糖的最大释放和最小破坏之间取得平衡。

半纤维素酸性水解制备木糖一般使用硫酸作为催化剂，这种酸溶液对聚木糖的溶解选择性比较高。早在 1986 年，Gonzalez 等就使用 2%硫酸处理小麦秸秆，在 90℃反应 12h 可以得到 97%的木糖得率（基于聚木糖）。之后，当使用稻草、玉米秸秆、甘蔗渣等生物质原料时，也能以 80%及以上的产率获得木糖。其他种类的无机酸例如三氟乙酸、盐酸都可以应用于水解多糖制备木糖。Taherzadeh 等在 188～234℃用 5g/L 硫酸处理云杉碎片，在此温度下保持 7min，可得到 80%左右的甘露糖产率（基于聚甘露糖）。有研究对半乳糖和阿拉伯糖摩尔比为 6∶1 的聚阿拉伯半乳糖进行酸水解，在 90℃下使用 pH＝1 的盐酸，在 24h 内达到半乳糖的最大浓度 800mg/g。

然而，这些方法不可避免地存在一些缺点，例如从均相系统中分离出的催化剂效率低、成本高或产生不可回收的废物。近年来，人们越来越关注更为绿色高效的半纤维素水解体系，固体酸是更好的选择之一。在 2010 年，Gadi 等首次使用酸性沸石催化剂（如 H—USY、H—Beta 等）用于半纤维素水解，在 170℃反应 2h 后木糖和阿拉伯糖总收率超过 40%；催化剂可以循环 5 次而活性仅有轻微降低。而后，一系列固体酸催化剂（质子交换沸石、镁碱沸石、磺化碳、SO_4^{2-}/Fe_2O_3 等）被应用于半纤维素水相解聚为单糖的反应，都能获得中等收率的单糖。

8.6.2　半纤维素碱性降解

半纤维素与木质素之间通过共价键 α—苄基醚键进行连接，通过酯键与乙酰基和羟基肉桂酸连接，这些限制了半纤维素基质的释放。碱处理是一种有效分离半纤维素的方法。半纤维素在强碱性反应条件下，容易发生碱性水解或剥皮反应，这取决于反应发生的条件。

8.6.2.1　碱性水解

在高温强碱性条件下，半纤维素容易发生碱性水解反应，其配糖糖苷键因水解

作用断裂，从而产生了新的末端还原基，导致其聚合度下降。具体过程为半纤维素配糖单元中 C_2 位上的羟基在碱性作用下发生电离作用，形成 O^-，然后进攻糖苷键，并与 C_1 位形成环氧化合物，这样配糖单元糖苷 C—O 键就发生了断裂。

半纤维素碱性水解速率取决于糖单元的结构。实验研究表明，呋喃式配糖化物高于吡喃式的配糖，C_1 位甲氧基与 C_2 位羟基成反位时的碱性水解速率大于顺位，甲基 α—与 β—吡喃式葡萄糖醛酸配糖化物的水解速率要高于呋喃式配糖化物。

8.6.2.2 剥皮反应

在温和、碱存在的条件下，半纤维素可从聚糖的还原性末端开始发生剥皮反应，实现糖单元的释放，如图 8.30 所示。

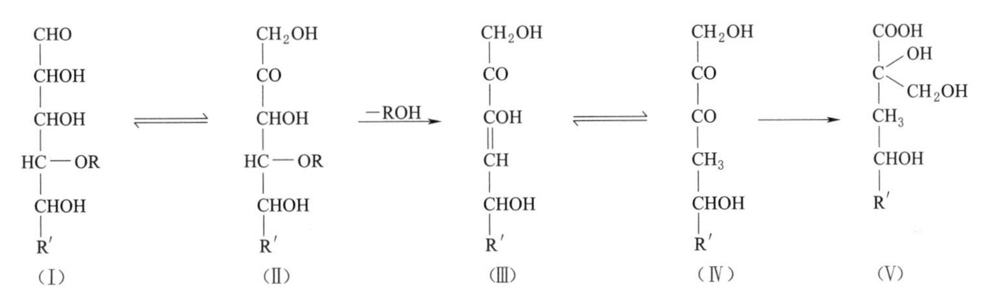

图 8.30 半纤维素剥皮反应

剥皮反应第一步是半纤维素分子链的还原性末端发生异构化反应，即从醛糖（Ⅰ）异构化到酮糖（Ⅱ），使羰基处于 C_2 位，1,4—糖苷键位于羰基的 β 位。这种结构在碱性条件下容易发生 β—烷氧基消除反应形成（Ⅲ）。断裂后的半纤维素分子链 R—OH 会产生新的还原性末端，可继续发生剥皮反应。掉下来的末端基（Ⅲ）互变异构成 2,3—二酮化合物（Ⅳ），经过碱性介质中的进一步反应，主要转变为异变糖酸（Ⅴ）。半纤维素除了 1→4 连接外，还有 1→2、1→3、1→6 连接。

对于 1→2 连接的高聚糖，本身处于强吸电子基（羰基）的 α 位，不能发生剥皮反应。同时由于烯醇化后，在—OR 相应位置并不能生成必要的羰基（即不能由醛糖转化为酮糖），故在温和碱性条件下也阻止了主链的剥皮反应。

对于 1→3 连接的高聚糖，可以直接进行烷氧基阴离子的消除反应产生偏变糖酸，这是因为—OR 在羰基的 β 位，无须烯醇化反应。

对于 1→6 连接的高聚糖，因为不处于强吸电子基的 β 位，不能发生烷氧基阴离子消除反应。但不影响主链还原性端基由醛糖转化为酮糖，所以不影响主链的剥皮反应。

当半纤维素的还原性末端都转化为偏变糖酸后，剥皮反应就会停止。如图 8.31 所示，半纤维素还原性末端基的 C_3 位发生羟基消除反应后形成互变异构中间体，该中间体可以进一步转化为碱稳定的偏变糖酸末端基（Ⅵ）。其他可能的末端基结构是 2—甲基甘油酸（Ⅶ）和糖醛酸。

8.6.3 半纤维素酶降解

通过酶降解半纤维素时，考虑到半纤维素主要是由五碳糖、六碳糖以多种方式

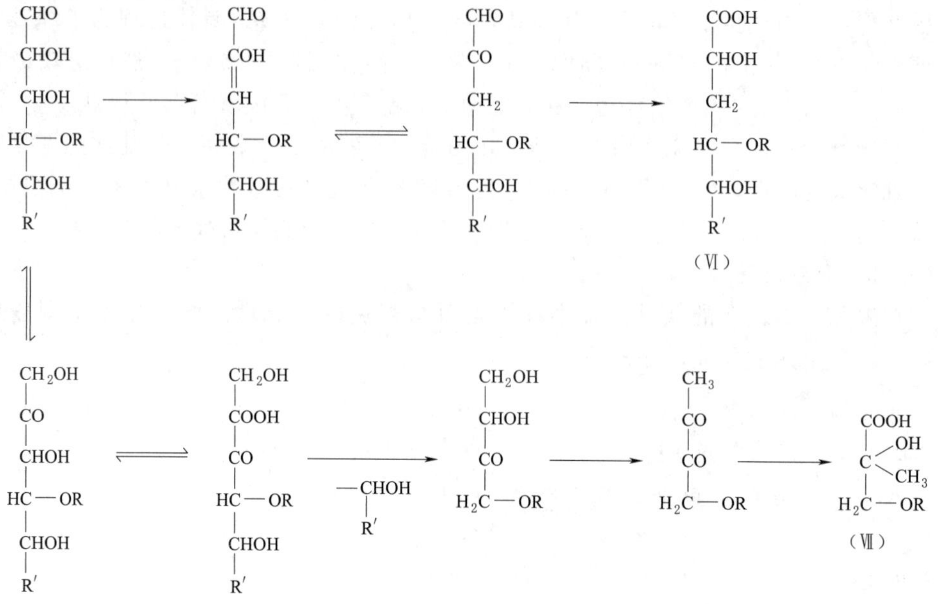

CHO—CHOH—CHOH—HC(—OR)—CHOH—R′ ⟶ CHO—COH=CH—HC(—OR)—CHOH—R′ ⇌ CHO—CO—CH_2—HC(—OR)—CHOH—R′ ⟶ COOH—CHOH—CH_2—HC(—OR)—CHOH—R′（Ⅵ）

⇅

CH_2OH—CO—CHOH—HC(—OR)—CHOH—R′ ⇌ CH_2OH—COOH—CO—HC(—OR)—CHOH—R′ ⟶（—CHOH—R′）CH_2OH—CHOH—CO—H_2C—OR ⟶ CH_3—CO—CO—H_2C—OR ⟶ COOH—C(OH)(CH_3)—H_2C—OR（Ⅶ）

图 8.31　半纤维素终止反应

连接而成，因此需要多种酶协同催化才能使半纤维素解聚完全。目前主要的研究重点是聚木糖的酶降解。

聚木糖的酶降解机制如下：①内切 1,4—β—D—聚木糖酶（EC3.2.1.8）切断聚木糖的骨架，获得低聚木糖，半纤维素聚合度降低；②外切 β—木糖苷酶（EC3.2.1.37）接着将低聚木糖分解为木糖单元。值得注意的是，木糖和支链糖单元之间的糖苷键会影响聚木糖酶的催化效果，因此需要引入不同的糖苷酶，如 α—D—葡萄糖醛酸酶、α—L—阿拉伯糖苷酶等，共同降解此糖苷键。

按照氨基酸序列的同源性划分，植物纤维聚糖代谢酶种类可以分为 35 组，聚木糖酶基本都属于第 10、第 11 组，并且这两组酶的作用方式有显著差异：第 10 组的聚木糖酶总体分子量较大，而第 11 组的分子量较小；第 10 组作用于含有阿拉伯呋喃糖苷基支链的聚木糖的非还原端来打开 β—1,4—糖苷键，而第 11 组不同于这种方式。表 8.7 总结了各种半纤维素酶的天然功能及其在半纤维素上的作用位点。

表 8.7　各种半纤维素酶的天然功能及其在半纤维素上的作用位点

名称	酶种类	功　能	作用位点
糖基水解酶	内聚木糖酶	裂解聚木糖骨架的 β—1,4 键，释放木寡聚体	聚 β—1,4 木糖骨架
	β—木糖苷酶	切割木寡聚体的 β—1,4 键，释放木糖	β—1,4 木寡聚体
	内切聚 1,4—甘露糖酶	裂解聚甘露糖 β—1,4 键，释放聚甘露糖低聚物	聚 β—1,4 甘露糖
	β—甘露糖苷酶	裂解聚甘露糖低聚物的 β—1,4 键，释放甘露糖	聚 β—1,4 甘露糖低聚物

续表

名称	酶种类	功能	作用位点
糖基水解酶	α—L—阿拉伯呋喃糖苷酶	在聚木糖骨架的 O_2 位和 O_3 位切割阿拉伯聚糖	α—L—阿拉伯呋喃糖苷基寡聚体
	聚 α—L—阿拉伯糖酶	裂解木寡聚体产生阿拉伯糖	α—1,5—阿拉伯
	α—D—葡萄糖醛酸酶	切割葡萄糖醛酸侧链取代之间的 α—1,2 键，释放葡萄糖醛酸	4—O—甲基—α—葡萄糖醛酸
碳水化合物酯酶	聚乙酰木糖酯酶	裂解乙酰基侧链取代，释放出乙酸	聚 2—或 3—O—乙酰木糖
	聚阿魏酰木糖酯酶	切割阿魏酸侧链取代释放阿魏酸	阿魏酸

目前半纤维素酶降解作用在制浆造纸工业领域已成功地应用于硫酸盐法纸浆预漂白、制高纯度纤维素纸浆脱墨等新领域。随着从可再生资源生产燃料和化学品的需求不断增加，在未来几年中，它们在木质纤维素生物精炼厂生产可发酵糖中的应用有望迅速增加。

8.6.4 半纤维素热解

热解是一种重要的热化学利用方法，半纤维素的热解特性取决于其本身的化学结构与热解方法。聚木糖类和聚甘露糖类半纤维素在自然界分布最广，学者们对于它们的热解研究也较多。早在 1971 年就已经有关于聚木糖类半纤维素热解的研究报道，而其他类型半纤维素聚糖的热解很少受到关注。本节介绍了几种半纤维素聚糖的慢速热解和快速热解特性，以及半纤维素催化热解的相关研究。

慢速热解是一种以较低的升温速率加热半纤维素使其缓慢分解的热解技术，升温速率通常在 2～50℃/min。热重分析（TGA）是最常用的慢速热解技术，通过热重实验可以实时观察半纤维素热解过程中的失重情况，如图 8.32 所示。TGA 耦合傅里叶变换红外光谱和 DSC 可以同时研究热解过程中的气相产物释放热性和反应的

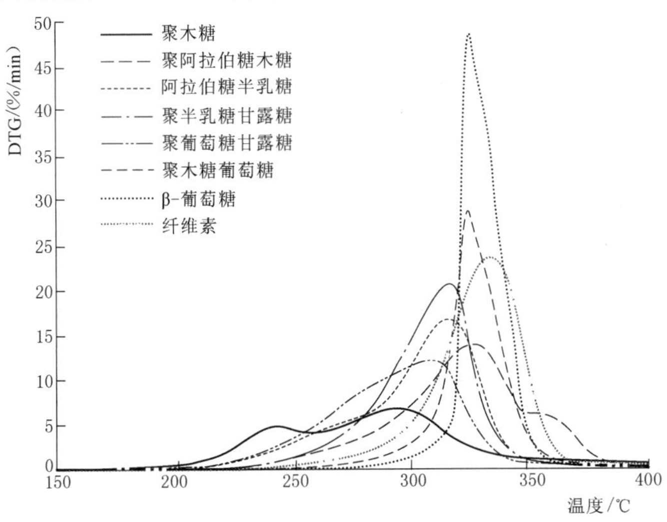

图 8.32 各类聚糖慢速热解质量损失率曲线

吸放热情况。聚木糖、阿拉伯糖半乳糖、聚阿拉伯糖木糖、聚葡萄糖甘露糖、聚半乳糖甘露糖、β—葡聚糖、聚木糖葡萄糖和纤维素等8种聚糖的TGA－FTIR和DSC实验表明，各类聚糖的主要质量损失阶段发生在200～380℃。具体来看，聚木糖质量损失率最大在243℃和292℃，聚葡萄糖甘露糖和聚半乳糖甘露糖在309℃，聚阿拉伯糖半乳糖在317℃，聚阿拉伯糖木糖在326℃，聚木糖葡萄糖和β—聚葡萄糖在332℃，纤维素则在340℃左右。这说明相比于纤维素，半纤维素聚糖的热稳定性较差；半纤维素聚糖中，聚木糖的热稳定性最差，而带有阿拉伯糖支链的木聚糖（聚阿拉伯糖木糖）热稳定较好，聚甘露糖类聚糖的热稳定性则介于两者之间。此外，上述的聚糖中仅有聚木糖热解时具有明显的放热行为，这是由炭化反应的放热和聚木糖中葡萄糖醛酸单元脱羧放热共同作用导致的。

与慢速热解不同，快速热解以较快的升温速率（＞100℃/s）达到设定温度，热解过程中半纤维素发生剧烈的分解，生成固、液、气三相产物。相比之下，慢速热解更关注于热解的整个过程以及热解的主要失重区间，快速热解的相关研究则更关心热解的三相产率以及液相产物的具体产物分布。聚木糖的快速热解通常产生20％～30％的固体残留物（焦炭）、10％～20％的不可冷凝气体和40％～60％的生物油。不可冷凝气体的主要成分为CO_2和CO，随原材料和实验方法的变化还可能包括少量H_2、甲烷和乙烯。热解的生物油产物包括1,4—脱水木糖、二脱水木糖、糠醛、1—羟基—2—丁酮、乙酸、羟基乙醛等。由于分子结构的不同，聚甘露糖与聚木糖的快速热解产物存在一定的异同。聚甘露糖快速热解的主要三相产物也是焦炭、CO_2、生物油和水，但在相同条件下，聚甘露糖热解得到的CO_2产率一般会低于聚木糖。热解的生物油产物主要包括乙酸、羟基乙醛、羟基丙酮、甲酸、糠醛、左旋聚葡萄糖等。研究表明，大多数半纤维素聚糖快速热解都会形成羟基乙醛、糠醛和二脱水木糖，但其他主要热解产物会因原材料和实验方法的变化具有一定的差异。聚甘露糖和聚木糖快速热解的小分子产物较为类似，都主要包括羟基乙醛、糠醛等。而脱水糖的形成则与聚糖中单糖组成相关，只有含有己糖单元的半纤维素聚糖能够生成六碳呋喃类与脱水糖产物。由于聚甘露糖结构中具有较多葡萄糖单元，其产物中存在一定量的左旋聚葡萄糖，且可能含有左旋葡萄糖酮，聚木糖则几乎不会产生左旋聚葡萄糖。

综上所述，半纤维素复杂的结构导致其热解过程中发生复杂的竞争分解反应，热解产物组成繁杂且选择性较差。定向调控半纤维素的热解过程，实现特定产物的选择性制备，可以显著提高半纤维素热解的经济性与应用潜力。现阶段已经报道了多种定向调控策略，其中，催化热解是最为直接也是应用最为广泛的调控手段。例如，通过利用活性炭负载掺杂辅助金属（Al、Zr、Re、Fe等）的Pt基催化剂，可以显著提高聚木糖热解中呋喃类产物的选择性。其中，负载1％Pt和5％Al的双金属催化剂对呋喃的选择性最强，其呋喃类产物产率最高（70％），主要为糠醛、2—甲基呋喃和2,5—二甲基呋喃。研究表明，Pt和Al之间具有协同作用，Al颗粒导致酸度增加，Pt颗粒有利于提高裂解和脱氢反应的活性。Pt和Al的协同关系以及合适的负载量对木聚糖热解生成呋喃类产物具有积极作用。使用改性的ZSM—5催

化剂可显著提高半纤维素热解中芳烃的选择性。通过 NaOH 溶液碱改性 ZSM—5 能产生中孔和微孔，从而提高分子的扩散性。由于扩散性能的改进，碱改性催化剂具有增加芳烃产量的性能，其中通过 0.4mol/L 的 NaOH 溶液改性的 ZSM—5 可使半纤维素热解过程中芳烃选择性达到 36%。在 ZSM—5 表面加入 Ni 会使其产生新的酸性位点，促进脱氢和低聚反应，从而显著提高芳烃的选择性。研究表明，8% Ni/ZSM—5 催化剂催化半纤维素热解的芳烃选择性最高为 54%，这表明通过碱或 Ni 改性后的 ZSM—5 会显著影响芳烃产率，这对于液体燃料和化学品的生产有着重要的意义。

8.6.5 半纤维素在化学制浆中的变化

半纤维素与纸张性能的关系

制浆造纸工业是影响世界的重大产业之一，在全球工业中的地位举足轻重。化学制浆是造纸的关键步骤，其目的是将植物纤维尽量多地溶出木质素，原料分解成浆液。因此，如何使富含半纤维素的原料更加合理地应用于造纸工业是关键问题。

化学制浆包括蒸煮和漂白两个过程，其中蒸煮方法主要有碱法（硫酸盐或烧碱）和酸法（亚硫酸盐法）。在这两个过程中，使用到的酸碱试剂容易对半纤维素结构产生影响。

8.6.5.1 碱法制浆中半纤维素的变化

硫酸盐法制浆主要产生聚糖中还原性末端基的剥皮反应和长链的水解作用。浆液中产生的 HS^- 会促进 β—O—4 键的断裂，溶出木质素。烧碱法则是通过调整蒸煮液的碱度，可以比较容易地除去木材中的聚木糖。阔叶木的主要半纤维素组分聚 4—O—甲基葡萄糖醛酸木糖的支链在高温、强碱的条件下，容易发生 β—甲醇消除反应，产生己烯糖醛酸。另外，糖醛酸羧基单元的糖苷键会在碱性条件下发生水解，将大部分的糖醛酸溶出，降低了整体的聚合度。

针叶木中的聚葡萄糖甘露糖降解也受到蒸煮液碱度和温度的影响。OH^- 浓度越高，它的降解速率越快。但有一小部分的聚葡萄糖甘露糖由于与木质素结合，即使降解条件苛刻也不易除去。

8.6.5.2 酸法制浆中半纤维素的变化

亚硫酸盐法制浆是典型的酸法制浆，浆液会通过磺化作用产生磺酸基团，溶液整体 pH<6。在酸性介质中，苯丙烷单元间连接的芳基醚键会发生水解断裂，木质素组分脱出。半纤维素碳链上糖苷键容易发生酸催化水解反应，引起碳水化合物降解。

在酸性亚硫酸盐法蒸煮中，不同种类糖的性质差异导致了蒸出时间的不同。一般来说，出现次序为：阿拉伯糖>半乳糖>木糖>甘露糖>葡萄糖。同时，出现次序也会与蒸煮的条件有关。

针叶木经过亚硫酸盐法蒸煮后，其主要成分聚阿拉伯糖 4—O—甲基葡萄糖醛酸木糖发生酸性水解，纸浆中仅剩下聚 4—O—甲基葡萄糖醛酸木糖。对铁杉的酸性亚硫酸盐法制浆结果测试表明，聚木糖的黏度低于碱法制浆，表明酸性条件下聚木糖被降解得更加充分。

半纤维素利用

8.7　半纤维素的利用

据统计，每年陆生高等植物中半纤维素含量就有 3×10^{10} t 之多。除此之外，城市垃圾的废纸中也含有相当数量的半纤维素。这些废弃物中的半纤维素一部分作为燃料被利用，其余部分被浪费而未得到有效利用，还容易造成环境污染问题，因此发展半纤维素的资源化利用十分必要。除了传统的造纸和化工能源行业，半纤维素在食品、纺织、材料等领域中也得到越来越多的应用。

8.7.1　半纤维素在造纸行业的利用

半纤维素在造纸工业中是一种优良的添加剂。半纤维素上丰富的支链、无定形结构以及游离羟基有利于纤维成形过程中的氢键结合，且半纤维素的亲水特性使其具有良好的柔韧性。因此，半纤维素可以作为打浆助剂、湿部助剂、表面施胶剂来改善纸张的物理性质。

在打浆过程中，半纤维素中的极性基团促进纤维的润胀、水化和帚化过程，进而提高纤维的柔韧性。实验结果表明，增加半纤维素含量有利于提高纸浆的打浆能力，且磨浆程度也会影响打浆性能。此外，研究发现，半纤维素聚糖的种类和结构也会影响纸浆的打浆性能。如果纸浆中含有较多的碱溶性聚糖，会增加打浆过程中的润胀、吸水程度，进而提升其打浆程度。

除此之外，半纤维素含量对纸张的性质也有较大影响。比如对于硫酸盐法纸浆，当 α—纤维素含量超过 80%时，纸张强度将会下降。这表明在制浆过程中，应根据不同纸张性质的要求来确定制浆中的半纤维素含量。实验结果表明，0.5%～2%的半纤维素含量有利于缩短打浆时间，且最后制成的纸张具有较好的物理强度和多孔性。半纤维素的用量对不同类型纸张的影响效果具有较大差异，所以在实际应用中很难精准调控最佳比例的半纤维素含量。因此，最适宜的半纤维素含量是由植物纤维原料的种类、蒸煮方法和其对所抄造的纸张性质的要求共同决定的。

8.7.2　半纤维素在食品工业中的利用

食品是我们赖以生存的最重要的物质，半纤维素常以食品纤维、食品添加剂、乳化剂和黏合剂等形式用于其中。比如在面包中加入一定量的半纤维素有利于提高其吸水性；在果蔬榨汁时加入适量的半纤维素有利于减缓压榨时的压力，进而增加其出汁率；半纤维素还可以作为发酵原料来制备乙醇、木糖醇等；除此之外，在巧克力、口香糖生产过程中常加入半纤维素作为甜味剂。

半纤维素在食品包装行业也有着广阔的应用前景。相对于常见的塑胶包装，半纤维素基包装材料在性能和质量等方面还存在一定的缺陷。近年来，随着食品包装行业的不断发展，通过加填、改性、共混、接枝共聚等生产过程中的优化，已经能够依据不同的用途需求生产出一系列具有特殊功能性质的食品包装材料。半纤维素基食品包装行业的发展不仅可以高效利用储藏丰富、可再生的生物质能源，还可以

缓解当前最为严重的白色污染和石油资源日益减少的能源危机，对社会的可持续发展具有深远影响。

8.7.3 半纤维素在化工及能源行业的利用

化石能源的快速消耗导致能源短缺和环境污染问题愈演愈烈。当今，全球能源结构正处于从传统化石能源转向新型可再生能源的转变期。人们希望通过将可再生的木质纤维素原料转化为高价值产品，由此实现能源的可持续发展。作为生物质三大组分之一，半纤维素是世界上储量第二丰富的碳水化合物，因此实现其高效转化应用具有重要意义。

8.7.3.1 半纤维素生物转化法生产乙醇

近年来，燃料乙醇的研究和产业化应用引起了广泛关注。燃料乙醇具有较好的燃烧性能，被视为最有前景的化石燃料代替品。然而，目前工业化生产燃料乙醇的原料较为单一，主要以粮食或糖为主，因此其产能有限，无法满足长期发展需求。而木质纤维素具有丰富、可再生的优点，将其作为燃料乙醇的原料可以有效解决原料短缺的问题。以木质纤维素为原料生产乙醇的过程主要包括水解和发酵两个步骤，其中生物酶水解发酵转化技术被认为最具有工业化发展前景，该技术一般包括预处理、酶水解（糖化）、糖液发酵和酒精蒸馏提取等过程，如图 8.33 所示。但利用半纤维素生物转化法生产燃料乙醇的主要问题是成本偏高，因此后续还需进一步优化工艺体系、改善原料性能来降低其工业化生产成本。

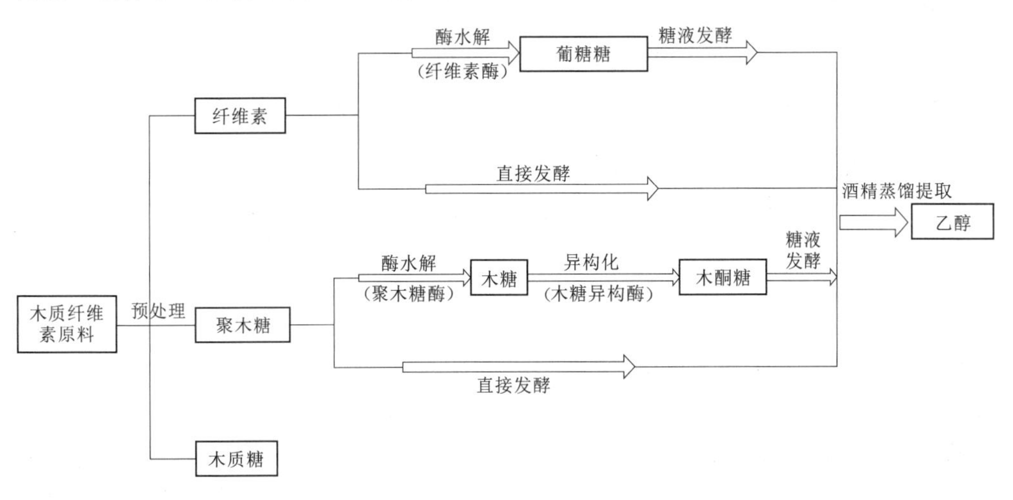

图 8.33 木质纤维原料酶水解及发酵生产乙醇的路线

8.7.3.2 半纤维素生产木糖及木糖醇

半纤维素中富含的木聚糖可以水解为木糖，木糖可以进一步转化为木糖醇，这两者都经常用于食品、医药行业。目前从半纤维素生产木糖的方法有酸水解法和酶解法。酸水解法是利用硫酸、磷酸、甲酸等辅助半纤维素降解至木糖，产率一般较高，但对设备的耐酸腐蚀性要求高，且副产物较多，后续处理复杂。酶解法虽然副产物少、产物选择性高，但由于酶解反应耗时较长以及酶的保存和操作要求严格，限制了它的大规模工业化生产。微波水解法是近年来发展的一种快速降解法，将酸和微波结合后，可更加高效地催化聚木糖的水解，具有效率高、能耗低等优点。有研究表明，在硫酸浓度为 0.24mol/L、微波功率 700W、温度 90℃ 条件下反应 31min 后，微波酸水解获得的木糖得率为 290.2mg/g。

水解得到的木糖经加氢还原可制成木糖醇，其反应如图 8.34 所示。

木糖醇是一种无臭、白色、热稳定的结晶粉末，常被用于化工、食品、医药行业。目前，木糖醇可以通过微生物发酵法和催化加氢法从木糖制备。微生物发酵法具有成本较低、产物纯度较高的优点，但由于微生物对保存和操作环境要求严格，增加了操作难度，且发酵时间太长。催化加氢法是先将聚木糖经由水解、纯化转化为木糖，再通过催化氢化和提纯（结晶或柱色谱法）最终获得木糖醇。催化加氢法效率高、产物得率好，然而复杂的纯化步骤不仅降低了木糖醇产率（50%～60%），还提高了该方法的生产成本。

此外，木糖用相对密度为 1.2～1.4g/cm^3 的硝酸在 60～90℃下氧化 2～3h 可生产三羟基戊二酸。三羟基戊二酸因具有令人愉快的酸味，常代替柠檬酸用于食品行业，还常用于保存血浆以及用作火药的稳定剂。其反应如图 8.35 所示。

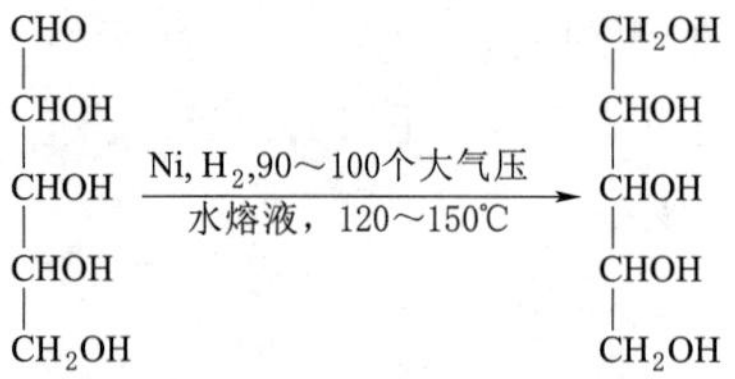

CHO—CHOH—CHOH—CHOH—CH_2OH $\xrightarrow[\text{水熔液，120～150℃}]{\text{Ni, }H_2\text{,90～100个大气压}}$ CH_2OH—CHOH—CHOH—CHOH—CH_2OH

图 8.34　木糖氢化为木糖醇

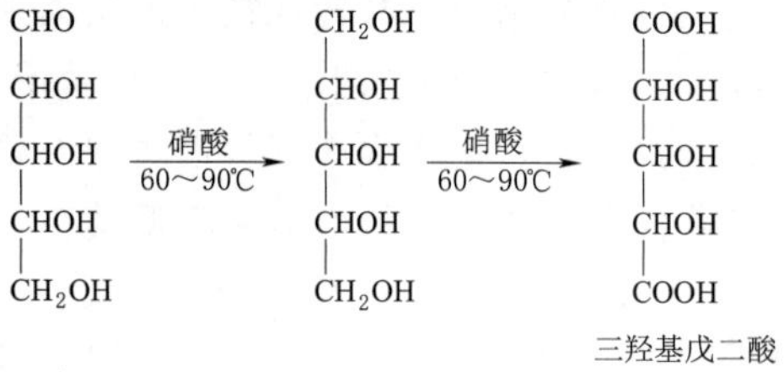

CHO—CHOH—CHOH—CHOH—CH_2OH $\xrightarrow[\text{60～90℃}]{\text{硝酸}}$ CH_2OH—CHOH—CHOH—CHOH—CH_2OH $\xrightarrow[\text{60～90℃}]{\text{硝酸}}$ COOH—CHOH—CHOH—CHOH—COOH

三羟基戊二酸

图 8.35　木糖转化为三羟基戊二酸

除木糖醇外，还可通过还原六碳糖（己糖）制得山梨糖醇，如以 Ni 作为催化剂在 120～30℃下用 H_2 还原葡萄糖制备山梨糖醇。山梨糖醇具有广泛的工业用途：由于具有清凉的甜味和良好的吸湿、保水性能，可用作食品生产过程中的添加剂；可作为生产维生素 C 的原料，也常用于聚氨酯硬质泡沫塑料的生产；还可以柔软剂、金属表面处理剂和胶黏剂等形式用于皮革、造纸和冶金等工业。

8.7.3.3　半纤维素生产 2,3—丁二醇

2,3—丁二醇具有较好的生物可降解性，其不仅可以作为液体燃料，还可用于生产橡胶单体、食品添加剂、抗冻剂等，广泛应用于化妆品、医药等行业。利用生物转化法从半纤维素中生产 2,3—丁二醇可以实现利用生物质能源代替化石资源的目的，缓解能源危机。2,3—丁二醇良好的亲水性能导致了其分离提取困难，是生物转化法的主要问题之一，因此需要开发高效、经济的分离提取工艺。

8.7.3.4　半纤维素生产糠醛

糠醛是由聚戊糖经水解、脱水生成的无色透明的油状液体。糠醛生产方法按水解工艺特征可分为直接法和间接法两种。直接法是在催化剂（一般为硫酸）和加热条件下，将生物质原料中的聚戊糖水解成戊糖，随后脱水获得糠醛，如图 8.36 所示。间接法是植物纤维素原料先在一台水解锅中水解成单糖，与残渣—纤维素—木

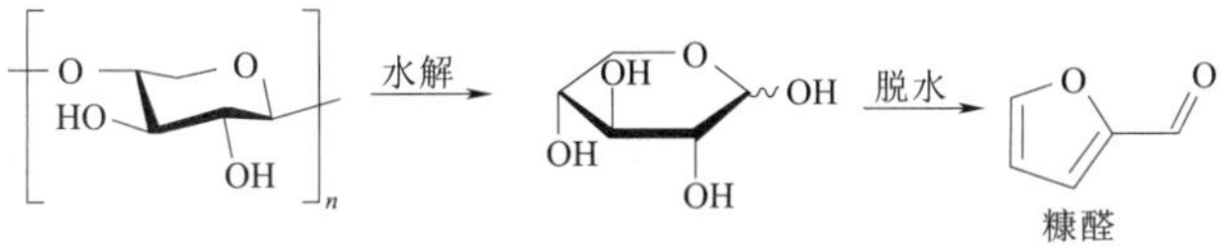

图 8.36 半纤维素生成糠醛

质素分离后，在另一台反应锅里脱水生成糠醛。

糠醛用途广泛，由于对芳香烃和烯烃类物质具有优异的溶解性，因此常作为极性溶剂用于润滑油、柴油、树脂生产等方面。糠醛所含羰基、呋喃环具有高度的反应活性，可转化为糠醇、呋喃、糠酸等一系列重要精细化学品，也可以进一步缩合生成呋喃树脂，用于机械及化工产业。

实际上，聚木糖经酸性水解和脱水反应后，除得到糠醛主产品外，其结构中其他糖类或取代基单元，如乙酰基、4—O—甲基—葡萄糖糠酸基等，经同样的反应还可以生成醋酸、甲醇和 5—羟甲基糠醛等副产物。

8.7.3.5 半纤维素生产乳酸

乳酸被广泛应用于农业、化工、食品、医药等领域，尤其是近年来具有可生物降解性的聚乳酸成功开发，有效解决了传统塑料无法降解、带来白色污染的问题。乳酸的制备方法主要包括酸法水解和酶法水解，纤维素和半纤维素等皆可以作为原料。酸法水解由于仪器设备要求高、易产生羟甲基糠醛等有毒有害物质以及回收处理困难等问题，一直无法进行工艺规模化应用。而酶法水解生产乳酸所需设备较为简单、条件温和且对环境污染较小，符合绿色化学工业的要求，一直被视为纤维素资源开发利用的理想途径。

8.7.4 半纤维素在其他行业的利用

8.7.4.1 半纤维素生产膳食纤维

膳食纤维是人类日常生活中不可或缺的一部分，适量摄入可以帮助人体更好地预防便秘、肥胖、高血压、大肠癌等疾病。以阿拉伯糖和木糖为主的半纤维素在膳食纤维中的含量超过 50%，而谷物、豆类、水果、蔬菜等是膳食纤维的主要来源。谷物皮层中主要为碱溶性半纤维素，因此，可以利用半纤维素的碱溶性提取谷物皮层中的半纤维素：在谷物皮层中加入蛋白酶及淀粉酶消化其中的蛋白质和淀粉后，再加入碱以溶解其中的半纤维素。

8.7.4.2 半纤维素生产水解饲料酵母

酵母是一种分布广泛的单细胞微生物，种类很多且功能不同。为人类食用所培养的酵母称为食用酵母；饲养牲畜、家禽所生产的酵母称为饲料酵母。由于有高含量的蛋白质（45%～50%）、氨基酸、B 族微生物以及各种酶及激素，饲料酵母完全可以代替动物性蛋白。生产饲料酵母常用的原料有农林植物废料水解糖液、木材水解糖液、制酒精后的酒糟以及亚硫酸盐制浆废液等，用农林植物废料等水解制酵母是实现饲料酵母工业化的重要途径之一。

8.7.4.3　半纤维素在生物和医药上的应用

由于半纤维素的生物降解性、生物相容性和特定情况下的生物活性，其在医学和制药方面的应用越来越多，特别是在伤口愈合、抑制细菌、药物释放、抗凝止血、癌症治疗等方面。例如，含有羧甲基化聚木糖的半纤维素可以用于刺激T—淋巴细胞和免疫细胞，因此具有一定抗癌作用；车前草的种子中可以分离得到具有高分支度的半纤维素，其具有较强的补抗体行为。

聚木糖还可用于制备聚木糖硫酸酯，其不仅可以做抗凝剂，还具有抗癌的特性。近几十年来，欧洲许多国家将山毛榉聚葡萄糖醛酸木糖衍生的聚戊糖多硫酸盐（PPS）作为抗凝血剂，且发现其抗凝血效果不弱于肝素。此外，PPS还在止痛以及间质性膀胱炎等疾病的治疗上具有一定效果。

8.7.4.4　半纤维素在其他工业上的应用

近年来，半纤维素在材料合成领域也有很多进展。例如半纤维素水凝胶，其继承了半纤维素的绿色无毒、可再生、可生物降解的优良特性，广泛应用于重金属离子及染料吸附等方面。半纤维素还被研究用于制备阻氧、阻水、阻味等功能包装膜。相较于聚合物薄膜，半纤维素膜存在一定的不足，但通过接枝改性等，可以增强其性能，使其成为传统膜的理想替代品。此外，半纤维素经过改性处理后还常用作工业表面活性剂的原料，用它来生产洗涤用肥皂等。这些应用显示出半纤维素的重要价值，未来有望能发掘出更多的半纤维素及其衍生物的应用价值。

参考文献

[1] Gírio F M, Fonseca C, Carvalheiro F, et al. Hemicelluloses for fuel ethanol: A review [J]. Bioresource Technology, 2010, 101 (13): 4775 - 4800.

[2] Yang W X, Bai Y G, Yang P L, et al. A novel bifunctional GH51 exo - α - l - arabinofuranosidase/endo - xylanase from Alicyclobacillus sp. A4 with significant biomass - degrading capacity [J]. Biotechnology for Biofuels, 2015, 8 (1): 197 - 207.

[3] 秦丽霞，张德静，李龙，等. 参与植物细胞壁半纤维素木聚糖合成的糖基转移酶 [J]. 植物生理学报，2011，47 (9)：831 - 839.

[4] 李娇阳. 半纤维素基复合膜的制备及其阻隔机理研究 [D]. 昆明：昆明理工大学，2019.

[5] 邵蔚蓝，薛业敏. 以基因重组技术开发木聚糖类半纤维素资源 [J]. 食品与生物技术学报，2002，21 (1)：88 - 93.

[6] Mäki - Arvela P, Salmi T, Holmbom B, et al. Synthesis of sugars by hydrolysis of hemicelluloses: A review [J]. Chemical Reviews, 2011, 111 (9): 5638 - 5666.

[7] Cosgrove D J. Growth of the plant cell wall [J]. Nature Reviews Molecular Cell Biology, 2005, 6 (11): 850 - 861.

[8] 马静，张逊，周霞，等. 半纤维素在植物细胞壁中分布的研究进展 [J]. 林产化学与工业，2015，35 (6)：141 - 147.

[9] 邝仕均. 甘蔗渣的超微结构及半纤维素在其纤维细胞壁上的分布 [J]. 造纸技术通讯，1980 (4)：17 - 23.

[10] 裴继诚. 植物纤维化学 [M]. 4版. 北京：中国轻工业出版社，2012.

[11] 尹昌果，马长乐，王志武，等. 植物次生壁合成研究进展 [J]. 分子植物育种，2022，20 (5)：1699 - 1707.

[12] Brown D M, Zhang Z N, Stephens E, et al. Characterization of IRX10 and IRX10 - like reveals an essential role in glucuronoxylan biosynthesis in Arabidopsis [J]. Plant Journal, 2009, 57 (4): 732 - 746.

[13] Keppler B D, Showalter A M. IRX14 and IRX14 - LIKE, Two glycosyl transferases involved in glucuronoxylan biosynthesis and drought tolerance in Arabidopsis [J]. Molecular Plant, 2010, 3 (5): 834 - 841.

[14] Ren Y F, Hansen S F, Ebert B, et al. Site - directed mutagenesis of IRX9, IRX9L and IRX14 proteins involved in xylan biosynthesis: glycosyltransferase activity is not required for IRX9 function in Arabidopsis [J]. Plos One, 2014, 9 (8): 105014 - 105012.

[15] Urbanowicz B R, Pea M J, Moniz H A, et al. Two Arabidopsis proteins synthesize acetylated xylan in vitro [J]. the plant journal, 2014, 80 (2): 197 - 206.

[16] Zeng W, Lampugnani E R, Picard K L, et al. Asparagus IRX9, IRX10, and IRX14A are components of an active xylan backbone synthase complex that forms in the Golgi apparatus [J]. Plant Physiology, 2016, 171 (1): 93 - 109.

[17] Anders N, Wilkinson M D, Lovegrove A, et al. Glycosyl transferases in family 61 mediate arabinofuranosyl transfer onto xylan in grasses [J]. Proceedings of the National Academy of Sciences of the United States of America, 2012, 109 (3): 989 - 993.

[18] Mortimer J C, Miles G P, Brown D M, et al. Absence of branches from xylan in Arabidopsis gux mutants reveals potential for simplification of lignocellulosic biomass [J]. Proceedings of the National Academy of Sciences of the United States of America, 2010, 107 (40): 17409 - 17414.

[19] York W S, O'Neill M A. Biochemical control of xylan biosynthesis—which end is up? [J]. Current Opinion in Plant Biology, 2008, 11 (3): 258 - 265.

[20] Liepman A H, Wightman R, Geshi N, et al. Arabidopsis—a powerful model system for plant cell wall research [J]. The Plant Journal, 2010, 61 (6): 1107 - 1121.

[21] Scheller H V, Ulvskov P. Hemicelluloses [J]. Annual Review of Plant Biology, 2010, 61 (1): 263 - 289.

[22] 魏小春，郑群，刘俊杰. 豆科植物半乳甘露聚糖生物合成及调控研究进展（综述）[J]. 亚热带植物科学，2008 (1): 76 - 81.

[23] Dey P M. Biochemistry of α - D - Galactosidic Linkages in the Plant Kingdom [J]. Advances in Carbohydrate Chemistry and Biochemistry, 1980, 37: 283 - 372.

[24] 吴玉乐，关莹，高慧，等. 碱处理杨木浆提取半纤维素及其结构与性能 [J]. 东北林业大学学报，2021, 49 (2): 107 - 111.

[25] 李蕊. 膨化玉米秸秆中半纤维素的分离及初步应用 [D]. 济南：齐鲁工业大学，2018.

[26] 孙倩玉. 杨木中半纤维素的提取分离及其初步应用 [D]. 济南：齐鲁工业大学，2018.

[27] 樊洪玉，卫民，赵剑，等. 半纤维素分离提取及改性应用研究进展 [J]. 生物质化学工程，2018, 52 (2): 42 - 50.

[28] 李蕊，杨桂花，吕高金，等. 玉米秸秆半纤维素的逐级分离及其结构表征 [J]. 中国造纸学报，2017, 32 (3): 1 - 6.

[29] 孙世荣，郭祎，岳金权. 秸秆半纤维素的分离纯化及化学改性研究进展 [J]. 天津造纸，2016, 38 (1): 7 - 12.

[30] 张京. 毛竹半纤维素提取及制备木糖研究 [D]. 杭州：浙江农林大学，2016.

[31] 张春辉，许甜甜，李海龙，等. 速生杨半纤维素的抽提及其转化为糠醛的研究 [J]. 造纸科学与技术，2016, 35 (6): 12 - 17.

[32]　崔红艳. 半纤维素的分离和分析方法及其应用研究进展 [J]. 黑龙江造纸，2011，39 (1)：46 - 49.

[33]　崔红艳，刘玉，杨桂花，等. 速生杨半纤维素的分级分离、物化特性以及均相酯化 [J]. 造纸化学品，2011，23 (6)：12 - 19.

[34]　袁林. 毛竹半纤维素在1—丁基—3—甲基咪唑型离子液体中的溶解及溶解机理研究 [D]. 南昌：南昌大学，2019.

[35]　Chen H Z，Liu L Y. Unpolluted fractionation of wheat straw by steam explosion and ethanol extraction [J]. Bioresource technology，2007，98 (3)：666 - 676.

[36]　金强，张红漫，严立石，等. 生物质半纤维素稀酸水解反应 [J]. 化学进展，2010，22 (4)：654 - 662.

[37]　白力坤. 利用半纤维素增加纸张物理强度的研究 [D]. 天津：天津科技大学，2012.

[38]　杨淑蕙. 植物纤维化学 [M]. 北京：中国轻工业出版社，2001.

[39]　Katsura S，Isogai A，Onabe F，et al. NMR analyses of polysaccharide derivatives containing amine groups [J]. Carbohydrate Polymers，1992，18 (4)：283 - 288.

[40]　Casey J P. 制浆造纸化学工艺学 [M]. 王菊华，张春龄，张玉范译. 北京：中国轻工业出版社，1988.

[41]　李亚辉，雷以超. 蔗渣碱抽提半纤维素及蒸煮的工艺研究 [J]. 中国造纸，2017，36 (9)：6 - 12.

[42]　Gupta S，Madan R N，Bansal M C. Chemical composition of Pinus caribaea hemicellulose [J]. Tappi Journal (USA)，1987，70 (8)：113 - 116.

[43]　Sun R C，Sun X F. Fractional and structural characterization of hemicelluloses isolated by alkali and alkaline peroxide from barley straw [J]. Carbohydrate Polymers，2002，49 (4)：415 - 423.

[44]　Schooneveld - Bergmans M，Beldman G，Voragen A. Structural Features of (Glucurono) Arabinoxylans Extracted from Wheat Bran by Barium Hydroxide [J]. Journal of Cereal Science，1999，29 (1)：63 - 75.

[45]　邓丛静，马欢欢，王亮才，等. 杏壳半纤维素的结构表征与热解产物特性 [J]. 林业科学，2019，55 (1)：74 - 80.

[46]　Giummarella N，Lawoko M. Structural insights on recalcitrance during hydrothermal hemicellulose extraction from wood [J]. ACS Sustainable Chemistry & Engineering，2017，5 (6)：5156 - 5165.

[47]　高洁，汤烈贵. 纤维素化学 [M]. 北京：科学出版社，1970.

[48]　住本昌之. 木材化学 [M]. 北京：中国林业出版社，1989.

[49]　Meier H，Buchs L，Buchala A J，et al. (1→3)—β—D—Glucan (callose) is a probable intermediate in biosynthesis of cellulose of cotton fibres [J]. Nature，1981，289：821 - 822.

[50]　Smith M D. An Abbreviated Historical and Structural Introduction to Lignocellulose [M]. Understanding Lignocellulose：Synergistic Computational and Analytic Methods. American：American Chemical Society，2019.

[51]　Thygesen A，Oddershede J，Lilholt H，et al. On the determination of crystallinity and cellulose content in plant fibres [J]. Cellulose，2005，12 (6)：563 - 576.

[52]　Cao C Y，Wang L L，Wang L L，et al. A strategy to identify mixed polysaccharides through analyzing the monosaccharide composition of disaccharides released by graded acid hydrolysis [J]. Carbohydrate Polymers，2019，223 (4)：115046 - 115052.

[53]　Wang Q C，Zhao X，Pu J H，Luan X H. Influences of acidic reaction and hydrolytic condi-

tions on monosaccharide composition analysis of acidic, neutral and basic polysaccharides [J]. Carbohydrate Polymers, 2016, 143: 296 - 300.

[54] Gonzalez G, Lopez - Santin J, Camina G, et al. Dilute Acid Hydrolysis of Wheat Straw Hemicellulose at Moderate Temperature: A Simplified Kinetic Model [J]. Biotechnology & Bioengineering, 2010, 28 (2): 288 - 293.

[55] Fanta G F, Abbott T P, Herman A I, et al. Hydrolysisof Wheat Straw Hemicellulose with Trifluoroacetic Acid. Fermentation of Xylose with Pachysolen tannophilus [J]. Biotechnology and Bioengineering, 1984, 26 (9): 1122 - 1125.

[56] Dhepe P L, Sahu R. A solid - acid - based process for the conversion of hemicellulose [J]. Green Chemistry, 2010, 12 (12): 2153 - 2156.

[57] Carà P D, Pagliaro M, Elmekawy A, et al. Hemicellulose hydrolysis catalysed by solid acids [J]. Catalysis Science & Technology, 2013, 3: 2057 - 2061.

[58] Ormsby R, Kastner J R, Miller J. Hemicellulose hydrolysis using solid acid catalysts generated from biochar [J]. Catalysis Today, 2012, 190 (1): 89 - 97.

[59] Jia H H, Zhong C, Wang C M. Selective hydrolysis of hemicellulose from wheat straw by a nanoscale solid acid catalyst [J]. Carbohydrate Polymers, 2015, 131: 384 - 391.

[60] Taherzadeh M J, Eklund R, Gustafsson L, et al. Characterization and Fermentation of Dilute - Acid Hydrolyzates from Wood [J]. Industrial & Engineering Chemistry Research, 1997, 36 (11): 4659 - 4665.

[61] Long M N, Liu J, Li H L. Enzymatic hydrolysis of hemicelluloses from Miscanthus to monosaccharides or xylo - oligosaccharides by recombinanthemicellulases [J]. Industrial Crops and Products, 2016, 79: 170 - 179.

[62] Wang S R, Zhou Y, Liang T, et al. Catalytic pyrolysis of mannose as a model compound of hemicellulose over zeolites [J]. Biomass & Bioenergy, 2013, 57: 106 - 112.

[63] Nishu, Li C, Chai M, et al. Performance of alkali and Ni - modified ZSM - 5 during catalytic pyrolysis of extracted hemicellulose from rice straw for the production of aromatic hydrocarbons [J]. Renewable Energy, 2021, 175: 936 - 951.

[64] Lu Y, Zheng Y W, He R, et al. Catalytic upgrading of xylan - based hemicellulose pyrolysis vapors over activated carbon supported Pt - based bimetallic catalysts to increase furans: Analytical Py - GC × GC/MS [J]. Journal of Analytical and Applied Pyrolysis, 2020, 148: 104825 - 104832.

[65] Hansson J A. Sorption of hemicellulose on cellulose fibers. 1: Sorption of xylan [J]. Svensk Pappersdning, 1969, 72: 521 - 530.

[66] 王殿宇，闫尔云，陈胜楠，等. 半纤维素的改性技术及应用研究进展 [J]. 化工新型材料，2021，49 (11)：16 - 19.

[67] 黄干强，张曾，刘加奎，等. 麦草浆中木聚糖的己烯糖糠醛酸基与卡伯值的关系 [J]. 中国造纸学报，2000，15：6 - 9.

[68] 黄干强，张曾. 假木素对卡伯值的贡献及其对漂白的影响 [J]. 中国造纸，2002，(4)：54 - 58.

[69] 陈铃华，彭建军，陈雪梅，等. 半纤维素含量对竹浆本色生活用纸浆料性能的影响 [J]. 纸和造纸，2020，39 (6)：10 - 14.

[70] 刘一山，李桂芳，伍安国，等. 竹子亚硫酸钠与硫酸盐制浆比较 [J]. 纸和造纸，2021，40 (1)：28 - 31.

[71] 白力坤，胡惠仁，罗冲. 聚木糖用于增强纸张物理强度的初步研究 [J]. 中国造纸，2012，

31 (1): 5 - 9.

[72] 边静. 农林生物质半纤维素分离及降解制备低聚木糖研究 [D]. 北京: 北京林业大学, 2013.

[73] Philpot C W. The pyrolysis products and thermal characteristics of cottonwood and its components [M]. Intermountain Forest & Range Experiment Station, Forest Service, US, 1971.

[74] Zhou X W, Li W J, Mabon R, et al. A Critical Review on Hemicellulose Pyrolysis [J]. Energy Technology, 2017, 5 (1): 52 - 79.

[75] Wang S R, Ru B, Dai G X, et al. Pyrolysis mechanism study of minimally damaged hemicellulose polymers isolated from agricultural waste straw samples [J]. Bioresource technology, 2015, 190: 211 - 218.

[76] Werner K, Pommer L, Broström M. Thermal decomposition of hemicelluloses [J]. Journal of Analytical and Applied Pyrolysis, 2014, 110: 130 - 137.

[77] Yang H P, Yan R, Chen H, et al. Characteristics of hemicellulose, cellulose and lignin pyrolysis [J]. Fuel, 2007, 86 (12 - 13): 1781 - 1788.

[78] Hoang P H, Cuong T D, Dien L Q. Ultrasound assisted conversion of corncob - derived xylan to furfural under HSO_3 - ZSM - 5 zeolite catalyst [J]. Waste and Biomass Valorization, 2021, 12 (4): 1955 - 1962.

第9章 甲壳素和壳聚糖

9.1 甲壳素的发现、命名及存在

甲壳素的发现、命名和存在

除植物生物质外，自然界中还存在着丰富的动物及微生物生物质，这些动物及微生物生物质中的一部分是人类及其他动物赖以生存的食物，如动物的肉类、蛋类、微生物的子实体，还有一部分生物质作为废物被丢弃，如海洋动物的外壳、昆虫壳及部分微生物菌丝，而这些被丢弃的废物中含有一种非常重要的物质——甲壳素（Chitin）。自然界中甲壳素的数量非常大，每年可产生100亿t，是地球上除纤维素以外的第二大生物质资源。因为数量大、性能好，因此甲壳素被广泛应用。

9.1.1 甲壳素的发现

甲壳素最早是由法国科学家H Braconnot发现的，他在1811发现了蘑菇中含有一种纤维状物质，这是人类第一次分离出甲壳素，不过当时他不知道这是甲壳素，认为它是真菌中的纤维素。1823年，法国另一位学者A Odier从甲壳类昆虫翅鞘中分离出这类纤维状物质，因为是膜，命名为Chitin，在随后的20年中，人们一直以为这类物质是纤维素，直到1843年，法国科学家A. Payen才发现Chitin与纤维素性质不同，同时J L Lassaigne发现Chitin中有氮元素，才证实了甲壳素是一种区别于纤维素的新物质。Lederhose在1878年证实了甲壳素是一种多糖，且其盐酸水解产物为氨基糖及醋酸，Tiemann通过苯肼反应证实了与氨基相连的糖基是葡萄糖，Fisher与Lcuchs证实了葡萄糖的C_2位连接着氨基，Haworth、Lake和Peat证实了氨基替代了葡萄糖C_2位上的羟基。Karrer与Hoffmann证实了乙酰基连接在葡萄糖C_2位上的氨基上。随着科学的进步，尤其是有机化学的发展，科学工作者才逐渐分析出甲壳素的结构：甲壳素是以N—乙酰—2—氨基—2—脱氧葡萄糖为结构单元，经过β—1—4连接键组成的线性大分子，分子中没有支链，分子排列聚集成结晶区和无定形区，分子量可达数十万至数百万，原料不同，分子量大小也不同。

9.1.2 甲壳素的命名

甲壳素的英文名为Chitin一直在使用，但翻译成中文却有好几种名字，如几丁质、甲壳质、聚乙酰氨基葡糖、壳多糖、甲壳素、壳糖、氨糖等。从化学结构上说，正确的名字应为（1—4）—2—乙酰胺基—2—脱氧—β—D—葡萄糖，其分子结构如图 9.1 所示。因为学名太长，很少有人使用，后由于它来源于海洋无脊椎动物和昆虫的外壳，因此常被称为甲壳素，这一叫法比较科学也被普遍认可。

图 9.1　甲壳素的分子结构

9.1.3　甲壳素的存在

甲壳素为无毒无味的白色或灰白色半透明的纤维状固体物质，难溶于水和有机溶剂，广泛存在于海洋动物的外壳、昆虫壳及部分微生物菌丝中。海洋动物或昆虫的外壳结构主要成分是甲壳素，与矿物质、蛋白结合，形成坚硬的外壳，它既是肌体的一部分，完成必要的生理功能，又能保护动物或昆虫免受外来的机械损伤，还具有防止高能射线辐射的功能。在真菌和藻类的细胞中，甲壳素与其他多糖相连或与酚类、脂类结合形成细胞壁。

甲壳素含量最高的是甲壳纲的蟹和虾的壳，含量可达 60%以上，但不同种类的蟹和虾的壳中甲壳素含量差异较大，其中龙虾的皮中含量高，最高可达 77%。昆虫纲中的蟑螂、甲虫、蝇、蝗、蝶、蚕等的外壳中也含有甲壳素，但含量一般为 30%～40%，少数品种可达到 60%。软体动物贝壳、牡蛎壳中含量较少，一般为百分之几，但鱿鱼骨中甲壳素含量可达到 40%以上。在绝大多数真菌中均含有甲壳素，但多数含量在 20%以下，少数真菌如黑霉和鲁代毛霉含量可达 40%以上。其他如海藻、原生动物、腔肠动物中也含有少量甲壳素。

需要特别说明的是，自然界中随着海洋动物、昆虫及微生物的不断生长、更新，日积月累，应该积累了非常多的甲壳素，甚至应该超过了纤维素，但根据科学统计，甲壳素的量还是没有纤维素多，这是因为自然界中有一些微生物，主要是真菌和细菌，能产生甲壳素酶和壳聚糖酶，这些酶可以分解甲壳素，使环境中的甲壳素减少，所以海洋动物、昆虫及微生物死后，其外壳或菌丝中含有的甲壳素被分解了，不会造成甲壳素堆积如山的现象。

壳聚糖的发现、命名及制备

9.2　壳聚糖的发现、命名及制备

9.2.1　壳聚糖的发现

在 H Braconnot 发现甲壳素 48 年后的 1859 年，法国科学家 C Rouget 用浓

KOH溶液浸泡甲壳素，得到的产品可溶于有机酸中。1894年F Hoppe Seiler发现浓KOH溶液浸泡煮沸可以脱除甲壳素上的部分乙酰基，使之能溶于稀酸，并把这种产物命名为Chitosan，中文名为壳聚糖。其是以2—氨基—2—脱氧—葡萄糖为基本结构单元，经β—1,4—糖苷键连接而成的线性高分子结构，其学术名为β—(1—4)—2—氨基—2—脱氧—β—D—葡萄糖。壳聚糖的分子结构如图9.2所示。

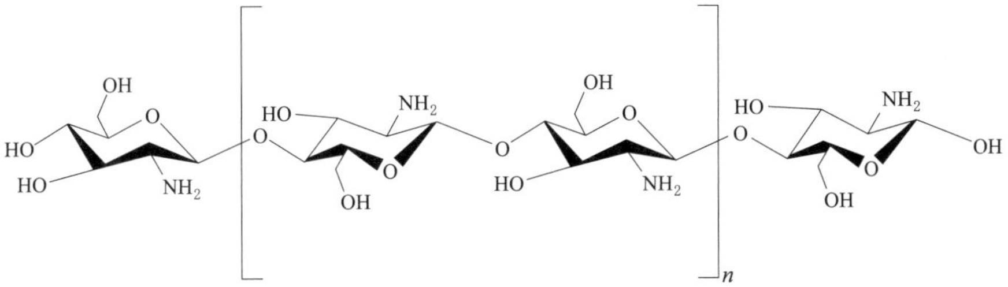

图9.2 壳聚糖的分子结构

从甲壳素和壳聚糖的发现来看，纤维素、甲壳素与壳聚糖的分子结构既有相同点也有不同点：相同点是均为由β—D葡萄糖为基体经过1,4—糖苷键连接而成的线性高分子物质，没有支链，可以弯曲；不同点是纤维素的结构单元是β—D葡萄糖，甲壳素的结构单元是2—乙酰胺基—2—脱氧—β—D—葡萄糖，壳聚糖的结构单元是2—氨基—2—脱氧—β—D—葡萄糖，即三者在葡萄糖基的C_2位上连接的基团不同(分别为羟基、乙酰胺基或氨基)，结构不同，其性质差异较大。但需要指出的是，甲壳素中也会含有一些2—氨基—2—脱氧—β—D—葡萄糖，壳聚糖中也可能会含有一些2—乙酰胺基—2—脱氧—β—D—葡萄糖，二者的区别在于2—氨基—2—脱氧—β—D—葡萄糖的比例，即脱乙酰基的多少，甲壳素脱去55%以上的乙酰基即可称为壳聚糖，少于55%时仍称为甲壳素。

脱去部分乙酰基的甲壳素虽然还是不溶于水，但可溶解于稀酸中，因此也被称为可溶性甲壳素、脱乙酰甲壳素、壳聚糖、聚氨基葡萄糖、聚甲壳糖、甲壳胺或脱乙酰壳多糖等，学术上统一称为壳聚糖。

9.2.2 壳聚糖的制备

甲壳素在很多海洋动物的外壳、昆虫壳及真菌细胞壁中存在，但因为在虾、蟹的外壳中含量很高，原料又容易收集，因此经常从虾、蟹的外壳中提取甲壳素和制备壳聚糖。虾、蟹的外壳中除甲壳素外，还含有无机盐、蛋白质和色素，几种物质紧密结合形成了坚硬的外壳，要想得到甲壳素，必须把这些物质去掉。甲壳素的提取过程为：挑选虾、蟹壳，清洗干净泥沙等杂质，用4%～6%的盐酸浸泡，除去壳中的$CaCO_3$，然后用3%～10%的NaOH溶液煮沸处理30min至6h，去除壳中的蛋白质，再用0.5%的$KMnO_4$溶液浸泡1h进行脱色处理，用$NaHSO_3$溶液漂白，清水洗净后晾干即为甲壳素。甲壳素用40%～50%的NaOH溶液在80～120℃处理1～2h，经水洗后即可得到壳聚糖。

一般来说，甲壳素至少脱去55%的N—乙酰基才能得到壳聚糖，得到的壳聚糖可溶于稀酸，但工业上的壳聚糖常需要脱去70%以上N—乙酰基。根据脱去N—乙酰基的多少可把壳聚糖分为低脱乙酰度壳聚糖（脱去55%～70% N—乙酰基）、中脱乙酰度壳聚糖（脱去70%～85% N—乙酰基）、高脱乙酰度壳聚糖（脱去85%～95% N—乙酰基）和超高脱乙酰度壳聚糖（脱去95%～100% N—乙酰基）四个等级产品。工业上使用的壳聚糖一般不要求很高的脱乙酰度，但用于食品、医药的壳聚糖则要求较高的脱乙酰度，如Ⅰ级食品工业级壳聚糖需要80%的脱乙酰度，Ⅱ级医药化妆品使用的壳聚糖需要90%的脱乙酰度。如需要提高壳聚糖的脱乙酰度，在脱乙酰基的过程中提高反应温度及延长反应时间即能达到，但也会造成壳聚糖分子链的降解，导致分子量降低。

壳聚糖的分子量受原料甲壳素及制备方法的影响差别很大，可从数十万到数百万，分子量与黏度呈正比，壳聚糖溶于稀酸溶液也会逐渐被降解，黏度逐渐降低，因此要想得到高黏度（1000mPa/s以上）的壳聚糖，需要脱乙酰基及后续的处理采用的条件尽量温和。首先，考虑原料方面，尽可能使用聚合度高的甲壳素，如虾蟹壳一般比其他原料好，且要尽可能使用新鲜的虾蟹壳，长期存放后分子链会因受到微生物的破坏而断裂。其次，在生产壳聚糖的过程中应尽可能减少浓酸、浓碱或高温下的处理时长。最后，在脱色过程中，因强氧化剂会破坏糖苷键，因此需要避免$KMnO_4$等强氧化剂长时间脱色处理。

甲壳素脱乙酰基后得到的壳聚糖一般不溶于水，可溶于稀酸，要想得到可溶于水的聚糖（水溶性壳聚糖），需要聚糖中含有一定数量的乙酰基。可用甲壳素在均相条件下脱乙酰基，当脱乙酰度约50%时，产物即可溶于水。也可用已经脱去大部分乙酰基的壳聚糖进行乙酰化处理，使其脱乙酰度达到50%左右，产物也能溶于水。需要特别说明的是，能溶于水的壳聚糖不一定是水溶性壳聚糖，可能是低分子的壳聚糖或甲壳素，也可能是羧甲基壳聚糖，因为这两种聚糖也能溶于水。判断能溶于水的壳聚糖是否是水溶性壳聚糖，可以看水溶液是否有黏性，无黏性的是小分子壳聚糖或甲壳素，有黏性的可能是水溶性壳聚糖溶液。向有黏性的壳聚糖水溶液中滴加NaOH溶液，如果溶液出现浑浊或沉淀，证明不是水溶性壳聚糖，应是壳聚糖盐类。如果往有黏性的壳聚糖水溶液中滴加盐酸后出现浑浊现象，证明该糖是羧甲基壳聚糖，而不是水溶性壳聚糖。

甲壳素、壳聚糖的超分子结构及物理性质

9.3　甲壳素、壳聚糖的超分子结构及物理性质

组成甲壳素的2—乙酰胺基—2—脱氧—β—D—葡萄糖中含有C_3位、C_6位上游离羟基，C_2位上连接2—乙酰胺基，因此分子间及分子内可以形成氢键结合，根据甲壳素链分子的排列，最有可能的是C_3位上的游离羟基与相邻基环上的C_5位上的O或与相邻基环间连接的糖苷键上的O形成分子内氢键结合，也有可能与另一分子的C_5位上的O或基环间连接的糖苷键上的O形成分子间氢键结合，C_6位上的伯醇羟基也可以形成分子内及分子间氢键，C_2位上连接的2—乙酰胺基脱去乙酰基后得到氨基和羟基类似，也能形成分子间和分子内氢键。由于分子内和分子间的氢键，

使得甲壳素分子不是以直线排列，而是以双螺旋结构存在，六个糖残基组成一个螺旋平面，其螺距为0.515nm，如图9.3所示。正因为甲壳素分子间和分子内可以形成氢键，其分子排列方式和纤维素类似，在分子排列紧密的地方可形成结晶区，在分子排列松散的地方为无定形区。研究发现甲壳素形成的结晶有α、β和γ三种晶胞结构。α甲壳素的晶胞结构特征是由两条反向平行排列的分子链组成的，每个分子链上由两个N—乙酰胺基—D—葡萄糖通过C_3位上的羟基和C_5位上的O形成氢键，以及N—乙酰基上的N和H形成的氢键结合成稳定的晶胞结构。α甲壳素在自然界中最丰富，常与矿物质结合形成虾、蟹和昆虫等节肢动物的外壳，具有保护肌体不受外界攻击的作用，在一些真菌中也含有α甲壳素。β甲壳素的晶胞结构是由两条平行的分子链构成的，其在鱿鱼骨和海洋硅藻中含量较多，从X射线衍射图中分析，β甲壳素的结晶度没有α甲壳素高，因此结构稳定性不如α甲壳素，在同样的脱乙酰基的条件下，β甲壳素脱去得多一些，在一定浓度的盐酸中β甲壳素的晶胞会发生变化，转变成α甲壳素。γ甲壳素很少，在甲虫的茧中含有，它是由三条分子链组成的晶胞，其中两条分子链方向相同，另一条分子链反方向，结构也不稳定，在一定条件下，也可转化为α甲壳素。从甲壳素的三种晶胞结构看，α甲壳素结晶度最高，其他两种晶型均可在一定条件下转化为α甲壳素，说明α甲壳素最稳定，因此在自然界中也最丰富。

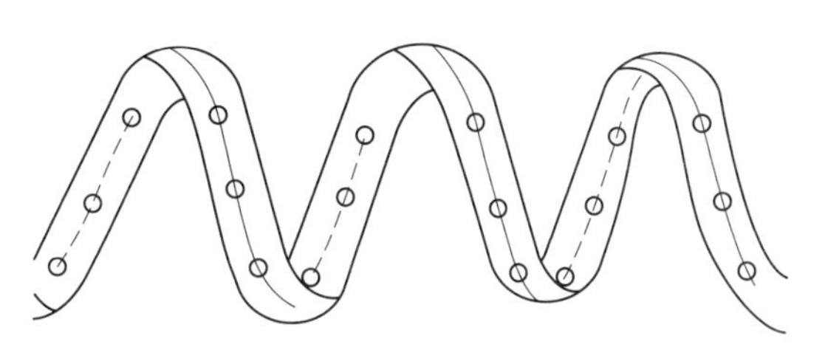

图9.3 壳聚糖的双螺旋结构示意图

因为壳聚糖是从甲壳素脱乙酰基得到的，因此壳聚糖也具有α、β和γ型三种晶胞结构：α壳聚糖结晶度高，结构稳定；β壳聚糖无定形区多，结构不稳定；γ壳聚糖结晶度也低，结构也不稳定。

甲壳素和壳聚糖均是无固定形状、半透明的固体，在自然状态下，甲壳素因为结合一些色素和无机盐形成各种颜色的软体动物外壳。甲壳素和壳聚糖在制备过程中经脱色变为白色，有时因脱色不完全，也会呈现灰白色。因原料不同，分子量差别较大，从数十万至数百万都有，不溶于水，甲壳素可溶于浓酸，壳聚糖在大多数有机酸和稀硝酸、盐酸等无机酸中可溶解，但在稀硫酸或磷酸中不溶解。无论是甲壳素还是壳聚糖，在酸溶液中均可降解，断裂成小分子。

9.4 壳聚糖的化学性质

壳聚糖的化学性质

9.4.1 壳聚糖的化学结构特点

壳聚糖是由2—氨基—D—吡喃型葡萄糖基相互以β—1,4糖苷键连接成的长链大分子多糖，两个基环之间相互旋转180°；分子中每一个2—氨基葡萄糖基环上均有一个游离氨基（C_2 位上）、一个游离的仲醇羟基（C_3 位上）和一个游离伯醇羟基（C_6 位上），位置不同，反应能力不同，仲醇羟基大于伯醇；大分子两个末端基不同，反应能力不同，C_4 位上是仲醇羟基，而 C_1 位上是苷羟基，具有潜在的还原性，又有隐性醛基之称；分子为线型大分子，分子表面没有与大分子垂直的基团，表面平滑，可以弯曲；2—氨基葡萄糖基环为椅式构象，上面有六个直立键（三上三下），六个平伏键；分子中含有 2—氨基，具有抗菌性。

9.4.2 壳聚糖结构与化学反应的关系

壳聚糖分子是线状的长链高分子，在一定条件下可以引起分子链断开，生成小分子物质。常见的降解反应有酸降解、酶降解、机械降解、热解等反应。壳聚糖具有结晶区和无定形区，无定形区分子排列松散，易发生化学反应，结晶区分子排列规整，难以发生化学反应，这会导致反应不均匀，为保证反应均匀，一般需要进行预处理。壳聚糖 2—氨基葡萄糖基环 C_2 位上的氨基、C_3 位和 C_6 位上的羟基可以发生醚化、酯化、氧化、接枝共聚、交联等反应，通过这些反应引入其他基团，改善壳聚糖的性能。壳聚糖大分子 C_1 位末端的羟基是隐性醛基，具有还原性，而 C_4 位上的羟基是仲醇羟基，没有还原性，因此还原性比较弱，但当大分子降解为小分子时，断开部分可以形成新的还原性末端基，还原性增加。

9.4.3 壳聚糖的预处理

壳聚糖分子在排列中有氢键结合，形成结晶结构，造成壳聚糖的化学反应不均匀，化学改性前需要对壳聚糖进行预处理，破坏其结晶结构。常用的预处理方法有碱处理、酸处理、溶剂处理等。碱处理常用于壳聚糖的羧甲基化前处理，利用小分子的碱（常用 NaOH）进入到壳聚糖颗粒中，引起润胀，C_6 位上的伯醇羟基上的氢原子电离，Na^+ 接上去形成壳聚糖钠，又称碱壳聚糖，碱与壳聚糖反应激活了壳聚糖的活性，可以进行后续的羧甲基化处理。酸处理利用壳聚糖能溶解于稀酸的原理破坏壳聚糖分子间的氢键结合，从而使结晶区解体，易于均匀地发生反应。其溶解原理是 H^+ 和壳聚糖 2—氨基葡萄糖基环 C_2 位上的氨基结合，形成阳离子 NH_3^+，NH_3^+ 之间因同电荷相斥而使壳聚糖分子分开，破坏了晶体结构。溶剂处理利用 ILs 溶解壳聚糖破坏其晶体结构，溶解的原理是 ILs 中正离子与带有少量负电荷的壳聚糖分子中羟基的 O 或氨基中的 N 结合，破坏了壳聚糖分子中原来的氢键结合，使壳聚糖分子分开，进入到溶液中。

9.4.4 酰化反应

壳聚糖分子中既有氨基又有羟基，这些基团均可与有机酸反应，接入其他的高分子。一般来说，壳聚糖的 2—氨基葡萄糖基环 C_2 位上氨基活性大，酰化反应会优先发生在氨基上；C_6 位上是伯醇羟基，位阻小，能自由旋转，因此反应活性较好；C_3 位上是仲醇羟基，有位阻，也不能自由旋转，因此反应活性小。但针对具体的反应，三个位置上具体哪个位置上反应的多需要根据溶剂、反应温度、酰化剂、催化

剂情况而定。反应所用的酰化剂有酸酐、酰卤等，盐酸、甲磺酸或高氯酸为催化剂，反应得到的是个混合物，既有 C_2 位上的酰胺，也有 C_3 位、C_6 位上的乙酰基，如果使用乙酸酐为酰化剂，甲磺酸为催化剂，可得到全酰化的壳聚糖。壳聚糖的酰化产物如图 9.4 所示。50%N—酰化的壳聚糖有水溶性，可以用作医用材料，如用于医药载体及药物缓释剂。也可利用脂肪醛或芳香醛对氨基进行保护，再用酰氯进行氧酰化处理，然后再脱去保护基团得到氧酰化壳聚糖，可作为 DNA 的递送载体材料，还可以制备液晶材料。

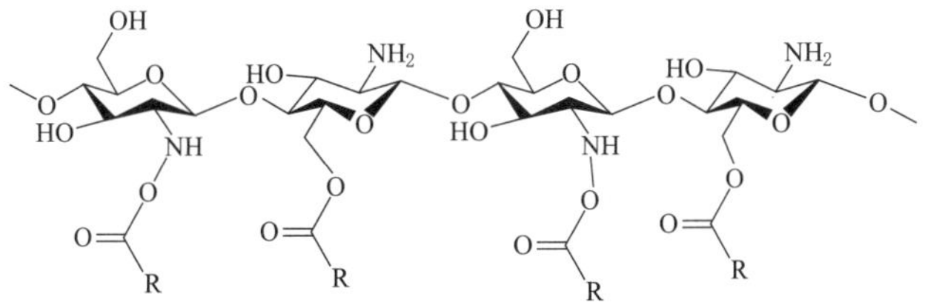

图 9.4　壳聚糖的酰化产物示意图

甲壳素也能发生酰化反应，但因为甲壳素中 C_2 位上已有乙酰胺基，再加上甲壳素氢键结合多，反应比壳聚糖慢很多。

9.4.5　酯化反应

除甲壳素或壳聚糖与有机酸反应生成酰化甲壳素或壳聚糖外，甲壳素和壳聚糖上的羟基及氨基也可以与含氧无机酸发生酯化反应，反应主要发生在 C_6 位的羟基上，C_2 位氨基上也能发生酯化反应。常见的反应为硫酸酯、盐酸酯和磷酸酯。

甲壳素或壳聚糖的硫酸酯是开发研究最多的壳聚糖酯类，因其酯化产物具有药用价值，使得硫酸酯的研究备受关注。硫酸酯所用的酯化剂有浓硫酸、SO_3、SO_2、氯磺酸等，用硫酸及盐酸、SO_3 反应，产物主要为 C_6—O 硫酸酯，结构如图 9.5 所示。壳聚糖的 C_6—O 硫酸酯具有两性电解质的性能，它的结构与肝素结构相似，并有抗凝血功能，在特定条件下可以代替肝素。如把壳聚糖制备成酸的盐类溶于 DMF 溶液中，再和氯磺酸反应可以得到 C_6—O 及 C_3—O 硫酸酯；如进行加热反应，也可得到 2—氨基硫酸酯。

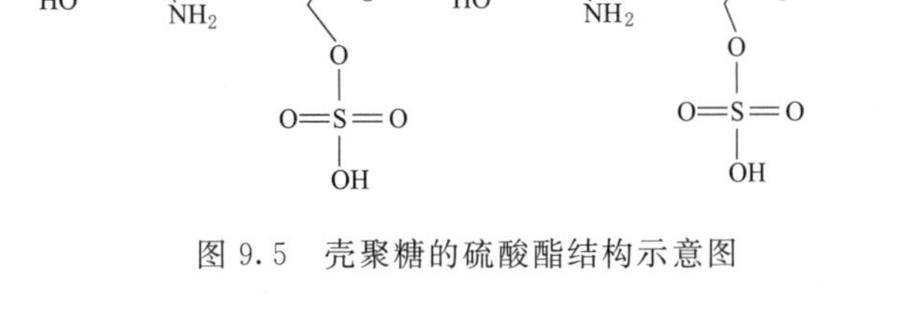

图 9.5　壳聚糖的硫酸酯结构示意图

值得特别说明的是，壳聚糖在盐酸中水解成单糖，即可得到氨基葡萄糖盐酸盐（氨基葡萄糖的盐酸酯），中和后可以得到氨基葡萄糖，在氨基葡萄糖盐酸盐溶液中

加入 Na_2SO_4 置换后可以得到硫酸氨糖（氨基葡萄糖的硫酸酯）。用甲壳素直接与硫酸反应，也可得到硫酸氨糖。氨基葡萄糖在人体中含有，人体也可以合成，是软骨基质的重要组成成分，但随着年龄的增长，肌体功能衰老，人体合成氨基葡萄糖的能力逐渐下降，就会出现关节疼痛、关节积液等病症。临床上常用氨基葡萄糖治疗关节炎，但氨基葡萄糖不溶于水，疗效很差，因此经常使用的氨基葡萄糖为硫酸氨糖和盐酸氨糖。这两种氨糖盐均能溶于水，可用于治疗关节疼痛，其中起关键作用的是氨基葡萄糖，它的酯化物只是起到增加水溶性的结果。二者各有优缺点，硫酸氨糖易于吸湿，因此稳定性差；盐酸氨糖比硫酸氨糖稳定，且纯度高，但硫酸氨糖对胃的刺激性小。

甲壳素或壳聚糖在甲磺酸中与 P_2O_5 反应，可以得到甲壳素或壳聚糖的磷酸酯。具有耐热性和水溶性，可吸附重金属离子，用于含重金属的废水处理和制备骨修复材料。

甲壳素或壳聚糖经碱处理得到碱甲壳素或壳聚糖后，与 CS_2 反应可得到甲壳素或壳聚糖的黄原酸酯，黄原酸酯可溶于碱溶液进行纺丝。

甲壳素或壳聚糖也可与浓硝酸反应，得到甲壳素或壳聚糖的硝酸酯。

9.4.6 醚化反应

壳聚糖在碱性条件下可与烷基卤化物或其他醚化剂反应，生成壳聚糖醚。

9.4.6.1 甲基醚

壳聚糖与 NaOH 作用生成碱壳聚糖，碱壳聚糖与硫酸二甲酯反应得到一甲基壳聚糖、二甲基壳聚糖、N—甲基壳聚糖，甲基壳聚糖增加了壳聚糖的疏水性能。

9.4.6.2 乙基壳聚糖

壳聚糖与 NaOH 作用生成碱壳聚糖，碱壳聚糖与氯乙烷反应得到乙基壳聚糖。和甲基壳聚糖类似，乙基壳聚糖的疏水性也增加。

9.4.6.3 羟乙基壳聚糖

碱化壳聚糖与环氧乙烷反应可得到羟乙基壳聚糖。羟乙基可以接在 C_6 位羟基的 O 上，也可接在 C_3 位羟基的 O 上，还可以接在 C_2 位的氨基上。同理，碱化壳聚糖与环氧丙烷反应可得到羟丙基壳聚糖。

9.4.6.4 羧甲基壳聚糖

壳聚糖不溶于水和普通有机溶剂，限制了其应用范围。为了提高其水溶性，可通过羧甲基化改性处理。壳聚糖羧甲基化的过程一般为：首先，加异丙醇，利用有机溶剂润胀壳聚糖，在下一步的处理工序中有利于碱溶液的渗透；其次，加入 NaOH 处理，使壳聚糖与 NaOH 作用破坏壳聚糖的结晶区并生成碱壳聚糖；最后，用一氯乙酸与碱壳聚糖反应、精制得到羧甲基壳聚糖。壳聚糖的羧甲基化可以在壳聚糖的 C_3 位、C_6 位的羟基接上羧甲基，也可以在 C_2 位的氨基上接上羧甲基，因此反应得到的产物是一个混合物，可以根据需要采用一些保护措施得到需要的特定位置上羧甲基化的壳聚糖。壳聚糖羧甲基后，水溶性增加的同时保留了其抗菌性及大分子的特性，扩大了其在医药、食品、环保、纺织及包装等方面的应用范围。羧甲

基壳聚糖结构如图 9.6 所示。

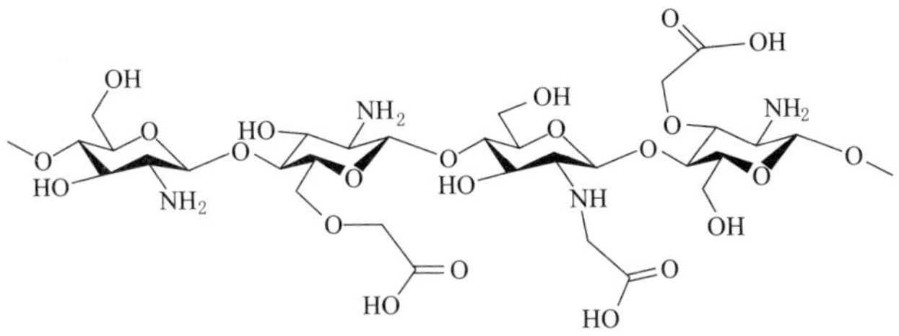

图 9.6 羧甲基壳聚糖结构示意图

9.4.7 氧化反应

化学上的氧化剂很多，很多氧化剂都能氧化壳聚糖，对壳聚糖来说比较重要的是部分结构被氧化，壳聚糖大分子中 2—氨基—D—吡喃葡萄糖基上有 C_6 位伯醇羟基和 C_3 位仲醇羟基，壳聚糖的氧化反应多发生在这两个羟基上，可生成醛基、酮基或羧基，得到氧化壳聚糖，在通常情况下，氧化反应伴随着壳聚糖聚合度的下降，被称为壳聚糖的氧化降解。

壳聚糖的氧化分为选择性氧化和非选择性氧化两种形式。选择性氧化是只氧化壳聚糖某特定位置上的羟基，不氧化其他位置上的羟基，可分为氧化 C_3 位上的仲醇羟基、脱去 C_2 位上的氨基，和氧化 C_6 位上的伯醇羟基。选择性氧化所用的氧化剂包括高碘酸盐、N_2O_4、CrO_3、NO_2 和 TEMPO 氧化体系等。高碘酸盐主要使 C_2 位、C_3 位间的连接键断开，C_3 位上的羟基变成醛基，C_2 位上的氨基脱掉转换成醛基。N_2O_4、CrO_3、NO_2 或 TEMPO 氧化体系主要氧化 C_6 位上的羟基变成羧基。氧化剂的特点是具有较好的渗透性，能引起壳聚糖结晶区润胀，氧化比较均匀缓和，损失少。

非选择性氧化所用的氧化剂有 $KMnO_4$、氯、H_2O_2、O_2 等，可同时氧化壳聚糖 C_6 位、C_3 位上的羟基为醛基、酮基或羧基，因 C_6 位上是伯醇羟基且位阻小、易反应，C_2 位上仲醇羟基因有位阻，难反应。在氧化过程中 C_2 位上的氨基也会脱掉。非选择性氧化通常反应强烈，但氧化一般只局限于无定形区，氧化后壳聚糖因分子断裂失去强度，称为脆粉。

壳聚糖氧化可以得到两类氧化产物，把羟基氧化成羰基的氧化壳聚糖称为还原性氧化壳聚糖，进一步氧化成羧基的氧化壳聚糖称为酸性氧化壳聚糖。

基环上的羟基氧化过程为：首先是壳聚糖还原性末端基的苷羟基氧化成羧基（一般在次氯酸或碱性次亚碘酸盐溶液中发生这种氧化作用）；其次是 C_3 位上的羧基氧化，C_2 位与 C_3 位之间的 C—C 键断开，氨基脱掉，氧化形成两个醛基，壳聚糖大分子形状不变，称为二醛壳聚糖，二醛壳聚糖可与胺类反应，得到一系列壳聚糖改性产品，如改性含氨基丝蛋白的性能，作为纸张增强剂使用，还可以增加纸张的抗菌性；最后，C_6 位上的羟基可用 N_2O_4、CrO_3、NO_2 或 TEMPO 氧化体系氧化成醛基，再进一步氧化成羧基，尤其是壳聚糖上的氨基被硫酸酯化后，C_6 位上的羟基再被氧化为羧基，得到的产品具有肝素的性能，可代替肝素使用，壳聚糖 C_6 位上的羟基被氧化为羧基得到的氧化壳聚糖也可用作纸张增强剂。

壳聚糖在氧化过程中产生了醛基、酮基或羧基，分子中形成了β—烷氧基羰基结构，在碱性条件下，发生β—烷氧基消去反应，导致苷键断裂，大分子变成了小分子，称为氧化降解。因此，剧烈氧化会导致壳聚糖分子变小，聚合度降低。

9.4.8 接枝共聚

接枝共聚是通过化学反应在高分子上接入一些小分子，虽然接上的小分子数量很少，但能改善高分子的性能。在壳聚糖分子的改性中，可以通过接枝共聚接入小分子单体来提高壳聚糖的功能性。大多数的接枝共聚研究都是先在壳聚糖基体上形成自由基，然后与单体反应生成接枝共聚物。壳聚糖的接枝共聚反应有游离基接枝聚合反应和离子引发两种类型。研究较多的是游离基接枝聚合反应，重点集中在自由基的引发方法方面。可利用引发剂产生自由基，也可以利用氧化还原反应产生自由基，还可利用高能射线照射壳聚糖，使之分子链断开产生自由基，常用的是 ^{60}Co 的γ射线或紫外线（低压汞灯产生）照射使壳聚糖产生自由基，与乙烯基单体接枝得到改性的壳聚糖。常用的引发剂有四价铈离子、过氧化物和 Fentons 试剂，研究发现四价铈离子引发的接枝共聚率高，可达到 200%～240%，其次是 Fentons 试剂引发的接枝共聚，用引发剂偶氮二异丁酯引发的效率较低。需要强调的是，辐射引发或化学引发的接枝共聚反应易于进行，但其引发的位置具有不确定性，因此产物也具有不确定性。

离子引发：常用的是碘代壳聚糖，与苯乙烯反应，苯乙烯单体接枝在碘基的位置上，可以得到具有确定结构的壳聚糖接枝共聚产物。

壳聚糖的接枝共聚方法及反应也适合于甲壳素，得到甲壳素的接枝共聚衍生物。只不过甲壳素的溶解性不如壳聚糖，反应的速度及接枝率低于壳聚糖。

9.4.9 交联

交联是壳聚糖或甲壳素重要的改性方法之一，是壳聚糖或甲壳素在具有多个活性功能基的交联剂作用下，分子链间形成共价键，得到网状结构的凝胶或不溶物。交联反应可提高壳聚糖或甲壳素的强度，尤其是湿强度。常用的交联剂有甲醛、乙二醛、二卤烷基、二异氰酸酯、环氧化合物、二乙烯等。

壳聚糖或甲壳素结构中含有大量的醇羟基和氨基，因此具有一定的亲水性，通过交联把羟基或氨基与交联剂结合起来，降低了壳聚糖或甲壳素的亲水性，交联后的壳聚糖也不再溶于稀酸。可以用环氧氯丙烷、环硫氯丙烷、双醛淀粉作为交联剂得到壳聚糖的交联产物。因壳聚糖结构中含有氨基，具有抗菌性，因此也可以与其他高分子化合物交联得到功能性高分子产物，如壳聚糖与海藻酸钠经京尼平交联后得到的高分子化合物，可以制备微胶囊用于载药。具体做法为海藻酸钠凝胶先滴入 $CaCl_2$ 溶液中形成微球，然后把海藻酸钙微球浸泡在一定浓度的壳聚糖和 $CaCl_2$ 混合溶液中，得到壳聚糖与海藻酸微胶囊，再把此微胶囊放入一定浓度的京尼平溶液中交联，即可得到交联的壳聚糖与海藻酸微胶囊。

9.5 壳 寡 糖

壳寡糖的制备方法及应用

壳聚糖一般不溶于水，限制了其广泛利用，经过降解后，其水溶性增加，易于被吸收利用。壳聚糖被降解为2～10个糖单元的低聚糖被称为寡糖或壳寡糖，因其具有功能性，也可称为功能性低聚糖或壳寡糖。研究发现壳聚糖被降解为五至九糖时具有很好的生物活性，具有降血脂和胆固醇、抗菌、抗肿瘤和促进种子发芽等功能，尤其重要的是六糖和九糖，具有抑制癌症的作用。

壳寡糖是通过降解壳聚糖得到的，降解方法可分为物理降解法、化学降解法和生物降解法，以及由三种方法组合而成的降解方法。

9.5.1 物理降解法

物理降解法并不是没有化学反应发生，而是指没有采用化学试剂处理，采用的是光、射线、热等手段使壳聚糖分子链发生断裂，得到所需聚合度的壳聚糖。

9.5.1.1 超声波降解法

超声波降解法是把壳聚糖溶解于乙酸溶液中，在40℃下利用超声波的空化效应使壳聚糖分子降解到一定的分子量，降解过程只是断裂分子结构单元之间的β—1,4连接。李军立的研究发现在超声波功率550W以下处理壳聚糖，对壳聚糖结构的影响不大；当超声波功率超过550W后，超声处理会影响壳聚糖氨基的结构。研究发现，超声处理壳聚糖导致壳聚糖的分子量降解明显，但如要得到聚合度为2～10的壳寡糖，难度比较大，且成本高、效率低。

9.5.1.2 微波降解法

微波是波长为1mm～1m的电磁波，微波能诱导物体粒子移动或旋转，使极性粒子发生偏振，导致分子间摩擦产生热量。因其具有加热快、节约能源和环保等特点，微波经常用于加热食物、辅助提取和辅助降解有机物。壳聚糖分子中含有多个羟基、氨基等活性基团，可以迅速吸收超声波，产生大量热量，发生β—1—4连接键断开，导致壳聚糖分子降解。来水利等的研究发现壳聚糖在中性（pH＝7～8）条件下经功率为528W的微波辐射处理，壳聚糖的分子量可迅速降低。

9.5.1.3 辐射降解法

辐射降解法是在射线照射下，壳聚糖分子产生电离或激发等物理效应，进而导致分子链断裂从而发生降解，得到低聚壳聚糖。李治等研究了γ射线照射下引起的壳聚糖结构变化，发现在γ射线照射下壳聚糖的分子链断裂是无规则的，降解主要发生在β—1—4连接键上，降解后生成带有δ—内酯结构端基的短链壳聚糖。辐射降解易于控制、简单好操作、降解产物溶解性好、不需要添加其他溶剂、成本较低、无污染，但需要一套辐射装置，一次性投资大，另外辐射降解也容易引起歧化反应，实际生产中应用较少。

9.5.1.4 光降解法

太阳光照射到地球上，经大气层的过滤，约有55％的光照射到地面与海面上，这些光中大部分是红外光（55%左右）和可见光（40%左右），很少量为紫外光（5%左右），红外光（波长为 800～3000nm）携带的能量较多，为地球带了温暖；可见光（波长为 400～800nm）是绿色植物进行光合作用需要的光源，是地球生物生长的动力；紫外线（波长为 200～400nm）虽然少，但其提供的能量（314～419kJ/mol）对地球上的聚合物破坏很大，大部分高分子物质自动氧化的活化能为 42～167kJ/mol，聚合物中各种化学键断开需要的能量为 167～418kJ/mol。因此，到达地面的紫外光具有足够的能量断开高分子物质中的化学键，使其发生氧化反应，造成聚合物的降解，从而导致强度变低。光降解就是运用这样的原理，利用紫外光对壳聚糖进行照射，产生的羟基自由基作用于 β—1—4 连接键，使之断开，得到小分子的壳聚糖。研究发现光降解过程中也会导致残余乙酰基的脱落，增加脱乙酰。紫外光降解的优势为反应温和、不需要高温、成本低、污染小。其缺点为紫外光相对于其他高能射线所提供的能量低、降解效率差，因此需要的降解过程长。目前常用紫外线与 H_2O_2 配合降解壳聚糖，生产功能性的壳寡糖。

9.5.2　化学降解法

9.5.2.1　酸水解法

壳聚糖的化学降解常用的是酸水解，壳聚糖能溶于酸性溶液，壳聚糖的 C_2 位上氨基与 H^+ 结合生成—NH_3^+，因分子单元中带有正电荷，同电荷相斥，使分子链伸展开，破坏了壳聚糖分子间的氢键，导致壳聚糖溶解。溶解的壳聚糖分子中—NH_3^+ 与溶液中的阴离子酸根存在电荷吸引，形成盐键。溶液中的 H^+ 还会与 β—1—4 连接键中的 O 结合，O 与 H^+ 结合足够紧密时会影响 β—1—4 连接键中碳氧键的稳定性，导致碳氧键断开，壳聚糖分子链变短，形成大小不一的壳聚糖碎片，随着时间的延长，最后可得到单糖。常用于水解壳聚糖的酸有硫酸、盐酸、磷酸和醋酸，除此之外，草酸、柠檬酸、苹果酸、琥珀酸、酒石酸也可以水解壳聚糖。张卫国等研究发现，壳聚糖的酸水解受温度、时间、酸浓度和酸种类的影响。温度增高，酸水解速度加快，这是因为阴离子与壳聚糖分子中的—NH_3^+ 形成了盐键，盐键阻碍了溶液中的 H^+ 与 β—1—4 连接键中 O 的结合，降低了酸水解速度，随着温度的升高，盐键逐渐被破坏，不能再阻碍溶液中的 H^+ 与 β—1—4 连接键中 O 的结合，因此，β—1—4 连接键断开加剧，水解速度加快，温度增加到一定程度，水解速度趋于稳定。时间越长，水解越多。酸浓度增加，溶液中的 H^+ 越多，H^+ 与 β—1—4 连接键中 O 的结合也越多，水解速度也加快。壳聚糖的酸水解也受酸种类的影响，一般情况下，强酸如盐酸、硝酸或硫酸因在水中电离能力强，对壳聚糖的降解能力也强，其他弱酸对壳聚糖的降解速度也不同，按照降解速度大小排序，草酸最强，其次是柠檬酸，再就是琥珀酸大于酒石酸，苹果酸最差，其原因是这些酸根离子的大小不同，与壳聚糖—NH_3^+ 形成的盐键空间位阻也不同，酸根离子大的，形成的盐键空间位阻作用大，酸水解速度就小；反之，酸根离子越小，形成的盐键空间位阻作用就越小，对壳聚糖的酸水解速度就越大。当然，有机酸的酸性也会影响酸水解速度。

9.5.2.2 H_2O_2 氧化降解

H_2O_2 又称双氧水，是一种二元弱酸，具有很强的氧化作用，在溶液中容易分解产生 H^+ 和 HOO^-，H^+ 与壳聚糖的 C_2 位上的氨基结合生成—NH_3^+，HOO^- 和 H_2O_2 继续反应生成·OH 和 O_2^-·自由基，·OH 和 O_2^-·自由基的氧化能力很强，可以夺取壳聚糖 β—1—4 连接键两侧碳原子上的 H，形成自由基，从而导致 β—1—4 连接键中碳氧结合键断开，引起壳聚糖分子的降解。覃彩芹等的研究发现，壳聚糖溶液的酸碱性影响 H_2O_2 的氧化效果：在中/碱性条件下，H_2O_2 能够氧化降解壳聚糖，但因为壳聚糖在中/碱性条件下不溶于水，反应只能在无定形区发生，反应不均匀，结晶区降解很慢，只有当分子量降至 7000 以下时，壳聚糖才能溶于水，反应才为均相反应，速度加快。温度对壳聚糖的 H_2O_2 氧化降解也有影响，不同温度下 H_2O_2 均能氧化降解壳聚糖，只是温度低时降解反应速度慢，随着温度不断升高，氧化降解速度逐渐加快，得到产物的颜色也逐渐加深，当反应温度超过 85℃时，会出现黑色物质，因此常采用在 70～80℃下反应。H_2O_2 的浓度也会影响壳聚糖的氧化降解进程，随着 H_2O_2 浓度的增加，壳聚糖的反应速度加快，反应产物分子量逐渐降低，但因为 H_2O_2 能产生·OH 和 O_2^-·自由基，也能消除自由基，另外 H_2O_2 浓度高也会使产物颜色加深，因此，H_2O_2 的浓度不能太高，常采用的 H_2O_2 浓度一般不超过 5%。

9.5.3 酶降解

壳聚糖的酶降解是用壳聚糖的专一性水解酶（壳聚糖酶）或非专一性水解酶（如溶菌酶、蛋白酶和脂肪酶等）降解壳聚糖得到壳寡糖的方法。

壳聚糖酶分为内切酶和外切酶，壳聚糖的酶降解主要是内切酶起作用，其能够随机断开壳聚糖的 β—1,4 连接键，得到分子量大小不一的低聚壳聚糖。因壳聚糖分子并没有完全脱掉乙酰基，导致其结构复杂。有两个 2—氨基葡萄糖经 β—1,4 连接键连接在一起的，也有一个 2—氨基葡萄糖与一个 2—N—乙酰氨基葡萄糖连接的糖苷键，同时还有两个 2—N—乙酰氨基葡萄糖连接的糖苷键。窦屾等研究发现，内切酶可以断开两个 2—氨基葡萄糖之间的 β—1,4 连接键，也可以断开一个 2—氨基葡萄糖与一个 2—N—乙酰氨基葡萄糖连接的 β—1,4—糖苷键，但不能断开两个 2—N—乙酰氨基葡萄糖间连接的 β—1,4—糖苷键，因此得到的水解产物也复杂多样。而外切酶则不能随意断开壳聚糖分子链中 β—1,4 连接键，只能从壳聚糖的非还原性一端切掉单个的 2—氨基葡萄糖。壳聚糖酶水解壳聚糖的适宜温度为 30～60℃，酸性，pH＝2～5，得到的水解产物为十个糖基以下的壳聚糖。但因为壳聚糖酶的酶活性低，且价格高昂，目前壳聚糖酶只是用于研究阶段，并没有大规模应用。

因壳聚糖是 2—氨基葡萄糖以 β—1,4 键连接起来的高聚糖，β—1,4 苷键结构与纤维素中的连接键相同，因此纤维素酶也能降解壳聚糖，主要是纤维素内切酶起作用，降解原理及过程与纤维素的内切酶降解相同。

溶菌酶对人类来说并不陌生，人的唾液、眼泪及体液中均含有溶菌酶，能起到杀菌消炎的作用，鸡蛋蛋白中也含有溶菌酶。张立彦等研究发现，溶菌酶可以断开壳聚糖的β—1,4键，引起壳聚糖的降解。研究还发现，壳聚糖的脱乙酰度影响溶菌酶的降解效果，脱乙酰度越高，溶菌酶的降解效果就越好，当壳聚糖的脱乙酰度为70%时，溶菌酶的降解效果达到最佳，脱乙酰度再增加，降解效果反而变差。溶菌酶降解的最佳条件是温度40～60℃、pH=4.0～8.0。溶菌酶降解反应条件温和，成本低，值得开发研究。

蛋白酶也是一种壳聚糖的非专一性水解酶，因为壳聚糖的糖基中有氨基，所以能把蛋白质水解成氨基酸或多肽的蛋白酶也能水解它。蛋白酶可以断开带有氨基的结构单元的连接键，因此，蛋白酶可以断开一个氨基葡萄糖与一个N—乙酰氨基葡萄糖之间的β—1,4键或两个氨基葡萄糖间的糖苷键。有些研究还发现，蛋白酶断开一个氨基葡萄糖与一个N—乙酰氨基葡萄糖之间的β—1,4键的效率高，这说明壳聚糖脱乙酰化需要保持合适的程度才能使蛋白酶的水解效率最高，脱乙酰化程度过高反而不利用蛋白酶的降解。蛋白酶降解壳聚糖的最佳条件是壳聚糖脱乙酰度为70%，酶解温度为40～50℃、酶解液的pH=4.0～6.0。

脂肪酶也是一种可以降解壳聚糖的非专一性水解酶，它是一种生活中常见的酶，是专门水解油脂的酶种。李冬霞等研究发现，商品脂肪酶可以断开两个氨基葡萄糖间的β—1,4键，也可以断开一个氨基葡萄糖与一个N—乙酰氨基葡萄糖或两个N—乙酰氨基葡萄糖之间的糖苷键，最后完全水解可得到2—氨基葡萄糖单糖，其具体水解机理还需进一步研究。

9.6 壳聚糖的应用

壳聚糖的大分子结构类似于纤维素的结构，且具有比纤维素高的结晶度。糖基单元中C_2位上含有氨基或N—乙酰氨基，C_3、C_6位上是羟基。壳聚糖本身具有很好的力学强度，同时具有很好的抗菌消炎作用，经过化学修饰，还可以得到一系列衍生物，因此，壳聚糖的应用范围很广泛。

9.6.1 开发液晶材料

壳聚糖具有α、β、γ三种结晶结构，在溶液中能形成胆甾型液晶结构，并可以通过特定的化学修饰得到更好的液晶结构，研制出比纤维素液晶材料更好的液晶材料。

9.6.2 纤维类材料

壳聚糖是由2—氨基葡萄糖经β—1,4键连接而成的线性大分子，和纤维素结构类似，因此可以制备成纤维，可溶解后纺成丝。由于壳聚糖具有生物相容性和抗菌性，对大肠杆菌、金黄色葡萄球菌以及枯草杆菌均有抑制作用，可以制成治疗伤口、烫伤的医用材料，如止血纱布、绷带、止血棉等。用壳聚糖制备的医用材料具有透气、可减少疼痛、可防止伤口感染、可以被人体内的酶降解、降解的N—

乙酰氨基葡萄糖可加速伤口愈合等特点，因而被广泛应用于医疗卫生行业。壳聚糖也可以用稀酸溶解后单独纺丝或与纤维素溶液混合纺丝，制备成抗菌布料，用于服装行业。壳聚糖吸水能力强，壳聚糖面料能快速吸收汗液，又因为壳聚糖形成的纤维中具有微细的小孔结构，可以将吸收的汗液快速散发，不易滋生细菌，抗菌作用强。

9.6.3 膜材料

壳聚糖是由甲壳素脱去乙酰基得到的高分子物质，其结构和甲壳素的超分子结构类似。组成壳聚糖的2—氨基—D—葡萄糖的 C_3 位、C_6 位上有游离羟基，C_2 位上连接着2—氨基或少量的2—乙酰氨基，因此分子间及分子内可以形成氢键结合，壳聚糖被溶解后，这些氢键被断开，随着溶剂的挥发，壳聚糖分子结构单元上 C_3 位、C_6 位的游离羟基、C_2 位上连接的2—氨基或少量的2—乙酰氨基相互接近，它们之间或与 C_5 位上的O或β—1—O—4键上的O逐渐重新形成氢键，最有可能的是 C_3 位上的游离羟基与相邻基环 C_5 位上的O或与相邻基环间连接的糖苷键上的O形成分子内氢键结合，也有可能与另一分子 C_5 位上的O或基环间连接的糖苷键上的O形成分子内间氢键结合，C_6 位上的伯醇羟基也可以形成分子内及分子间氢键，这些氢键使壳聚糖分子交织形成高强度的膜。壳聚糖膜具有制备过程简单、无毒、强度高、易于改性和生物相容性等特点，因而广泛应用于食品包装、医药、环境等领域。

9.6.4 智能水凝胶材料

壳聚糖能溶于稀酸，分子中含有大量的羟基和氨基，具有亲水性，但经过交联改性的壳聚糖是不溶于水的高分子，加水后能形成水凝胶，也可以与其他高分子电解质混合，形成复合水凝胶。这类水凝胶在受到外界的刺激后，能够引起其体积的溶胀或收缩，根据这一性质，可以开发出人工智能材料。

9.6.5 活化淋巴细胞

癌症是目前威胁人类健康的头号疾病，患病人数逐年增长，2020年全球新增癌症病例1929万例，因癌症死亡病例996万例。需要特别说明的是，健康人体里也有癌细胞，其是由人体内的淋巴细胞分解形成的。正常情况下淋巴细胞分解产生正常细胞和癌细胞，但同时淋巴细胞在pH=7.4时能够杀死癌细胞，使之不能无限制增多，不会导致癌症的发生。但在人体肌体不健康、免疫力低下时，癌细胞中的糖在酶的作用下发酵分解产生酸，使癌细胞内部或其周围变为酸性，导致淋巴细胞活性降低，不能杀死癌细胞，使之疯狂生长导致癌症发生。壳聚糖分子中具有氨基结构，与胆汁结合呈弱碱性，可活化淋巴细胞，使淋巴细胞能够有效杀死癌细胞，维持人体健康。

9.6.6 提高巨噬细胞的功能

巨噬细胞是人体的免疫细胞，来源于单核细胞，在人体内参与先天性免疫和细胞免疫。巨噬细胞的主要作用是吞噬以及消化病原体及细胞残片，激活淋巴细胞或其他免疫细胞，增强其对病原体的反应。巨噬细胞表面有很多细菌多糖的受体，接受细菌多糖，刺激活化巨噬细胞。壳聚糖的结构与细菌多糖类似，也能刺激活化巨噬细胞，提高巨噬细胞的吞噬能力，增强其抗病原体的效果，并能增强调节其他免疫细胞的作用，增强人体的抗癌能力。

9.6.7　抑制癌细胞的转移

一般情况下，癌细胞要经过血管才能转移，其转移过程为：癌细胞和血管内皮细胞表面上的接着因子结合而进入血管，进入血管的癌细胞需和血液接着因子结合才能，随血液流动而转移，后与转移到部位的接着因子结合、黏附再生长。壳聚糖易与血管内皮细胞表面上的接着因子结合，从而抑制癌细胞在血管壁细胞上的附着，阻断癌细胞的转移，维持机体健康。

9.6.8　减轻化疗的影响

治疗癌症时，常常采用化疗和放疗的方式杀死癌细胞。化疗时使用的烷化剂对细胞毒性很强，能杀死正常细胞。而壳聚糖可以吸附多余的烷化剂排出体外，减少其对人体的伤害。放疗时使用的放射线不仅能杀死癌细胞，也能杀伤正常细胞，使用壳聚糖可以促进正常细胞的恢复，有利于恢复健康。

壳聚糖还可以用作药物缓施剂，把小分子的抗肿瘤药物负载到高分子的壳聚糖上，在人体内不断水解连接键，使药物缓慢释放，达到药物低毒、长效和增强抗肿瘤药物效果的目的。

9.6.9　降血脂

高血脂是指人体血浆内所含脂质高过正常范围的病症，主要表现为血液中胆固醇高于230mg/100mL或甘油三酯高于140mg/100mL或高密度脂蛋白过低（β—脂蛋白高于390mg/100mL），高血脂比较常见，如不治疗，易引起心脑血管疾病，如心绞痛、心肌梗死、冠心病和脑中风等。

由于人体食用的脂肪需要胆汁酸乳化后才能被胰脂肪酶分解消化，而壳聚糖带有正电荷，能结合带负电荷的胆汁酸后排出体外，没有充足的胆汁酸乳化脂肪，导致消化吸收的脂肪减少，从而使血液中甘油三酯含量降低。

胆汁酸是由血液中的胆固醇在肝脏中代谢转化成的，储存在胆囊中。胆汁酸乳化后的脂肪被消化吸收，绝大部分胆汁酸（约95%）被小肠吸收，经肝脏再回到胆囊中。由于壳聚糖能结合胆汁酸后排出体外，导致经肝脏回收的胆汁酸变少，胆囊中胆汁酸减少，将会促进血液中胆固醇进入肝脏转化成胆汁酸，降低了血液中的胆固醇含量。除此之外，壳聚糖类似于纤维，可吸附肠道里的胆固醇排出，减少被吸收后进入血液的量。

9.6.10　降血压

高血压是一种人类的常见疾病，表现为血管中流动的血液对血管壁形成的压力

值超过正常值。高血压是引起冠心病、脑卒中、心力衰竭等症状的重要因素，危害人类健康。食用过多食盐会引起血管收缩，导致高血压，研究证实，食用过量食盐引起的血压升高和 Na^{+} 无关，是 Cl^{-} 起作用。Cl^{-} 可以活化血管紧张素转换酶，此酶可加速血管紧张素Ⅰ转化成血管紧张素Ⅱ，血管紧张素Ⅱ可引起全身小动脉收缩，使血压升高，除此之外，血管紧张素Ⅱ会加速肾上腺皮质分泌醛固酮，促进肾小管保钠、保水、排钾，导致血容量增加，血压升高。壳聚糖带有正电荷，易与 Cl^{-} 结合而排出体外，体内 Cl^{-} 减少，血管紧张素转换酶活性降低，从而转化成的血管紧张素Ⅱ变少，血压降低。

9.6.11 清除体内有害物

经济的发展也会引起一定的环境污染，如工业废水的排放、农药化肥的广泛使用，以及食品加工使用防腐剂、化学色素及抗氧化剂等，这些物质不可避免地会通过食物链进入人体，影响人体健康。壳聚糖分子中含有大量的氨基、羟基，且带有正电荷，能吸附、络合、螯合人体内的化学色素、重金属、放射性核素等有毒物质并排出体外，维持人体健康。

9.6.12 作为食品甜味剂和增稠剂

低聚壳聚糖是经水解得到的由 2～10 个单糖组成的低分子壳聚糖，有甜味、无毒，是一种非常受欢迎的甜味剂，因其不会增加胰岛素的消耗，可作为糖尿病人食用的甜味剂。另外，壳聚糖由 β—1—4 键连接多个 2—氨基—D—葡萄糖，不易被人体内的酶分解，因此不会提供能量，食用后还可吸附肠胃里的油脂、毒素排出体外，是一种优质的膳食纤维，经常用于减肥食品、保健食品中。

壳聚糖中含有大量的氨基和羟基，具有很强的亲水性，低聚壳聚糖的水溶性增加，在水中可以形成大量的氢键，溶于水后变黏稠，可作为食品增稠剂使用。

9.6.13 作为食品防腐剂

为了防止因微生物生长、繁殖引起的食品变质，延长保质期，往往需要在食品加工中加入防腐剂，常用的食品防腐剂是山梨酸钾和苯甲酸钠，虽然它们的毒性低，但经常食用或超标准使用也会对人体造成一定的伤害。微生物细胞的表面带有负电荷，壳聚糖分子中含有大量的 2—氨基基团，使壳聚糖呈现正电性，从而使壳聚糖易于与微生物细胞结合，结合的壳聚糖改变了微生物细胞的表面电荷，增加了微生物细胞壁的通透性，导致微生物因细胞内物质泄漏而死亡。因此，壳聚糖不仅可作为食品甜味剂、增稠剂，还可以作为食品防腐剂。研究发现，当壳聚糖的分子量为 1500 左右时，其抗菌能力最好。由于 pH 会影响氨基的电离，因而也会影响壳聚糖的抗菌性，研究证明，在弱酸性条件下，其抗菌性更好。

由于壳聚糖具有天然多糖的性质和优良的抗菌性，已经被用于生活的各个方面，随着技术的发展，壳聚糖的用途会更广泛。

参 考 文 献

[1] 蒋挺大. 壳聚糖 [M]. 北京：化学工业出版社，2001.

[2] 蒋挺大. 壳聚糖 [M]. 2版. 北京：化学工业出版社，2007.

[3] 许树文. 甲壳素纺织品：抗病健身绿色材料 [M]. 上海：东华大学出版社，2002.

[4] 彭湘红. 甲壳素、壳聚糖的改性材料及其应用 [M]. 武汉：武汉出版社，2009. 11.

[5] 杨俊玲. 甲壳素和壳聚糖的化学改性研究 [J]. 天津工业大学学报，2001，20 (5)：79-82.

[6] 李一鸣，张岩，曹云峰，等. 壳聚糖C6位选择性氧化的研究进展 [J]. 纤维素科学与技术，2012，20 (2)：76-81.

[7] 王浩，杜兆芳，王小丽，等. 双醛壳聚糖制备及其在真丝织物中的应用 [J]. 印染，2012，38 (23)：1-4.

[8] 焦富颖，李小龙，李宁. H_2O_2 法氧化降解壳聚糖制备壳寡糖 [J]. 高分子通报，2018 (4)：88-94.

[9] 毛江江，邓光辉，李训碧，等. 超声波-微波协同 H_2O_2 降解壳聚糖的研究 [J]. 食品工业科技，2015，36 (17)：192-196.

[10] 王晓静. 羧甲基壳聚糖的制备与应用研究进展 [J]. 化学工程与装备，2020 (11)：219-220.

[11] 李广鲁. 羧甲基壳聚糖的制备技术及应用 [J]. 西部皮革，2020，42 (15)：137.

[12] 杨仲田，翟茂林，魏根栓，等. 辐射降解法制备低聚水溶性壳聚糖 [C]//2005年全国植物生长物质研讨会论文摘要汇编. 上海：中国植物生理学会生长物质专业委员会，中国植物生理学会，2005：1.

[13] 朱文炜，夏龙，韩茜茜，等. 光/酶法降解壳聚糖的时间依赖性分析 [J]. 科技展望，2015，25 (36)：52.

[14] 覃彩芹，肖玲，杜予民，等. 过氧化氢氧化降解壳聚糖的可控性研究 [J]. 武汉大学学报（自然科学版），2000，46 (2)：195-198.

[15] 任艳玲，郭益冰，赵亚红，等. 过氧化氢在中性条件下氧化降解壳聚糖的研究 [J]. 南通大学学报（医学版），2007，27 (4)：254-256.

[16] 李治，刘晓非，徐怀玉，等. 壳聚糖的 γ 射线辐射降解研究 [J]. 应用化学，2001，18 (2)：104-107.

[17] 任晓敏，杨锋，黄承都，等. 壳聚糖的降解及其应用研究 [J]. 大众科技，2018，20 (5)：30-33.

[18] 刘越，黄家兰. 壳聚糖膜的制备及性能研究 [J]. 武汉科技学院学报，2009，22 (5)：23-26.

[19] 盛以虞，徐开俊，郑凤妹，等. 壳聚糖在过氧化氢存在下的氧化降解 [J]. 中国药科大学学报，1992，23 (3)：173-176.

[20] 窦屾，廖永红，杨春霞，等. 酶法降解壳聚糖及产物应用研究进展 [J]. 食品工业科技，2011，32 (12)：537-543.

[21] 杜维维. 浅谈壳聚糖及壳聚糖膜 [J]. 塑料包装，2013，23 (2)：25-28，40.

[22] 李冬霞. 商品脂肪酶降解壳聚糖机理研究 [D]. 无锡：江南大学，2008.

[23] 王奎兰. 生物酶降解壳聚糖及其应用研究 [D]. 广州：广东工业大学，2004.

[24] 来水利，潘志友，李晓峰. 微波辐射下壳聚糖降解性能的研究 [J]. 陕西科技大学学报，2005，23 (1)：38-40.

[25] 武泰恒，邵谦，赵雯丽. 微波水热法降解壳聚糖的研究 [J]. 山东科技大学学报（自然科

学版)，2017，36 (2)：81 - 86.

[26] 张卫国，周永国，杨越冬，等. 有机酸及降解条件对壳聚糖降解速度的影响 [J]. 河北科技师范学院学报，2006，20 (1)：32 - 34.

[27] 李冬霞，夏文水. 脂肪酶非专一性降解壳聚糖特性研究 [J]. 食品科技，2010，35 (11)：28 - 31.

第10章 淀粉

淀粉（Starch，源于德语 Stärke）是由葡萄糖分子聚合而成的碳水化合物，它是自然界中极其重要的生物质资源，是植物储存能量的主要物质，也是人类植物性食物的主要成分。除了作为食物，淀粉在造纸、纺织、医药和石油化工等行业也有着广泛的应用。

10.1 淀粉的分布

淀粉资源

10.1.1 淀粉的生物合成

淀粉是绿色植物光合作用的间接产物。植物将光合作用产生的葡萄糖聚合成淀粉，以颗粒的形式存储在细胞内。所有薄壁细胞中都有淀粉颗粒存在，尤其在各类贮藏器官中更为集中，例如玉米的种子、马铃薯的块茎、木薯的块根和西米的茎髓中都含有丰富的淀粉。除了绿色植物外，在某些藻类和细菌中也可以找到淀粉。

10.1.2 淀粉的分类

根据来源不同，《淀粉分类》（GB/T 8887—2001）将淀粉分为以下四大类：①禾谷类淀粉，即从禾谷类植物中提取出来的淀粉，包括玉米淀粉、麦淀粉、米淀粉、高粱淀粉和青稞淀粉等，此类淀粉主要分布于禾谷类植物种子的胚乳细胞中；②根茎类淀粉，即从根茎类植物中提取的淀粉，包括木薯淀粉、马铃薯淀粉、甘薯淀粉、山药淀粉、芋头淀粉和葛根淀粉等；③豆类淀粉，即从豆类植物中提取出来的淀粉，包括豌豆淀粉、绿豆淀粉、蚕豆淀粉和大豆淀粉等，此类淀粉主要存在于豆类植物种子的子叶中；④其他淀粉，即从其他类植物中提取出来的淀粉，例如百合淀粉、板栗淀粉、菱角淀粉、橡子淀粉、香蕉淀粉和西米淀粉等。

10.1.3 淀粉的含量

淀粉的含量随植物种类而异，即使在同一种植物中，不同部位的淀粉含量也差别很大。此外，淀粉含量还会随着生长环境（例如土壤、温度、降水和光照等）及成熟度等的不同而变化。常见植物的淀粉含量见表 10.1。

表 10.1 常见植物的淀粉含量 %

淀粉来源		干基淀粉含量	直链淀粉含量	支链淀粉含量
玉米	普通玉米	73	26	74
	蜡质玉米	68	<1	>99
	高直链玉米	64	>50	<50
小麦		68	25	75
大米		79	19	81
木薯		68	22	78
马铃薯		81	24	76
甘薯		72	35	65
山药		79	22	78
豌豆		42	36	64
绿豆		31	27	73
百合		61	28	72

10.2 淀粉的生产

2019 年，全世界的淀粉产量超过 1 亿 t，其中玉米淀粉占 72.8%，木薯淀粉占 8.2%，小麦淀粉占 5.6%，其他淀粉占 13.4%。美国是全世界第一大淀粉生产国，其次是中国。本节分别介绍玉米淀粉、木薯淀粉和小麦淀粉及其生产工艺。

10.2.1 玉米淀粉的生产

美国、中国和巴西是玉米淀粉产量最大的三个国家，2019 年的产量分别是 3460 万 t、3097 万 t 和 1020 万 t。

玉米淀粉的生产工艺较多，可分为湿法工艺和干法工艺两大类。由于干法工艺所得的玉米淀粉中蛋白质和脂肪的含量较高，所以目前国内主要采用湿法工艺生产玉米淀粉，缺点是产品纯度低。

玉米淀粉生产湿法工艺先将玉米浸泡，再经粉碎分离出胚芽、纤维和麸质，最后得到高纯度的玉米淀粉。玉米淀粉生产的湿法工艺流程如图 10.1 所示。

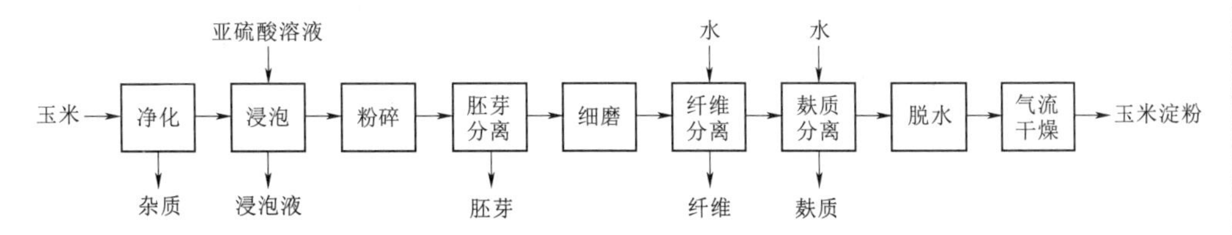

图 10.1 玉米淀粉生产的湿法工艺流程图

10.2.2 木薯淀粉的生产

木薯（*Manihot esculenta*）是大戟科木薯属植物，广泛种植于非洲、美洲和亚洲的热带及部分亚热带地区，是全世界第六大粮食作物、三大薯类作物之一，为近六亿人提供口粮。我国于 19 世纪 20 年代引种栽培木薯，现在主要分布于广西壮族自治区、广东省和海南省。

木薯的块根含淀粉 70%以上，因此木薯被称为“淀粉之王”。木薯淀粉生产可以以鲜木薯为原料，也可以用木薯干片作为原料。木薯淀粉的生产工艺流程如图 10.2 所示。

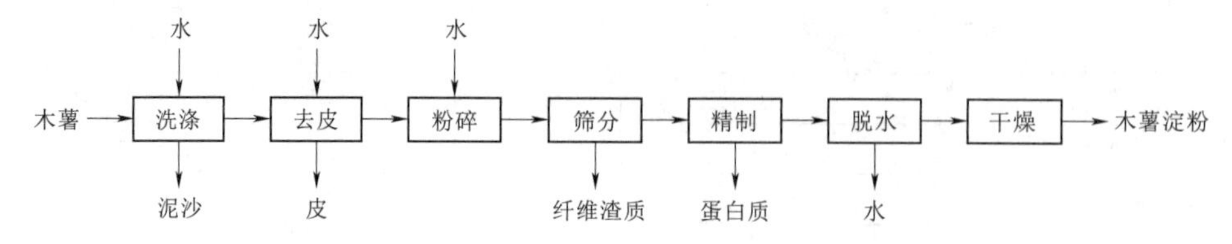

图 10.2　木薯淀粉的生产工艺流程图

10.2.3　小麦淀粉的生产

小麦是三大谷物之一，在世界各地都有广泛种植，大部分磨成面粉直接食用，仅有小部分用来生产淀粉。欧盟、中国和印度是小麦淀粉的主要产地。

小麦的籽粒中淀粉占 60%～75%，主要以淀粉颗粒形式存在于小麦籽粒的胚乳细胞中。小麦淀粉的生产有两大类方法：第一类以小麦面粉为原料；第二类直接从小麦籽粒中制取淀粉。直接从小麦籽粒中制取淀粉虽然可以节省小麦加工成面粉的投入，但是从小麦籽粒中分离淀粉会影响蛋白质的凝聚作用，促使面筋与麸皮发生缠结，导致蛋白质分离困难，降低淀粉的纯度和白度，同时会降低面筋的产率和活性，因此目前应用最广泛的还是以小麦面粉为原料生产淀粉。

小麦面粉中淀粉的含量约为 75%，其余的主要是蛋白质。以小麦面粉为原料生产淀粉就是利用淀粉与蛋白质的性质差异，把其中的蛋白质分离出来。马丁（Martin）法和阿法拉法/瑞休（Alfa - Laval/Raisio）法是以小麦面粉为原料生产淀粉的两种主要方法。马丁法及其改良法也称水洗面团法，即先用水和面粉形成面团，然后加足量的水揉搓，洗出淀粉，其工艺流程如图 10.3 所示。

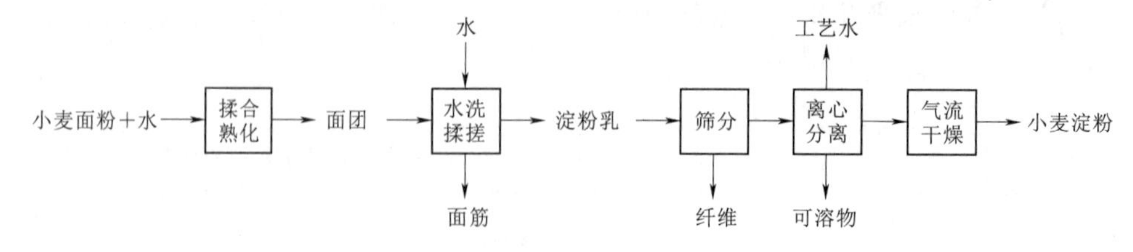

图 10.3　小麦淀粉的马丁法生产工艺流程图

虽然阿法拉法/瑞休法也加水和面，但不形成面团，而是采用均质工艺，形成大致均相的面浆，使面浆中的蛋白质与淀粉颗粒充分分离，然后用高速离心分离的方法使二者分离，其工艺流程如图 10.4 所示。

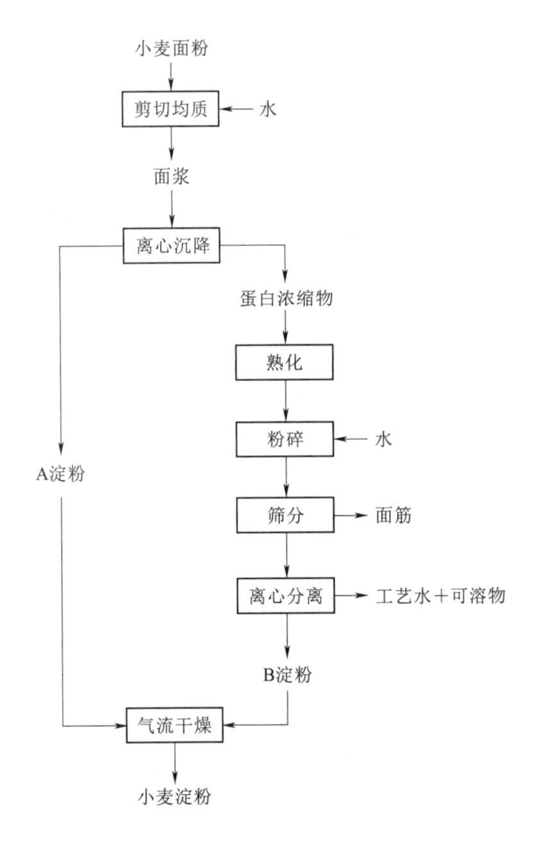

图 10.4 小麦淀粉的阿法拉法/瑞休法生产工艺流程图

10.3 淀粉的化学结构

淀粉的基本结构单元是 α—D—吡喃葡萄糖，它的分子式为 $C_6H_{12}O_6$，为椅式结构，如图 10.5 所示。α—D—吡喃葡萄糖脱去水分子后，由糖苷键连接在一起形成的共价聚合物即是淀粉分子，因此，淀粉的分子式可表示为 $(C_6H_{10}O_5)_n$，其中 n 为不定数。构成淀粉分子的单体，即脱水葡萄糖残基的数量 n 称为聚合度 *D.P.*。按分子结构形式，淀粉可分为直链淀粉（Amylose）和支链淀粉（Amylopectin）。

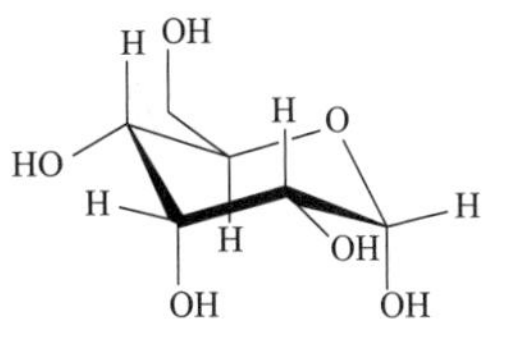

图 10.5 α—D—吡喃葡萄糖的分子结构示意图

10.3.1 直链淀粉

直链淀粉是 α—D—吡喃葡萄糖通过 α—1,4—糖苷键连接而成线性多聚物，*D.P.* 10000 以下，如图 10.6 所示。直链淀粉的一端为还原性末端（C_1），另一端是非还原性末端（C_4）。

不同来源的直链淀粉的 *D.P.* 有很大差异，常见直链淀粉的 *D.P.* 见表 10.2。

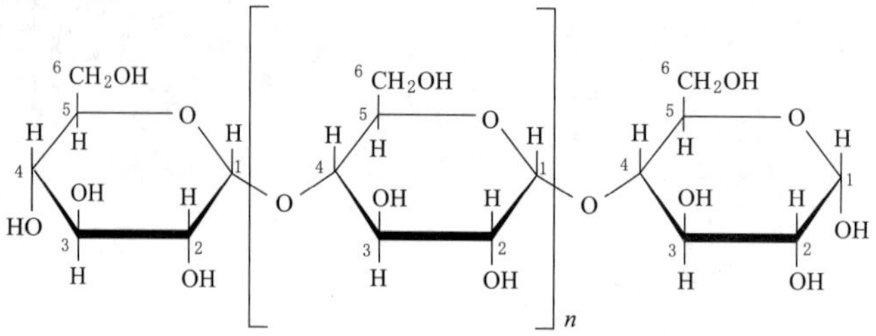

图 10.6　直链淀粉的分子结构示意图

表 10.2　　常见直链淀粉的 ***D. P.***

淀粉来源	数均聚合度$\overline{DP}_n$	重均聚合度$\overline{DP}_w$	*D. P.* 分布范围
玉米	960	2400	400～14700
小麦	1290	7200	360～15600
大米	1110	2695	210～13000
木薯	2660	6700	580～22400
马铃薯	4400	6400	840～21800
甘薯	3320	5400	840～19100
山药	2000	5200	400～24000
百合	2300	5000	360～18900

研究表明，除了线形的直链淀粉分子外，还有一种在长链上带有非常有限的分枝的淀粉分子，分枝由 α—1,6—糖苷键连接，分枝点的 α—1,6—糖苷键占总糖苷键的 0.3%～0.5%。由于支链的数量有限，而且彼此间隔很远，这类淀粉分子的物理性质与直链淀粉分子非常相似。

直链淀粉在稀溶液中的空间构象有三种：①无规则线团，呈曲率非常大的完全随机的线团状态；②间断式螺旋，螺旋链段和链段之间由曲线连接；③完全螺旋形，具有刚性的棒状结构。

10.3.2　支链淀粉

支链淀粉是一种高度分支的大分子，在主链上分出支链，各葡萄糖残基之间以 α—1,4—糖苷键相连，支链通过 α—1,6—糖苷键与主链相连，分支点的 α—1,6—糖苷键占总糖苷键的 4%～5%。支链淀粉的分子结构如图 10.7 所示。

如图 10.8 所示，支链淀粉由三种类型的支链组成：A 链通过还原端的 α—1,6—糖苷键连接到 B 链或 C 链上，但是 A 链不能再分支；B 链连接到其他 B 链或 C 链上，而且 B 链可在葡萄糖单元的 O_6 位置连接 A 链或其他 B 链分支；每个支链淀粉分子只有一个 C 链，它带有分子上唯一的还原性末端。

支链淀粉通常含有数千个以上的葡萄糖残基，因此分子量要比直链淀粉大得多。不同来源的支链淀粉的 *D. P.*、支化度和支链长度都有显著差异见表 10.3，其中支化度用平均链数表示，平均链数越多，则支化度越高。

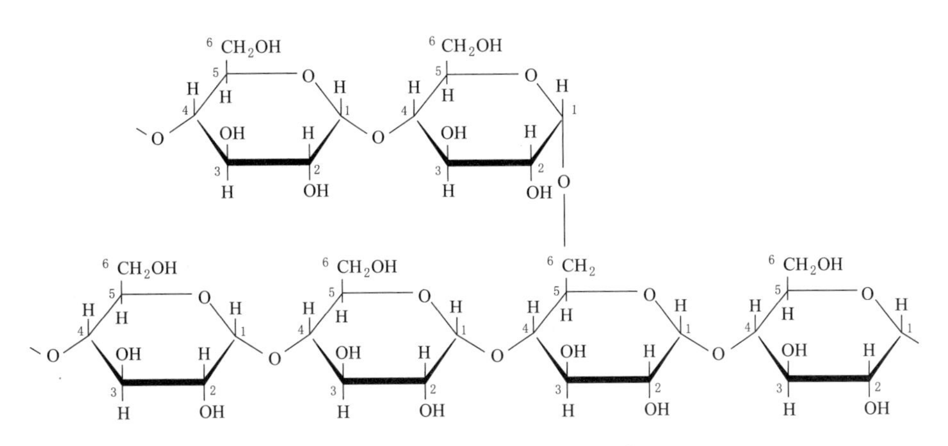

图 10.7 支链淀粉的分子结构示意图

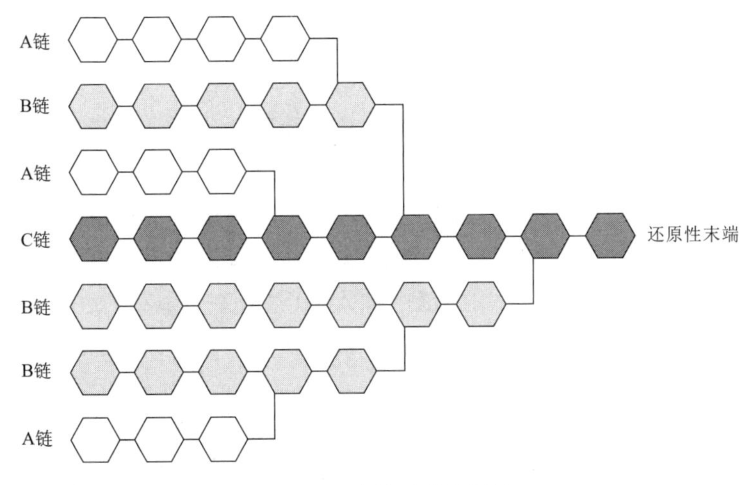

图 10.8 支链淀粉分子链

表 10.3 不同来源的支链淀粉的 *D.P.* 和链长度

淀粉来源	*D.P.*	平均链长	平均链数
玉米	8200	22	370
小麦	4800	19	250
大米	7900	20	400
马铃薯	9800	24	410
山药	6100	24	220

10.3.3 直链淀粉与支链淀粉的比较

由于分子结构的差异，直链淀粉与支链淀粉的性质有较大差异见表 10.4。直链淀粉分子的一端为还原性末端，另一端为非还原性末端；而支链淀粉分子含有一个还原性末端和许多非还原性末端。当用碘溶液进行检测时，直链淀粉液呈现深蓝色，碘吸附量为 19%～20%；而支链淀粉则变为紫红色，碘吸附量仅为 1%。

表 10.4　　直链淀粉与支链淀粉性质的比较

性　质	直链淀粉	支链淀粉
分子结构形式	线性结构	分支结构
碘色反应	深蓝色	紫红色
碘复合物的最大吸收波长 λ_{max}	650nm	540nm
碘吸附量	19%～20%	1%
平均链长	100～10000	20～30
D. P.	100～10000	1000～100000
水溶性	不溶	可溶
在水溶液中的稳定性	易回生	稳定
β—淀粉酶转化率	70%	55%

10.3.4　淀粉中直链淀粉与支链淀粉的含量

测定直链淀粉和支链淀粉含量的常用方法有淀粉—碘复合物吸光光度法和电位（电流）滴定法。

淀粉—碘复合物吸光光度法又称比色法，利用直链淀粉和支链淀粉与碘生成的复合物的颜色不同来测量两者的含量。如前文所述，直链淀粉与碘的复合物呈深蓝色，最大吸收波长为 650nm。淀粉溶液中加入 KI 后，在 650nm 处的吸光度与其中直链淀粉的含量成正比。通过测定混合物的吸光度值，并与标准曲线进行比较，就可推算出样品中直链淀粉的含量。

电位（电流）滴定法是在含有淀粉的 KI 酸性溶液中，以一定浓度的 KIO_3 溶液滴定，溶液中产生的 I_2 不断进入淀粉分子链的螺旋结构中，与淀粉形成复合物。当溶液中的淀粉被 I_2 结合完以后，形成过量的 I_2，I^-/I_2 电对与甘汞电极形成电位差，并可转化为电流，电位（电流）的变化可以通过电压（电流）表读出。以消耗的溶液的体积（mL）为横坐标，测得的电压（电流）为纵坐标，用外推法确定滴定的终点。

在测定样品中直链淀粉或支链淀粉的含量时，先分别称取标准的直链淀粉或支链淀粉，糊化后配成不同浓度的标准溶液，滴定后作标准曲线（体积为纵坐标，直链淀粉或支链淀粉的量为横坐标）；然后再称取样品，用同样的方法滴定，查标准曲线，得到直链淀粉或支链淀粉含量。

电位（电流）滴定法还可以用来测量淀粉的分子量大小，这是因为淀粉的 I_2 结合量与淀粉分子链的长度成正比，而与其分支程度成反比。因此，I_2 结合量可表示淀粉中两种组分的分子量。

测量结果表明，不同来源的淀粉中直链淀粉和支链淀粉含量差别很大。普通玉米淀粉含直链淀粉约 26%，高直链玉米淀粉中直链淀粉含量超过 50%，而蜡质玉米淀粉几乎不含直链淀粉。常见淀粉的直链淀粉与支链淀粉含量见表 10.1。

10.4　淀粉颗粒的结构

淀粉颗粒结构

10.4.1　淀粉颗粒的多尺度结构

淀粉颗粒的结构比较复杂，其内部的精细结构至今尚不明确。如图 10.9 所示，通常从颗粒、生长环（growth ring）、止水塞结构（blocklet）、片层结构和双螺旋结构等层次来描述淀粉颗粒的多尺度结构。

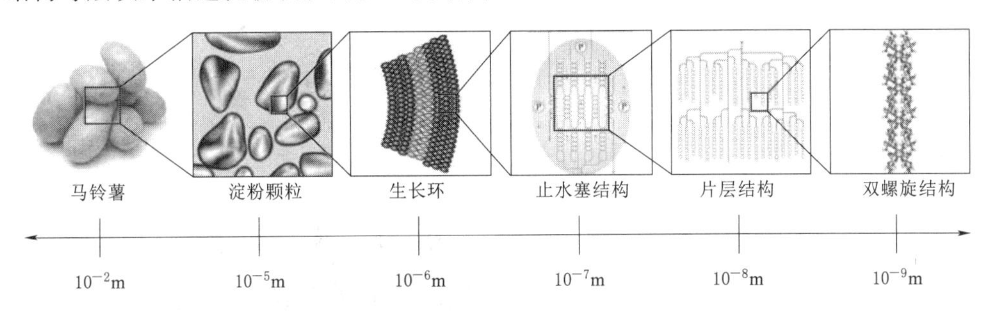

图 10.9　淀粉颗粒的多尺度结构[2]

在淀粉颗粒中，支链淀粉的还原端朝内，其支链以双螺旋结构有序排列成结晶片层，而分支点附近形成无定形片层。结晶片层内的双螺旋结构以不同的空间群排列，形成不同类型的结晶结构。在颗粒的径向方向，结晶片层与无定形片层交替排列，形成止水塞结构。在颗粒的圆周方向，正常止水塞和缺陷止水塞各自排列，形成高密度生长环和低密度生长环。高/低密度生长环环绕粒心（脐）交替排列形成了淀粉颗粒。

在淀粉颗粒中，支链淀粉以双螺旋结构形成结晶结构，直链淀粉主要分布在无定形区域，少数直链淀粉与支链淀粉的外侧支链形成双螺旋结构。直链淀粉和支链淀粉相缠结的形态维持了淀粉颗粒的完整性。

10.4.2　双螺旋结构

如前文所述，淀粉以 α—D—吡喃葡萄糖为基本结构单位，它的椅式构象是淀粉超分子结构、结晶结构和颗粒结构的物质基础。直链淀粉和支链淀粉的线性支链以 α—1,4—糖苷键连接而成，糖苷键的键角分别为 115.8°和 116.5°，并与邻近碳原子和氧原子形成不同的扭转角。α—D—吡喃葡萄糖的这种构象使淀粉分子链呈现一种平缓的天然扭曲，在空间上呈螺旋结构，如图 10.10 所示。每 6 个葡萄糖残基构成螺旋的一节，螺距约为 2.1nm。淀粉分子链形成螺旋结构后，与碳原子相连的氢原子朝向螺旋内部，使螺旋内腔疏水；而羟基则朝向螺旋外部，使螺旋外侧亲水。也正因为如此，淀粉的螺旋结构可以与某些小分子（如 I_2）络合，使络合的小分子进入螺旋的内腔。

如果有水存在，淀粉的螺旋结构之间容易形成双螺旋结构，如图 10.11 所示。

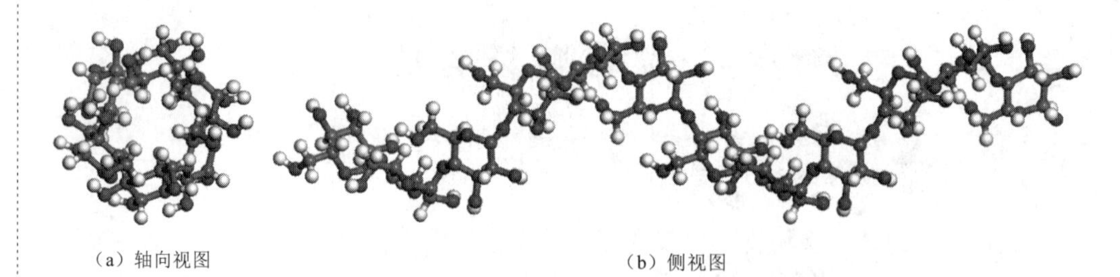

图 10.10　淀粉分子的螺旋结构示意图

螺旋链间通过 O2…O6 和 O3…O3′之间的氢键连接，实现双螺旋结构的稳定。淀粉分子的双螺旋结构主要由支链淀粉最外侧的 A 链和 B 链构成，一个支链淀粉分子可同时参与到多个双螺旋结构中。直链淀粉也可与支链淀粉的支链相互作用形成双螺旋结构。

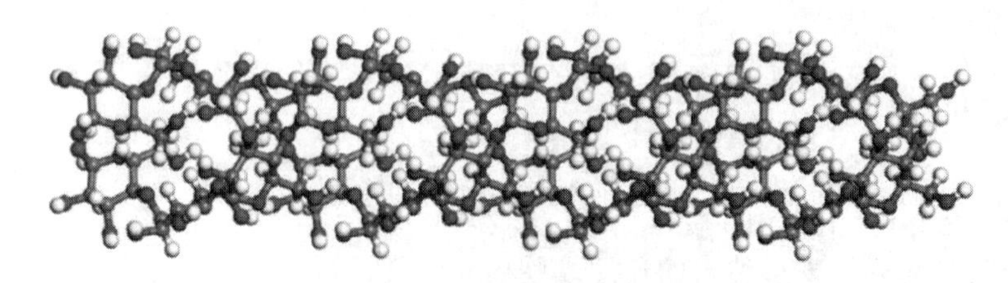

图 10.11　淀粉的双螺旋结构

并非所有的淀粉分子链都能形成双螺旋结构。研究表明，淀粉中最短的支链 $D.P.=6$，$D.P.=6\sim9$ 的支链阻碍双螺旋结构的形成，只有当 $D.P.>10$ 时，支链才能形成双螺旋结构。

10.4.3　片层结构

淀粉颗粒的片层结构与支链淀粉分子的链簇结构密切相关。如图 10.12 所示，支链淀粉在淀粉颗粒中的分布具有不均匀性，既不是杂乱无章的堆砌，也不是完全的梳状结构，而是呈现簇状（cluster）。簇状结构促使支链淀粉的短支链沿长支链的方向有序排列，其中长支链做骨架，支撑短支链成簇。

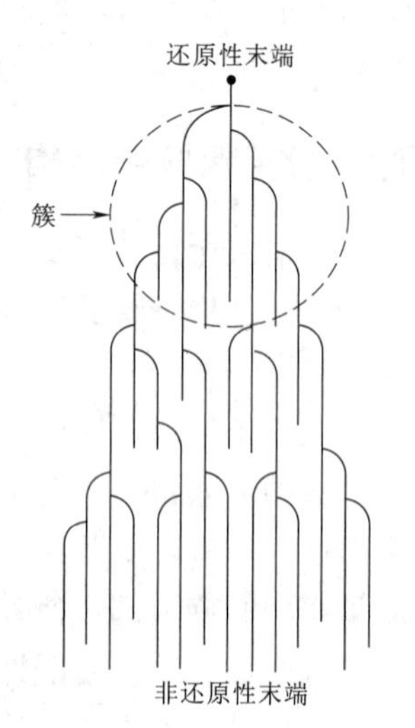

图 10.12　支链淀粉的簇状结构

如图 10.13 所示，支链淀粉分子中包含众多空间结构规整的链簇，短支链位于簇内，长支链（>40 个葡萄糖残基）贯穿数个链簇，并将不同的链簇连接起来。在支链淀粉分子的每一个链簇内，相邻的短支链相互作用形成双螺旋结构，双螺旋有序排列形成晶簇，若干晶簇平行堆积就形成了结晶片层（crystalline lamellae）。与此相反，支链淀粉分支点附近的短支链不易排列成规整结构，因此分支点所在区域为无定形区域，连续的无定形区域形成无定形

片层（amorphous lamellae）。较长的支链会贯穿结晶片层和无定形片层。

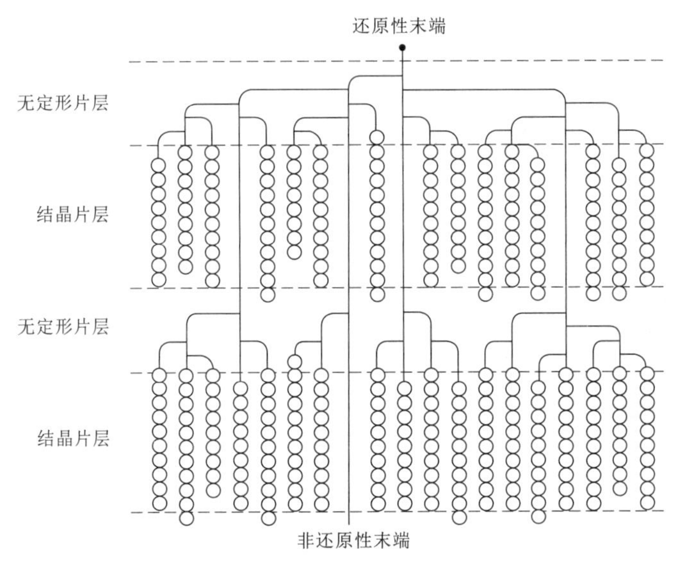

图 10.13　淀粉颗粒片层结构示意图

支链淀粉的簇状结构决定了结晶片层和无定形片层是交替排列的。片层的厚度与支链淀粉短链的长度有关，通常每层厚度为 9～10nm。结晶片层与无定形片层沿淀粉颗粒的径向交替排列，形成止水塞结构。

10.4.4　止水塞结构

淀粉颗粒中存在天然的抗性单元，即止水塞结构，它是淀粉颗粒生长环的基本结构单元，其中高密度生长环由正常止水塞紧密排列而成，而低密度生长环由缺陷止水塞松散排列而成，如图 10.14 所示。

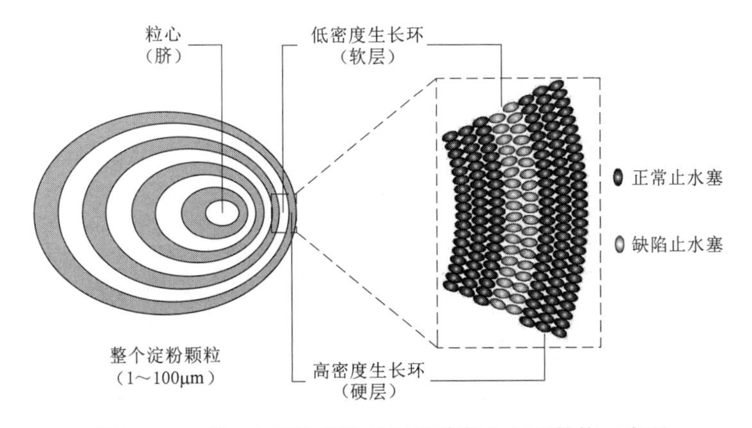

图 10.14　以止水塞为结构单元的淀粉生长环结构示意图

如图 10.15 所示，止水塞形似椭球，轴率为 2∶1～3∶1。不同种类淀粉的止水塞尺寸差异较大，其中马铃薯淀粉的止水塞可长达 500nm，豌豆淀粉的次之

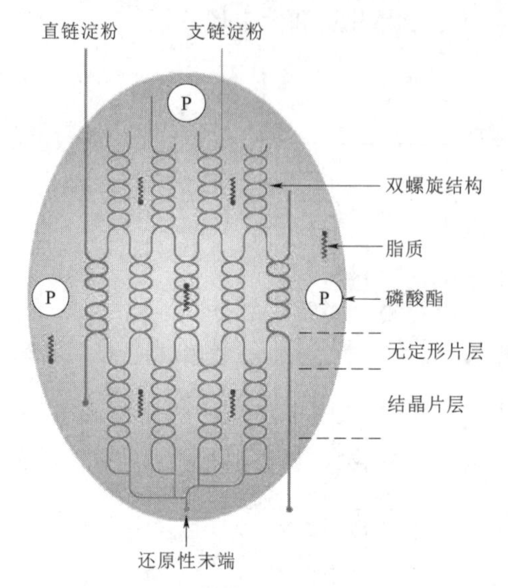

图 10.15　淀粉止水塞结构示意图

（130～250nm），而小麦淀粉的最小（25～100nm）。

由于从淀粉颗粒中分离出止水塞的方法尚未建立，其内部的精细结构尚无定论。一般认为正常止水塞为半结晶的超级结构，主要由支链淀粉形成的结晶片层和无定形片层交替排列构成。每个止水塞中可包含多个支链淀粉分子，支链淀粉分子的还原性末端朝向淀粉颗粒的粒心（脐），其长链可以跨越数个止水塞。

10.4.5　生长环

在显微镜下观察淀粉颗粒，有时可以看到明显的轮纹，像树木的年轮一样，其中以马铃薯淀粉颗粒的轮纹最为明显，如图 10.16（a）所示。淀粉颗粒轮纹共同环绕的一点称为粒心或脐。粒心位于中央的称为同心轮纹，例如小麦淀粉颗粒的轮纹；粒心偏于一端的称为偏心环纹，如马铃薯淀粉颗粒的轮纹。

轮纹是淀粉颗粒内部因密度不同而具有生长环的表现。生长环的每一层开始时密度最大，然后逐渐减小，到下一层时密度又陡然增大，如此周而复始，在显微镜下便显示为轮纹。淀粉颗粒内部各层密度不同是由于合成淀粉所需的葡萄糖的供应有昼夜差别。植物在白天的光合作用比在夜间强，转移到细胞中的葡萄糖较多，合成的淀粉密度也较大，而夜间则相反，如此昼夜相间便形成生长环。马铃薯淀粉颗粒内部的生长环如图 10.16（b）所示。进一步研究表明，高密度的生长环是半结晶的，由结晶片层和无定形片层交替排列而成；而低密度的生长环是完全无定形的。

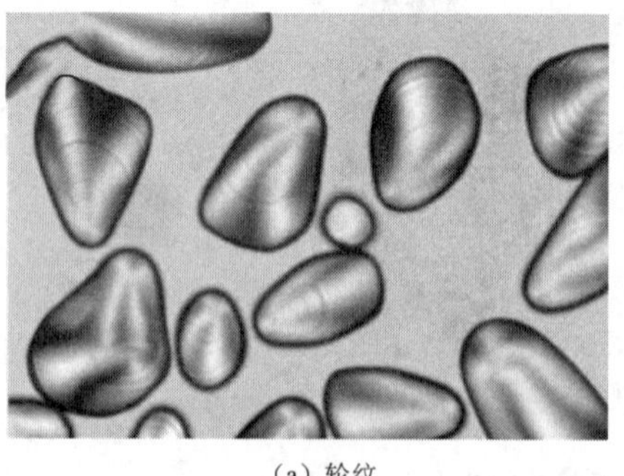

（a）轮纹

（b）生长环

图 10.16　马铃薯淀粉颗粒的轮纹和生长环结构

10.4.6 淀粉颗粒的形态

不同来源的淀粉颗粒具有各自特殊的形状，例如球形、椭球形、卵形和多面体形等。如图10.17所示，玉米淀粉颗粒有的是球形，有的是多面体形；大的小麦淀粉颗粒呈球形，小的呈卵形；大米淀粉颗粒呈不规则的多面体形，并且常有多个颗粒聚集在一起；木薯淀粉颗粒呈球形或截头的球形；马铃薯淀粉颗粒为卵形；甘薯淀粉颗粒呈球形，有局部凹陷；豆类（豌豆、四季豆、大豆）淀粉颗粒多为椭球形。

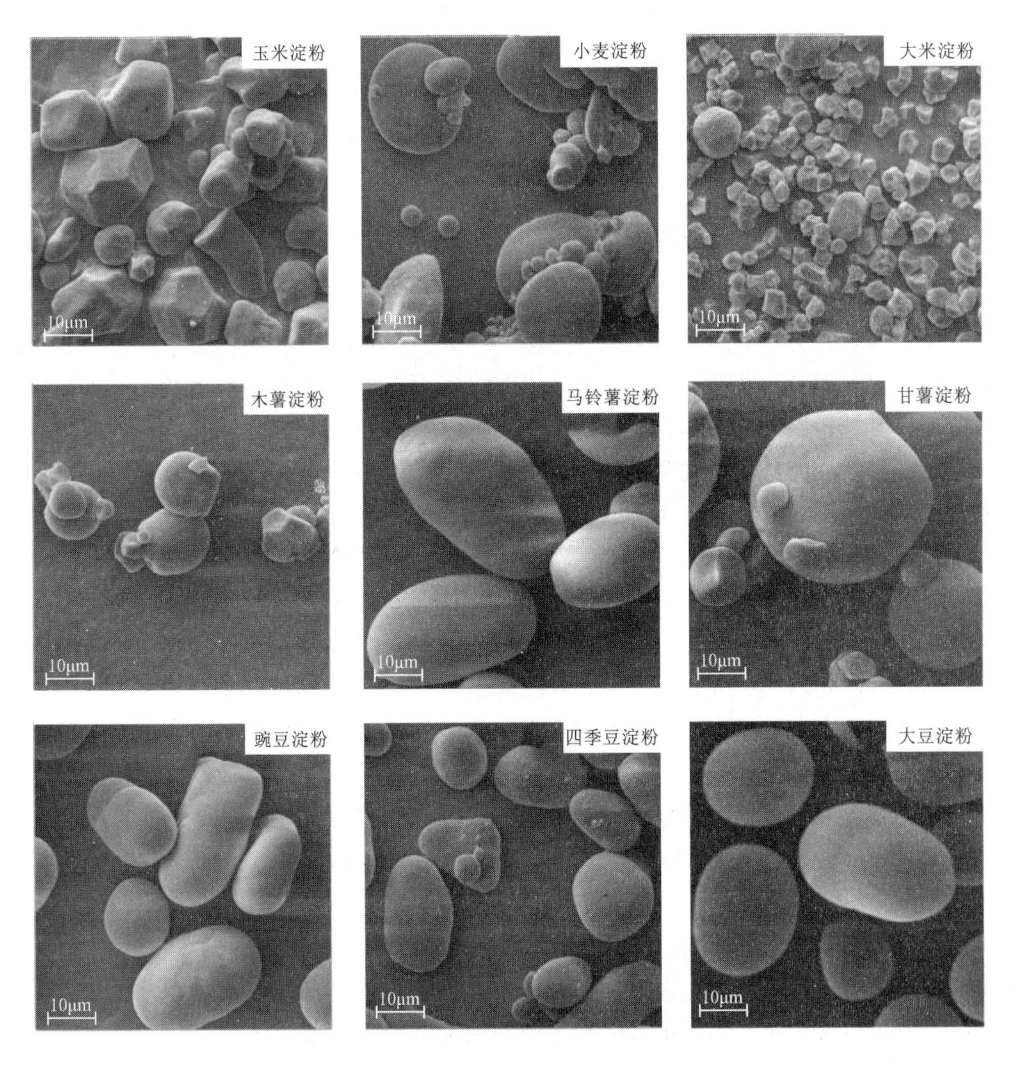

图10.17 常见淀粉颗粒的扫描电镜照片

常见淀粉颗粒的尺寸相差也很大。常见的淀粉中，马铃薯淀粉颗粒最大，而大米淀粉颗粒最小。常用平均粒径来表示淀粉颗粒的大小，其值为1～100μm。常见淀粉颗粒的尺寸见表10.5。

表 10.5　　常见淀粉颗粒的尺寸　　单位：μm

淀粉来源	粒径分布	平均粒径	淀粉来源	粒径分布	平均粒径
玉米	5.0～34.7	14.0	葛根	5.0～30.2	13.2
小麦	5.8～60.3	20.5	莲藕	13.2～91.2	37.1
大米	2.3～25.0	4.8	绿豆	6.6～39.8	17.6
木薯	5.0～34.7	13.6	百合	5.8～34.7	14.2
马铃薯	10.2～85.2	42.3	薏米	5.8～30.2	14.3
甘薯	4.4～34.7	14.7	莲子	4.4～26.3	11.1
山药	7.6～45.7	20.1	芡实	10.0～69.2	31.5
魔芋	5.0～34.7	14.0			

不同来源的淀粉颗粒的形状和尺寸各不相同，因此可以借助显微镜来观察鉴别淀粉的种类。

10.4.7　淀粉的结晶结构

10.4.7.1　淀粉的结晶类型

淀粉颗粒是天然的多晶体系，主要有 A 型、B 型和 C 型三种结晶类型。其中，A 型和 B 型结晶主要由支链淀粉外侧的短支链构成，这些短支链以双螺旋的形式平行排列，形成长程有序的空间结构。这两种晶体中的双螺旋结构并没有显著差异，不同的是双螺旋的排列方式和晶胞内部的含水率。C 型结晶被认为是 A 型和 B 型的组合，不同来源的 C 型淀粉颗粒，其中 A 型和 B 型结晶的含量会有所差别。

1. A 型结晶

淀粉颗粒中的 A 型结晶多由支链淀粉的外侧短支链构成，终止于分支点，结构较为紧密。由结晶片层的尺寸可推测，A 型结晶的结晶区由 150～300 个双螺旋平行排列构成。A 型结晶是 B_2 型单斜空间群结构，晶胞参数为 $a=20.874$Å，$b=11.46$Å，$c=10.55$Å，$\alpha=\beta=90°$，$\gamma=121.94°$，每个晶胞中有 8 个水分子，如图 10.18 所示。

2. B 型结晶

与 A 型结晶一样，B 型结晶也是由平行排列的双螺旋构成，所不同的是双螺旋的聚集方式。B 型结晶是 $P6_1$ 型六方空间群结构，晶胞参数为 $a=b=18.52$Å，$c=10.57$Å，$\alpha=\beta=90°$，$\gamma=120°$，如图 10.19 所示。B 型结晶的每个晶胞含 6 个双螺旋结构，共 12 条淀粉分子链，晶胞中心有 36 个结构水分子。关于这 36 个水分子在晶胞中的分布，目前尚无定论，但是可以肯定的是，水分对于 B 型结晶结构十分重要，因为淀粉需要在有充足水分的环境中才能形成 B 型结晶。

3. C 型结晶

C 型结晶结构是从 A 型到 B 型连续变化的中间状态，因此也可看作是 A 型和 B 型结晶结构的混合物。

10.4.7.2　淀粉结晶结构的表征

淀粉的结晶类型用 X 射线衍射法表征，典型淀粉的 X 射线衍射图谱如图

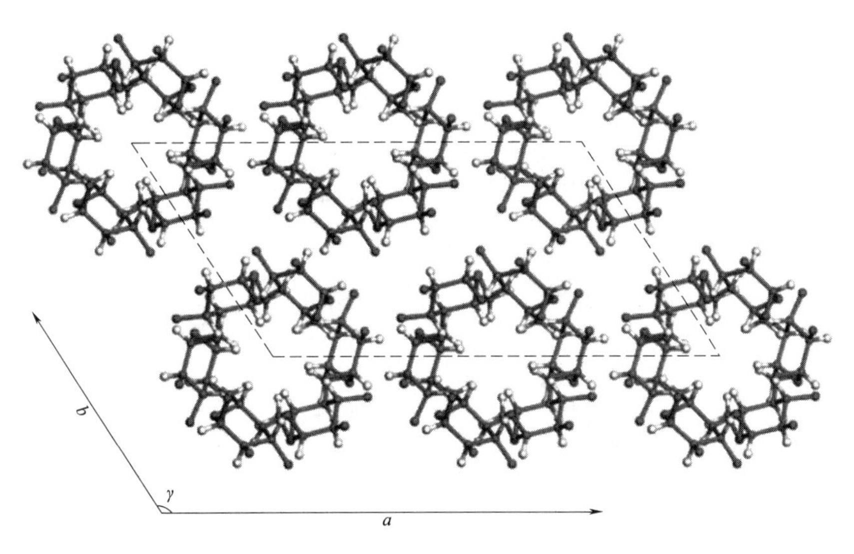

图 10.18 淀粉 A 型结晶的结构和原子堆积模型

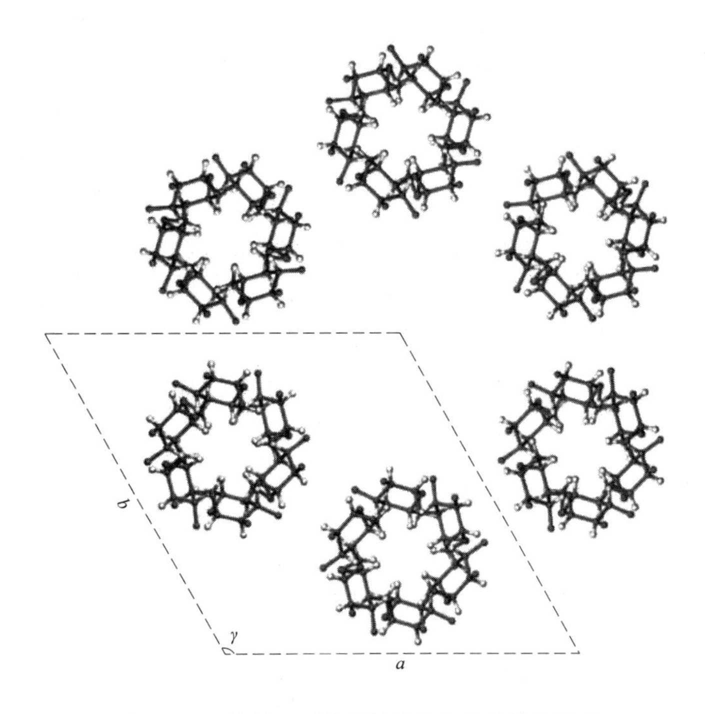

图 10.19 淀粉 B 型结晶的结构和原子堆积模型

10.20 所示。禾谷类淀粉（例如玉米淀粉）具有 A 型结晶结构，其特征是 X 射线衍射图谱在 $2\theta=15°$、$17°$、$18°$和 $23°$处有衍射峰；块茎类淀粉（例如马铃薯淀粉）具有 B 型结晶结构，其特征是 X 射线衍射图谱在 $2\theta=5.6°$、$17°$、$22°$和 $24°$处有衍射峰；豆类淀粉（例如豌豆淀粉）具有 C 型结晶结构，其特征是 X 射线衍射图谱在 $2\theta=5.6°$、$15°$、$17°$和 $23°$处有衍射峰，但是 $5.6°$处的衍射强度较 B 型结晶结构的弱。

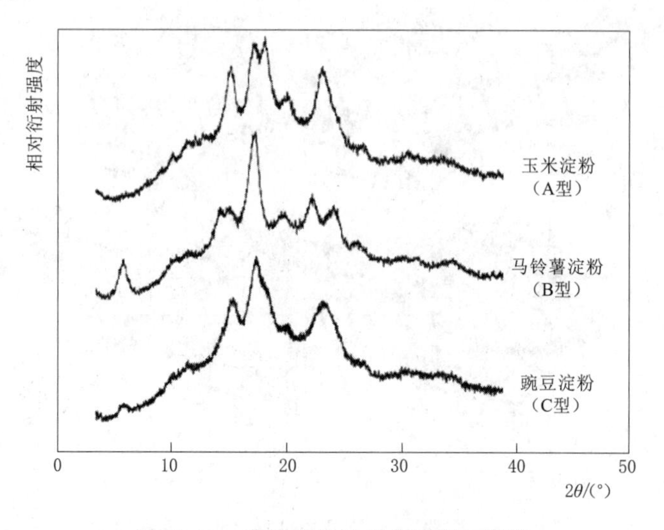

图 10.20　典型淀粉的 X 射线衍射图谱

结晶度是衡量淀粉结晶程度的参数，指的是淀粉颗粒中结晶区所占的百分比，通常由 X 射线衍射图谱求得。计算时，用 X 射线衍射图谱中衍射峰的面积除以整个曲线下方的面积（先扣除背景），得到淀粉颗粒的相对结晶度。该方法虽然简单，但是容易受到人为因素的影响，结果的重现性较差。常见淀粉的结晶类型和相对结晶度见表 10.6。

表 10.6　　常见淀粉的结晶类型和相对结晶度

淀粉来源	结晶类型	相对结晶度/%	淀粉来源	结晶类型	相对结晶度/%
玉米	A	～39	甘薯	C	～33
小麦	A	～36	山药	C	～36
大米	A	～38	百合	B	～33
木薯	A 或 C	～38	豌豆	C	～35
马铃薯	B	～28	绿豆	C	～35

10.4.7.3　双折射性及偏光十字

高度有序的物质都有双折射性（birefringence），淀粉颗粒也不例外。在偏光显微镜下，淀粉颗粒呈现特殊的黑色十字，将颗粒分成四个白色的区域，称为偏光十字或马耳他十字（maltese cross）。偏光十字是淀粉颗粒为球晶的重要标志。偏光十字的交叉点位于淀粉颗粒的粒心，因此可以辅助定位的粒心。如图 10.21 所示，常见淀粉颗粒的偏光十字的位置、形状和明显程度不同，其中马铃薯淀粉颗粒的偏光十字最明显，而小麦淀粉颗粒的偏光十字几乎观察不到，依此可鉴别淀粉的种类。

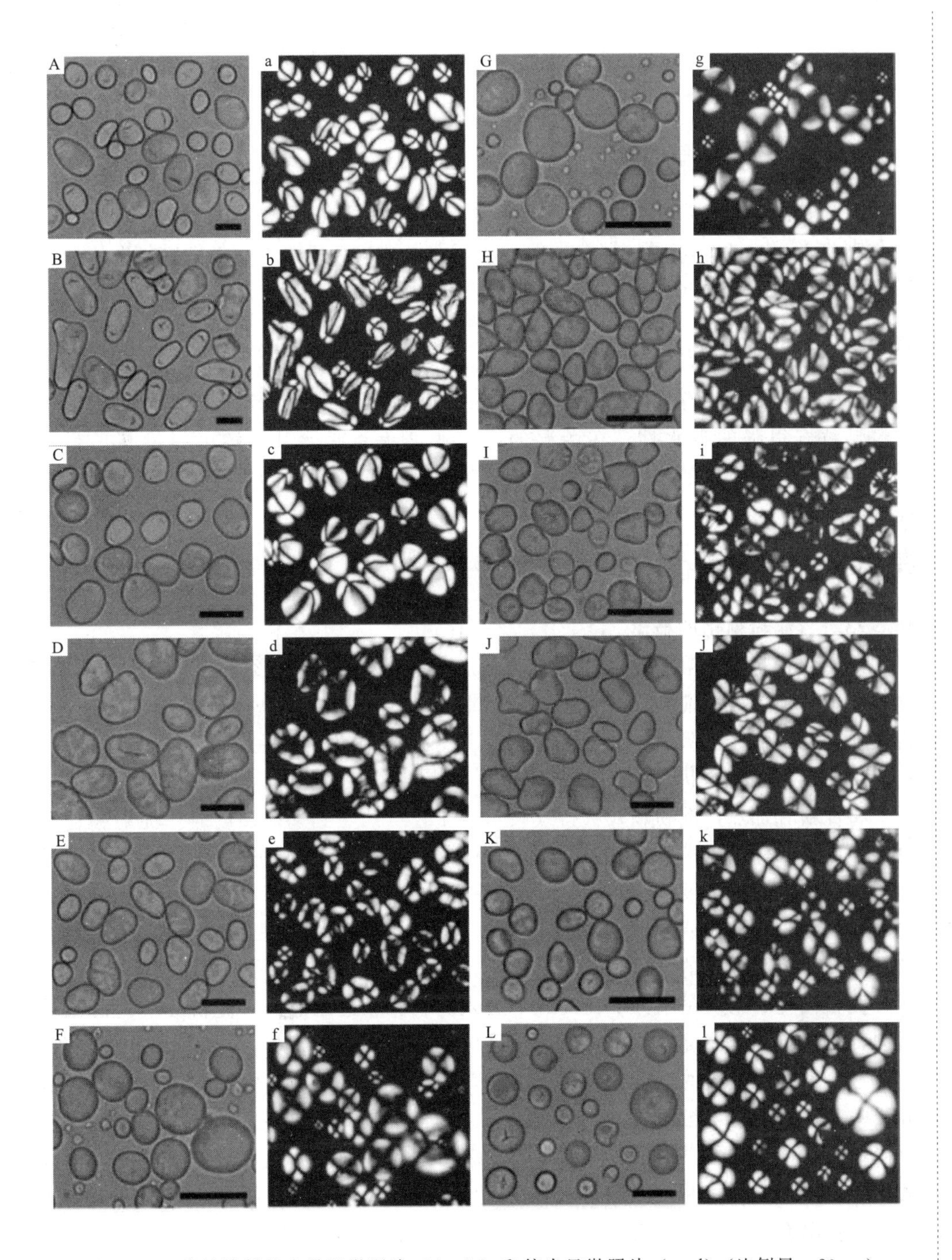

图 10.21 常见淀粉的光学显微照片（A～L）和偏光显微照片（a～l）（比例尺＝20μm）

A、a—马铃薯淀粉；B、b—莲藕淀粉；C、c—山药淀粉；D、d—豌豆淀粉；
E、e—蚕豆淀粉；F、f—大麦淀粉；G、g—小麦淀粉；H、h—莲子淀粉；
I、i—荸荠淀粉；J、j—菱角淀粉；K、k—银杏淀粉；L、l—甘薯淀粉

淀粉的物理性质

10.5　淀粉的物理性质

10.5.1　淀粉的溶解性

淀粉是白色粉末，无臭，密度 1.5～1.6g/cm^3。淀粉颗粒不溶于冷水，在热水中会糊化（gelatinization）。淀粉颗粒不溶于非极性的有机溶剂，但能溶解于 DMF、DMSO 和吡啶（pyridine）等有机溶剂及其混合物。

10.5.2　淀粉的吸水性

由于淀粉分子中存在大量的羟基，羟基与水分子间相互作用形成氢键，这使得淀粉颗粒有很强的吸水性，在潮湿的空气中会大量吸水，最多可超过其质量的30%。但是淀粉颗粒的吸水是一个有限的可逆过程，在干燥的空气中，湿淀粉颗粒会逐渐失水。

10.5.3　淀粉的糊化

10.5.3.1　淀粉糊化的概念

由于淀粉颗粒不溶于冷水，将淀粉添加到冷水中搅拌会形成乳白色的悬浮液，称为淀粉乳。若停止搅拌，淀粉颗粒会在重力的作用下沉降到底部。在冷水中，淀粉颗粒的无定形区会吸收少量水分而溶胀。但是这种溶胀是可逆的，脱水后，淀粉颗粒可以恢复到初始状态。

将淀粉乳加热，淀粉颗粒会持续吸水溶胀。当加热到某一温度时，淀粉颗粒会急剧溶胀，晶体结构消失，淀粉乳变成黏稠的半透明糊状物，这种现象称为淀粉的糊化。发生糊化的温度称为淀粉的糊化温度，它是淀粉最重要的特性参数。糊化后的淀粉称为糊化淀粉或 α—化淀粉。

10.5.3.2　淀粉糊化的本质

淀粉糊化的本质是水分子在高温下进入淀粉颗粒的结晶区，淀粉分子间的氢键断裂，分子链的有序缔合状态被破坏，晶体结构消失，淀粉分子分散在水中形成胶体溶液。通常将淀粉的糊化分为三个阶段：①可逆吸水阶段，在糊化温度以下，水分子只是进入淀粉颗粒微晶束的间隙中，与无定形区的游离羟基相结合，淀粉颗粒缓慢地吸收少量水分，产生有限的溶胀，淀粉颗粒外形无明显变化，内部保持原来的晶体结构和双折射性，体系的黏度没有显著升高；②不可逆吸水阶段，进一步加热至糊化温度时，水分子进入淀粉颗粒的结晶区，淀粉颗粒不可逆地吸收大量水分，体积急剧溶胀至原来的数十倍；水分子与淀粉分子相结合，淀粉分子间的氢键断裂，双螺旋结构被破坏，淀粉的分子链伸直，淀粉颗粒的晶体结构被彻底破坏，双折射性和偏光十字消失（图 10.22），同时较短的直链淀粉从颗粒中渗出，体系黏度大大增加，淀粉乳变成黏稠的糊状物，透明度增加，在这个阶段，淀粉颗粒的外形和内部结构都发生了不可逆的变化，冷却后不能恢复到初始状态；③高温阶段，

若淀粉糊化后继续加热，则大部分淀粉分子溶于水中，淀粉颗粒变为不成形的空囊，淀粉糊的黏度继续增加，若温度进一步升高，则淀粉完全溶解。

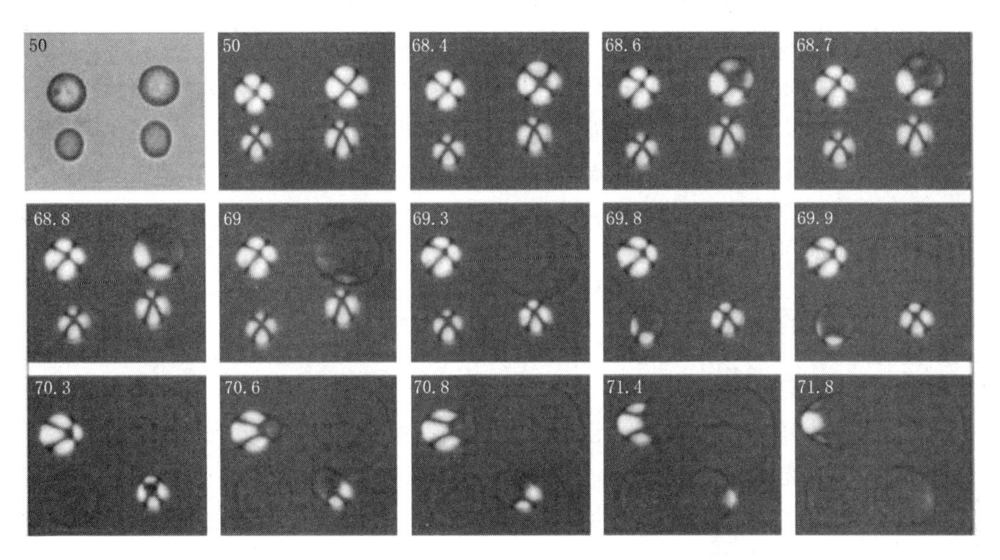

图 10.22 马铃薯淀粉颗粒在糊化过程中的偏光显微照片（左上角的数字为对应的摄氏温度）

10.5.3.3 淀粉糊化温度的测量方法

淀粉的糊化是一个吸热过程，伴随着一系列物理现象的发生，例如体系的黏度升高、透光率增加、电导率突变和偏光十字消失等，因此可以利用这些物理现象来测定淀粉的糊化温度，常用方法有黏度法、DSC、偏光十字法、电导率法和分光光度法。

10.5.3.4 影响淀粉糊化的因素

用不同方法测量的淀粉糊化温度略有差异，其中用差示扫描量热法测得的糊化温度见表 10.7。可知淀粉在 55～90℃范围内发生糊化，不同种类淀粉的糊化温度和焓值各不相同。

表 10.7 常见淀粉的糊化特性（DSC）

淀粉来源	糊化开始温度/℃	糊化峰值温度/℃	糊化结束温度/℃	糊化焓值 ΔH /(J/g)
玉米	67.7	72.3	77.9	11.9
小麦	60.1	65.3	76.5	13.0
大米	61.5	65.2	68.0	15.3
马铃薯	57.5	62.8	78.7	18.4
木薯	65.0	70.6	85.7	14.4
甘薯	65.7	76	82.7	12.9
山药	68.4	72.4	78.1	8.62
豌豆	62.6	68.9	74.8	11.8
绿豆	67.2	72.9	89.1	15.4
百合	56.5	61.2	66.7	12.0

影响淀粉糊化温度最主要的因素是淀粉的种类。这是因为不同来源的淀粉，其直链淀粉和支链淀粉的含量不同，结晶类型和结晶度也有所差异，所以糊化温度不同，淀粉糊的性质也不尽相同。

淀粉糊化是淀粉分子与水分子结合形成胶体的过程，因此含水率对淀粉的糊化过程有重要影响。通常含水率越高，淀粉越容易糊化，淀粉糊的黏度越低。当含水率小于 30%时，即使加热到糊化温度以上，淀粉也不会糊化。

升温速率对淀粉的糊化也有一定影响。若加热速度过快，淀粉来不及吸水溶胀，则淀粉的糊化温度会升高。

10.5.4　淀粉的回生

10.5.4.1　淀粉回生的概念

在低温下静置一段时间后，淀粉糊会变得浑浊，在稀淀粉糊中会有白色沉淀生成，而较浓稠的淀粉糊则会变成有弹性的胶体，这种现象称为淀粉的回生（retrogradation）或者老化。回生是淀粉糊化的逆过程，是面食在存放过程中变硬的根本原因。

10.5.4.2　淀粉回生的机理

淀粉回生是溶解的无定形淀粉重新聚集为结晶状态的复杂过程。糊化后，淀粉充分水合，淀粉分子分散在水中，成无定形的游离状态。当温度降低时（低于糊化温度），由于分子热运动的能量不足，体系处于热力学非平衡状态，淀粉分子链通过氢键相互吸引而定向排列，使体系自由能降低，最终形成结晶。淀粉结晶是淀粉分子链有序排列的结果，既包括直链淀粉分子螺旋结构的形成和堆积，也包括支链淀粉分子支链间双螺旋结构的形成和双螺旋之间的有序堆积。

直链淀粉在淀粉回生的过程中起主要作用。这是因为直链淀粉分子是线性结构，空间位阻较小，在淀粉糊中容易迁移和取向，从而进行有效重排。在相互靠近时，直链淀粉分子上的羟基之间会形成氢键。通过分子链间氢键的相互作用，直链淀粉分子会结合在一起形成不溶于水的聚集体。在稀淀粉糊中，聚集的直链淀粉形成沉淀；而在浓淀粉糊中，聚集的直链淀粉将水分子包裹在所形成的网状结构中，从而形成胶体。回生的直链淀粉通常由结晶区和无定形区组成，X 射线衍射图谱显示为 B 型结晶结构。其中，结晶区由直链淀粉分子的双螺旋组成，可占体系的 65%，能够抵抗酸解和酶解，若要重新溶解，需要加热到 100℃以上。

由于分子结构的差异，支链淀粉比直链淀粉更难回生，凝胶动力学也有显著区别。支链淀粉分子高度分支的结构使其有序排列受到抑制，在一般情况下不会回生。当淀粉糊的浓度很高或在冰点温度以下时，支链淀粉分子的侧链间才会发生有序排列，使支链淀粉结晶而发生回生现象。

在回生过程中，直链淀粉与支链淀粉会相互影响；直链淀粉分子形成的有序结构为支链淀粉分子的结晶提供晶种，从而发生共结晶现象；而支链淀粉分子对直链淀粉分子的回生则有一定的抑制作用。

10.5.4.3 淀粉回生的效应

淀粉的回生具有如下效应：①淀粉糊的黏度增加；②体系变得不透明和浑浊；③在淀粉糊表面形成不溶解的膜；④产生沉淀或形成胶体；⑤脱水收缩。

10.5.4.4 影响淀粉回生的因素

影响淀粉回生的因素很多，主要包括淀粉的种类、浓度和温度。

直链淀粉分子是线性结构的分子，空间位阻较小，易于迁移和取向排列，容易回生；而支链淀粉分子呈树枝状构造，空间位阻大，不易回生。因此，支链淀粉含量越高的淀粉越不容易回生。如蜡质玉米淀粉只含支链淀粉，几乎不发生回生现象。

淀粉糊浓度增高，分子碰撞机会越大，越容易回生；但是淀粉糊的浓度越高，黏度也越大，淀粉分子的扩散速度很慢，反而不利于回生。因此，浓度过低或过高均不利于淀粉回生。浓度为30%～60%的淀粉糊最容易回生。

温度对淀粉的回生影响显著。通常温度越低，淀粉回生速度越快。缓慢冷却可以使淀粉分子有充足的时间取向排列，从而提高回生程度；而迅速冷却时，淀粉分子来不及取向排列，则会降低回生程度。

10.5.5 淀粉的碘色反应

由于直链淀粉在空间上呈螺旋结构，螺旋内部疏水，可与 I_2 形成络合物。直链淀粉平均每个螺旋可吸附一个碘分子。随着分子链的增长，直链淀粉与 I_2 形成的络合物的颜色从无色变为黄、红、紫、蓝紫和蓝的不同色调，呈现蓝色时需要直链淀粉的 $D.P.>40$。支链淀粉只能吸附极少量的 I_2。随着吸附量的增加，支链淀粉与 I_2 形成的络合物的颜色由红紫色转变为红色，以至棕色。

淀粉乳与碘液混合，形成蓝色液体。加热至70℃时，蓝色消失，冷却后又变成蓝色。这是因为加热使淀粉分子链伸直，形成的络合物解体，冷却后络合物又重新形成。

10.5.6 淀粉的玻璃化转变

玻璃化转变（glass transition）是非晶态高聚物的重要特征，是指物质在其玻璃态和橡胶态之间的转变。发生玻璃化转变的温度称为玻璃化转变温度（glass transitiontemperature，T_g），常用差示扫描量热法进行测量。玻璃化转变对物质的性能尤其是力学性能有很大影响。

作为天然的多晶体系，淀粉的无定形区在特定的温度范围内也会发生玻璃化转变，热力学上称之为二级相转变。发生玻璃化转变时，淀粉颗粒无定形区部分缠结的分子链解开，以至少数微晶出现熔融现象。继续加热到较高温度时，淀粉颗粒的晶体结构发生相转移，淀粉变得略有黏性，呈现橡胶态。

对于淀粉而言，水是优良的增塑剂，含水率对淀粉的玻璃化转变有显著影响。这是因为水的引入增加了体系的自由体积，为淀粉分子链的运动提供了所需空间。同时，水分子破坏了聚合链间的氢键，削弱了分子间的相互作用力。由于水的 T_g

很低（−135℃），所以淀粉的含水率越高，T_g 越低。

淀粉的化学性质

10.6　淀粉的化学性质

淀粉的化学性质是由其分子结构决定的。如前文所述，淀粉是由 α—D—吡喃葡萄糖通过 α—1,4—糖苷键和 α—1,6—糖苷键连接而成的高分子化合物，其主要结构特征是葡萄糖残基之间具有糖苷键（C—O—C）。α—1,4—糖苷键是半缩醛羟基 C_1—OH 和醇羟基 C_4—OH 脱水的产物，在碱性条件下稳定，但在酸性条件下易水解。此外，每一个葡萄糖残基都有 1 个伯醇羟基（C_6 位）和 2 个仲醇羟基（C_2 位和 C_3 位）。这些羟基可以和某些物质发生氧化、酯化和醚化反应，生成相应的淀粉衍生物。

10.6.1　水解反应

淀粉在水中加热时可引起糖苷键的断裂，称为淀粉水解。无机酸或某些特定的酶可作为催化剂加速淀粉水解，使其彻底水解成葡萄糖。淀粉的水解过程为：淀粉→可溶性淀粉→糊精→麦芽糖→葡萄糖，是分阶段进行的，每一阶段都有相应的产物生成。

10.6.1.1　酸水解

用酸水解淀粉时，淀粉分子的糖苷键断裂，分子量变小。酸可作用于淀粉的 α—1,4—糖苷键和 α—1,6—糖苷键，但是这两种糖苷键被酸水解的难易程度存在差别。研究结果表明，酸作用于淀粉颗粒时，先是快速水解无定形区域的支链淀粉，然后水解结晶区域的直链淀粉和支链淀粉，速度较慢。

在淀粉水解的过程中，酸只是作为催化剂，并不参与反应。不同种类的酸催化效果不同，其中盐酸最强，其次是硫酸和硝酸。酸的催化效果与酸的用量有关，用量大，则反应激烈。

反应温度和时间也是影响淀粉水解程度的重要因素。通常反应温度越高，时间越长，淀粉的水解程度越高，水解产物中低分子量化合物（例如葡萄糖）的含量越高。

10.6.1.2　酶水解

酶是一种具有高度催化活性的特殊蛋白质。淀粉酶是能够作用于淀粉的酶的总称。从广义上讲，凡是能参与淀粉水解、转化及合成的酶都可称为淀粉酶。

淀粉酶最重要的性质是其催化能力，通常称为活力。测定淀粉酶的活力时，取一定量的淀粉酶在一定条件下作用于底物，根据底物的反应速率或产物的生成速率来计算酶制剂的活力。

淀粉酶的分类方法很多，根据产物的异头碳原子构型可分为 α—型和 β—型；根据进攻底物的方式可分为内切型和外切型；根据底物黏度的下降速度可分为液化型和糖化型；根据生物学的来源可分为真菌淀粉酶、细菌淀粉酶以及植物淀粉酶。淀粉酶种类不同，对淀粉分子的作用方式也不同。不同种类的淀粉酶对淀粉的催化水

解具有高度专一性，这与淀粉的酸水解有很大区别。已在淀粉工业中大量使用的淀粉酶包括α—淀粉酶、β—淀粉酶和淀粉脱枝酶。

1. α—淀粉酶

α—淀粉酶属于内切型淀粉酶。在其水解产物中，还原性末端的葡萄糖分子中C_1的构型为α—型，故称为α—淀粉酶。α—淀粉酶作用于淀粉时，从淀粉分子内部以随机的方式断开α—1,4—糖苷键，但水解位于分子中间的α—1,4—糖苷键的概率高于位于分子末端的α—1,4—糖苷键。α—淀粉酶不能水解支链淀粉中的α—1,6—糖苷键，也不能水解毗邻分支点的α—1,4—糖苷键。

α—淀粉酶水解淀粉时，最初速度很快，淀粉的分子量急剧减小，底物的黏度迅速降低，工业上称之为"液化"。随后，水解的速度逐渐变慢，α—1,4—糖苷键继续断裂，分子进一步变小，而产物的还原性逐渐升高。在实际生产中，常用碘液来检验α—淀粉酶对淀粉的水解程度。

2. β—淀粉酶

β—淀粉酶是一种外切型淀粉酶，它作用于淀粉时是从非还原性末端依次切开相间隔的α—1,4—糖苷键，水解产物是麦芽糖，所以又称为麦芽糖酶。由于它在水解过程中将水解产物（即麦芽糖分子）中C_1的构型由α—型转变为β—型，所以称为β—淀粉酶。β—淀粉酶不能水解支链淀粉的α—1,6—糖苷键，也不能跨过分支点继续水解，故水解支链淀粉是不完全的。β—淀粉酶水解直链淀粉时，如淀粉分子由偶数个葡萄糖残基组成，则最终水解产物全部是麦芽糖；如淀粉分子由奇数个葡萄糖残基组成，则最终水解产物除麦芽糖外，还有少量葡萄糖。

β—淀粉酶水解淀粉是从分子末端开始的，所以底物黏度下降很慢，不能作为液化酶使用。但是β—淀粉酶水解麦芽糊精和低聚麦芽糖时，水解速度很快，故常作为糖化酶使用。

3. 淀粉脱枝酶

淀粉脱枝酶是水解支链淀粉中α—1,6—糖苷键的酶，可分为直接脱枝酶和间接脱枝酶两大类，前者可水解未经改性的支链淀粉中α—1,6—糖苷键，后者仅可作用于已经酶改性的支链淀粉，本书仅介绍直接脱枝酶。

根据水解底物的专一性不同，直接脱枝酶又可分为异淀粉酶（Isomylase）和普鲁兰酶（Pullulanase）两种。其中，异淀粉酶只能水解支链结构中的α—1,6—糖苷键，不能水解直链结构中α—1,6—糖苷键；而普鲁兰酶既能水解支链结构中的α—1,6—糖苷键，又能水解直链结构中的α—1,6—糖苷键，因此它能水解含α—1,6—糖苷键的葡萄糖聚合物，例如普鲁兰（多聚麦芽三糖）等。

淀粉脱枝酶在工业上的主要应用是与β—淀粉酶协同，提高淀粉的转化率和产物（麦芽糖或葡萄糖）的得率。

10.6.2 氧化反应

在淀粉分子中，葡萄糖残基C_1位的半缩醛羟基最容易被氧化成羧基，其次是C_6位的伯醇羟基，它会被氧化成醛基，然后再被氧化成羧基。C_2位、C_3位和C_4

位先被氧化成羰基，然后被氧化成羧基。C_2 位和 C_3 位的两个仲醇羟基是乙二醇结构，它们被氧化后，$C_2—C_3$ 键会断开，生成二醛淀粉，再继续氧化可以得到二羧基淀粉。在淀粉分子中，端基的 C_1 位和 C_4 位数量较少，而 C_2 位、C_3 位和 C_6 位的羟基数量众多，主要是这些羟基的氧化反应改变了淀粉的性质。

根据酸碱性的不同，淀粉氧化剂可分为以下三类：酸性氧化剂，如硝酸、铬酸、$KMnO_4$、过氧化物和卤化物等；碱性氧化剂，如碱性次卤酸盐、碱性高锰酸盐和碱性过氧化物等；中性氧化剂，如溴、碘和 O_3 等。其中，效果较好的氧化剂有碱性 NaClO、H_2O_2 和 $KMnO_4$，工业生产中应用最多的则是碱性 NaClO。

在碱性条件下，淀粉生成带有负电荷的淀粉钠，数量随 pH 的升高而增加；NaClO 主要离解成 ClO^-，也带有负电荷。两者之间的静电排斥作用会抑制氧化反应，所以 pH 越高，反应速率越慢。但是在弱碱性条件下，淀粉以中性形式存在，氧化反应速率较快，反应式为

$$H—\overset{|}{\underset{|}{C}}—OH + ClO^- \longrightarrow \overset{|}{\underset{|}{C}}=O + H_2O + Cl^- \tag{10.1}$$

淀粉通过氧化反应生成醛基、羰基和羧基，生成量和相对比例因反应条件不同而异。在较低的 pH 下，有利于醛基生成；在接近中性时，有利于羰基生成；而在较高的 pH 下，有利于羧基生成。羧基能降低淀粉的凝沉性，使其更稳定。因此，工业生产是在弱到中等碱性的条件下氧化淀粉，以促进羧基的生成。

淀粉经过氧化后，白度升高，而黏度和糊化温度降低，稳定性和成膜性等得到改善，黏着力增强。

10.6.3　酯化反应

淀粉分子上有许多羟基，能与酸发生酯化反应，生成淀粉的酯类衍生物。根据酸的种类不同，淀粉酯类衍生物可分有机酸酯和无机酸酯。有机酸酯主要是淀粉乙酸酯，而无机酸酯主要包括淀粉磷酸酯、硫酸酯和硝酸酯等。以下分别介绍淀粉乙酸酯和淀粉磷酸酯。

10.6.3.1　淀粉乙酸酯

在淀粉分子中，葡萄糖残基 C_2 位、C_3 位和 C_6 位上均有醇羟基。在碱性条件下，这些羟基能被乙酰基所取代，生成低取代度的淀粉乙酸酯。常用的酯化剂有乙酸、乙酸酐、乙酸乙烯和氯乙烯等。其中，以乙酸酐应用最为广泛。

在碱性条件下，用乙酸酐制备淀粉乙酸酯的反应式为

$$St—OH+(CH_3CO)_2O+NaOH \longrightarrow St—OCOCH_3+CH_3COONa+H_2O \tag{10.2}$$

在碱的作用下，乙酸酐和生成的淀粉乙酸酯会发生水解反应，其反应式为

$$\begin{cases} (CH_3CO)_2O+H_2O \longrightarrow 2CH_3COOOH \\ CH_3COOH+NaOH \longrightarrow CH_3COONa+H_2O \\ St—OCOCH_3+NaOH \longrightarrow St—OH+CH_3COONa \end{cases} \tag{10.3}$$

上述副反应会降低淀粉乙酸酯的收率，在生产实践中应设法避免。

10.6.3.2 淀粉磷酸酯

淀粉磷酸酯是淀粉分子上的羟基与 PO_4^{3-} 发生酯化形成的酯类衍生物。在淀粉工业中常用磷酸钠（NaH_2PO_4 和 Na_2HPO_4）、偏磷酸钠（$NaPO_3$）、酸性焦磷酸钠（$Na_2H_2P_2O_7$）和三聚磷酸钠（$Na_5P_3O_{10}$）等提供 PO_4^{3-}。

以 NaH_2PO_4 和 Na_2HPO_4 的混合物为酯化剂，与淀粉在 140～160℃加热时，可反应生成淀粉磷酸酯。NaH_2PO_4 受热会脱水生成 $Na_2H_2P_2O_7$，即

$$2NaH_2PO_4 \longrightarrow Na_2H_2P_2O_7 + H_2O \tag{10.4}$$

式（10.4）表明，NaH_2PO_4 对淀粉的酯化是通过以 $Na_2H_2P_2O_7$ 为中间体的反应。淀粉与 $Na_2H_2P_2O_7$ 的反应式为

$$St{-}OH + Na_2H_2P_2O_7 \longrightarrow St{-}O{-}\overset{\overset{\displaystyle O}{\|}}{\underset{\underset{\displaystyle OH}{|}}{P}}{-}ONa + NaH_2PO_4 \tag{10.5}$$

$Na_5P_3O_{10}$ 在水溶液中会发生水解反应，先部分水解生成 NaH_2PO_4 和焦磷酸钠（$Na_4P_2O_7$），$Na_4P_2O_7$ 可进一步水解生成 Na_2HPO_4，反应式为

$$\begin{cases} Na_5P_3O_{10} + H_2O \longrightarrow NaH_2PO_4 + Na_4P_2O_7 \\ Na_4P_2O_7 + H_2O \longrightarrow 2Na_2HPO_4 \end{cases} \tag{10.6}$$

式（10.6）表明 $Na_5P_3O_{10}$ 与淀粉的酯化反应机理与磷酸钠类似。

10.6.4 醚化反应

在淀粉分子中，葡萄糖残基的 C_2 位、C_3 位和 C_6 位上各有一个醇羟基。这些羟基的氢原子能够被烷基取代，生成相应的淀粉醚。淀粉经过醚化后，在分子上引入了较大的基团，从而使淀粉糊的黏度升高，冻融稳定性得到改善。同时由于醚键的稳定性较好，使得醚化淀粉在工业生产中得到广泛应用。醚化淀粉主要有羧甲基淀粉（carboxymethyl starch，CMS）、羟乙基淀粉、羟丙基淀粉和阳离子淀粉。

10.6.4.1 羧甲基淀粉

羧甲基淀粉是淀粉与氯乙酸在碱性条件下反应制得的醚化物，通常以钠盐形式存在。在碱性条件下，淀粉与氯乙酸发生双分子亲核取代反应（S_N2），将羧甲基阴离子引入淀粉分子，其反应式为

$$\begin{cases} ClCH_2COOH + NaOH \longrightarrow ClCH_2COONa + H_2O \\ St{-}OH + ClCH_2COONa \longrightarrow St{-}O{-}CH_2COONa + HCl \\ HCl + NaOH \longrightarrow NaCl + H_2O \end{cases} \tag{10.7}$$

开始时，醚化反应主要发生在葡萄糖残基的 C_2 位和 C_3 位上；随着反应的进行，取代度提高，反应逐渐转移到 C_6 位上。

10.6.4.2 羟乙基淀粉

羟乙基淀粉是淀粉与环氧乙烷在碱性条件下发生 S_N2 反应而制得的醚化物，其反应式为

$$
\begin{cases}
St—OH + OH^- \longrightarrow St—O^- + H_2O \\
St—O^- + \overset{\displaystyle O}{CH_2—CH_2} \longrightarrow St—O—CH_2CH_2O^- \\
St—O—CH_2CH_2O^- + H_2O \longrightarrow St—O—CH_2CH_2OH + OH^-
\end{cases}
\quad (10.8)
$$

环氧乙烷不仅能与葡萄糖残基中 C_2 位、C_3 位和 C_6 位上的任何一个羟基反应，还能与已取代的羟乙基发生反应，生成多氧乙基侧链，反应式为

$$
St—O—CH_2CH_2OH + n\,\overset{\displaystyle O}{CH_2—CH_2} \longrightarrow St—O—(CH_2CH_2O)_n—CH_2CH_2OH \quad (10.9)
$$

由于这种原因，不能用 $D.S.$ 表示反应程度，而用摩尔取代度（molar substitution，$M.S.$）表示，即每个葡萄糖残基与环氧乙烷反应的分子数。工业上生产的羟乙基淀粉多是低 $M.S.$（$\leqslant 0.2$）的产品，多聚侧链生成量很少，此时 $M.S.$ 与 $D.S.$ 相当。

在碱性条件下，淀粉与氯乙醇也会发生 S_N2 反应，生成醚化物羟乙基淀粉，其反应式为

$$
St—O^- + ClCH_2CH_2OH \longrightarrow St—O—CH_2CH_2OH + Cl^- \quad (10.10)
$$

羟乙基淀粉的生产工艺有湿法、干法和有机溶剂法。

10.6.4.3　羟丙基淀粉

羟丙基淀粉是淀粉与环氧丙烷在碱性条件下反应制得的醚化物，其醚化机制和羟乙基淀粉类似。由于环氧丙烷的环张力较大，易开环反应，其活性大于环氧乙烷。在碱性条件下，淀粉与环氧丙烷的反应也是 S_N2 反应，取代反应主要发生在葡萄糖残基 C_2 位的仲醇羟基上，C_3 位和 C_6 位上羟基的反应程度较小。该醚化反应的方程式为

$$
\begin{cases}
St—OH + OH^- \longrightarrow St—O^- + H_2O \\
St—O^- + \overset{\displaystyle O}{CH_2—CHCH_3} \longrightarrow St—O—CH_2\overset{\displaystyle CH_3}{\overset{|}{C}}HOH + OH^-
\end{cases}
\quad (10.11)
$$

除了上述反应外，环氧丙烷可进一步与已取代的羟丙基反应，生成多氧丙基侧链，反应方程式为

$$
St—O—CH_2\overset{\displaystyle CH_3}{\overset{|}{C}}HOH + n\,\overset{\displaystyle O}{CH_2—CHCH_3} \longrightarrow St—O—(CH_2\overset{\displaystyle CH_3}{\overset{|}{C}}HO)_n—CH_2\overset{\displaystyle CH_3}{\overset{|}{C}}HOH \quad (10.12)
$$

与羟乙基淀粉类似，羟丙基淀粉的生产工艺也有湿法、干法和有机溶剂法三种。

10.6.4.4　阳离子淀粉

淀粉与胺类化合物反应生成含有胺基的醚类衍生物，氮原子上带有正电荷，称之为阳离子淀粉。根据所用胺类化合物的结构特征，阳离子淀粉可分为叔胺型、季胺型和伯胺型等，其中以叔胺型和季胺型阳离子淀粉最常见。

1. 叔胺型阳离子淀粉

在碱性条件下，醚化剂与淀粉分子的羟基会发生 S_N2 反应，反应式为

$$\begin{array}{lcccccccccccl}
 & R^2 & & R^2 & & & & R^2 & & R^2 & & & \\
 & | & & | & & & & | & & | & & & \\
\text{St}-\text{OH}+\text{X}- & \text{C} & - & \text{C} & - & \text{N} & -R^1+\text{NaOH}\longrightarrow \text{St}-\text{O}- & \text{C} & - & \text{C} & - & \text{N} & -R^1+\text{NaX}+\text{H}_2\text{O} \\
 & | & & | & & | & & | & & | & & | & \\
 & R^2 & & R^2 & & R^1 & & R^2 & & R^2 & & R^1 &
\end{array} \tag{10.13}$$

式中　X——卤族元素，如 Cl、Br 或 I；

R^1——任何 $C_1\sim C_{18}$ 烷基；

R^2——氢原子或 $C_1\sim C_{18}$ 烷基。

NaOH 能提高淀粉的反应活性，同时也参与反应。需要注意的是，若氮原子和卤素原子被两个以上的碳原子分开，或氮原子取代基 R^1 中的某一个被氢原子所取代，则无醚化作用，不能作为醚化剂使用。在极性溶剂中，淀粉与氯乙基二乙基胺反应式为

$$\begin{array}{lcccccccccccl}
 & & & & & \text{CH}_3 & & & & & & \text{CH}_3 & \\
 & & & & & | & & & & & & | & \\
 & \text{H} & & \text{H} & & \text{CH}_2 & & \text{H} & & \text{H} & & \text{CH}_2 & \\
 & | & & | & & | & & | & & | & & | & \\
\text{St}-\text{OH}+\text{Cl}- & \text{C} & - & \text{C} & - & \text{N} & +\text{NaOH}\longrightarrow \text{St}-\text{O}- & \text{C} & - & \text{C} & - & \text{N} & +\text{NaCl}+\text{H}_2\text{O} \\
 & | & & | & & | & & | & & | & & | & \\
 & \text{H} & & \text{H} & & \text{CH}_2 & & \text{H} & & \text{H} & & \text{CH}_2 & \\
 & & & & & | & & & & & & | & \\
 & & & & & \text{CH}_3 & & & & & & \text{CH}_3 &
\end{array} \tag{10.14}$$

上述醚化反应主要发生在葡萄糖残基 C_2 位的羟基上，在碱性条件下所得的产品为游离碱，若用酸中和则转变成季胺盐，氮原子带正电荷。

2. 季胺型阳离子淀粉

叔胺或叔胺盐与环氧丙烷反应生成具有环氧结构的季胺盐。这类季胺盐与淀粉发生醚化反应，生成季胺型阳离子淀粉，反应式为

$$\left\{\begin{array}{l}
\text{NR}_3+\text{H}-\overset{\text{H}}{\underset{\text{H}}{\text{C}}}\overset{\quad\text{O}\quad}{\frown}\overset{}{\underset{\text{H}}{\text{C}}}-\overset{\text{H}}{\underset{\text{H}}{\text{C}}}-\text{Cl}\longrightarrow \text{H}-\underset{\text{H}}{\text{C}}\overset{\quad\text{O}\quad}{\frown}\underset{\text{H}}{\text{C}}-\overset{\text{H}}{\underset{\text{H}}{\text{C}}}-\text{NR}_3\text{Cl} \\
\text{St}-\text{OH}+\text{H}-\underset{\text{H}}{\text{C}}\overset{\quad\text{O}\quad}{\frown}\underset{\text{H}}{\text{C}}-\overset{\text{H}}{\underset{\text{H}}{\text{C}}}-\text{NR}_3\text{Cl}\longrightarrow \text{St}-\text{O}-\overset{\text{H}}{\underset{\text{H}}{\text{C}}}-\overset{\text{OH}}{\underset{\text{H}}{\text{C}}}-\overset{\text{H}}{\underset{\text{H}}{\text{C}}}-\text{NR}_3\text{Cl}
\end{array}\right. \tag{10.15}$$

季胺型阳离子淀粉可在全 pH 范围内带电荷，因而比叔胺型阳离子淀粉更优越，成为造纸工业中应用最广的一种淀粉衍生物。

10.6.5 交联反应

淀粉分子上含有多个醇羟基，可以与许多化合物反应。淀粉与具有两个或两个以上官能团的化合物反应，形成二醚键或二酯键，使淀粉分子内和分子间的羟基连接在一起，呈三维空间网状结构的反应称为交联反应，所得的衍生物称为交联淀粉，参与此反应的多官能团化合物称为交联剂。淀粉交联反应的基本原理为

$$2St—OH+交换剂\ X \longrightarrow St—O—X—O—St \tag{10.16}$$

以甲醛为交联剂的醚交联反应为

$$2St—OH+CH_2O \longrightarrow St—O—CH_2—O—St+H_2O \tag{10.17}$$

以环氧氯丙烷为交联剂的醚交联反应为

$$2St—OH+\overset{\overset{O}{\diagup\ \diagdown}}{CH_2—CHCH_2Cl} \longrightarrow St—O—CH_2\overset{\overset{OH}{|}}{C}HCH_2—O—St+HCl \tag{10.18}$$

以三偏磷酸钠作为交联剂的酯交联反应为

$$2St—OH+Na_3(PO_3)_3 \longrightarrow St—O—\underset{\underset{ONa}{|}}{\overset{\overset{O}{\|}}{P}}—O—St+Na_2H_2P_2O_7 \tag{10.19}$$

交联淀粉的反应温度通常低于淀粉的糊化温度，淀粉仍以颗粒的形式参与反应，反应多发生在颗粒表面，引入化学交联键的量较少。

10.6.6 接枝共聚反应

用化学或物理的方法进行引发，淀粉可以与丙烯腈、丙烯酸、丙烯酸甲酯、丙烯酰胺、丁二烯和苯乙烯等高分子单体起接枝共聚反应。淀粉分子连接上高分子单体的支链后，生成接枝共聚物，其化学式为

$$\begin{array}{ccc} —AGU—(AGU)_n—AGU— \\ \quad | \qquad\qquad\qquad\qquad | \\ —M—M—M \qquad\qquad M—M—M— \end{array} \tag{10.20}$$

式中 AGU——脱水葡萄糖残基；

M——高分子单体。

在接枝共聚反应中，部分高分子单体接枝到淀粉分子链上，其余的高分子单体则自行聚合为均聚物，未接枝到淀粉分子链上。接枝到淀粉分子链上的高分子单体占加入的单体总量的百分率称为接枝效率。在淀粉的接枝共聚反应中，接枝效率越高越好。若是接枝效率低，则产物主要是淀粉和高分子均聚物的混合物。

自由基引发接枝共聚是目前应用较多的淀粉接枝共聚方法。它使用化学试剂（例如硝酸铈铵或 Fentons 试剂），或通过物理的方法（光照或辐射）使淀粉分子上产生高活性的自由基，从而引发接枝共聚反应。

10.6.6.1 硝酸铈铵引发接枝共聚

硝酸铈铵 $[Ce(NH_4)_2(NO_3)_6]$ 溶于稀硝酸中，Ce^{4+} 与淀粉生成络合结构的中

间体淀粉—Ce^{4+}，葡萄糖残基的 C_2—C_3 键被断开，一个氢原子被氧化，生成淀粉自由基，Ce^{4+} 被还原成 Ce^{3+}，反应式为

CH₂OH H O H H OH H —O O— H OH + Ce^{4+} ⟶ CH₂OH H O H H OH H —O O— H Ce^{4+}--OH

CH₂OH H O H H OH H —O O— H Ce^{4+}--OH ⟶ CH₂OH H O H H OH —O C· ‖ O H C ‖ O O— + Ce^{3+} + H^+　　(10.21)

生成的淀粉自由基再与丙烯腈等高分子单体接枝共聚，生成淀粉接枝共聚物。

10.6.6.2　Fentons 试剂引发接枝共聚

Fentons 试剂是一种含有 Fe^{2+} 和 H_2O_2 的溶液，具有极强的氧化能力。其中，Fe^{2+} 作为同质催化剂，而 H_2O_2 则起氧化作用。反应时，亚铁盐（如 $FeSO_4$）首先与 H_2O_2 发生反应，生成羟基自由基（·OH），·OH 从淀粉分子上夺取一个氢原子，生成淀粉自由基和水，淀粉自由基再与高分子单体接枝共聚物，反应式为

$$\begin{cases} Fe^{2+} + H_2O_2 \longrightarrow [Fe^{3+}OH]^2 + \cdot OH \\ St—OH + \cdot OH \longrightarrow St—O\cdot + H_2O \\ St—O\cdot + M \longrightarrow \text{淀粉接枝共聚物} \end{cases} \quad (10.22)$$

该方法的优点是生产成本低，未反应的引发剂易于消除而不带废渣；缺点是接枝效率低，均聚物多，而且 H_2O_2 长期储藏易失效。

10.6.6.3　辐射引发接枝共聚

辐射法是用放射性元素 ^{60}Co 的 γ 射线照射淀粉，产生淀粉自由基，然后加入高分子单体的水溶液，在 20～30℃下反应，生成淀粉接枝共聚物。

$$\begin{cases} St—OH \xrightarrow{\text{辐射}} St—O\cdot + H \\ St—O\cdot + M \longrightarrow \text{淀粉接枝共聚物} \end{cases} \quad (10.23)$$

淀粉在辐射下也可能先生成过氧化物，然后再分解成自由基进行接枝共聚反应，即

$$\begin{cases} St—OH \xrightarrow{\text{辐射}} St—O—OH \\ St—O—OH \longrightarrow St—O\cdot + \cdot OH \\ St—O\cdot + M \longrightarrow \text{淀粉接枝共聚物} \cdot OH + M \longrightarrow \text{高分子均聚物} \end{cases} \quad (10.24)$$

在上述反应中，如有还原剂（例如 Fe^{2+}）存在，则高分子均聚物会大量减少，有利于提高接枝效率。

10.6.7　热解反应

如前文所述，淀粉是高分子碳水化合物。在有 O_2 的情况下，淀粉可以燃烧，

生成 CO_2 和水。当空气中淀粉的含量达到约 $45g/m^3$ 的爆炸极限时，遇明火将发生燃爆。因此，淀粉厂在生产过程中需要防止淀粉泄漏，并严禁烟火，采取防静电措施。

在无 O_2 的情况下加热时，淀粉将会发生热解，糖苷键断裂，脱水，葡萄糖的六元环打开，主要生成 C_2—C_4 的羰基化合物，剩下少量的灰分。

10.7　淀粉的应用

淀粉的应用

天然淀粉的可利用性取决于它的化学组成和颗粒结构。如前文所述，不同来源的淀粉，其直链淀粉、支链淀粉的含量和颗粒结构各不相同，因此具有不同的可利用性。天然淀粉在现代工业中的应用，特别是在广泛采用新工艺、新技术、新设备的情况下应用非常有限，多作为食物直接食用。

为了改善性能和扩大应用范围，在天然淀粉所具有的固有特性基础上，利用物理、化学或生物的方法，增强淀粉的某些特性或引进新的特性，这种经过二次加工、改变了性质的产品称为变性淀粉（或淀粉衍生物）。目前，全世界已开发出数千种变性淀粉，广泛应用于生产和生活的各个方面。变性淀粉的生产和应用可查阅相关的文献，本书重点介绍淀粉在能源领域的应用。

淀粉可以通过酸、酶或者两者相结合的方法水解成更简单的碳水化合物，例如糊精、麦芽糖和葡萄糖等。这些淀粉糖是食品中常用的甜味剂。除此之外，以淀粉或淀粉糖为主要原料，利用微生物发酵的方法可生产数十种有机物，目前已工业化生产的主要有燃料乙醇、柠檬酸和乳酸等。

10.7.1　发酵制备燃料乙醇

近年来，能源危机和环境恶化引起了世界各国的高度重视，寻找化石燃料的替代品日益紧迫。燃料乙醇是以生物质为原料，通过微生物发酵制得的可作为燃料使用的乙醇。燃料乙醇按一定比例与汽油混合，即可得到供汽车使用的乙醇汽油。燃料乙醇因其清洁和可再生的特性，被认为是最有发展前景的生物质燃料，被许多国家纳入发展战略规划。美国是目前燃料乙醇产/销量最大的国家，2021 年的产量为 4500 万 t。

10.7.1.1　乙醇的发酵原理

在无氧条件下，酵母菌中的葡萄糖经图 10.23 所示的糖酵解途径（Embden—Meyerhof—Parnas，EMP）生成丙酮酸，后者脱羧为乙醛，乙醛再还原生成乙醇。乙醇发酵的总反应式为

$$C_6H_{12}O_6 + 2ADP + 2H_3PO_4 \longrightarrow 2C_2H_5OH + 2CO_2 + 2ATP + 10.6kJ \quad (10.25)$$

在酵母细胞中，葡萄糖在多种酶的作用下，逐步转化为乙醇需要经历如下步骤：①葡萄糖在己糖激酶、磷酸己糖异构酶和磷酸果糖激酶的依次作用下，生成 1，6—二磷酸果糖，后者在醛缩酶作用下裂解为磷酸二羟丙酮（96%）和 3—磷酸甘油醛（4%），两者在异构酶的作用下可相互转化；②经 3—磷酸甘油醛脱氢酶催化，

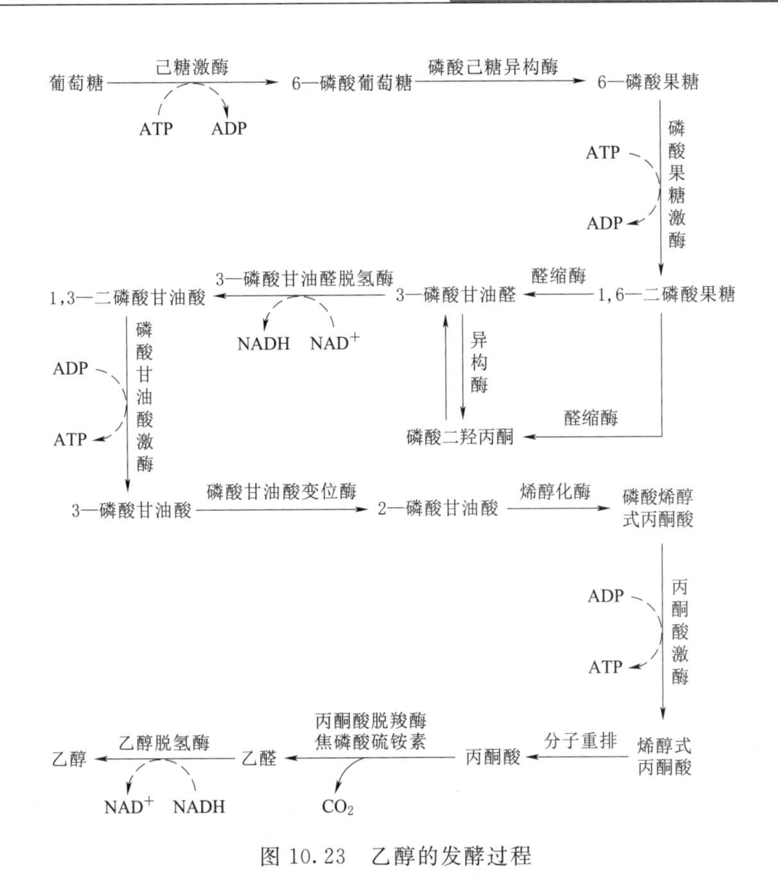

图 10.23 乙醇的发酵过程

3—磷酸甘油醛氧化（脱氢）和磷酸化，生成 1,3—二磷酸甘油酸，1,3—二磷酸甘油酸在磷酸甘油酸激酶催化下形成 3—磷酸甘油酸，后者在磷酸甘油酸变位酶作用下，转化为 2—磷酸甘油酸；③2—磷酸甘油酸在烯醇化酶的催化下，脱水形成磷酸烯醇式丙酮酸，然后在丙酮酸激酶催化下，形成烯醇式丙酮酸，最后分子重排形成丙酮酸；④在丙酮酸脱羧酶和焦磷酸硫铵素催化下，丙酮酸经过两步反应生成乙醛，再经乙醇脱氢酶催化，还原生成乙醇。

10.7.1.2 乙醇的发酵工艺

在我国，通过微生物发酵制取燃料乙醇的原料主要是淀粉（约占 80%），包括玉米等谷物淀粉和木薯等薯类淀粉。淀粉制乙醇的发酵工艺为：原料→粉碎→拌料→液化→糖化→发酵→成熟醪。

淀粉原料经过粉碎机粉碎后，按一定比例与水混合拌料，然后进入液化工段；在液化工段添加辅料，并通过酶的作用进行液化；液化完成后，加入糖化酶进行糖化，并接种酵母菌，开始发酵；发酵完成后，成熟醪进入蒸馏工段，产出酒精。

10.7.1.3 乙醇的提取

乙醇发酵成熟醪是一个复杂的多组分混合物，含有水、乙醇、干物质及其他的挥发性杂质。在工业生产中，可通过蒸馏将乙醇等挥发性物质从成熟醪中分离出来，其原理是利用液体混合物中各组分挥发性的差异而进行分离。表 10.8 为常压下不同浓度乙醇溶液的气液平衡数据。

表 10.8　　常压下不同浓度乙醇溶液的气液平衡数据

乙醇的质量分数/%		沸点/℃	乙醇的质量分数/%		沸点/℃
液相	气相		液相	气相	
0.0	0.0	100.0	50.0	77.0	81.9
5.0	37.0	95.0	55.0	78.2	81.4
10.0	52.2	91.3	60.0	79.5	81.0
15.0	60.0	89.0	65.0	80.8	80.6
20.0	65.0	87.0	70.0	82.1	80.2
25.0	68.6	85.7	75.0	83.8	79.8
30.0	71.3	84.7	80.0	85.8	79.5
35.0	73.2	83.8	85.0	88.3	79.0
40.0	74.6	83.1	90.0	91.3	78.5
45.0	75.9	82.5	95.6	95.6	78.2

从表 10.8 可以看出，在乙醇溶液的气液平衡体系中，气相中的乙醇浓度均高于液相中的乙醇浓度。因此在常压下，采用精馏技术，经过多次气化和冷凝可以提高乙醇浓度。

从表 10.8 还可以看出，乙醇的挥发系数（气液两相中乙醇浓度的比值）随着溶液中乙醇浓度增加而减小。在常压下，当溶液中乙醇的质量分数达到 95.6%时，乙醇的挥发系数等于 1，此时蒸馏乙醇溶液不能继续提高乙醇的浓度，此乙醇溶液称为恒沸物，对应的沸点为 78.2℃，称为乙醇溶液的最低恒沸点。为了进一步提高乙醇的浓度，制得无水乙醇（>99.5%），必须采用特殊的生产方法。目前已经工业化的无水乙醇生产方法包括变压精馏、萃取精馏、恒沸精馏、膜渗透蒸发和分子筛吸附等。

10.7.2　发酵制备柠檬酸

柠檬酸，别名枸橼酸，全名 3—羧基—3—羟基戊二酸，分子式为 $C_6H_8O_7$，是一种重要的有机酸。在室温下，柠檬酸为白色结晶性粉末，无臭，易溶于水，水溶液有让人愉悦的强烈酸味。

柠檬酸的用途很十分广泛，在食品、医药和化工等行业中均有重要应用。作为第一食用酸味剂，柠檬酸广泛应用于各种食品中，约占柠檬酸总产量的 70%。在医药上，柠檬酸常用作糖浆和片剂的调味剂。在化工生产中，柠檬酸是高效的螯合清洗剂，用于各种金属表面、换热器、化工管道和锅炉等的清洗除垢。

10.7.2.1　柠檬酸的生物合成

柠檬酸在自然界中分布很广，很多水果，尤其是柑橘属的水果（例如柠檬和柑橘）中都含有丰富的柠檬酸。在生物体内的三羧酸（tricarboxylic acid，TCA）循环中，柠檬酸位于循环的起始点，故所有微生物都能合成柠檬酸。如图 10.24 所

示，一般认为柠檬酸的生物合成可分为以下三个阶段：

(1) 第一阶段是糖质原料分解为丙酮酸。微生物在利用淀粉等糖质原料时，先将其转换为葡萄糖，葡萄糖再经 EMP 或戊糖磷酸（hexos emonophosphate，HMP）途径被进一步氧化分解为丙酮酸。

(2) 第二阶段是丙酮酸生成草酰乙酸。草酰乙酸是合成柠檬酸的前驱物。在微生物体内，草酰乙酸由丙酮酸羧化酶催化丙酮酸的羧化生成。

(3) 第三阶段是柠檬酸的合成。草酰乙酸与乙酰辅酶 A 缩合生成柠檬酸，开始新的循环。

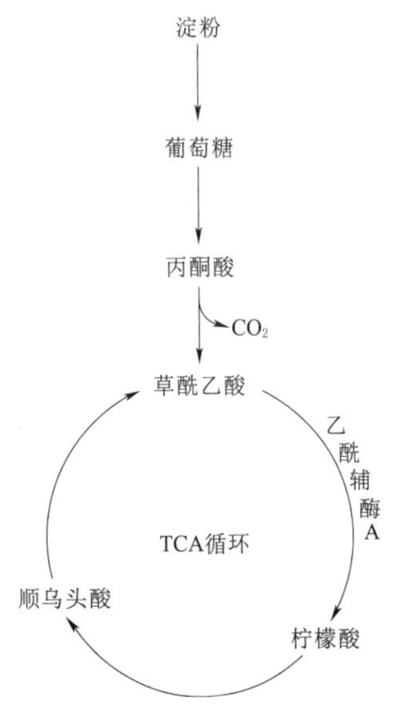

图 10.24 柠檬酸的生物合成路径

10.7.2.2 柠檬酸的工业生产

柠檬酸是世界上用生物化学方法生产的产量最大的有机酸，柠檬酸及其盐也因此成为发酵工业的支柱产品。2019 年，全世界的柠檬酸产量为 190 万 t，其中中国生产了 139 万 t。

人工合成的柠檬酸多是以淀粉或葡萄糖等物质为原料，通过微生物发酵而制得的。虽然所有微生物都能合成柠檬酸，但在正常的代谢作用下，大多数微生物累积柠檬酸的量很少。研究发现，合成柠檬酸并能分泌到胞外的微生物主要有曲霉、青霉和酵母等。其中，黑曲霉是在工业生产中应用最广泛的菌种。

黑曲霉适于在淀粉、可溶性淀粉、糊精、麦芽糖和葡萄糖等培养基上生长并产酸。黑曲霉生长的最适 pH 因菌种而异，一般为 3～7，产酸的最适 pH 为 1.8～2.5；生长最适温度为 33～37℃，产酸的最适温度为 28～37℃，温度过高容易形成杂酸。黑曲霉在繁殖过程中可生成多种活力较强的酶系，故能利用淀粉类物质，并对蛋白质、纤维素和果胶等物质也有一定的分解力。利用黑曲霉发酵时，通常以边长菌、边糖化和边发酵的方式来生产柠檬酸。

柠檬酸的发酵工艺有表面发酵、固体发酵和深层发酵三种。其中，深层发酵法是先进工业生产的标志，目前世界上 80%的柠檬酸是用此方法生产的。深层发酵使用的是大容量的搅拌罐（可达 $200m^3$）或容积更大的空气提升式发酵罐。

目前，国内用钙盐法从发酵液中提取柠檬酸，其工艺流程如图 10.25 所示。

在发酵结束后，应及时对发酵液进行热处理，方法是将其加热至 80～90℃，并保温 20～30min。热处理的目的是：①杀死微生物，以终止发酵，防止柠檬酸被分解；②使蛋白质等胶体物质变性凝固，降低发酵液的黏度，有利于过滤；③使菌体内的柠檬酸释放出来，提高收率。

热处理后的发酵液先过滤一次，以除去菌体和残渣等固态物质，使滤液澄清。过滤后，向所得滤液中加入石灰乳，生成柠檬酸钙。因为溶解度小，柠檬酸钙会从液相中沉淀析出，从而达到与可溶性杂质分离的目的。进一步过滤之后，加入硫酸，使柠檬酸钙酸解，同时生成 $CaSO_4$ 沉淀（石膏）。再次过滤，所得的粗柠檬酸

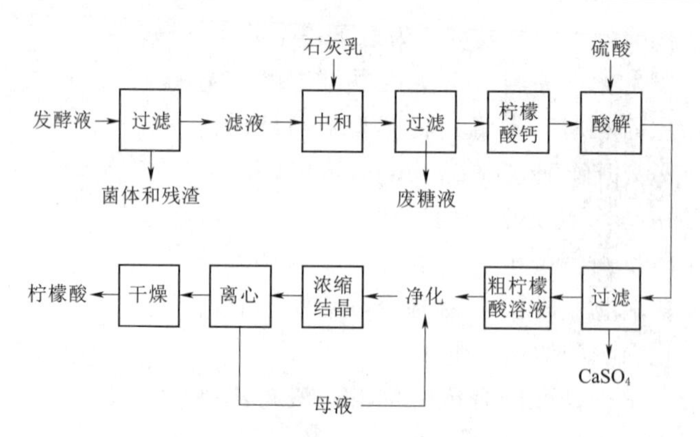

图 10.25　柠檬酸的钙盐法提取工艺流程

溶液先加热至 85℃，搅拌数分钟后，冷却到 60℃以下减压蒸发，浓缩至 70%以上，以便柠檬酸结晶析出。离心分离出的柠檬酸晶体干燥得到成品柠檬酸。

10.7.3　发酵制备乳酸

乳酸，即 α—羟基丙酸或 2—羟基丙酸，分子式 $C_3H_6O_3$，含有羟基，属于 α—羟酸。在水溶液中，其羧基释放出一个质子而产生乳酸根离子 $CH_3CH(OH)COO^-$，解离常数 $pK_a=3.85$。纯的乳酸为无色无味的液体，相对密度 1.206，熔点 18℃，沸点 122℃，能与水、乙醇和甘油等混溶。

乳酸是一种重要的有机酸，广泛应用于食品、医药、纺织和化工等行业。在食品工业中，乳酸是酸味剂和防腐剂；在医药上，乳酸的钠盐、钙盐和铁盐都是补充金属元素的药品；纺织工业中常用乳酸来处理纤维，使其易于着色，具有光泽，且触感柔软；以乳酸为单体合成的聚乳酸（PLA）可替代石油原料制成的塑料制品，被认为是最有前途的生物可降解高分子材料。

目前，乳酸的工业生产方法有生物发酵法和化学合成法。前者适用于食品和医药行业；而后者可用于除食品和医药以外的其他行业。用发酵法生产乳酸，因发酵原料和菌种的不同，其工艺也有所不同。本书主要介绍使用淀粉质原料的乳酸发酵工艺。

10.7.3.1　乳酸菌

乳酸菌是人类最早利用的微生物之一，是一类能够利用可发酵性碳水化合物（主要是葡萄糖）产生乳酸的细菌的总称。该类菌在自然界广泛存在，绝大多数对人体健康有益。乳酸菌属于化能异养菌，需要从外界环境中吸收营养物质才能繁殖，最常用的碳源是葡萄糖。在呼吸类型上，多数乳酸菌属于厌氧或兼性厌氧菌，所以只能通过发酵作用进行糖的代谢，代谢的产物除了乳酸外，还有一些其他还原性物质。

乳酸发酵可分为同型发酵、异型发酵和双歧发酵三种类型：①同型发酵将葡萄糖全部转化为乳酸，属于这一发酵类型的乳酸菌有链球菌属（*Streptococcus*）的乳酸链球菌（*Str. lactis*）、乳脂链球菌（*Str. cremoris*）、嗜热链球菌（*Str. thermophihus*）

和丁二酮链球菌（*Str. lactate*），乳杆菌属（*Lactobacillus*）的乳酸乳杆菌（*L. lactis*）、干酪乳杆菌（*L. casei*）、保加利亚乳杆菌（*L. bulgaricus*）、嗜酸乳杆菌（*L. acidophilus*）和植物乳杆菌（*L. plantarum*）；②异型发酵除了生成乳酸外，还会生成 CO_2 和乙醇，属于这一发酵类型的乳酸菌有乳杆菌属（*Lactobacillus*）的巴氏乳杆菌（*L. pastorianus*）、布氏乳杆菌（*L. buchneri*）、短乳杆菌（*L. brevis*）和发酵乳杆菌（*L. fermentum*）；③双歧杆菌（*Bifidobacterium*）是一类特殊的厌氧菌，对营养要求较高，其对葡萄糖的代谢也可归属于异型发酵，但与其他乳酸菌的异型发酵不同，双歧杆菌在发酵过程中使葡萄糖转变为乳酸和乙酸，故称为双歧发酵。

10.7.3.2　乳酸发酵原料

淀粉质原料是乳酸发酵工业中使用最普遍、用量最大的原料，常用的有玉米、大米、和薯干等，淀粉含量约 70%，粗蛋白含量 6.0%～8.5%。

10.7.3.3　乳酸发酵工艺

淀粉要经过水解和糖化后才能被乳酸菌利用。乳酸的发酵工艺有两种：第一种是糖化后的糖化醪接种乳酸菌进行发酵，称为单行发酵；另一种是将糖化剂与乳酸菌同时加入淀粉糊中，使糖化与发酵同时进行，称为并行发酵。目前，我国最常用的是单行发酵。

10.7.3.4　乳酸的提取与精制

乳酸发酵液中含有大量的菌体、蛋白质、多糖和金属离子。为了从中提取出乳酸，需要加入足量的 CaO 或石灰乳，使乳酸完全转变为乳酸钙。因为浓度较低，乳酸钙在发酵液中是完全溶解的。发酵液经过滤和滤液蒸发浓缩，可得乳酸钙结晶。然后再加适量的硫酸，生成 $SaSO_4$ 沉淀，使乳酸游离出来，其反应式为

$$[CH_3CH(OH)COO]_2Ca+H_2SO_4 \longrightarrow 2CH_3CH(OH)COOH+CaSO_4\downarrow \tag{10.26}$$

最后，滤掉 $CaSO_4$ 沉淀，滤液为稀乳酸溶液。稀乳酸溶液经脱色和离子交换，再次蒸发浓缩，即得乳酸成品。

参　考　文　献

[1] Pilling E, Smith A M. Growth ring formation in the starch granules of potato tubers [J]. Plant Physiology, 2003, 132 (1): 365-71.

[2] Khalid S, Yu L, Meng L H, et al. Poly (lactic acid) /starch composites: Effect of microstructure and morphology of starch granules on performance [J]. Journal of Applied Polymer Science, 2017, 134 (46): 45504.

[3] Wojeicchowski J P, Siqueira G L D A D, Lacerda L G, et al. Physicochemical, structural and thermal properties of oxidized, acetylated and dual-modified common bean (Phaseolus vulgaris L.) starch. Food Science and Technology, 2018, 38 (2): 318-327.

[4] Wang J, Guo K, Fan X X, et al. Physicochemical properties of C-type starch from root tuber of *Apios fortunei* in comparison with maize, potato, and pea starches [J]. Molecules, 2018, 23 (9): 2132.

[5] Cai C H, Wei C X. In situ observation of crystallinity disruption patterns during starch gela-

tinization [J]. Carbohydrate Polymers, 2013, 92 (1): 469 - 478.

[6] Chen H M, Hu Z, Liu D L, et al. Composition and physicochemical properties of three Chinese yam (*Dioscorea opposita* Thunb.) starches: A comparison study [J]. Molecules, 2019, 24 (16): 2973.

[7] Corre D L, Bras J, Dufresne A. Starch nanoparticles: A review [J]. Biomacromolecules, 2010, 11 (5): 1139 - 1153.

[8] Dome K, Podgorbunskikh E, Bychkov A, et al. Changes in the crystallinity degree of starch having different types of crystal structure after mechanical pretreatment [J]. Polymers, 2020, 12 (3): 641.

[9] Habibi F, Yahyazadeh A. Evaluation of starch polymer structure in rice grain and its affect on cooking quality [J]. Biomedical and Pharmacology Journal, 2009, 2 (2): 193 - 200.

[10] Hizukuri S. Polymodal distribution of the chain lengths of amylopectins, and its significance [J]. Carbohydrate Research, 1986, 147 (2): 342 - 347.

[11] J N贝米勒, R L惠斯特勒. 淀粉化学与技术 [M]. 岳国君, 郝小明译. 北京: 化学工业出版社, 2004.

[12] Kozlov S S, Blennow A, Krivandin A V, et al. Structural and thermodynamic properties of starches extracted from GBSS and GWD suppressed potato lines [J]. International Journal of Biological Macromolecules, 2007, 40 (5): 449 - 460.

[13] Kuang N, Zheng H B, Tang Q Y, et al. Amylose content, morphology, crystal structure, and thermal properties of starch grains in main and ratoon rice crops [J]. Phyton - International Journal of Experimental Botany, 2021, 90 (4): 1119 - 1230.

[14] Li F D, Li L T, Li Z G, et al. Determination of starch gelatinization temperature by ohmic heating [J]. Journal of Food Engineering, 2004, 62 (2): 113 - 120.

[15] Li H, Wang R R, Zhang Q, et al. Morphological, structural, and physicochemical properties of starch isolated from different lily cultivars grown in China [J]. International Journal of Food Properties, 2019, 22 (1): 737 - 757.

[16] Simsek S, Tulbek M C, Yao Y, et al. Starch characteristics of dry peas (*Pisum sativum* L.) grown in the USA [J]. Food Chemistry, 2009, 115 (3): 832 - 838.

[17] Tang H, Mitsunaga T, Kawamura Y. Molecular arrangement in blocklets and starch granule architecture [J]. Carbohydrate Polymers, 2013, 63 (4): 555 - 560.

[18] Ubwa S T, Abah J, Asemave K, et al. Studies on the gelatinization temperature of some cereal starches [J]. International Journal of Chemistry, 2012, 4 (6): 22 - 28.

[19] Waterschoot J, Gomand S V, FIERENS E, et al. Production, structure, physicochemical and functional properties of maize, cassava, wheat, potato and rice starches [J]. Starch, 2015, 67 (1 - 2): 14 - 29.

[20] Zong P J, Jiang Y, Tian Y Y, et al. Pyrolysis behavior and product distributions of biomass six group components: Starch, cellulose, hemicellulose, lignin, protein and oil [J]. Energy Conversion and Management, 2020, 216: 112777.

[21] 常云彩, 胡海洋, 任顺成. 食用淀粉颗粒特性分析及掺假检测研究 [J]. 河南工业大学学报(自然科学版), 2019, 40 (5): 45 - 52.

[22] 程建军. 淀粉工艺学 [M]. 北京: 科学出版社, 2011.

[23] 邓宇. 淀粉化学品及其应用 [M]. 北京: 化学工业出版社, 2003.

[24] 韩文芳, 林亲录, 赵思明, 等. 直链淀粉和支链淀粉分子结构研究进展 [J]. 食品科学, 2020, 41 (13): 267 - 275.

[25] 黄锦，李永恒，王康，等. 不同淀粉质原料发酵生产燃料乙醇 [J]. 酿酒，2019，46 (6)：59 - 62.

[26] 李斌. 淀粉粒超微结构模型新发展——从簇结构到止水塞 [J]. 现代化工，2006，26 (2)：64 - 66.

[27] 李忠海，徐廷丽，孙昌波，等. 3 种百合淀粉主要理化性质的研究 [J]. 食品与发酵工业，2005，31 (5)：5 - 8.

[28] 刘明华. 生物质的开发与利用 [M]. 北京：化学工业出版社，2012.

[29] 刘亚伟. 淀粉生产及其深加工技术 [M]. 北京：中国轻工业出版社，2001.

[30] 王军. 生物质化学品 [M]. 北京：化学工业出版社，2008.

[31] 魏国汉，颜少琼，阮金月，等. 高取代淀粉磷酸单酯合成的研究 [J]. 广州化学，1988 (3)：31 - 36.

[32] 夏媛媛，杨桂花，林兆云，等. 淀粉氧化技术的研究进展及其应用 [J]. 中华纸业，2018，39 (16)：12 - 18.

[33] 杨景峰，罗志刚，罗发兴. 淀粉晶体结构研究进展 [J]. 食品工业科技，2007，28 (7)：240 - 243.

[34] 张燕萍. 变性淀粉制造与应用 [M]. 2 版. 北京：化学工业出版社，2007.

[35] 张友全，童张法，张本山. 磷酸型两性淀粉一步合成反应机理研究 [J]. 高校化学工程学报，2005，19 (1)：42 - 47.

[36] 赵米雪，包亚莉，刘培玲. 淀粉颗粒微观精细结构研究进展 [J]. 食品科学，2018，39 (11)：284 - 294.

[37] 朱谱新. 淀粉材料化学 [M]. 北京：科学出版社，2020.